# Chemisch-physikalische Grundlagen der Verwendung von Erdöl und seinen Produkten

Von

**Dr. A. Philippovich**
Privatdozent an der Technischen Hochschule Wien
Member of the Institute of Petroleum, London

Mit 116 Textabbildungen

**Wien**
Springer-Verlag
1960

ISBN-13: 978-3-7091-7897-3 e-ISBN-13: 978-3-7091-7896-6
DOI: 10.1007/978-3-7091-7896-6


Softcover reprint of the hardcover 1st edition 1960

# Vorwort

Mit dem vorliegenden Buch will der Verfasser in gedrängter Form den zahlreichen, den verschiedensten Interessentenkreisen angehörenden Verbrauchern von Erdöl die wichtigsten allgemeinen Unterlagen geben, die sie zu zweckmäßiger Verwendung des Erdöls und seiner Produkte benötigen. Dabei wollte er nach Möglichkeit die chemischen, physikalischen und physiologischen Eigenschaften allgemeingültig, d. h. nicht nur auf ein einzelnes Produkt beschränkt, behandeln. Naturgemäß ist die getroffene Auswahl der Eigenschaften und des praktischen Verhaltens, sowie das relative Gewicht, das den einzelnen Abschnitten beigemessen wurde, subjektiv bedingt; auch ist es nicht zu vermeiden, daß bei einem so umfangreichen Gebiet die Darstellung des Stoffes infolge des notwendigen Kompromisses einerseits wegen zu allgemeiner, andererseits wegen zu eingehender Behandlung kritisiert werden kann. Sollte der Verfasser das gesteckte Ziel nicht ganz erreicht haben, so hofft er ihm doch nahe gekommen zu sein.

Für wertvolle Anregungen und Hilfe bei der Korrektur möchte er Herrn Dipl.-Ing. Ludwig Koller, Wien, seinen besten Dank aussprechen. Ebenso möchte er dem Springer-Verlag in Wien für die ihn stets auszeichnende Umsicht bei der Drucklegung und die Sorgfalt danken, die er der äußeren Form des Buches angedeihen ließ.

Paris, im Frühjahr 1960

**A. Philippovich**

# Inhaltsverzeichnis

# Einleitung

Die Erdölprodukte stellen eine sehr große Familie von Kohlenwasserstoffgemischen dar, die sich vor allem durch ihre Struktur, ihr Molekulargewicht und die damit symbat veränderlichen Eigenschaften, wie Siedetemperatur, Dichte, Refraktion usw., unterscheiden. Zufällig, als natürliche Begleitstoffe, oder absichtlich enthaltene Verbindungen anderer Art verändern aber sowohl die physikalischen als auch die chemischen Eigenschaften dieser Kohlenwasserstoffgemische mehr oder weniger stark.

Bei dem außerordentlichen Umfang, den die Verwendung der Erdölprodukte angenommen hat, erscheint eine allgemeine Darstellung der wichtigsten Eigenschaften bzw. des vornehmlichsten Verhaltens dieser Erdölprodukte vom Standpunkt des Verbrauchers zweckmäßig, die den interessierten Kreisen vor allem Hinweise auf die theoretischen Zusammenhänge liefert, die bei der Verwendung vorliegen. Die Notwendigkeit, daß sowohl dem Ingenieur als auch dem Chemiker brauchbare Unterlagen zur besten Verwertung der Erdölprodukte zur Verfügung stehen müssen, ist oft betont worden. Doch scheint es bisher kein Werk zu geben, das auf engem Raum systematisch die wichtigsten Zusammenhänge erörtert und die Erfahrungen analoger Art, die bei den verschiedensten Erdölprodukten gemacht wurden, unter einem Gesichtspunkt zusammenfaßt.

Meist werden die Erdölprodukte gesondert behandelt und ihre Eigenschaften und ihr Verhalten getrennt besprochen, so daß notwendigerweise Wiederholungen vorkommen müssen. Man vermißt aber die Hervorhebung dieser Ähnlichkeiten, die wohl verschiedentlich geeignet wären, zur Übertragung der Erfahrungen auf ein ganz anderes Gebiet anzuregen. Am ehesten findet man solche Betrachtungen bei der Zähigkeit; schon bei der Oxydation sind sie weniger häufig, bei anderen Fragen des Verhaltens fehlen sie ganz.

Sicher spielt dabei die Tatsache eine wichtige Rolle, daß der Ingenieur, der meistens bei der Verwendung der Erdölprodukte deren Beurteilung vornimmt, als Spezialist keine oder wenig Erfahrung mit anderen Erdölprodukten hat. Solche allgemeinen Unterlagen zu geben, die sowohl dem Chemiker die technischen Fragen, als auch dem Ingenieur die chemischen und physikalischen Probleme des jeweils interessierenden Vorganges erläutern, war der Leitgedanke dieser Schrift.

Bei dieser Zielsetzung muß ein Vorbehalt gemacht werden: es ist nicht möglich, auf Grund rein theoretischer Überlegungen zahlenmäßig Grenzwerte festzulegen, die ein befriedigendes Verhalten der Erdölprodukte unter allen Bedingungen ermöglichen. Denkt man sich, daß man für einen bestimmten Verwendungszweck, wie z. B. die Schmierung eines hochbelasteten Ottomotors, sämtliche praktisch interessierenden Eigenschaften des hier benötigten Erdölproduktes, also eines Schmieröles, in Abhängigkeit von allen wichtigen Einflüssen, wie Druck, Temperatur, Zeit usw., in Form von Kurven aufgenommen hätte, so könnte der Verbraucher mit allen diesen Angaben nichts anfangen, weil er die praktisch herrschenden Bedingungen, die ihm die Wahl des Bezugspunktes ermöglichten, nur selten kennt und weil sich das Öl außerdem während des Betriebes so verändert, daß die mit dem ursprünglichen Produkt aufgenommenen Kurven bzw. Zahlenwerte nicht mehr gelten.

Der Verfasser hat schon in einem anderen Buch[1] darauf hingewiesen, daß für das praktische Verhalten nicht nur die chemischen und physikalischen Eigenschaften der verwendeten Produkte, sondern ebensosehr die konstruktiven und betriebsmäßigen Einflüsse bei der Verwendung maßgebend sind, so daß auch die genaueste Kennzeichnung der Stoffe allein nach chemischen und physikalischen Gesichtspunkten nicht ausreicht. Dieser Nachteil aller bisher üblichen oder versuchten laboratoriumsmäßigen Verfahren zur Festlegung geforderter Minimalqualitäten von Erdölprodukten (vor allem den mengenmäßig überwiegenden Kraft- und Schmierstoffen) hat dazu geführt, daß jetzt in immer größerem Umfange für solche Grenzwertfestlegungen die praktische Erprobung in Maschinen zugrunde gelegt wird.

Trotzdem oder vielleicht gerade deshalb sieht man aber, daß die Bemühungen, die grundlegenden Zusammenhänge zu erkennen und zu erfassen, mit verstärkter Intensität weiterverfolgt werden. Auf dem Gebiete der Kraftstoffe zeigen dies sowohl die Arbeiten des Coordinating Research Council (CRC), die z. B. seit 1948 bestrebt sind, das Verbrennungsverhalten theoretisch exakt zu erfassen, als auch die Zielsetzung der Forschungslaboratorien der Ethyl Corporation (W. G. LOVELL). Ähnlich wird dem Schmiervorgang sowohl in den USA (z. B. Naval Research Laboratory, W. A. ZISMAN) als auch in England (Teddington, F. P. BOWDEN; Shell Research Center Thornton, H. BLOCK), Deutschland (MAX-PLANCK-Institut für Strömungsforschung, G. VOGELPOHL) und in Frankreich (Institut Français du Pétrole) sehr viel theoretische Arbeit gewidmet, um nur zwei Beispiele zu nennen. In diesem Sinne sollen die folgenden Ausführungen dazu dienen, die von sehr verschiedenen Stellen (Chemikern, Physikern, Ingenieuren) gemachten Erfahrungen so zu sammeln, daß sie eine Übersicht über die auf den verschiedenen Gebieten herrschenden Auffassungen über die theoretischen Zusammenhänge bieten. Es ist nach dem Gesagten nicht zu erwarten, daß das Ziel exakter Voraussage des zu erwartenden Verhaltens der Erdölprodukte in jeder Beziehung wird erreicht werden können; aber in vielen Fällen wird man dem Ziele doch näher kommen, wenn man einen Leitfaden dieser Art für das Labyrinth der verschiedenen Einflüsse besitzt, die das Verhalten der Erdölprodukte beeinflussen.

Entsprechend der Zielsetzung werden die einzelnen Erdölprodukte nicht für sich gesondert besprochen und nicht nur die exakt meßbaren Eigenschaften behandelt, sondern auch die praktisch meist viel wichtigeren komplexen Vorgänge, bei denen chemische, physikalische, kolloidchemische und konstruktive sowie betriebliche Einflüsse mitwirken. Der Verfasser ist sich bewußt, daß er sich damit in ein dorniges Gestrüpp begibt, glaubt aber, daß dieser Versuch die Anstrengung lohnt, wenn er damit den Weg zur optimalen Verwendung und Auswahl der Erdölprodukte erleichtern half. Über die Messung sind nur Angaben gemacht, falls die Methodik oder die Verfahren es rätlich erscheinen ließen.

Daß ein Werk wie das vorliegende nicht vollständig sein kann, braucht der Verfasser nicht zu betonen; er wird aber gerne Kritik und Anregungen für weitere Bearbeitung der Fragen berücksichtigen.

---

[1] PHILIPPOVICH, A.: Die Betriebsstoffe für Verbrennungskraftmaschinen. Wien: Springer. 1949.

# I. Grundsätzliches über die Messung von Stoffeigenschaften

## 1. Maßsysteme

Die heutige Entwicklung der Wissenschaft und Technik wäre undenkbar ohne die Verwendung einheitlicher Maßsysteme; trotzdem bestehen bis auf den heutigen Tag außer dem metrischen System noch das englische Maßsystem und innerhalb des metrischen Systems das physikalische und das technische Maßsystem. Die die Stoffeigenschaften charakterisierenden Maßwerte werden also bedauerlicherweise nicht auf der ganzen Welt einheitlich ausgedrückt, sondern müssen vielfach in andere Systeme umgerechnet werden.

Der Grund dafür ist bei dem angelsächsischen Maßsystem vor allem das Bestreben, die traditionellen Längen- und Gewichtseinheiten zu verwenden, beim technischen Maßsystem aber die Notwendigkeit, in der Technik mit Einheiten zu rechnen, die zur Vermeidung allzugroßer Zahlen um ein Vielfaches größer sind als die physikalischen. Ob durch Anwendung entsprechend größerer physikalischer Einheiten einmal das technische Maßsystem ersetzbar sein wird, steht dahin.

### a) Das metrische System

#### *α) Das physikalische Maßsystem*

Die Grundlagen des physikalischen Systems bilden Länge in Zentimetern (cm), Masse in Gramm (g), Zeit in Sekunden (sek). Alle abgeleiteten Maße basieren auf diesen Grundmaßen. Die Temperatur wird in Grad Celsius (°C) angegeben, beim Gaszustand wird auf die Normaltemperatur 0°C und den Normaldruck 760 mm Hg (760 Torr) bezogen.

#### *β) Das technische Maßsystem*

Die Grundlagen des technischen Maßsystems bilden Länge in Metern (m), Kraft (Gewicht) in Kilopond (kg), Zeit in Sekunden (sek). Fast alle abgeleiteten Maße basieren auf diesen Grundmaßen; sind die erhaltenen Zahlenwerte noch zu groß, so verwendet man z. B. Kilometer, Tonne usw. Die Temperatur wird wieder in Grad Celsius angegeben, der Gaszustand aber nicht auf 0° C und 760 mm Hg, sondern 15° C und 735,6 mm Hg bezogen.

Für wissenschaftliche Berechnungen wird jetzt allgemein das von Giorgi vorgeschlagene MKSA- (Meter-, Kilogramm-, Sekunden-, Ampere-) System angewendet, weil es gegenüber dem bisher üblichen technischen Maßsystem viele unbequeme, letzten Endes überflüssige Umrechnungsformeln erspart[1].

---

[1] Vgl. Dzung, L. S. und W. Rohrbach: Enthalpie-Entropie-Diagramme für Wasserdampf und Wasser. Berlin-Göttingen-Heidelberg: Springer. 1955.

### b) Das angelsächsische Maßsystem

Während das metrische System logisch aufgebaut ist, läßt sich dies vom angelsächsischen Maßsystem beim besten Willen nicht behaupten. Es legt zwar Fuß und Pfund vielfach zugrunde, muß aber zum Teil doch wieder auf das metrische Maßsystem zurückgreifen. Dazu kommt, daß die Raumeinheiten vollkommen willkürliche, nur aus der Tradition erklärliche Abmessungen haben und daß überdies die Temperatur in Grad Fahrenheit (°F) ausgedrückt wird, wodurch z. B. die englische thermische Einheit als British Thermal Unit (B.T.U.) 0,252 Kilogrammkalorien gleichwertig wird. Eine systematische Umrechnung angelsächsischer Maßeinheiten in metrische ist deshalb unmöglich, so daß jeweils Umrechnungstabellen dafür nötig sind.

### c) Temperaturmaße

Da nicht allgemein bekannt ist, welche Bedeutung Temperaturangaben der angelsächsischen Literatur haben, seien die Temperaturskalen und die Umrechnungszahlen hier angegeben:

*Temperaturskalen*

| Bezeichnung | Nullpunkt | Angabe in ° |
|---|---|---|
| Celsius ....... | Eispunkt | C |
| Fahrenheit ... | −17,68° C | F |
| Rankine ...... | abs. Nullpunkt (−459,7° F) gemessen in° Fahrenheit | Ra |
| Kelvin ....... | „ „ (−273,16° C) „ „ ° Celsius | K |

Die beiden letzten Temperaturskalen gehen vom absoluten Nullpunkt aus.

*Umrechnungszahlen:*

$$\frac{C}{100} = \frac{F - 32}{180} = \frac{\text{Réaumur}}{80} = \frac{\text{Kelvin} - 273}{100} = \frac{\text{Rankine} - 460}{180}.$$

## 2. Angabe von Konzentrationen

Es ist in vielen Fällen sehr wichtig, Konzentrationsangaben richtig vorzunehmen, d. h. in einem Maße auszudrücken, das für die Beurteilung der Stoffe sinnvoll ist, um nicht ein ganz falsches Bild von der Wirkungsweise der zugesetzten Stoffe zu bekommen.

Schon ob man Gewichts- oder Volumenprozente verwendet, spielt eine große Rolle. Für die Erkenntnis der chemischen Wirkung ist aber die Angabe der molaren Konzentration, d. h. entweder die Angabe der Grammoleküle Zusatz auf 1 Grammolekül des ursprünglich verwendeten Stoffes oder die Angabe der Grammoleküle Zusatz auf eine jeweils gleichgehaltene Gewichtsmenge des ursprünglichen Stoffes, wesentlich vorteilhafter. So wird z. B. die Wirksamkeit klopfhemmender Zusätze zwar nach Gewichtsprozenten angegeben, wenn man die erforderlichen Mengen wissen will, aber nach Molprozenten oder Molen je Volumen oder Gewicht, wenn man den Zusammenhang zwischen ihrem chemischen Aufbau und ihrer Wirksamkeit erkennen will. Die Konzentrationsangaben kann man in zwei Gruppen einteilen:

### a) Druck- und temperaturunabhängige Angaben

Gewichtsprozente oder — bei chemisch definierten Stoffen — Molprozente, d. h. das Verhältnis der Molekülzahl eines Stoffes zu der Gesamtzahl der Moleküle in der Mischung mal 100. (Der öfters vorkommende Ausdruck Molenbruch ist der hundertste Teil der Molprozente: Molenbruch × 100 = Molprozente.) Bei verdünnten Lösungen gibt man vielfach an, wieviel Mole auf 1 kg Lösungsmittel vorhanden sind, und nennt diese Angaben dann Molarität, genauer Kilogrammolarität. Die für Gasgemische meist übliche Angabe von Volumenprozenten ist im Gültigkeitsbereich der idealen Gasgesetze ebenfalls druck- und temperaturunabhängig, deckt sich überdies mit der Angabe in Molprozenten.

b) Druck- und temperaturabhängige Angaben

Partialdrucke (für Gasgemische) und die Angabe von Molen/Liter Lösung, die zwar ebenfalls als Molarität, besser aber als Litermolarität bezeichnet wird.

Daß die Beurteilung der Wirksamkeit verschiedener Stoffe auch bei der Wahl der chemisch sinnvollsten Angaben in Molprozenten oft zu irrigen Folgerungen führt, ist darauf zurückzuführen, daß die Wirksamkeit von chemischen Beschleunigern oder Verzögerern (positiven und negativen Katalysatoren) in Stoffen verschiedenen chemischen Aufbaus sehr verschieden sein kann, wie noch später ausgeführt wird.

## 3. Verwendung von Bezugsstoffen

a) Zur Bestimmung chemischer Eigenschaften komplexer Art

Mißt man wohldefinierte Eigenschaften reiner, d. h. chemisch einheitlich aufgebauter Stoffe, so genügt es, wenn man diese Eigenschaften unter bestimmten Bedingungen erfaßt, um ein für allemal eine feste Grundlage zu haben. Schwieriger wird es, wenn man ihr komplexes Verhalten mißt, aber auch da besteht noch keine grundsätzliche Schwierigkeit. Anders wird es, wenn man Aussagen über das Verhalten von Gemischen unbekannter Zusammensetzung machen soll, wie sie in den meisten Erdölprodukten vorliegen.

Ehe dafür Beispiele gegeben werden, ist es angezeigt, die Grundsätze für die richtige Auswahl solcher Bezugsstoffe zu besprechen. Zur Erfassung des chemisch bedingten Verhaltens von Stoffen müssen die Bezugsstoffe folgende Anforderungen erfüllen: sie müssen

a) genügend große Unterschiede zwischen den Endpunkten der Skala ergeben, um alle in Frage kommenden Stoffe zwischen diesen Extremwerten zu erfassen,

b) gleiches Verhalten gegenüber den typischen praktisch in Frage kommenden Einflüssen aufweisen, wie die zu untersuchenden Stoffe,

c) in vollkommen gleicher Qualität immer wieder beschafft werden können,

d) gut lagerbeständig sein,

e) preislich möglichst günstig liegen.

Will man die Bezugsstoffe nicht als Endpunkte einer Skala benützen, so besteht allerdings keine Notwendigkeit für einen alle Möglichkeiten umfassenden Meßbereich im Sinn des Punktes a).

Dies gilt nicht nur für das Verbrennungsverhalten, sondern auch für die Oxydation und ihre Hemmung, aber auch für andere, selbst derzeit noch nicht bestehende Verfahren zur Erfassung komplexer Eigenschaften.

Sinn der Bezugsstoffe ist, genaue Zahlenangaben für das komplexe Verhalten eines Stoffes dadurch zu erhalten, daß man unter genau festgelegten Prüfbedingungen Mischungen von zwei, in ihrem Verhalten extrem liegenden, physikalisch-chemisch genau definierten Bezugsstoffen herstellt, die genau das gleiche Verhalten aufweisen; man gibt dann als Kennwert das Mischungsverhältnis dieser Bezugsstoffe (unter Umständen von mit diesen geeichten Unterbezugsstoffen) an. Eine andere Art der Verwendung von Bezugsstoffen, die besonders zur Prüfung von Zusätzen in Frage kommt, besteht darin, deren Auswirkung zu jener eines genau definierten Stoffes auf ein bestimmtes Erdölprodukt in Beziehung zu setzen.

Als Beispiel für die Wahl von Bezugsstoffen seien angeführt:

*α) Die Bezugsstoffe n-Heptan und i-Oktan zur Klopfmessung*

Ihre Wahl erfolgt trotz der vorangegangenen Arbeit RICARDOS, der Toluol als hochklopffesten Stoff verwendete, weil sie unter den isomeren Kohlenwasserstoffen der Paraffinreihe extreme Werte aufweisen. Sie erfüllen die Bedingung a) nicht, weil verbleite Kraftstoffe ganz außerhalb des Meßbereiches liegen können, was viele Untersuchungen zur Erweiterung des Meßbereiches auslöste. Außerdem genügen sie der Bedingung b) schlecht, weil sie weniger temperaturabhängig im Klopfverhalten sind als die meisten praktisch in Frage kommenden, vor allem die stark ungesättigten und aromatischen Benzine; Bedingung e), günstige Preislage, wird nur ungenügend erfüllt.

*β) Die Bezugsstoffe zur Messung der Zündwilligkeit*

An Stelle des früher verwendeten Cetens wurde wegen Nichterfüllung der Bedingung d), Lagerbeständigkeit, das Cetan als höchstzündwilliger Bezugsstoff eingeführt, während das ursprünglich vorgeschlagene α-Methylnaphthalin weiter als schlechtestzündwilliger Bezugsstoff verwendet wird. Der Meßbereich ist für besonders gut zündende Stoffe (Dibutyläther usw.) nicht ausreichend, sonst bestehen gegen die Stoffe keine Bedenken.

*γ) Die Bezugsstoffe zur Messung der Alterungsneigung von Benzinen*

Um vergleichbare Zahlen bei der Alterung zu erhalten, wurde von EGLOFF vorgeschlagen, Cyclohexen als Maß der Wirksamkeit von Oxydationshemmstoffen zu verwenden, indem man die Menge Hemmstoff bestimmt, die der Wirkung von 0,002% α-Naphthol auf Cyclohexen gleichkommt (oder ein ganzzahliges Vielfaches dieser Wirkung ergibt). Selbst bei Erfüllung aller anderen Bedingungen wird die unter b) genannte, nämlich gleichartige Wirkung gegenüber verschiedenen Einflüssen offenbar nicht erfüllt, weil sich die verschiedenen Kraftstoffe verschiedenen Zusätzen gegenüber nicht gleichmäßig verhalten.

### b) Zur Messung physikalischer Eigenschaften

Die für die Messung chemischer Eigenschaften aufgestellten Anforderungen an Bezugsstoffe gelten auch hier, wenn man von der Festlegung von Grenzwerten absieht, zwischen denen die zu messenden Werte liegen sollten. Allerdings besteht für die physikalische Messung unter Anwendung von Bezugsstoffen viel weniger Notwendigkeit als für die schwer exakt erfaßbaren chemischen Reaktionen, doch gibt es ein praktisch wichtiges Beispiel zur Erläuterung des Gesagten. Zur Messung der *Zähigkeit* verwendeten seinerzeit die meisten technischen Apparate Wasser als Bezugsstoff, indem die Ausflußgeschwindigkeit eines Erdölproduktes zu jener von Wasser in Beziehung gesetzt wurde. Die Proportionalität zwischen den beiden Ausflußgeschwindigkeiten gilt z. B. im ENGLER-Apparat nur bis zu einem unteren Wert von 7,6° Engler. Darunter tritt bei Kohlenwasserstoffen Turbulenz ein, die dazu führt, daß ein Stoff mit der Zähigkeit 2° Engler nicht doppelt, sondern zwölfmal zäher ist, als einer der Zähigkeit 1° Engler! Zähigkeitsangaben unter 3° Engler, wie man sie vielfach noch immer in der Literatur findet (z. B. für Diesel- und Ottokraftstoffe) geben deshalb infolge der in diesem Bereich ungültigen Beziehung zwischen Auslaufgeschwindigkeit von Wasser und Kohlenwasserstoffen, die der Berechnung zugrunde gelegt wird, ein ganz falsches Bild.

Man kann aber auch auf Grund theoretischer Beziehungen aus den bekannten Daten eines Bezugsstoffes den unbekannten Stoffwert eines anderen Stoffes ermitteln. So gibt die Gleichung von CLAUSIUS-CLAPEYRON die Möglichkeit, aus den Dampfdruck-Temperaturkurven und der Verdampfungswärme eines Bezugsstoffes die Verdampfungswärme zu ermitteln; ähnlich kann man Verdünnungs-, Hydratations-, Reaktionswärmen, Schmelzpunkte und Erstarrungspunkte von Salzlösungen unter Verwendung eines Bezugsstoffes ermitteln (vgl. S. 64).

Auch das Lösungsvermögen, das aus rein physikalischen Größen nur schwer ableitbar ist, wird praktisch unter Verwendung von Bezugsstoffen erfaßt. So mißt man es, allerdings nur in willkürlichen Einheiten, durch das Volumverhältnis n-Heptan (ausgedrückt in $cm^3$), die zur Trübung einer Harzlösung in dem betreffenden Kohlenwasserstoff nötig sind, zu der Anzahl $cm^3$ *n*-Heptan, die eine Lösung des gleichen Harzes in Toluol trübt (ASTM D 1132-53), als *n*-Heptanzahl, oder durch die Anzahl $cm^3$ des Kohlenwasserstoffes, die, zu 20 g einer Standardlösung von Kauriharz in *n*-Butylalkohol bei 25° C zugesetzt, Trübung verursacht, und erhält so als Kennzeichen relativer Art die Kauri-Butanol-Zahl (ASTM D 1134-53 T).

Auf die Veröffentlichung der ASTM „Significance of ASTM-Tests for Petroleum Products-STP 7 C", herausgegeben von der ASTM, 1916 Race Street, Philadelphia 3, Pa., U.S.A., revidierte Ausgabe 1957, sei hier verwiesen; sie bespricht ausführlich die Bedeutung der einzelnen Meßverfahren für die praktische Verwendung der Erdölprodukte.

# II. Eigenschaften bzw. komplexes Verhalten des Erdöls und seiner Produkte

Um bei allen Kapiteln eine gleichartige Behandlung des Stoffes durchführen zu können, wird — soweit möglich — folgende Unterteilung eingehalten:

a) Definition der Eigenschaft oder des Vorganges,

b) Wesen der Eigenschaft oder des Vorganges,

c) Maßeinheiten,

d) Einflüsse auf die Eigenschaft oder den Vorgang,

e) Messung der Eigenschaft oder des Vorganges (insofern über die Methodik etwas zu bemerken ist oder neue Verfahren vorliegen); vgl. Kapitel E,

f) praktische Bedeutung der Eigenschaft oder des Vorganges.

## A. Physikalische Eigenschaften

### 1. Atome, Moleküle und ihre Spektren

Wenn in diesem Zusammenhang auf den Aufbau und die Spektren der Atome und Moleküle eingegangen wird, ist dies darin begründet, daß die Spektren durch den Aufbau der Atome und Moleküle bedingt sind, beide aber sowohl zur Kenntnis des Verhaltens als für die Analytik der Erdölprodukte immer größere Bedeutung erlangen. Die bestehenden Zusammenhänge können naturgemäß nur in großen Linien aufgezeigt werden.

Der Aufbau des Atoms bestimmt seinen chemischen Charakter. Um den Atomkern, der aus Protonen (elektrisch positiv geladenen Teilchen) und Neutronen (nicht geladenen Teilchen) besteht und die Hauptmasse des Atoms darstellt, rotieren die negativ geladenen Elektronen, deren Zahl jener der Protonen gleich ist. Diese Zahl ist identisch mit der Ordnungszahl der Elemente im periodischen System und bedingt deren chemische Eigenschaften. Isotope sind chemisch identische Elemente mit verschiedener Masse infolge verschiedener Neutronenzahlen im Atomkern. Die (elliptischen) Bahnen der negativen Elektronen sind nicht scharf definiert, so daß man von „Elektronenwolken" spricht. Sie laufen in verschiedenen „Schalen" ab (Wahrscheinlichkeitsräume), die den sieben Perioden der chemischen Elemente entsprechen und verschiedenes Energieniveau aufweisen. Man bezeichnet sie als $K$-, $L$-, $M$-, $N$- usw. Schalen.

**Elektronenbahnen.** Geht ein Elektron von einer äußeren auf eine energiereichere innere Bahn über (falls dort z. B. durch Röntgenbestrahlung ein anderes Elektron herausgeschleudert worden war), so wird Energie frei und eine Strahlung ausgesendet, deren Frequenz nach dem Bohrschen Gesetz durch den Energieunterschied zwischen Ausgangs- und Endzustand bestimmt wird:

$E_2 - E_1 = h \cdot \nu$ ($h$ = Plancksches Wirkungsquantum).

**Ordnungszahlen und Elektronenhüllen.** Alle chemischen sowie viele elektrische und optische Vorgänge spielen sich ausschließlich in der Atomhülle ab. Hat ein Atom die gleiche Zahl Protonen im Kern und negative Elektronen in der Hülle, so ist es elektrisch neutral. Lagern sich an die Elektronenhülle eines neutralen Atoms weitere negative Elektronen an, so entsteht ein negatives, werden dagegen Elektronen herausgerissen, so entsteht ein positives Ion. Nach LEWIS streben die Atome vielfach danach, ihre äußerste Schale mit acht Elektronen aufzufüllen (Oktettregel), wie sie die Edelgase aufweisen. Die einwertigen Alkalimetalle haben außerhalb der kompletten Achterschale ein einziges sogenanntes Valenzelektron, das leicht abgespaltet wird und dann ein positiv geladenes Alkalimetallion zurückläßt. Ähnlich neigen die Halogene, die keine vollständige Achterschale haben, dazu, ein Elektron aufzunehmen, wobei sie in ein negatives Halogenion übergehen.

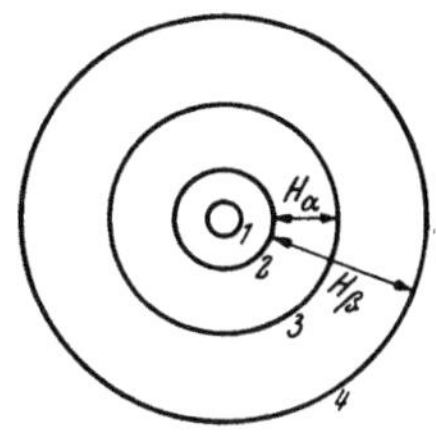

Abb. 1. Elektronenbahnen des Wasserstoffatoms nach BOHR

Die für Wasserstoff von BOHR angenommenen Bahnen zeigt Abb. 1.

**Röntgenstrahlung.** Wie erwähnt, bedeutet der Übergang eines äußeren Elektrons von einer Bahn auf eine dem Kern nähere (von einem „Term" auf den anderen) Aussendung von *Röntgenstrahlung.* Da es aber eine Reihe von Bahnen gibt, kann auch eine ganze Reihe von Elektronensprüngen auftreten, wodurch verschiedenwellige Strahlung ausgesendet wird, die das Röntgenspektrum ergibt. Alle Atome geben bei Röntgendurchstrahlung ähnlich angeordnete Liniengruppen, die je nach dem Energieniveau der Bahn des Elektrons als *K*-, *L*-, *M*- usw. Serien bezeichnet werden, sich mit der Ordnungszahl des Atoms systematisch ändern (im Gegensatz zu den anderen Spektrallinien) und die für das Atom, weitgehend unabhängig von dem Zustand, in dem es sich befindet, charakteristisch sind. Die Quadratwurzel aus dem Kehrwert der Wellenlänge der $\alpha$-Linien für die einzelnen Serien ergibt bei der Auftragung gegen die Ordnungszahl exakte gerade Linien. Damit ist es möglich, mittels der Röntgenspektroskopie sowohl qualitative als auch quantitative Analysen vorzunehmen, eine Möglichkeit, von der jetzt für die Feststellung von Metallen sowohl in Schmierölen als in Kraftstoffen Gebrauch gemacht wird.

**Die optischen Spektren** werden nicht durch Sprünge eines Elektrons in der Tiefe der Elektronenhülle, sondern durch solche eines Außenelektrons, des Leucht- oder Valenzelektrons, verursacht. Zur Kennzeichnung der Bewegungsmöglichkeiten dieser Elektronen verwendet man folgende Zahlen:

1. die *Hauptquantenzahl n*, d. h. die Angabe des Durchmessers der großen Achse der elliptisch anzunehmenden Elektronenbahn um den Atomkern, die zugleich ein Maßstab für die Bindungsfestigkeit ist;

2. die *Nebenquantenzahl l*, d. h. die Angabe der Exzentrizität der Ellipsen (auch Bahndrehimpulsquantenzahl genannt);

3. die *Spinquantenzahl s*, d. h. die Kennzeichnung der Drallbewegung des Elektrons auf seiner Bahn, die die Linienverdopplung erklärt, die im elektrischen Feld eintritt, endlich

4. die *magnetische Quantenzahl m*, die der Ausdruck für die analoge Spaltung der Linien im magnetischen Feld ist.

Die Hauptquantenzahl $n$ ist für Elektronen der Schale $K = 1$,
„ $L = 2$,
„ $M = 3$,
sie bestimmt die „Leitersprossen" der Einzelserien.

Elektronen mit der Nebenquantenzahl 0 heißen *s*-Elektronen,
„ „ „ „ 1 „ *p*-Elektronen,
„ „ „ „ 2 „ *d*-Elektronen,
„ „ „ „ 3 „ *f*-Elektronen
und dann weiter nach dem Alphabet.

Die Quantenzahlen können nicht beliebige Werte annehmen, da folgende Einschränkungen bestehen:

a) Die Nebenquantenzahl $l$ ist stets wenigstens um 1 kleiner als $n$, aber niemals negativ; sie kann die Werte 0, 1, 2, .... $n-1$ annehmen.

b) Die magnetische Quantenzahl $m$ kann alle ganzzahligen Werte zwischen $+l$ und $-l$ annehmen, also $+l$, $+l-1$, ..... $-l+1$, $-l$.

c) Die Spinquantenzahl $s$ kann nur die Werte $+\frac{1}{2}$ und $-\frac{1}{2}$ annehmen.

Jede Kombination der vier Quantenzahlen ergibt einen möglichen Elektronenterm, es kann aber nach dem Paulischen Eindeutigkeitsprinzip in jedem Atom jede einzelne Kombination nur einmal auftreten.

**Atomspektren.** Die Atome haben infolge der noch relativ einfachen Möglichkeiten der Energiezustände der Elektronen Linienspektra, falls die eingestrahlte Energie nicht ausreicht, das Atom durch Absprengung eines Elektrons zu ionisieren (Ionisierungsenergie); wird energiereichere (kurzwelligere) Strahlung eingesendet, so tritt vollkommene Absorption ein, indem die überschüssige Energie in Form kinetischer Energie des losgelösten Elektrons verbraucht wird.

**Molekülspektren.** Die Moleküle haben außer den besprochenen vier Möglichkeiten der Atomelektronen, Energie zu speichern, noch zwei weitere: die Rotation (Rotationsquantenzahl $r$) und die inneren Schwingungen (Schwingungsquantenzahl $v$); sie senden infolgedessen eine so große Zahl von dicht nebeneinanderliegenden Einzellinien aus, daß sie als Bandenspektrum erscheinen.

Die Absorption der schwingenden Energie wird durch die Größe und die Ladung der absorbierenden Teilchen einerseits, die Frequenz oder Wellenlänge andererseits bestimmt. Jedes Teilchen absorbiert aus dem gesamten eingestrahlten Wellenbereich jene Wellenlänge, die mit seiner eigenen natürlichen Frequenz übereinstimmt, und verwandelt die aufgenommene Energie in Wärme oder eine andere Energieform. Je kleiner und leichter es ist, um so höher ist die absorbierte Frequenz, je größer und schwerer, um so geringer ist sie. So absorbieren die Außenelektronen (Leucht- oder Valenzelektronen) der Atome die raschschwingenden Wellen des Ultraviolett und des sichtbaren Lichtes, die Atome die infraroten Wellen, während die polaren Moleküle als Ganzes Wellen von der Länge der Radiowellen aufnehmen und so die dielektrischen Verluste verursachen.

**Infrarotspektren und Ramanspektren.** Im *Infrarot-* (Ultrarot-) wird die Lichtenergie ebenso wie im *Ramanspektrum* durch die Schwingungen und Rotationen der Molekel in Abhängigkeit von deren Trägheitsmoment absorbiert bzw. verändert; das Raman-Spektrum erhält man durch Einstrahlung monochromatischen Lichtes, die austretende Strahlung ist durch Aufnahme bzw. Abgabe der Energie zum Teil verändert, so daß man außer den üblichen Spektrallinien neue schwache Linien erhält, deren Abstand zu den ersten das Maß für die Größe der aufgenommenen oder abgegebenen Energie ist. — Bei Überschreitung der für den Zerfall des Moleküls nötigen Energie tritt ein Kontinuum auf.

Sowohl das Infrarot- als das Raman-Spektrum werden durch die Struktur des Moleküls bestimmt, so daß sie darüber Aufschluß geben. Bestimmte Atomgruppierungen geben nämlich in den verschiedensten Molekeln stets ungefähr die gleichen Schwingungsfrequenzen, so daß man gewisse Schlüsselfrequenzen für sie feststellen kann. Bei der Auswertung des Spektrums eines unbekannten Stoffes kann man die gefundenen Schlüsselfrequenzen nach dem Baukastenprinzip zusammensetzen oder aber feststellen, ob sich eine gesuchte Atomgruppierung mit bekannter Schlüsselfrequenz darin befindet oder nicht. Einzelheiten vgl. H. LUTHER[1].

Infrarotuntersuchungen dienen vor allem für die Analyse von Kohlenwasserstoffgasen (5 bis 6 Komponenten), ferner flüssiger Gemische aus Aromaten, Naphthenen und Paraffinen bis etwa 130° C Siedepunkt (nach Fraktionierung), dagegen nur bis zu etwa 50° C Siedepunkt bei Olefinen wegen deren großer Isomerenzahl und ähnlicher Spektren. Die RAMAN-Spektroskopie ist für sehr viele Kohlenwasserstoffanalysen brauchbar, sie hat sich besonders zur Bestimmung der Olefine und Aromaten in Destillaten bewährt.

**Ultraviolettspektren.** Im Ultraviolett (etwa 2000 bis 4000 Å, 200 bis 400 m$\mu$) absorbieren aromatische Kohlenwasserstoffe, wie Benzol, Toluol, Naphthalin, Anthrazen, Phenanthren, und ihre Derivate selektiv. Die Untersuchung ist auf Kraftstoffe quantitativ angewendet worden[2] und gestattet rasche Bestimmung der Aromaten bis zu den Xylolen sowie von Butadien mit sehr geringen Stoffmengen.

Für Vielkomponentengemische ist die Anwendung von Ultraviolett nur in Sonderfällen (z. B. Feststellung der Aromatenfreiheit von Weißölen) angezeigt.

**Die Absorptionsspektroskopie** wird zur Untersuchung von Erdölprodukten verwendet. Allgemein ist dazu zu sagen, daß dabei infolge der rasch zunehmenden Zahl von Isomeren schon bei Siedepunkten über 130° C eine verwirrende Fülle von Linien erhalten wird, die ihre Identifizierung erschweren. Um trotzdem spektroskopische Messungen machen zu können, muß man entweder durch Fraktionierung die Zahl der Komponenten so weit verringern, daß man noch ein klares Bild erhält, oder in einem Vielkomponentengemisch von ziemlich einheitlicher Struktur Stoffe suchen, die dank einem sehr herausfallenden Spektrum leicht identifizierbar sind.

**Lichtabsorption.** Im *sichtbaren Licht* folgt die *Lichtabsorption*, die als Farbe in Erscheinung tritt, bei Kohlenwasserstoffen, die nicht mit dem Verdünnungsmittel reagieren (z. B. Assoziate geben), für monochromatische Strahlung dem LAMBERT-BEERschen Gesetz:

$$J_D = J_O \cdot 10^{-a \cdot c \cdot d}; \quad \log \frac{J_O}{J_D} = a \cdot c \cdot d,$$

worin $J_D$ die Intensität des durchgelassenen Lichtes,
$J_O$ die Intensität des eingestrahlten Lichtes,
$a$ der molare dekadische Extinktionskoeffizient,
$c$ die Konzentration in Mol/l,
$d$ die Schichtdicke in cm sind.

Der molare dekadische Extinktionskoeffizient $a$ stellt also den reziproken Wert derjenigen Schichtdicke in cm vor, den eine 1-molare Lösung besitzen muß, um das durch sie hindurchtretende Licht auf den zehnten Teil seiner Eintrittsintensität zu schwächen; seine Dimension ist $cm^2 \cdot Mol^{-1}$. (Der Extinktionskoeffizient ist dagegen allgemein der reziproke Wert derjenigen Schichtdicke, bei der die Eintrittsintensität auf den zehnten Teil herabgesetzt wird.)

**Transparenz und Extinktion.** Das Durchlässigkeitsvermögen, d. h. das Verhältnis von eintretender zu austretender Intensität heißt *Transparenz.* Da die Transparenz hintereinanderliegender Schichten gleich dem Produkt der

[1] Erdöl u. Kohle **4** (1951), 387.
[2] JOSTES, F.: Oel u. Kohle **14** (1938), 1012.

einzelnen Transparenzen ist, wird nach Vorschlag BUNSENS der Logarithmus des Kehrwertes der Transparenz verwendet, um mit additiven Größen rechnen zu können; dieser Wert ist die *Extinktion* $E = -\log T = \log \frac{J_O}{J_D}$. Die Gesamtextinktion wird für hintereinanderliegende Schichten damit gleich der Summe der Einzelextinktionen.

Aus praktischen Gründen nimmt man von den drei möglichen Maßen der Lichtschwächung bei hohem Schwächungsvermögen die Transparenz oder die Extinktion, bei geringem die *Absorption* ($= J_O$ — Refl. — $J_D$).

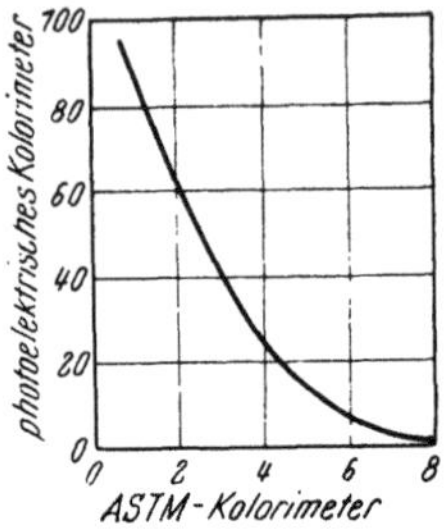


Abb. 2. Farbmessung mit photoelektrischem und mit technischem (ASTM-Union) Kolorimeter (nach BONDI)

**Die technischen Kolorimeter,** die weißes Licht verwenden, kranken außer an der verschiedenen Empfindlichkeit des menschlichen Auges und einer Photozelle gegenüber der Lichtintensität daran, daß infolge der verschiedenen Eigenfarbe der Erdölprodukte sich der Extinktionskoeffizient gleichmäßig mit der Wellenlänge ändert. Photoelektrisch gemessene und kolorimetrisch bestimmte Werte stehen deshalb nicht in linearer Beziehung, wie Abb. 2 zeigt.

**Kötschaus Farbenkonstante.** Die umfangreichen Arbeiten KÖTSCHAUS zur Einführung absoluter Verfahren[1], die auf spektral-photometrischen Methoden basieren, erscheinen außerordentlich wichtig. Gegenüber der Kolorimetrie, die mit einer Vergleichslösung desselben Stoffes arbeitet, erstrebt KÖTSCHAU photometrische Verfahren, bei denen ein Vergleichslicht in definierter Weise geschwächt wird, kommt aber dabei zu Zwischenlösungen. Er legt dabei die *Farbkonstante* $Kv^*$, d. h. den Tangens der typischen Farbenkurve im Wellenzahlsystem ($v^* = 1/\lambda$ cm$^{-1}$), zugrunde und kommt durch Erfassung des Steilheitsgrades $K$ der doppellogarithmischen Extinktionskurve über die Mitte des sichtbaren Spektrums (Gelb-Grün) zum Begriff der *Farbkurven* und des *Farbindex,* die zur Charakterisierung der oxydationsunbeständigen, färbenden Anteile von Isolier- und Trafoölen gut geeignet sein sollen. Zur Charakteristik der Farbänderungen (Aufhellung bei Raffination, Nachdunkelung bei Alterung) verwendet er in Erweiterung des von ihm vorgeschlagenen *Extinktionsquotienten* (d. h. des Verhältnisses der Extinktionskoeffizienten) nun die entsprechenden Exponentialfunktionen als *Extinktionsindizes.* Auf eingehende Behandlung muß hier verzichtet werden.

**Die Massenspektrographie** besteht in der Beschießung des Kohlenwasserstoffdampfes mit einem Elektronenstrahl und dadurch erfolgter teilweiser Zerschlagung der Moleküle in elektrisch geladene Teilchen (Ionen), die durch ihre Ablenkung im elektrischen und magnetischen Feld auf Zahl und Größe (= Masse) in Form eines Massenspektrums untersucht werden können. Da die Zerschlagung des Moleküls von der Struktur abhängt, kann man nach Eichung mit reinen Stoffen auf die anwesenden Komponenten rückschließen. Das Anwendungsgebiet ist die Gasanalyse von Gemischen bis zu 18 Komponenten unter günstigen Umständen, die Methode ist aber auch sehr wertvoll zur Bestimmung der Festigkeit chemischer Bindungen[2].

[1] Vgl. Erdöl u. Kohle **5** (1952), 83.

[2] Vgl. KINDER, J. F. und R. WERTZLER: Petroleum Processing **4** (1949), 515; LUTHER, H. und L. JENCKEL: Erdöl u. Kohle **5** (1952), 17.

**Dipole.** Die verschiedene Elektronenverteilung zweier miteinander zu einem Molekül verbundener Atome verursacht elektrische Momente $\mu$ von der theoretischen Größe $e \cdot l$ (Ladung $= \pm e$, Abstand der Ladungen $= l$), sogenannte *Dipole*, die bei der Einwirkung eines Feldes Orientierung der Moleküle verursachen. Außer diesen *permanenten* Dipolen gibt es noch *induzierte Dipole*, die dadurch entstehen, daß die Ladungsschwerpunkte im Molekül durch die Einwirkung des elektrischen Feldes verschoben werden. In einem Feld der Stärke $E$ ist das elektrische Moment: $\mu = \alpha \cdot E$ ($\alpha$ = Polarisierbarkeit des Atoms bzw. Moleküls). Die gesamte Polarisierbarkeit $\alpha$ setzt sich aus der Summe der permanenten und der induzierten Polarisation zusammen:

$$\alpha = \alpha_0 + \frac{\mu^2}{3\,kT}$$

($k$ = BOLTZMANNsche Konstante, $T$ = absolute Temperatur), das mittlere elektrische Moment ist dementsprechend

$$\mathfrak{m} = \left(\alpha_0 + \frac{\mu^2}{3\,kT}\right) \cdot \mathfrak{E}.$$

Die Polarisation verursacht eine Schwächung des elektrischen Feldes. Bei einer Feldstärke $\mathfrak{E}_0$ im Vakuum ist die, im mit Materie erfüllten Raum verringerte, Feldstärke $\mathfrak{E} = \frac{1}{\varepsilon} \cdot \mathfrak{E}_0$, worin $\varepsilon$ die Dielektrizitätskonstante bedeutet. $\varepsilon$ und $\mathfrak{m}$ hängen nach der Gleichung

$$\frac{\varepsilon - 1}{\varepsilon + 2} = \frac{4\pi}{3} \cdot N_L \cdot \frac{\mathfrak{m}}{\mathfrak{E}}$$

zusammen ($N_L$ = Zahl der Atome oder Moleküle in Volumeinheit). Für 1 Mol ergibt sich die Molpolarisation $P$ zu

$$P = \frac{\varepsilon - 1}{\varepsilon + 2} \cdot v = \frac{4\pi \cdot N \cdot \mathfrak{m}}{3\,\mathfrak{E}}$$

($v$ = Molvolumen = Molgewicht/Dichte, $N$ = LOSCHMIDTsche Zahl). Für die Polarisation nur durch Influenz (Elektronenpolarisation) ergibt sich:

$$P = \frac{4\pi}{3} \cdot N_L \cdot \alpha.$$

**Lichtbrechung.** Bei Durchstrahlung eines Stoffes mit Licht, also mit rasch wechselnden elektrischen Schwingungen, ergibt sich als Folge der Polarisation die *Lichtbrechung*. Zwischen dem Brechungsexponenten $n$ und der Dielektrizitätskonstante $\varepsilon$ besteht nach MAXWELL die Beziehung: $\varepsilon = n^2$, für die Molrefraktion $R$ erhält man den Wert: $R = \frac{n^2 - 1}{n^2 + 2} \cdot v = \frac{4}{3}\ N_L\alpha = 2.54.10^{24}\ \alpha$.

**Die Lichtbrechung zur Charakteristik von Erdölprodukten.** Die Lichtbrechung ist als Charakteristik der Erdölprodukte von sehr großer Bedeutung, weil sie einfach und genau bestimmbar ist und nur minimale Substanzmengen erfordert. J. SMITTENBERG und D. MULDER haben für die homologen Kohlenwasserstoffreihen eine Formel der allgemeinen Form: $n_{D_{20}} = x + k/(c + z)$ aufgestellt (worin $x$ der Grenzwert für ein Molekül mit unendlich viel C-Atomen, $k$ und $z$ Konstanten für jede homologe Reihe sind), die sehr gute Übereinstimmung mit den gemessenen Werten ergab.

Tabelle 1. *Brechungsindex $n_{D20}$ von n-Kohlenwasserstoffreihen*

| Kohlenwasserstoffreihe | Kohlenstoffzahl C | Molekulargewicht $M$ |
|---|---|---|
| $n$-Alkane | 1,4752 — 0,6838/(C + 0,82) | 1,4752 — 9,591/($M$ + 9,5) |
| $n$-$\alpha$-Alkene | 1,4752 — 0,5610/(C + 0,44) | 1,4752 — 7,868/($M$ + 6,2) |
| $n$-Alkylcyclopentane | 1,4752 — 0,3920/C | 1,4752 — 5,498/$M$ |
| $n$-Alkylcyclohexane | 1,4752 — 0,3438/C | 1,4752 — 4,822/$M$ |
| $n$-Alkylbenzole | 1,4752 + 0,1125/(C — 2,30) | 1,4752 + 1,578/($M$ — 26,2) |

Für andere Kohlenwasserstoffreihen, wie kondensierte trizyklische Aromaten, kondensierte trizyklische Naphthene usw., gibt es nicht genügend verläßliche Unterlagen zur Aufstellung einer Formel[1].

Da die Molrefraktion die Dimension eines Volumens hat, und der Ausdruck $\frac{n^2-1}{n^2+2}$ jenen Bruchteil des Molvolumens bedeutet, der von $N$ Molekeln eingenommen wird, kann man unter Annahme der Molekel als starrer Kugeln aus ihrer Raumerfüllung ihren $R_M$-Radius angenähert berechnen, der sich als $r = \sqrt[3]{\frac{3\,R_M}{4\,N}}$ ergibt; die Werte stimmen befriedigend mit den gefundenen überein.

**Orientierungspolarisation.** Enthält eine Flüssigkeit Moleküle mit Dipolen, die sich im elektrischen Feld orientieren, so wird diese Orientierung infolge der ihr widerstrebenden kinetischen Bewegung der Moleküle mit höherer Temperatur geringer, die Polarisation also temperaturabhängig. Es ist dies der Orientierungsbetrag, der durch das permanente Dipolmoment bestimmt wird ($P_O = \frac{4\pi N\alpha}{3} \cdot \frac{\mu^2}{3\,kT}$). Die Orientierungspolarisation kann wegen der Trägheit der Moleküle nur bei langsamen Schwingungen, also nicht im rasch schwingenden Lichtfeld, erfolgen. Der temperaturunabhängige Betrag der Polarisation $P_E = \frac{4\pi}{3} \cdot N\alpha$ ist dagegen der im Lichtfeld eintretende, optische oder Verschiebungsanteil, der durch die Verschiebung der Ladung im Molekül erfolgt. Nach LANGMUIR ergibt sich für die Gesamtpolarisation die Formel:

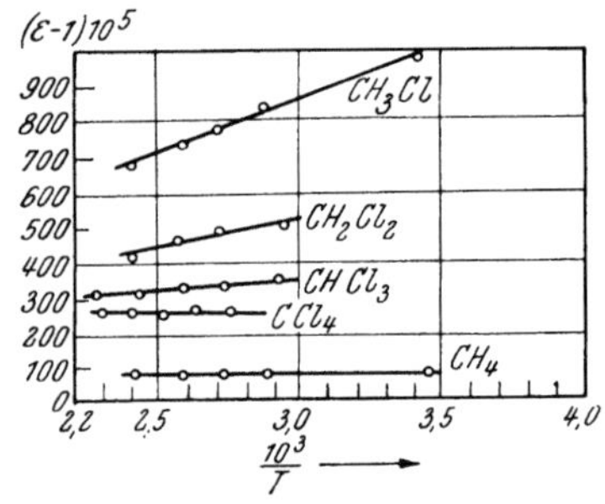

Abb. 3. Polarisation einiger Gase in Abhängigkeit von der Temperatur (nach R. SÄNGER)

$$P = \frac{\varepsilon - 1}{\varepsilon + 2} \cdot \frac{M}{d} = \frac{4\pi}{3} N\left(\alpha + \frac{\mu^2}{3\,kT}\right).$$

Ein Beispiel für die Polarisation einiger Gase in Abhängigkeit von der Temperatur zeigt Abb. 3. Die Polarisation kann hier, da $\varepsilon$ wenig von 1 verschieden ist, in der Form $P = \frac{\varepsilon - 1}{3} \cdot \frac{M}{d} = \frac{4\pi}{3} N\left(\alpha + \frac{\mu^2}{3\,kT}\right) = A + \frac{B}{T}$ gebracht und das Dipolmoment $\mu$ aus der Neigung der Geraden errechnet werden. Bei den elektrisch symmetrischen Molekülen $CH_4$ und $CCl_4$ ist es erwartungsgemäß Null; je geringer der Chlorgehalt, um so größer wird es.

[1] Recueil Trav. chim. Pays-Bas **67** (1948), 813, 826.

Das Dipolmoment ist nicht nur für die Ermittlung der Konstitution wichtig, sondern auch praktisch bei allen Verwendungen von Bedeutung, wo die molekulare Orientierung eine Rolle spielt. Auf die Rolle bei der Schmierung hat H. KADMER[1] hingewiesen, allerdings ist die Orientierung nur ein Faktor, zu dem noch andere kommen müssen, um wirkliche Schmierung zu gewährleisten.

## 2. Die Aggregatzustände und die Dichte (das spezifische Gewicht)

### a) Die Aggregatzustände

Die Erdölprodukte werden in allen drei Aggregatzuständen, als Gase, Flüssigkeiten und feste Stoffe, verwendet. Von diesen stellen die Gase und die festen Stoffe die extremen Zustände der Materie dar, in denen keinerlei Einwirkung des Einzelatoms auf das nächste stattfindet, oder im Gegenteil vollkommene Zuordnung zu den benachbarten besteht. Sie sind also durch vollkommene Unordnung (ideale, einatomige Gase bei hohen Temperaturen oder geringen Drucken) und durch vollkommene Ordnung (Kristall bei niederer Temperatur) gekennzeichnet. Flüssigkeiten nehmen eine Zwischenstellung zwischen diesen beiden Extremfällen ein. Als Maß des Ordnungs- bzw. Unordnungszustandes dient der Begriff der später besprochenen Entropie.

#### α) *Gase*

Das Hauptcharakteristikum eines idealen Gases ist die freie Beweglichkeit des Einzelatoms, die unabhängig von Einwirkungen von Nachbaratomen erfolgt, aber häufig zu Zusammenstößen zweier oder mehrerer Atome führt. Für die idealen Gase gilt das Grundgesetz von AVOGADRO, daß bei gleicher Temperatur und gleichem Druck gleiche Volumina die gleiche Anzahl von Atomen (Elementarteilchen) enthalten.

Bei den realen Gasen können die gegenseitigen Beeinflussungen der Elementarteilchen (Atome und Moleküle) nicht vernachlässigt werden. Im Gegensatz zu den idealen Gasen, bei denen vollkommene Unordnung herrscht, zeigen sich bei ihnen die ersten Anzeichen einer Ordnung, wie sie in vollkommener Form beim Kristall, in Zwischenstufen bei den Flüssigkeiten auftritt.

Über der Unordnung der idealen Gase, betrachtet vom Standpunkt des Einzelteilchens aus, steht aber auf einer höheren Ebene die sehr weitgehende Gesetzmäßigkeit, die sich bei der Integration der Einzelbewegungen in Form der später besprochenen Gasgesetze ergibt (vgl. S. 24 ff.).

**Kinetische Gastheorie.** Nach der kinetischen Gastheorie entsteht der Gasdruck durch die Summe der Stöße der Gasmoleküle auf die Wandungen: $p = k \cdot \frac{n \cdot N}{V} (\frac{1}{2}\, m w^2)$, worin $n$ die Molzahl im Volumen $V$ (cm³), $N$ die LOSCHMIDTsche Zahl ($6{,}023 \cdot 10^{23}$), $m$ die Masse und $w$ die Geschwindigkeit sind. Jedes Gasmolekül hat dauernd wechselnde Geschwindigkeiten, so daß man nur von mittleren Geschwindigkeiten sprechen kann; außerdem ist in jedem Moment die Geschwindigkeit der Moleküle gemäß dem MAXWELL-BOLTZMANNschen Gesetz statistisch verteilt. Durch Ausrechnung ergibt sich für $p$ der Wert $\frac{2}{3} \cdot \frac{n \cdot N}{V} \cdot (\frac{1}{2}\, m w^2)$, somit $pV = \frac{2}{3}\, n \cdot N\, (\frac{1}{2}\, m w^2)$, da dies aber $n \cdot R \cdot T$ ist, so folgt $n \cdot R \cdot T = \frac{2}{3}\, n \cdot N\, (\frac{m w^2}{2})$ oder $T = \frac{2}{3} \frac{N}{R} (\frac{m w^2}{2})$.

---

[1] Oel u. Kohle **39** (1943), 836.

Bei einheitlichen Gasen ist auch $m$ einheitlich und wird $N \cdot m$ gleich dem Molekulargewicht, so daß $T = \frac{M}{3\,l} \cdot w^2$ wird; die mittlere Molekulargeschwindigkeit $w$ ist daher: $\sqrt{3\,\frac{R \cdot T}{M}}$.

Für Wasserstoff erhält man bei 293° K eine Geschwindigkeit von 1904 m/sek, für Sauerstoff von 478 m/sek; je kleiner das Molekül, um so rascher diffundieren daher Gase.

**Stoßzahl und freie Weglänge.** Die mittlere *Stoßzahl* (Zahl der Zusammenstöße/Zeiteinheit) ist sehr hoch, die *freie Weglänge* (Weg bis zu einem neuen Zusammenstoß) entsprechend klein. Für Luft unter Normaltemperatur beträgt die Stoßzahl etwa $6.10^9$/sek, die freie Weglänge $1{,}10^{-5}$ cm, steigt aber bei einem Druck von $10^{-6}$ at schon auf 10 cm. Sie ist von der Temperatur unabhängig.

Wegen der hohen Stoßzahl und geringen Weglänge sind Gasdiffusion und dadurch bedingte Vorgänge, wie Adsorption, Vermischung, Reaktionen mit festen und flüssigen Körpern keineswegs rasch verlaufende Prozesse.

### β) *Feste Körper*

Das Hauptcharakteristikum der festen Körper ist ihre Formbeständigkeit und ihre Formelastizität, die sie befähigt, nach Verformung die ursprüngliche Gestalt wieder anzunehmen. Die Formelastizität kann aber in Plastizität übergehen, d. h. bei langer Einwirkung tritt dauernde Verformung ein (Leim, Bitumen). Deshalb beschränkt man die gegebene Definition auf kristallisierte Körper, die außer der Begrenzung durch ebene Flächen vor allem Anisotropie zeigen, d. h. Richtungsabhängigkeit mancher Eigenschaften, wie optischer, elektrischer und mechanischer Eigenschaften, der Lösungs- und Wachstumsgeschwindigkeit. Demgegenüber sind die amorphen Körper in ihren Eigenschaften richtungsunabhängig (isotrop), wie auch die Gase und Flüssigkeiten; flüssige Kristalle sind allerdings anisotrop, dafür aber formunbeständig.

Der ideale feste Körper ist demnach kristallisiert, d. h. er weist extreme Ordnung auf [hat keine Entropie (Unordnung!)] und keine innere Bewegung; annähernd erreicht wird dieser Zustand bei sehr tiefer Temperatur oder sehr hohem Druck. Diamant nähert sich diesem Idealfall, denn er hat schon bei 50° K eine unmeßbar kleine spezifische Wärme $C$. Eine Zustandsgleichung allgemeiner Art gibt es für feste Körper nicht.

**Die Entropie** $S$ des idealen festen Körpers beim absoluten Nullpunkt ist Null (*Dritter Wärmesatz* von Nernst). Bei Erwärmung nimmt sie wie jene der Gase um so mehr zu, je niederer die Temperatur liegt; sie beträgt bei $T$° K, da man $C_p$ zugrundelegen muß: $S_T = \int_0^T \frac{C_p}{T}\,\mathrm{d}T$

falls Umwandlungspunkte vorkommen: $S_T = \int_0^{T_u} \frac{C_p}{T}\,\mathrm{d}T + \frac{qT_u}{T_u} + \int_{T_u}^{T} \frac{C_p}{T} \cdot \mathrm{d}T$

bei Verwendung der kleineren Kalorie als Energiemaß in Einheiten Clausius (= cal/Grad).

Die Bestimmung erfolgt meist graphisch, indem man $C_p$ gegen $T$ oder besser $\log T$ aufträgt und die Fläche ausmißt. Amorphe Körper und feste Lösungen sind auch beim absoluten Nullpunkt nicht ideal geordnet, so daß die Berechnung nach der angegebenen Gleichung nicht zulässig ist.

**Der Begriff der Fehlordnung** in festen Körpern hat in letzter Zeit außerordentliche Bedeutung erhalten. Man versteht darunter eine reversible oder irreversible Ordnungsstörung eines Kristallgitters durch Aufnahme thermischer Energie oder durch Einfrieren einer Fehlordnung, indem Atome oder Atomgruppen ihren Ort verlassen und entweder neue Gitterebenen bilden und Leerstellen zurücklassen oder an „falsche" Gitterplätze gehen. Technisch sind solche Fehlordnungen sehr wichtig; so bleiben im Martensit Kohlenstoffatome, die abgeschieden wurden, im Eisen liegen und verzerren das Gitter der Eisenatome. Auch die Stromleitung in Halbleitern (die sowohl durch Elektronen als Ionen erfolgt) beruht auf der Fehlordnung. R. GLOCKER und H. HENDUS[1] hatten für den Begriff „amorph" ebenfalls vorgeschlagen, Fehlordnung und nicht Unordnung anzunehmen. Die Wirksamkeit von Katalysatoren ist vielfach um so besser, je stärker die Fehlordnung ist.

Der Fehlordnungsgrad kann bei Kristallen aus mehreren Atomarten sehr ungleich sein; große und fest gebundene Bausteine, wie $S''$-, $J'$-, $O''$-Ionen können in $Ag_2S$, AgJ und $Cu_2O$ noch Gitter bilden, während kleine $Ag^+$- und $Cu^+$-Ionen schon bei mäßiger Temperatursteigerung fast völlig ungeordnet sind. Übersteigt mit zunehmender Temperatur die Fehlordnung eine gewisse Grenze, so tritt unter Zusammenbruch des Gitters Schmelzen ein. In manchen Kristallen können Gitterbausteine auch rotieren; so können in Kristallen fettsaurer Seifen die Kohlenwasserstoffketten nach THIESSEN beim Schmelzpunkt der Seifen zu rotieren und zu schwingen beginnen, obgleich die Gitterstruktur noch bis zu etwa 200° höheren Temperaturen erhalten bleibt.

### γ) *Flüssigkeiten*

Flüssigkeiten stehen den festen Körpern näher als den Gasen (wenn man nicht nahe am kritischen Punkt ist), wie sich schon aus der Ausbildung einer Oberfläche, der verhältnismäßig hohen Dichte, der geringen Kompressibilität und thermischen Ausdehnung und endlich der Ähnlichkeit der spezifischen Wärmen von Flüssigkeiten und festen Körpern erkennen läßt; die $C_V$ von flüssigen und festen Phasen eines Stoffes sind beim Schmelzpunkt fast identisch.

Aus der Ähnlichkeit der Flüssigkeiten mit den festen Körpern ergibt sich auch, daß sie bei Temperaturen in der Nähe des Erstarrungspunktes eine Raumgitterstruktur besitzen, die allerdings wegen der dauernden Verschiebung der Schwingungsmittelpunkte undeutlich erfaßbar ist, so daß Röntgenaufnahmen nur verschwommene Interferenzen ergeben.

Auch der Molekülbegriff steht bei Flüssigkeiten zwischen dem für Gase und feste Körper gültigen. Während ein Gasmolekül ein eindeutiges Gebilde ist, sind in kristallinen festen Körpern Einzelmoleküle nicht abzugrenzen. In Flüssigkeiten stellen Moleküle Atomgruppen vor, die sich — wie Gasmoleküle — gemeinsam fortschreitend bewegen, ohne daß sich aber wegen ihres zeitlich sehr verschieden langen Zusammenhaltes (Assoziate!) genaue Definitionen für sie aufstellen ließen.

Nach der Zähigkeit stehen die Flüssigkeiten den Gasen näher als den festen Körpern. Der Wert der inneren Reibung liegt bei den leichtbeweglichen Flüssigkeiten zwischen $10^{-2}$ und $10^{-3}$ Poisen gegenüber $10^{-4}$ Poisen für Gase unter Normalbedingungen; assoziierte Flüssigkeiten, wie Glyzerin, Mineralöle, haben

[1] Z. Elektrochem. 48 (1942), 327.

allerdings bis zu drei Zehnerpotenzen höhere Werte. Die „festen Körper" haben demgegenüber Werte von $10^9$ Poisen und mehr (z. B. Pech).

**Fehlstellen.** Man muß auch für Flüssigkeiten Fehlstellen annehmen und erklärt mit deren Zunahme die meist auftretende Zunahme des Volumens beim Schmelzen (Übergang vom erstarrten zum flüssigen Zustand). Deshalb ist auch das „Flüssigkeitsraumgitter" sehr viel beweglicher als ein Kristallraumgitter. Da die aus der Oberflächenspannung errechnete Zerreißfestigkeit von Flüssigkeiten viele tausend kg/cm² beträgt, praktisch aber auf einen Bruchteil dieses Wertes absinkt, kann man sich vorstellen, daß auch durch gelöste Gase und dadurch zusätzlich entstehende „Fehlstellen" eine Verringerung dieser Festigkeit verursacht wird.

## b) Dichte (spezifisches Gewicht)

### α) *Begriffsbestimmung*

Die Dichte eines homogenen Körpers ist der aus seiner Masse und seinem Rauminhalt gebildete Quotient. Sie wird in Kilogramm je Kubikmeter (kg/m³) oder Gramm je Kubikzentimeter (g/cm³) angegeben. Das Gramm je Kubikzentimeter ist gleich 1,000 028 Gramm/Milliliter, für praktische Zwecke also diesem als gleich zu erachten.

Das spezifische Gewicht (Wichte) eines homogenen Körpers ist der aus seinem Normgewicht und seinem Rauminhalt gebildete Quotient; bei Gemengen und Schüttstoffen ist der aus Normgewicht und Rauminhalt gebildete Quotient als Raumgewicht zu bezeichnen.

### β) *Wesen*

Die Dichte ist der Ausdruck der molekularen Raumerfüllung und deshalb außerordentlich wichtig zur Beurteilung des chemischen Aufbaues der Mineralölprodukte. Je wasserstoffreicher ein Molekül bei gleicher Zahl der Kohlenstoffatome ist, um so niederer ist seine Dichte, so daß in der Reihenfolge Aromaten, Naphthene, Paraffine die Kohlenwasserstoffe abnehmende Dichten aufweisen.

Fraktionen eines Rohöles haben im allgemeinen mit steigendem Siedepunkt auch zunehmende Dichten, doch gilt dies nur, wenn die Verteilung der verschiedenen Körperklassen in den Fraktionen gleichbleibt oder sich — zufällig — kompensiert. Andernfalls kann z. B. Anwesenheit von Aromaten oder Isoparaffinen in *n*-Paraffinen Abweichungen in Richtung höherer Dichten ergeben. Die mit steigendem Molekulargewicht außerordentlich zunehmende Zahl möglicher Isomerien läßt bei Molekulargewichten über etwa 200 aber keine Schlüsse auf chemisch definierte Individuen zu; man kann dann nach der Dichte allein nur mehr summarisch Erdöle oder ihre Produkte als paraffinisch oder naphthenisch kennzeichnen.

Die Dichte ist im allgemeinen eine additive Größe, so daß sie aus Strukturelementen errechnet werden kann. Es gibt verschiedene Formeln zur Berechnung der Dichte bestimmter Kohlenwasserstoffe, von denen jene von J. Smittenberg und D. Mulder erwähnt sei, die sie für fünf Kohlenwasserstoffreihen aufgestellt haben und die identisch mit der für die Refraktion von ihnen aufgestellten ist (vgl. S. 13). In ihrer allgemeinen Form lautet sie: $d = d_\infty + \frac{k}{C + z}$, worin $d_\infty$ die Dichte eines Kohlenwasserstoffes mit unendlich viel C-Atomen, $k$ und $z$ die für jede Reihe in Frage kommenden Konstanten sind. Die zahlenmäßigen Ausdrücke der für die fünf Kohlenwasserstoffreihen nach Maßgabe der verfügbaren Unterlagen errechneten Formeln zeigt Tab. 2.

Tabelle 2. *Dichten $d_{20}$ von homologen n-Kohlenwasserstoffreihen*

| Typus des Kohlenwasserstoffes | Variable: C-Zahl C | Variable: Molekulargewicht $M$ |
|---|---|---|
| $n$-Alkane | $0{,}8513 - 1{,}3100/(C + 0{,}82)$ | $0{,}8513 - 18{,}374/(M + 9{,}5)$ |
| $n$-$\alpha$-Alkene | $0{,}8513 - 1{,}1465/(C + 0{,}44)$ | $0{,}8513 - 16{,}081/(M + 0{,}62)$ |
| $n$-Alkylcyclopentane | $0{,}8513 - 0{,}5984/C$ | $0{,}8513 - 8{,}393/M$ |
| $n$-Alkylcyclohexane | $0{,}8513 - 0{,}5248/C$ | $0{,}8513 - 7{,}361/M$ |
| $n$-Alkylbenzole | $0{,}8513 + 0{,}0535/(C - 4{,}00)$ | $0{,}8513 + 0{,}750/(M - 50{,}1)$ |

Die errechneten und die gemessenen Werte stimmen sehr gut überein.

### γ) *Einflüsse auf die Dichte*

**Temperatur.** Der Temperaturkoeffizient der Dichte $a$ ergibt sich aus der Beziehung

$$d_t = d_{20} + a\,(t - 20),$$

doch gilt dies nur für enge Temperaturbereiche. Bessere Übereinstimmung ergibt sich bei Einführung eines zweiten Faktors $b$:

$$d_t = d_{20} + a\,(t - 20) + b\,(t - 20)^2,$$

wobei die Koeffizienten $a$ und $b$ für verschiedene Molekulargewichte von Aromaten und $n$-Paraffinen die in Tab. 3 verzeichneten Werte annehmen:

Tabelle 3.
*Koeffizienten für die Konstanten $a$ und $b$ der Beziehung $d_t = d_{20} + a(t - 20) + b(t - 20)^2$*

| Molekulargewicht | $a \times 10^5$ | | | $b \times 10^7$ |
|---|---|---|---|---|
| | $n$-Paraffine | Aromaten | Andere Typen | $n$-Paraffine |
| 100 | −85,2 | −90,6 | −86,6 | −5,0 |
| 120 | −80,0 | −84,3 | −81,1 | −3,7 |
| 140 | −76,2 | −79,7 | −77,2 | −2,7 |
| 160 | −73,4 | −76,3 | −74,2 | −2,0 |
| 180 | −71,2 | −73,6 | −71,8 | −1,4 |
| 200 | −69,4 | −71,5 | −70,0 | −1,0 |
| 225 | −67,7 | −69,4 | −68,2 | −0,6 |
| 250 | −66,3 | −67,7 | −66,7 | −0,2 |
| 275 | −65,1 | −66,3 | −65,4 | +0,1 |
| 300 | −64,2 | −65,1 | −64,4 | +0,3 |

Für reine Benzinkohlenwasserstoffe ($C_5$—$C_{12}$) ist der Wert von $a$ und $b$ nach J. Griswold und J. N. Chew[1]:

$$a = -m\left(\frac{1}{M} - 0{,}002\right) - 6 \cdot 10^{-4},$$

$$b = -\left(\frac{800}{M} - 3{,}0\right) \cdot 10^7,$$

worin $M$ das Molekulargewicht, $m$ eine strukturabhängige Konstante bedeuten.

Kennt man die Anfangsglieder einer homologen Reihe, so kann man die

[1] Ind. Engng. Chem. **38** (1946), 364.

Dichten der höheren Glieder durch Auftragung des Wertes $\frac{1000}{M}$ gegen die Dichten und Ziehen einer Geraden durch den Wert 0 für $\frac{1000}{M}$ bei 0,8513 extrapolieren (wo der Endpunkt aller Linien liegt).

Beim Erstarrungspunkt reiner Kohlenwasserstoffe tritt plötzlich Diskontinuität solcher Linien ein, weil die Erstarrung vielfach mit Volumverringerung Hand in Hand geht. So gibt BONDI folgende Kontraktionen verschiedener Stoffe beim Erstarrungspunkt an:

Tabelle 4.

*Kontraktion beim Erstarren verschiedener reiner Kohlenwasserstoffe und Gemische*

| Stoff | Schmelzpunkt °C | Kontraktion Vol (% der Flüssigkeit) |
|---|---|---|
| *n*-Tetrakosan .......... | 50,6 | 19,8 |
| *n*-Dotriakontan ........ | 69 | 16,9 |
| Paraffin D ............ | 72 | 11,8 |
| Paraffin A............. | 52 | 11,2 |
| Mikrokristallines Paraffin („Wax“) ........... | 71 | 7,1 |
| Penna 150 Neutral ..... | (−5) | 1,2 |

**Druck.** Die für viele praktische Zwecke (Hydrauliköle, Druckeinspritzung) wichtige Abhängigkeit der Dichte vom Druck kann bei einer Temperatur nach R. B. DOW und C. E. FINK[1] durch die Gleichung

$$d_p = d_o\,(1 + mp - np^2)_t$$

wiedergegeben werden, worin $d_p$ die Dichte beim Druck $p$, $d_o$ die Dichte bei Atmosphärendruck sind und $m$ und $n$ die in Tab. 5 zusammengestellten Werte annehmen (mit 5 bis 10% Fehler):

Tabelle 5. *Werte der Dichte-Druck-Koeffizienten m und n* (nach DOW und FINK)

| Temperatur °F | °C | $m(psi)^{-1}$ | $n(psi)^{-2}$ |
|---|---|---|---|
| 30 | −1,11 | $4{,}02 \times 10^{-6}$ | $7{,}0 \times 10^{-11}$ |
| 60 | 15,6 | 4,19 | 6,4 |
| 100 | 37,8 | 4,38 | 5,7 |
| 140 | 60,0 | 4,53 | 5,1 |
| 180 | 82 | 4,63 | 4,7 |
| 220 | 104 | 4,68 | 4,4 |

Werte des Kompressibilitätskoeffizienten $\beta$, des Wertes $(\delta p/\delta T)_v$, und des Binnendruckes gibt die nach BONDI wiedergegebene Zusammenstellung (Tab. 6).

Der Wert $(\delta p/\delta T)_v$ stellt den isochoren Druckkoeffizienten, d. h. die Druckzunahme in kg/cm² je Grad Celsius Temperaturerhöhung bei konstantem Volumen dar; er beträgt bei Schmierölen rund 15 kg/cm² °C und nimmt mit steigendem Druck zu, mit steigender Temperatur ab. Der Binnendruck $p_i$, der dem Glied $a$ der VAN DER WAALSschen Gleichung (vgl. S. 26) entspricht, ist die Differenz von $T\,(\delta p/\delta T)_v - p$ und der Ausdruck für die Kohäsionskräfte in der Flüssigkeit.

[1] Appl. Phys. **11** (1940), 353.

Tabelle 6. *Kompressibilitätskoeffizienten β, $(\delta p/\delta T)_v$, und Binnendruck von Kohlenwasserstoffen und Schmierölen*

| Stoff | Zähigkeit Poisen 20° C | Temperatur | Druck $kg\cdot cm^{-2}$ | β $kg^{-1}\cdot cm^{-2}$ | $(\delta p/\delta T)_v$ $kg\cdot cm^{-2}\cdot {}^\circ K^{-1}$ | Binnendruck $p_i$ $kg\cdot cm^{-2}$ |
|---|---|---|---|---|---|---|
| *n*-Pentan ........ | 0,0024 | 50° | 1—1 000 | $13,3 \times 10^{-5}$ | 7,1 | 1800 |
| *n*-Dekan ........ | 0,008 | 50° | 1—1 000 | $8,1 \times 10^{-5}$ | 7,8 | 2020 |
| Leichtes Schmieröl | 0,095 | 40° | 1—1 000 | $4,9 \times 10^{-5}$ | 11,0 | 2950 |
| | | 38° | 1—2 000 | $3,2 \times 10^{-5}$ | 13,0 | 2570 |
| Schweres Schmieröl...... | 0,70 | 40° | 1—1 000 | $4,5 \times 10^{-5}$ | 12,0 | 3250 |
| | | 38° | 1—2 000 | $3,1 \times 10^{-5}$ | 13,5 | 2750 |

Adiabatische Kompression von Flüssigkeiten ergibt einen Temperaturanstieg von etwa 10° C für die ersten 1000 Atmosphären. Die Kompressibilität der Flüssigkeiten nimmt über 8000 at einen für alle gleichen Grenzwert von etwa $8\cdot 10^{-6}$ an.

**Mischung.** Im allgemeinen sind die Dichten der Erdölfraktionen additive Größen, so daß man die Mischungsregel anwenden kann. Mischt man jedoch weit auseinanderliegende Fraktionen, so kann merkliche Kontraktion erfolgen; GURWITSCH führt dies auf den Gehalt der hochsiedenden Fraktionen an Harzen und Asphaltstoffen zurück. Tab. 7 gibt die von GURWITSCH gebrachten Zahlen wieder:

Tabelle 7. *Dichten von Gemischen von Erdölfraktionen mit Benzin*

| Produkt | Dichte gemessen | Dichte errechnet | Differenz in % |
|---|---|---|---|
| Pyronapht[1] ........... | 0,85338 | 0,85550 | 0,247 |
| Maschinenöl .......... | 0,90720 | 0,91239 | 0,572 |
| Mazut[2]............... | 0,91228 | 0,91814 | 0,642 |
| Ölgoudron ............ | 0,94421 | 0,94890 | 0,497 |
| Vapor T[3] ............ | 0,90995 | 0,91589 | 0,648 |

[1] Schweres Petroleum, [2] Erdölrückstand nach Abtreiben von Benzin und Petroleum, [3] Heißdampfzylinderöl.

Gehalt an Paraffin verursacht bei Mischung Ausdehnung, da das Paraffin, wie oben erwähnt, in festem Zustand erheblich kleineres Volumen als in flüssigem Zustand einnimmt. So ergab auch nach ENGLER und BÖHM ein Vaselin vom spezifischen Gewicht 0,8785 durch Fällung mit Alkohol-Äther 40,8% eines festen Paraffins vom spezifischen Gewicht 0,8836, während ein Öl vom spezifischen Gewicht 0,8809 hinterblieb; das spezifische Gewicht des Gemisches war also geringer als das jedes seiner Bestandteile[1].

### δ) Messung der Dichte

Darüber ist nur zu bemerken, daß jede einwandfreie Messung zur Voraussetzung Freiheit von Luft oder anderen gelösten Gasen hat, die nicht Wesensbestandteile des Produktes sind.

[1] GURWITSCH, L.: Wissenschaftliche Grundlagen der Erdölverarbeitung, 2. Aufl., S 113. Berlin: Springer. 1924.

Die A.P.I.-Dichte steht mit dem spezifischen Gewicht in folgender Beziehung:

$$\text{Grade A.P.I.} = \frac{141{,}5}{D_{15{,}5/15{,}5\,°\mathrm{C}}} - 131{,}5.$$

### *ε) Praktische Bedeutung*

Daß die Dichte in allen Fällen von größter Bedeutung ist, wo es darauf ankommt, in einem gegebenen Volumen Erdölprodukte aufzubewahren, ist selbstverständlich; bei Flugzeugtanks spielt dies eine zunehmende Rolle.

**Strukturelle Gruppenanalyse.** Besondere Bedeutung hat die Dichte zur Charakteristik der Erdöle und ihrer Produkte, in Kombination mit der Lichtbrechung und dem Molekulargewicht, durch die strukturelle Gruppenanalyse von K. VAN NES und H. A. VAN WESTEN erhalten[1].

In Fortführung der „Ringanalyse“ von H. I. WATERMANN haben die Autoren die statistische Verteilung der C-Atome auf die möglichen Strukturgruppen (aromatische und naphthenische Ringe, freie und gebundene Paraffinketten) und den Ringgehalt olefinfreier Erdölfraktionen oberhalb des Benzin-Siedebereiches aus Brechungsindex, Dichte und mittlerem Molekulargewicht mittels Rechnung und Nomogrammen ermittelt. Auf diese sehr wertvolle Untersuchung kann nur hingewiesen werden.

Die strukturelle Zusammensetzung von Erdölfraktionen von MG 160 bis 600 kann man nach dem Vorschlag von C. BOELHOUWER und H. I. WATERMANN in weiterem Ausbau der Ringanalyse rasch und genau erfassen, wenn man — statt des Brechungsindex, der Dichte und des Molekulargewichtes, wie bei der ursprünglichen Methode — die kinematische Zähigkeit, den Brechungsindex und die Dichte bei 20° C anwendet. Wegen der Einzelheiten muß auf die Originalarbeit verwiesen werden[2].

**Reduzierte Dichte.** A. GRÜNWALD[3] schlägt zur Verfolgung von Raffinations- und Verarbeitungsvorgängen sowie zur raschen Klassifikation von Mineralölprodukten die „reduzierte Dichte“ (den Basiswert $B$) vor, eine den Öltypus oder die Ölbasis kennzeichnende Größe. Er geht dabei von der bekannten Tatsache aus, daß die Dichte bei gleich zähen Ölen eine relativ sichere Charakterisierung zuläßt (je geringer die Dichte, um so paraffinischer das Öl); bei verschieden zähen Ölen kann mit Hilfe einer von GRÜNWALD angegebenen Formel

$$B = D_{15} + 0{,}1\,[0{,}3 - \log\log\,(\nu + 0{,}8)] \text{ bzw.}$$
$$B = D_{15} + 0{,}042\,(2{,}23 - \mathrm{Ar\,Sin\,Hyp}\ln \nu)$$

die Dichte auf eine Normalviskosität von 1 St (= 100 cSt oder 13,2° E) bei 50 C° reduziert werden; die so erhaltenen reduzierten Dichten ($B$-Werte) stellen eine viskositätsunabhängige Charakteristik dar.

Bei linearer Auftragung der Dichte bei 15° C gegen den loglog ($\nu$ + 0,8) oder den Ar Sin Hyp ln $\nu$ liegen nach bisherigen Messungen die Werte der Öle einer Basis (auch in Mischung) auf einer Geraden, die parallel zu jener der Normalparaffine liegt. Die Zugehörigkeit verschiedener Produkte zu einer Herstellungsreihe ergibt sich aus ihrer Lage auf einer — anderen — Geraden, aus der man auf den Verarbeitungsprozeß rückschließen kann.

Werte einiger Öle sind in Tab. 8 zusammengestellt.

---

[1] Aspects of the Constitution of Mineral Oils. New York - Amsterdam - London - Brussels: Elsevier. 1951.

[2] J. Inst. Petroleum **40** (1954), 116.

[3] Erdöl u. Kohle **7** (1954), 633.

Tabelle 8. *Basiswert B einiger Öle*

| Bezeichnung | $D_{15}$ | V/50°C | V. I. | B | Bemerkungen |
|---|---|---|---|---|---|
| Trafoöl 91 ....... | 0,882 | 10,1 cSt | — | 0,910 | |
| Trafoöl 92 ....... | 0,869 | 9,46 cSt | — | 0,899 | Selektivraffinat |
| Trafoöl 96 ....... | 0,877 | 11,3 cSt | — | 0,901 | Selektivraffinat |
| Trafoöl 97 ....... | 0,881 | 9,6 cSt | — | 0,882 | selektiv extrem ausraffiniert |
| Winteröl A ...... | 0,880 | 39,0 cSt | 104 | 0,900 | enthält Additives |
| Winteröl E ...... | 0,877 | 46,0 cSt | 106 | 0,885 | enthält keine Additive |
| Motorenöl 98 ... | 0,882 | 62,1 cSt | 93 | 0,907 | |
| Motorenöl 103 ... | 0,882 | 45,2 cSt | 103 | 0,904 | |
| Motorenöl 104 ... | 0,890 | 120,0 cSt | 95 | 0,888 | |
| Motorenöl 106 ... | 0,926 | 77,5 cSt | 20 | 0,938 | minderes Handelsprodukt |
| Maschinenöl 31 ... | 0,885 | 6,7 cSt | — | 0,921 | diese Öle sind alle nach gleichem Spezialverfahren scharf, aber nicht selektiv ausraffiniert |
| Maschinenöl 32 ... | 0,921 | 99,3 cSt | 45 | 0,921 | |
| Maschinenöl 38 ... | 0,910 | 33,5 cSt | 47 | 0,921 | |
| Maschinenöl 45 ... | 0,917 | 70,0 cSt | 50 | 0,920 | |
| Österreichisches Rohöl 107 ..... | 0,936 | 60,6 cSt | — | 0,941 | ausgesprochen asphaltbasisch |
| Österreichisches Rohöl 111 ..... | 0,842 | 3,72 cSt | — | 0,890 | P-Öl, Benzin- und Festparaffinreich |
| NW-deutsches Rohöl G ....... | 0,907 | 278,0 cSt | — | 0,898 | P-Öl, Festparaffinreich |

## 3. Spezifische Wärme

### a) Definition

Spezifische Wärme $c$ ist jene Wärmemenge, die nötig ist, um die Temperatur der Mengeneinheit eines Stoffes um 1° zu erhöhen. Sie wird bei festen und flüssigen Stoffen im metrischen System in kcal/kg und Grad Celsius, bei gasförmigen in kcal/Nm³ und °C (bei 0° C und 760 Torr) ausgedrückt. Im angelsächsischen Maßsystem werden statt der Kalorien British Thermal Units (B. T. U.) pro Pfund bei festen und flüssigen Stoffen für eine Temperatursteigerung um 1° F verwendet; für gasförmige Stoffe wird die Wärmemenge auf Kubikfuß bei 60° F und 30 Zoll Druck bezogen. Zahlenmäßig ist der Wert kcal/kg °C und B. T. U./Pfund °F gleich; bei Gasen sind 16,882 B. T. U./Kubikfuß °F 1 kcal/Nm³ °C. Vielfach wird als Mengeneinheit ein Mol des Stoffes genommen.

### b) Wesen

Wärme ist die Bewegungsenergie der Atome oder Moleküle. Diese Bewegung kann sowohl eine fortschreitende (Translation) als eine Drehbewegung (Rotation) oder Schwingungsbewegung (Oszillation) sein. Dadurch ergeben sich für ein-, zwei- und dreiatomige *Gase* (mit nicht geradliniger Atomanordnung) spezifische Wärmen bei konstantem Volumen von rund 5 cal/g Atom, 7 cal/g Mol und 8 cal/g Mol, weil mit zunehmender Bewegungsmöglichkeit größere Energien aufgenommen werden können. Da bei der Erwärmung unter konstantem Druck die Ausdehnungsarbeit mitenthalten ist, liegt sie höher als jene bei konstantem Volumen, und zwar um den Betrag der Ausdehnungsarbeit, die mit der Gaskonstanten $R$ identisch ist:

$$c_p = c_v - R.$$

Das Verhältnis von spezifischer Wärme bei konstantem Druck und konstantem Volumen $K$ ist für die drei erwähnten Fälle 1,67, 1,40, 1,33.

*Flüssigkeiten* haben im allgemeinen nur wenig andere spezifische Wärmen als feste Körper, sind also diesen offenbar näher verwandt als den Gasen; auch ist der Unterschied von $c_p$ und $c_v$ bei Flüssigkeiten und festen Körpern viel geringer als bei Gasen. Sie führen beide vor allem Schwingungsbewegungen, keine Translationen, wie die Gase, aus. Wasser hat infolge seiner Assoziation besonders hohe spezifische Wärme.

Die *festen Körper* weisen bei konstantem Druck für einatomige Stoffe (Metalle) im Mittel Atomwärmen von rund 6 cal/g-Atom auf; die schwer meßbaren Atomwärmen bei konstantem Volumen liegen einige Prozent höher.

### c) Einflüsse

Die spezifischen Wärmen nehmen mit steigender Temperatur durchweg zu. Bei Gasen und festen Körpern wird dies durch die Zunahme der Schwingungsbewegungen der Atome verursacht, bei Flüssigkeiten tritt zusätzlich Entassoziation (assoziierter Flüssigkeiten) und Translation ein. Sind bei Temperaturänderungen Umwandlungspunkte in andere Modifikationen (Atomanordnung oder Atombindung) vorhanden, so treten Sprünge in der spezifischen Wärme auf; die Umwandlungswärme scharf definierter Umwandlungspunkte selbst wird aber nicht zur spezifischen Wärme gezählt.

### d) Messung

Man gibt die spezifische Wärme flüssiger und fester Stoffe auf Grund von Wärmeinhaltsmessungen an, bei denen man einen auf die Temperatur $T_2$ erhitzten Körper in einem Kalorimeter auf $T_1$ abkühlen läßt; liegen in diesem Bereich merkliche Umwandlungspunkte, so bestimmt man deren Wärmebedarf gesondert. Statt der Messung liefern jetzt die mittels Spektren erhaltenen Trägheitsmomente und Schwingungsfrequenzen bei Berechnung viel bessere Werte. Wegen der Änderung der spezifischen Wärme mit der Temperatur gibt man sie als Mittelwert zwischen zwei Temperaturgrenzen an.

### e) Praktische Bedeutung

Bei allen Temperaturänderungen von Erdölprodukten bestimmt die spezifische Wärme den erforderlichen Wärmebedarf. Ebenso kann daraus die abführbare Wärmemenge bei Kühlungsvorgängen errechnet werden. Das Verhältnis $c_p/c_v$ spielt eine sehr wichtige Rolle bei Wärmekraftmaschinen, insbesondere Verbrennungsmotoren.

## 4. Zustandsgleichungen und Zustandsänderungen

### a) Zustandsgleichungen

Als „allgemeine“ Zustandsgleichungen bezeichnet man allgemeingültige zahlenmäßige Beziehungen zwischen Temperatur, Druck und Volumen eines Stoffes. Sie können nur für Gase, Dämpfe und Flüssigkeiten aufgestellt werden; bei festen Stoffen gibt es keine derartigen allgemeingültigen Beziehungen.

**Das Boyle-Mariottesche Gesetz.** Für die Beziehung zwischen Druck und Volumen *idealer* Gase gilt bei konstanter Temperatur das BOYLE-MARIOTTEsche Gesetz, wonach

$$p \cdot V = \text{const.},$$

das Volumen ändert sich also umgekehrt proportional dem Druck; bei Auftragung des $pV$-Diagrammes erhält man die Isothermen als Hyperbeln. Bei *nicht idealen* Gasen gilt das „Gesetz" erst oberhalb einer gewissen Mindesttemperatur, der BOYLE-Temperatur; unterhalb davon zeigen die Kurven Minima, die durch die gegenseitige Anziehung der Moleküle und durch ihr Eigenvolumen bestimmt sind (vgl. Abb. 4).

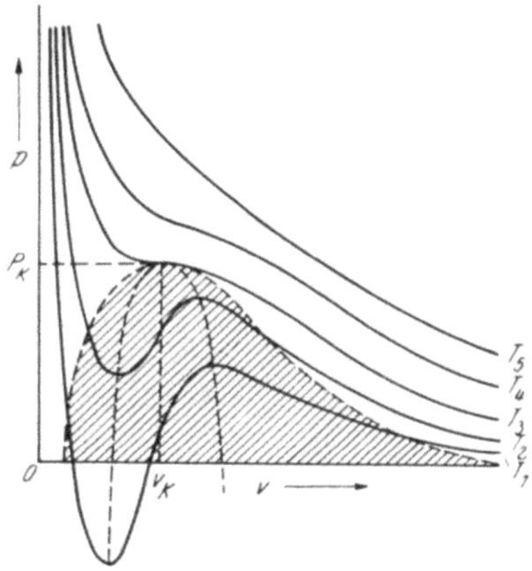


Abb. 4. Isothermen nach der VAN DER WAALSschen Formel.
Für $CO_2$ ist $p_k = 73$ at, $v_k = 96$ cm³/Mol, $T_k = 31{,}1^0$ C, $T_1 = -30^0$ C, $T_2 = 13^0$ C, $T_4 = 40^0$ C, $T_5 = 50^0$ C.
Im schraffierten Gebiet sind gleichzeitig Dampf- und Flüssigkeitsgase vorhanden

Bei der kritischen Temperatur $T_k$ verlaufen die Isothermen der nichtidealen Gase im sogenannten „kritischen Punkt" parallel zur Volumen-Koordinate. In diesem Punkt, der den kritischen Druck $p_k$ und das kritische Volumen $v_k$ festlegt, sind die Eigenschaften der flüssigen Phase und der Dampfphase identisch.

**Die Gay-Lussac-Regel.** Die Beziehung zwischen Volumen und Temperatur bei konstantem Druck ist nach GAY-LUSSAC: $\frac{v}{T} = \text{const.}$ (Isobaren), jene zwischen Druck und Temperatur bei konstantem Volumen: $\frac{p}{T} = \text{const.}$ (Isochoren).

**Das Daltonsche Gesetz.** Der Dampfdruck von Gemischen idealer Gase ist nach dem Gesetz von DALTON gleich der Summe der Partialdrücke der einzelnen Komponenten; ebenso ist das Volumen der Gemische gleich der Summe der Einzelvolumina der Komponenten.

**Die Zustandsgleichung.** Durch die Zustandsgleichung werden Druck, Temperatur und Volumen *idealer* Gase miteinander in Beziehung gesetzt,

$$p \cdot V = n \cdot R \cdot T,$$

worin $p$ der Druck, $V$ das Volumen, $T$ die absolute Temperatur (°Kelvin) und $n$ die Gasmenge nach der Zahl der Mole sind. $R$ ist die universelle, für alle Gase gültige Konstante; das Volumen für 1 Mol Gas bei Normalbedingungen (760 mm Hg und 0° C) ist 22,415 l. Der Zahlenwert für $R$ ist, bezogen auf 1 Mol:

$R = 8{,}315 \cdot 10^7$ erg/° C $= 1{,}987$ cal/° C $= 8{,}206 \cdot 10^{-2}$ l at/° C. $R$ hat die Dimension Energie pro Grad.

Für *ideale Gasgemische* lautet die Zustandsgleichung:

$p \cdot V_m = \Sigma n \cdot R \cdot T$, worin $\Sigma n$ die Summe der Mole der Gasmischung, $V_m$ das Volumen der Gasmischung ist. Der Druck der Mischung ist also gleich der Summe der Partialdrucke.

**Die Zustandsgleichung von van der Waals.** Für *reale* Gase, bei denen zwischenmolekulare Kräfte Abweichungen verursachen, hat VAN DER WAALS die Gleichung

$$\left(p + \frac{a}{v^2}\right)(v - b) = R \cdot T$$

aufgestellt, in der $a$ und $b$ für das betreffende Gas charakteristische Konstanten sind, von denen $a$ die Größe der gegenseitigen Anziehung (die „VAN DER WAALSschen" Kräfte) und $b$ einen Korrekturwert für das wirksame Volumen (Kovolumen) der Moleküle darstellt, das etwa viermal so groß ist als ihr Eigenvolumen.

Wenn $b$ überwiegt, wird $p$ größer, als die Zustandsgleichung ergibt, wenn $a$ überwiegt, dagegen kleiner. Der Faktor $b$ verhindert einen Wert 0 für sehr hohe Drucke oder sehr niedere Temperaturen, $a$ berücksichtigt die Verringerung des Druckes infolge gegenseitiger Anziehung der Moleküle, des sogenannten Binnendruckes, der in hochverdichteten Gasen ein Vielfaches des äußeren Druckes erreichen kann. Die Abweichungen der wirklichen Drucke von den nach der VAN DER WAALSschen Gleichung erhaltenen beruhen darauf, daß die Moleküle nicht Kugeln sind, wie diese voraussetzt, und daß die Wirkung der Anziehungskräfte nicht genau $1/v^2$ proportional ist. Auch die VAN DER WAALSsche Gleichung liefert keine exakten Werte, so daß später noch viele andere Vorschläge für die Zustandsgleichung realer Gase gemacht wurden. Für leichte Kohlenwasserstoffe hat WOHL[1] unter Einsetzung dreier empirisch aus den kritischen Daten festzustellender Konstanten eine Zustandsgleichung angegeben, die für technische Zwecke genügen soll.

**Die reduzierte Zustandsgleichung.** Führt man in die VAN DER WAALSsche Gleichung statt $a$ und $b$ die kritischen Werte ein, so erhält man statt $p$, $T$ und $v$ die „reduzierten" Werte $\frac{p}{p_k}$, $\frac{T}{T_k}$ und $\frac{v}{v_k}$ und die „reduzierte Zustandsgleichung", die allgemeingültig für alle Gase sein sollte; so liegt der normale Siedepunkt der Flüssigkeiten bei etwa dem 0,64fachen der kritischen Temperatur, der Erstarrungspunkt beim 0,44fachen Wert, aber alle assoziierenden Flüssigkeiten, wie Wasser, Alkohole, Karbonsäuren, zeigen erhebliche Abweichungen. D. F. OTHMER und R. GILMONT[2] haben auf Grund solcher Beziehungen für viele Kohlenwasserstoffe und organische Verbindungen Schaubilder aufgestellt, die außer Dampfdrucken Oberflächenspannung und Entropie, Gaslöslichkeiten, Absorption, Gleichgewichtsdampfzusammensetzung, Dichten von Flüssigkeiten und die Zähigkeit von Gasen und Flüssigkeiten umfassen[3].

**Die Zustandsgleichung von Himpan.** Auf eine neue thermische Zustandsgleichung der Gase und Flüssigkeiten, die bei einfachem Aufbau befriedigende Übereinstimmung mit der Erfahrung gibt und bei Kenntnis des kritischen Punktes und eines Meßpunktes auf der kritischen Isotherme im Hochdruckgebiet für jeden Stoff aufgestellt werden kann, sei hier hingewiesen; sie lautet:

$$\left(p + \frac{a}{T(V-b)(V-c)}\right)(V-d) = RT$$

[1] Petroleum Engr. **23** (1951), C 35.

[2] 3. Welt-Erdölkongreß Haag **3** (1951), 1.

[3] Vgl. auch Petroleum Refiner **30** (1951), 111/18; **31** (1952), 107/16, 129/35.

und enthält vier Konstanten, die aus den Werten der erwähnten Meßpunkte errechenbar sind[1].

### b) Zustandsänderungen idealer Gase[2]

Bei vielen Verwendungen der Erdölprodukte treten Zustandsänderungen auf, d. h. verändern sich Druck, Volumen und Temperatur.

**Erster Hauptsatz der Wärmelehre.** Danach behält ein abgeschlossenes System seine Gesamtenergie unverändert, gleichgültig welche Veränderungen die einzelnen Energiebestandteile des Systems erleiden (mechanische, kalorische, elektrische, strahlende, chemische Energie). Die Formel für diesen Hauptsatz ist:

$$E = E_2 - E_1 = A + Q,$$

die Änderung der inneren Energie $E$ eines Systems (die der Differenz der End- und Anfangsenergien $E_2 - E_1$ entspricht) ist gleich der Summe von Arbeit $A$ und Wärme $Q$, die bei dem Vorgang mit der Umgebung ausgetauscht werden.

Bei konstantem Volumen ist die zur Erwärmung eines Moles Gases um 1° C nötige Energie gleich $C_v$, der Molwärme bei konstantem Volumen, d. h. der spezifischen Wärme des Gases $c_v$ mal seinem Molekulargewicht $M$, also $M \cdot c_v$.

Bei konstantem Druck dagegen muß nicht nur das Gas erwärmt, sondern auch gegen den äußeren Druck ausgedehnt werden, so daß die Molwärme bei konstantem Druck größer als jene bei konstantem Volumen ist; und zwar ist die Ausdehnungsarbeit gleich der Gaskonstanten $R$, so daß die Formel für die Molwärme bei konstantem Druck $C_p = C_v + R$ wird.

Wärmezu- oder -abfuhr bei konstantem Volumen ändert nur die innere Energie eines Gases unter Erhöhung oder Senkung seiner Temperatur. Wärmezufuhr bei konstantem Druck dagegen vermehrt nur zu einem Teil die innere Energie des Gases, während der andere Teil in Form mechanischer Arbeit abgegeben wird; diese ihre Größe ergibt sich gemäß dem Vorgesagten aus dem Produkt: Gaskonstante $R \times$ Grad Temperaturerhöhung $\times$ Molzahl.

Aus der Beziehung zwischen spezifischer Wärme idealer Gase bei konstantem Volumen und konstantem Druck und der geleisteten Arbeit läßt sich das mechanische Wärmeäquivalent bestimmen, da die Differenz der beiden spezifischen Wärmen $8{,}314 \times 10^7$ erg/Grad und Mol beträgt (R. Mayer).

Die Zunahme der inneren Energie eines Gases bei konstantem Volumen über größere Temperaturbereiche wird durch die Gleichung $E = \int_{T_1}^{T_2} c_v \cdot \mathrm{d}T$ dargestellt, spielt aber auch hier eine geringere Rolle als die Zunahme der inneren Energie eines Gases bei konstantem Druck $\int_{T_1}^{T_2} c_p \cdot \mathrm{d}T$, die auch als Wärmeinhalt oder Enthalpie bezeichnet wird. Für Vergleichswerte der Enthalpie nimmt man als Wert für $T_1$ physikalisch den absoluten Nullpunkt, technisch meistens 0° C.

Der Energiegehalt idealer Gase ist nur von der Temperatur und $C_v$ abhängig, wogegen jener realer Gase wegen der Änderung von $C_v$ mit dem Volumen außer von diesen beiden Größen auch vom Volumen abhängt. Dehnt sich ein ideales

[1] Himpan, J.: Mh. Chem. 84 (1953), 787.

[2] Auf sämtliche Zusammenhänge, insbesondere thermodynamischer Art, kann hier nicht eingegangen werden.

Gas gegen Vakuum aus, so ändert sich seine Temperatur nicht (wogegen reale Gase meist eine Temperaturerniedrigung erfahren (JOULE-THOMSON-Effekt)). Erfolgt die Ausdehnung ohne Wärmeaustausch (adiabatisch) gegen Widerstand, so kühlt sich das Gas ab; umgekehrt erwärmt es sich bei adiabatischer Verdichtung, weil sich seine innere Energie infolge der aufgenommenen Arbeit erhöht. Tritt die Ausdehnung dagegen durch entsprechende Wärmezu- oder -abfuhr bei konstanter Temperatur (isotherm) ein, so ist bei idealen Gasen — da deren innere Energie sich dabei nicht ändern kann — die dabei abgegebene oder aufgenommene Arbeit identisch mit der zu- bzw. abgeführten Wärmemenge; sie hängt nur von dem Volumen- bzw. Druck*verhältnis* ab. Diese Arbeit beträgt: $-n \cdot R \cdot T \cdot 2{,}303 \cdot \log \frac{p^1}{p^2}$; wenn man $R$ in cal ausdrückt, dagegen: $-n \cdot 4{,}573 \cdot T \cdot \log \frac{p^1}{p^2}$. Für eine Zehnerpotenz Druckänderung ist die Arbeitsleistung etwa 1 300 cal/Mol. Für die adiabatische Zustandsänderung gilt die Gleichung: $p \cdot v^{\varkappa} = \text{const.}$, worin $\varkappa$ das Verhältnis von $C_p$ zu $C_v$ ist [für Luft 1,396 (der früher verwendete Wert 1,405 soll zu hoch liegen)].

Eine Übersicht der Zustandsänderungen von Gasen ist in Tab. 9 zusammengestellt.

Tabelle 9. *Zustandsänderungen von Gasen*[1]

| Zustandsänderung | Kennzeichen | Spezifische Wärme | Gleichungen $k$ = Konstante | Beispiele |
|---|---|---|---|---|
| isobar | Druck konstant | $c_p$ | $p = k$<br>$v = k \cdot T$ | Annähernde Gleichdruckverbrennung beim Dieselmotor; Erwärmung in einem Durchlaufkessel |
| isochor | Volumen konstant | $c_v$ | $v = k$<br>$p = k \cdot T$ | Annähernde Gleichraumverbrennung beim Ottomotor. Erwärmung oder Abkühlung in einem abgeschlossenen Kessel |
| isotherm | Temperatur konstant | — | $T = k$<br>$p \cdot v = k$ | CARNOT-Kreisprozeß, langsam verlaufende Zustandsänderungen (Wärme strömt durch die Trennwände) |
| adiabatisch | Wärme weder zu- noch abgeführt | — | $p \cdot v^{\varkappa} = k$<br>$T \cdot v^{\varkappa-1} = k$<br>$T^{\varkappa} \cdot p^{1-\varkappa} = k$ | Verdichtungs- oder Entspannungshub ohne Kühlerverluste (bei raschlaufenden Maschinen angestrebt und annähernd erreicht) |
| polytrop | allgemeine Zustandsänderung | $c_\nu = c_v \frac{\nu - \varkappa}{\nu - 1}$ | $p \cdot v^{\nu} = k$<br>$T \cdot v^{\nu-1} = k$<br>$T^{\nu} \cdot p^{1-\nu} = k$ | Verdichtungs- und Arbeitshub bei Verbrennungsmotoren, Dampfmaschinen ($\nu$ = 1,2 bis 1,4) |

[1] Nach Bosch: Kraftfahrtechnisches Taschenbuch. 1956.

**Zweiter Hauptsatz der Wärmelehre.** Wärme läßt sich danach nie vollständig in eine andere Energieform, z. B. mechanische Energie, überführen. Alle Energieumwandlungen bevorzugen eine Richtung (nach dem wahrscheinlichen Zustand) und sind meist nicht umkehrbar (z. B. Verbrennung). Wärme geht freiwillig nur von wärmeren auf kältere Körper, der umgekehrte Vorgang erfolgt nur bei Energiezufuhr. Das bedeutet, daß Wärme nicht restlos in Arbeit umgewandelt werden kann und schließt damit das sogenannte „perpetuum mobile zweiter Art" aus.

Die innere Energie, die bei isothermen Zustandsänderungen eines Systems von diesem aufgenommen oder abgegeben wird, setzt sich bei reversibler Reaktionsführung aus der reversiblen Arbeit und der reversiblen Wärme zusammen:

$$\Delta E = A_{rev} + Q_{rev}.$$

Die nutzbar zu machende Energie $A_{rev}$ nennt man nach HELMHOLTZ „freie Energie": $A_{rev} = F = F_2 - F_1$ (bei $T$ const.), wogegen die reversible Wärmemenge nicht ausgenützt werden kann.

Bei Zustandsänderungen erhält man um so mehr ausnützbare Änderung der inneren Energie, je geringer der Anteil an reversibler Wärme $Q_{rev}$ ist. Bei Wärmevorgängen ist der Wert $\frac{Q_{rev}}{T} = \Delta S = S_2 - S_1$ die sogenannte Entropie, die ein Maß des statistischen Unordnungszustandes darstellt, die Kenngröße für die aus einem System erzielbare Arbeitsleistung. Je größer der Entropiezuwachs bei einem Vorgang, um so geringer ist die erzielbare Arbeitsleistung. Führt man Entropie und freie Energie in die Gleichung für die Energieänderung eines Systemes ein, so erhält man:

$$\Delta E = \Delta F + T \cdot \Delta S \text{ (bei konstanten Temperaturen),}$$

d. h. die Änderung der freien Energie $E$ ist gleich der Änderung der freien Energie $F$ und der gebundenen Energie $T \cdot S$.

Da die Wärme nach dem zweiten Hauptsatz nie ganz in andere Energie umgesetzt werden kann, sondern ein Teil als $Q_{rev}$ gebunden bleibt, muß in der Natur die Menge der gebundenen Wärme, d. h. die Entropie zunehmen. Da ihre Formel $Q_{rev}$ die Temperatur im Nenner hat, nimmt ihr Wert bei gleicher Wärmezufuhr bei niederen Temperaturen viel mehr als bei hohen zu. Bei umkehrbaren Vorgängen ist die Summe der Entropieänderungen gleich Null.

Die Arbeitsausbeute bei Kreisprozessen (z. B. CARNOT-Prozeß), d. h. das Verhältnis der gewonnenen Nutzarbeit zu der bei höherer Temperatur zugeführten Wärmemenge $Q_{T_2}$, auch *thermischer Wirkungsgrad* genannt, ist:

$$A_{Kreis} = Q_{T_2} \frac{T_2 - T_1}{T_2},$$

es kann also maximal der Bruchteil $\frac{T_2 - T_1}{T_2}$ der Wärme $Q_{T_2}$ in Arbeit übergeführt werden, der Rest bleibt Wärme. Nur für den praktisch nicht realisierbaren Fall $T_1$ = absoluter Nullpunkt erhält man vollkommene Umwandlung der Wärme in Arbeit.

Zur Steigerung der Ausnützung einer gegebenen Wärmemenge (des thermischen Wirkungsgrades) in Verbrennungskraftmaschinen muß man gemäß dieser Gleichung die Temperaturunterschiede möglichst groß machen, dabei aber die Spitzentemperatur möglichst nieder halten. Weil das praktisch schwer erreichbar ist, muß man zur Vergrößerung der Temperaturunterschiede im Gegenteil die Spitzentemperatur steigern. Man erreicht dies durch die Erhöhung des Verdichtungsverhältnisses (Volumen des Verdichtungsraumes und Hubraumes/Volumen des Verdichtungsraumes) unter gleichzeitiger Erhöhung des Verdichtungsenddruckes; die Steigerung mit dem Verdichtungsverhältnis $\varepsilon$ ist für den *Verdichtungsenddruck:* $p_2 = p_1 \cdot \varepsilon$ ($p_1$ = Anfangsdruck); *Verdichtungsendtemperatur* $t_2 = (273 + t_1) \cdot \varepsilon^{\varkappa-1} - 273°$C.

**Der thermodynamische Wirkungsgrad** $\eta$ steht in folgender Beziehung zum Verdichtungsverhältnis:

$$\eta = 1 - \left(\frac{1}{\varepsilon}\right)^{\varkappa-1}$$

und zwar sowohl für Verbrennungen mit annähernd konstantem Volumen (Ottomotor), als auch solche mit konstantem Druck (Dieselmotor). Die für $\varkappa = 1{,}396$ und Luft errechneten thermischen Wirkungsgrade sind:

| $\varepsilon$ | 2 | 3 | 4 | 5 | 6 | 7 | 8 | 9 | 10 | 12 | 16 | 20 |
|---|---|---|---|---|---|---|---|---|---|---|---|---|
| $\eta$ % | 24 | 35,3 | 42,3 | 47,1 | 50,8 | 53,7 | 56,1 | 58,1 | 59,8 | 62,6 | 66,6 | 69,5 |

Tabelle 10. *Zunahme des thermischen Wirkungsgrades mit der Verdichtung*

| Erhöhung von | Zunahme des thermischen Wirkungsgrades % |
|---|---|
| 4 auf 5 | 4,8 |
| 5 „ 6 | 3,7 |
| 6 „ 7 | 2,9 |
| 7 „ 8 | 2,0 |
| 8 „ 9 | 2,0 |
| 9 „ 10 | 1,7 |

Die Zunahme des Wirkungsgrades mit der Verdichtung zeigt Tab. 10; sie nimmt also pro Einheit Verdichtungserhöhung um so mehr ab, je höher das Verdichtungsverhältnis liegt (vgl. S. 213, 218).

Die Werte des thermischen Wirkungsgrades von Motoren liegen merklich tiefer als die für den adiabatischen Luftkreislauf angeführten, weil man $\varkappa$ niederer ansetzen muß und Wärmeverluste auftreten.

Mit steigender Verdichtung steigt praktisch nicht nur der Wirkungsgrad, sondern sinkt auch der Kraftstoffverbrauch, wie Tab. 11 zeigt:

Tabelle 11[1]. *Abnahme des Verbrauches mit steigender Verdichtung*

| Verdichtungs- erhöhung von / auf | 4 | | | | | 5 | | | | 6 | | |
|---|---|---|---|---|---|---|---|---|---|---|---|---|
| | | 5 | 6 | 7 | 8 | | 6 | 7 | 8 | | 7 | 8 |
| Leistungs- steigerung % .... | | 9 | 17 | 24 | 30 | | 7 | 13 | 20 | | 6 | 12 |
| Verbrauchs- senkung % ...... | | 15 | 22 | 26 | 29 | | 10 | 15 | 18 | | 5 | 9 |

[1] Nach Bosch: Kraftfahrtechnisches Taschenbuch. 1956.

Praktisch wird der Steigerung der Verdichtung bei Ottomotoren durch Klopfgefahr oder zu hohen Oktanzahlbedarf, bei Dieselmotoren durch mechanische Störungen eine Grenze gesetzt. In den USA denkt man (1955) in Ottomotoren Verdichtungen bis 10 : 1 1960 praktisch anwenden zu können; für 1980 werden sogar Verdichtungen bis 13 : 1 erwartet.

Das praktisch am meisten interessierende Verhältnis zwischen Verdichtungsverhältnis und pro Kraftstoffeinheit erzielbaren Tonnen-Strecken ist von E. V. Murphree und Mitarbeitern untersucht[1] und in Abb. 5 graphisch dargestellt worden (vgl. auch Abb. 96, 97).

[1] Petroleum Refiner **33** (1), (1954), 229.

In den USA stieg das mittlere Verdichtungsverhältnis von 7 : 1 (1950) auf 8 : 1 1955, was einer Erhöhung der Tonnen-Meilen/Gallone bei 40 Meilen Geschwindigkeit von rund 41 auf 46, also um rund 12% bedeutet.

**Triebwerkdaten.** Obwohl hier nicht auf Einzelheiten eingegangen werden kann, seien die verschiedenen Triebwerke für Verbrennungsmaschinen kurz erwähnt. Diese Triebwerke lassen sich unterteilen in:

Benzinmotor (eventuell mit Aufladung),
Dieselmotor (eventuell mit Aufladung),
Mitteldruckmotor (vgl. S. 226),
Gasturbine mit Wärmeaustauscher,
Verbundmotor (Freikolbendieselmotor, Kompressor, Gasturbine).

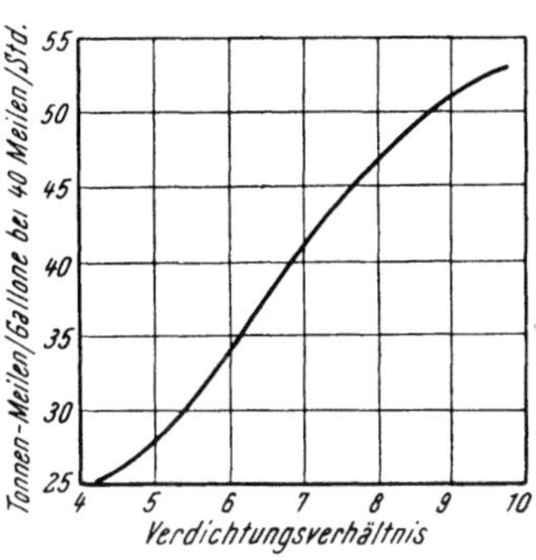


Abb. 5. Verbesserung des Nutzeffektes von Benzin durch Steigerung des Verdichtungsverhältnisses

Bei hoher Verdichtung hat der Benzinmotor niedere Verbräuche und Leistungsgewichte bei guter Beschleunigung, erfordert aber hochwertige Kraftstoffe. Der Dieselmotor stellt bei ebenfalls niederen Verbräuchen geringe Ansprüche an den Kraftstoff, ist aber im Leistungsgewicht dem Benzinmotor sehr unterlegen. Die Gasturbine hat noch geringeren Platzbedarf als der Benzinmotor, dafür aber viel höheren Verbrauch als der Benzin- oder der Dieselmotor, auch ist ihre Beschleunigung nicht sehr groß. Außerordentlich interessant ist der Freikolben-Verbundmotor, bei dem ein Zwillingswerk aus einem gegenläufigen Zweitakt-Dieselmotor und aufgesetztem Luftkompressor ohne Pleuelstange und Kurbelwelle als Gasgenerator eine Turbine antreibt. Wegen der bei 480 bis 490° C (gegen 750 bis 800° C der Gasturbine) liegenden Gastemperaturen können hier die Leitschaufeln aus billigerem Material gemacht werden. Kenndaten der Triebwerke zeigt Tab. 12.

Tabelle 12. *Kenndaten von Triebwerken* (nach A. L. Boegehold)

| | Spez. Verbrauch bei | | Leistungsgewicht kg/PS | Hubvolumen l/100 PS | Kraftstoff |
|---|---|---|---|---|---|
| | maximaler Leistung g/PSh | optimaler Leistung g/PSh | | | |
| Benzinmotor 9 : 1 | 218 | 181 | 1,6 | 2,575 | Benzin OZ 95 |
| Benzinmotor Leichtmetall 12 : 1 | 200 | 172 | 1,0 | 2,377 | Benzin OZ110 |
| Benzinmotor Leichtmetall Aufladung 8 : 1 | 222 | 195 | 0,95 | 2,066 | Benzin OZ 95 |
| Gasturbine mit Wärmeaustauscher | 340 | 340 | 1,6 | 2,038 | Petroleum |
| detto, Projekt | 272 | 272 | 1,4 | 2,038 | Petroleum |
| Viertakt-Diesel | 181—213 | 172 | 5,7 | 7.358 | Gasöl |
| Zweitakt-Diesel | 190 | 181 | 5,5 | 4,188 | Petroleum |
| Zweitakt-Diesel mit Aufladung | 190 | 186 | 5,2 | 3,849 | Petroleum |
| Freikolbenmotor | 218 | 218 | 1,6 | 1,981 | Petroleum, Gasöl |

**Kennzeichnung der Motorleistung.** Man verwendet dazu folgende Ausdrücke:

a) *Hubraumleistung* $= \dfrac{\text{Nutzleistung in PS}}{\text{Hubraum in Litern}} = \dfrac{N_e}{\Sigma\, Vh}$.

b) *Innenleistung* $= N_i = \dfrac{\text{indizierter Druck} \times \text{Kolbenweg}}{\text{Zeiteinheit}} \times \text{Kolbenfläche}$.

c) *Effektive Leistung (Nutzleistung)* $= N_e = \dfrac{M_d \cdot n}{716 \cdot 2}\ \text{PS} = \dfrac{M_d \cdot n}{973}\ \text{kW}$,

darin ist $M_d$ das Motordrehmoment in mkg, $n$ die Motordrehzahl in U/min.

d) *Motorverlustleistung* = Nutzleistung — (Reibungsverluste + Gaswechselarbeit + Ladeleistung).

e) *Gesamtwirkungsgrad* = Thermischer Wirkungsgrad × mechanischer Wirkungsgrad.

f) *Mittlerer Arbeitsdruck*

| | Viertaktmotor | Zweitaktmotor |
|---|---|---|
| aus Nutzleistung, Hubraum und Drehzahl | $pe = \dfrac{900\, N_e}{\Sigma V_h \cdot n} \dfrac{\text{kg}}{\text{cm}^2}$ | $\dfrac{450 \cdot N_e}{\Sigma V_h \cdot n} \dfrac{\text{kg}}{\text{cm}^2}$ |
| aus Drehmoment und Hubraum | $pe = \dfrac{1{,}26\, M_d}{\Sigma V_h} \dfrac{\text{kg}}{\text{cm}^2}$ | $\dfrac{0{,}63 \cdot M_d}{\Sigma V_h} \dfrac{\text{kg}}{\text{cm}^2}$ |

Praktische Werte der Mitteldrucke liegen bei Ottomotoren (Zweitakt) bei etwa 3 bis 5 kg/cm², bei Viertaktmotoren für Autos bei etwa 5,8 bis 8 kg/cm², bei Flugmotoren bei 14 bis 19 kg/cm²; Rennmotoren für Autos und Motorräder erreichen bis zu 21 bzw. 24 kg/cm² Mitteldruck (1956).

## 5. Die Zähigkeit

### a) Definition und Wesen

Nach Newton ist $\tau = \eta \dfrac{\delta v}{\delta y}$, d. h. die zwischen zwei strömenden Schichten auftretende Schubspannung $\tau$ ist dem Geschwindigkeitsgradienten $\dfrac{\delta v}{\delta y}$ senkrecht zur Strömungsrichtung proportional; der Proportionalitätsfaktor $\eta$ heißt die dynamische Zähigkeit der betreffenden Flüssigkeit. Sie wird als jene Kraft dargestellt, die, auf 1 cm² bezogen, der Bewegung einer Flüssigkeitsschicht entgegenwirkt, die mit der Geschwindigkeit 1 cm/sek parallel zu einer in 1 cm Abstand befindlichen ruhenden Flüssigkeitsschicht vorbeigeführt wird. Die Schubspannung soll demnach dem Geschwindigkeitsgradienten senkrecht zur Strömungsrichtung proportional sein; dies gilt aber nur für die sogenannten Newtonschen Flüssigkeiten.

Die Nichtproportionalität kann dadurch verursacht sein, daß statt des der Newtonschen Annahme zugrundeliegenden laminaren Fließens turbulentes Fließen einsetzt oder daß andere Einflüsse strukturelle Änderungen der Flüssigkeit bewirken. Zur Kennzeichnung der Strömungsform hat O. Reynolds die nach ihm benannte dimensionslose Zahl entwickelt, die für ein zylindrisches Rohr die folgende Formel besitzt:

$$R = \varrho\,(rlw) \cdot d \cdot v_m / \eta,$$

worin $\varrho$ die Dichte, $d$ der Rohrdurchmesser, $v_m$ die mittlere Geschwindigkeit in cm/sek, $\eta$ die Viskosität in Poisen sind. Ist die Reynoldssche Zahl klein, so sind die Reibungskräfte allein für die Ausbildung der Strömung maßgebend; überschreitet die REYNOLDSsche Zahl einen kritischen Wert $R_{kr}$, so geht die laminare Strömung in turbulente über. W. PHILIPPOFF hat für laminare und turbulente Strömung folgende Merkmale angegeben:

| Laminare Strömung | Turbulente Strömung |
|---|---|
| Kinetische Energie klein gegen Reibungsenergie $R < R_{kr}$ | Kinetische Energie größer als Reibungsenergie $R > R_{kr}$ |
| Schichtenbewegung | Keine zeitliche Konstanz an einem Ort, sondern Bewegungsschwankungen um einen definierten zeitlichen Mittelwert |
| Keine Quergeschwindigkeiten | Quergeschwindigkeiten |
| Definiertes Geschwindigkeitsgefälle | Geschwindigkeitsgefälle nur für zeitlichen Mittelwert |

Der Mindestwert der kritischen REYNOLDS-Zahl liegt bei scharfkantigem Eintritt bei 2340, kann aber sehr stark erhöht werden, wenn man abgerundete Einmündungen anwendet (bis zu 140000!).

Die Bezeichnung Zähigkeit im NEWTONschen Sinne ist also auf jenen Bereich beschränkt, in dem unabhängig von Spaltweite und Schergeschwindigkeit die Proportionalität gewahrt bleibt.

Bei Schmierölen wird diese Proportionalität nun nicht nur durch den chemischen Aufbau (die Struktur) und eine dadurch mögliche Orientierung der Moleküle unter Umständen ausgeschaltet, sondern es kann auch z. B. beim Abkühlen der Fall eintreten, daß eine ursprünglich NEWTONsche Flüssigkeit infolge des Ausscheidens fester, kolloider Teilchen und Bildung eines Gemenges aus flüssigen und festen Teilchen nicht mehr dem Proportionalitätsgesetz gehorcht. Zähigkeitssteigernde Zusätze können unter Umständen bei hohen Schergeschwindigkeiten infolge des Zerbrechens der Moleküle in kleinere dünnflüssiger werden.

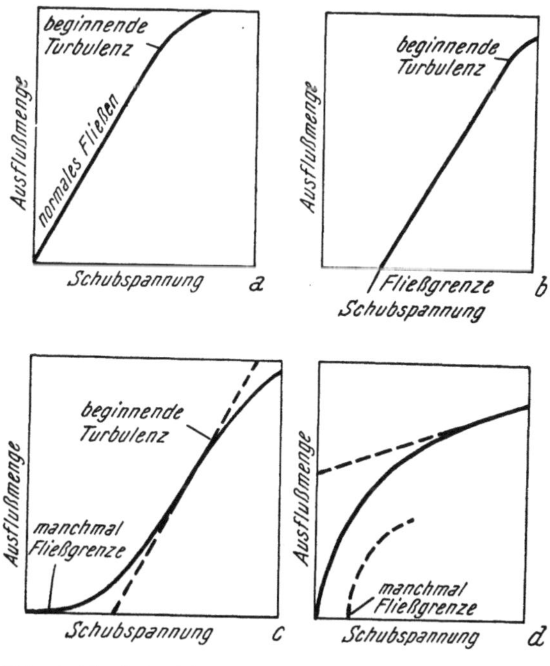


Abb. 6. Typische Fließkurven. *a* Normales (NEWTONsches) Fließen: Zähigkeit $= \frac{\text{Schubspannung}}{\text{Schergefälle}} = \eta$; *b* Pseudoplastisches Fließen (Napalm); *c* Plastisches Fließen: plastische Zähigkeit $= \frac{\text{Fließgrenze — Schubspannung}}{\text{Schergefälle}} = \eta_{pe}$; *d* Rheopektisches Fließen

Alle diese Erscheinungen hängen davon ab, auf welche Weise der Energietransport von einem Molekül zum andern vor sich geht. Erfolgt er durch reine Impulsübertragung, wie bei den Gasen, so wird die Zähigkeit nur von der absoluten Geschwindigkeit der Gasmoleküle bestimmt; ist der

Energietransport aber durch die Wirkung anderer Kräfte bedingt, so haben alle jene Einflüsse, die das Kräftefeld verändern, Bedeutung für die Größe der Zähigkeit und ihren linearen oder nichtlinearen Zusammenhang mit der Schergeschwindigkeit.

Die beim Fließen ablaufenden Vorgänge sind recht verwickelter Natur, so daß sich eine eigene Wissenschaft, die *Rheologie*, entwickelt hat, die sich nur damit befaßt. Sie hat auch die einzelnen Begriffe festgelegt, die allerdings erst allmählich in weiteren Kreisen gebraucht werden. Man unterscheidet beim Fließen folgende typischen Grundformen:

a) Wahre Zähigkeit (lineare Abhängigkeit der Ausflußmenge mit dem Schub);

b) Pseudoplastizität (Fließbeginn bei sehr geringem Schub, aber geradliniger Anstieg erst bei größerer Schubkraft); Thixotropie;

c) Plastizität (Fließbeginn erst nach Überschreiten eines bestimmten Minimalwertes der Schubkraft);

d) Rheopexie (umgekehrte Plastizität, Fließbeginn bei sehr geringer Schubkraft, starke Abnahme der Ausflußmenge mit ansteigender Schubkraft).

Eine bildliche Darstellung dieser vier typischen Fließkurven gibt Abb. 6.

Als *Konsistenz* wird nunmehr das Fließverhalten eines Materials (z. B. Schmierfett und Bitumen) auf irgendeinem Punkt seiner Schub-Ausflußmengen-Kurve bezeichnet, ganz unabhängig davon, ob diese Kurve jene der reinen Zähigkeit, der Pseudoplastizität, der Plastizität oder der Rheopexie ist; dieses Fließverhalten kann daher zwar, muß aber nicht einer wahren Zähigkeit (nach NEWTON) entsprechen, so daß, wie erwähnt, der Ausdruck scheinbare Zähigkeit dafür zur Vermeidung von Irrtümern dringend erwünscht erscheint.

Die Darstellung des Fließverhaltens (Ausflußmenge oder Geschwindigkeitsgefälle gegen Schubspannung) veranschaulicht am klarsten die Konsistenz[1].

Um ein Bild des Fließens verschiedener Stoffe zu geben, seien nach Chem. Engrs. Handb.[2] in Tab. 13 einige Zahlen angeführt.

Tabelle 13. *Ungefähre Zähigkeit von Flüssigkeiten, Pasten und plastischen Stoffen*

| Flüssigkeiten bei 22,2° C | Angenäherte Zähigkeit in Centipoisen |
|---|---|
| Äther | 0,1 |
| Wasser | 1,0 |
| Petroleum | 10,0 |
| Mittelzähes Autoöl | 100,0 |
| Glyzerin oder Rizinusöl | 1000,0 |
| Dextrosesyrup | 10000,0 |
| Melasse | 100000,0 |
| Glukose | 1,000000,0 |
| **Pasten und plastische Körper** | **Reihenfolge der Konsistenz** |
| 1. Dicke Bratensauce | 1 |
| 2. Rahmsauce | 2 |
| 3. Tomatocatsup | 3 |
| 4. Butter bei 22,2° C | 4 |
| 5. Vaseline | 5 |
| 6. Mayonnaise | 6 |
| 7. Bildhauerton | 7 |
| 8. Straßenasphalt | 8 |

[1] Vgl. GÖTTNER, G. H. und GG. R. SCHULTZE: Erdöl u. Kohle 5 (1952), 775.

[2] Chemical Engineers Handbook. New York: McGraw Hill. 1941.

Es sei hier erwähnt, daß die Wirbelschicht fester Körper (WINKLER-Schicht), die bei der katalytischen Behandlung von Erdölprodukten eine so große Bedeutung gewonnen hat, sich in ihrem Fließverhalten weitgehend jenem von Flüssigkeiten nähert. Die Zähigkeit solcher Wirbelschichten nimmt mit dem Durchmesser der Teilchen zu; einen Vergleich zwischen den Eigenschaften solcher Wirbelschichten und jenen von Flüssigkeiten geben K. PETERS und A. SCHMIDT[1].

An Grenzflächen zweier Phasen treten Konzentrationsänderungen ein, die dazu führen können, daß die Zähigkeit von Gemischen (Lösungen, Suspensionen) dort sehr stark von jener des einheitlichen Gemisches abweicht. So wird die Oberflächen- bzw. Grenzflächenzähigkeit einer 1%igen Asphaltlösung in Benzin gegenüber Wasser an der Grenzfläche höher als 20 000 Poisen, sie geht bei Zusatz von 3% Kresol zum Benzin auf 0,75 Poisen zurück, weil infolge der erhöhten Löslichkeit die Anreicherung des Asphaltes an der Grenzfläche unterbunden wird[2].

### b) Maßeinheiten

Man muß zwischen der absoluten und der relativen Zähigkeit unterscheiden: als absolute Zähigkeit wird jene bezeichnet, die in absoluten Einheiten (des physikalischen Maßsystems oder des technischen, gleich welcher Art) gemessen wird, als relative jene, die sich auf die Auslaufgeschwindigkeit einer anderen Flüssigkeit, z. B. Wasser oder Furfurol, bezieht. Genaue Umrechnungsmöglichkeiten gibt es nur für die verschiedenen absoluten Maßeinheiten, während zur Umrechnung relativer Maßeinheiten, d. h. solcher konventioneller Art, Tabellen nötig sind.

**Die absolute Einheit der Zähigkeit** ist nach dem NEWTONschen Gesetz

$$\tau = \frac{\eta \mathrm{d}v}{\mathrm{d}x}$$

jener zwischen zwei benachbarten Schichten senkrecht zur Strömungsrichtung auftretende Widerstand, der sich beim Einsetzen der Maßeinheiten in die Formel für den Proportionalitätsfaktor $\eta$ als dynamische Zähigkeit ergibt. Dimension im physikalischen System: $m \cdot l^{-1} \cdot t^{-1}$, im technischen System: $K \cdot l^{-2} \cdot t$, die Einheit ist dyn. $\mathrm{s} \cdot \mathrm{cm}^{-2} = \mathrm{g} \cdot \mathrm{cm}^{-1} \cdot \mathrm{s}^{-1} = 1$ Poise (P) $= 10^2$ Centipoisen (cP) $= 10^3$ Millipoisen $= 10^6$ Mikropoisen ($\mu$P). Der reziproke Wert der Zähigkeit ist die Fluidität oder Beweglichkeit.

**Die kinematische Zähigkeit** wird sehr oft statt der dynamischen Zähigkeit (wegen einfacher Meßmöglichkeit) gebraucht; sie ergibt sich aus der dynamischen durch die Division durch das ~~spezifische Gewicht~~. Ihre Dimension ist: $l^2 t^{-1}$ in beiden Systemen, so daß sie für die Berechnung von Maschinen zugrunde gelegt werden kann. Die Einheit ist das Stok, entsprechend der Verwendung der Centipoise wird aber meistens das Centistok, das ist 0,01 Stok, als Einheit gebraucht. 1 Stok $= 10^2$ Centistok $= 10^3$ Millistok $= 10^6$ Mikrostok.

**Die konventionellen Zähigkeitsmaße** sollen der Formel:

$\nu = A \cdot \vartheta - \frac{B}{\vartheta}$ cm²/sek entsprechen, wobei die Angaben für $\vartheta$ in Sekunden gemacht werden und für $A$ und $B$ folgende Werte einzusetzen sind[3]:

---

[1] Österr. Chemiker-Ztg. **54** (1953), 253; vgl. auch Chemie-Ing.-Techn. **24** (1953), Februar.

[2] BLAKEY, B. C. und A. S. C. LAWRENCE: J. Inst. Petroleum **40** (1954), 203.

[3] Chemical Engineers Handbook, S. 790. New York: McGraw Hill. 1941.

Tabelle 14. *Umrechnungsfaktoren für konventionelle Zähigkeitsmaße*

| Viskosimeter | $A$ | $B$ |
|---|---|---|
| Saybolt Universal .... | 0,0022 | 1,8 |
| Redwood ............ | 0,0026 | 1,72 |
| Redwood Admiralty .. | 0,027 | 20,0 |
| Engler .............. | 0,00147 | 3,74 |

Untersuchungen des National Bureau of Standards haben einen neuen Wert für die Zähigkeit von Wasser ergeben, der 1,002 cP statt 1,005 cP (1,0038 cSt statt 1,0068 cSt) bei 20° C beträgt. Für genaue Messungen muß daher der Wert von Viskosimetern, die auf Wasser mit dem früheren Zähigkeitswert geeicht sind, mit 0,997 multipliziert werden. REDWOOD- und SAYBOLT-Viskositäten und der Viskositätsindex, der aus SAYBOLT-Zähigkeiten bei 37,8 und 99° C errechnet wird, bleiben unverändert; für die Umrechnung kinematischer Zähigkeiten in REDWOOD ist ebenfalls der Faktor 0,997 anzuwenden. Ab 1. Juli 1953 war der neue Wert für die Zähigkeit von Wasser bei Viskosimetereichungen zugrunde zu legen[1].

### c) Einflüsse

Die Zähigkeit wird vor allem durch Temperatur, Druck und Fließgeschwindigkeit beeinflußt, naturgemäß ist die Vermischung mit einem zäheren oder dünnflüssigeren Stoff von wesentlicher Bedeutung; der Zusatz fester Teilchen z. B. bei Schmierfetten, Asphaltgemischen usw. kann wichtig sein, führt aber zu so vielen Fragen, daß sie bei eingehender Behandlung den Rahmen des Buches überschreiten würden.

#### *α) Temperatur*

Den augenfälligsten Einfluß auf die Zähigkeit hat die *Temperatur*. Diese wirkt allerdings bei Erhöhung oder bei Erniedrigung bis zum Erstarren in verschiedener Weise; Temperatursteigerung verursacht eine Entassoziation der großmolekularen Gebilde, die in Mineralölen bei normaler Temperatur vorhanden sind, und lockert so die Kräfte VAN DER WAALSscher Art, mit denen jedes Molekül mit dem benachbarten zusammenhängt. Dieser Einfluß entspricht dem Übergangs- oder Zwischenzustand der Flüssigkeit zwischen der starren Molekülanordnung des Kristalles (als Typus des festen Körpers, der allerdings in Flüssigkeiten bei weitem nicht erreicht wird) und der ungebundenen Bewegung der Moleküle bzw. Atome im Gas. Abkühlung dagegen führt zwar zur gesteigerten Assoziation und Verstärkung der VAN DER WAALSschen Kräfte, diese Tendenz geht aber unter Umständen parallel mit jener zur Bildung, eventuell sogar Abscheidung fester Teilchen, wodurch die für wahre Flüssigkeiten gültige lineare Abhängigkeit der Ausflußmenge vom Schub aufhören kann: die Öle, die ursprünglich NEWTONsche Flüssigkeiten waren, gehen in nicht-NEWTONsche über. Dies ist für die Betrachtung des Kälteverhaltens von sehr großer Bedeutung, so daß auch dort darüber gesprochen werden wird. Weil infolge des unbekannten, oft unregelmäßigen und mengenmäßig wechselnden Verhältnisses Öl : fester Anteil keine strengen Gesetzmäßigkeiten aufgestellt werden können, zugleich aber Abweichungen vom NEWTONschen Gesetz auftreten, spricht man dann mit Recht von Anomalien.

Sieht man von diesem Falle ab, so kann man für die Abhängigkeit der Zähigkeit von der Temperatur recht genau geltende Gesetzmäßigkeiten aufstellen, die die Grundlage für die jetzt übliche Darstellung der Zähigkeitstemperaturfunktion bilden. Für die Aufstellung der Gesetzmäßigkeiten wird entweder ohne Berücksichtigung irgendwelcher Bezugsstoffe gearbeitet (absolute Indizes) oder aber die Zähigkeits-Temperaturabhängigkeit zu jener von Bezugsstoffen in Beziehung gesetzt (relative Indizes).

[1] J. Res. Nat. Bur. Standards 48 (1952), 1/31.

**Absolute Temperatur-Indizes.** Da sich die Steilheit der Zähigkeitskurve mit der Temperatur rasch ändert, aber auch für aufeinanderfolgende Glieder homologer Reihen oder Fraktionen desselben Rohöles verschieden ist, genügt die einfache Beziehung $\frac{d\nu}{dT}$ nicht zur Charakteristik. Deshalb wurde vorgeschlagen, statt dessen die Funktionen $1/\nu \cdot d\nu/dT$ und $1/\eta \cdot d\eta/dT$ zu verwenden ($\nu$ = kinematische, $\eta$ = dynamische Zähigkeit), die weniger vom absoluten Zähigkeitsniveau abhängen als $d\nu/dT$ oder $d\eta/dT$, zugleich aber in enger Beziehung zur Aktivierungsenergie des viskosen Fließens stehen[1].

Viel weiter verbreitet ist die Formel von WALTHER-UBBELLOHDE, die auch dem ASTM-Diagramm zugrunde liegt:

$$\log_{10}\log_{10}(\nu + a) = m \log_{10} T + b,$$

worin $\nu$ = Zähigkeit in Centistok, $T$ = absolute Temperatur in Graden Kelvin.

Bei Festlegung der Werte von $a$, $b$ und $m$ für ein bestimmtes Öl erhält man für die Gleichung eine Gerade, bei der $m$ den Anstieg, also den Tangens des Winkels mit der log $T$-Achse bedeutet. Für die Konstante $a$ ist von WALTHER der Wert 0,8 angenommen, während die ASTM den Wert 0,6 verwendet. J. F. T. BLOTT und C. G. VERVER fanden für den Bereich von $-16$ bis $+150°$ C dagegen den Wert 0,7 als am besten entsprechend[2].

Eine Übersicht der zahlreichen Vorschläge auf diesem Gebiete nach ihrer zeitlichen Reihenfolge gibt Tab. 15.

Tabelle 15.

*Chronologische Übersicht der Vorschläge von Zähigkeits-Temperatur-Kennziffern*

| Jahr | Absolute Kennziffern | Relative Kennziffern | Autoren |
|---|---|---|---|
| 1928 | | Viskositäts-Dichte-Konstante | HILL und COATS[1] |
| 1929 | | Viskositätsindex (V. I.) | DEAN und DAVIS[2] |
| 1932 | | Viskositätsindex (revidiert) | DAVIS, LAPEYROUSE und DEAN[3] |
| 1932 | | Viskositätszonenindex | LARSON und SCHWADERER[4] |
| 1932 | | Dichteindex | MCCLUER und FENSKE[5] |
| 1933 | | Viskositätszonendichte-Index | LARSON und SCHWADERER[6] |

[1] HILL, J. B. und H. B. COATS: Ind. Engng. Chem. **20** (1928), 641.
[2] DEAN, E. W. und G. H. DAVIS: Chem. Metallurg. Engng. **36** (1929), 618.
[3] DAVIS, G. H. B., M. LAPEYROUSE und E. W. DEAN: Oil Gas J. **30** (1932), No. 46, 92.
[4] LARSON, C. M. und W. C. SCHWADERER: Nat. Petroleum News **24** (1932), No. 2, 26.
[5] MCCLUER, W. B. und M. R. FENSKE: Ind. Engng. Chem. **24** (1932), 1371.
[6] LARSON, C. M. und W. C. SCHWADERER: Nat. Petroleum News **25** (1933), No. 19, 26.

[1] RAMSER, J. H.: Ind. Engng. Chem. **41** (1949), 2053; GÖTTNER, G. H.: Erdöl u. Kohle **4** (1949), 17.

[2] J. Inst. Petroleum **38** (1952), 193; dort auch ausführliche Besprechung der Temperatur-Zähigkeits-Indizes, der hier weitgehend gefolgt wurde.

*Fortsetzung der Tabelle 15*

| Jahr | Absolute Kennziffern | Relative Kennziffern | Autoren |
|---|---|---|---|
| 1933 | Richtungsfaktor $m$ | | WALTHER[7] |
| 1933 | Viskositäts-Steilheitsfaktor (V.S.F.) | | BELL und SHARP[8] |
| 1933 | Viskositätsgradient | | CLAYDEN[9] |
| 1934 | | Zero-Viskositätsfaktor | McCLUER und FENSKE[10] |
| 1935 | | Viskositätspolhöhe | UBBELLOHDE[11] |
| 1935 | | Kinematischer Viskositätsindex (K.V.I.) | HERSH, FISHER und FENSKE[12] |
| 1935 | Viskositätszahl | | Schwedische Norm[13] |
| 1936 | Modifizierter Viskositäts-Temperaturkoeffizient | | WIGGINS[14] |
| 1937 | Viskositäts-Temperaturkoeffizient | | PINKEVITCH[15] |
| 1939 | | Unabhängiger Viskositätsindex (I.V.I.) | MALSCHAERT[16] |
| 1939 | Absoluter Index | | HUGEL[17] |
| 1940 | | Kinematischer Viskositätsindex (ASTM) | DEAN, BAUER und BERGLUND[18] |
| 1943 | | Öltypkonstante | RUMPF[19] |
| 1944 | Viskositäts-Temperaturkoeffizient (V.T.C.) | | WILCOCK[20] |
| 1945 | | Rationeller Viskositätsindex | HARDIMAN und NISSAN[21] |
| 1946 | Revidierter Viskositäts-Steilheitsfaktor (V.S.F. rev.) | | HIRSCHLER[22] |
| 1946 | Absolute Zahl | | SCHWAIGER[23] |
| 1946 | Pennsylvania-Steilheitszahl | | SCHIESSLER[24] |
| 1949 | Viskositäts-Temperaturzahl (V.T.N.) | | SANDERSON[25] |
| 1949 | | Relative Viskositäts-Temperaturzahl (R.V.T.N.) | SANDERSON[26] |
| 1949 | | Paraffinproportion | GÖTTNER[27] |
| 1949 | | Paraffinrelation | GÖTTNER[27] |
| 1949 | | Normalölrelation | GÖTTNER[27] |
| 1949 | Viskositäts-Temperatur-Reihenfolge (V.T.R.) | | RAMSER[28] |
| 1952 | | Viskositätsmodul | BLOTT und VERVER[29] |
| 1953 | | Modifizierter Viskositätsindex | RUMPF[30] |
| 1955 | Viskositäts-Temperaturindex | | LARSON und SCHWADERER[31] |

[7] WALTHER, C.: Oel u. Kohle **1** (1933), 71.
[8] BELL, T. G. und L. H. SHARP: Oil Gas J. **32** (1933), No. 13, 13.

Bei der Auftragung der Zähigkeitstemperaturgeraden ergab sich, daß Fraktionen aus ein und demselben Rohöl, aber auch aus vielen synthetischen Produkten, einen Schnittpunkt der einzelnen Geraden haben, der sehr weit im Gebiete niederer Temperaturen liegt; er wird als „Viskositätspol" bezeichnet. Alle Viskositätspole sollen auf einer Geraden liegen, deren Gleichung

$$\log T_p = 2{,}410 - 0{,}194\, W_p \text{ ist,}$$
$$\text{worin } W_p = \log\log(\vartheta_p + 0{,}8).$$

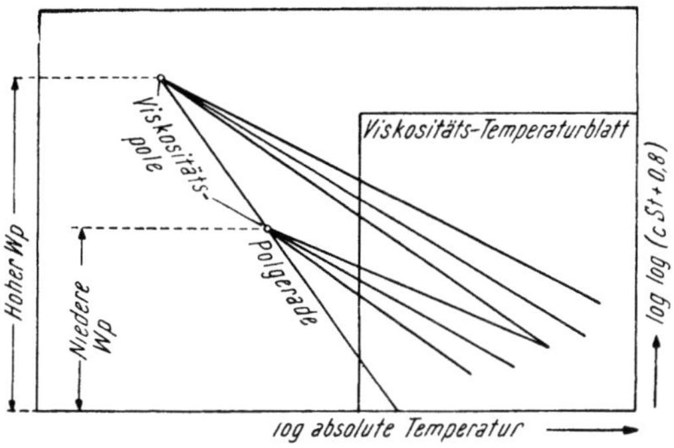


Abb. 7. Graphische Darstellung des Viskositätspoles $W_p$

Diese Annahme trifft nicht immer zu, wie Blott und Verver und Bondi zeigten, trotzdem erwies sich die Verwendung des Viskositätspoles in vielen Fällen als sehr aufschlußreich. Daß dem Viskositätspol eine physikalische Bedeutung zukommt, muß bezweifelt werden, doch hat er ohne Frage heuristischen Wert. Eine bildliche Darstellung des Viskositätspol-Konzeptes gibt Abb. 7.

Zur Kennzeichnung der Werte, die Öle verschiedener Herkunft nach dem Waltherschen Diagramm aufweisen, seien in Tab. 16 einige Angaben nach Bondi wiedergegeben.

---

[9] Clayden, A. L.: Nat. Petroleum News **25** (1933), No. 42, 27.

[10] McCluer, W. B. und M. R. Fenske: Ind. Engng. Chem. (Analyt. Ed.) **6** (1934), 389.

[11] Ubbellohde, L.: Zur Viskosimetrie., 3. Aufl. Leipzig: S. Hirzel. 1940.

[12] Hersh, R. E., E. K. Fisher und M. R. Fenske: Ind. Engng. Chem. **27** (1935), 1441.

[13] Svenska Teknologfoereningens Avdeling foer Mekanik, Normer foer Motorsmoerjoljor (1935).

[14] Wiggins, W. R.: J. Inst. Petroleum **22** (1936), 305.

[15] Pinkevitch, Y. u. A.: Petroleum-Ind. UdSSR **29** (1937), No. 4/5, 75.

[16] Malschaert, E. P.: Ann. Soc. belge Etude Pétrole **3** (1939), No. 12, 19.

[17] Hugel, G.: Trans. Faraday Soc. **35** (1939), 1054; Hugel, G. und L. Clairbois: Ann. Office nat. Combustibles liquides **14** (1939), 235.

[18] Dean, E. W., A. D. Bauer und J. H. Berglund: Ind. Engng. Chem. **32** (1940), 102.

[19] Rumpf, K. K.: Erdöl u. Kohle **39** (1943), 640.

[20] Wilcock, D. T.: Mechan. Engng. **66** (1944), 739.

[21] Hardiman, E. W. und A. H. Nissan: J. Inst. Petroleum **31** (1945), 255.

[22] Hirschler, A. E.: J. Inst. Petroleum **32** (1946), 133.

[23] Schwaiger, K.: Seifensieder-Ztg. **42** (1946), 31.

[24] Schiessler, R. W. u. a.: Proc. Amer. Petroleum Inst. **26** (1946), part 3, 254.

[25] Sanderson, R. T.: Ind. Engng. Chem. **41** (1949), 368.

[26] Sanderson, R. T.: Ind. Engng. Chem. **41** (1949), 375.

[27] Göttner, G. H.: Erdöl u. Kohle **2** (1949), 17.

[28] Ramser, J. H.: Ind. Engng. Chem. **41** (1949), 2053.

[29] Blott, J. F. T. und C. G. Verver: J. Inst. Petroleum **38** (1952), 193.

[30] Rumpf, K. K.: Erdöl u. Kohle **6** (1953), 316.

[31] Larson, C. M. und W. C. Schwaderer: 4. Welt-Erdölkongreß Rom **5** (1955), 189.

Tabelle 16. *Werte für $W_p$ von einigen Ölen* (nach BONDI)

| Fraktionen | Rohöle | | | | | |
|---|---|---|---|---|---|---|
| | *A* | *B* | *C* | *D* | *E* | *F* |
| 1 ........... | 2,38 | 3,90 | 2,80 | 4,00 | 2,05 | 2,80 |
| 2 ........... | 2,55 | 5,40 | 2,60 | 6,30 | 1,76 | 2,95 |
| 3 ........... | 2,83 | 7,50 | 2,20 | 10,00 | 1,75 | 2,75 |
| 4 ........... | 2,96 | (30) | | 4,00 | 1,55 | 2,90 |
| 5 ........... | 3,10 | (22) | | | 1,60 | 2,68 |
| 6 ........... | 4,10 | (18) | | | 1,98 | 2,80 |
| 7 ........... | | | | | 1,65 | 3,00 |

*A* = Hannover
*B* = Gulf
*C* = Balachany
*D* = Refugio
*E* = FISCHER-TROPSCH-Syntheseöl
*F* = Fraktionierung von Venezuela-Rohöl nach PILAT

Tabelle 17. *Werte für $W_p$ von homologen Polymerölreihen* (nach BONDI)

| Produkte | Fraktionen | | | | |
|---|---|---|---|---|---|
| | 1 | 2 | 3 | 4 | 5 |
| Geblasenes Rüböl, Poisen bei 50° C ........... | 0,59 | 3,36 | 6,34 | 26,0 | — |
| $W_p$ .................. | 1,35 | 1,38 | 1,40 | 1,36 | |
| Fraktionen von Synthol-schmieröl, $W_p$ ....... | 1,76 | 1,75 | 1,55 | 1,60 | 1,98 |
| Polyisobutylene, Poisen bei 50° C ........... | 4,32 | 29,5 | 130 | 300 | 6.250 |
| $W_p$ .................. | 2,05 | 1,90 | 1,84 | 1,68 | 1,43 |
| Polyäthylenglykole, Poisen bei 50° C ..... | 0,13 | 0,16 | 0,28 | 0,39 | 0,76 |
| $W_p$ .................. | 1,02 | 0,91 | 1,12 | 1,00 | 1,03[1] |
| Polyalkylsilikone, Poisen bei 50° C ........... | 0,66 | 1,29 | 2,25 | 3,20 | 5,80 |
| $W_p$ .................. | 0,68 | 0,68 | 0,60 | 0,69 | 0,76[1] |

[1] $W_p$-Werte nach ERK berechnet, da sie nicht auf der üblichen Polkurve liegen.

Die ungefähre Beziehung zwischen $W_p$ und Viskositätsindex gibt Tab. 18.

Tabelle 18. *Ungefähre Beziehung zwischen $W_p$ und Viskositätsindex* (nach H. KADMER)

| $W_p$ | V. I. | $W_p$ | V. I. | $W_p$ | V. I. |
|---|---|---|---|---|---|
| 1,80 | 102 | 2,30 | 73 | 3,1 | 26 |
| 1,85 | 100 | 2,40 | 67 | 3,2 | 20 |
| 1,90 | 97 | 2,50 | 61 | 3,3 | 14 |
| 1,95 | 93 | 2,60 | 55 | 3,4 | 8 |
| 2,00 | 91 | 2,70 | 49 | 3,5 | 2 |
| 2,05 | 88 | 2,80 | 43 | 3,55 | 0 |
| 2,10 | 85 | 2,90 | 38 | 3,60 | — 4 |
| 2,15 | 82 | 3,00 | 32 | 3,70 | —10 |
| 2,20 | 79 | | | 3,80 | —16 |

Mit dem Begriffe des Viskositätspoles, der ja nur für Öle gleicher Herkunft gilt, kommt man schon zu der anderen Reihe der Indizes, denen Bezugsstoffe zugrunde liegen.

Als Kennzeichen vergleichbarer Zustände nehmen H. A. NISSAN und L. GRÜNBERG die absolute Temperatur $T$, geteilt durch die absolute Siedetemperatur $T_s$; die $n$-Paraffine oberhalb des Pentans haben nur eine einzige Kurve der Zähigkeiten bei der Auftragung gegen $T/T_s$. Für andere Kohlenwasserstoffe (höhere Glieder einer Reihe) ist das Verhältnis der Zähigkeit zu jener eines $n$-Paraffins für den gleichen Wert $T/T_s$ eine charakteristische Konstante, so daß aus einer Zähigkeitsmessung und dem atmosphärischen Siedepunkt die ganze Kurve auf etwa 6% genau errechnet werden kann[1].

Der neueste Vorschlag eines absoluten Temperatur-Zähigkeitsindex stammt von J. CORNELISSEN und H. I. WATERMANN[2]. Auf Grundlage der Beziehung $\log \nu = (A/T^x) + B$, in der $A$, $B$ und $x$ Konstanten, $T$ die absolute Temperatur und $\nu$ die kinematische Zähigkeit in Centistok sind, verwenden sie den Wert $\log (\nu_{20}/\nu_{70})$ als „Fundamentalen Viskositäts-Temperaturindex", der zugleich als Konstante $A$ genommen werden kann. Zur Kennzeichnung der Öle nehmen sie außerdem den Wert von $x$ (der bei Schmierölen um 3,5, bei Silikonen bei 1,0 liegt) und die Zähigkeit bei einer bestimmten Temperatur, z. B. 20° C, die zugleich als Konstante $B$ fungieren kann.

**Temperatur-Indizes relativer Art.** Der Nachteil der absoluten Indizes ist, daß ihre Steilheit (Richtungsfaktor $m$) bei verschiedenen Zähigkeitswerten sehr verschieden ist. Deshalb wurde von E. W. DEAN und G. H. B. DAVIS[3] unter Wahl zweier extrem verschieden temperaturempfindlicher Öle, nämlich eines mit flacher Abhängigkeit pennsylvanischer Herkunft ($H$) und eines mit steiler Abhängigkeit aus Gulf Coast-Rohöl ($L$), die beide dieselbe Zähigkeit bei 210° F (99° C) hatten, als Bezugsstoffe der Viskositätsindex als Interpolationswert aufgestellt, der das Versuchsöl ($U$) kennzeichnet. Die für den Viskositätsindex (V. I.) gültige Formel ist:

$$\text{V. I.} = 100 \cdot (L - U/L - H),$$

worin $L$ die Zähigkeit des Gulf Coast-Öles mit V. I. 0, $U$ jene des untersuchten Öles und $H$ jene des paraffinischen Öles mit V. I. 100 bei 37,8° C (100° F) in SAYBOLT-Universal-Sekunden sind. Sie gibt also an, wie das Versuchsöl prozentual zwischen den als 0 und 100% angenommenen Bezugsölen liegt. Umrechnungstafeln zur Berechnung des V. I. aus kinematischen Zähigkeiten wurden 1940 von E. W. DEAN, A. D. BAUER und J. H. BERGLUND[4] aufgestellt, die als ASTM-Standard und I. P. Standard angenommen wurden, und für einen Bereich von 2 bis 75 cSt bei 210° F (99° C) gelten.

So wertvoll auch der V. I. ist, weil er durch eine einzige Zahl das Temperatur-Zähigkeitsverhalten eines Öles angibt, ergaben sich vor allem durch die Entwicklung neuer und neuartiger Öle mit V. I. über 100 erhebliche Schwierigkeiten. So stellten BLOTT und VERVER (l. c.) folgende Öle gegenüber:

| Ölart | Zähigkeit | | |
|---|---|---|---|
| | 210°F (99°C) | 100°F (37,8°C) | V. I. (ASTM D 567—41; IP 73/47) |
| Ester | 16,6 cSt | 89,7 cSt | +148 |
| Silikon | 38,6 | 90,0 | +150½ |

[1] 3. Welt-Erdölkongreß Haag **6** (1951), 279.
[2] J. Inst. Petroleum **42** (1956), 62.
[3] Chem. Engng. **36** (1929), 718.
[4] Ind. Engng. Chem. **32** (1940), 102.

Obwohl also das Silikon offensichtlich wesentlich weniger temperaturempfindlich als das Esteröl ist, sind die V. I. beider Öle praktisch gleich. — Außerdem wird der V. I. durch Annahme geradliniger Temperatur-Zähigkeits-Abhängigkeit im WALTHER-Diagramm bei Extrapolation bestimmt, was für manche Öle, vor allem Nicht-Kohlenwasserstofföle, nicht zutrifft, die gekrümmte Kurven ergeben. Da zudem die den obengenannten Tabellen zugrundeliegenden Kurven auf drei verschiedenen Beziehungen beruhen [DEAN und DAVIS für Werte über 7,30 cSt, eine andere Formel für 2,0 bis 3,99 cSt ($1{,}4825\,x + 0{,}91375\,x^2$ für pennsylvanische, $1{,}655\,x + 1{,}2626\,x^2$ für naphthenische Öle), endlich eine dritte, durch graphische Interpolation erhaltene für dazwischenliegende Werte], bestehen systematische Abweichungen zwischen dem festgestellten V. I. und der zu fordernden natürlichen Homologität von Reihen von Ölen. Endlich hat der V. I. in seinem unteren Gebiet höhere Empfindlichkeit als im höheren und ist nicht additiv.

Die Viskositäts-Polhöhe der Öle, die schon erwähnt wurde, ist nach Feststellungen von BLOTT und VERVER beim Vergleich von Ölen mit 2,5, 15 und 75 cSt bei 99° F ebenfalls wegen sehr starker Streuungen der Werte unbrauchbar.

Der unabhängige Viskositätsindex von F. P. MALSCHAERT[1] bringt zwar eine gewisse Verbesserung, versagt aber ebenfalls bei abnormalen Ölen, wenn man nicht eine andere Standard-Temperatur festlegt.

Der *rationelle V. I.* (R.V.I.) von E. W. HARDIMAN und A. H. NISSAN[2] versuchte, den V. I. von DEAN und DAVIS nach der Formel:

$$\text{R.V.I.} = (60{,}0 - \text{antilog}\, n) \cdot 3{,}63$$

auf eine rationelle Grundlage zu stellen ($n$ ist eine charakteristische Konstante); er ergab aber nach BLOTT und VERVER bei niederen Zähigkeiten ungenügende Übereinstimmung.

H. GÖTTNER hat in eingehenden Untersuchungen[3] neue Kennzahlen aufgestellt, die die Bewertung von Schmierstoffen für die praktische Schmierung gestatten sollen. Er verwendet dazu den dynamischen Temperatur-Modul

$$M = \frac{1000}{2{,}303} \cdot \frac{\mathrm{d}\ln\eta}{\mathrm{d}T},$$

der nicht für einen Temperaturbereich, sondern für eine bestimmte Temperatur $T$ gilt, die jeweils interessiert. (Der Faktor $\frac{1000}{2{,}303}$ dient zur Vergrößerung des sonst zu kleinen Wertes.)

Für wissenschaftliche Untersuchungen hat GÖTTNER daraus durch Aufstellung des Verhältnisses Viskositäts-Temperatur-Modul der zu bewertenden Verbindung zu jenem des bei $T°$ C gleichzähen $n$-Paraffins für die niederviskosen Öle (die höheren Paraffine sind infolge ihres hohen Schmelzpunktes nicht heranziehbar) die Paraffinproportion (bei Zugrundelegung der dynamischen Zähigkeit) oder die Paraffinrelation (bei Zugrundelegung der kinematischen Zähigkeit) aufgestellt. Die Beziehung ist $10 \cdot \frac{\text{V.T.-Modul der zu bewertenden Verbindung bei } T°\text{ C}}{\text{V.T.-Modul des bei } T°\text{ C isoviskosen } n\text{-Paraffins}}$.

Unter der Ausdehnung der Gültigkeit der Beziehung auf die praktisch wichtigeren mittelviskosen Öle bezieht GÖTTNER deren V.T.-Modul auf eine „Normal-

[1] Ann. Soc. belge Etude Pétrole **3** (1939), Nr. 12, 21.

[2] J. Inst. Petroleum **31** (1945), 255.

[3] Über Kennziffern für das Viskositäts-Temperaturverhalten von Schmierstoffen. Leipzig: S. Hirzel. 1949.

öllinie“ im $m—V_{k,\,50^\circ\,\mathrm{C}}$-Feld ($m$: Richtungskonstante nach WALTHER), der er etwa die Formel: $m_N = 4{,}3—0{,}43 \log V_{k,\,50^\circ\,\mathrm{C}}$ zuschreibt. Der Ausdruck $10 \frac{m}{m_N} = NR$ wird die Normalöl-Relation genannt.

Ein Wert 10 entspricht einem Öl der Normalölreihe, höhere Werte bedeuten schlechtere, niedrigere bessere Öle.

Zur Überwindung der besonders bei hohen V. I.-Werten auftretenden Abweichungen, zur gleichmäßigeren Verteilung der Empfindlichkeit der Kennzahl und zur Erreichung der Additivität der Werte haben BLOTT und VERVER den Logarithmus der Zähigkeit bei 37,8° C in Centistok zugrunde gelegt, der für Öle gleicher Zähigkeitsstufe recht brauchbare Angaben liefert und einfach anzuwenden ist. Ihr Viskositätsmodul hat die Formel:

$$\mathrm{V.\,M.} = 100 \cdot \frac{(\log L' - \log U)}{(\log L' - \log H')},$$

worin $L'$ und $H'$ die Zähigkeiten der den jetzigen $L$- und $H$-Ölen entsprechenden Bezugsöle (deren Kurve im Viskositäts-Temperatur-Diagramm geradegestreckt ist), $U$ die Zähigkeit des Versuchsöles darstellt. Setzt man $\log L'$ mit $X$, $\log L' - \log H'$ mit $Y$ ein, so ergibt sich als Formel: $\mathrm{V.\,M.} = 100 \frac{(X - \log U)}{Y}$.

Der Vorschlag, der die Unterstützung der großen Shellgruppe genießt, dürfte trotz mancher Vorteile weniger Erfolgsaussichten als der nachfolgend besprochene haben.

Der neueste Vorschlag einer relativen Viskositäts-Temperatur-Kennzahl (Viskositäts-Temperatur-Index; V. T. I.) stammt von C. M. LARSON und W. C. SCHWADERER[1], die die Skala 0 bis 100 des V. I. beibehalten, und zwar als 0 die geradegestreckte Linie des bisherigen Gulf Coast-Bezugsöles $L$, als 100 aber die Gerade eines idealen, d. h. bei allen Temperaturen gleich zähen Öles $P$ nehmen. Der V. T. I. des bisher als 100 genommenen paraffinischen Bezugsöles $H$ würde infolge des sehr erweiterten Bereiches der neuen Skala nur mehr 20 sein; *setzte man willkürlich den neuen Grenzwert des idealen P-Öles mit 500 fest, so wären die neuen V. T. I.-Werte fast gleich den bisherigen V. I.-Werten.* Zur Berechnung des V. T. I. eines Öles $U$ wird die Formel

$$\mathrm{V.\,T.\,I.} = 100 \frac{\log L - \log U}{\log L - \log P} \text{ bzw. } 100 \cdot \frac{\log L' - \log U}{\log L' - \log P}$$

verwendet ($L$ ist die Zähigkeit des bisherigen Bezugsöles mit V. I. 0 bis 37,8° C [100° F] in Centistok, $L'$ jene des im ASTM-Diagramm geradegestreckten Bezugsöles, $P$ jene des stets gleich zähen Idealöles). Zur einfachen Bewertung von Ölen haben die Verfasser Formblätter für die Zähigkeiten bei 37,8 und 99° C (100 und 210° F) sowie 0 und 37,8° C (32 und 100° F) aufgestellt, die auch die Bewertung sehr leichtflüssiger Stoffe gestatten.

Die Vorteile des neuen Vorschlages sind nach Angabe der Autoren: Beibehaltung einer von 0 bis 100 reichenden Skala, die das Zähigkeits-Temperaturverhalten in Prozent eines idealen Öles (mit bei allen Temperaturen gleichbleibender Zähigkeit) ausdrückt, Anwendbarkeit auf sehr leichtflüssige Stoffe, sowie solche mit extremen Eigenschaften, Vermeidung abnormaler Werte, gleiche Empfindlichkeit wie beim V. I., Additivität entsprechend der WALTHERschen Beziehung. Der Vorschlag wurde auf dem Welt-Erdölkongreß 1955 mit großem Interesse aufgenommen und erscheint sehr aussichtsreich; allerdings er-

[1] 4. Welt-Erdölkongreß Rom 5 (1955), 189.

gibt der V. T. I. für Fraktionen aus einem Ausgangsprodukt keine gleichen Werte, wie das bei Viskositätspol meist der Fall ist.

A. Bondi hat festgestellt, daß die Zähigkeits-Temperatur-Funktion zu komplex ist, als daß man sie durch eine einzige Konstante ausdrücken könnte, jede Übervereinfachung in dieser Richtung müsse sich notwendig bei genauerer Prüfung als unbefriedigend erweisen[1]. Weil aber physikalisch fundierte Formeln für technische Zwecke zu kompliziert sind, schlägt er die Anwendung eines Steilheitsfaktors — für einen definierten Temperaturbereich — vor, dessen physikalische Bedeutung die zum Fließen erforderliche Aktivierungswärme wäre. Für den Temperaturbereich 38/99° F erhielte man die Aktivierungswärme $\Delta H^{(38/99)} = 4{,}575 \frac{\log(\nu_{38}/\nu_{99})}{0{,}000527} = 8110 \log\left(\frac{\nu_{38}}{\nu_{99}}\right)$. Wenn man diese Aktivierungsenergie auf jene eines bei einer festzulegenden Standard-Temperatur gleichzähen Bezugsstoffes, etwa $n$-Paraffine oder Dimethyl-Siloxan-Polymere, bezöge, erhielte man einen genau festgelegten Verhältnisfaktor. Daß man sich auf einen gewissen Temperaturbereich beschränken müßte, hält Bondi gegenüber dem Richtungsfaktor $m$, der Polhöhe, dem V.I. und ähnlichen Kennzahlen für einen Vorteil, weil die stillschweigende Annahme der Gültigkeit auf sehr weite Temperaturgrenzen, die diesen zugrunde liegt, ihm als nicht berechtigt erscheint.

Für die praktische Anwendung der Zähigkeits-Temperatur-Kennwerte verschiedener Art muß man sich bewußt bleiben, daß jede Extrapolation auf weitere Strecken unsicher ist. H. Zorn hat gezeigt, daß der $m$-Wert keine absolut zuverlässige Voraussage über das Verhalten der Öle bei sehr tiefen Temperaturen erlaubt. So gab Isobutylphosphat mit dem $m$-Wert 3,63 gegenüber einem Adipinsäure-Leuna-Alkoholprodukt 140/250 mit einem $m$-Wert 3,84 zwar bei + 50° C nur 7,87 cSt gegen 6,60 cSt, bei — 55° C aber 6160 cSt gegen 2963 cSt! Das nach dem $m$-Wert bessere Produkt (i-Butylphosphat) weist bei dieser Temperatur also die doppelte Zähigkeit auf[2]. Vielleicht handelt es sich dabei um den Einfluß des teilweisen Überganges des Systemes in eine andere Phase.

Im Gegensatz zu den stark temperaturabhängigen Flüssigkeiten gibt es auch einige einheitliche, sowie Gemische, die bei höherer Temperatur fast gleiche, manchmal sogar größere Zähigkeit als bei niederer haben. Sie stellen Stoffe dar, die bei einer bestimmten Temperatur ihren Ordnungszustand ändern, indem sie sich entmischen, trüben, in Emulsionen oder reversibel von Sol in Gel übergehen oder ausflocken. Von Flüssigkeiten dieser Art seien erwähnt: flüssiger Schwefel, flüssiges Helium, wässerige Lösungen von Alkylphenolpolyglykoläther, Mischungen von Glyzerin und Dioxan und Lösungen von hochmolekularem Polyisobutylen in Benzol[3].

Faßt man die Kenntnisse über die Temperatur-Zähigkeitsabhängigkeit zusammen, so ergibt sich: Der Zähigkeitsanstieg bei niederer Temperatur verläuft nach einer Exponentialfunktion, so daß eine geeignete logarithmische Darstellung meist gerade Linien ergibt. Da dieser Anstieg aber außer durch gleichmäßig zunehmende Assoziation der Moleküle und gleichzeitig steigende Nebenvalenzkräfte auch durch Ausscheidung fester, großmolekularer Körper verursacht werden kann, ist verständlich, daß Abweichungen von diesem geradlinigen Verlauf auftreten können, die die Beschränkung der Anwendung einer „geradlinigen" Beziehung auf möglichst enge Temperaturbereiche dringend

[1] Physical Chemistry of Lubricating Oils, S. 56. New York: Reinhold. 1951.

[2] Erdöl u. Kohle **3** (1950), 172.

[3] Göttner, G. H.: Erdöl u. Kohle **3** (1950), 598.

nahelegen. Die Beobachtung, daß Fraktionen von synthetischen und natürlichen Ölen vielfach einen systematischen Gang des Zähigkeits-Temperaturverhaltens zeigen, ist insofern nicht ganz verständlich, als die Zähigkeitszunahme durch eine ganze Reihe sehr verschiedenartiger Faktoren verursacht werden kann. Bei den natürlichen Ölen müßte die Annahme gemacht werden, daß alle diese Änderungen im gleichen Sinne verlaufen müssen, wie dies etwa bei homologen Gliedern einer Reihe chemischer Individuen der Fall ist. Tatsächlich treten ja auch bei Fraktionen natürlicher Öle Störungen auf, die man auf „geänderte chemische Zusammensetzung" zurückführt; ob dies tatsächlich die einzige Erklärung ist, wird sich noch zeigen müssen.

Zweifellos gewinnt man durch die Anwendung von Bezugsölen den Vorteil, daß man im Gegensatz zu den absoluten Kennzahlen, wie dem Richtungsfaktor $m$, mit einer einzigen Zahl eine eindeutige Kennzeichnung erzielt. Solange also keinerlei exakte Grundlagen für die theoretische Deutung der Zähigkeits-Temperaturbeziehung bestehen (und es ist kaum anzunehmen, daß man sie bei den komplexen Gemischen, wie sie die Öle darstellen, jemals erreichen wird), wird man sich mit diesen Hilfskennzahlen begnügen müssen, die sich auf das Zähigkeits-Temperaturverhalten von Bezugsstoffen stützen.

Dem Vorteil der absoluten Kennziffern, daß sie ohne Rücksicht auf irgendwelche Bezugsstoffe aufgestellt werden können, steht der Nachteil gegenüber, daß sie ohne zusätzliche Angaben kein gutes Bild der Zähigkeits-Temperaturabhängigkeit geben. Beim Richtungsfaktor $m$ wird man deshalb außerdem die Zähigkeitsstufe angeben müssen; damit ist allerdings die allgemeine Verwendbarkeit einer einzigen Zahl hinfällig.

### *β) Druck*

Druck wirkt ähnlich wie Senkung der Temperatur auf die Öle, weil sich die Moleküle einander dabei stärker nähern und mehr in ihren gegenseitigen Wirkungsbereich kommen; daher tritt in beiden Fällen erhöhte innere Reibung auf und nimmt die Zähigkeit zu.

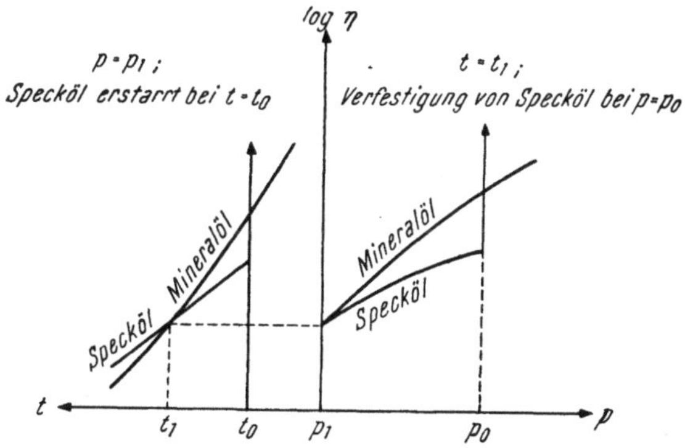


Abb. 8. Abhängigkeit der Zähigkeit von Druck und Temperatur für fette und für mineralische Öle (schematisch)

Diese Druckabhängigkeit der Zähigkeit ist ebenso wie die Temperaturabhängigkeit offenbar weitgehend durch die Gestalt der Moleküle bedingt, so daß sich in beiden auch im allgemeinen ähnliche Charakteristik zeigt: Öle mit flacher Zähigkeits-Temperaturkurve haben auch flache Zähigkeits-Druckkurven. So haben fette Öle bei beiden Einflüssen wesentlich geringere Änderungen als mineralische, auch werden bei mineralischen Ölen jene mit langgestreckten paraffinischen Kohlenwasserstoffmolekülen wesentlich weniger beeinflußt, als die gedrängter gebauten naphthenischen oder gar aromatischen. Beispiele für diese Abhängigkeit sind in Abb. 8 gegeben.

Zum Verständnis der Druckabhängigkeit der Zähigkeit geht A. Bondi[1]

[1] Physical Chemistry of Lubricating Oils, S. 40ff. New York: Reinhold. 1951.

von einer allgemeinen Theorie der Flüssigkeiten (von EYRING) aus, nach der die Zähigkeit bei geringen Scherkräften eine Funktion der molekularen Abmessungen (des Molekularvolumens), der für den Sprung eines Moleküls über die Energiebarriere der benachbarten Moleküle erforderlichen Energie, der Höhe dieser Barriere, der Entropie der Aktivierung $\Delta S^{\ddagger}$ und endlich der Aktivierungsenergie $\Delta H^{\ddagger}$ ist. BONDI findet als Druckkoeffizienten der Zähigkeit $\Delta V^{\ddagger}$ die Volumenänderung (Zunahme), die bei dem Vorgang der Aktivierung zum viskosen Fließen erfolgt; sie ist ein Maß für die Größe der Löcher im Flüssigkeitsgefüge, die für den kleinsten Molekülsprung bei Gleichgewichtszustand nötig ist, und hängt vom räumlichen Aufbau und der Flexibilität des Moleküls ab.

Eine eingehende Erörterung dieser Theorie ist hier nicht möglich, es sei darauf nur als auf einen interessanten Versuch verwiesen, die Zähigkeit und ihre Druckabhängigkeit auf Grund physikalischer Annahmen exakt zu deuten.

Bei Auftragung des Logarithmus der Zähigkeit gegen den Druck erhält man annähernd gerade Linien. Die Formel $\eta_p = \eta_0 \cdot e^{\alpha p}$ enthält eine für jede Ölart verschiedene Konstante $\alpha$, deren Wert nach E. KUSS zwischen $0{,}3 \times 10^{-3}$ und $1{,}0 \times 10^{-3}$ bei einheitlichen einfachen Flüssigkeiten, zwischen $1{,}6 \times 10^{-3}$ und $4{,}0 \times 10^{-3}$ bei Ölen liegt. Da $1/\alpha$ bei den meisten Ölen annähernd linear mit der Temperatur verläuft, könnte man nach KUSS $1/\alpha$ durch einen temperaturabhängigen Anteil $ct$ und einen temperaturunabhängigen $b$ ersetzen, worin $c$ und $b$ reine Materialkonstanten sind. Anhaltswerte sind nach den Angaben von KUSS:

| | Reine einfache Flüssigkeiten | Öle |
|---|---|---|
| Konstante $b$ ..... | 915—1760 | 80—550 |
| Konstante $c$...... | 0,82—13 | 3—8 |

Die extrem starke Druckabhängigkeit kommt bei den Ölen nur durch den niederen Wert von $b$ zustande[1]. Trägt man das Produkt $b \times$ Anilinpunkt der Öle gegen ihre Dichte auf, so erhält man einen deutlichen Gang; KUSS verspricht sich aus der Verfolgung dieser Zusammenhänge genauere Kenntnis über das Wesen der Druckabhängigkeit der Zähigkeit.

### γ) *Schergeschwindigkeit*

Während sich bei rein NEWTONschen Flüssigkeiten keine Abhängigkeit des Proportionalfaktors $\eta$ von der Schergeschwindigkeit zeigen sollte, kommt sie bei den praktisch verwendeten Schmierstoffen verschiedentlich vor, so daß diese eben als nicht-NEWTONsche Flüssigkeiten zu betrachten sind.

Allerdings muß hier wieder unterschieden werden zwischen jenen Stoffen, die durch sehr hohe Schergeschwindigkeit irreversible Änderungen erleiden, und jenen, die reversiblen Rückgang der Zähigkeit mit wachsenden Schergeschwindigkeiten aufweisen. Im ersten Falle handelt es sich um ein einfaches mechanisches Zerbrechen der Moleküle; dies kommt bei manchen zur Steigerung der Zähigkeit gemachten Zusätzen, wie z. B. Polyäthylen, vor, hat also mit dem hier besprochenen Vorgang gar nichts zu tun. Es verändert sich nur durch die Scherung der gesamte Aufbau des Öles und man kann von diesem veränderten Öl nicht erwarten, daß es sich weiter so verhält, wie das ursprüngliche. Zusätze,

[1] KUSS, E.: Erdöl u. Kohle **6** (1954), 266.

die so große Empfindlichkeit gegen Scherung haben, müssen deshalb entweder vermieden oder mit Vorsicht angewendet werden.

Zeigt ein Öl hingegen eine wirkliche reversible Abnahme der Zähigkeit bei hohen Schergeschwindigkeiten (auch unter Berücksichtigung der bei diesen auftretenden Temperatursteigerungen!), so handelt es sich um eine Strömungsorientierung und dadurch verringerte gegenseitige Beeinflussung der Ölmoleküle. Die Messungen in dieser Richtung sind nicht leicht und wurden von H. Blok einer eingehenden Kritik unterworfen[1]. Es ergibt sich daraus, daß die bisher angenommenen Zähigkeitsabnahmen zu hoch angesetzt waren, so daß man künftig mit geringeren Anormalitäten wird rechnen müssen.

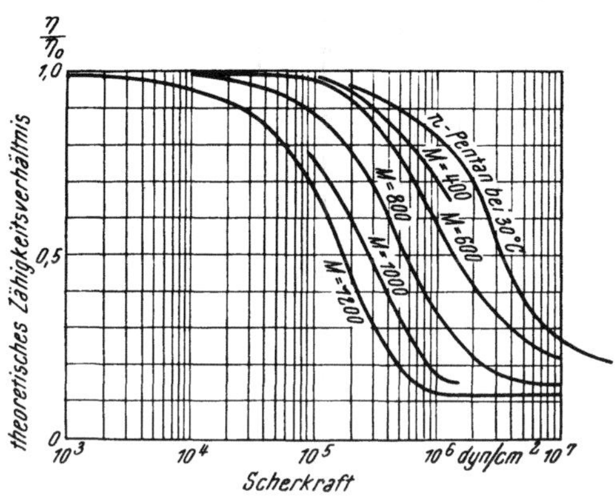


Abb. 9. Abnahme der Zähigkeit durch Scherung

Die Abnahme der Zähigkeit bei hoher Schergeschwindigkeit erfolgt bei stabförmigen Molekülen durch Ausrichtung in der Strömungsrichtung und Ausbildung einer richtungsabhängigen Zähigkeit. Die theoretische Abnahme bei geradkettigen Paraffinen zeigt Abb. 9 nach Bondi, der annimmt, daß sie durch das Molekulargewicht bestimmt sei, bei Schmierölen, die nur zum Teil solche $n$-Paraffine enthalten, sei sie aber weniger stark.

Die kritische Schergeschwindigkeit liegt nach Bondi bei $5 \times 10^5$ dyn/cm², ein Wert, der in Kapillar- oder Couetteviskosimetern nur selten erreicht wird, praktisch aber schon in Frage kommt. Wegen des großen Temperatureinflusses sind alle Werte, die ohne seine Berücksichtigung erhalten wurden, kritikbedürftig. Blok zeigte, daß bei Beharrungszustand, Annahme Newtonschen Fließens und eines konstanten Temperatur-Zähigkeitskoeffizienten bei keinem der untersuchten gewöhnlichen Schmieröle bei Berücksichtigung des Temperatureinflusses ein wirklicher Abfall der Zähigkeit durch Scherung beobachtet wurde; bei Ölen mit hochmolekularen Zusätzen wurde ein solcher festgestellt, trotzdem blieb die Zähigkeit dieser Öle viel höher als die der unversetzten Öle. Wegen der Steigerung der praktischen Beanspruchung erschienen Untersuchungen im Gebiete oberhalb des von Bondi angegebenen Grenzwertes erwünscht, wozu ein Couetteviskosimeter mit kontrollierbarem Wärmefluß angezeigt erscheint; dabei sollte auch das von Blok vorgeschlagene Verfahren zur Kontrolle und zum Ausgleich des Wärmeflusses berücksichtigt werden. Eine Zusammenstellung der von Blok zitierten Untersuchungen anderer Autoren gibt Tab. 19.

Beim Fadenziehen von Flüssigkeiten, das praktisch vielfach von großer Bedeutung ist, zeigte sich, daß der Fließwiderstand mit steigender Schubspannung zuerst etwas abnimmt, dann aber — bei Polyvinylacetatlösungen — sehr ausgeprägt zunimmt, so daß beim Fließen eines frei gezogenen Fadens mit ganz anderen Viskositäten zu rechnen ist als beim Fließen in üblichen Viskosimetern. Man wird die weitere Auswertung dieser Feststellung für die Verwendung von Erdölprodukten abwarten müssen[2].

---

[1] De Ingenieur **58** (1948), Mat. Kentnis 1/5.

[2] Nitschmann, H. und J. Schrade: Helv. chim. Acta **31** (1948), 297; Nitschmann, H. und W. Aeschlimann: Vortrag Innsbruck 1953, Österr. Chemiker-Ztg. **54** (1953), 151.

Tabelle 19. *Abfall der Zähigkeit mit der Schergeschwindigkeit*

| Ölzähigkeit | 20° C Öl | Schergeschwindigkeit | Abfall | nach |
|---|---|---|---|---|
| 1,5—16 P . . | Mineralöl | bis 1,3 × $10^5$ dyn/cm² | 0 | PHILIPPOFF: Physik. Z. **43** (1942), 373 |
| 0,2—4 P . . . | Mineralöl | 0,6 × $10^5$ dyn/cm² | 0 | MORRIS und SCHNURMANN: Rev. Sci. Instruments **17** (1946), 17/22 |
| 0,9 P . . . . . . | raff. Rüböl | 0,6 × $10^5$ dyn/cm² | 0 | |
| 10 P . . . . . . | Rizinusöl | 0,6 × $10^5$ dyn/cm² | 0 | |
| ? . . . . . . . . . | Mineralöl + Zusatz | 0,6 × $10^5$ dyn/cm² | 35% | |
| 125 P . . . . . | Mineralöl | 0,5 × $10^5$ dyn/cm² | 5% | WACHHOLTZ u. ASBECK: Fette u. Seifen **48** (1941), 423 |
| ? . . . . . . . . . | Mineralöl + Zusatz | 1,2 × $10^5$ dyn/cm² | 15% | FRÖSSEL: Forsch. Gebiete Ingenieurwes. **14** (1943), 82/84 |

### δ) *Verdünnung*

Verdünnt man ein Öl mit einem Lösungsmittel, so ist die Folge eine ähnliche Schwächung der Kraftfelder der Moleküle, wie sie bei der Erwärmung eintritt; die Zähigkeit sinkt also entsprechend. Diese Abnahme ist daher in beiden Fällen gleichsinnig, d. h. die Öle mit starker Temperaturabhängigkeit der Zähigkeit nehmen bei Verdünnung auch stärker ab, als unter den gleichen Verhältnissen Öle mit geringer Temperaturabhängigkeit. J. TAUSZ hat dies in einer Reihe von Untersuchungen gezeigt[1].

Im Widerspruch dazu gibt das Zähigkeitstemperaturdiagramm von UBBELLOHDE-WALTHER an, daß die Zähigkeit zweier Öle bei der Vermischung nur von der Ausgangszähigkeit der beiden Komponenten abhängig sei, so daß man in diesem Diagramm bei Kenntnis dieser Zähigkeiten und der prozentischen Zusammensetzung die Zähigkeit des Gemisches erhalte. Ob daher ein Öl weniger oder stärker zähigkeits-temperaturabhängig ist, spiele keine Rolle, sondern die Auswirkung der Verdünnung bliebe sich in beiden Fällen gleich.

Die Formel für die kinematische Zähigkeit $\nu$ von Mischungen ist:

$$\log \nu = N_1 \log \nu_1 + N_2 \log \nu_2 + \ldots\ldots \quad (N_1,\ N_2 \text{ Molenbrüche}),$$

sie gilt aber wegen der Struktureinflüsse ebensowenig exakt, wie das Mischungsdiagramm in dem WALTHER-UBBELLOHDE-Blatt. Deshalb erscheint es vorteilhafter, zur Orientierung über die zu erwartende Zähigkeit von Gemischen nach dem Vorschlag von E. W. STEINITZ[2] nicht ein einziges Mischungsblatt, sondern drei Mischungsblätter zu verwenden, die für die folgenden Fälle Gültigkeit haben sollen:

a) Mischungen gleichbasischer Öle,

b) Mischungen niederer Viskosität paraffinbasischer Öle mit naphthenischen Ölen,

c) Mischungen hoher Viskosität paraffinbasischer Öle mit naphthenbasischen Ölen.

[1] Petroleum **27** (1931), 41/3.
[2] Petroleum (London) **11** (1948), 269.

Allerdings waren die Ergebnisse für unraffinierte und mit Zusätzen versehene Öle noch nicht bestimmt und offengelassen worden.

Infolge der sehr komplexen Einflüsse auf die Zähigkeit von Gemischen ist deren exakte Voraussage kaum möglich. Steht man vor der Aufgabe, öfters Ölmischungen bestimmter Zähigkeit herzustellen, so empfiehlt es sich — sofern angängig —, Mischungstabellen der in Frage kommenden Öltypen aufzustellen, d. h. also im Sinne des Vorschlages von STEINITZ weiterzugehen. Auf die Versuche, auf Grund thermodynamischer Überlegungen Molekulargröße und -form bei Mischungsberechnungen der Zähigkeit zu berücksichtigen, sei hingewiesen[1].

### *ε) Konstitution*

G. HUGEL hat für reine synthetische Kohlenwasserstoffe folgende Regeln der Zähigkeit aufgestellt[2].

1. Ringbildung erhöht die Zähigkeit stark.

2. In nichtzyklischen Kohlenwasserstoffen hat Kettenverzweigung wenig oder keinen Einfluß.

3. Olefinische Doppelbindungen haben in nichtzyklischen Kohlenwasserstoffen sehr wenig Einfluß, können aber in zyklischen erhebliche Wirkung haben.

4. Im allgemeinen ist ein ringförmiger Kern im Molekül notwendig, damit Kettenverzweigung oder Doppelbindungen die Zähigkeit beeinflussen; in nichtzyklischen Verbindungen kann man diese nur durch Erhöhung des Molekulargewichtes merklich steigern.

5. Von zwei Ölen mit gleicher Zähigkeit bei einer Temperatur, z. B. 50°C, hat das Öl mit geringerem Molekulargewicht die größere Temperaturabhängigkeit der Zähigkeit.

L. A. MIKESKA[3] fand für Alkylbenzole und verwandte Stoffe, daß

1. die Zähigkeit bei gleichem Molekulargewicht um so höher liegt, je komplexer der Ring ist;

2. die Zähigkeit bei gleicher Zahl der paraffinischen C-Atome in Seitenketten mit der Zahl der Seitenketten zunimmt;

3. der Zähigkeitsunterschied bei 37,8°C für Stellungsisomere bis zu 100% betragen kann;

4. eine Doppelbindung in der Seitenkette die Zähigkeit herabsetzt. *Hydrierung* erhöht bei den meisten aromatischen Kohlenwasserstoffen die Zähigkeit, nur Mesitylen, Phenanthren und Anthrazen, die wenig bewegliche Moleküle aufweisen, und deren Verdampfungswärme bei Hydrierung merklich abnimmt, bilden Ausnahmen. Da Ölfraktionen bei Hydrierung dünnflüssiger werden, nehmen K. VAN NES und H. A. VAN WESTEN an, daß sie merkliche Mengen solcher Kohlenwasserstoffe enthalten[4].

Über den Einfluß der *Seitenkettenlänge* bei *n*-Paraffinen und alkylierten Ringverbindungen liegen Arbeiten von KÖLBEL und Mitarbeitern vor, die beweisen, daß bei Auftragung der Zähigkeiten bei einer bestimmten Temperatur über die Zahl der C-Atome in der Seitenkette ungefähr parabolische Kurven entstehen, wie Abb. 10 zeigt.

---

[1] POWELL, R. E. und H. EYRING: Advances Colloid Sci. **2** (1944), 126.

[2] Chim. et Ind. **26** (1932), 1282.

[3] Ind. Engng. Chem. **28** (1936), 970; MIKESKA, L. A. und C. A. COHEN: J. Org. Chemistry **6** (1941), 787.

[4] Aspects of the Constitution of Mineral Oils, S. 114. New York-Amsterdam-London-Brussels: Elsevier. 1951.

Das Verhalten der durch Silikagel getrennten Anteile von paraffinfreien Schmierölen war bei systematischen Untersuchungen durch die Verteilung von Paraffino-Naphthenen, kondensierten Naphthenen, Aromato-Naphthenen, Naphthalinen und höheren Aromaten gekennzeichnet. Großer Gehalt an kondensierten Naphthenen, die einen sehr geringen Viskositätsindex haben, bedeutet wegen ihrer geringen Löslichkeit in Phenol — wogegen kondensierte Aromaten darin gut löslich sind —, daß bei der selektiven Behandlung mit Phenol keine nennenswerte Verbesserung des Viskositätsindex zu erwarten ist[1].

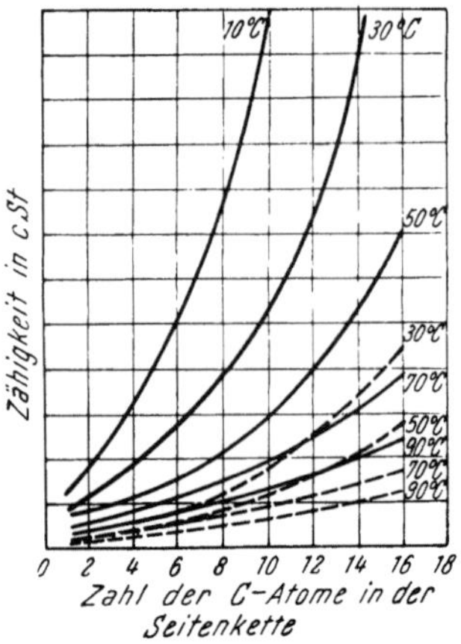


Abb. 10. Zähigkeit von Alkylbenzolen (strichlierte Linien) und von β-Alkylnaphthalinen (ausgezogene Linien) in Funktion der Länge der Seitenkette (nach H. Kölbel)

Die Zähigkeit als Ausdruck der Assoziation von Molekülen gibt auch Auskunft über diese Assoziationsneigung. Der Abfall der Zähigkeit mit steigender Temperatur bedeutet Abnahme der Assoziation. Lose Aggregate der normalen Flüssigkeiten haben normale Temperaturkoeffizienten der Zähigkeit, Polymermoleküle, deren Größe sich mit der Temperatur nicht ändert, dagegen niedere, während Mizellen, deren Moleküle mit van der Waalsschen Kräften gebunden sind, hohe Temperaturkoeffizienten aufweisen. Deshalb sind die wenig zur Assoziation neigenden paraffinischen Öle am wenigsten, die stark assoziierenden aromatischen Öle stark temperaturempfindlich[2].

Auf die Gleichheit der Zähigkeit verschiedener Kohlenwasserstoffe bei vergleichbaren Zuständen, z. B. der absoluten Siedetemperatur, sei hingewiesen. Ebenso seien die Arbeiten von H. Zorn besonders erwähnt[3].

### d) Messung

Nach dem Gesagten muß eine richtige Messung der Zähigkeit

1. in einem Bereich erfolgen, in dem die Gesetze des Fließens bekannt sind;

2. die Einflüsse auf die Zähigkeit, wie Temperatur, Schergefälle, eventuell Druck, genau festlegen können;

3. in einem Maße messen, das entweder schon selbst auf absoluten Einheiten basiert oder doch die Umrechnung verläßlich gestattet.

Zu 1. Das Newtonsche Gesetz des Fließens gilt nur für die laminare Strömung. Wird sie turbulent, so besteht kein linearer Zusammenhang mehr zwischen Schub und Ausflußmenge, weil die aufgewendete Energie zum Teil zur Durchwirbelung der Flüssigkeit verbraucht wird.

Zu 2. Findet die Messung so statt, daß unbekannte Einflüsse die Konsistenz verändern, so ist keine Übertragung der Meßwerte auf andere Verhältnisse möglich. Man muß deshalb trachten, daß man z. B. bei abgekühlten Gemischen, bei denen eine laufende Veränderung des kolloiden Gefüges einsetzt, zum mindesten stets genau die gleichen Versuchsbedingungen einhält (die auch praktisch

[1] Lillard, J. G., W. C. Jones, jr. und J. A. Anderson, jr.: Ind. Engng. Chem. 44 (1952), 2623.

[2] Vgl. Lawrence, A. S. C.: Sci. Petroleum 2 (1938), 1099; Linke, R.: Z. angew. Chem. A 54 (1941), 260; Wolf, K. L.: Z. VDI 83 (1939), 781; Nissan, A. H., L. V. G. Clark und A. W. Nash: J. Inst. Petroleum 26 (1940), 155.

[3] Kurzbericht: Erdöl u. Kohle 8 (1955), 414.

in Frage kommen). Das gleiche wie für die Temperatur gilt auch für das Schergefälle, das man vor allem bei Ölen mit Zusätzen den interessierenden Verhältnissen entsprechend wählen muß. Die Übertragung der Zähigkeitsmessungen von Viskosimetern mit Schergefällen von etwa 200 reziproken Sekunden auf Fälle mit 500 000 und mehr reziproken Sekunden kann sehr falsche Ergebnisse liefern.

Zu 3. Die Messung in absoluten Einheiten (Centistok oder Centipoisen) ist jetzt allgemein verbreitet; die konventionelle Meßweise in den handelsüblichen Viskosimetern wird nur langsam aussterben, sie wendet aber auch schon zunehmend die absoluten Maße an, die durch Umrechnung erhalten werden. Bei Anwendung neuer Meßverfahren wäre unbedingt auf die Forderung zu achten, Werte anzugeben, die in ähnlicher Weise wie bei den üblichen Viskosimetern in absolute Werte umgerechnet werden können.

Ein ganz neuartiges Verfahren zur kontinuierlichen Messung der Zähigkeit von Wilfred Roth und Stanley Rich beruht auf der Tatsache, daß die Dämpfung longitudinaler Ultraschallschwingungen, die in einem Stahlblättchen durch kurze Magnetostriktionsimpulse erzeugt werden, der Zähigkeit direkt verhältig ist[1]. Ein von der Firma Bendix International hergestellter Apparat, das Ultraviskoson, gibt die durch elektronische Auswertung der Meßwerte erhaltene Zähigkeit auf einem Anzeigegerät in Centipoisen $\times$ Grammsekunden/cm$^3$ an, wobei die Genauigkeit bei Newtonschen Flüssigkeiten und einem Meßbereich von 0 bis 1000 Centipoisen $\times$ Grammsekunden/cm$^3$ $\pm$ 2% betragen soll. — Die sofortige Anzeige der Meßwerte, die Ausschaltung einer Probenahme und die einfache Behandlung des Meßgerätes sind die Vorteile des Verfahrens, dessen praktische Ergebnisse aber wohl erst abgewartet werden müssen, ehe man ein Urteil abgeben kann.

### e) Praktische Bedeutung der Zähigkeit und des Fließverhaltens

Wenn hier von Zähigkeit gesprochen wird, bezieht sich dies allgemein auf das Fließverhalten, d. h. auch Fließzustände nicht-Newtonscher Art.

Wo immer Flüssigkeiten technische Anwendung finden, spielt ihr Fließverhalten eine Rolle. Im folgenden sind einige dieser Fälle mit den theoretischen Zusammenhängen zusammengestellt.

#### *α) Schmierung*

**Hydrodynamische Reibung** ist dem Wert $\frac{\eta \cdot \omega}{p}$ (bei Gleitlagern) verhältig, worin $\eta$ die dynamische Zähigkeit, $\omega$ die Winkelgeschwindigkeit, $p$ der Belastungsdruck ist. Bei gleitenden parallelen Flächen von der Größe $F$ und dem gegenseitigen Abstand $h$ ist die Reibungskraft $R = \frac{\eta \cdot F \cdot v}{h}$, worin $\eta$ wieder die dynamische Zähigkeit und $v$ die Gleitgeschwindigkeit bedeutet. In beiden Fällen wächst und sinkt die Reibung mit der Zähigkeit.

**Gleitbeginn.** Für den Gleitbeginn (Anlassen!) muß die Zähigkeit des nichtzerstörten Flüssigkeitsgefüges zugrunde gelegt werden; benötigt man dazu infolge teilweiser Erstarrung durch z. B. Paraffinausscheidung eine gewisse Kraft, so ist mindestens diese aufzuwenden, um die Bewegung einzuleiten. Überschreitet die verfügbare Kraft diesen Wert erheblich, wie etwa bei Druckschmierung, so

[1] Appl. Physics **24** (1953), 940/50.

ist die extrapolierte Zähigkeit als Maß des Reibungswiderstandes brauchbar. Dabei herrscht aber oft nicht Vollschmierung, so daß die Ruhreibungseigenschaften von Werkstoff und Öl berücksichtigt werden müssen, während die Rolle der Zähigkeit zurücktritt (vgl. S. 115 f.).

**Grenzschichtschmierung** wird durch die Zähigkeit nicht beeinflußt (vgl. S. 111 f., 116 ff.).

*β) Fließen*

Wie erwähnt, ist der Fließwiderstand bei NEWTONschen Flüssigkeiten der Zähigkeit proportional, um erst bei Eintritt turbulenter Strömung über diesen Wert anzusteigen. Bei der Vermischung zäher Flüssigkeiten muß man möglichst in das turbulente Gebiet kommen, um rasche Mischung zu erzielen, d. h., wenn möglich, die Rühr- und Umpumpgeschwindigkeiten erhöhen oder aber die Viskosität durch Temperaturerhöhung so weit senken, daß man dies erreicht. Die Fließeigenschaften spiegeln die Struktur der Flüssigkeit wider. So sind Suspensionen, bei denen jedes einzelne suspendierte Teilchen von einer adsorbierten Flüssigkeitsschicht umgeben ist, meist NEWTONsche Flüssigkeiten, d. h. sie haben keinen Grenzwert der Schubspannung, sondern fließen schon beim geringsten Schub, und zwar diesem linear verhältig. Tritt dagegen Flockung ein, so bildet sich offenbar zwischen den sich zusammenballenden Teilchen ein Strukturskelett aus, das sowohl eine Grenzschubspannung für den Fließbeginn erforderlich macht, als Abweichungen der linearen Beziehung Schubspannung—Ausflußmenge bedingt. Man hat also im Fließverhalten ein Merkmal zur Beurteilung des Mikroaufbaues des Stoffes vorliegen.

*γ) Absetzgeschwindigkeit fester Teilchen*

Nach dem STOKESschen Gesetz ist der Reibungswiderstand kugelförmiger Teilchen $R = 6\pi \cdot \eta \cdot r$, d. h. er steigt linear mit der Zähigkeit an ($r$ = Teilchendurchmesser), die Absetzgeschwindigkeit ebenso.

*δ) Zerstäubung*

Die Zerstäubung wird durch die Zähigkeit weitgehend beeinflußt, so daß sie dabei berücksichtigt werden muß; doch scheinen zusätzliche Faktoren unter Umständen den Zähigkeitseinfluß überkompensieren zu können (vgl. S. 88).

## 6. Fließen nicht-Newtonscher Stoffe und Erstarren

### a) Definition

Auch bei nicht-NEWTONschen Stoffen versteht man unter *Zähigkeit* oder *innerer Reibung den Widerstand,* den sie der gegenseitigen Verschiebung zweier Flächen entgegensetzen. Im Gegensatz zu den Flüssigkeiten kann dieser aber bei geringer Schubspannung unendlich groß sein und ist nach Fließbeginn nicht unbedingt der Schubspannung linear proportional. Zur Kennzeichnung des Fließens muß deshalb die Zähigkeit nicht-NEWTONscher Stoffe bei verschiedener Schubspannung gemessen und als „scheinbare“ Zähigkeit bezeichnet werden, um sie von der wahren schubspannungsunabhängigen Zähigkeit NEWTONscher Flüssigkeiten zu unterscheiden.

*Erstarren* heißt, daß der Fließwiderstand bei gegebenen Verhältnissen unendlich groß wird. Auch hiefür ist die Angabe der eingehaltenen Versuchsbedingungen unerläßlich; beginnen doch bei sehr hohen Drucken und längeren Zeiten auch anscheinend feste Körper, wie z. B. Eis, Bitumen und selbst Steine zu fließen.

### b) Wesen

Während bei gegebener Temperatur, wie besprochen, NEWTONsche Flüssigkeiten im laminaren Bereich unabhängig von der Schergeschwindigkeit stets die gleiche Zähigkeit aufweisen, verhalten sich die nicht-NEWTONschen Stoffe ganz anders. Nun verändert sich vor allem infolge von Abkühlung der Charakter der Mineralöle (aber auch anderer Öle) im Sinne zunehmend kolloider Struktur. Diese Veränderung kann so weit gehen, daß sich feste Teilchen auszuscheiden beginnen. Andere Mineralölprodukte, wie Bitumen oder die natürlichen Asphalte, weisen von vornherein einen hohen Anteil fester suspendierter Teilchen auf, ebenso enthalten die technischen Schmierfette feste Teile. Dementsprechend ist das Fließverhalten dieser Stoffe sehr verschiedenartig und reicht vom rein NEWTONschen Fließen (bei erhöhter Temperatur) über plastisches Fließen bei Abkühlung bis zur Erstarrung. Zur Erklärung des Fließverhaltens von Bitumina hat HÖPPLER[1] eine Theorie aufgestellt, die im folgenden wiedergegeben ist; dabei sei des Hinweises von HÖPPLER auf die Feststellung M. PLANCKS gedacht, daß die Deformierbarkeit eines theoretisch idealen festen Körpers allein durch 36, die materielle Beschaffenheit des Körpers betreffende, Parameter bestimmt wird, so daß für die theoretischen Grundlagen des Erstarrens nur sehr lockere Beziehungen aufgestellt werden können.

In Abb. 11 bis 14 sind Bitumina verschiedenen Fließverhaltens nach HÖPPLER schematisch dargestellt; man sieht anschaulich die hochmolekularen (festen) Kohlenwasserstoffmoleküle als volle schwarze Kreise, die zu mehr oder weniger großen Komplexen kolloidaler Abmessungen zusammengelagert sind, und um sich eine Hülle von Flüssigkeit (Solvathülle oder Lyosphäre) besitzen, die im wesentlichen aus Molekülen des Dispersionsmittels besteht: diese Hüllen sind durch die konzentrischen Kreise dargestellt; sie gehen allmählich diffus in das reine Lösungsmittel über. Die Dicke der Solvathülle wird in erster Linie durch die Temperatur bestimmt, bei höheren Temperaturen ist eine Verkleinerung und bei niedrigen Temperaturen eine Vergrößerung dieser Lyosphären anzunehmen. Diese solvatierten Mizellen und ihre Solvathüllen sind in den Abbildungen durch Strahlenkränze dargestellt (nur in Abb. 14 der besseren Übersicht halber weggelassen). Das Dispergierungsmittel (in diesem Falle Mineralöl), in welchem die Bitumenmizellen dispergiert sind, ist durch kleine schwarze Punkte dargestellt.

Fall $A$ (Abb. 11) stellt ein niedrigkonzentriertes Bitumen (etwa Nr. 2) bei Zimmertemperatur dar. Zwischen den Wirkungssphären der Mizellen ist noch in reichlichem Maße Dispersionsmittel (mit normalen NEWTONschen Fließeigenschaften) vorhanden, welches in erster Linie die Viskosität dieses Systems bedingt. Es liegt reinviskoses Fließen vor (s. Fließkurve) und die Höhe der Viskosität wird unter den gegebenen Bedingungen seitens der dispergierten Phase nur durch die Größe und Anzahl der im Dispersionsmittel schwimmenden Bitumenmizellen im Sinne des Viskositätsgesetzes von EINSTEIN[2] beeinflußt, das allerdings Kugelform der dispergierten Teilchen voraussetzt:

$$\eta = \eta_0 \, (1 - K \cdot C_v)$$

($\eta$ = Viskosität der Lösung, $\eta_0$ = Viskosität des Lösungsmittels, $C_v$ = Gesamtvolumen der dispergierten kugelförmigen Teilchen pro Volumeinheit der Lösung, $K$ = eine Konstante).

[1] Oel u. Kohle **37** (1941), 995.

[2] Ann. Physik **34** (1911), 591; **19** (1916), 289.

Ist genügend Dispergierungsmittel vorhanden, so wird bei Abkühlung des Systems naturgemäß eine Viskositätserhöhung zu beobachten sein, die einesteils durch die Zunahme der Viskosität des Dispersionsmittels, andererseits aber auch

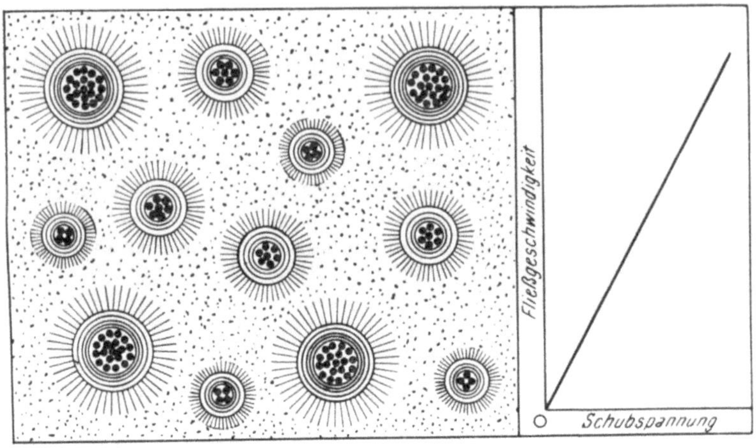


Abb. 11. Fließverhalten von niedrigkonzentriertem Bitumen bei Zimmertemperatur, reinviskoses Fließen. Fall *A*

durch Zunahme (Lyosorption) der Dicke der Solvathülle bestimmt wird. Es liegt noch immer reines Fließen vor, die Fließkurve wird lediglich weniger steil.

Fall *B* (Abb. 12) ist gegeben durch noch weitere Abkühlung des soeben beschriebenen Bitumensystems. Es erfolgt weitere Vergrößerung der Solvathüllen

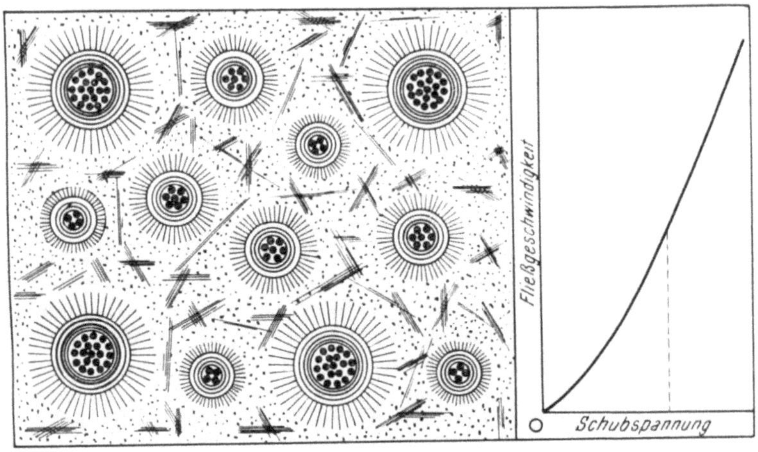


Abb. 12. Fließverhalten von Bitumen A bei tieferer Temperatur, erst quasiviskoses, dann viskoses Fließen. Fall *B*

durch Lyosorption, wodurch erhebliche Mengen Dispersionsmittel immobilisiert werden, was gleichbedeutend mit einer Konzentrationserhöhung ist und zur weiteren Viskositätserhöhung beiträgt. Gleichzeitig ist aber der „Stockpunkt" des Dispersionsmittels erreicht, die gebildeten kristallinischen Mizellen bilden mit dem Dispersionsmittel ein gesondertes fibrillar-disperses System und bewirken eine sehr lockere Vernetzung. Da beim Anlegen einer Schubspannung $\tau$ zunächst erst einmal ein Teil davon zur Ausrichtung dieser kristallinischen Mizellen in die Strömungsebenen verbraucht wird, besitzt der Anfang der $v/\tau$-Kurve einen

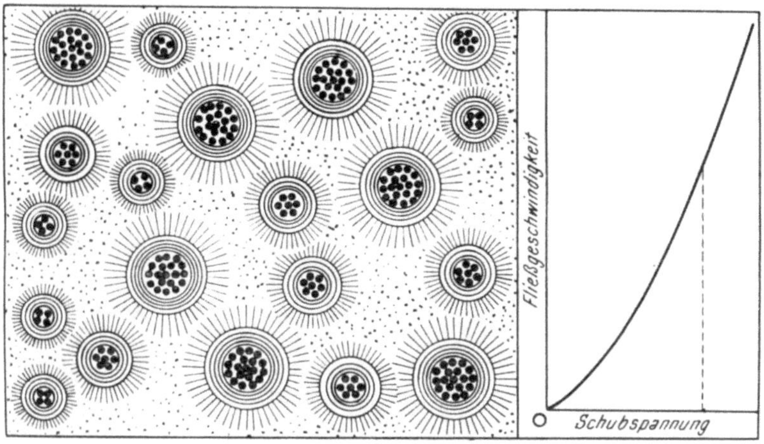


Abb. 13. Fließverhalten von höherkonzentriertem Bitumen bei Zimmertemperatur; erst stärker ausgeprägtes quasiviskoses, dann reinviskoses Fließen. Fall $C$

quasiviskosen Verlauf, reinviskoses Fließen wird erst bei höheren Schubspannungen (über dem $\eta$-Fließpunkt) zu beobachten sein (s. Fließkurve).

Fall $C$ (Abb. 13) stellt ein höher konzentriertes Bitumen (z. B. 5) bei Zimmertempe [...] cken die

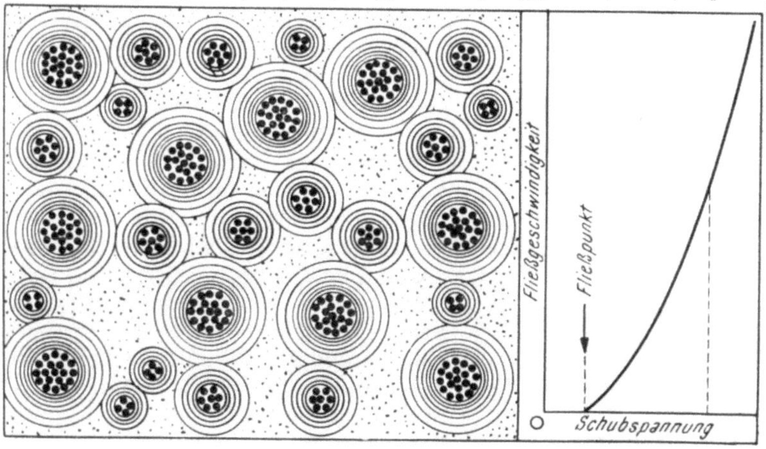


Abb. 14. Fließverhalten von Bitumen noch höherer Konzentration bzw. Lyosorption; Auftreten eines Fließpunktes (Fließgrenze), quasiviskoses, dann reinviskoses Fließen. Fall $D$

Bitumenmizellen näher zusammen, ihre Wirkungssphären überschneiden sich, und die Folge ist ein quasiviskoses Fließen des Systems. Erst nach Überwindung dieser mechanischen Widerstandskräfte durch eine genügend hohe Schubspannung kann das System wieder reinviskos fließen (s. Fließkurve).

Fall *D* (Abb. 14) tritt ein, wenn durch noch weitere Konzentration (z. B. Bitumen 7) bzw. erhöhte Lyosorption sogar die Solvathüllen sich überschneiden. Wenn genügend Dispersionsmittel vorhanden ist, so äußern die Solvathüllen infolge ihrer größeren inneren Reibung einen mechanischen Widerstand gegen das Zusammenballen, bei Mangel an Dispersionsmittel dagegen werden die ursprünglich voneinander unabhängigen Lyosphären zusammenfließen und eine neue dynamische Einheit bilden, das System erhält hierdurch bereits *elastische* Eigenschaften und geht in einen formbeständigen („festen") Körper über, der durch das Vorhandensein eines Fließpunktes gekennzeichnet ist (s. Fließkurve).

F. Höppler hat auch die Zähigkeit von Bitumen mit dem Erweichungspunkt (nach der Ring- und Kugelmethode) und mit dem Tropfpunkt nach Ubbellohde in Beziehung gesetzt. Es ergab sich, daß bei verschiedenen Bitumina der Erweichungspunkt einem Wert von rund 1 Million cP ± 10%, der Tropfpunkt einem Wert von etwa 140 000 cP entspricht; hier treten größere Abweichungen auf, weil bei der Tropfpunktmessung offenbar die Oberflächenspannung die Zähigkeitseinflüsse zum Teil überdeckt.

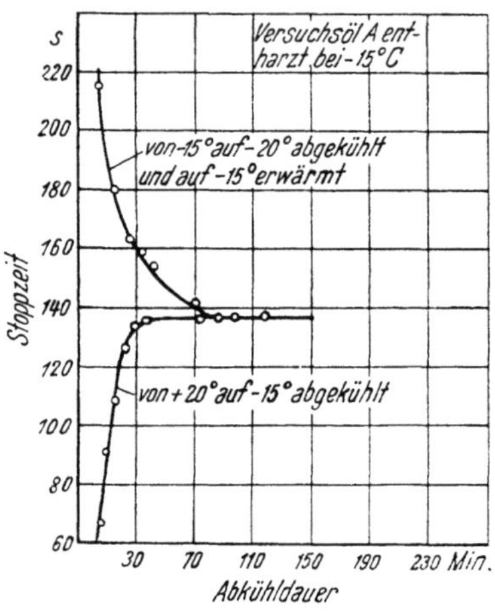


Abb. 15. Einstellung einer Gleichgewichtszähigkeit bei einer nicht-Newtonschen Flüssigkeit (unterkühltes Mineralöl)

Daß tatsächlich eine direkte Beziehung zwischen der Zähigkeit und dem Erweichungs- bzw. Tropfpunkt besteht, zeigt Höppler für dampfdestillierte Bitumina; ergänzende Werte für Bitumina anderer Art wären erwünscht.

Ähnliche Abweichungen des Fließens vom Newtonschen, wie bei den Bitumina, sind bei Ölen in der Kälte zu beobachten.

Nun besteht die Schwierigkeit, daß der Fließwiderstand von den Abmessungen des Versuchsgerätes abhängig ist, und zwar nimmt die Zähigkeit z. B. bei Kapillaren mit abnehmendem Radius ab; anscheinend begünstigt kleiner Radius viskoses Fließen. Außerdem muß man zur Erreichung reproduzierbarer Werte, die freilich für die Praxis wieder keine Bedeutung besitzen, Zähigkeitsmessungen abgekühlter Öle oft wiederholen, um jenen Zustand zu erreichen, der bei gegebenen Abmessungen als Gleichgewichtszustand bezeichnet werden kann. Solche Messungen zeigt Abb. 15, aus der auch ersichtlich ist, daß je nach Art der Erreichung des Endzustandes (Abkühlung oder Erwärmung unterkühlten Öles) die anfänglichen Werte niederer oder höher als die nachfolgenden liegen; beide Arten von Werten treffen sich aber zuletzt im Gleichgewichtswert.

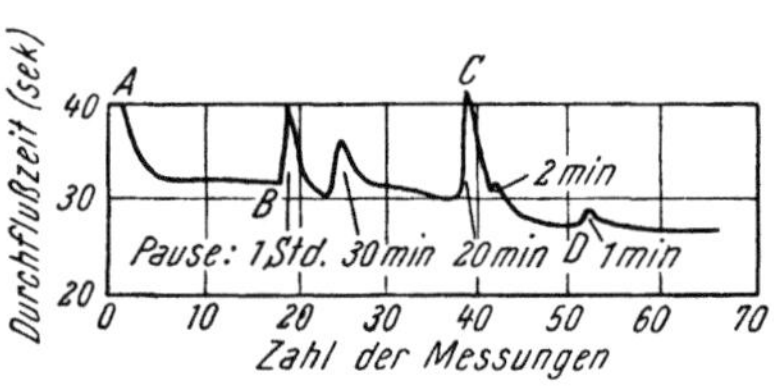


Abb. 16. Abnahme des Fließwiderstandes eines erstarrten Öles bei dauernder Wiederholung des Meßvorganges und Zunahme des Fließwiderstandes bei eingelegten Pausen (Thixotropie) nach Hennenhöfer

Diese Gleichgewichtswerte gelten für das durchgearbeitete Öl, nicht für das in Ruhe erstarrte. Läßt man nach solchen Messungen längere Zeit ruhen, so steigt der Fließwiderstand wieder an, falls das Öl stark thixotrop ist, wie Abb. 16 zeigt. Aber der Gleichgewichtswert hängt von den beim Versuch eingehaltenen Bedingungen ab, d. h. wird je nach Kapillarendurchmesser, Fließgeschwindigkeit usw. jeweils andere Lage haben, so daß es keine absoluten Zähigkeitswerte für Öle gibt, die infolge der Abkühlung nicht mehr wahre Flüssigkeiten im NEWTONschen Sinne sind.

Diese Verschiedenheiten der Ergebnisse bleiben auch bestehen, wenn man zur Auftragung der Fließeigenschaften die BINGHAMsche Beziehung anwendet und die Werte des maximalen Schergefälles (Schergeschwindigkeit) $D = \frac{4\,Q}{\pi\,R^3}$ ($Q =$ = Strömungsvolumen je Zeiteinheit, $R$ = Kapillarradius, $l$ = Kapillarlänge, $P$ = Wirkdruck) gegen die maximale Schubspannung am Rande aufträgt, die

$$\tau = \frac{P \cdot R}{2\,l} \text{ ist.}$$

Für vier Kapillaren fand HENNENHÖFER die in Abb. 17 gezeichneten Kurven, wobei die Kapillarradien die folgenden waren:

$a$ : 0,08 cm
$b$ : 0,15 cm
$c$ : 0,20 cm
$d$ : 0,24 cm.

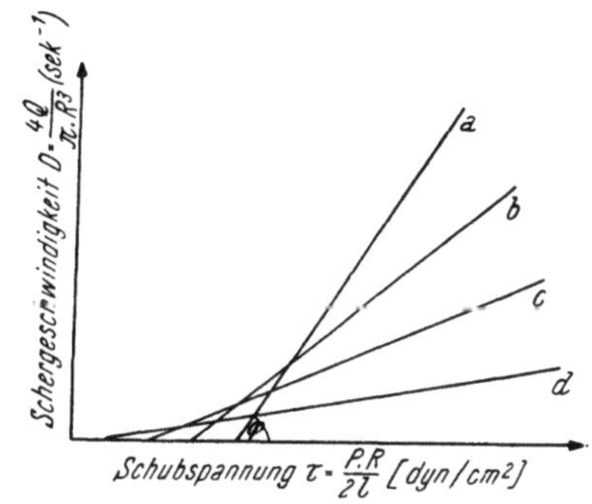


Abb. 17. Fließkurven eines erstarrten Öles, gemessen bei konstanter Temperatur mit vier Kapillaren von verschiedenem Radius (schematisch) nach HENNENHÖFER

Das (schematisch dargestellte) Ergebnis ist nach HENNENHÖFER typisch für alle Messungen im flüssig-festen Gebiet. Man sieht, wie erwartungsgemäß mit größerem Kapillarenradius die Fließgrenzwerte abnehmen und umgekehrt, vor allem aber, wie die Geraden verschieden starke Steilheit aufweisen, so daß die aus der Steilheit errechnete Zähigkeit (cot $\varphi$) keine reale Bedeutung als eindeutige Stoffkonstante besitzt. Sie wird mit abnehmendem Radius kleiner.

Zur Charakteristik von Ölen im fest-flüssigen Gebiet muß man also außer der Zähigkeit die Fließgrenze als zweites Stoffmerkmal verwenden, darüber hinaus aber auch die Abmessungen des (Kapillar)viskosimeters genau festlegen. Diese Festlegung müßte allerdings international gemacht werden; ob dies erreichbar sein wird, muß die Zukunft lehren. Die Abnahme der scheinbaren Zähigkeit mit dem Kapillarenradius legt die Extrapolation auf unendlich dünne Kapillaren nahe, wie HENNENHÖFER feststellt; für technische Zwecke dürfte sie aber bei laufenden Untersuchungen kaum anwendbar sein. Sein Hinweis, daß die Meßwerte infolge des nicht-NEWTONschen Fließens nicht mehr Zähigkeiten, sondern nur scheinbare Zähigkeiten sind, muß besonders hervorgehoben werden, weil er ganz allgemein gilt. Besonders groß wird der Einfluß der Schergeschwindigkeit bei kolloiden Lösungen in leichtflüssigen Erdölprodukten. Wie stark die scheinbare Zähigkeit von Benzingelen mit der Schergeschwindigkeit abnimmt, zeigt das Verhalten von Aluminiumstearatlösungen in Benzin (dem „Napalm" unheilvollen Angedenkens des zweiten Weltkrieges) in Abb. 18.

Während die „Zähigkeits"werte bei der Messung in einem Kugelfallviskosimeter sich wie 470 : 10 Poisen verhielten, sank der Grenzwert im Kapillarviskosimeter bei hoher Schergeschwindigkeit auf 0,39 bis 0,18 Poisen ab[1].

Die Erstarrung von kolloidalen Benzinlösungen ist sehr stark von der Natur

[1] CAWLEY, C. M. und Mitarbeiter: J. Inst. Petroleum 33 (1947), 649.

der Zusätze abhängig; sowohl die Erstarrungstemperatur selbst, als auch die Beständigkeit bei hohen und niederen Temperaturen werden dadurch bedingt. Tab. 20 zeigt auszugsweise die Erstarrungstemperaturen von Gelen aus Benzin und Aluminiumstearat („Napalm") mit Xylenolen als Stabilisator[1]:

Tabelle 20. *Erstarrungstemperaturen von Benzin-Gelen in °C*

| 4 Gew.-% Al-Stearat | Gew.-% Xylenole 0,25 | 0,5 | 0,75 | 1,0 | 1,25 | 1,5 | 2,0 |
|---|---|---|---|---|---|---|---|
| | Erstarrungstemperatur in °C | | | | | | |
| 4 | −12,2 | −17,8 | −28,9 | −34,4 | −34,4 | −40 | −40 |
| 5 | — | −17,8 | | −34,4 | −34,4 | −34,4 | −40 |
| 6 | | | | −23,3 | | −34,4 | −34,4 |

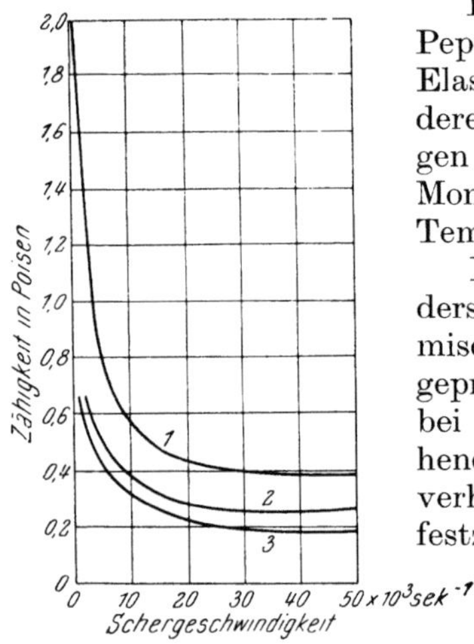


Abb. 18. Einfluß der Schergeschwindigkeit auf die scheinbare Zähigkeit von Benzingelen

Die Xylenole haben sich im Vergleich zu anderen Peptisierungsmitteln zur Steigerung der Stabilität und Elastizität bei Gelen aus Aluminiumstearat bei niederen Temperaturen am günstigsten erwiesen. Dagegen ergab Zusatz von Cellosolve (Äthylenglykol-Mono-Äthylester) bessere Beständigkeit bei höherer Temperatur (40° C).

Bei *Schmierfetten* ist das Fließverhalten in besonders hohem Grade von der mechanischen und thermischen Vorgeschichte abhängig. Da diese Stoffe ausgeprägte kolloide Eigenschaften haben, diese sich aber bei Erhitzung und mechanischer Behandlung weitgehend verändern können, ist die Erfassung des Fließverhaltens in noch höherem Ausmaße konventionell festzulegen, um reproduzierbare Werte zu erhalten.

### c) Maßeinheiten

Die Maßeinheiten der scheinbaren Zähigkeit nicht-NEWTONscher Stoffe sind wohl dieselben, wie für NEWTONsche Flüssigkeiten; doch gibt es

*Legende zu Abb. 18*

| Gemisch | Zusammensetzung g/100 ml Petroleum: Al-Stearat | Xylenole | Kugelfallzähigkeit bei 25°C | Endzähigkeit Poisen |
|---|---|---|---|---|
| *1* | 6 | 6 | 47 sek | 0,39 |
| *2* | 5 | 5 | 14 sek | 0,26 |
| *3* | 4 | 4 | 1 sek | 0,18 |

auch eine Reihe konventioneller Werte, die, wie z. B. die Penetration nach RICHARDSON, nicht auf Zähigkeitswerte konventioneller oder absoluter Art zurückgeführt werden können. Es ist der Vorteil des Konsistometers von HÖPPLER und ähnlicher Apparate, daß damit auch für solche Stoffe Meßwerte in Poisen oder Centipoisen angegeben werden können.

[1] CAWLEY, C. M. und Mitarbeiter: J. Inst. Petroleum **33** (1947), 721.

### d) Einflüsse

Die Einflüsse auf das Fließen nicht-NEWTONscher Stoffe sind so komplex, daß es nicht möglich ist, allgemeine Angaben darüber zu machen.

### e) Messung

Da die scheinbare Zähigkeit thixotroper Stoffe durch die Dauer sowohl des Durchrührens als der Wiederverfestigung beeinflußt wird, muß man beide Faktoren bei der Untersuchung berücksichtigen. Nach neueren Feststellungen[1] empfiehlt es sich, Schmierfette in der zeitlichen Abhängigkeit davon derart zu messen, daß man nach ASTM D 217-52 T durcharbeitet und die Fließwerte gegen den Logarithmus der Zahl der Mischbewegungen aufträgt; man erhält bis zu 20 000 Bewegungen für Handelsfette oberhalb etwa 15 000 dyn/cm$^2$ gerade Linien und kann deren Steigungswinkel (gemessen bei 25 $\pm$ 1° C) für 3000 Bewegungen als Maß der Zähigkeitsabnahme der Fette durch Scherung nehmen. Ebenso ergibt die Auftragung des Fließwertes gegen den Logarithmus der Zeit bis zu einem Monat im allgemeinen gerade Linien; der Neigungswinkel der Gerade für Fette, die nach 3000 Bewegungen eine Woche lang bei 25 $\pm$ 1° C gealtert wurden, ist angeblich ein brauchbares Maß für die Geschwindigkeit der Erhärtung der Fette.

Für den Einfluß des Geschwindigkeitsgefälles erachten G. H. GÖTTNER und GG. SCHULTZE Messungen bis zu $10^6$ sek$^{-1}$ nötig, um die gesamte Fließkurve zu erfassen; sie weisen besonders auch auf die Bedeutung des Fließprofils hin, das bei den NEWTONschen Flüssigkeiten parabolisch von der Mitte des Rohres zur Wand hin abfällt, während es sich bei nicht-NEWTONschen immer mehr verflacht, um beim Pfropfenfließen in ein sehr flaches Profil überzugehen, wobei Gleiten an der Wand stattfindet[2].

Zur Messung der scheinbaren Zähigkeit von Schmierfetten verwendet die US Fed. Test Method Standard 791 306. 1. ein Druckviskosimeter, das sie unter verschiedenen Drücken, die von 0 bis 140 kg/cm$^2$ reichen, durch Kapillaren drückt. Es werden acht verschiedene Kapillaren verwendet, deren Länge das 40fache des Durchmessers beträgt; die Durchmesser gehen von 0,045 bis 0,380 cm. Zur Errechnung des Kapillarendurchmessers $R$ dient die Formel:

$$\frac{(8\,L\eta v/t)^{1/4}}{\pi P\, 68944} = \frac{(L\eta v/t)^{1/4}}{27074\, P}$$

worin $\eta$ die Zähigkeit des Eichöles bei der Meßtemperatur in Poisen,
$v/t$ die Fließgeschwindigkeit in Millilitern/Sekunde,
$L$ die Kapillarenlänge in Zentimetern und
$P$ der Druck am Meßinstrument in Pfund/Zoll$^2$ sind.

Die Errechnung der scheinbaren Zähigkeit von Schmierfetten geschieht nach der Formel:

$$\text{„}\eta\text{“ (scheinbare Zähigkeit)} = \frac{\text{Schubspannung } F}{\text{Schergeschwindigkeit } S} = \frac{P\, 68944\, \pi\, R^4}{8\, Lv/t}$$

in dieser Formel ist $P$ der gemessene Druck, der Wert 68944 dient zur Umrechnung von Pfund/Zoll$^2$ in dyn/cm$^2$, $R$ ist der Radius der Kapillare in Zentimetern und $v/t$ ist die Fließgeschwindigkeit in Millilitern je Sekunde. Man trägt die scheinbare Zähigkeit gegen die Schergeschwindigkeit auf Logalogarithmuspapier auf

[1] HOTTEN, B. W. und B. B. FARRINGTON: ASTM Bull. **189** (1953), 53/6.

[2] Erdöl u. Kohle **5** (1952), 775; Ergebnisse verschiedener Konsistometer ebenda **6** (1953), 200.

und ebenso als Abszisse die Schubspannung $\frac{PR}{2L}$ gegen die Schergeschwindigkeit $\frac{4\,v/t}{\pi R^2}$ als Ordinate; durch Extrapolation des gerade verlaufenden Teiles der Linie auf die Schergeschwindigkeit Null erhält man den Fließbeginn (yield value), wie Abb. 19 zeigt.

L. G. Wood hat zur Messung der Scherempfindlichkeit von V. I.-Verbesserern eine 15%ige Lösung davon in Dieselkraftstoff im Kreislauf durch eine Dieseleinspritzdüse gepumpt, die auf 175 kg/cm² eingestellt war, und die Scherempfindlichkeit durch den prozentualen Viskositätsabfall gemessen. Die Schergeschwindigkeit schätzt er dabei auf $10^7$ sek$^{-1}$, d. h. um eine Zehnerpotenz höher, als sie bei der Schmierung im Motor auftritt[1].

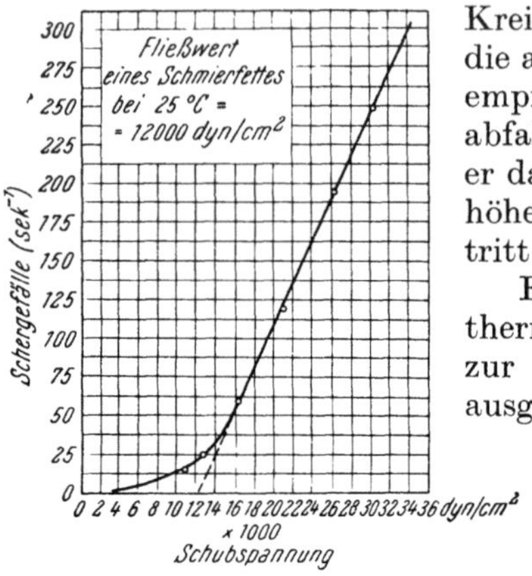


Abb. 19. Typischer Verlauf der Schubspannung gegen das Schergefälle bei Schmierfetten

E. B. Reid und H. I. Allen haben auf Grund thermodynamischer Überlegungen eine Methode zur Voraussage der Stockpunkte von Ölgemischen ausgearbeitet, die nach ihren Angaben in 90% der Fälle eine Genauigkeit bis auf 5° ergab, auf die hingewiesen sei[2].

Der nach üblichen Laboratoriumsmethoden (ASTM) bestimmte Stockpunkt weicht vor allem bei manchen mit Zusätzen versehenen Ölen stark vom praktischen Verhalten ab, weil besondere Witterungsverhältnisse dieses entscheidend beeinflussen. Sehr ausgedehnte Feldversuche in Polarzonen zeigten, daß das Stocken nicht so sehr durch langanhaltende gleichmäßige Abkühlung, sondern vielmehr durch Temperaturschwankungen bestimmter Art zustande kommt. Auf Grund dieser Erkenntnis haben C. E. Hodges und D. T. Rogers den sogenannten SOD-Kältetest entwickelt, bei dem die Öle einer sechstägigen Vorbehandlung in drei verschiedenen Temperaturzyklen unterworfen werden und der die Kältebeständigkeit der Öle mit sehr großer Genauigkeit erfaßt, so daß damit verbesserte Öle und Ölzusätze entwickelt werden konnten[3].

## f) Praktische Bedeutung

Anomalien des Fließens gegenüber Newtonschen Stoffen sind sowohl bei Zu- als Abnahme der Zähigkeit praktisch sehr wichtig. Im ersten Falle (z. B. Alterung von Fetten, Rheopexie) werden Fördereinrichtungen zur Erzielung gleicher Leistungen übermäßig beansprucht, im zweiten Falle ist, z. B. bei Schmierfetten, damit zu rechnen, daß es aus den Schmierstellen läuft. Bei Hahnschmierstoffen verschiedener Art (Kohlenwasserstoffen, Silikonen, Glykolderativen) scheint Steigerung der scheinbaren Zähigkeit bei hoher Schergeschwindigkeit durch Zugabe fester polarer Stoffe mit ähnlich polarem Verhalten wie das Schmiermittel und starke Erhöhung der Lebensdauer einzutreten[4].

Die Zähigkeit kann als Maß des Molekulargewichtes verwendet werden, wie die Arbeiten Staudingers zeigen. Im Gegensatz zur Formulierung der für kugel-

---

[1] Brit. J. Appl. Physics **1** (1950), 202.

[2] Petroleum Refiner **30** (1951), 93/5.

[3] Oil Gas J. **46** (1947), 89/99; Fed. Test Method Standard 791, 203.

[4] Farnand, J. R. und I. E. Puddington: Canad. J. Res. **27** *F* (1949), 318/22.

förmige dispergierte Teilchen gültigen EINSTEIN-HATSCHEK-Gleichung (s. S. 53), nach der der Dispersitätsgrad keine Rolle spielen sollte, fand er nämlich, daß für kettenartig gebaute nichtpolare Polymere eine Formel gilt, wonach die Viskositätszunahme, die „spezifische Zähigkeit", d. h. das Verhältnis zwischen Zähigkeit der Lösung zur Zähigkeit des Lösungsmittels minus 1, proportional dem Molekulargewicht ($M$) mal der Konzentration ($c$) ist: $\eta_{spez} = K_m \cdot c \cdot M$, worin $K_m$ die Konstante darstellt, die jeweils für eine polymere Reihe einen charakteristischen Wert hat, während die Konzentration in „Grundmolekeln" des Polymerisats/Liter eingesetzt wird (z. B. $CH_2O$ für Polyoxymethylen, $C_5H_8$ für Kautschuk usw.). Bei Kenntnis der Zähigkeit von Lösungen bekannter Konzentration läßt sich daher mittels der Konstante das Molekulargewicht errechnen[1].

Änderungen der Konsistenz, wie der Übergang von Solen zu Gelen oder von Gemischen zu Emulsionen, lassen sich vielfach ebenfalls an der Viskositätsänderung erkennen; im ersten wie im zweiten Falle steigt die Zähigkeit an.

Eine besonders große Rolle spielt das Fließverhalten bei bituminösen Stoffen, so daß S. L. NEPPE[2] es in einer sehr umfangreichen Arbeit zur Klassifizierung herangezogen hat, auf die nur verwiesen sei.

Die „Verfestigung" von Benzin durch Auflösung von Seifen und anderen Stoffen erwies sich meist als illusorisch, weil schon sehr geringe Schubspannungen das kolloide Gefüge zerstören, so daß das Benzin genau so leichtflüssig und gefährlich ausfloß wie ohne Zusatz.

Die Stockpunktserniedrigung durch Zusätze ist keine Verringerung der Zähigkeit, sondern eine Verschiebung des Punktes, bei dem Kristallausscheidung das Öl (unter den Bedingungen der Prüfung, wie der Praxis) verfestigt; sie besteht in der Adsorption großer Moleküle an den wachsenden Kristallkeimen, so daß nur kleine, wenig Festigkeit ergebende Kristalle entstehen können.

## 7. Verdampfen, Destillieren, Fraktionieren

### a) Definition

*Verdampfen* nennt man den vollständigen oder teilweisen Übergang eines Stoffes von der flüssigen in die dampfförmige Phase, der entweder ohne (Verdunstung!) oder mit Zufuhr von Wärme oder durch Verringerung des Druckes erfolgen kann. Bei Mehrstoffgemischen aus verschieden hoch siedenden Komponenten tritt bei gegebener Temperatur teilweise Verdampfung ein. *Destillation* oder *Differentialverdampfung* ist die Trennung der Komponenten solcher Gemische durch teilweise Verdampfung mittels Wärmezufuhr und gesonderte Rückgewinnung des kondensierten Dampfes und des Rückstandes. Als *Gleichgewichtsverdampfung* oder *-destillation* bezeichnet man die kontinuierliche teilweise Verdampfung (Destillation) dergestalt, daß man ein Gemisch konstanter Zusammensetzung bei konstanter Zufuhrgeschwindigkeit im Gleichgewichtskontakt mit dem entstehenden Dampf hält.

*Fraktionierung* heißt die Zerlegung eines flüssigen Gemisches durch Destillation und gesonderte Kondensation der Dämpfe zu Flüssigkeit. *Rektifikation* ist die erneute Destillation der einzelnen Fraktionen; sie kann auch in einem, möglichst adiabatisch durchgeführten, Arbeitsgang durch eine Destillation unter steter Berührung der aufsteigenden Dämpfe mit dem zurückfließenden Kondensat vorgenommen werden. *Dephlegmation* ist die (annähernd isotherm durchgeführte) teilweise Kondensation der Flüssigkeitsdämpfe bei einer gegebenen Temperatur.

---

[1] Vgl. STAUDINGER, H.: Makromolekulare Chemie und Biologie. Basel: Wepf & Co. 1947.

[2] J. Inst. Petroleum **38** (1952), 109, 257, 344, 458, 532.

*Zersetzungsdestillation* tritt ein, wenn der destillierte Stoff Komponenten enthält, die bei der Destillationstemperatur unbeständig sind; außer dem rein physikalischen Vorgang der Destillation tritt dann der chemische des Zerbrechens der unbeständigen Moleküle ein.

## b) Wesen

### α) *Dampfdruck*

Sieden erfolgt, wenn der Dampfdruck der Flüssigkeit den auf die Flüssigkeit lastenden Druck erreicht, also für Wasser unter Atmosphärendruck bei 100° C. Die Dampfdruckkurven der vielen, im Erdöl vorkommenden Kohlenwasserstoffe sind nicht alle bekannt oder nur in einem Teil des interessierenden Bereiches. Deshalb ist es vorteilhaft, daß bei der Auftragung der Werte log $p$ gegen $1/T$ fast gerade Kurven erhalten werden. Man hat damit die Möglichkeit, bei Kenntnis der Dampfdrucke bei zwei Temperaturen den gesamten Verlauf des Dampf-

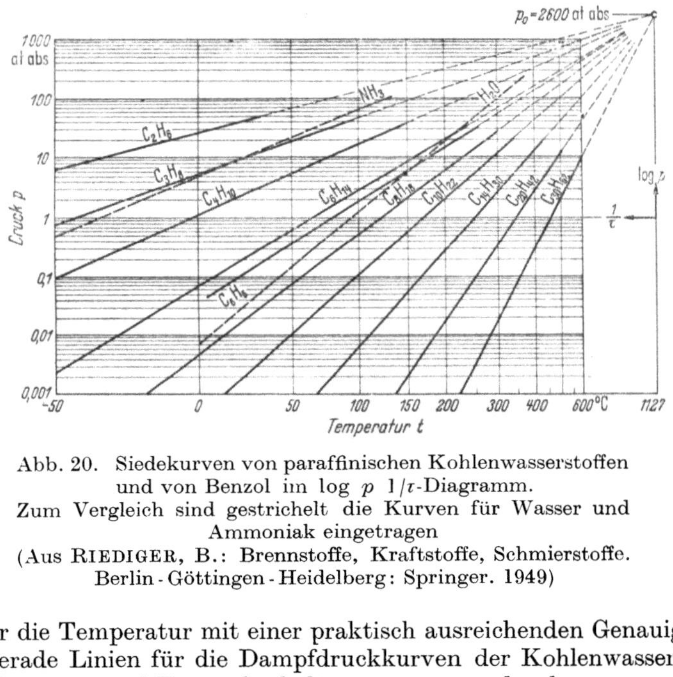


Abb. 20. Siedekurven von paraffinischen Kohlenwasserstoffen und von Benzol im log $p$ $1/\tau$-Diagramm. Zum Vergleich sind gestrichelt die Kurven für Wasser und Ammoniak eingetragen (Aus RIEDIGER, B.: Brennstoffe, Kraftstoffe, Schmierstoffe. Berlin-Göttingen-Heidelberg: Springer. 1949)

druckes über die Temperatur mit einer praktisch ausreichenden Genauigkeit darzustellen. Gerade Linien für die Dampfdruckkurven der Kohlenwasserstoffe soll man nach HOFMANN und FLORIN[1] erhalten, wenn man den log $p$ gegen $1/\tau$ aufträgt, worin $1/\tau = 1/T - 7{,}9151 \cdot 10^{-3} + 2{,}6726 \cdot 10^{-3} \log T - 0{,}8625 \cdot 10^{-6}\, T$ ($T$ = °K) ist. Da sich in einem solchen Diagramm die Linien aller Kohlenwasserstoffe in einem Punkt (Pol) treffen, der bei 1127° C und 2600 at liegt, hat man sie im Gegensatz zu den assoziierenden Stoffen, wie Wasser, Alkoholen, Karbonsäuren, als Polstoffe bezeichnet; für diese Polstoffe genügt daher die Kenntnis eines einzigen Dampfdruckes, um den gesamten Dampfdruckverlauf darzustellen. Eine bildliche Darstellung der so erhaltenen Kurven gibt Abb. 20.

Schon früher hat COX[2] zur Erzielung gerader Dampfdrucklinien über die Temperatur vorgeschlagen, gegen eine logarithmische Dampfdruckachse willkürlich

[1] Z. VDI. Beihefte Verfahrenstechnik, 1943, S. 47/51.
[2] Ind. Engng. Chem. **15** (1923), 592.

eine Gerade zu ziehen, die der Dampfdruckkurve des Wassers entspricht, und die Temperaturskala nach dieser Geraden auf Grund der bekannten Dampfdruckbeziehungen für Wasser einzuteilen. Tatsächlich sind die Dampfdruckkurven der Kohlenwasserstoffe dann nahezu Gerade, die sich wie die Linien von HOFMANN und FLORIN in einem gemeinsamen Schnittpunkt treffen (vgl. Abb. 21).

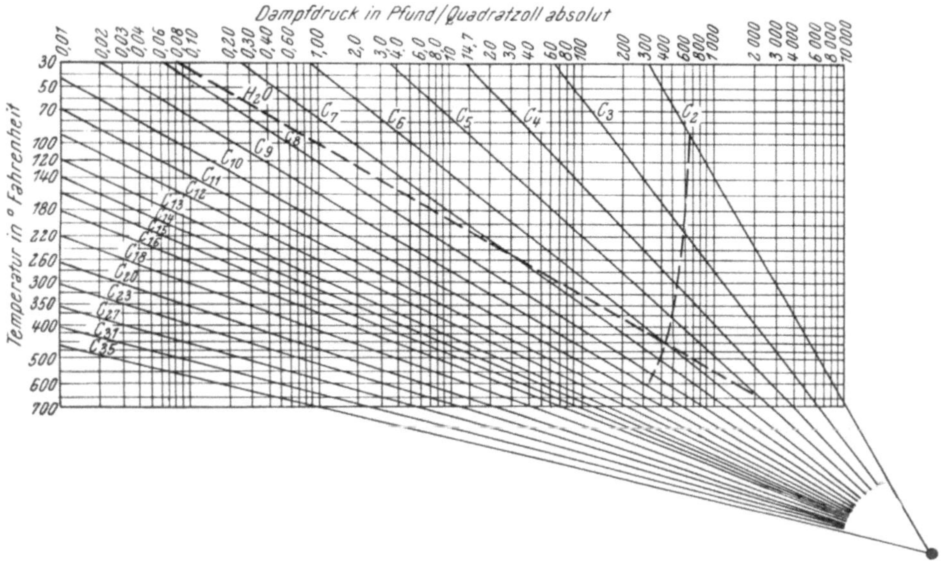


Abb. 21. COX-Diagramm für die Dampfdrucke normaler Paraffinkohlenwasserstoffe

### β) *Verdampfungswärme*

Die Verdampfungswärme ist jene Wärme, die notwendig ist, um die Gewichtseinheit der Flüssigkeit unter den Bedingungen des Verdampfungsvorganges (Druck und Temperatur) zu verdampfen; sie wird meist in cal/kg oder British Thermal Units/Pfund ausgedrückt. Nach TROUTON ist das Verhältnis der molaren Verdampfungswärme beim Siedepunkt zur absoluten Siedetemperatur, d. h. die Verdampfungsentropie, für alle Stoffe etwa 21,5 cal/Grad. Diese Regel versagt aber bei niedrig siedenden Stoffen (Gasen) sowie bei jenen, die flüssig merklich assoziiert sind, wie Wasser, Alkohole, Essigsäure, gibt aber gerade dadurch einen Hinweis auf die Struktur der Flüssigkeit. Auch die von NERNST verbesserte Formel: $\frac{\text{Verdampfungswärme}}{\text{absolute Siedetemperatur}} = 9{,}5 \log \text{S. T.} - 0{,}007 \text{ S. T.}$ befriedigt nicht über einen weiten Temperaturbereich; die Werte liegen für hohe Siedepunkte zu hoch.

Gute Werte für die Berechnung der Verdampfungswärme aus Dampfdruckmessungen soll die Beziehung von OTHMER geben[1]:

$$\log P = \left(\frac{L}{L_R}\right) \cdot \log P_R + C,$$

wenn man die Dampfdrucke $P$ und $P_R$, sowie die Verdampfungswärmen (latente Wärmen) $L$ und $L_R$ zweier Stoffe bei derselben Temperatur und eine Konstante

[1] Ind. Engng. Chem. **32** (1940), 841.

$C$ einsetzt. Trägt man logarithmisch die Dampfdrucke eines Stoffes gegen jene eines Bezugstoffes bei derselben Temperatur auf, so erhält man gerade Linien, aus deren Steilheit, die ja nach der Gleichung dem Verhältnis der Verdampfungswärmen entspricht, man den Wert für die gesuchte Substanz aus jenem der Bezugssubstanz bei derselben Temperatur entnehmen kann. Abb. 22 zeigt die Beziehung nach OTHMER für Wasser und Hexan.

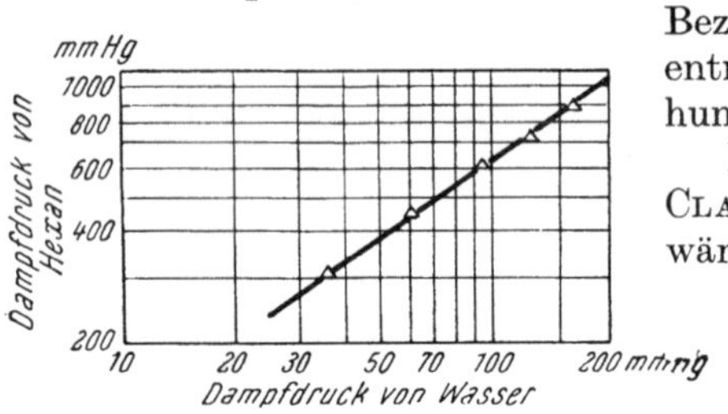

Abb. 22. OTHMER-Darstellung des Systems Hexan-Wasser

Nach der Gleichung von CLAUSIUS-CLAPEYRON ist die molare Verdampfungswärme:

$$L_T = T \cdot \frac{dp}{dT} \cdot (V_{Gas} - V_{Flüss}),$$

worin $T$ die absolute Temperatur, $p$ der Dampfdruck, $V_{Gas}$ und $V_{Flüss}$ die Volumina von Gas und Flüssigkeit sind. Man kann also aus der Verdampfungstemperatur und den mechanischen Daten des Verdampfungsvorganges die Verdampfungswärme berechnen.

Die Gleichung von KISTIAKOWSKY $\frac{L}{T_s} = 8{,}75 + 4{,}575 \log T_s$, worin $L$ die Verdampfungswärme, $T_s$ die Siedetemperatur in °K ist, soll nach WATSON für nichtpolare Stoffe erstaunlich gut stimmen[1].

### γ) *Flüchtigkeit*

Eng mit dem Dampfdruck verwandt ist die *Flüchtigkeit*. Als solche bezeichnet man die Neigung der flüssigen Kohlenwasserstoffe, in Dampfform überzugehen; bei gegebener Temperatur bestimmt sie den Dampfdruck und die Verdunstungsgeschwindigkeit. Die Verdunstung unterscheidet sich von der Destillation, vor allem von der bei der Siedeanalyse durchgeführten, dadurch, daß sie stark von der Verdampfungswärme abhängt, so daß gleich hochsiedende Stoffe mit verschiedener Verdampfungswärme sich erheblich in der Verdunstungsgeschwindigkeit unterscheiden können. Für Gemische von Kohlenwasserstoffen mit sauerstoffhaltigen Verbindungen, z. B. Benzin mit Alkohol, ist dies zu beachten.

### δ) *Kritische Temperaturen und Drucke*

Gase und Dämpfe können durch Drucksteigerung verflüssigt werden, wenn die Temperatur unter einem bestimmten Mindestwert, der kritischen Temperatur, liegt, die für jeden Stoff charakteristisch ist. Der dazu bei der kritischen Temperatur nötige Druck ist der kritische Druck. Die Berechnung aus der VAN DER WAALSschen Gasgleichung

$$\left(p + \frac{a}{v^2}\right) \cdot (v - b) = nRT,$$

worin $p$ und $v$ Druck und Volumen, $a$ und $b$ stoffeigene Konstanten sind, ergibt für die kritischen Werte nur ungenaue Daten. GULDBERG hat 1890 die Regel aufgestellt, daß die Siedetemperaturen meist gleiche reduzierte Temperaturen, d. h. gleiche Bruchteile der kritischen Temperaturen sind, und zwar liegen die (absoluten) Siedetemperaturen bei etwa dem 0,64fachen Wert der kritischen

[1] Ind. Engng. Chem. **23** (1931), 360.

Temperatur. Für nichtpolare Stoffe hat WATSON (l. c.) die ungefähre Beziehung $\frac{T_e}{T_k} = 0{,}283 \frac{(M)^{0{,}18}}{d_s}$ aufgestellt, worin $T_e$ jene Temperatur ist, bei der die Flüssigkeit im Gleichgewicht mit dem molaren Dampfvolumen von 22,4 l steht, $T_k$ die kritische Temperatur, $M$ das Molekulargewicht, $d_s$ die Dichte bei normalem Siedepunkt in g/cm³ sind. Die Temperatur $T_e$ steht mit dem normalen Siedepunkt in folgender Beziehung:

$$\ln T_e = 9{,}8 \frac{T_e}{T_s} - 4{,}2.$$

Es sei erwähnt, daß der feste Zustand im Sonderfall des Heliums bei Drucken über 6000 at auch noch bei dem achtfachen Werte der kritischen Temperatur aufrechterhalten blieb.

Bei Gemischen aus mehreren Komponenten trifft die Definition des kritischen Druckes und der kritischen Temperatur nicht mehr zu, weil in Gebieten nahe dem kritischen Punkt auch oberhalb der kritischen Temperatur und unterhalb des kritischen Druckes zwei Phasen auftreten können. In diesen Gebieten kann daher Verdampfung durch Senkung der Temperatur und Erhöhung des Druckes, Kondensation durch Erhöhung der Temperatur und Senkung des Druckes erfolgen. Man spricht dann von retrograder (gegensinniger) Verdampfung oder Kondensation[1].

### ε) *Fraktionierung*

Vielkomponentengemische (Benzin, Petroleum, Gasöl usw.) kann man in ihrem Verhalten bei der Destillation auf Zweikomponentengemische zurückführen, dasselbe gilt auch für Mischungen der Kohlenwasserstoffe mit anderen Stoffen, wie Alkoholen, Ketonen, Stickstoffverbindungen (Anilin), Phenolen usw. Bei Gemischen, wo deren beider Komponenten in jedem Verhältnis mischbar sind, sind drei Fälle zu unterscheiden:

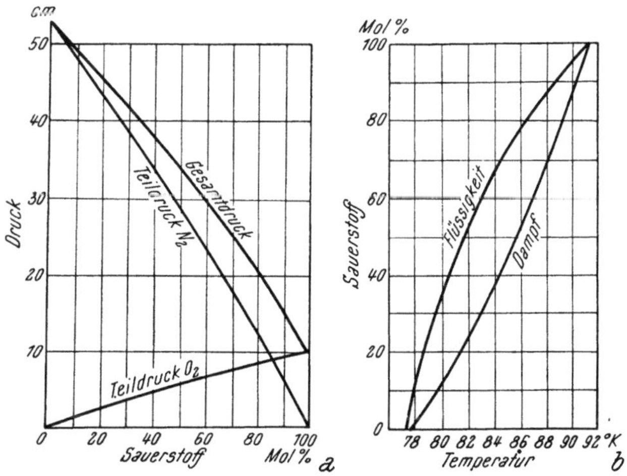


Abb. 23. *a*) Zustandsbild von Sauerstoff-Stickstoff-Gemischen bei 74,7° abs. Der Gesamtdruck $P$ setzt sich nahezu additiv aus den Teildrucken $p_A$ und $p_B$ zusammen (Isothermendarstellung).
*b*) Zusammensetzung von Flüssigkeit und Dampf bei Sauerstoff-Stickstoff-Gemischen (Gesamtdampfdruck = 1 at). Das System besitzt kein konstant siedendes Gemisch (Isobarendarstellung)

a) Der Dampfdruck der — nach Molprozenten verschieden zusammengesetzten — Gemische ändert sich linear zwischen den Werten der reinen Komponenten.

b) Der Dampfdruck der Gemische zeigt ein Minimum.

c) Der Dampfdruck der Gemische zeigt ein Maximum.

[1] Vgl. SCHMID, CH.: Erdöl u. Kohle **3** (1950), 422; KURATA, F. und D. L. KATZ: Ind. Engng. Chem. **32** (1940), 817.

Nach dem RAOULTschen Gesetz ist der Partial-Dampfdruck $p$ einer Lösungskomponente im Gleichgewichtszustand mit dem Dampfdruck der Lösung direkt proportional der molaren Konzentration des gelösten Stoffes $n_o$, d. h.

$$p = n_o P_o,$$

worin $P_o$ der Dampfdruck der reinen Lösungskomponente bei der gleichen Temperatur ist. Der auf Molzahlen bezogene prozentuale Gehalt der Lösung gibt also zugleich die prozentuale Erniedrigung des Dampfdruckes an. Bei Zweistoffgemischen ist der Dampfdruck $P = n_A \cdot p_{oA} + n_B \cdot p_{oB}$, worin $n_A$ und $n_B$ die Molzahlen der beiden Teilnehmer, $p_{oA}$ und $p_{oB}$ die Dampfdrucke der reinen Komponenten sind. Trägt man die Dampfdrucke gegen die Molzahlen auf, so erhält man die in Abb. 23 bis 25 dargestellten Kurven für die Gemische der drei verschiedenen Gruppen. Daneben sind jeweils die molaren Zusammensetzungen der Zweistoffgemische verschiedener Art bei verschiedenen Temperaturen aufgezeichnet.

Wie man sieht, kann man eine Trennung nur dann erreichen, wenn der Dampfdruck der Gemische verschiedener molarer Zusammensetzung kein Maximum oder Minimum besitzt, andererseits muß er aber über der geraden Verbindungslinie der zwei Stoffe liegen, damit Fraktionierung erreicht werden kann. In das Destillat geht stets vorwiegend jene Komponente oder jenes Gemisch, das den höchsten Dampfdruck aufweist, während die zweite Komponente mit dem niedereren Dampfdruck sich im Rückstand anreichert. Sind

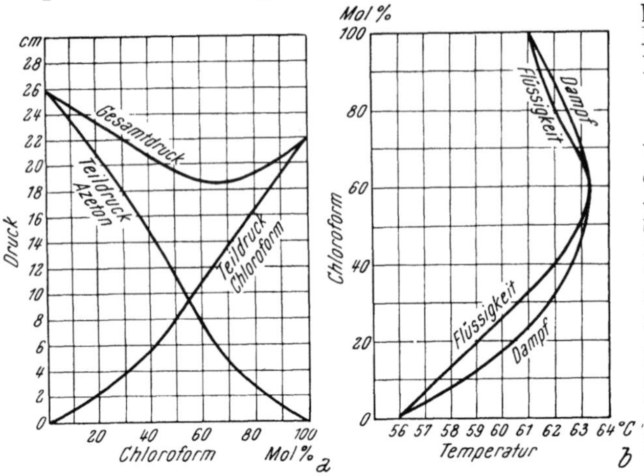


Abb. 24. *a*) Zustandsbild von Azeton-Chloroform-Gemischen bei 28,2° C. Der Gesamtdampfdruck $P$ zeigt ein *Minimum* (Isothermendarstellung).
*b*) Zusammensetzung von Flüssigkeit und Dampf bei Azeton-Chloroform-Gemischen am Siedepunkt (Gesamtdampfdruck = = 1 at). Das System besitzt ein konstant siedendes Gemisch *maximaler* Siedetemperatur (63,2° C; Isobarendarstellung)

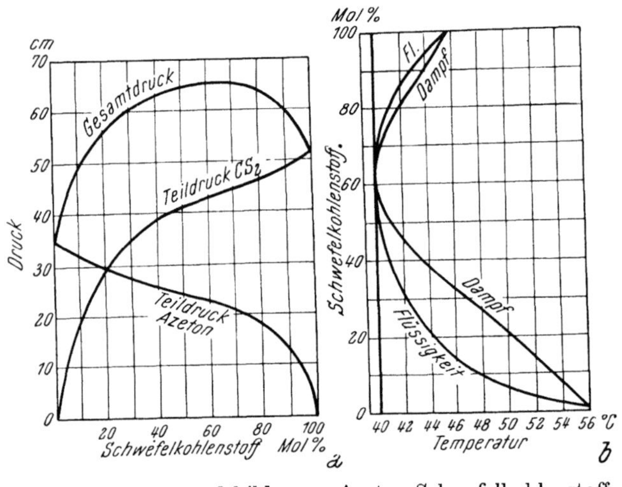


Abb. 25. *a*) Zustandsbild von Azeton-Schwefelkohlenstoff-Gemischen bei 35,2° C. Der Gesamtdampfdruck $P$ zeigt ein *Maximum* (Isothermendarstellung).
*b*) Zusammensetzung von Flüssigkeit und Dampf bei Azeton-Schwefelkohlenstoff-Gemischen am Siedepunkt (Gesamtdampfdruck = 1 at). Das System besitzt ein konstant siedendes Gemisch *minimaler* Siedetemperatur (40° C; Isobarendarstellung)

Dampfdruckmaxima oder -minima vorhanden, so ist eine vollständige Trennung unmöglich, weil ein konstant siedendes Gemisch entweder zu Beginn (Maximum) oder zu Ende (Minimum) der Destillation übergeht bzw. zurückbleibt.

Im nebenstehenden schematischen Diagramm (Abb. 26) sind die molaren Zusammensetzungen der drei erwähnten Gemischarten und jene von teilweise mischbaren *(IV)* und von solchen Gemischen dargestellt, die in Dampf und Flüssigkeit die gleiche Zusammensetzung haben, wie z. B. Stereoisomere *(V)*.

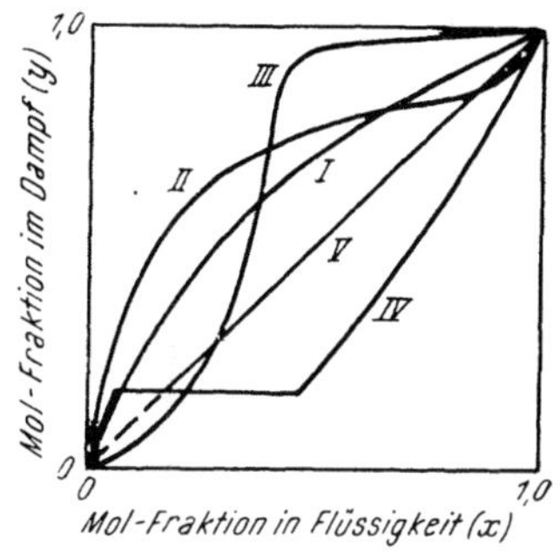


Abb. 26. Typische Diagramme der molaren Zusammensetzung verschiedener Gemische in der Flüssigkeits- und der Dampfphase bei konstantem Druck

*I* Vollkommen mischbar, kein konstant siedendes Gemisch (z. B. Benzol-Toluol)
*II* Siedepunkts-Minimum, konstant siedendes Gemisch (z. B. Alkohol-Wasser)
*III* Siedepunktsmaximum, konstant siedendes Gemisch (z. B. HCl-Wasser)
*IV* teilweise mischbar (z. B. Anilin-Wasser)
*V* Gleiche Zusammensetzung von Flüssigkeit und Dampf (z. B. Gemische von Stereoisomeren), nach Chemical Engineers Handbook

Bei der Fraktionierung muß man möglichst vollkommene Trennung der verschieden hoch siedenden Bestandteile erreichen. Dazu leitet man die Dämpfe in vertikale Kolonnen, in denen sich eine Reihe von Tellern oder Böden befindet, in denen der aufsteigende Dampf teilweise kondensiert wird und das Kondensat flüssig wieder nach unten fließt und seine leichtesten Anteile an frisch aufsteigenden Dampf abgibt, während dieser seine schwersten Anteile kondensiert. Voraussetzung guter Fraktionierung ist deshalb möglichst vollkommene Erreichung dieses Gleichgewichtszustandes, wozu 1. beste gegenseitige Berührung von Dampf und Kondensat, 2. richtige Destillationsgeschwindigkeit nötig sind. Praktisch erreichen Kolonnen den Gleichgewichtszustand nie ganz; um ihre Wirkungsweise beurteilen zu können, drückt man sie in der Zahl „theoretischer Böden" mit dem theoretischen Wirkungsgrad 100 aus, der zur Erreichung der gleichen Trennwirkung nötig ist. Die Zahl der theoretischen Böden, geteilt durch die effektive Bodenzahl, ergibt den Bodenwirkungsgrad. Da systematische Fraktionierung bei der *Verwendung* der Erdölprodukte kaum vorkommt, sei auf weitere Einzelheiten des umfangreichen Gebietes nicht weiter eingegangen (vgl. S. 68 f., 188, 269).

### c) Messung von Dampfdruck und Siedeverhalten

Der Dampfdruck reiner Flüssigkeiten ist unabhängig vom Verhältnis zwischen dem Volumen von Flüssigkeit und Dampf, weil bei der Verdampfung keine Änderung in der Zusammensetzung der Flüssigkeit eintritt. Anders ist es bei Gemischen, wie sie bei Erdölprodukten meist vorliegen; bei ihnen ändert sich die Zusammensetzung der Flüssigkeit durch Verdampfen der leichten Anteile. Deshalb sind die Meßweisen, die für reine Stoffe angewendet werden, für solche Gemische wenig geeignet und wurden besondere ausgearbeitet, ganz abgesehen davon, daß die ersten für die meisten technischen Anwendungsgebiete zu kompliziert sind.

Für die Bestimmung des Dampfdrucks leichter Erdölprodukte, wie Benzin, wendet man die bekannte Bombe nach Reid an (Abb. 27). Trotz, vielleicht auch gerade wegen ihrer sehr einfachen Konstruktion hat sich diese Apparatur allgemein durchgesetzt und wird laufend angewendet. Infolge des konstanten Verhältnisses von Flüssigkeit zu Dampfraum sind die Ergebnisse aber nicht streng auf die praktischen Verhältnisse übertragbar, so daß andere Vorschläge gemacht wurden, die auch geeignet sind, den Einfluß von im Kraftstoff gelöster Luft zu erfassen, die unter Umständen sehr große Bedeutung besitzen kann. So wird nach SCHAUB und nach HAMMERICH der Kraftstoff in Strömung gemessen und bei stetiger Steigerung der Kraftstofftemperatur die sogenannte Arbeitstemperatur bestimmt, d. h. jene Temperatur, bei der die Kraftstoffpumpe infolge von Dampfblasenbildung nicht mehr fördern kann. Da man bei dieser Bestimmung auch den Einfluß der Kraftstoffgeschwindigkeit messen kann, wie sie in Motoren variiert, soll man die Ergebnisse besser auf die Praxis übertragen können, als die REID-Dampfdrucke.

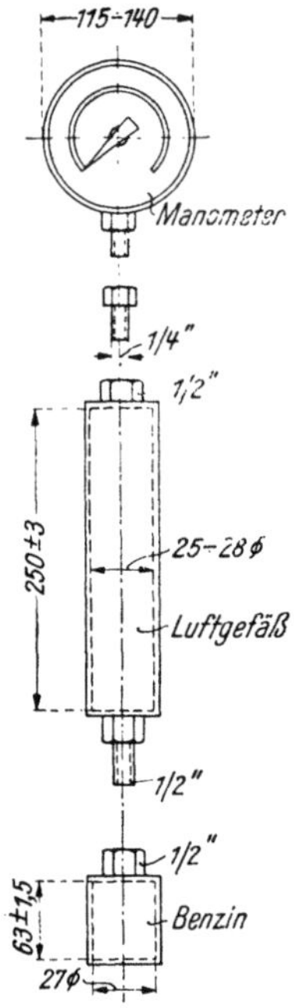

Abb. 27. Dampfdruckmessung nach REID

K. W. SCHNEIDER und A. GRÜNWALD[1] haben eine Methode vorgeschlagen, die darauf basiert, daß Kraftstoffsysteme bei Überschreitung eines Grenzwertes des Verhältnisses Dampf/Flüssigkeit $\frac{V}{L}$ infolge Dampfblasenbildung zu versagen beginnen. Sie messen daher das Verhältnis $\frac{V}{L}$ in Abhängigkeit von Druck und Temperatur in den praktisch wichtigen Grenzen von 1 bis 20 und halten die Beurteilung von Kraftstoffen für Kraftstoffsysteme, deren Grenz-$\frac{V}{L}$-Wert bekannt ist, nach dieser Methode für möglich. Nach privater Mitteilung ist A. GRÜNWALD allerdings der Meinung, daß man auch gut nach dem Vorschlag von F. KOCH die Temperatur zugrunde legen könne, bei der der REID-Dampfdruck den Wert 1 at erreicht[2].

Das *Siedeverhalten* von leichten und mittleren Erdölprodukten wird in konventioneller Weise derzeit fast nur nach der ASTM-ENGLER-Methode erfaßt, die zur Genüge bekannt ist, so daß nicht darauf eingegangen wird. Für die Messung der Siedeeigenschaften durch Erfassung sehr geringer Unterschiede im Siedepunkt muß man zur Fraktionierung oder gar Feinfraktionierung übergehen, wofür es bisher keine allgemeine Regelung gibt. Die Zahl der vorgeschlagenen Apparate ist sehr groß, zu den besten kann man die folgenden zählen: Hempel, Podbielniak, Koch, Klein, Stage und Schultze, Grosse-Oetringhaus. Man kann damit die Trennwirkung von etwa 200 theoretischen Böden erreichen.

### d) Einflüsse auf den Dampfdruck

Der Dampfdruck stellt eine stark temperaturabhängige Größe dar. Der Einfluß von Vermischung mit anderen Stoffen wurde schon im Abschnitt über Fraktionierung besprochen, der Dampfdrucke von Zweiergemischen behandelt (S. 65). Daß bei Gemischen das Verhältnis zwischen Flüssigkeits- und Luft- (oder Dampf)raum sehr wichtig sein kann, sei wiederholt. Bewegung der flüssigen Phase erhöht den Dampfdruck nicht, sondern beschleunigt nur die Erreichung des Gleichgewichtszustandes.

### e) Praktische Bedeutung des Siedeverhaltens und des Dampfdruckes

Das Siedeverhalten und der Dampfdruck sind in allen jenen Fällen von entscheidender Bedeutung, in denen es darauf ankommt:

[1] Erdöl u. Kohle **1** (1948), 116.
[2] Vgl. Kraftstoff **16** (1940), 205.

1. ein Dampf-Luft-Gemisch herzustellen („Vergaserkraftstoffe", Benzin, Feuerzeug),
2. Flüssigkeiten so zum Verdunsten zu bringen, daß die Zeit dafür nicht zu kurz und nicht zu lang ist (Anstriche),
3. Flüssigkeiten durch Unterdruck zu fördern (Kraftstoffpumpen),
4. flüssige Schichten bei hohen Temperaturen zu bilden (Schmierung),
5. Verdampfungsverluste zu verringern,
6. die Festigkeitsgrenze der Gefäßwände nicht überzubeanspruchen.

Die Flüchtigkeit bzw. der Dampfdruck beeinflussen die praktische Verwendbarkeit der Kraftstoffe stark. Der Siedebeginn der Ottokraftstoffe (10%-Punkt der Destillation) bestimmt mit dem Dampfdruck die Neigung zur Dampfblasenbildung und das Startvermögen, die mittlere Lage der Siedekurve das Beschleunigungsvermögen, während die letzten 10% der Destillation die Verteilung des Gemisches auf die einzelnen Zylinder und die Neigung zur Schmierölverdünnung bestimmen.

Die Flüchtigkeit ist seit jeher zur Beurteilung von Erdölen herangezogen worden. Der in den USA besonders verbreitete Correlation Index (C.I.) nimmt so nach der empirischen Formel $\text{C.I.} = \frac{48{,}640}{T_s} + 473{,}7\,d - 456{,}8$ (worin $T_s$ die mittlere Siedetemperatur in °K und $d$ das spezifische Gewicht bei 15,6° C, bezogen auf Wasser von 15,6°C) für Normalparaffine den Wert 0, für Benzol den Wert 100 an, während aromatische Verbindungen mit mehreren Ringen Werte über 100, Naphthene Werte zwischen 0 und 100 annehmen können[1].

Zur Vereinfachung der Bewertung schlägt K. A. Harper ein Nomogramm vor, das auf der geradlinigen Beziehung des reziproken Siedepunktes in °K zum spezifischen Gewicht beruht, die bei Normalparaffinen besteht[2].

Der UOP-Charakterisierungsfaktor wird vielfach zur Kennzeichnung der physikalischen Eigenschaften und der chemischen Zusammensetzung (Menge von Paraffinkohlenwasserstoffen) der Erdöle verwendet; er beruht auf der Beziehung

$$K = \frac{\sqrt[3]{T_s}}{D_{15,5/15,5^\circ\,C}}$$

worin $T_s$ der mittlere molare Siedepunkt in °Rankine (°F + 460) ist; bei

Tabelle 21. *Typische Werte des UOP-Charakterisierungsfaktors*[3]

| Stoff | UOP-Charakterisierungsfaktor |
|---|---|
| Pennsylvania Stocks | 12,2 – 12,5 |
| Mid Continent Stocks | 11,8 – 12,0 |
| Gulf Coast Stocks | 11,0 – 11,5 |
| Krackbenzin | 11,5 – 11,8 |
| Mischeinsatz von Krackanlagen | 10,5 – 11,8 |
| Rücklaufprodukt (Stock) | 10,0 – 11,0 |
| Krackrückstand | 9,8 – 11,0 |

[1] Smith, H. M.: Techn. Paper 610, Washington, Bureau of Mines 1940.
[2] Petroleum Processing **9** (1954), 221.
[3] Watson, K. M. und E. F. Nelson: Ind. Engng. Chem. **25** (1933), 880; Egloff, G. und E. F. Nelson: Oil Gas J. **35** (7), (1936), 34.

engsiedenden Fraktionen kann man stattdessen auch den 50%-Punkt der Engler-Destillation verwenden. Typische Werte des UOP-Charakterisierungsfaktors von Erdölen und Erdölprodukten sind in Tab. 21 ersichtlich.

Auf die Möglichkeit, konstruktiv die, durch die Zusammensetzung der Erdölprodukte bedingte, Verdunstungsneigung um bis zu 80% zu verringern, indem man Schichten leichter Plastik-Ballons (Microballoons) oder dünne plastische Filme verwendet, sei verwiesen[1].

## 8. Lösen und Mischen

### a) Definition

Lösen und Mischen sind zwei sehr nahe miteinander verwandte Vorgänge; dabei ist unter Lösen gemäß dem Sprachgebrauch die Auflösung fester, aber auch flüssiger Stoffe in einem Lösungsmittel, unter Mischen dagegen die homogene gegenseitige Verteilung gleicher, in diesem Zusammenhang flüssiger, Phasen zu verstehen. Bei der Auflösung eines Stoffes muß die Kohäsion seiner Moleküle durch Assoziation der Lösungsmittelmoleküle überwunden werden, wobei zuerst unter Quellung die Adsorption des Lösungsmittels am festen Stoff erfolgt, wonach erst endotherm die Trennungsarbeit, der eigentliche Lösungsvorgang, abläuft. Nur darf man die Lösung organischer Stoffe in organischen Lösungsmitteln nicht ohne weiteres mit jener anorganischer Stoffe in anorganischen Lösungsmitteln vergleichen, bei der meist Elektrolyten vorliegen, während die Komponenten der ersten größtenteils Nichtelektrolyten sind. Demgemäß sind auch die Lösungen, die bei Erdölprodukten vorliegen, meist kolloide Lösungen oder doch solchen sehr nahestehend, während anorganische Lösungen meistens echte, molekulardisperse Lösungen darstellen.

### b) Wesen

Man kann die organischen Lösungsmittel in ihrer Wirkung dadurch unterscheiden, wie sie sich mit Wasser mischen oder wie stark polarisiert sie sind; dafür ist die Dielektrizitätskonstante eine charakteristische Größe, weil sie zeigt, wie groß die Dissoziationskraft der Flüssigkeiten ist. In Weiterführung von Arbeiten NELLENSTEYNS hat VAN DER MINNE[2] eine Unterteilung der Lösungsmittel nach dieser Eigenschaft vorgeschlagen und die beiden in Tab. 22 zusammengestellten Gruppen unterschieden:

Tabelle 22. *Unterteilung der Lösungsmittel nach van der Minne*

| Hohe Dielektrizitätskonstante | | Niedere Dielektrizitätskonstante | |
|---|---|---|---|
| Äthylalkohol | etwa 25 | Kohlenwasserstoffe und Mineralöle | etwa 2 |
| Methylalkohol | „ 30 | Fette Öle | „ 3 |
| Azeton | „ 22 | Rizinusöl | „ 5 |
| Nitrobenzol | „ 36 | Chlorkohlenwasserstoff | „ 2—10 |
| Acetonitril | „ 39 | Schwefelkohlenstoff | „ 2,6 |
| Acetamid (77°) | „ 59 | Asphalt | „ 2—3 |

Qualitativ gelten die Erfahrungen der Kolloidchemie wässeriger Systeme nach VAN DER MINNE auch für nichtwässerige Dispersionsmittel mit hoher Dielektrizitäts-

[1] BUSSARD, W. A.: Petroleum Processing **11** (7), (1956), 103.

[2] De Ingenieur **59** (1947), Mat. Kentnis 83.

konstante. Lösungen in solchen Mitteln können — wenn auch in sehr geringer Konzentration — Ionen enthalten, die ähnliche Funktion ausüben, wie in wässerigen Lösungen, indem sie dispergierte Teilchen auf- oder entladen und dementsprechend dispergieren oder koagulieren. Das elektrokinetische Potential (d. h. die Ladung), das die Stabilität bestimmt, kann man durch Kataphorese wie in Wasser erfassen.

In Lösungsmitteln mit niederer Dielektrizitätskonstante gibt es zwar keine Ionen, doch zeigen sich hier trotzdem ähnlich vielfältige kolloidchemische Erscheinungen wie in wässerigen kolloidchemischen Systemen.

Für die molekulardispersen Lösungen gelten die Sätze von GAY-LUSSAC, daß es sich um echte, von beiden Seiten erreichbare Gleichgewichte handelt und daß die Löslichkeit unabhängig von der Menge des Bodenkörpers ist. Bei kolloiddispersen Systemen (Teilchendurchmesser von 0,0005 bis 0,000001 mm) ist es nicht so; hier steigt die Löslichkeit entweder dauernd mit der Bodenkörpermenge oder sie zeigt bei einer mittleren Bodenkörpermenge ein Maximum. Die Abgrenzung zwischen molekulardisperser und kolloider Lösung bei nichtwässerigen Lösungsmitteln ist schwer durchzuführen. Immerhin sei dieser Zusammenhang hervorgehoben, der z. B. bei der Lösung von Asphalt berücksichtigt werden muß, weil er als Kolloid aufzufassen ist.

Zur weitergehenden Klärung der Lösungsverhältnisse unterscheidet man bei den zu lösenden Stoffen (und den Lösungsmitteln) zwischen jenen, die *unpolare kovalente*, auch *homöopolar* genannte Bindung zwischen den Atomen aufweisen, d. h. solche Bindungen, die durch gemeinsame Elektronen für zwei benachbarte Atome gekennzeichnet sind, und solchen, die *polare (elektrovalente oder heteropolare*, auch *Innen-)* Bindung zwischen den Atomen haben, bei denen der gegenseitige Zusammenhalt dadurch zustande kommt, daß von einem Atom ein Elektron der Außenschale an das benachbarte Atom abgegeben wird; dadurch tritt die verschiedene elektrische Ladung der beiden Atome auf und entstehen die Ionen, deren gegenseitige Anziehung Grund des Zusammenhaltes ist (vgl. S. 125).

Kovalente, unpolare Verbindungen sind meist in nicht assoziierten Lösungsmitteln mit niederer Dielektrizitätskonstante löslich, wie z. B. den Kohlenwasserstoffen, während elektrovalente polare Verbindungen sich in assoziierten Lösungsmitteln, wie Wasser oder Alkoholen mit hoher Dielektrizitätskonstante, auflösen. Es ist aber nicht möglich, polare und unpolare Stoffe scharf voneinander zu trennen; liegt ein kleines oder hochgeladenes Kation und ein großes Anion vor, so kann die Löslichkeit in nicht assoziierten Lösungsmitteln beträchtlich werden. So sind die Halogensalze von Lithium in Äthylazetat, und ist Ferrichlorid in Äther merklich löslich.

Die Lösung von Gasen in Erdölprodukten hängt gemäß dem HENRYschen Gesetz direkt vom herrschenden Druck ab; zur Kennzeichnung der Löslichkeit verwendet man verschiedene Koeffizienten, von denen die folgenden genannt seien:

Der *Ostwald-Koeffizient* $\alpha'$, der das Verhältnis der Konzentration des Gases in der Flüssigkeit zu jener in der Gasphase angibt (Gramm-Mol/Vol.-Einheit), entspricht dem Gasvolumen, das bei beliebigem Druck und beliebiger Temperatur gelöst ist.

Der *Bunsen-Koeffizient* $\alpha$ (Absorptionskoeffizient), der angibt, welche Volumenmenge Gas bei 0°C und 760 mm Druck (bei dem Partialdruck des Gases von 760 mm Hg) aufgenommen wird.

Der *Raoultsche Absorptionskoeffizient*, der die Gewichtsmenge Gas in Gramm angibt, die bei der betreffenden Temperatur von 100 cm³ Lösungsmittel bei einem Partialdruck des Gases von 760 mm Hg aufgenommen wird.

Der OSTWALD-Koeffizient wird praktischen Rechnungen meist zugrunde gelegt. Zahlenwerte des OSTWALD- ($\alpha'$) und BUNSEN-Koeffizienten ($\alpha$) für $CO_2$, $O_2$, $N_2$ und Luft (trocken, $CO_2$-frei) sind in Tab. 23 zusammengestellt.

Tabelle 23.

*Löslichkeitskoeffizienten für Gase in Ölen und Kraftstoffen* (nach BALDWIN und DANIEL) *bei 20° C und 760 mm Hg Partialdruck*

| Flüssigkeit | Zähigkeit cSt bei 37,8°C | $CO_2$ $\alpha$ | $CO_2$ $\alpha'$ | $O_2$ $\alpha$ | $O_2$ $\alpha'$ | $N_2$ $\alpha$ | $N_2$ $\alpha'$ | Luft trocken, $CO_2$-frei $\alpha$ | Luft trocken, $CO_2$-frei $\alpha'$ |
|---|---|---|---|---|---|---|---|---|---|
| Öl $A_1$ ........ | 615 | 0,853 | 0,915 | 0,124 | 0,133 | 0,0662 | 0,0711 | 0,0783 | 0,0840 |
| Öl $A_2$ ........ | 268 | 0,861 | 0,924 | 0,126 | 0,135 | 0,0664 | 0,0713 | 0,0792 | 0,0850 |
| Öl $A_3$ ........ | 181 | 0,887 | 0,952 | 0,129 | 0,139 | 0,0717 | 0,0770 | 0,0843 | 0,0926 |
| Öl $A_4$ ........ | 80,3 | 0,911 | 0,978 | 0,137 | 0,147 | 0,0748 | 0,0803 | 0,0878 | 0,0942 |
| Öl $A_5$ ........ | 34,9 | 0,966 | 1,037 | 0,145 | 0,155 | 0,0762 | 0,0818 | 0,0903 | 0,0969 |
| Öl B ........ | 260 | 0,850 | 0,912 | 0,120 | 0,129 | 0,0644 | 0,0691 | 0,0752 | 0,0807 |
| Petroleum .... | — | 1,51 | 1,62 | 0,212 | 0,228 | 0,118 | 0,127 | 0,136 | 0,146 |
| 100 OZ Kraftstoff C ..... | | | | | | | | 0,243 | 0,261 |
| 100 OZ Kraftstoff D ..... | | | | 0,344 | 0,369 | 0,204 | 0,219 | 0,235 | 0,252 |
| i-Oktan ...... | | | | 0,351 | 0,377 | 0,211 | 0,266 | 0,240 | 0,258 |
| Wasser ....... | | | | | | | | 0,01858 | |

Den Temperatureinfluß auf die Gaslöslichkeit zeigt Tab. 24.

Tabelle 24.

*Änderung der Löslichkeitskoeffizienten für Gase in Öl $A_2$ mit der Temperatur* (nach BALDWIN und DANIEL)

| Temperatur °C | 0 $\alpha$ | 0 $\alpha'$ | 20 $\alpha$ | 20 $\alpha'$ | 60 $\alpha$ | 60 $\alpha'$ | 100 $\alpha$ | 100 $\alpha'$ |
|---|---|---|---|---|---|---|---|---|
| Wasserstoff ....... | 0,0421 | 0,0421 | 0,0465 | 0,0499 | 0,0526 | 0,0642 | 0,0590 | 0,0806 |
| $CO_2$ ............ | 1,115 | 1,115 | 0,861 | 0,924 | 0,572 | 0,697 | 0,420 | 0,574 |
| $O_2$ ............ | 0,135 | 0,135 | 0,126 | 0,135 | 0,119 | 0,145 | 0,118 | 0,161 |
| $N_2$ ............ | 0,0632 | 0,0632 | 0,0664 | 0,0713 | 0,0738 | 0,0901 | 0,0739 | 0,100 |
| Luft(trock.,$CO_2$-frei) | 0,0794 | 0,0794 | 0,0792 | 0,0850 | 0,0835 | 0,1015 | 0,0818 | 0,112 |
| Detto berechnet ... | 0,0782 | — | 0,0789 | — | 0,0830 | — | 0,0829 | — |

Mit zunehmendem Molekulargewicht (und steigender Zähigkeit) nahm bei den lösungsmittelextrahierten Fraktionen von BALDWIN und DANIEL das Lösungsvermögen ab, ohne daß eine einfache Beziehung feststellbar war; nach Annahme der Autoren infolge der verschiedenen Zusammensetzung der Fraktionen. Bemerkenswert ist die rund 10fach größere Löslichkeit von $CO_2$, die jedoch mit steigender Temperatur stark abnimmt.

Bei Auftragung des Logarithmus des OSTWALDschen Lösungskoeffizienten gegen die Oberflächenspannung lagen die Werte der Fraktionen für Stickstoff, Luft, Sauerstoff und $CO_2$ auf einer Geraden, aus deren Neigung die Radien der Lösungsmittelmoleküle errechnet werden können[1].

Zur Berechnung der Löslichkeit von Gasen unterhalb ihrer kritischen Temperatur ist die für reine Flüssigkeiten aufgestellte Formel von HILDEBRAND

[1] BALDWIN, R. R. und S. G. DANIEL: J. Inst. Petroleum **39** (1953), 105.

anwendbar. Danach ist die in Molfraktionen ausgedrückte Löslichkeit $P/P_0$, wobei $P$ den Partialdruck des Gases über dem Lösungsmittel und $P_0$ den Dampfdruck des verflüssigten Gases bei gleicher Temperatur darstellt. Für Zimmertemperaturen ist allerdings durch Extrapolation der Gasdampfdrucke von den niederen Temperaturen aus eine Abschätzung möglich.

### c) Einflüsse auf die Löslichkeit

Da die Löslichkeit durch die stoffliche Natur der Komponenten bedingt ist, kann man sie bei gegebener Temperatur nicht beeinflussen. Naturgemäß fördert starke Bewegung und feine Verteilung die Geschwindigkeit, mit der das Gleichgewicht erreicht wird, seine Lage wird aber dadurch nicht verändert. Lösungsvermittler, die ja die Natur der Zusammensetzung verändern, wirken durch Löslichkeit in den miteinander schwer mischbaren Flüssigkeiten.

### d) Messung des Lösungsvermögens

Da rein theoretische Überlegungen keine quantitativen Aussagen über das Lösungsvermögen der Flüssigkeiten gestatten, wurden empirische Maße vorgeschlagen, die darauf beruhen, daß man entweder das Grenzmischungsverhältnis eines mit den Kohlenwasserstoffen nicht in allen Verhältnissen mischbaren Stoffes oder die Grenztemperatur bestimmt, bei der ein solcher Stoff bei gegebenem Mischungsverhältnis klare Lösung ergibt. Als Beispiel der ersten Methode sei der, besonders in den USA, zur Charakteristik von Lösungsmitteln (nach ihrer ,,Aromatizität") viel verwendete Kauri-Butanol-Test genannt. Nach der Vorschrift der UOP-Nr. L-31-40 löst man 100 g Kauriharz in 500 g *n*-Butylalkohol (116 bis 119° C) durch Erhitzen mit Rückflußkühler unter Nachfüllen etwaiger Verluste nach dem Erkalten auf, läßt 96 Stunden stehen und dekantiert von Ausfällungen in eine gut verschließbare Flasche ab. 20 g dieser Standard-Lösung werden in einem 250-cm³-Erlenmeyerkolben bei 25° C in einem Wasserbad (Kristallisierschale), unter das man eine Druckseite mit klarem Druck (in der Schriftgröße des vorliegenden Buches) gibt, mit dem betreffenden Lösungsmittel so lange versetzt, bis trotz gutem Durchmischen die Buchstaben dauernd verschwommen bleiben. Für Heptan mit dem Lösungsvermögen 0% und Benzol mit jenem von 100% bestimmt man dann die cm³ und setzt die Zahl cm³ der Lösung zu dieser Geraden in Beziehung, die man bei Auftragung der Prozente gegen die cm³ Heptan (= 0%) und Benzol (= 100%) gemessen hat. Die Ergebnisse sollen auf 2,0 übereinstimmen[1].

Wegen der unangenehmen und bisher nicht standardisierten Art der Messung schlugen W. T. HARVEY und I. W. MILLS[2] vor, Beziehungen zu leichter meßbaren Kennwerten zur Feststellung des Kauri-Butanol-Wertes $K$ zu verwenden, und zwar die A. P. I.-Dichte, den 50%-Siedepunkt bei der ASTM-Destillation und den Anilinpunkt. (Die erste vgl. S. 22.) Der *Anilinpunkt* ist definitionsgemäß die Minimaltemperatur vollkommener Lösung gleicher Volumteile wasserfreien Anilins und des Lösungsmittels (vgl. ASTM D 611-55T). Es ergeben sich folgende Beziehungen:

$$K = 99{,}6 - 0{,}806\,D - 0{,}77\,A + 0{,}0755\,(340 - SP) \text{ für Werte unter 50}$$

und $$K = 117{,}7 - 1{,}06\,D - 0{,}249\,A + 0{,}10\,(340 - SP) \text{ für Werte über 50,}$$

worin $D$ die A. P. I.-Dichte, $A$ den Anilinpunkt in °F und $SP$ den mittleren Siedepunkt in °F darstellen.

[1] BEARD, I. C., V. L. SHIPP und W. E. SPELHOUSE: Ind. Engng. Chem., Analyt. Edit. **5** (1933), 307; BALDESCHWIELER, E. L., W. J. TROLLER und M. D. MORHAN: Ind. Engng. Chem., Analyt. Edit. **7** (1935), 374.

[2] Analyt. Chem. **20** (1948), 207.

Die Gleichung gilt nach W. T. HARVEY und I. W. MILLS nur bis zu einem Wert von 75, weil der Kristallisationspunkt des Anilins in diesem Bereich liegt.

Das Lösungsvermögen wird auch in anderen Fällen als Reinheitscharakteristik verwendet. So hat H. TSCHAMLER zur Kennzeichnung der Reinheit von Alkoholen vorgeschlagen, die Entmischungstemperaturen der über gebranntem Kalk und geglühtem $CaSO_4$ getrockneten, fraktioniert destillierten Alkohole im Gemisch 1 : 1 mit Chlorex, dem auch bei der selektiven Erdölraffination verwendeten Dichloräthyläther, zu verwenden. Tab. 25 zeigt die „Chlorexpunkte" nach TSCHAMLER[1].

Tabelle 25. *Chlorexpunkte* (nach TSCHAMLER)

| Alkohol | Chlorexpunkte (1 : 1 Vol)° C |
|---|---|
| Methylalkohol | keine Entmischung |
| Äthylalkohol | — 33,9 |
| *n*-Propylalkohol | — 33,2 |
| *n*-Butylalkohol | — 24,9 |
| *n*-Amylalkohol | — 14,6 |
| *n*-Hexylalkohol | — 11,8 |
| *n*-Heptylalkohol | — 3,1 |
| *n*-Oktylalkohol | — 1,0 |
| *i*-Propylalkohol | — 17,0 |
| 2-Methylpropanol (1) | — 12,5 |
| 2-Methylbutanol (4) | — 12,9 |
| *d*-2-Methylbutanol (1) | — 9,4 |
| 2-Methylpentanol (1) | — 6,7 |
| Methyl-Diäthylcarbinol | — 16,9 |
| 2-Methyl-5-Oxyhexanol | — 4,0 |
| Allylalkohol | keine Entmischung |
| Benzylalkohol | keine Entmischung |
| Beta-Phenyl-Äthylalkohol | keine Entmischung |
| Glykol | + 113,8 |
| 2,4-Butandiol | + 53,8 |
| 1,7-Heptandiol | + 60,5 |
| Glyzerin | keine merkliche Entmischung bis zum Siedepunkt des Chlorex |

D. G. BUTLIN hat zur Charakteristik lagerbeständiger Gas- und Heizöle das Lösungsvermögen gegenüber Asphalt herangezogen[2].

Die Ausflockung von Asphalten ist Funktion von

a) der Natur des Öles,
b) der Natur des Verdünnungsmittels,
c) dem Verdünnungsverhältnis.

Man verdünnt mehrere Proben des filtrierten Heizöles mit fünf Teilen wechselnder Gemische aus White Spirit (D 15/15 : 0,775—80, Straight Run, 50% Destillat bis 170/80° C, Endpunkt unter 210° C, Anilinpunkt 68/70° C) und Reinxylol unter Erwärmung auf 100° C, wobei gut verrührt wird. Nach Abkühlung auf 38 bis

[1] Mh. Chem. **80** (1949), 431.

[2] J. Inst. Petroleum **36** (1950), 43.

43° C wird ein Tropfen der Lösung auf Nr. 50 Whatman Filterpapier gegeben und der Fleck nach 10 Minuten betrachtet; nach 24 Stunden Stehen wird dieser Versuch mit dem auf 38 bis 43° C erwärmten Gemisch wiederholt. Nach dieser Zeit ist keine ringförmige Asphaltausscheidung zu sehen, wenn die Zusammensetzung des Verdünnungsmittels ausreicht, den Asphalt in Lösung zu halten. Die geringste Menge Xylol im Gemisch, die bei Abstufung von 5 zu 5% ausreicht, die Asphaltabscheidung zu verhindern, nennt Butlin das *Xyloläquivalent.*

Butlin unterscheidet willkürlich die Beständigkeit in:

| | | |
|---|---|---|
| hochbeständig | Xyloläquivalent | 0— 10 |
| beständig | ,, | 10— 30 |
| mäßig beständig | ,, | 30— 55 |
| unbeständig | ,, | 56—100 |
| hochunbeständig | ,, | 100 |

Zur Kontrolle dieser Werte mischte Butlin das Öl im gleichen Verhältnis 1 : 5 mit Gasöl und mit Xylolgemischen gleichen Anilinpunktes und ließ 20 Tage bzw. 24 Stunden bei 38° C stehen. (Die Abscheidung im Xylolgemisch erfolgt viel rascher!) Danach wird 15 Minuten bei 38° C mit 4000 U/min zentrifugiert, dekantiert und senkrecht bei 38° C 30 Minuten ablaufen gelassen. Das Gewicht des ölfrei abgewischten Zentrifugenglases ergibt die Schlammmenge, die sich abschied, in Gew.-%. Die Beziehung zwischen Anilinpunkt des Gasöles und dem Xyloläquivalent des Heizöles für beständige und unbeständige Gemische beider zeigt Abb. 28.

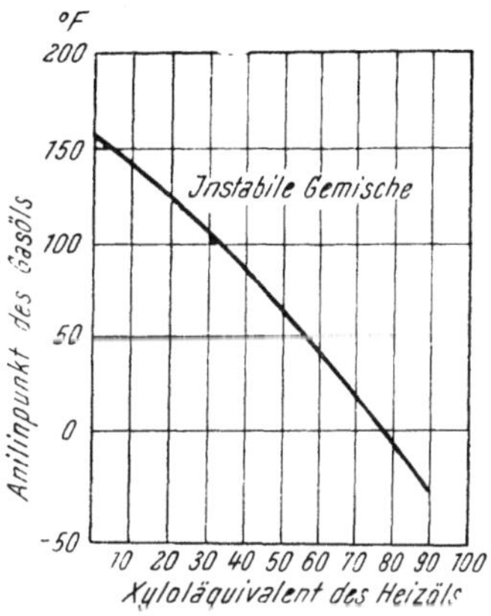

Abb. 28. Anilinpunkte von Gasölen und Xyloläquivalente von Heizölen

Die Verfolgung dieser Zusammenhänge erscheint durchaus interessant (vgl. S. 256, Schlammbildung und Ablagerung). Bei zwei Flüssigkeiten, die ineinander beschränkt löslich sind, ist das allgemeine Zustandsdiagramm eine geschlossene Kurve, die das Gebiet der Mischbarkeit umschließt; in diesem gibt es für jede Temperatur zwei Grenzkonzentrationen der Entmischung, die der Zusammensetzung der koexistierenden Phasen entsprechen und bei denen Dampfdruck und Zusammensetzung der koexistierenden Phasen jeweils gleich sind. Abb. 29 zeigt dies für das System Nikotin-Wasser.

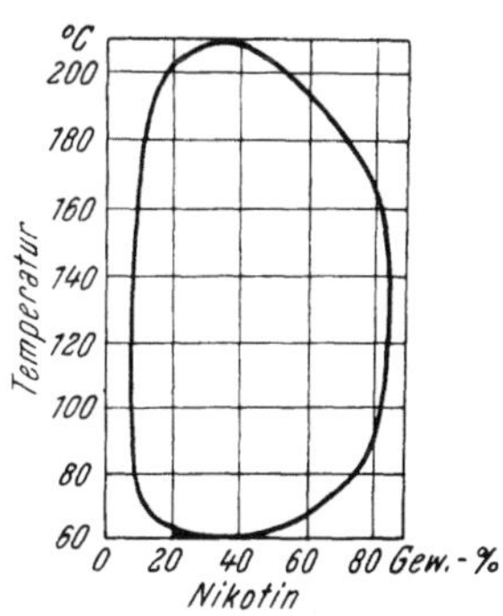

Abb. 29. Zustandsdiagramm von Nikotin-Wasser

Löst man einen Stoff in einem Gemenge zweier miteinander nicht oder nur beschränkt mischbaren Flüssigkeiten, so verwendet man zur Charakteristik den Verteilungskoeffizienten $c_1/c_2$, d. h. das Verhältnis der Gleichgewichtskonzentration des Stoffes in der Phase $c_1$ zu jener in der Phase $c_2$.

Für Dreikomponentengemische benützt man zur Darstellung Dreiecksdiagramme, in denen die Zusammensetzung in Gewichts-, Volum- oder Molprozenten angegeben wird, wie Abb. 30 zeigt. Die eingezeichneten Kurven sind die Entmischungstemperaturen von Benzin-Benzol-Methanolgemischen bei verschiedenen Temperaturen; die Abstände auf den Grundlinien geben den Gehalt an jener Komponente an, die im gegenüberliegenden Scheitel des Dreieckes steht.

### e) Praktische Bedeutung des Lösungsverhaltens

Das Lösungsverhalten der Kohlenwasserstoffe und Erdölprodukte ganz allgemein ist vielfach praktisch von sehr große Bedeutung, vor allem naturgemäß in jenen Fällen, wo eine Änderung der bestehenden Zusammensetzung entweder erwünscht oder unerwünscht ist; die Lösungsmittel-Raffination sei erwähnt.

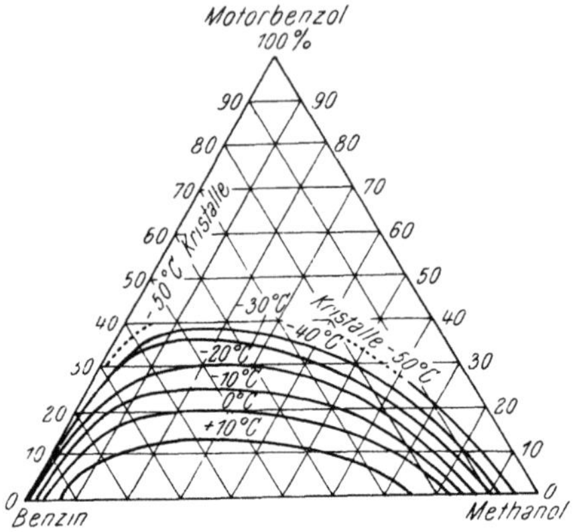


Abb. 30. Dreiecksdiagramm zur Darstellung der Löslichkeit

Bei *Lösungsmitteln* fordert man bestes Lösungsvermögen für bestimmte Stoffe, unter Umständen, wie z. B. bei Mitteln zur selektiven Raffination, differenziertes Lösungsvermögen, um Abtrennungen durchführen zu können. Den Lösungsmitteln nahestehend sind Verdünnungsmittel für Anstriche, bei denen das Lösevermögen sich mit zunehmender Verflüchtigung des Lösungsmittels dem gelösten Stoff entsprechend verändern muß, um ungleichmäßiges Absetzen zu vermeiden. *Kraftstoffe* müssen auf ihr Lösungsverhalten gegenüber Dichtungen, Leitungen und Tankmaterial bekannt sein und können, wie z. B. im Fall der Alkoholgemische, schwere Störungen durch Angriff auf die Baustoffe verursachen. Auch die Löslichkeit von Gasen, wie Luft, Sauerstoff und besonders Kohlendioxyd, spielt bei Kraftstoffen eine erhebliche Rolle, wenn infolge von Unterdruck das gelöste Gas entweichen und Dampfblasenbildung verursachen kann, die manchmal wichtiger als der Dampfdruck des Kraftstoffes selbst werden kann. Ebenso ist das Lösungsvermögen für Wasser wesentlich, das in der Kälte infolge Ausfrierens Leitungen oder Siebe zusetzen kann, was sowohl bei Ottokraftstoffen als auch bei Dieselkraftstoffen oder Turbinenkraftstoffen vorkommt. Auch die gegenseitige Löslichkeit der Dieselkraftstoffe und Heizöle ist wichtig; manche Störungen wurden durch solche Unverträglichkeit in Motorbetrieb und in Transportdampfern (Tankern) verursacht. *Schmieröle* sind ebenfalls auf ihre Lösungseigenschaften zu prüfen, und zwar sowohl gegenüber ihren eigenen Alterungsprodukten als gegenüber der Vermischung mit anderen Ölen. So verhalten sich reine Kohlenwasserstofföle und fette Öle oder sauerstoffhaltige, synthetische Öle grundsätzlich verschieden, was bei Umschmierung zu beachten ist. Bei *Asphaltverwendung* ist den Lösungseigenschaften der Verschnittmittel erhebliche Bedeutung zuzumessen.

## 9. Suspendieren und Emulgieren

### a) Definition

*Suspendieren* und *emulgieren* heißt, feste oder flüssige Teilchen fein verteilt in Flüssigkeiten in Schwebe zu halten; man erhält so Suspensionen bzw. Emulsionen. Erfolgt die Verteilung dagegen in einem gasförmigen Medium, so nennt man die entstanden Systeme Rauche bzw. Nebel. Je nach den Dimensionen der Teilchen spricht man von grobdispersen, feindispersen oder endlich kolloiden Systemen; das letzte, wenn die Teilchendurchmesser zwischen $10^{-5}$ und $10^{-7}$ cm liegen.

*Ausflocken* und *Brechen* ist die Zerlegung der Suspensionen und Emulsionen in ihre beiden Phasen.

*Emulgatoren* sind Stoffe, die die Emulsionsbildung fördern, *Peptisatoren* solche, die die Bildung von Suspensionen bewirken.

*Detergents* sind Stoffe, die infolge ihrer Oberflächenaktivität das Suspensionsvermögen merklich steigern, zugleich aber — in Wasser oder in einem organischen Lösungsmittel gelöst — das Reinigungsvermögen, eine sehr komplexe Eigenschaft, erheblich steigern. Man kann daher die Detergents auch als Peptisatoren bezeichnen, obwohl dies nur eine ihrer Wirkungen erfaßt.

### b) Wesen

Suspensionen und Emulsionen entstehen durch Auswirkung der Oberflächenkräfte der dispersen Teilchen auf das umgebende Medium, so daß die Förderung dieser Auswirkung Voraussetzung für stabile Systeme ist. Die Bildung der Suspensionen und Emulsionen benötigt daher:

1. Die feinste Zerteilung der zu dispergierenden festen bzw. flüssigen Phase.
2. Die Verteilung dieser zerteilten Phase im umgebenden Medium.
3. Die Stabilisierung dieser Verteilung.

Die Zerteilung kann durch Zermahlen, Schleifen (Abriebverschleiß!), Ultraschall, elektrische Zerstäubung, ja sogar, wie z. B. im Falle des Silbers, durch ultraviolettes Licht erfolgen. Die Verteilung der Teilchen im umgebenden Medium kann durch mechanische Bewegung, wie Rühren oder Schütteln, durch Ultraschall, aber auch durch Gasentspannung (beim Schäumen) erfolgen.

Schmieröle ergeben im Betrieb je nach ihrem Aufbau beständige oder unbeständige Suspensionen von Ruß, Alterungs- und Verschleißteilchen. Am stärksten suspendieren fette Öle, sehr gut gefettete, wie solche mit Zusatz von Rizinus, von voltolisierten Polymerisaten fetter Öle und von Detergents. Von den rein mineralischen Ölen suspendieren naphthenische besser als paraffinische. Da sie aber auch leichter altern und die Alterungsneigung mit der Temperatur rasch zunimmt, ist der durch das bessere Suspensionsvermögen erzielte Vorteil (reinere Motor- bzw. Maschinenbauteile) auf den Betrieb bei nicht allzuhohen Temperaturen beschränkt.

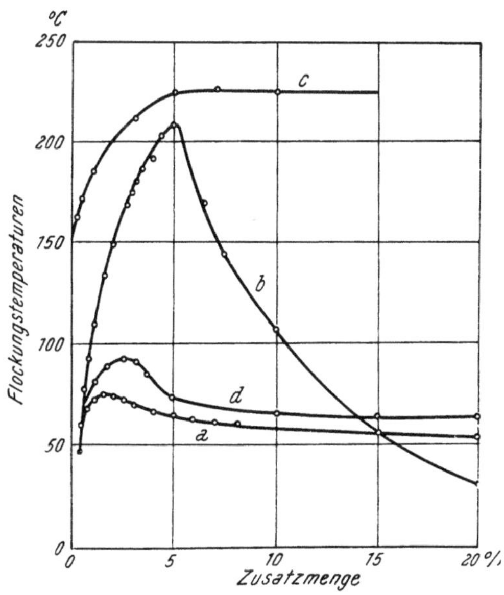


Abb. 31a. Flockungskurven gebrauchten Dieselschmieröls mit Zusatz verschiedener Detergents. Flockungstemperaturen und Zusatzkonzentrationen

Die Flockung von Suspensionen tritt bei einer bestimmten, konzentrationsabhängigen Temperatur $T_f$ ein, die um so höher liegt, je beständiger die Suspension ist. R. Courtel, E. Bernelin und J. Larbre haben gebrauchtes Dieselschmieröl mit Zusatz von Handelsdetergents mikroskopisch bei verschiedenen Konzentrationen auf die Flockungstemperatur untersucht (bei der sich zwei Einzelteilchen zusammenlagern) und dabei die Kurven der Abb. 31a erhalten, die deutlich die verschiedene Lage der Maximalbeständigkeit zeigen. Courtel,

BERNELIN und LARBRE haben erstmalig eine theoretische Deutung dieser Kurven versucht; folgt die Adsorption des wirksamen Zusatzes der Formel von LANGMUIR, so ist $K \cdot C = \frac{c}{c-1}$ ($K$ Konstante, $C$ die molekulare Konzentration des gelösten Zusatzes im Öl, $c$ die prozentuale Größe der vom Zusatz bedeckten Oberfläche). Da $K = K_o^{\frac{\lambda}{RT}}$ ($R$ = Gaskonstante, $T$ absolute Temperatur, $\lambda$ Adsorptionswärme) wird die Gleichung $\frac{c}{1-c} = K_o e^{\frac{\lambda}{RT}}$. Bei gegebener Konzentration nimmt mit der Erwärmung die bedeckte Oberfläche $c$ ab; nimmt man an, daß die Flockung (Zusammenlagerung zweier Teilchen) erfolgt, wenn die von dem Zusatz bedeckte Oberfläche den kritischen Wert $c_o$ erreicht, so erhält man

$$\frac{c_o}{1-c_o} = K_o C e^{\frac{\lambda}{RT_f}} \text{ oder } \frac{1}{T_f} = -\alpha \ln C + \beta, \text{ worin } \alpha = \frac{R}{1} \text{ und } \beta = \frac{R \ln c_o}{\lambda K_o (1-c_o)}.$$

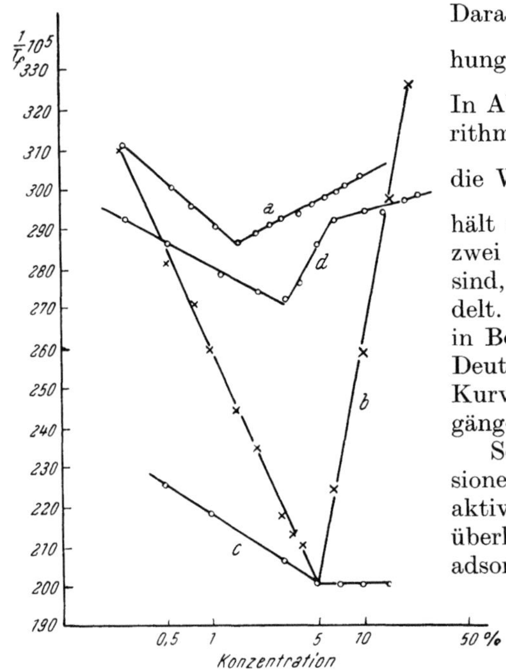


Abb. 31b. Flockungskurven der Gemische von Abb. 31a, aufgetragen über $1/T_f$ und ln $C$

Daraus ergibt sich, daß eine lineare Beziehung zwischen $\frac{1}{T_f}$ und $\ln C$ bestehen muß. In Abb. 31b sind die natürlichen Logarithmen der Zusatzkonzentrationen gegen die Werte von $\frac{1}{T_f}$ aufgetragen; man erhält also tatsächlich Kurvenzüge, die aus zwei oder drei Geraden zusammengesetzt sind, so daß es sich um Adsorption handelt. Die Neigung der ersten Geraden steht in Beziehung zur Adsorptionswärme, die Deutung der anderen geraden Teile der Kurvenzüge, die wohl mit Lösungsvorgängen zusammenhängen, steht noch aus[1].

Sowohl Suspensionen als auch Emulsionen können durch geeignete oberflächenaktive Zusätze beständig gemacht, bzw. überhaupt erst ermöglicht werden. Diese adsorbieren sich an den Grenzflächen der feinen festen Teilchen oder Tröpfchen und umhüllen sie. Dabei wird bei den meist polaren Verbindungen eine ausgerichtete Schicht gebildet, deren hydrophile Gruppe ($SO_4H$, $NH_2$, OOH) gegen die wässerige Phase oder das wasserbenetzbare Teilchen gerichtet ist, während die hydrophobe, oleophile Gruppe dem organischen Lösungsmittel oder ölbenetzbaren festen Teilchen zugewendet ist. Sind die wirksamen Zusätze nichtpolar, so müssen sie doch starke Neigung zum Haften an den Grenzflächen aufweisen und dabei einen Film von genügender Festigkeit bilden. So wirken auch feste Stoffe in feinster Verteilung emulgierend, die, ähnlich wie polare

[1] Rev. Inst. Franç. Pétr. **10** (1955), 477.

Stoffe, die Tendenz haben, sich an den Grenzflächen anzusammeln und auch eine etwa schon bestehende Neigung zum Emulgieren sehr fördern können. Viele praktisch auftretende Emulsionen (Schlamm im Kurbelkastenöl) verdanken ihre Existenz der Anwesenheit solcher feinverteilter fester Teilchen. Die Wirkung der Emulgierungs- und Peptisierungsmittel setzt also außer dem Haften an der Grenzfläche, das sich in einer starken Erniedrigung der Grenzflächenspannung äußert, einen beständigen Grenzflächenfilm voraus. Deshalb können auch anscheinend gleichartige Stoffe einmal emulgierend, im anderen Fall emulsionsbrechend wirken. Haftet der Film zwar fest, ist er aber leicht zerreißbar, so verhindert er nicht gegenseitige Berührung und damit Ausflockung oder Abtrennung von festen oder flüssigen Teilchen, so daß Phasentrennung erfolgt. Die elektrische Aufladung ist offenbar auch dann viel geringer oder von kürzerer Dauer als bei festhaftenden Filmen; im allgemeinen ist der Grenzflächenfilm um so beständiger, je größer das Molekül des Zusatzes ist, so daß bei gleichem strukturellem Aufbau die niederen Glieder einer Reihe suspensionsstörend und emulsionsbrechend sind, während die höhermolekularen Glieder umgekehrt wirken. Gute Emulgierungsmittel, Peptisatoren und Detergents müssen außer der durch Adsorption ermöglichten Bildung eines beständigen Filmes auch gute Dispergierung ergeben.

F. M. WATKINS hat eine Einteilung der Detergents nach folgenden Klassen vorgenommen[1]: Seifen, Phenoxyde, Phosphate, Sulfonate. Zweckmäßiger dürfte die von BIRCH vorgeschlagene systematische Einteilung nach folgenden Gesichtspunkten sein:

1. Anionenaktive Zusätze: Von den beiden polaren Gruppen des Moleküles besteht die wasserlösliche aus einer Sulfat-, Sulfonat-, Karboxylat- oder Hydroxylgruppe, von denen die drei ersten bei der Ionisierung in wässeriger Lösung ein öllösliches Anion ergeben, während das metallische Kation in der Wasserphase bleibt. Die meisten Emulgatoren und Detergents gehören hierher. Die Kohlenstoffkette ist etwa 16 C-Atome lang.

Erhebliche Bedeutung haben neuerdings für Hochleistungs-(Heavy-Duty-) Schmieröle „überbasische" öllösliche Sulfonate erhalten, die bis zum zehnfachen der theoretischen Menge Metall enthalten können; der Überschuß an Metallbasen ist darin entweder kolloid gelöst oder komplex, durch Nebenvalenzen, gebunden. Außer der naturgemäß wesentlich größeren Abstumpfungsmöglichkeit von Säuren infolge ihres hohen Basengehaltes, wodurch im Betrieb entstehende Oxysäuren vor ihrer Kondensation und Ausflockung unschädlich gemacht werden, zeigen diese „überbasischen" Zusätze außerordentlich starkes Suspendiervermögen[2].

2. Kationenaktive Zusätze: Bei diesen, auch „*Invertseifen*" genannten Verbindungen geht das Kation in die Ölphase, während das Anion in der Wasserphase bleibt. Beispiele dieser kationenaktiven Zusätze sind Cetylpyridiniumbromid, Celtyltriammoniumbromid.

3. Nichtionogene Zusätze: Verbindungen dieser Art sind vor allem langkettige Alkylgruppen, gebunden an eine Polyäthylenoxydkette von 6 bis 30 Gliedern, aber auch Polyoxyäthylenester von Fettsäuren, sowie Reaktionsprodukte von Äthylenoxyd mit dem aus Fett- und Harzsäuren bestehenden Tallöl, das bei der Sulfatzellulosefabrikation anfällt.

Vor- und Nachteile der Verbindungen besprechen FOSTER D. SNELL und IRVING REICH[3].

---

[1] Petroleum Refiner **25** (1), (1946), 1/5.

[2] SMALHER, C. V. und T. W. MASTIN: J. Inst. Petroleum **42** (1956), 340.

[3] 3. Welt-Erdölkongreß Haag **5** (1951), 109; SNELL, F. D.: Petroleum Processing **7** (1952), 982.

Bei Emulsionen ist es sehr wichtig, welches die äußere (verteilende) und welches die innere (verteilte) Phase ist. Dies hängt nicht nur vom Mengenverhältnis beider ab, da PICKERING z. B. eine Emulsion mit 1% Wasser als äußerer Phase mit 99% Paraffinöl herstellen konnte. Verwendet man Seifen als Emulgatoren, so ergeben Natriumseifen Öl-in-Wasser-Emulsionen, während Seifen zweiwertiger Kationen, wie Ca, Ba, Mg usw. Wasser-in-Öl-Emulsionen bilden. Die Umkehrung der Emulsionstype kann man durch Zusatz entsprechender ein- oder zweiwertiger Ionen erreichen. Äußere Phase wird stets jene, die den Emulgator löst; wasserlösliche Gelatine gibt Emulsionen mit Wasser als äußerer Phase, während wasserunlösliche, öllösliche Harzseifen solche mit Öl als äußerer Phase ergeben. Ebenso ist bei der Emulgierung durch feste Teilchen die Art der Emulsion davon abhängig, welche Phase diese Teilchen besser benetzt. Das wasserbenetzbare $SiO_2$ bildet Petroleum-in-Wasser-Emulsionen, Lampenruß, der durch Öl benetzt wird, dagegen Wasser-in-Petroleum-Emulsionen, während eine geeignete Mischung von $SiO_2$ und Lampenruß keinerlei Emulsion ergibt. Allerdings kann die Auswirkung der Benetzbarkeit durch die gegenseitige Anziehung der suspendierten Teilchen überdeckt werden; ist diese zu groß oder zu klein (ausgeglühter Lampenruß), so tritt keine Emulgierung ein.

### c) Einflüsse auf die Beständigkeit von Suspensionen und Emulsionen

Für die Beständigkeit von Suspensionen und Emulsionen sind vor allem folgende Einflüsse von Bedeutung:

#### *α) Der Auftrieb*

Je geringer der Unterschied der Dichten, d. h. der positive oder negative Auftrieb ist, um so beständiger werden Suspensionen und Emulsionen.

#### *β) Feinheit des zerteilten Stoffes*

Je feiner die zerteilten Stoffe sind, um so beständiger werden Suspensionen und Emulsionen.

#### *γ) Zähigkeit des dispergierenden Mediums*

Je zäher das dispergierende Medium ist, um so langsamer trennen sich die daraus gebildeten kolloiden Systeme, d. h. um so beständiger werden sie. Der Reibungswiderstand $W$ suspendierter Teilchen in einer Flüssigkeit ist nach der STOKESschen Formel

$$W = 6\,\pi\,\eta\,r,$$

worin $\eta$ den Viskositätskoeffizienten (dynamische Viskosität) und $r$ den Radius der kugelförmigen Teilchen bedeuten; er wächst also proportional der Zähigkeit.

#### *δ) Temperatur*

Temperatursteigerung ändert nicht nur die Dichten, sondern auch die Zähigkeit, sie kann aber unter Umständen bis zur Verdampfung der einen Phase führen. Auch kann, ähnlich wie bei $P_H$-Änderungen, eine, durch Dissoziation oder Hydrolyse bewirkte, Änderung der oberflächenaktiven Moleküle eintreten, die ihrerseits wieder die elektrische Aufladung und damit die Beständigkeit beeinflussen kann. Meist wird durch Temperatursteigerung die Beständigkeit von Suspensionen und Emulsionen geringer. Handelt es sich allerdings um eine Suspension fester Teilchen in einer Ölphase und nimmt die Löslichkeit der festen Phase mit steigender Temperatur zu, so wird die Beständigkeit der Suspension zunehmen.

### ε) *Elektrische Aufladung*

An der Grenzfläche einer Phase, die mit einer Flüssigkeit in Berührung steht, bildet sich nach HELMHOLTZ eine elektrische Doppelschicht aus, deren der Flüssigkeit zugekehrte Belegung beweglich ist, während die andere in der fest an der Wand der anderen Phase sitzenden Flüssigkeitsschicht verankert ist. Faßt man diese Doppelschicht als elektrischen Kondensator auf, so ist dessen elektrisches Potential $\zeta = \frac{4\pi e \cdot d}{D}$, worin $e$ die elektrische Ladung, $d$ die Dicke der elektrischen Doppelschicht und $D$ die Dielektrizitätskonstante des Mediums bedeuten. Die elektrische Aufladung der suspendierten Teilchen kolloider Systeme verhindert die durch VAN DER WAALSsche Kräfte erfolgende Zusammenlagerung und Koagulation. Sie kann durch eine Doppelschicht bewirkt werden, die durch Orientierung der adsorbierten Moleküle, Neuorientierung von Molekülen des Lösungsmittels und durch Neuverteilung von Ionen entsteht. Mit zunehmender Größe der elektrischen Aufladung, der Dicke einer Solvathülle und einer elektrischen Doppelschicht nimmt die Beständigkeit disperser Systeme zu.

Lyophile Kolloide gehen überwiegend durch Solvatation (gegenseitige Beeinflussung von Kolloid und Lösungsmittel), weniger durch elektrische Kräfte in Lösung, während lyophobe Kolloide vor allem durch diese in Lösung gehen.

Die Koagulation tritt demgemäß bei lyophilen Kolloiden vor allem durch Entsolvatation, bei lyophoben durch Änderung der Ladung und der Dicke der elektrischen Doppelschicht ein. Für die ausfällende Wirkung von Ionen auf lyophile Kolloide in saurer Lösung stellte HOFMEISTER die folgende Ionenreihe, in Richtung steigender Wirksamkeit, auf: Rhodanid, Jodid, Chlorat, Nitrat, Chlorid, Azetat, Sulfat, Tartrat, Zitrat; Mg, $NH_4$, Na, K, Li.

Die koagulierende Wirkung von Ionen auf lyophobe Kolloide nimmt dagegen nach der HARDY-SCHULTZEschen Regel mit der Wertigkeit des Iones sehr stark zu, so daß sie sich bei den Chloriden von Kalium, Kalzium und Aluminium gegenüber Arsentrisulfid-Sol wie 1 : 100 : 1000 verhält.

### ζ) $P_H$ (*Wasserstoffionenkonzentration*)

Emulsionen zeigen meist im alkalischen Gebiet, also bei hohem $P_H$, größere Beständigkeit als im sauren, d. h. niederen $P_H$-Bereich. Der Grund dürfte die verschiedene Adsorbierbarkeit und Ausrichtung der sauren und der alkalischen polaren Moleküle sein; bei Verschiebung in das alkalische Gebiet werden ja die Säuren in die Salze übergeführt.

### η) *Mechanische Bewegung*

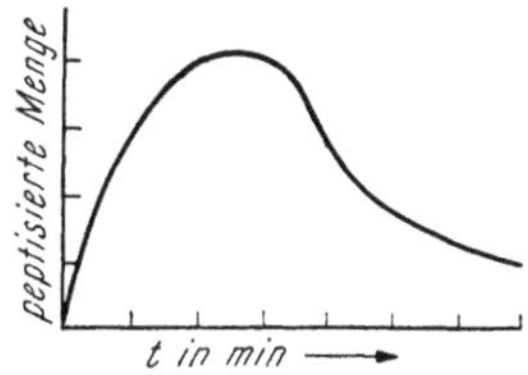


Abb. 32. Peptisationsgeschwindigkeit lyophoben Eisenoxyds in Wasser bei starkem Rühren nach BUZAGH

Mechanische Bewegung hat eine zweifache Auswirkung. Einmal wird dadurch die Peptisierungsneigung (Neigung zur Bildung kolloider Systeme) erhöht, andererseits aber auch die Koagulationsneigung verstärkt, indem durch stete Erneuerung der Grenzfläche immer neue Teilchen aus dem Inneren der Flüssigkeit an die Grenzfläche gelangen, wo sie koagulieren (zusammentreten). Dieser Vorgang verläuft auch an den Gefäßwandungen, so daß deren Beschaffenheit von Einfluß sein kann. Überwiegt bei Bewegung der Koagulierungsfaktor gegenüber der Peptisierung, so tritt Koagulation, Trennung der Phasen ein. Es gibt deshalb auch für die Bewegungsintensität Optima, unter- und oberhalb derer Suspensionen und Emulsionen wesentlich weniger beständig sind. Für den Fall des Eisenoxydes zeigt Abb. 32 nach BUZAGH die Änderung der peptisierten Menge lyophoben Eisenoxydes mit der Zeit bei starkem Rühren.

Nach BUZAGH kann die Peptisation lyophiler Gele und lyophober Koagele durch die Gleichung $\frac{dx}{dt} = k\,(1-x)$, eine Reaktion erster Ordnung, wiedergegeben werden, worin $x$ die Zunahme der peptisierten Menge (bei einer Gesamtmenge von 1) und $k$ eine von der Peptisatorkonzentration, der Gelmenge und der Temperatur abhängige Konstante ist.

### *ϑ) Mehrwertige Ionen*

Sowohl die Grenzflächenspannung als auch das Suspensionsvermögen werden durch mehrwertige Ionen beeinflußt. So sank die Grenzflächenspannung reinen Mineralöls gegen eine 0,005%ige Lösung von Igepon T in destilliertem Wasser von 11 dyn/cm bei Zugabe von Na-Salzen langsam, bei Zugabe von $\frac{1}{400}\,n$ $CaCl_2$ auf 0,8 dyn/cm, während $\frac{1}{10\,000}\,n$ des dreiwertigen Lanthanchlorides sogar den Wert 0,25 dyn/cm ergab[1].

Die Änderung des Suspensionsvermögens von Na-Alkyl-Aryl-Sulfonaten bei Verwendung von hartem statt destilliertem Wasser zeigt im Vergleich zu jener anderer Zusätze Tab. 26 nach A. H. LEWIS, A. L. MEADER und D. F. SEARLE[2].

Tabelle 26.

*Einfluß harten Wassers auf das Suspensionsvermögen von Na-Alkyl-Aryl-Sulfonaten bei 45° C* (nach LEWIS, MEADER und SEARLE)

| Art des Zusatzes | Destilliertes Wasser | | | Wasser mit Härte von 30 T./Million | | |
|---|---|---|---|---|---|---|
| | $g\ MnO_2$ a) | Konzentration % b) | Bereich c) | $g\ MnO_2$ a) | Konzentration % b) | Bereich c) |
| 1. 100% Sulfonat | 2,6 | 0,6 | 0,12—0,88 | 6,1 | 0,3 | 0,18—1,5 |
| 2. 40% Sulfonat, 60% Na-Sulfat | — | — | — | 4,6 | 0,4 | 0,12—0,76 |
| 3. 50% Nr. 2, 50% Tripolyphosphat | 5,3 | 0,2 | 0,01—0,23 | 0,5 | 0,4 | 0,22—0,42 |
| 4. Handelsprodukt | 3,7 | 0,05 | 0,02—0,32 | 1,2 | 0,4 | 0,3 —0,5 |

a) $g\ MnO_2$ im Liter Lösung suspendiert.
b) % Gesamtkonzentration gelöster Zusätze bei maximalem Suspensionsvermögen.
c) Konzentrationsbereich, bei dem mindestens 50% des maximalen Suspensionsvermögens bestehen.

Bei Verwendung harten statt destillierten Wassers verringert sich also beim 100%igen Sulfonat (einem Polypropylen-Benzolsulfonat) die erforderliche Menge Zusatz für maximales Suspensionsvermögen von 0,6 auf 0,3%, gleichzeitig nimmt die suspendierte Menge $MnO_2$ von 2,6 auf 6,1 g und der Konzentrationsbereich für über 50% des maximalen Suspensionsvermögens von 0,12 bis 0,88 auf 1,5 zu, während bei den Gemischen 3 und 4 die erforderliche Zusatzmenge ansteigt, die

[1] ROBINSON, C.: Symposium on Wetting and Detergency, S. 144. London, 1937.
[2] 3. Welt-Erdölkongreß Haag 5 (1951), 2.

suspendierte $MnO_2$-Menge abnimmt und der Bereich für mindestens 50%iges Suspensionsvermögen des optimalen sich wenig ändert und nur etwas verschoben ist. Zusatz von Natriumsulfat schadet der Wirkung des Sulfonates wenig, wogegen Zusatz von Polyphosphat das Suspensionsvermögen stark herabsetzt (praktisch hat sich allerdings gezeigt, daß Polyphosphatzusatz das Reinigungsvermögen — Detergency — von Sulfonat merklich verbessert; Suspensionsvermögen und Reinigungsvermögen sind also nicht gleichzusetzen!).

Die *Ausflockung* und *Emulsionszerstörung* beruht bei gegebener Feinheit der Teilchen auf folgenden Einflüssen:

a) *Mechanische Bewegung* (falls das Optimum überschritten wird, bei dem sie Peptisierung bewirkt),

b) *Elektrische Entladung* (Durchleitung von Gleich- oder Wechselstrom, Vermischung entgegengesetzt aufgeladener Suspensionen oder Emulsionen, Zugabe von mehrwertigen Ionen in genügender Konzentration),

c) *Temperatursteigerung* (falls dadurch nicht erhöhte Löslichkeit eines suspensions- oder emulsionsfördernden Anteils eintritt),

d) *$P_H$-Änderung,* vor allem ins saure Gebiet,

e) Bei Emulsionen *Filtration* zur Entfernung emulsionsfördernder feinster Teilchen.

### d) Messung der Suspensions- und Emulgierfähigkeit

Wegen der Komplexheit beider Vorgänge ist es nicht möglich, eine einwandfreie exakte Messung physikalischer Art zu verwenden, so daß man auf mehr oder weniger empirische Verfahren angewiesen ist. Für *Suspensionen* bzw. *Suspendierungsmittel* muß man Stoffe bekannter Teilchengröße aus einem Material nehmen, das dem interessierenden entspricht, und unter gegebenen, gleichmäßig eingehaltenen Bedingungen (Mengen, Mischgeschwindigkeit, Temperatur) die Suspensionen herstellen. Dann mißt man die Geschwindigkeit des Absetzens mit der unverdünnten oder der mit einem Lösungsmittel versetzten Suspension, z. B. in einem geteilten Meßzylinder, oder die Menge fester Anteile in der überstehenden Flüssigkeit oder in gleichen Volumina von oben und unten gezogener Proben.

Bei Heizölen hat sich der SHF-Test (Shell Hot Filtration Test) anscheinend gut bewährt; er arbeitet mit einem Filtrierpapier, das möglichst wenig Oxydationsprodukte, Harze und wenig peptisierte Asphalte zurückhält, unter Anwendung von Druck. Etwa 10 g des Öles werden in einer Druckapparatur durch ein gehärtetes Whatman-Filterpapier von 55 mm Durchmesser, das auf einer Filzscheibenunterlage auf einer schwach nach unten gewölbten Filterplatte aufliegt, unter Aufdrücken von 4 bis 5 at Luft oder Stickstoff filtriert. Die Temperaturen sind bei dünneren Ölen die jeweils zur genügenden Filtrierung ausreichenden, bei zähen wendet man eine Heizvorrichtung mit Dampf an. Ist die Filtrierung beendet, so öffnet man die Apparatur, läßt sie abkühlen und spült mit $n$-Heptan nach. Dann trocknet und wägt man das Filter mit dem Rückstand, der aus den suspendierten Teilchen besteht. Man nimmt den Mittelwert zweier um nicht mehr als 0,05% voneinander abweichender Messungen[1].

B. Bernelin und R. Courcel haben als Maß des Suspensionsvermögens von Zusätzen zu Dieselmotorenölen die Messung der Flockungstemperatur über die Konzentration (der Zusätze) vorgeschlagen, indem sie zu dem gebrauchten Diesel-

[1] van Kerkvoort, W. J. und A. J. J. Nieuwstad: J. Inst. Petroleum **37** (1951), 597.

öl verschiedene Mengen des Zusatzes bei 50° C beimengen, 12 Std. stehen lassen und den Versuch, nach neuerlicher guter Durchmischung, durchführen. Bei bestimmten Konzentrationen treten Maxima der Flockungstemperatur auf; sie liegen für einen Zusatz bei verschiedenen Ölen im gleichen Konzentrationsbereich, können aber sehr verschieden hohe Werte annehmen[1].

Ähnlich wie die Suspensionen kann man *Emulsionen* auf ihre Beständigkeit prüfen, indem man nach gleichmäßiger Herstellung die Absetzgeschwindigkeit durch Messung der überstehenden klaren Flüssigkeit oder des sich abscheidenden Wassers in einem Meßzylinder bestimmt; ebenso kann man durch Verdünnen mit einem mit der äußeren Phase mischbaren Stoff oder durch Zentrifugieren die Geschwindigkeit des Absetzens beschleunigen. Bei Auftragung über die Zeit erhält man die Kurven der Absetzgeschwindigkeit.

Zur Erfassung der Emulgierung von Ölen werden nach der Vorschrift des Federal Test Method Standard 791 3201.5 der USA 27 cm³ Öl und 53 cm³ destilliertes Wasser in einem 100-cm³-Meßzylinder von 27 mm Durchmesser bei 54° C fünf Minuten lang mit 1500 U/min gerührt; dann wird die Demulgierung nach der Trennlinie zwischen klarem Öl und Emulsion jede Minute gemessen. Die Absetzgeschwindigkeit nimmt erst zu, dann wieder ab; der Höchstwert ausgedrückt in cm³/Std. wird als Demulgierfaktor genommen, wie Tab. 27 zeigt.

Tabelle 27. *Demulgiertest nach US Federal Test Method Standard 791 3201.5*

| Dauer des Absetzens min | Ablesung | Öl abgesetzt | Demulgierfaktor cm³/Std. |
|---|---|---|---|
| 0 | 80 | 0 | 0 |
| 5 | 77 | 3 | 36 |
| 12 | 67 | 13 | 65 |
| 15 | 63 | 17 | 68 |
| 20 | 61 | 19 | 57 |

Die Demulgierbarkeit wäre in diesem Falle 68. Ist der Maximalwert nach einer Stunde nicht erreicht, so wird als Demulgierbarkeit die Ölmenge in cm³ genommen, die sich nach einer Stunde abgesetzt hat. Zur Untersuchung der *Detergents* verwendet man sowohl Messungen der Benetzungsgeschwindigkeit (vgl. S. 102) als auch reine Waschversuche. Bei diesen werden die vor allem interessierenden Textilien Baumwolle und Schafwolle mit einem synthetischen Schmutz aus einer fettigen Substanz, Mineralöl und Lampenruß in festgelegter Weise verunreinigt, mit einer Detergentlösung bei ebenfalls festgelegten Bedingungen behandelt und dann auf den Wascheffekt z. B. durch Messung der Helligkeit mittels Lichtreflektion zahlenmäßig geprüft. Die Internationale Festlegung solcher Tests steht erst im Anfang.

### e) Praktische Bedeutung der Suspensions- und Emulgierfähigkeit

Es gibt sehr viele Vorgänge, für die Suspension und Emulsion erwünscht, ebensoviele aber, wo sie unerwünscht ist. Beim *Rohöl* sind Suspensionen und Emulsionen für die Verarbeitung schädlich, während die *Bohrschlamme* möglichst gute Suspensionen bilden sollen. *Heizöle* sollen möglichst gut suspendieren, damit sich keine störenden Ablagerungen in Tanks von Schiffen oder Lagern oder beim Betrieb bilden, ebenso *Schmieröle* für Verbrennungsmotoren bei ihrer Verwen-

[1] C. R. hebd. Séances Acad. Sci. **240** (1955), 2140/2.

dung, um Zusetzung von Ölfiltern, Ölbohrungen usw. zu vermeiden. (Bei ihnen tauchte ja die Frage der Detergents zuerst auf!) Daß alle *Waschmittel* und Reinigungsöle gute Suspensionsfähigkeit haben sollten, ist klar. *Asphaltemulsionen* müssen einen optimalen Grad der Beständigkeit haben. *Schmieremulsionen*, wie die aus Ca-Seifen hergestellten LANGER-Emulsionen zur Dampfmaschinenschmierung, müssen möglichst beständig sein.

## 10. Zerstäubung

### a) Definition

Als Zerstäubung bezeichnet man die feine Verteilung von Flüssigkeiten in Luft oder Gas durch Verwendung mechanischer Mittel; sie setzt sich aus der Bildung der feinen Tröpfchen und aus ihrer Dispergierung zusammen.

### b) Wesen

Um feine Tröpfchen aus Flüssigkeit zu erhalten, muß man sie entweder in sehr dünne Strahlen zerteilen, die dann in die Tröpfchen zerfallen, oder einen raschen Luftstrom oder Dampfstrom auf eine flüssige Oberfläche leiten, wobei zuerst ein Tröpfchen aus dieser gerissen wird, das hinter sich einen dünnen, weiter in Tröpfchen zerfallenden Faden von Flüssigkeit nachzieht, endlich die Flüssigkeit in sehr dünner Schicht ausbreiten, wobei an dem freien Ende Flüssigkeitsfäden entstehen, die wiederum in Tröpfchen zerfallen. (Bei dieser Zerstäubung treten, infolge von Turbulenzerscheinungen am freien Ende, manchmal auch Röhrchen aus Flüssigkeit auf, die entsprechend den Flüssigkeitsfäden in Bläschen [hohle Tropfen] zerfallen.)

Die zur Zerstäubung erforderliche Energie setzt sich im wesentlichen aus drei Teilen zusammen:

a) der zur Bildung der neuen Oberfläche nötigen Oberflächenspannung mal Fläche; für den Fall einer Flüssigkeitskugel von 1 cm³ Inhalt und 1,24 cm Durchmesser (mit Oberfläche 4,83 cm²) würde der Zerfall in eine Million Tröpfchen mit einem Volumen von $10^{-6}$ cm³ und einem Durchmesser von 0,0124 cm eine Gesamtoberfläche von 483 cm², d. h. das Hundertfache der ursprünglichen Oberfläche ergeben. Zur Charakteristik des Zerstäubungswirkungsgrades kann man den Wert: $\frac{\text{Zunahme der Oberflächenenergie/g}}{\text{aufgewandte Druckenergie/g}}$ verwenden.

b) der Verformungsenergie, die infolge der meist sehr kurzen Zeiten der Zerstäubung zur Überwindung der Zähigkeit aufgebracht werden muß, die aber schwer abzuschätzen ist,

c) dem bei der Aufwendung der Energie eintretenden Verlust infolge unvollkommener Umwandlung in Verteilungsenergie.

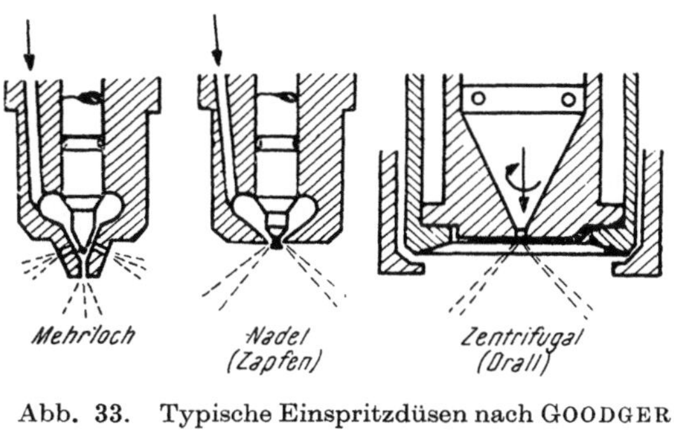

Abb. 33. Typische Einspritzdüsen nach GOODGER

Die Dispersion der Tröpfchen in der Luft muß die Rückbildung größerer Tröpfchen vermeiden, und zwar weniger bei Zerstäubung durch sehr rasch bewegtes Gas, das alle Tröpfchen gleich schnell mit sich reißt, als bei der Zerstäubung unter Druck, wenn sie in mehr oder weniger ruhender Luft erfolgt; geeignete Gasbewegung muß eine derartige Rückbildung größerer Tröpfchen verhindern. Die Zerstäubung geschieht in Düsen verschiedener Bauart, von denen Abb. 33 die typischen Fälle nach GOODGER zeigt.

Die Mehrlochdüse links gibt kompakte Kraftstoffkegel, während die Nadeldüse (Zapfendüse) und die Zentrifugaldüse Hohlkegel bilden. Je nach dem Druckabfall über der Öffnung ist der Strahl hart oder weich, wobei der erste geringe Tröpfchendispersion aufweist. Die bisher technisch kaum angewendete Zerstäubung durch rotierende Scheiben ist wegen der Gleichmäßigkeit der Tröpfchen, deren Durchmesser außerdem sehr klein ist (etwa 0,01 mm), bemerkenswert.

Die Zerstäubung wird praktisch durch folgende Maßnahmen erreicht:

**Zweistoffzerstäubung.** Außer dem flüssigen Stoff wird meist Luft oder Trockendampf als wirkendes Zerstäubungsmittel angewendet. Man verwendet aber auch im Kraftstoff lösliche Alkohole oder Kohlenwasserstoffe mit niederem Siedepunkt, die bei Erhitzung über diesen weiteren Zerfall der Tröpfchen ergeben.

Azetylen, auch $CO_2$ wurden verwendet, doch übernehmen bei Kraftstoffen mit weiten Siedegrenzen die niederen Kohlenwasserstoffe die Rolle des zweiten Stoffes bei genügender Erhitzung. Für übliche Zerstäuber unterteilt man in

1. Niederdruckzerstäubung: 25 % bis 100 % (in Sonderfällen) der Verbrennungsluft werden zur Zerstäubung bei etwa 25 bis 65 cm Wassersäule angewendet.

2. Mitteldruckzerstäubung: 3 % bis 6 % der theoretischen Luftmenge oder Dampf von etwa 0,7 at dienen zur Zerstäubung bei einem Druck von etwa 0,2 bis 0,7 at.

3. Hochdruckzerstäubung: 2,5 % der theoretischen Luftmenge bzw. 0,4 kg Dampf für 1 kg Kraftstoff werden bei Drucken über 3,5 at angewendet.

**Mechanische Zerstäubung** (Zentrifugalzerstäubung). Der Kraftstoff wird durch die Zentrifugalwirkung eines rotierenden Bauteils in der Düse (etwa 3 000 bis 8 500 U/min) zerstäubt.

**Druckzerstäubung.** Glatte Loch- oder Nadel-(Zapfen-)Düsen bei Drucken bis zu 550 at oder Dralldüsen bei Drucken bis etwa 21 at, für Flugtriebwerke bis zu rund 90 at, bewirken die Zerstäubung.

**Der Sauter-Mean-Diameter als Kennzeichen**[1]**.** Zur Kennzeichnung des mittleren Durchmessers der Tröpfchen in einem Strahl wird in den angelsächsischen Ländern ein von SAUTER vorgeschlagener Wert (S. M. D.: SAUTER-Mean-Diameter) vielfach verwendet. Er stellt den mittleren Tropfendurchmesser eines gedachten, aus lauter gleichgroßen Tröpfchen bestehenden Strahles dar, der zwei Kennwerte (Gesamtvolumen, Gesamtoberfläche, Gesamtdurchmesser, Gesamtzahl der Tröpfchen) mit dem wirklichen, untersuchten Strahl gemeinsam hat. Gibt man diesen Kennwerten die Indizes 0 und 1 für den gedachten und den wirklichen Strahl, und setzt man die Zahl der Tröpfchen gleichen Durchmessers mit $n$, ihren jeweiligen Durchmesser mit $d$ ein, so kann man eine Zusammenstellung gemäß Tab. 28 machen.

Es gibt sechs mögliche Kombinationen, aber von den vier Größen können jeweils nur zwei gleich sein. Für den mittleren Durchmesser wählte SAUTER $V_0 = V_1$ und $A_0 = A_1$, weil bei gegebenen Kraftstoffvolumen beste Verbrennung durch besten Wärmeübergang, d. h. größte Oberfläche der Tröpfchen bestimmt wird. Da dann $V_1 = \frac{\pi}{6} n_0 d_0^3$, wird $n_0 = 6\ V_1/\pi\, d_0^3$; ebenso aus $A_1 = \pi\, n_0 d_0^2$ bei Ein-

[1] SAUTER, J.: Z. VDI **70** (1926), 1040; **72** (1928), 1572.

Tabelle 28. *Vergleich eines theoretischen und eines wirklichen Kraftstoffstrahles*

| Größe | theoretisch | wirklich |
|---|---|---|
| Gesamtvolumen ....... | $V_0 = \frac{\pi}{6} n_0 d_0^3$ | $V_1 = \frac{\pi}{6} \Sigma\, nd^3$ |
| Gesamtoberfläche ...... | $A_0 = \pi\, n_0 d_0^2$ | $A_1 = \pi\, \Sigma\, nd^2$ |
| Gesamtdurchmesser .... | $D_0 = n_0 d_0$ | $D_1 = \Sigma\, nd$ |
| Gesamtzahl ........... | $N_0 = n_0$ | $N_1 = \Sigma\, n$ |

setzen $= 6\, V_1/d_0$. Der S. M. D. wird dann $6\, V_1/A_1$ für den wirklichen Strahl, der untersucht wird, und $6\, V/A$ für irgendeinen beliebigen Strahl.

Je niederer der S. M. D. liegt, um so feiner ist die Zerstäubung und desto leichter die Erhitzung, Verdampfung und Zündung, d. h. um so besser das Verbrennungsverhalten, soferne nicht spezielle, vor allem konstruktiv bedingte Voraussetzungen besondere Strahlgestaltung nötig machen.

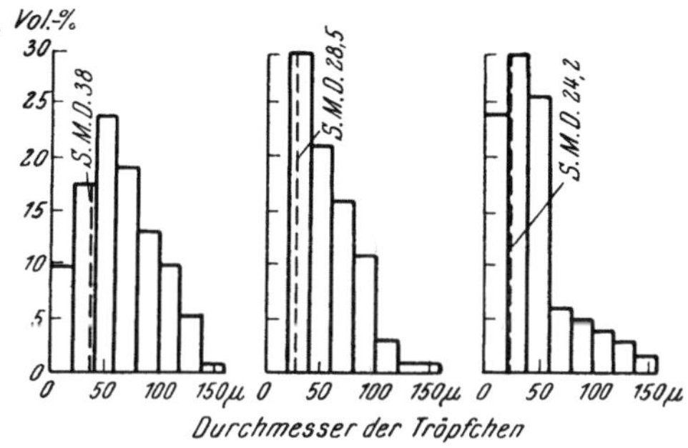


Abb. 34. Verteilungsdiagramme von Kraftstoffstrahlen nach GOODGER

GOODGER hat für typische Kraftstoffstrahlen die in Abb. 34 dargestellten Verteilungsdiagramme („Histogramme") entworfen, wobei er gleiche Kraftstoffvolumina und gleiche maximale Tropfendurchmesser in allen Strahlen mit 150 μ zugrunde legte.

Die Anfangsgeschwindigkeit der Verdampfung ist dem S. M. D. der gesamten Oberfläche und damit der Zahl der kleinen Tröpfchen, die anfangs anwesend sind, direkt proportional.

Stellt man das Ergebnis der Strahluntersuchung zusammen, so erhält man das in Tab. 29 gezeigte Bild.

Tabelle 29. *Eigenschaften von Kraftstoffstrahlen*

| Motoranwendung | Druck at | Charakteristik | S. M. D. | Oberfläche | Zahl kleiner Tropfen | Zahl großer Tropfen |
|---|---|---|---|---|---|---|
| *A* Benzin-einspritzung | 25 | ziemlich gleichmäßig, fein | 38 | klein | gering | mittel |
| *B* Gasturbine | 70 | gleichmäßig, sehr fein | 28,5 | mittel | mittel | gering |
| *C* Dieselmotor | 180 | heterogen, ziemlich fein | 24,2 | groß | groß | groß |

Die Anfangsgeschwindigkeit der Verdampfung ergibt sich in fallender Reihenfolge:

nach dem S. M. D. ........ *A*, *B*, *C*
„ der Oberfläche ........ *C*, *B*, *A*
„ der Zahl kleiner Tropfen *C*, *B*, *A*

} der Gesamteffekt ist voraussichtlich *C*, *B*, *A*

Die Endgeschwindigkeit der Verdampfung ist der Zahl ursprünglich vorhandener großer Tropfen proportional, so daß danach in abfallender Reihenfolge sich *C*, *A*, *B* ergeben würde.

Die Verdampfungsgeschwindigkeit der Strahlen nach der Berechnung ist — mit etwas vergrößerten Unterschieden zwecks klarerer Darstellung — in Abb. 35 nach GOODGER wiedergegeben.

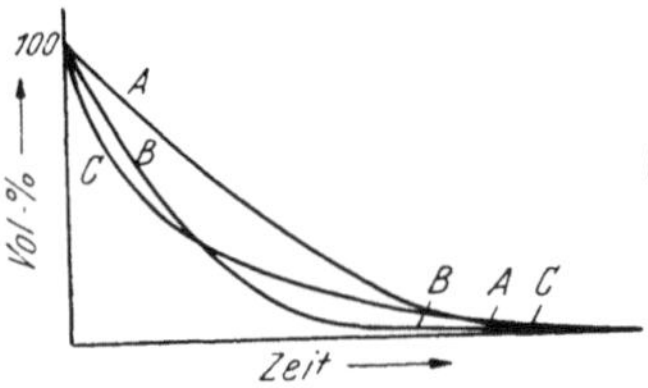


Abb. 35. Verdampfungsgeschwindigkeit von Kraftstoffstrahlen nach GOODGER

### c) Einflüsse

Von den Einflüssen auf die Zerstäubung seien folgende erwähnt:

**Konstruktion.** Der Tröpfchendurchmesser ist bei allen Düsen dem Durchmesser der Düsen linear verhältig. (Nach J. R. JOYCE der Quadratwurzel aus dem Durchmesser!) Die Penetration (Durchschlagskraft) des Strahles ändert sich bei glatten Düsen mit der Wurzel aus dem Düsendurchmesser, bei Zentrifugaldüsen mit dem reziproken Wert des Düsendurchmessers. Den Tropfendurchmesser ändert der Einspritzdruck $p$ nach der Beziehung $d = 1/p^{0,4}$.

**Kraftstoffeigenschaften.** Die *Dichte* allein hat wenig Einfluß; mit steigender Dichte wird der Strahl etwas kompakter und die Penetration größer. (Man findet auch dem widersprechende Angaben.) Die *Zähigkeit* hat entscheidenden Einfluß und ist sehr wichtig für Tropfendurchmesser und Penetration; beide nehmen mit ihr in linearem Verhältnis zu, und zwar wirkt sich die Zähigkeit sowohl bei der ersten Stufe der Bildung eines kontinuierlichen Filmes gleich nach dem Austritt aus der Düse, als auch bei der darauffolgenden Stufe des Auseinanderfallens in Tröpfchen und Fäden aus.

Ergebnisse widersprechender Art (feinere Nebel sowohl von Gasöl als von Petroleum) bei anscheinend möglichst gleich gehaltenen Bedingungen führt R. KLING darauf zurück, daß die statisch gemessene Zähigkeit und die Oberflächenspannung das Zerstäubungsvermögen von Flüssigkeiten nicht genügend charakterisierten[1].

Die *Oberflächenspannung* wirkt sich vor allem bei der zweiten der genannten Stufen aus, und zwar ist der Tröpfchendurchmesser ihr proportional, außerdem aber bestimmt sie die maximale Größe der Tröpfchen, was für den Verbrennungsablauf wichtig ist; da sie bei Erdölprodukten wenig schwankt, sind die dadurch bedingten Unterschiede nicht allzu groß.

**Gaseigenschaften.** Zunehmender *Gasdruck* ergibt bis zu einem Grenzwert feinere Tröpfchen, wonach wieder Zunahme des Tropfendurchmessers einsetzt. Die Penetration ist dem Gasdruck umgekehrt proportional. Hohe *Gastemperaturen* ergeben wegen der dadurch bedingten Zähigkeitszunahme des Gases Abnahme der Penetration, ebenso wie Gasturbulenz, die zugleich die Tröpfchendurchmesser verringert.

### d) Messung

Die Messung der Zerstäubung führt schon weitgehend in das Gebiet reiner Ingenieurwissenschaft über, so daß nur auf die sehr eingehende Arbeit von O. HOLFELDER[2] verwiesen sei, der die Messung von Einspritzungen in Kolbenmotoren und in kontinuierlich brennende Brennkammern behandelt.

### e) Praktische Bedeutung

Die Zerstäubung von Erdölprodukten ist überwiegend im Zusammenhang mit der Verbrennung von Bedeutung, wenn man von jener von Anstrichen usw. mit

[1] Combustion Researches and Reviews, S. 47. London: Butterworth. 1955.

[2] Messungen an Einspritzvorgängen. Arch. techn. Messen V, 8234-8/9 (1952).

solchen Produkten absieht. GOODGER zitiert folgende Charakteristik der Bedeutung der Einspritzung für die Einspritzung von Gasöl in Dieselmotoren[1]: „...Wenn die Öleinspritzung bei zu geringem oder zu hohem Druck erfolgt, oder die Geschwindigkeit oder der Spritzzeitpunkt für das gewünschte Indikatordiagramm falsch sind, oder die Zerstäubung zu grob für vollkommene Verbrennung innerhalb der verfügbaren Zeit ist, oder zu fein und zu wenig Penetration liefert, wenn die Verteilung der Ölteilchen im Strahl schlecht ist, so daß er zu fette und zu magere Gebiete enthält, und ungenügend Turbulenz besitzt, oder wenn die Zündung so spät erfolgt, daß ein großer Teil der Ladung bei praktisch konstantem Volumen eintritt und deshalb zu hohe Zylinderdrücke ergibt, oder wenn sie zu langsam vor sich geht und Nachverbrennung zur Folge hat, ist die Verbrennung unvollständig, nicht geregelt, noch zeitlich richtig abgestimmt und die Motorleistung daher nieder. Der Wert der Forschung über die Ölzerstäubung liegt daher in der Aufdekkung und praktischen Untersuchung sämtlicher Charakteristika der Zerstäubung, Verteilung und Verbrennung."

Zur Beurteilung der Zerstäubung für Zwecke der Verbrennung muß man nach dem Vorschlag BOERLAGES die Makroverteilung (Gleichmäßigkeit des Strahles im Verbrennungsraum) und die Mikroverteilung (Feinheit durch Zerstäubung und Verdampfung) berücksichtigen, da erst sie beide zusammengenommen die Voraussetzung bilden, die im Einzelfall die beste Ausnützung der Verbrennungsaktion gestattet.

**Literatur.** BOERLAGE, G. D. und J. J. BROEZE: Science of Petroleum, S. 2894. 1938; GOODGER, E. M.: Petroleum and Performance. London: Butterworth. 1953; SÄNGER, E.: Brennstoff-Chem. **32** (1951), 1; SCHMIDT, F. A. F.: Verbrennungskraftmaschinen. München: Oldenbourg. 1951.

## 11. Schäumen

### a) Definition

Als Schaum bezeichnet man ein kolloides System, in dem Gas oder Dampf in einem flüssigen (Gas auch in einem festen) Dispersionsmittel, durch dünnste Schichten desselben getrennt, fein verteilt ist. Suspensionen haben viel dickere Trennungsschichten zwischen den Gasbläschen, auch ist das Verhältnis Gasvolumen : Flüssigkeitsvolumen wesentlich kleiner als bei Schäumen. Zur Charakteristik der Schaumbildungsneigung dient sowohl die Menge des unter festgelegten Bedingungen gebildeten Schaumes, als auch dessen Beständigkeit.

### b) Wesen

Suspensionen können in Schäume übergehen (je nachdem, ob es sich um eine Dampf- oder Gassuspension handelt, bildet sich ein Dampf- oder ein — viel häufiger vorkommender — Gasschaum). Die Menge des gebildeten Schaumes, Druck sowie Temperatur der Schaumbildung sind durch den Grad der Löslichkeit des Dampfes oder Gases in der Flüssigkeit bestimmt. Sind zwei Flüssigkeiten miteinander mischbar, wie Benzin-Schmieröl, so beeinflußt das Mengenverhältnis der leichter siedenden Flüssigkeit zur anderen entsprechend der Änderung des Siedepunktes sowohl die Temperatur und den Druck, bei dem Schaumbildung eintritt, als auch die Schaummenge. Sind sie dagegen nicht mischbar, wie Wasser und Öl, so bestimmt das Mengenverhältnis beider Flüssigkeiten nur die Menge des Schaumes,

[1] JOACHIM: ASME Transactions 1927/8, Oil Spray Investigations of the N.A.C.A.

nicht aber Druck und Temperatur der Schaumbildung, für die nur der Siedepunkt der leichter siedenden Komponente maßgebend ist. Dagegen gibt feinerer Verteilungsgrad der niederer siedenden Flüssigkeit mehr, bzw. beständigeren Schaum als grobe Verteilung.

Die Beständigkeit von Gasschäumen ist im allgemeinen um so größer, je niederer der Dampfdruck, je höher die Zähigkeit der Flüssigkeit und je größer die Oberflächenspannung der Flüssigkeit gegenüber der umhüllten Schicht der Gasbläschen ist. Feste Teilchen in der schaumbildenden Flüssigkeit bilden Keime der Gas- oder Dampfbläschenbildung und können durch verfestigende Umhüllung der Oberfläche der Bläschen stabilisierend wirken. Solche Teilchen sind z. B. Ruß, Staub, Bleioxyd, auch Abrieb, wenn auch über den Einfluß der Art des Stoffes auf die stabilisierende Wirkung noch wenig bekannt ist.

Den Übergang von Suspensionen in Schäume bewirken alle jene Vorgänge, die eine feinere Verteilung zur Folge haben, also mechanische Bewegung, vor allem bei gleichzeitiger Drucksenkung und Temperatursteigerung (falls diese Temperatur nicht schon so hoch liegt, daß das instabile Gebiet erreicht ist), Ultraschallbehandlung (die aber auch zur Zerstörung von Schäumen anwendbar ist, wenn das Optimum der Schwingungszahl oder -amplitude erreicht ist).

Das Aufsteigen von Luftblasen in Flüssigkeiten hängt zwar primär von der Zähigkeit derselben ab, wird aber durch Zusätze stark beeinflußt. So zeigte J. V. ROBINSON[1], daß die Geschwindigkeit des Aufstieges bei Zugabe von Detergents anfänglich die gleiche wie ohne Zusatz ist, aber bald — bei gleichbleibender Blasengröße — wohl infolge Bildung von zäheren adsorbierten Schichten, in denen das Detergent angereichert wird, stark abnimmt.

Daß Kavitation bei der Bildung von Schäumen aus Schmierölen eine Rolle spielen kann, hat u. a. VOGELPOHL erwähnt[2].

Manche Schmieröle schäumen ungebraucht nicht, sondern erst nach Erhitzen auf 100° C, und behalten nach Erkalten dann die Schaumneigung, vielleicht infolge des Verlustes einer schaumhindernden Komponente[3].

### c) Einflüsse

Außer den genannten Einflüssen seien folgende erwähnt:

**Druck.** Erhöhung des Druckes kann durch entsprechende Kompression des Dampfes oder Gases anscheinende Verringerung der Schaummenge geben, die aber bei Wiedereinstellung des ursprünglichen Druckes rückgängig gemacht wird. Erniedrigung des Druckes verursacht primär Zunahme der Schaummenge, wird aber dadurch die Filmdicke bis zur Zerreißgrenze verringert, so tritt Platzen der Schaumbläschen an der Oberfläche ein.

**Temperatur.** Während bei Dampfschäumen bis zu einem Optimum Steigerung des Schäumens durch Temperatursteigerung eintritt, wonach wieder ein Rückgang erfolgt, ist bei Gasschäumen mit einer — durch Zähigkeitsabnahme verursachten — Verringerung der Schaumneigung zu rechnen. Im Falle der Anwesenheit von schaumfördernden Stoffen in fester Form kann durch Erhöhung der Löslichkeit und damit ihrer Konzentration auch Verstärkung der Schaumbildung bei Temperatursteigerung eintreten.

[1] J. Physic. Colloid Chem. **51** (1947), 431.

[2] Erdöl u. Kohle **3** (1950), 13.

[3] HOFFMANN, R.: Erdöl u. Kohle **6** (1953), 791.

**Elektrolyten.** Bei lyophilen oder hydrophilen Schäumen (meist ist Wasser das suspendierende Medium, wenn Elektrolyten in Frage kommen) zeigen Elektrolyten wenig Wirkung, sie kann aber auch durch Zusatz von *i*-Amylalkohol gesteigert werden. Lyophobe Schäume werden anscheinend stärker beeinflußt.

**Zähigkeit.** Da die Beständigkeit eines Schaumes vor allem davon abhängt, wie fest der gebildete Oberflächenfilm ist, steigt und fällt sie mit dessen Zähigkeit.

**Zusätze.** 0,2 Teile flüssigen Silikons auf 1 Million verringerten die Schaumbildung von 150 cm³ Heizöl, das ursprünglich bei Luftdurchleiten innerhalb 14 sek auf 250 cm³ Volumen zunahm, auf eine Maximalzunahme auf 190 cm³ innerhalb 2 min[1]. Auch Oleylnatriumsulfat ist sehr wirksam (R. HOFFMANN l. c.)

### d) Messung der Schaumneigung

**Wissenschaftlich.** R. HOFFMANN und PETER haben vorgeschlagen, die Schaumneigung so zu messen, daß man durch ein mit einer bestimmten Menge Flüssigkeit gefülltes Reagenzglas Luft mit konstanter Geschwindigkeit aus Kapillarröhrchen leitet und die Schaummenge über die Zeit aufträgt[2]. Aus der Art der Kurven und der sich einstellenden Gleichgewichts-Schaummenge kann man dann die Schaumneigung ermessen.

**Technisch.** Nach der CRC-Vorschrift L — 12 — 1143 wird in einem 1000-cm³-Meßzylinder mit 361 ± 12 mm geteilter Höhe Luft aus einem porösen Stein bei Zimmertemperatur und bei 97° C mit einer Geschwindigkeit von 5,66 l/Std. in 190 ± 10 cm³ Schmieröl 5 min lange geleitet und dann das Niveau des Schaumes an seinen beiden Grenzen abgelesen; ebenso wird die Schaummenge nach 10 min bestimmt. (Der poröse Stein ist ein Produkt von Eimer und Amend, — Fisher Scientific Co., Katalognummer 11, 139.)

### e) Praktische Bedeutung der Schaumneigung

Schäumen kann sowohl erwünscht als unerwünscht sein, wie Tab. 30 zeigt.

Tabelle 30. *Erwünschtes und unerwünschtes Schäumen*

| erwünscht bei | unerwünscht bei |
|---|---|
| Flotation | Destillation |
| Waschmitteln (für Waschmaschinen nicht zu stark)! | Schmierung (Umlauf-) |
| Feuerlöschmitteln | |

Schäumen stört nicht nur die Verarbeitung, sondern auch die Verwendung der Erdölprodukte empfindlich. So kann es die Umlaufschmierung von Maschinen durch Überlaufen des Tanks behindern, aber auch die Mischung von Produkten in Tanks durch Bildung einer hohen Schicht leichtentzündbaren Schaumes stören, oder das Betanken von Schiffen mit Heizöl behindern.

---

[1] RESEN, F. LAWRENCE: Oil Gas J. **53** (1954), 66/9, 31. Mai.

[2] OSTWALD, W. und A. SIEB: Chem.-Ztg. **61** (1937), 649 (Literatur über Schaummessung); vgl. auch BIKERMANN, J. J.: Trans. Faraday Soc. **34** (1938), 634.

## 12. Filtration

### a) Definition

Als Filtration betrachtet man die Abtrennung fester von flüssigen Anteilen mittels Durchleiten durch Siebe oder durch poröse Stoffe: sind nur wenige feste Teilchen vorhanden, so spricht man von Klärung.

### b) Wesen

Praktisch werden bei der Verwendung von Erdölprodukten sowohl Siebe als auch poröse Stoffe verschiedener Art verwendet, wie Gewebe, Erden, Kieselgur usw. Die Wirkungsweise ist aber bei beiden verschieden, je nachdem, ob der freie Durchmesser die suspendierten Teilchen im Bereich der Oberflächenkräfte des Filtermaterials beläßt oder nicht. Dies wird vor allem dann wichtig, wenn die Abmessungen abnehmen: ist der Bereich erreicht, in dem die Oberflächenkräfte des Filtermediums sich auswirken können, dann werden auch Teilchen vom Filter zurückgehalten, die kleineren Durchmesser haben, als der freie Durchmesser des Filters ist, d. h. die Wirkung von Siebfiltern wird die gleiche wie jene aus Filtern aus porösen Stoffen. Das Stromlinienfilter von Hele-Shaw benützt die Oberflächenkräfte von Papierscheiben, die fest gegeneinander gepreßt und durchbohrt sind; die zu filtrierende Flüssigkeit wird unter Druck durch eine z. B. zentrale Lochreihe zu- und entweder außen oder durch andere Lochreihen abgeführt, wobei das zu entfernende Produkt an der Papieroberfläche adsorbiert wird. Bei genügender Pressung, d. h. sehr geringem Abstand der Filterblätter voneinander, kann man sogar Preußischblau aus einer Lösung filtern.

Die Filtration durch Siebe oder ähnliche Filtervorrichtungen bietet als solche wenig Probleme, solange wenig Filterrückstand vorliegt. Andernfalls aber übernimmt dieser selbst Filterwirkung und die Verhältnisse werden jenen bei Filtration durch poröse Filter anderer Art vergleichbar.

Die Theorie der Filtration[1] bezieht sich daher auf permeable Schichten feiner, fester Teilchen von unregelmäßiger Gestalt. Da die Poren von kapillarer Größe sind, ist die Strömung als laminar anzunehmen und folgt dem Gesetz von Poiseuille, das folgendermaßen formuliert werden kann:

$$\text{Filtriergeschwindigkeit } \frac{\mathrm{d}V}{A\,\mathrm{d}\vartheta} = \frac{P}{\eta \cdot \alpha\,[(W/A) + r]},$$

worin $V$ das Volumen durchgegangenen Filtrates, $A$ die Filteroberfläche, $\vartheta$ die Zeit, $P$ der Filterdruck, $\eta$ die Zähigkeit, $\alpha$ der spezifische Widerstand gegen die Durchströmung des Filterschlammes, der für jedes Material eine andere Konstante ist, $W$ das Gewicht der trockenen Festsubstanz (des Filterschlammes), $r$ der Widerstand des Filtermediums für die Flächeneinheit ist. Der Widerstand nimmt mit dem Druck je nach der Komprimierbarkeit zu:

$$\alpha = \alpha' \cdot P^s$$

$\alpha'$ ist darin vor allem durch die Teilchengröße bestimmt, während die Komprimierbarkeit $s$ von 0 für starre, inkompressible Filterkuchen wie Sand und Kieselgur bis auf 1,0 bei sehr kompressiblen Filterkuchen schwankt; bei den meisten industriellen Filterkuchen liegt sie zwischen 0,1 und 0,8.

---

[1] Bellas, H. W.: Chemical Engineers Handbook, S. 1653. New York: McGraw Hill. 1941.

### c) Einflüsse

Die Filtriergeschwindigkeit wird nach diesen Gleichungen für starre Filterkuchen mit $s = 0$ ohne Berücksichtigung des Widerstandes des Filtermediums:

$$\frac{dV}{d\vartheta} = \frac{AP}{\eta \cdot \alpha'(W/A)},$$

d. h. direkt proportional der Fläche und dem Filterdruck und umgekehrt proportional der Zähigkeit, der Gesamtmenge Filterkuchen und dem Wert von $\alpha'$.

Für extrem kompressible Filterkuchen mit $s = 1{,}0$ wird die Filtriergeschwindigkeit:

$$\frac{dV}{d\vartheta} = \frac{A}{\eta \cdot \alpha'(W/A)},$$

d. h. gegenüber dem ersten Falle unabhängig vom Druck.

Die *Temperatur* wirkt, falls keine Phasenänderungen dadurch erfolgen, im Sinne einer Zähigkeitsverringerung und entsprechenden Beschleunigung der Geschwindigkeit. Da aber manchmal das Filtermedium oder der Filterkuchen dadurch verändert wird, können infolge dieser Wirkungen auch andere Effekte eintreten, die vom Einzelfalle abhängen. (Wie ja auch die Konstanten $\alpha$ für jeden Filterkuchen und $r$ für jedes Material gesondert bestimmt werden müssen.)

Die *Teilchengröße* verändert sowohl den Wert von $\alpha'$, als auch von $s$ (im Falle größerer Änderungen.) Zur Vermeidung allzukleiner Teilchen empfiehlt sich vorherige Koagulation durch geeignete Maßnahmen (Filterhilfen).

### d) Messungen der Filtrationsgeschwindigkeit

Zur Darstellung der Filterversuche bei konstantem Druck unter sonst gleichen Verhältnissen trägt man bei bekannter Filteroberfläche den Wert $\vartheta/(V/A)$ gegen verschiedene Werte von $V/A$ auf und erhält so eine Gerade, die den Neigungswinkel $\eta a w/2P$ hat und die (in diesem Falle) $x$-Achse bei $\eta r/P$ schneidet ($w$ ist das Gewicht des trockenen Filterkuchens/Volumeneinheit Filtrat). Mit den Bekannten $\eta W$ und $P$ kann man $\alpha$ und $r$ aus

$$\alpha = \frac{2P}{\eta w} \text{ (Neigungswinkel)}$$

und $r = \frac{P}{\eta}$ mal vertikalem Schnittpunkt errechnen, so daß man alle Variablen außer $P$ auf ihren Einfluß untersuchen kann.

Bei Filtrationen mit verschiedenem Filterdruck berechnet man $\alpha$ und $r$ für diese in gleicher Weise, und bei Auftragung von log $\alpha$ und log $r$ gegen log $P$ erhält man Gerade, aus denen man die Werte von $\alpha$ und $r$ für alle nicht zu abliegenden Drücke entnehmen kann (vgl. Abb. 36). Wie erwähnt, können die Filter Porenabmessungen haben, die außer- oder innerhalb des Bereiches der Oberflächenkräfte des Filtermediums liegen; vielfach verringert sich allerdings durch den entstehenden Filterkuchen dieser primäre Abstand so, daß die zweite Wirkung eintreten kann, die auch mit einer Vermehrung der wirksamen Oberfläche verbunden ist.

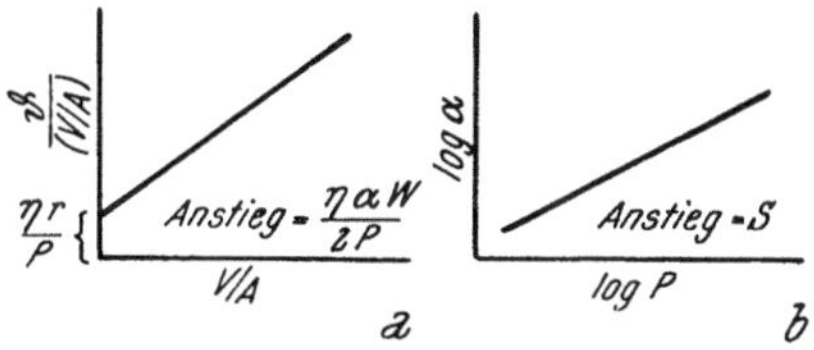

Abb. 36. Typische Aufzeichnung von Filtrationsergebnissen

Die Wirkung der meisten Filter beruht primär auf dem Größenunterschied der freien Poren und der zu filtrierenden Teilchen, deren Größe im Filtrat dann durch die Spaltweite bedingt ist. Diese muß dem Zwecke angemessen sein; im Falle des Motorenöles zeigte sich, daß bei Aluminiumlagern, die gegen Verunreinigungen besonders empfindlich sind, Spaltweiten unter 0,01 mm nötig waren.

### e) Praktische Bedeutung

Wie groß der Einfluß von Luft- und Ölfilterung auf den Verschleiß von Motoren ist, zeigen zahlreiche Untersuchungen. Besonders augenfällig sind die Ergebnisse von P. H. MOORE[1], bei denen künstlicher Staub von $SiO_2$-Teilchen folgender Abmessungen verwendet wurde:

Teilchengröße im künstlichen Staub

| | |
|---|---|
| 53 bis 20 Mikron | 90,4 % |
| 20 ,, 10 ,, | 5,1 % |
| 10 ,, 5 ,, | 2,0 % |
| 5 ,, 1 ,, | 2,5 % |

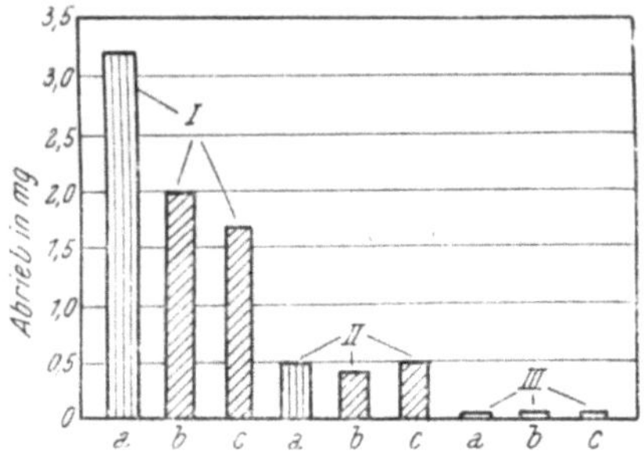


Abb. 37. Mittlerer Verschleiß von vier Sätzen Kolbenringen nach MOORE und BARRETT
*I* Ohne Filter
*II* Mit Luftfilter
*III* Mit Luft- und Ölfilter
*a* Oberster Kolbenring
*b* Zweiter Kolbenring
*c* Ölabstreifring

Das Ergebnis nach insgesamt 12 Std. Einlauf und 45 Std. Betrieb ohne und mit Luft-, bzw. mit Luft- und Ölfilter zeigen Abb. 37 und 38 (beide mit Filzfilter, Ölfilter im Hauptstrom). Man erkennt die außerordentliche Verringerung des Verschleißes deutlich. Die Profilkurven der Kolben (Nr. 4) von den drei Versuchen im Vergleich zum neuen Kolben beweisen zugleich, daß die Oberflächenrauhigkeit erst bei Filterung des Öles wirklich nennenswert zurückgeht, obwohl schon die Luftfilterung den Verschleiß stark senkte. Naturgemäß wird auch der Ölverbrauch stark beeinflußt und parallel damit die Bildung von Rückständen im Verbrennungsraum.

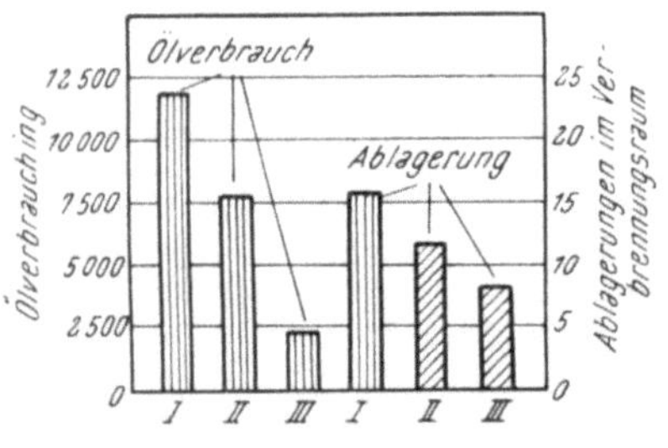


Abb. 38. Gesamtölverbrauch und Menge Ölkohle nach 57 Std. Betrieb nach MOORE und BARRETT
*I* Ohne Filter
*II* Mit Luftfilter
*III* Mit Luft- und Ölfilter

Die Wirkung der Oberflächenkraft macht sich das Stromlinienfilter von HELE-SHAW zunutze, bei dem die zu filternde Flüssigkeit zwischen, nicht durch das aus Platten bestehende Filtermaterial fließt. Ähnlich werden bei den aus Baumwollfasern und ähnlichen Stoffen bestehenden Filtern Verunreinigungen nicht gefiltert, sondern adsorbiert und dadurch entfernt. Mit der Verwendung der Ölzusätze hat diese Oberflächenwirkung nun erhebliche Bedeutung gewonnen, weil sie zusammen mit den festen Verunreinigungen durch die gleichen Kräfte festgehalten werden, denen sie ihre Wirkung (in den meisten Fällen) verdanken. Versuche von O. C. BRIDGEMAN, E. W. ALDRICH und J. B. ROMANS[2] haben gezeigt, daß diese Adsorption durch verschiedenartige Filter ein sehr kom-

[1] Automobile Engr. **39** (1948), 12.
[2] SAE-Journal, Quarterly Trans. **1** (1947), 309.

plexer Vorgang ist, so daß je nach Art des Zusatzes, des Filtermaterials und der Filterkonstruktion sehr wenig oder sehr viel von dem Zusatz im Öl festgehalten werden kann. Filter und Öl müssen daher aufeinander abgestimmt sein, um zu rasche Entfernung des Zusatzes aus dem Öl zu verhindern. Daß aber die Zusätze außer durch das Filtermedium selbst auch primär durch im Betrieb entstandene Verunreinigungen adsorbiert werden können, mit denen sie dann zusammen im Filter hängen bleiben und entfernt werden, ist praktisch wichtig; bei acht Fahrzeugen war die so verursachte Abnahme 10 bis 20% der ursprünglichen Menge.

## 13. Adsorption und Flotation

### a) Definition der Adsorption

Adsorption ist eine Konzentrationsverschiedenheit irgendeines Bestandteiles zwischen der Grenzfläche (Grenzschicht, Adsorptionsschicht) und dem Inneren der benachbarten Phase; sie kann an einzelnen Punkten, an Linien und an Flächen auftreten.

### b) Wesen der Adsorption

**Oberflächenspannung.** Adsorption tritt an jeder freien Grenzfläche auf; sie ist durch die freie Grenzflächenenergie bedingt, als deren Maß die Oberflächenspannung angesehen werden kann. Diese ist die Arbeit zur Herstellung der Oberflächeneinheit und gleich der Zugkraft, die tangential zur Oberfläche auf die Längeneinheit jeder in ihr enthaltenen Linie wirkt und die Oberfläche zu verkleinern sucht. Sie wird in $\text{erg} \cdot \text{cm}^{-2} = \text{dyn} \cdot \text{cm}^{-1}$ gemessen.

**Grenzflächen- und Adhäsionsspannung.** Da sie von der Natur des angrenzenden Stoffes abhängt, unterscheidet man die *Oberflächenspannung* selbst, d. h. den gegen den Dampf der Flüssigkeit, gegen Luft oder ein anderes Gas gemessenen Wert, von der *Grenzflächenspannung*, bei der zwei Flüssigkeiten aneinander grenzen, und endlich die *Adhäsionsspannung* für den Fall der Berührung eines festen Stoffes durch eine Flüssigkeit.

**Gibbs-Thomsonsches Prinzip.** Grundlage der Adsorptionsforschung ist das Gibbs-Thomsonsche Prinzip, dessen mathematische, für verdünnte Lösungen gültige, Formulierung die Gleichung:

$$a = -\frac{c}{R \cdot T} \cdot \frac{d\sigma}{dc}$$

ist, in der $a$ die adsorbierte Menge (positiv oder negativ), $c$ die Konzentration des adsorbierten Stoffes im Inneren der Adsorptivphase (Lösung oder Gas), $T$ die absolute Temperatur, $R$ die Gaskonstante und $\sigma$ die Grenzflächenspannung ist. Nach diesem Prinzip wird Adsorption eines Stoffes dann eintreten, wenn die Grenzflächenspannung durch ihn erniedrigt, Desorption aber, wenn sie erhöht wird. Allerdings gilt dies nur für jene Fälle, in denen die Grenzflächenspannung allein für die Adsorption entscheidend ist, d. h. bei der sogenannten mechanischen Adsorption. Sind statt solcher „mechanischer" Kräfte chemische oder elektrische Ursache der Energiepotentiale in Grenzflächen, so gilt statt obiger Definition der Adsorption nach Wo. Ostwald die abgeänderte allgemeinere Formulierung: „Besteht in einer Grenzfläche irgendein Energiepotential, das durch eine Konzentrationsänderung des angrenzenden Dispersoids verringert werden kann, so wird eine solche, d. h. also eine Adsorption eintreten."

**Chemosorption** besteht dann, wenn zwischen Adsorbens und Adsorptiv ein chemisches Potential herrscht und eine chemische Reaktion eintritt, bei der das Reaktionsprodukt in der Grenzschicht bleibt.

**Chemosorption von Gasen an festen Stoffen** ist z. B. die Oxydation oder Chlorierung von Metallen, auch die Adsorption von Sauerstoff an Kohle ist als solche aufzufassen, wenn höhere Temperaturen angewendet werden. weil sich aus dem verdichteten Gas und der Kohle CO und $CO_2$ bilden, während bei niederer Temperatur rein physikalische Adsorption anzunehmen ist.

**Elektrische Adsorption** tritt ein, wenn das Energiegefälle durch elektrische Ladungen bewirkt wird, die jener der Flüssigkeit entgegengesetzt sind, wie im Falle von Ionen oder aufgeladenen Teilchen; die Energieverringerung erfolgt durch Ansammlung der dispersen Teilchen an der Oberfläche eines festen Körpers, d. h. Adsorption.

**Die Ostwaldsche Formel** — empirischer Natur —, die vielfach auch als Freundlich-*Isotherme* bezeichnet wird, ist:

$a = \alpha \cdot c^{\frac{1}{n}}$, worin $a$ die adsorbierte Menge, $c$ die Gleichgewichtskonzentration, $\alpha$ und $n$ Konstanten sind ($n$ größer als 1).

**Langmuirs Formel** — theoretisch begründet — für monomolekulare Schichten hat die Form:

$$a = A \cdot \frac{c}{c + B},$$

worin $a$ die pro Oberflächeneinheit adsorbierte Menge, $c$ die Konzentration des Stoffes in der Nachbarphase (eventuell der Partialdruck), $A$ und $B$ Konstanten sind. Bei kleinen Konzentrationen wird $a \cong c \cdot \frac{A}{B}$, d. h. der Konzentration proportional, während bei großen Konzentrationen ($c \gg B$) $a$ konstant wird ($\cong A$).

**Die Volmersche Formel,** ebenfalls theoretischer Ableitung, für Gase

$$\sigma' = \frac{2\,kc}{1 + 2\,kc},$$

worin $\sigma$ der Quotient aus dem Kovolumen des zweidimensionalen Gases und der Oberfläche, $c$ die Konzentration im Gasraum und $k$ eine das Kovolumen enthaltende Konstante ist, stellt eine Erweiterung der Langmuirschen Formel dar und bildet mit dieser die Grundlage der modernen Adsorptionsarbeiten.

Auf die für mehrmolekulare Schichten entwickelte Formel von Brunauer, Emmett und Teller (BET-Isotherme), die in den USA vielfach gebraucht wird, sei nur verwiesen[1].

Eine historische Zusammenfassung der Entwicklung der Formeln gab E. Cremer[2].

Die Adsorption (adsorbierte Menge) ist ganz allgemein von Druck, Temperatur, Konzentration, Volumen und Menge des Adsorbens abhängig und kann durch thermische Adsorptionsgleichungen wiedergegeben werden, wie die Adsorptionsisothermen (für die Abhängigkeit von z. B. Druck oder Konzentration bei gleicher Temperatur) oder die Adsorptionsisobaren (bei gleichem Druck ebenfalls in Abhängigkeit von z. B. der Temperatur oder der Konzentration).

[1] J. Amer. Chem. Soc. **60** (1938), 309.

[2] Z. physik. Chem. **196** (1950), 196.

**Die reversible Adsorption von Gasen an festen Adsorbentien** stellt sich sehr rasch ein, im Gegensatz zur Absorption und Chemosorption. Das Gleichgewicht ist durch Druck und Temperatur eindeutig bestimmt; die Druckisothermen und Dichteisothermen sind parabelartige Kurven, die anfänglich annähernd linear verlaufen, sich aber bei größeren Drucken oder Dichten krümmen, als würde Sättigung des Adsorbens eintreten, wie Abb. 39 nach BUZAGH zeigt.

Dämpfe werden unterhalb ihrer kritischen Temperatur durch nicht vom Dampf benetzbare Adsorbentien wie Gase (oberhalb ihrer kritischen Temperatur) adsorbiert. Ist das Adsorbens dagegen durch den Dampf benetzbar, so steigt bei Annäherung an den Sättigungsdruck die Adsorptionsisotherme wieder an, weil Kondensation in den Kapillaren eintritt; diese hängt von der Benetzbarkeit und Struktur des Adsorbens ab und ist um so größer, je kleiner dessen Poren sind.

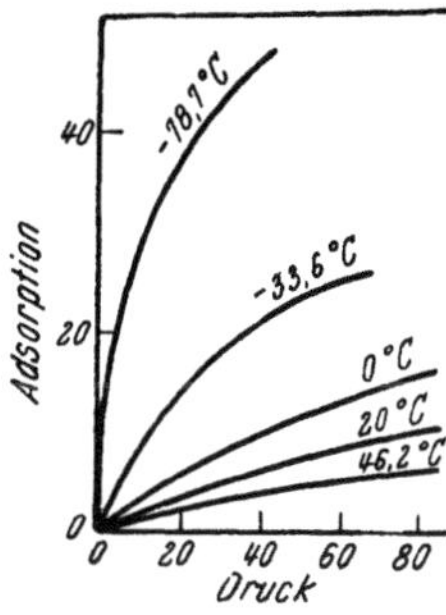


Abb. 39. Adsorptionsisothermen von CO an Kohle bei verschiedenen Temperaturen

**Adsorption von Rauchen und Nebeln.** Rauche und Nebel sind als solche natürlich nicht adsorbierbar, sondern müssen in Flüssigkeit oder in feste Teilchen und die Gas- oder Dampfphase zerlegt werden, so daß offenbar vor allem die Teilchengröße und -art sowie die Art des Mediums eine Rolle spielen. Dazu kommen aber noch die Strömungseinflüsse, weil je nach deren Charakter (ob turbulent oder laminar) die Adsorption erleichtert oder erschwert wird. Elektrische Erscheinungen haben dabei — wie die Anwendung der Cottrellreinigung zeigt — einen wesentlichen Einfluß.

**Die gegenseitige Adsorptionsenergie von Flüssigkeiten** ist nach DUPRÉ gleich der Summe der Oberflächenspannungen der einzelnen Flüssigkeiten, abzüglich der Grenzflächenspannung:

$$W_{AB} = \gamma A + \gamma B - \gamma_{AB}.$$

Je größer die gegenseitige Adhäsion, um so geringer wird die Grenzflächenspannung; ist diese Null oder negativ, so sind die Flüssigkeiten vollkommen mischbar. (Dazu sei bemerkt, daß die doppelte Oberflächenspannung einer Flüssigkeit gleich ihrer Kohäsion ist, weil ja die zur Überwindung der Kohäsion nötige Arbeit bei der Flächeneinheit jener zur Bildung der doppelt so großen Oberfläche entspricht.)

**Wesen von Filmen.** Zur Kenntnis des Wesens von Filmen, d. h. mono- oder wenigmolekularer Schichten ist außerordentlich wichtig, daß nach Versuchen, die von Frl. POCKELS 1891 begonnen und von W. LANGMUIR und anderen fortgesetzt wurden, solche zweidimensionale Schichten sich weitgehend in ihrem Verhalten jenem der Gase nähern. Betrachtet man so den Druck, den ein Film von Fettsäuren auf Wasser in einem Glastrog *ABCD* mit einer beweglichen Schranke $K_0$ bei deren Annäherung auf eine Meßschranke $K_2$ auf diese ausübt, so sieht man, daß er anfänglich entsprechend dem BOYLE-MARIOTTEschen Gesetz $PV =$ const. hyperbolisch ansteigt (bis $K_1$), danach — analog der Verflüssigung eines Gases unter seinem Sättigungsdruck — auf gleicher Höhe bis $K_2$ bleibt, was für die Ausbildung eines zusammenhängenden „kondensierten" monomolekularen Filmes spricht, um endlich bei weitergehender Verringerung der Fläche steil anzusteigen (Abb. 40). Im Gebiet konstanten Druckes muß man die Koexistenz von zwei Oberflächenphasen, der dampfförmigen und der flüssigen, in Form von Inseln aus zusammenhängendem Film, annehmen. Bei sehr starker Zusammenpressung schieben sich die einzelnen Moleküllagen übereinander, so daß der Druck nicht mehr stark ansteigt, sondern ausweicht. Der Vorgang ist isotherm und reversibel und kann bei Kenntnis der aufgebrachten Stoffmengen und der Größe der vom monomolekularen Film eingenommenen Fläche zur Berechnung des Flächenbedarfes eines einzelnen Moleküles dienen. Die Tatsache, daß verschieden molekulare Fettsäuren denselben Flächenbedarf pro Molekül haben, hat zur Auffassung geführt, daß im kondensierten Zustand ihre, mit der polaren COOH-Gruppe im Wasser verankerte, C-Kette senkrechte Lage besitzt. Es lassen sich auch die Querschnitte, die mittleren Abstände der C-Atome innerhalb der Kette usw. errechnen.

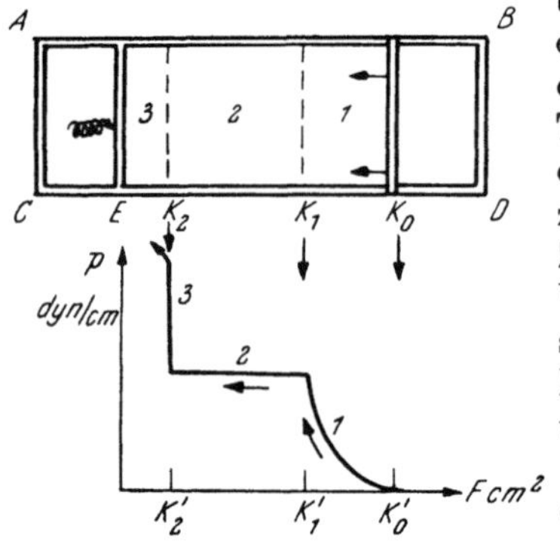


Abb. 40. Schematische Darstellung des Verhaltens von Oberflächenfilmen nach POCKELS

Eingehende Diskussion ist hier nicht möglich, es sei aber auf die ausgezeichnete Darlegung in dem Buch von N. K. ADAM[1] verwiesen, in dem auch der Begriff des expandierten (dampfförmigen oder flüssigen) Filmes erläutert wird.

**Spreiten von Flüssigkeiten.** Wie die Adhäsion, wird auch das *Spreiten einer Flüssigkeit* auf einer zweiten oder auf einem festen Körper durch die Oberflächenspannungen und die Grenzflächenspannung bestimmt. Für den Fall von Paraffinöl auf Wasser zeigt dies Abb. 41.

An der Kante eines Tropfens $A$ auf Wasser $B$ treffen sich drei Oberflächen, die bei Gleichgewichtszustand auch im Gleichgewicht ihrer Oberflächenspannungen sein müssen. Da die Größe jeder der Oberflächenspannungen proportional dem Sinus des Winkels zwischen den beiden anderen sein muß, wird

$$\frac{\gamma_A}{\sin \vartheta_A} = \frac{\gamma_B}{\sin \vartheta_B} = \frac{\gamma_{AB}}{\sin(360 - \vartheta_A - \vartheta_B)}$$

worin $\gamma_A$ und $\gamma_B$ die Oberflächenspannungen der oberen (Paraffinöl) und der unteren (Wasser) Flüssigkeit, $\vartheta_A$ und $\vartheta_B$ die Winkel in den Flüssigkeiten $A$ und $B$ sind. Steigt die Oberflächenspannung von Flüssigkeit $B$ immer mehr, so nimmt der Winkel $\vartheta_A$ ab, bis er Null wird; in diesem Falle ist:

$$\gamma_B \geqq \gamma_A + \gamma_{AB},$$

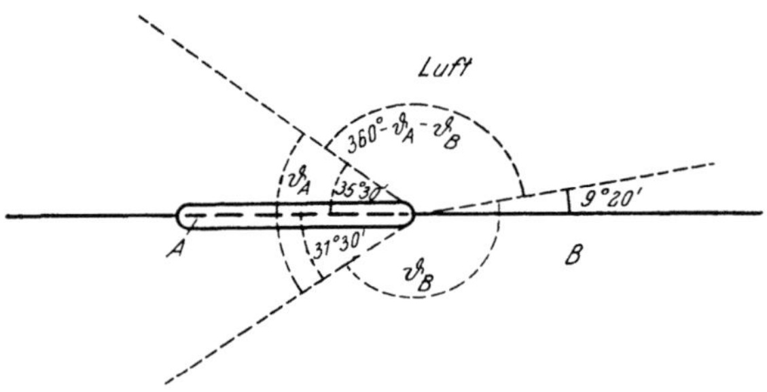


Abb. 41. Oberflächenkräfte, die auf einen auf Wasser schwimmenden Paraffinöltropfen einwirken, nach ADAM

Gleichgewicht wird unmöglich und die Flüssigkeit $A$ muß auf $B$ spreiten. In anderer Formulierung ausgedrückt tritt dies ein, wenn die Benetzungsarbeit $W_{AB}$ gleich oder größer als die doppelte Oberflächenspannung von $A$ wird. Nach HARKINS bezeichnet man den Ausdruck $\gamma_B - \gamma_A - \gamma_{AB}$ oder $W_{AB} - 2\,\gamma_A$ als Spreitungskoeffizienten. Die Bedingung für Spreiten ist also, daß die obere Flüssigkeit auf der unteren stärker

[1] The Physics and Chemistry of Surfaces. Oxford: University Press. 1941.

haften muß, als sie in sich selbst zusammenhängt. Je niederer die Oberflächenspannung der unteren Flüssigkeit ist, um so geringer wird die Neigung der oberen zur Spreitung. HARKINS nimmt an, daß der Spreitungskoeffizient um so mehr zunimmt, je asymmetrischer das elektromagnetische Feld um die Moleküle wird[1].

Bei positivem Wert des Spreitungskoeffizienten spreitet die Flüssigkeit auf reinen Oberflächen, sind die Werte sehr hoch, so tritt Spreiten auch auf verunreinigten Oberflächen auf. Einige Werte von Spreitungskoeffizienten nach HARKINS zeigt Tab. 31.

Tabelle 31. *Spreitungskoeffizienten* (nach HARKINS)

| Spreitungskoeffizienten auf Wasser bei 25° C | | | |
|---|---|---|---|
| a) Spreitende Flüssigkeiten | Erg/cm² | b) Nichtspreitende Flüssigkeiten | Erg/cm² |
| *n*-Propylalkohol | 49,0 | Monobrombenzol | — 3,3 |
| *n*-Butylalkohol | 48,3 | Schwefelkohlenstoff | — 6,9 |
| *n*-Oktylalkohol | 36,7 | Phenylsenföl | — 7,7 |
| *n*-Buttersäure | 45,7 | Monojodbenzol | — 8,8 |
| Heptylsäure | 37,8 | Paraffinöl (medizinisch) | — 13,5 |
| Undecylsäure | 32,0 | Methylenjodid | — 26,5 |
| Ölsäure | 24,6 | | |
| Äthylcapronat | 25,6 | | |
| Butylonitril | 34,3 | | |
| Anilin | 24,4 | | |
| Anisol | 11,8 | | |
| Benzol | 8,9 | | |
| Toluol | 6,8 | | |
| *p*-Xylol | 6,7 | | |
| Chlorbenzol | 2,3 | | |
| Hexan | 3,1 | | |
| Oktan | 0,2 | | |

| Spreitungskoeffizienten auf Quecksilber bei 20° C | | | |
|---|---|---|---|
| | Erg/cm² | | Erg/cm² |
| Äthyljodid | 135 | Ölsäure | 122 |
| Schwefelkohlenstoff | 108 | *n*-Oktylalkohol | 102 |
| *p*-Xylol | 97 | Benzol | 90 |
| Hexan | 79 | Azeton | 60 |
| Wasser | 32 | | |

Temperatursteigerung senkt bei langkettigen spreitenden Verbindungen im allgemeinen den Spreitungskoeffizienten, während er bei nichtspreitenden dadurch unter Umständen positiv werden kann. Die Spreitung auf Quecksilber gibt entsprechend dessen metallischem Charakter eine bessere Annäherung an die Verhältnisse des Spreitens auf Metallen als das Spreiten auf Wasser, ohne aber strenge Übertragbarkeit zu gewährleisten, abgesehen davon, daß die Herstellung reiner Quecksilberoberflächen außerordentlich schwierig ist.

[1] Colloid Sympos. Monogr. **6** (1928), 17 bis 41; J. Amer. chem. Soc. **44** (1922), 2665.

**Die Adsorption flüssiger Stoffe an festen** ist von allergrößter Bedeutung bei sehr vielen Verwendungen von Erdölprodukten. Als Maß der Adsorption kann, wie bei Flüssigkeiten, die Adhäsionsarbeit genommen werden, nur ist sie wegen der unbekannten oder sehr schwer meßbaren Oberflächenspannung der festen Stoffe nicht unmittelbar aus der DUPRÉschen Beziehung ableitbar. Verwendet man aber den Winkel $\vartheta$, den die Flüssigkeit bei der Benetzung des festen Stoffes mit diesem einschließt, und ersetzt die Oberflächenspannungen durch Kräfte in der Richtung der jeweiligen Oberflächen, dann ergibt sich die Oberflächenspannung des festen Stoffes gegen Luft als die Summe seiner Oberflächenspannung gegen die Flüssigkeit und jener der Flüssigkeit mal dem Cosinus des Winkels (vgl. Abb. 42).

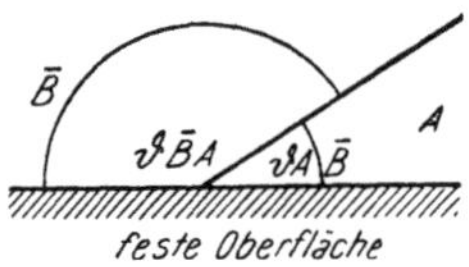


Abb. 42. Randwinkel zweier Flüssigkeiten an einer festen Oberfläche

$$\gamma_{f\text{-}Luft} = \gamma_{f\text{-}fl} + \gamma_{fl\text{-}Luft} \cos \vartheta,$$

woraus man die unbekannte Oberflächenspannung des festen Körpers gemäß der DUPRÉschen Gleichung eliminieren kann und erhält:

$$\text{Adhäsionsarbeit}_{f\text{-}fl} = \gamma_{fl\text{-}Luft} (1 + \cos \vartheta).$$

Für den Fall eines Benetzungs- (Rand-) Winkels 0 wird die Adhäsionsarbeit $2\,\gamma_{fl\text{-}Luft}$, d. h. der Kohäsion der Flüssigkeit gleich; ist aber der Winkel 90°, so wird die Flüssigkeit nur halb so stark von dem festen Körper angezogen, als sie in sich selbst zusammenhängt. Den Wert $\gamma_{fl\text{-}Luft} \cos \vartheta$ nennt man nach FREUNDLICH „Adhäsionsspannung". Dazu ist zu beachten, daß der Randwinkel beim Eintauchen einen anderen, meist viel größeren Wert hat als beim Herausziehen (oder ähnlichen Be- und Entnetzungsvorgängen). Der Unterschied kann bis zu 40° betragen.

**Vollkommenes Benetzen** eines festen Körpers durch eine Flüssigkeit erfolgt, wenn der Randwinkel Null ist; bei zunehmendem Randwinkel nimmt die Benetzung ab, ohne aber praktisch jemals bis zu einem Randwinkel von 180° und vollkommener Unbenetzbarkeit zu führen, da stets eine Spur Benetzbarkeit besteht. (Reines Quecksilber und reines Wasser haben nach WESTPHAL gegenüber reinem Glas Randwinkel von 180° bzw. 0°.)

Randwinkel zweier sich berührender Flüssigkeiten gegen einen festen Körper stellen sich nach den verschiedenen Oberflächenspannungen in gleicher Weise ein, wie dies bei einer einzigen Flüssigkeit der Fall ist. Wird ein fester Körper $F$ durch zwei Flüssigkeiten $A$ und $B$ benetzt, so stellt sich zwischen diesen der Winkel $\vartheta_{AB}$ in der Flüssigkeit $A$ ein. Aus den Grenzflächenspannungen erhält man:

$$\gamma_{B\text{-}fest} - \gamma_{A\text{-}fest} = \gamma_{AB} \cos \vartheta_{AB}.$$

Die Adhäsionsarbeit für die Benetzung durch die beiden Flüssigkeiten ist:

$$\text{Benetzungsarbeit}_{A\text{-}fest} = \gamma_A + \gamma_{fest} - \gamma_{A\text{-}fest}$$
$$\text{Benetzungsarbeit}_{B\text{-}fest} = \gamma_B + \gamma_{fest} - \gamma_{B\text{-}fest}.$$

Daraus ergibt sich:
$\text{Benetzungsarbeit}_{A\text{-}fest} - \text{Benetzungsarbeit}_{B\text{-}fest} = \gamma_A - \gamma_B + \gamma_{AB} \cos \vartheta_{AB}$. Für Luft statt Flüssigkeit $B$ wird $\gamma B$ und $\text{Benetzungsarbeit}_{B\text{-}fest}$ gleich Null und $\gamma_{AB}$ gleich $\gamma_A$; man erhält also die Gleichung für die Benetzung eines festen Körpers durch eine Flüssigkeit.

**Die Verdrängung einer Flüssigkeit durch eine zweite** an einem festen Körper wird dann eintreten, wenn deren Randwinkel spitz ist; dazu muß der Wert ($\text{Benetzungsarbeit}_{A\text{-}fest} - \gamma_A$) größer als der Wert ($\text{Benetzungsarbeit}_{B\text{-}fest} - \gamma_B$) sein; zugleich ist auch die Adhäsionsspannung von $A$ größer als jene von $B$. Für den Fall von Pulvern, in denen die Kapillarkräfte die Randwinkel beeinflussen (Krümmung der Poren), müssen eigene Verfahren zur Erfassung der Randwinkel verwendet werden.

### c) Definition der Flotation

Ein Sonderfall der Adhäsion bei Benetzung ist die *Flotation*. Diese ist die Abtrennung erwünschter von unerwünschten festen Stoffen in feinstverteilter Form durch Anordnung von Hilfsstoffen, die bei der Behandlung dieser Stoffe mit wässerigen Aufschwemmungen unter gleichzeitigem starkem Durchrühren infolge ihrer verschiedenen Benetzung nur die erwünschten Bestandteile in Suspension halten. Dabei ist fast immer eine Schaumphase vorhanden, die diese Wirkung hervorbringt.

### d) Wesen der Flotation

Ist ein festes Teilchen ganz von einer Flüssigkeit benetzt und schwerer als diese, so sinkt es unter. Bei nur teilweiser Benetzung, wie sie infolge von Oberflächenkräften vorkommt, kann aber das Teilchen auf der Flüssigkeit — es kommt praktisch nur Wasser in Betracht — schwimmen, so wie eine Nadel, die man vorsichtig auf die Oberfläche legt. Ist außer Wasser eine organische Flüssigkeit vorhanden, so verteilt sich die Benetzung nach den verschiedenen Ober- und Grenzflächenspannungen, wie oben angeführt; auch bei dem System Wasser—Luft (Schaumbehandlung) trifft dies zu. Wird ein Teilchen $T$ von zwei Flüssigkeiten benetzt, so stellt sich im Gleichgewichtszustand ein Randwinkel $\vartheta$ in der Flüssigkeit $A$ ein, der von den erwähnten Kräften abhängt (vgl. Abb. 43). Wird die Grenzflächenspannung gegenüber dem festen Teilchen in der einen Flüssigkeit (z. B.) immer größer, so wird dieser Randwinkel entsprechend kleiner und endlich gleich Null, das Teilchen wird dann ganz von Flüssigkeit $A$ benetzt. Ist also die

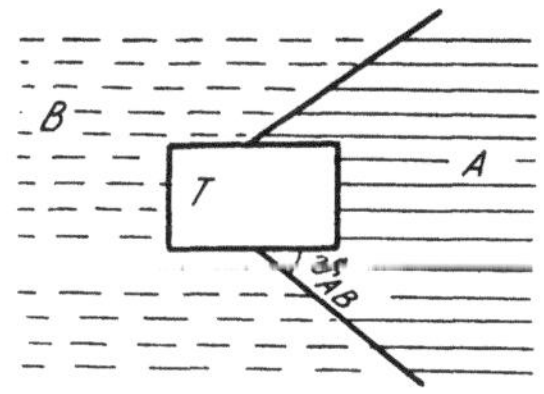

Abb. 43. Benetzung eines festen Teilchens $T$ durch zwei Flüssigkeiten bei Flotation nach ADAM

Grenzflächenspannung *B-fest* größer als jene von $A$ gegen das feste Teilchen plus jener gegen $B$, so geht das Teilchen in Flüssigkeit $A$;

Grenzflächenspannung *A-fest* größer als jene von $B$ gegen das feste Teilchen plus jener gegen $A$, so geht das Teilchen in Flüssigkeit $B$.

Die Tiefe des Eintauchens hängt unter sonst gleichen Verhältnissen von dem Randwinkel ab; ist er größer als 90°, so ragt mehr als die Hälfte des Teilchens über seine Mittellinie aus dem Wasser. Allerdings ist für beständige Zustände der Benetzungswinkel beim Zurückgehen maßgebend. (Bei scharfkantigen Teilchen kann wegen der Eckenwirkung Flotieren auch eintreten, wenn der Randwinkel klein ist.) Vgl. Abb. 44.

Abb. 44. Eintauchen fester Teilchen in Flüssigkeiten

Beim praktischen Flotieren werden durch die Schaumbläschen jene Teilchen aufgeschwemmt, die großen Randwinkel haben. Zur Differenzierung zwischen erwünschten und unerwünschten Teilchen setzt man aber noch „Sammler“ hinzu, die verschieden stark an ihnen haften und den Randwinkel des erwünschten Teilchens vergrößern, indem sie es für Wasser schlecht benetzbar machen. Von den vielen solchen Mitteln seien die Xanthogenate erwähnt, die vor allem sulfidische Erze benetzen; die günstigste Länge der Kohlenwasserstoffkette ist etwa 4 bis 5 C-Atome. Zur Erhöhung der Schaumbeständigkeit gibt man Stabilisatoren, zur

Steigerung der Benetzbarkeit („Aktivierung") unter Umständen Metallsalze zu, wie z. B. $CuSO_4$ im Falle von Zinksulfid.

Zur Trennung von zusammen flotierenden gleichartigen Erzen fügt man auch „Drücker" hinzu, die eines davon schlechter benetzbar durch das anschließend zugesetzte Flotierungsmittel machen, wie z. B. Cyanid zur Trennung von Bleisulfid von Eisen- und Zinksulfiden. Für manche oxydische Erze verwendet man Fettsäuren (Ölsäure) und Seifen.

Zur Steigerung der Schaumneigung werden Schaummittel zugesetzt, wie Rohkresol; die allgemein sonst verwendeten Schaummittel, wie Seifen, Saponine usw., sind meist unbrauchbar, weil sie den Randwinkel infolge der starken Senkung der Oberflächenspannung zu sehr verringern.

### e) Messungen der Adhäsion, Oberflächenspannung, Benetzung usw.

**Randwinkelmessungen.** Man muß den Winkel, den entweder ein Tropfen oder der Spiegel einer Flüssigkeit mit dem interessierenden Stoff einschließt, mikroskopisch betrachten und ausmessen; im ersten Fall mißt man direkt den Winkel, im zweiten ändert man den Eintauchwinkel der Platte, bis der Flüssigkeitsspiegel ohne Unterbrechung bis zu der Platte geht. Beste Reinigung der Platte und der Oberfläche der Flüssigkeit sind Voraussetzungen brauchbarer Werte. Der Benetzungswinkel von Pulvern kann nicht direkt gemessen werden. Qualitativ erkennt man sehr starke und sehr schwache Benetzung durch Wasser daran, wie das Pulver über die Oberfläche von Wasser geblasen werden kann: Läßt es sich leicht wegblasen und taucht es nur wenig ein, so hat es einen Randwinkel von gegen 90°. Taucht es dagegen tiefer ein und ist es schwer verblasbar, so ist der Randwinkel kleiner, um endlich Null zu werden, wenn es gleich untergeht und nicht schwimmt.

Quantitativ mißt man die Benetzungswinkel von Pulvern durch den Druck, der das Eindringen von Flüssigkeit in das stark komprimierte Pulver verhindert[1]. Für ein System zylindrischer, gleich großer, gerader Kapillarröhren wäre der Druck für den Radius $r$

$$P = \frac{2}{r}\gamma \cos \vartheta.$$

Für ein Pulver erhält man einen Wert für $r$ (den Radius äquivalenter zylindrischer Kapillaren) durch Messung des Druckes, der beim Durchfließen einer vollkommen benetzenden Flüssigkeit ($\vartheta = 0$) auftritt, und der Durchflußgeschwindigkeit durch das Pulver bei verschiedenen Drücken. Bei Ausschaltung der unbekannten Zahl der Röhrchen und Einführung des Flüssigkeitsvolumens $V$ im Pulver wird die POISEUILLEsche Formel für den Durchfluß durch das Pulver

$$Q = \frac{R^2 P V t}{8 \eta l_0^2},$$

worin $Q$ das Flüssigkeitsvolumen, das in der Zeit $t$ unter dem Druck $P$ durchfließt, $l_0$ die Länge der Röhrchen und $\eta$ die Zähigkeit der Flüssigkeit sind. Als Länge der Kapillarröhrchen $l_0$ wird der Wert $\frac{1}{2}\pi l$ verwendet (wobei $l$ die Länge des gepreßten Pulvers ist), um der Krümmung der Kapillarröhrchen um die Pulverkörner und anderen Zusammenhängen Rechnung zu tragen. Die mit diesem Verfahren erhaltenen Werte sollen gut brauchbar sein.

---

[1] Vgl. BARTELL und OSTERHOF: J. Phys. Chem. **32** (1928), 1953.

**Kapillare Steighöhenmethode zur Messung der Oberflächenspannung.** In einer Kapillare ist der Anstieg der (die Wände benetzenden) Flüssigkeit beim Gleichgewichtszustand der auf die Oberfläche der Flüssigkeit in der Kapillare ausgeübten Oberflächenspannung direkt verhältig. Bei einem Durchmesser $2r$, Steighöhe $h$, der Gravitationskonstante $g$ und der Dichte $d$ wird $2\pi r \gamma = r^2 \pi h \cdot g \cdot d$, und $\gamma = \frac{g}{2} r h d$. Je höher also die Steighöhe, desto größer die Oberflächenspannung. Zur Höhenmessung benötigt man ein Kathetometer.

**Tropfengewichtsmethode zur Messung der Oberflächenspannung.** Man bestimmt das Gewicht einer bestimmten Zahl von Tropfen oder die Tropfenzahl für ein bestimmtes Volumen und errechnet nach der korrigierten Formel von Tate

$$\text{Tropfengewicht} = 2\pi r \gamma$$

die Oberflächenspannung. Die von Lohnstein vorgeschlagene Korrektur führte zur Formel:

$$\text{Tropfengewicht} = 2\pi r \gamma f\left(\frac{r}{a}\right),$$

worin $a = \sqrt{\frac{2\gamma}{d}}$ und $f$ eine willkürliche Beziehung darstellt; für den üblichen Bereich von $\frac{r}{a}$ ist $f\left(\frac{r}{a}\right)$ konstant (etwa 0,65). Wegen der Zeitabhängigkeit der Oberflächenspannung soll nach dem Vorschlag von Harkins und Freud ein Tropfen nicht weniger als 8 bis 10 sek zur Bildung brauchen. Daß dies zur Einstellung des Endgleichgewichtes ausreicht, darf zumindest im Falle unreiner Stoffe bezweifelt werden.

**Abreißmethoden mit Ring und Platten für Messung der Oberflächenspannung.** Hebt man einen Ring — meist aus Platin oder Iridium — aus der Oberfläche einer Flüssigkeit, so ist die Oberflächenspannung der anzuwendenden Kraft proportional. Für die Oberflächenspannung ergibt sich

$$\gamma = \frac{P \cdot F}{4\pi \cdot R},$$

worin $P$ die Kraft und $R$ der mittlere Radius des Ringes ist; wegen der mit dem Ring emporgehobenen Flüssigkeit muß ein Korrekturfaktor angebracht werden, der je nach Größe und Form des Ringes zwischen 0,75 und 1,45 schwanken kann. Werte dafür finden sich in der Vorschrift zur Handhabung des Interfazialtensiometers von Lecomte du Nouy der ASTM D 971-50. Ohne Korrektur kann man sehr falsche Werte erhalten. Die Messung mit Glasplatten beschreibt die englische Vorschrift 1 P 90/55 I.

Die Grenzflächenspannung mißt man grundsätzlich ähnlich wie die Oberflächenspannung, doch muß auf die Besonderheiten der Grenzschicht Rücksicht genommen werden.

**Kapillare Steighöhenmethode zur Messung der Grenzflächenspannung.** Mittels eines Kathetometers kann man in einem U-Rohr, dessen weiter Teil zweckmäßig mindestens 12 cm Durchmesser hat, während der enge 1 mm aufweist, Grenzflächenspannungen messen. Eine Anordnung zur Messung ohne Kathetometer, die die gleiche Genauigkeit wie die besten Grenzflächenspannungsmessungen ergeben soll, beschreiben HARKINS und HUMPHREY[1].

**Stalagmometermessung der Grenzflächenspannung.** Bisher wird stalagmometrisch meist mit besonderen Vorrichtungen das Gewicht eines oder mehrerer Tropfen gemessen und damit recht große Genauigkeit erreicht, wenn man alle Faktoren berücksichtigt. Für praktische Zwecke, bei denen es nur auf annähernde Genauigkeit von etwa 5% ankommt, erscheint das Verfahren von PHILIPPOVICH zweckmäßig, bei dem die Messung in Abhängigkeit von der Zeit mit einem einzigen Tropfen volumetrisch erfaßt wird. Statt des TRAUBEschen Stalagmometers nimmt PHILIPPOVICH eine geteilte Kapillare — ähnlich der DONNANschen — mit umgebogenem Ende, aus der man bei verschiedener Auslaufgeschwindigkeit je einen Tropfen ausfließen läßt; die Regulierung der Geschwindigkeit geschieht mittels eines Quetschhahnes, der auf einem Gummischlauch am oberen Ende der Kapillare befestigt ist. Dadurch kann man die Zeitabhängigkeit, die vor allem bei Gemischen einen sehr großen Einfluß hat, erfassen und kommt bei Anwendung einer Korrektur, die aus einer Eichkurve der Meßwerte gegen den Wert $\frac{\sigma}{D - d}$ festgestellt wird, zu mittleren Differenzen von $\pm 5\%$ gegenüber z. B. dem Interfazialtensiometer. Die Ergebnisse sind in manchen Fällen genauer als bei der Anwendung einer größeren Tropfenzahl, weil — wie erwähnt — der Zeiteinfluß berücksichtigt wird[2]. Vorteil ist außer der Billigkeit des Gerätes die geringe erforderliche Flüssigkeitsmenge.

**Arbeitsmethode mit Ring und Platte.** Die Messung ist recht genau, erfordert aber den teuren Apparat und eine erhebliche Flüssigkeitsmenge.

### f) Praktische Bedeutung von Adhäsion und Benetzung

Sowohl die Adhäsion als die Benetzung sind praktisch von allergrößter Bedeutung für alle jene Fälle, in denen die physikalischen Eigenschaften der Stoffe ihr Verhalten beeinflussen. So ist gute Benetzung bei allen Schmiermitteln Voraussetzung, ebenso bei allen Produkten, die für Anstriche, Straßenbelag, Pflanzen- oder Tierschutz verwendet werden. Rostschutzmittel und wasserabweisende Produkte müssen besser an dem in Frage kommenden Stoff haften als Wasser. Daß alle Stoffe, die zur Adsorption verwendet werden, wie Aktivkohlen, Bleicherden usw., die in Frage kommenden Verbindungen gut adsorbieren müssen, ergibt sich von selbst. Bei der Erdölförderung ist die Benetzung der Gesteine durch Erdöl und Wasser von entscheidender Bedeutung[3].

Die Adsorption bildet die Grundlage der immer wichtiger werdenden *Chromatographie*[4], die zwar in erster Linie ein analytisches Hilfsmittel darstellt, aber auch zur präparativen Isolierung besonders interessierender Stoffe verwendet werden kann. Da sie andere physikalische Methoden (Spektrographie) weitgehend ersetzen kann, die dabei ablaufenden Vorgänge aber auch zu einem gewissen Grade bei der praktischen Verwendung der Erdölprodukte auftreten können (Filtervorgänge bei Produkten mit Zusätzen), seien kurz einige Angaben darüber gemacht.

---

[1] Vgl. HARKINS, W. D., in: ALEXANDER, J., Colloid Chemistry, Bd. I, S. 252, New York, Chemical Catalog Co. 1926; J. Amer. Chem. Soc. **38** (1916), 228, 236.

[2] Vgl. PHILIPPOVICH, A.: Erdöl u. Kohle **5** (1952), 412.

[3] Vgl. ENGELHARDT, W. v. und H. LÜBBEN: Erdöl u. Kohle **10** (1957), 747, 826.

[4] *Literatur:* PHILLIPS, C. S. G.: Gas Chromatography. London: Butterworth. 1956. — BRADFORD, B. W., D. HARVEY und D. E. CHALKELEY: J. Inst. Petroleum **41** (1955), 80. — ZECHMEISTER, L. und L. CHOLNOKY: Die chromatographische Adsorptionsmethode. Wien: Springer. 1938.

Unter Chromatographie versteht man die Abtrennung einzelner Stoffe aus Gemischen dank ihrer verschiedenen Adsorption an geeigneten Adsorptionsmitteln. Man kann drei verschiedene Arten der Chromatographie unterscheiden:

1. in flüssiger Phase an festen Adsorptionsmitteln,
2. in Dampfphase an festen Adsorptionsmitteln,
3. in Dampfphase an flüssigkeitsbenetzten, festen Adsorptionsmitteln.

Als Verfahren wendet man dabei an:

Die einfache, aber wenig trennscharfe Durchleitung und Trennung gemäß der sich dabei einstellenden Verteilung (Frontalchromatographie); die Durchspülung der Adsorptionssäule nach erfolgter Durchleitung mit einem Verdrängungsmittel, das stärkere Adsorptionsneigung als das untersuchte Gemisch oder seine Bestandteile hat, und die Isolierung bzw. Messung der nacheinander verdrängten Stoffe (Verdrängungschromatographie); und die Adsorption aus einem verdünnenden Trägermittel (Eluierungsmethode), deren neueste Entwicklung sie zu einem Analysenverfahren für niedersiedende Stoffe gemacht hat, das an Genauigkeit die physikalischen Methoden, wie die Spektrographie, erreicht oder sogar übertrifft und mit Mengen von 0,5 bis 5,0 $cm^3$ Gas oder 10 bis 100 mg Flüssigkeit durchführbar ist.

Bei dem letztgenannten Verfahren leitet man bei konstanter Gasgeschwindigkeit und Temperatur ein Trägergas mit der dosiert zugesetzten Analysensubstanz durch die aus der chromatographischen Säule und dem Anzeigegerät (mit Registriervorrichtung) bestehende Apparatur. Die einzelnen Verbindungen werden beim Durchgang durch die Säule zuerst zurückgehalten und anschließend durch das Trägergas in der Reihenfolge ihrer zunehmenden Adsorptionsneigung wieder herausgespült, was im Anzeigegerät (Detektor) quantitativ verfolgt werden kann. Als Trägergase verwendet man insbesondere Kohlendioxyd, Wasserstoff, Helium, Stickstoff und Luft, aber auch andere geeignete Gase; man benötigt etwa die 10- bis 10000fache Volummenge der Analysensubstanz. Als Anzeigegeräte (Detektoren) kann für Kohlendioxyd als Trägergas ein Azotometer genommen werden, andere Geräte sind insbesondere solche zur Messung der Wärmeleitfähigkeit (wozu die Aufnahme von Eichkurven für jede in Frage kommende Substanz nötig ist), die Titration saurer oder kohlenstoffhaltiger Verbindungen — nach Verbrennung über Kupferoxyd in Wasserstoff oder Sauerstoff als Trägergas — in Form von $CO_2$, Interferometer, Infrarotgeräte und Gaswagen.

Die Möglichkeit zur quantitativen Analyse mittels der Chromatographie beruht darauf, daß die Laufzeit, nach der bei konstanten Verhältnissen eine Verbindung im Anzeigegerät erscheint, unabhängig von seiner Konzentration und von der Anwesenheit anderer Verbindungen ist. Trägt man also die Anzeige des Detektorgerätes über die Zeit auf, so kann die Zugehörigkeit einer bestimmten Verbindung zu einem Ausschlag des Anzeigegerätes mittels der bei der Eichung festgestellten Laufzeit bestimmt werden; diese Laufzeit ist auch von der Natur des Trägergases unabhängig. Andererseits ergibt die Gesamtfläche der aufgenommenen Kurve 100%, während die einzelnen Verbindungen in einer ihrem Flächeninhalt proportionalen Menge vorhanden sind; durch Ausmessung dieser Fläche kann man daher bei Kenntnis der Gesamtfläche einfach den Prozentgehalt an der betreffenden Verbindung errechnen. Einfacher, aber weniger genau ist die Messung der Höhe des Ausschlages für die betreffende Verbindung, die für laufende Messungen bei Konzentrationen unterhalb 10% verwendet wird. O. Horn, U. Schwenk und H. Hachenberg[1] geben für die Genauigkeit der

[1] Brennstoff-Chem. 38 (1957), 116.

chromatographischen Analysenmethode von JANAK ($CO_2$ als Trägergas, Azotometer als Anzeigegerät) für ein Gas mit 12 Bestandteilen bei einer Untersuchungsdauer von 30 min 0,5% absolut an; als Empfindlichkeit geben sie bei Anwendung eines Detektors mit Messung der Wärmeleitfähigkeit 0,02% Methan bzw. Äthan oder Propan in Äthylen an. Die Trennschärfe der chromatographischen Analyse ist außerordentlich groß; man kann sie bis auf jene von 2000 theoretischen Böden mit einer Kolonnenlänge von 1,5 m steigern, d. h. bei verringertem apparativem Aufwand die Trennschärfe einer Tieftemperaturdestillation weit übertreffen.

Die Einführung der Gas-Flüssigkeits-Verteilungschromatographie nach A. J. P. MARTIN und A. T. JAMES[1] hat den Anwendungsbereich der Chromatographie noch weiter vergrößert; bei diesem Verfahren benetzt man die festen Adsorptionsmittel mit Flüssigkeiten unpolaren (Paraffinöl) oder polaren Charakters (Silikone, Phthalsäureester, Alkohole, Dimethylformamid usw.); die unpolaren Flüssigkeiten halten die darüberstreichenden Verbindungen vor allem in der Reihenfolge ihres Siedepunktes zurück, während polare Flüssigkeiten bei der Durchleitung zweier Stoffe gleichen Siedepunktes den polaren länger zurückhalten als den unpolaren, so daß dadurch eine weitere Differenzierung möglich ist.

Derzeit versucht man, die Gas-Flüssigkeits-Verteilungschromatographie, die schon jetzt zur laufenden Kontrolle von Herstellungsprozessen angewendet wird, auch auf höhersiedende Verbindungen auszudehnen.

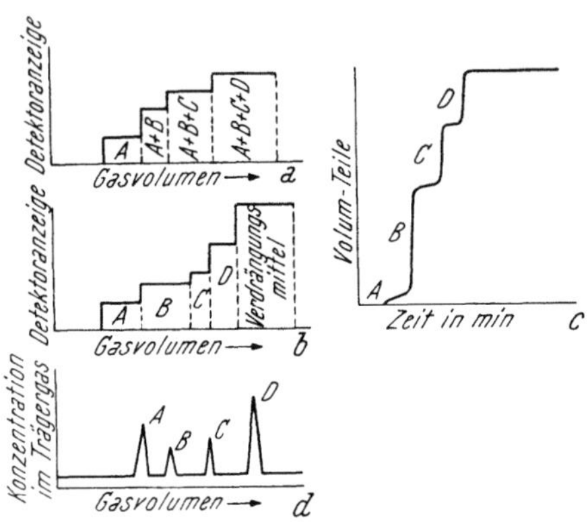


Abb. 45. Schematische Darstellung der chromatographischen Trennverfahren

In Abb. 45 sind die Anzeigearten für verschiedene chromatographische Methoden schematisch aufgezeigt; bei der Frontalanalyse (*a*) wie bei der Verdrängungsanalyse (*b*), die weniger Analysensubstanz benötigt, folgt eine Fraktion unmittelbar auf die andere, so daß keine sehr scharfe Trennung möglich ist; Vorteil der zweiten ist, daß man im Gegensatz zur ersten Methode die reinen Stoffe (im Verdrängungsmittel) erhält. Bei der Eluierungsmethode sind sowohl bei der direkten (*c*) als auch bei der indirekten (*d*) Anzeige die Anzeigen für die einzelnen Stoffe stets durch kürzere oder längere Pausen getrennt, während denen nur das Trägermittel durchströmt, so daß eine wesentlich schärfere Anzeige erhalten wird.

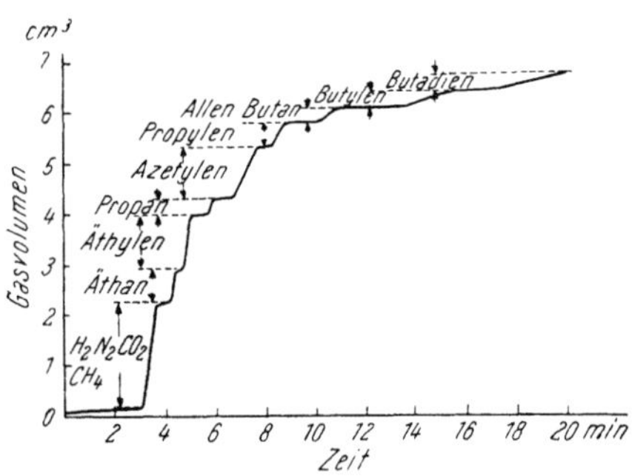


Abb. 46. Chromatographische Gastrennung nach JANAK

Die praktische Durchführung einer Gasanalyse nach JANAK zeigt nach HORN, SCHWENK und HACHENBERG (l. c.) die Abb. 46 für eine Säule von 2 m Länge, Füllung Silikagel B (BASF), weitporig, Körnung 0,3 bis 0,5 mm, Durchmesser 8 mm, Strömung 4 l/Std. $CO_2$ ($H_2O$-ges./70°).

[1] Biochem. **50** (1952), 679.

## 14. Schmieren

### a) Definition

Schmieren heißt Energie- und/oder Stoffverluste durch Einbringung eines geeigneten Schmierstoffes an Stellen herabsetzen, wo solche Verluste durch mechanische Reibung auftreten. Dabei muß das Schmiermittel — besonders bei Verbrennungsmotoren — außerdem Wärme abführen, um die Schmierstelle zu kühlen.

Deshalb sei betont, daß diese Definition nur für den integralen Schmiervorgang gilt, während ihre Übertragung auf Teilgebiete der Schmierung nicht zulässig ist.

Schmierung ist kein einheitlicher Begriff, insofern man ihr Zustandekommen betrachtet, sondern setzt sich aus sehr verschiedenartigen Vorgängen zusammen, je nachdem, welches Teilgebiet der Schmierung man meint.

### b) Wesen

#### *α) Allgemeines*

Beim Schmiervorgang wirken Schmierstoff, Schmierstelle (Konstruktion) und Werkstoff unter gegebenen Bedingungen zusammen; das Versagen eines dieser drei Faktoren führt zum Zusammenbruch der Schmierung mit entsprechenden Folgen. Vom Schmierstoff her kann deshalb einwandfreie Schmierung nur dann gesichert werden, wenn die Schmierstelle (Konstruktion), der Werkstoff und die Betriebsbedingungen nicht allzu ungünstige Verhältnisse schaffen. Aber selbst wenn diese Voraussetzung erfüllt ist, braucht der Schmierstoff im Falle des Versagens der Schmierung nicht ungenügende Schmiereignung aufzuweisen; denn auch seine anderen Eigenschaften können sekundär das Ausbleiben der Schmierung verursachen. So kann ungenügende Kältebeständigkeit, übermäßige Oxydation und Schäumen (besonders bei Umlaufschmierung) oder ungenügende Reinheit des Schmierstoffes verhindern, daß er überhaupt zur Schmierstelle gelangt, und dadurch Störungen auslösen. Derzeit begrenzen die im Öl auftretenden mechanischen Verunreinigungen die Belastbarkeit von Lagern eher als die meist ausreichende Schmiereignung des reinen Öles. Die Verwendung eines Schmierstoffes mit besserer Schmiereignung kann fehlerhafte Konstruktion und ungenügende Qualität des Werkstoffes zu einem gewissen Grade ausgleichen; man soll sich aber bemühen, statt die Symptome zu behandeln, die eigentliche Ursache ungenügender Schmierung zu beseitigen. So kann z. B. nach Klemencic auch ungenügender Druck in der Ölleitung oder konstruktiv bedingte zu langsame Beschleunigung des Öles auf die Umfangsgeschwindigkeit von Lagern zum Versagen der Schmierung infolge von Hohlraumbildung führen.

Während des Betriebes verändern sich überdies die chemisch-physikalischen Eigenschaften des ursprünglichen Frischöles; auch die Lagerwerkstoffe können durch den Schmiervorgang verändert werden. All dies muß berücksichtigt werden, wenn man die Zusammenhänge bei der Schmierung erkennen will.

Die Schwierigkeit, sich über Schmierungsfragen zu verständigen, beruht zum Teil darauf, daß die Begriffe der Schmierung nicht klar sind oder daß sie verschieden angewendet werden. Deshalb wurde in der Deutschen Versuchsanstalt für Luftfahrt 1941 ein erster Entwurf einer Begriffsbestimmung ausgearbeitet[1], der im Dezember 1944 von der Arbeitsgruppe Schmiertechnik des Fachausschusses Maschinenelemente des VDI weiter ausgebaut wurde. Er ist in der von Klemencic formulierten Fassung nachstehend gebracht.

[1] Philippovich, A.: Abgrenzung häufig verwendeter Begriffe der Schmierung. Z. VDI **86** (1942), 408.

Bemerkt sei, daß er den jetzigen Vorstellungen über das Wesen des Schmiervorganges nicht mehr ganz entspricht; mangels einer neueren Fassung erscheint die Darstellung immerhin interessant genug für die Wiedergabe (vgl. Tab. 31).

*Stammtafel der Reibungsarten und Schmierzustände*

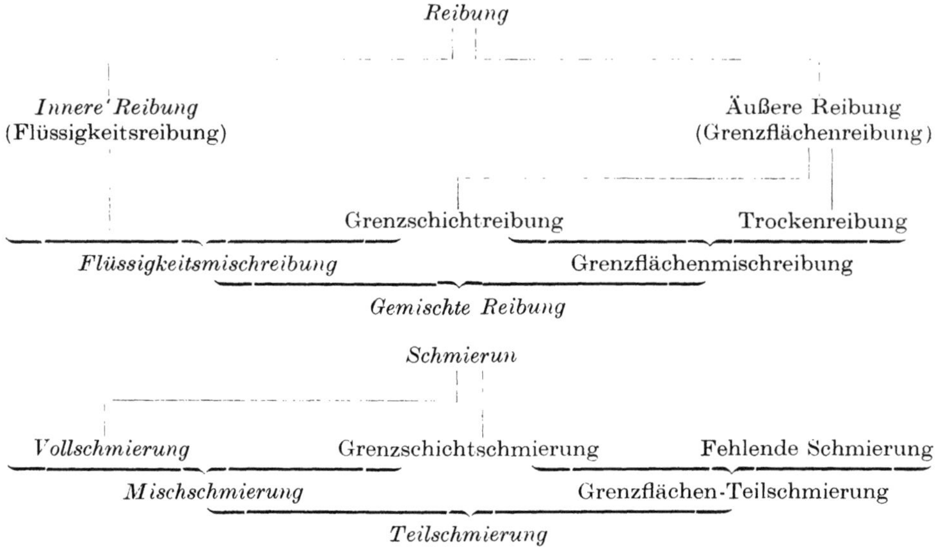


Wie sich aus dem Vorgesagten ergibt, kommt Schmierung durch verschiedene Eigenschaften des Schmiermittels zustande, so daß der summarische Begriff „Schmierung" vielfach zu irrigen Folgerungen führt.

Neue Begriffsbestimmungen zu Reibung, Schmierung und Verschleiß wurden als Vornorm für den Fachnormenausschuß Materialprüfung des deutschen Normenausschusses aufgestellt (1959); da sie aber noch nicht in definitiver Fassung angenommen worden sind, sei nur darauf verwiesen.

### *β) Benennung der Reibungsarten und Schmierzustände*

**Grundbegriffe.** *Reibung* ist eine Naturerscheinung, die sich dadurch äußert, daß bei der Einleitung oder Aufrechterhaltung einer gegenseitigen Gleitbewegung zweier Körper ein Widerstand zu überwinden ist, der nicht von Trägheitskräften herrührt.

Häufig wird dieser Widerstand selbst als Reibung bezeichnet. Wo es jedoch die Klarheit erfordert, ist zwischen der *Reibung* als Erscheinung und der *Reibungskraft* als dem Bewegungswiderstand zu unterscheiden. Je nach dem Bewegungszustand unterscheidet man *Anlaufreibung* und *Gleitreibung*[1].

[1] Es sind Zweifel darüber geäußert worden, ob der bei der Einleitung einer Gleitbewegung zu überwindende Widerstand auch als Reibungskraft bezeichnet werden soll oder ob diese Bezeichnung nur dem Bewegungswiderstand bei Vorhandensein einer Gleitgeschwindigkeit gebührt.

Bei Begriffsfestlegungen soll nie das Quantitative (Mengenmäßige), sondern nur das Qualitative (Wesensmäßige) maßgebend sein. Die Größe der Gleitgeschwindigkeit ist deshalb auch bei einer Begriffsfestlegung für die Reibung belangslos und folglich muß der Bewegungswiderstand auch dann, wenn die Gleitgeschwindigkeit gleich Null ist, als Reibungskraft bezeichnet werden.

Die gleiche physikalische Bedeutung wie Anlaufreibung haben die Bezeichnungen

*Schmierung* ist eine Maßnahme, die bezweckt, an Gleitflächen Reibungswiderstände und Stoffverluste durch einen dazwischengebrachten Schmierstoff herabzusetzen[1].

**Typen der Reibung.** Man unterscheidet zwei Hauptarten der Reibung:

1. Die *innere Reibung* oder Flüssigkeitsreibung, die im Innern einer Flüssigkeit bei einer gegenseitigen Verschiebung der Flüssigkeitsmoleküle auftritt, und

2. die *äußere Reibung*, die an der gemeinsamen Grenzfläche zweier Körper auftritt und daher auch *Grenzflächenreibung* genannt wird.

Es gibt nun zwei Möglichkeiten:

a) handelt es sich um völlig trockene, d. h. von Flüssigkeiten und Gasen freie Grenzflächen zweier fester Körper, dann wird die Grenzflächenreibung als *Trockenreibung* bezeichnet;

b) sitzt am festen Körper eine unter der Wirkung der Grenzflächenkräfte aufgebaute Flüssigkeits- oder Gasschicht, die Grenzschicht[2], dann wird diese Art der Grenzflächenreibung genauer als *Grenzschichtreibung* gekennzeichnet[3].

**Mischformen.** Bei einem Gleitvorgang können verschiedene Reibungsarten nebeneinander auftreten, so daß sich ihre Erscheinungen überlagern. Man kann folgende Möglichkeiten unterscheiden (s. auch die Stammtafel):

1/2b. Liegt teils Flüssigkeitsreibung, teils Grenzschichtreibung vor, gibt es also nirgends ungeschmierte Gleitstellen, dann heißt diese Reibungsart *Flüssigkeitsmischreibung.*

2a/2b. Die Zusammensetzung der beiden Arten von Grenzflächenreibung wird *Grenzflächenmischreibung* genannt.

---

Reibung der Ruhe, statische Reibung, Haftreibung. Sie sind jedoch teils umständlicher und weniger anschaulich, teils aus dem fremdsprachigen Schrifttum übernommen; der Begriff „haften“ wiederum wird in Verbindung mit anderen physikalischen Erscheinungen gebraucht, so daß auch gegen seine Verwendung Bedenken erhoben wurde. Deshalb ist die Bezeichnung Anlaufreibung vorzuziehen, durch die gleichzeitig auch ausgedrückt wird, wie sich die Reibungserscheinung äußert und wie sie gemessen werden kann.

[1] Der Schmierstoff kann aber außer der Schmiereigenschaft auch noch die Fähigkeit besitzen, die Neigung der Gleitwerkstoffe zum Verschweißen durch eine chemische Veränderung der Gleitflächen herabzusetzen, so wie er auch als Kühlmittel wirken kann. Mit dem Schmiervorgang aber, der seinem Wesen nach stets ein mechanischer Vorgang ist, haben diese weiteren Schmierstoffeigenschaften nichts zu tun. Deshalb wurde die Bezeichnung „chemische Schmierung“, die vorwiegend im ausländischen Schrifttum zu finden ist und auf solche chemische Reaktionen zwischen Schmierstoffbestandteilen und den Gleitwerkstoffen besonders hinweisen soll, in die Begriffsfestlegungen nicht aufgenommen.

[2] Während man in der Schmiertechnik unter der Grenzschicht die durch die Grenzflächenkräfte geordnete Schicht von Schmierstoffmolekülen versteht, bezeichnet man in der Strömungslehre mit demselben Wort die Zone des strömenden Mediums, in der sich der Geschwindigkeitsabfall zur Wand in besonderer, vor allem von L. Prandtl erforschter Gesetzmäßigkeit vollzieht. Da beide Gebiete in keiner Beziehung zueinander stehen, sind Verwechslungen durch die gleichlautenden Bezeichnungen nicht zu befürchten.

[3] Für diese Reibungsart wird bei monomolekularer Flüssigkeitsschicht auch die Bezeichnung Epilamenreibung gebraucht. Da dieser Ausdruck zu nicht allgemein zutreffenden Vorstellungen Anlaß geben kann, soll er vermieden werden.

1/2a/2b. Beim gleichzeitigen Auftreten aller Reibungsarten spricht man von *gemischter Reibung* oder kurz *Mischreibung*.

Auf der Tafel (S. 108) sind die Arten der Reibung und die ihnen entsprechenden Schmierzustände zusammengestellt; die für die Praxis wichtigen Fälle sind *kursiv* gesetzt. Die Verteilung der verschiedenen Schmierzustände auf die STRIEBECKsche Kurve veranschaulicht Abb. 47.

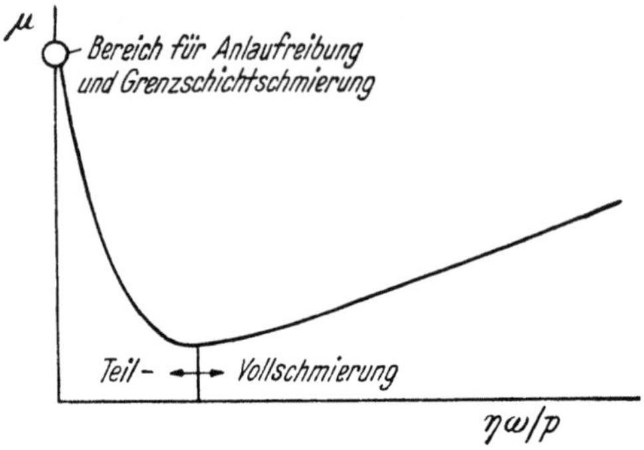


Abb. 47. STRIEBECKsche Kurve

Von diesen Grundarten der Schmierung tritt bei technischen Vorgängen nur die Flüssigkeitsschmierung für sich allein auf (z. B. in Gleitlagern bei nicht zu hohen Belastungen und nicht zu niederen Drehzahlen), während die beiden anderen Grundarten in reiner Form nur bei besonderer Sorgfalt mit physikalischen Methoden in speziellen Apparaten verwirklicht werden können. Insofern sind sie als Idealfälle zu betrachten, die technisch für sich allein kaum auftreten. An der Gleitfläche eines Maschinenteils, z. B. eines Kolbenringes, tritt Trockenreibung nur an örtlich eng begrenzten Stellen auf, während dicht daneben schon durch geringste Spuren Schmierstoff Grenzschmierung oder auch Flüssigkeitsschmierung herrschen kann. Die nach außen in Erscheinung tretende Gesamtschmierung (bzw. -reibung) stellt sich somit als eine meist nicht näher zu zergliedernde Summe von Elementarwirkungen dar, die einen mit dem Betriebszustand wechselnden Anteil am Gesamtvorgang haben. Dadurch erklärt sich die große Vielfalt der Schmier- und Reibungsvorgänge und ihrer Abhängigkeit von den darauf wirkenden Einflüssen. Aus diesem Grunde werden in der Folge auch nur die Grundarten besprochen, aus denen sich die Mischschmierzustände zusammensetzen.

### γ) *Hydrodynamische Schmierung*

Im Gebiet der hydrodynamischen Schmierung ist die Zähigkeit die einzige maßgebliche Stoffeigenschaft. Dieses Gebiet ist erreicht, wenn ein ununterbrochener Schmierfilm die Gleitstellen so weit voneinander trennt, daß kein Verschleiß mehr auftritt und die Reibung nur durch den inneren Widerstand des Schmiermittels, d. h. die Zähigkeit bedingt ist. Diese Größe ist in Lagern abhängig von dem Werte $\frac{\eta \cdot \omega}{p}$, worin $\eta$ die dynamische Zähigkeit (Poisen!), $\omega$ die Winkelgeschwindigkeit und $p$ der Belastungsdruck ist. Im Falle gleitender paralleler Flächen von der Größe $F$ und dem gegenseitigen Abstand $h$ ist die Reibungskraft $R = \frac{\eta F v}{h}$, worin $\eta$ wieder die dynamische Zähigkeit, $v$ die Gleitgeschwindigkeit bedeutet. Konstruktive Ausbildung und dadurch bedingte gegenseitige Lage (Entfernung) der Gleitflächen bestimmen den Reibungswert erheblich. Da die Zähigkeit der allein maßgebliche Stoffwert ist, sind alle Einflüsse auf die Zähigkeit zu berücksichtigen, die auf S. 36 ff. besprochen wurden. Aus der Zähigkeit allein ist aber keine zuverlässige Angabe darüber möglich, in welchem Gebiet der Belastung oder Geschwindigkeit der Übergang von der hydrodynamischen zur Grenzschichtreibung eintritt; dafür sind andere Eigenschaften wichtiger als die Zähigkeit.

### δ) *Grenzschichtschmierung*

Sie weist schon definitionsgemäß keinen Einfluß der Zähigkeit auf, so daß die Zähigkeit als Stoffeigenschaft unwichtig wird. Technisch kommt sie bei geringen Geschwindigkeiten und hohen Drucken, z. B. beim Anlauf und beim Notlauf, d. h. bei Versagen der Schmiermittelzufuhr, aber auch im Totpunkt von Kolben vor. Sekundär kann sie auch als Folge von Materialdeformationen eintreten, wie bei der Verformung von zu schwach gestützten Lagern. In diesem Falle kann sie als Folge von Unwuchten oder sonstigen Ursachen auch bei hohen Geschwindigkeiten vorkommen.

Da die Schmierfilmbildung in diesem Gebiet nicht durch die Zähigkeit, sondern durch Haftkräfte bewirkt wird, sind es vor allem die polar orientierenden Momente, die entscheidend sind. Wie auf S. 100 besprochen, sind Randwinkel, Grenzflächenspannung, Benetzungswärme charakteristisch für dieses Gebiet. Außerdem ist wahrscheinlich das Molekularvolumen wichtig, da es den gegenseitigen Abstand der gleitenden Flächen voneinander und damit den Bereich bestimmt, in dem sich die Oberflächenkräfte auswirken können. Sicherlich ist die Nachlieferungsgeschwindigkeit des Öles ebenfalls von Bedeutung. Daß tatsächlich die Adsorptionskraft für das Gebiet der Grenzschichtschmierung ausschlaggebend ist, kann jetzt als sicher angenommen werden. Wie diese Adsorption zustandekommt, ist dagegen nebensächlich; so ist es gleichgültig, ob es physikalische oder chemische Kräfte sind, die die Adsorption und damit Adhäsion bewirken. Tatsächlich ist von BOWDEN gezeigt worden[1], daß die gerade in diesem Schmierbereich wirksamen fetten Öle nicht nur mit rein physikalischen, sondern auch mit chemischen Kräften an das Metall gebunden sind, wie sich aus dem Temperatureinfluß (Anstieg der Reibungskoeffizienten bei Temperatursteigerung, nicht schon beim Schmelzpunkt, wie z. B. bei Kohlenwasserstoffen, sondern weit darüber, annahmegemäß beim Schmelzpunkt der gebildeten Seifen), aus den Elektronenbeugungsbildern (verschwommene Beugungsbilder ebenfalls erst beim Schmelzpunkt der Seifen) und endlich aus der physikalischen und chemischen Adsorption radioaktiver Metalle ergibt (Fette, die von chemisch reaktionsfähigen radioaktiv gemachten Metallen desorbiert wurden, zeigten Radioaktivität, von chemisch nicht aktiven radioaktiven Metallen desorbierte dagegen nicht).

B. LUNN fordert für die gute Funktion eines Gleitlagers die durch chemische Reaktion zwischen den gleitenden Metallen, dem Schmiermittel und der umgebenden Atmosphäre bewirkte Bildung einer festhaftenden Schicht, die die metallische Berührung verhindert, so daß einerseits die Lagereigenschaften eines Metalls, andererseits jene eines Schmiermittels von dieser Reaktionsfähigkeit bestimmt werden[2]. Damit setzt er die Grenzschichtschmierung als primären Vorgang, der erst die flüssige Schmierung ermögliche.

Ursache der Reibung der Grenzschichtschmierung war nach bisheriger Auffassung das Aufeinandergleiten unendlich fest haftender monomolekularer Schichten des adsorbierten Schmiermittels, wie es vor allem F. HARDY vertrat[3]. Metallische Berührung käme danach nicht zustande, der Verschleiß bestünde im Wegreißen von Schmiermittelmolekülen mit adsorbiertem Metall; eine Stütze für diese Auffassung ist die besonders von K. L. WOLF nachgewiesene hohe Haftfestigkeit von Flüssigkeiten an Metallen, die die Zerreißfestigkeit der Metalle

---

[1] BOWDEN, F. P.: Schweiz. Arch. angew. Wiss. Techn. **18** (1952), 116.

[2] Some Experiments with Sleeve Bearing Metals. Trans. Dan. Acad. Techn. Sci., Kopenhagen, Nr. 2 (1952).

[3] Collected Works. Cambridge: University Press. 1936.

erreicht[1]. Nach der neuen Auffassung BOWDENs wird dagegen die Reibung durch die komplexe Summe der Scherkraft für die Stellen der metallischen Berührung und jener für den Schmierfilm verursacht:

$$\text{Reibungskraft} = A\ (\alpha s_m + (1 - \alpha) s_1),$$

worin

$A$ die Fläche, die die Last trägt,

$\alpha$ jener Teil dieser Fläche, wo der Film zerrissen ist und metallische Berührung herrscht,

$s_m$ die Scherfestigkeit der metallischen Verbindungsbrücken,

$s_1$ die Scherfestigkeit des Schmierfilmes.

Damit ist der bei der Trockenreibung schon bekannte Einfluß der Oberflächen auch für den Schmiervorgang im Gebiet der Grenzschichtreibung als grundlegend erkannt worden. Dieser Einfluß ist sowohl durch die Stoffart der Gleitstellen und die dadurch gegebene chemische Reaktionsfähigkeit mit Schmierstoffen, als durch die physikalischen Oberflächenkräfte bedingt.

### *ε) Trockenes Gleiten und Oberflächen von Schmierstellen*

**Trockenes Gleiten** nach den angeführten Begriffsbestimmungen tritt ein, wenn zwei Körper ohne dazwischenliegende gasförmige oder flüssige Schichten aufeinander gleiten; sie führt bei miteinander legierbaren Metallen sofort zum Verschweißen, weil die Metalle in den Wirkungsbereich der gegenseitigen Oberflächenkräfte kommen (vgl. S. 127), während sie bei nichtlegierbaren Metallen kurzfristig auftreten kann, bis die Reibungswärme zum Schmelzen der niederschmelzenden Gleitwerkstoffe führt, worauf wieder hydrodynamisches Gleiten einsetzt. Für die Trockenreibung gilt die COULOMBsche Regel, d. h. für eine bestimmte Stoffpaarung ist die Reibungszahl innerhalb bestimmter Grenzen nur vom Werkstoff abhängig, dagegen unabhängig von Größe, Belastung und Geschwindigkeit der Gleitflächen: $R = \mu N$, worin $R$ die Reibungskraft, $\mu$ die Reibungszahl und $N$ die Kraft, mit der die beiden Gleitflächen aneinandergepreßt werden. Bei höheren Geschwindigkeiten versagt die Regel allerdings. Ursache der Trockenreibung ist das fortlaufende Zerreißen von sich stets neu bildenden Verschweißstellen und wohl auch die gegenseitige Verzerrung der Oberflächenatome. Da die Reichweite der Oberflächenkräfte sehr gering ist, genügt schon eine monomolekulare Schicht eines anderen Stoffes, wie Wasser, Schmiermittel, Oxyd usw., um Verschweißen (Fressen) zu verhindern. Sie sind aber selbst weitgehend durch die Anordnung der Moleküle beeinflußt; es ist daher viel darüber gearbeitet worden, welche Bedeutung das Schleifen, Polieren, Läppen usw. für den Schmiervorgang haben. In diesem Zusammenhang erscheint die von E. KUSS und A. BARTEL gemachte Feststellung wichtig, daß unter Öl bei Drucken von 10 000 at gehaltene, plötzlich druckentlastete polierte Metallplättchen schon bei einmaliger Behandlung stark verformt werden, während nach mehrmaliger Behandlung Löcher bis zu 12 $\mu$ Tiefe entstehen[2].

**Die Rauhigkeit** nimmt mit zunehmender Bearbeitung immer mehr ab, um endlich zu einer spiegelglatten Oberfläche zu führen. Das Gleiten wird durch eine solche Bearbeitung aber nur bis zu einem gewissen Optimum verbessert, so daß sich dieses unter Aufrauhung wieder ausbildet, wenn man von einer

[1] Chemie **55** (1942), 295.

[2] Erdöl u. Kohle **6** (1953), 266.

spiegelglatten Oberfläche ausgeht. Eine solche optimale Rauhigkeit wird z. B. durch das Superfinishverfahren erreicht, bei dem unter geringen Geschwindigkeiten und Drucken die Metalloberfläche zerschnitten wird. Für die Feinstruktur derart bearbeiteter Oberflächen hat Beilby angenommen, daß eine amorphe Anordnung der Moleküle besteht. Untersuchungen von Glocker haben zur Folgerung geführt, daß wegen der verschwommenen Elektronenbeugungsbilder von Metallen, die auch ohne Schmiermittel nur mit ihrem eigenen Abrieb poliert wurden, amorphe Struktur bestehe[1]. Dagegen wendet Raether[2] ein, daß derart verwaschene Interferenzbilder auch durch mikrokristalline Zerteilung entstünden, so daß dadurch also keine amorphe Beilby-Schicht nachweisbar wäre; eine solche Zerteilung käme bei den in Frage kommenden Bearbeitungsverfahren vor. Glocker hat auf Grund seiner Versuche eine neue Definition des Begriffes amorph vorgeschlagen, die unabhängig von der Existenz oder Nichtexistenz der Beilby-Schicht interessant erscheint: danach sind sowohl Zahl der nächsten Nachbarn eines Atoms und ihre gegenseitigen Abstände bei amorphem und kristallinem Aufbau nur unwesentlich voneinander verschieden, so daß auch im amorphen Zustand eine gewisse Ordnung besteht, die nur wesentlich kleiner als im Kristallgitter ist. Ein zweidimensionales Modell der Atomanordnung eines kristallinen und eines amorphen Stoffes zeigt nach Glocker Abb. 48. Beim Einlaufen von Maschinen entsteht nach Ansicht Beilbys die nach ihm benannte Schicht; diese Auffassung müßte nun wohl dahin korrigiert werden, daß ein mikrokristallines, zertrümmertes Gefüge erzeugt wird, das — vielleicht wegen der gleichzeitig einsetzenden optimalen Glättung der Oberfläche — besseres Haften des Öles ermöglicht. Daß frisch behandelte Metalloberflächen besondere Eigenschaften aufweisen, die danach allmählich abklingen, zeigen die von Kramer beobachteten Elektronenemissionen[3]. In einer Untersuchung dieser Erscheinung weisen E. Schmid und Mitarbeiter darauf hin, daß bei der Behandlung von Metallflächen sowohl ein photographischer, durch Wasserstoffsuperoxydbildung zu deutender Russell-Effekt, als eine Kaltelektronenemission, wie die von Kramer beobachtete, auftreten, die als Folge der Umwandlung des nichtkristallinen in den kristallinen Zustand, bzw. des Metalls aus einem energiereicheren, verfestigten Zustand in den erholten, bzw. rekristallisierten zu deuten ist[4].

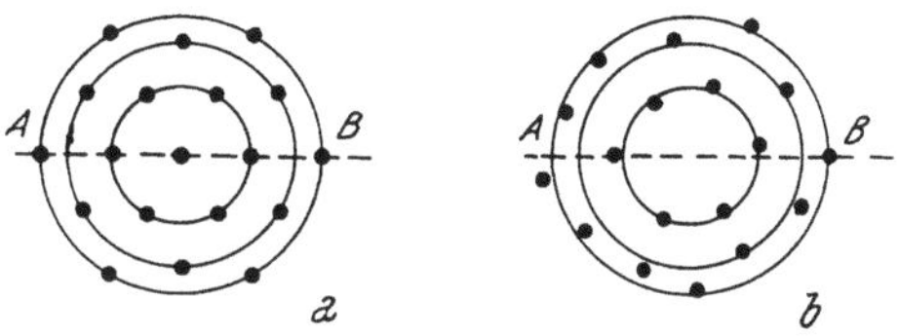


Abb. 48. Zweidimensionales Modell der Atomanordnung eines kristallinen (links) und eines amorphen (rechts) Stoffes nach Glocker

### ζ) *Der technische Schmiervorgang*

Der technische Schmiervorgang erstrebt stets Voll- (hydrodynamische) Schmierung, ohne daß dies immer gelingt. Vielfach erreicht man nur Teil- oder Mischschmierung, in der die verschiedenen besprochenen „reinen" Schmiervorgänge zu einem verschieden hohen Anteil vertreten sind, so daß auch die sich geltend machenden Einflüsse je nach dem Einzelfall verschiedene Bedeutung haben.

[1] Schr. dtsch. Akad. Luftfahrtforsch., Heft 52 (1942).

[2] Z. B. Fiat Rev. German Sci., Bd. 8, Physik fester Körper, S. 110. Wiesbaden: Dieterich. 1948.

[3] Der metallische Zustand. Göttingen: Vandenhoeck und Ruprecht. 1950.

[4] Z. Physik **136** (1954), 605/11.

### *η) Der Verschleiß*

Der Verschleiß hängt naturgemäß eng mit der Schmierung zusammen und muß daher mit dieser in Verbindung gebracht werden. Bei *hydrodynamischer Schmierung* tritt kein mechanischer Verschleiß durch Abrieb ein, das heißt aber nicht, daß nicht Materialverlust anderer Art erfolgen kann; tatsächlich kann er durch Kavitation und Erosion, unter Umständen auch durch Korrosion eintreten, alles Ursachen, die mit dem Schmiervorgang als solchem unmittelbar nichts zu tun haben. Die sogenannten Pittings, die an Zahnrädern, aber auch an Platten gefunden werden, sind auf mechanische Ermüdung des Materials zurückzuführen, die durch lokale hohe Öldrucke erfolgt. Dabei tritt das Öl in feinste Spalten des Baustoffes und sprengt mit der Zeit größere Teilchen in ähnlicher Weise heraus, wie das bei der interkristallinen Korrosion geschieht. BRILLIÉ zieht die Möglichkeit von Erosion bei hohen Flächenpressungen in Betracht[1].

Bei *Grenzschichtschmierung* bestand bisher die Auffassung, daß die Reibung durch reine Oberflächenkräfte, nicht dagegen durch direktes Abscheren von Metallspitzen verursacht sei. Die Arbeiten BOWDENS sprechen dafür, daß auch bei Grenzschichtschmierung stellenweise metallische Berührung und durch darauffolgendes Verschweißen Brückenbildung eintritt, deren Zerbrechen Verschleiß ergibt. Die von KLUGE und anderen festgestellten höheren Verschleiße bei Verwendung von fetten Ölen im Vergleich zu Mineralölen — im Gebiet der Grenzschichtschmierung — sind offenbar auf ähnliche Vorgänge zurückzuführen

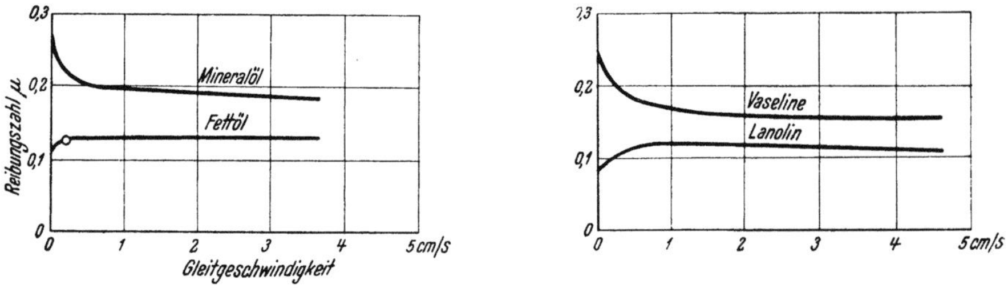


*a)* Reibung: Fette Öle geben geringere Reibung als Mineralöle

*b)* Verschleiß: Fette Öle geben höheren Verschleiß als Mineralöle

Abb. 49. Reibung und Verschleiß von Fettölen und von Mineralölen bei Grenzschichtschmierung (PTR-Maschine, Stahlstift-Gußeisenplatte, 20°C) nach KLUGE

wie die starken Verschleiße, die bei der im folgenden Abschnitt besprochenen „chemischen" Schmierung eintreten. KLUGE und Mitarbeiter fanden nämlich, daß fette Öle zwar geringere Reibung geben als Mineralöle, dafür aber merklich höheren Verschleiß, wenn man im Gebiet der reinen Grenzschichtreibung arbeitet (vgl. Abb. 49).

---

[1] Génie Civil **114** (1939), 10; Physik. Ber. **23** (1942), 156.

Bei den Versuchen wurde ein Stahlstift langsam über eine geläppte Gußeisenplatte geführt; der Ruhreibungswert liegt beim Fettöl und dem Fettsäureglyzeride enthaltenden Lanolin tiefer als der Gleitreibungswert, außerdem liegen die Reibungswerte der fetten Schmiermittel merklich unter jenen des Mineralöls, das einen höheren Ruh- als Gleitreibungswert aufweist. Der Verschleiß bei fetten Ölen war hingegen in beiden Fällen erheblich größer als bei etwa gleich zähen Mineralölprodukten. Daß trotzdem sowohl der Reibungskoeffizient als der Verschleiß bei Verwendung fetter Öle in der Praxis kleiner als bei Verwendung von Mineralölen ist, hat seine Ursache darin, daß die fetten Öle infolge chemischen Angriffes das Metallgefüge stärker lockern und dadurch raschere Glättung von Unebenheiten bewirken, so daß die Voraussetzungen für Vollschmierung (hydrodynamische Schmierung) gegeben sind. Wie schon NEELEY aussprach, ist geringe Reibung keineswegs gleichbedeutend mit geringem Verschleiß, ja fast gilt — für die Grenzschichtschmierung — das Gegenteil des von ihm allerdings mit Fragezeichen gewählten Titels: High Oiliness — Low Wear, nämlich hohe Schmierfähigkeit — hoher Verschleiß.

Bei trockenem Gleiten oder Trockenreibung gleichartiger Metalle aufeinander ohne jede Zwischenschicht tritt — wie erwähnt — sofort Verschweißen ein. Praktisch kommt solche Freiheit von jeglicher Zwischenschicht, also auch von Luft (Sauerstoff), Oxyden und Feuchtigkeit, nie vor, sondern es bestehen solche Zwischenschichten, die den Reibungswert sehr stark herabsetzen. In diesem Gebiet spielen die molekularen Kräfte eine entscheidende Rolle. Wie die fetten Öle bei Grenzschichtschmierung können chemisch wirksame Schmiermittel, die eine entsprechende Veränderung der Oberfläche, wie Sulfidierung, Chlorierung, Oxydierung oder Phosphatierung ergeben, auch nachdem sie nicht mehr in der Laufschicht selbst vorhanden sind, infolge dieser chemischen Veränderung eine Besserung der Reibungswerte des Trockenlaufes verursachen. Um ein Bild der Trockenreibungswerte von verschiedenen Metallen und ihren chemischen Veränderungsprodukten zu geben, ist nachstehend eine Tabelle von Werten gebracht, die von T. P. HUGHES und G. WHITTINGHAM bei geringen Gleitgeschwindigkeiten und bei hoher Last erhalten wurden.

Tabelle 32. *Trockenreibungswerte chemisch behandelter Oberflächen*

| Stoffpaarung | Rein | Oxyd | Sulfid | Selenid | Phosphid | Chlorid | Jodid | Graphit | $MoS_2$ |
|---|---|---|---|---|---|---|---|---|---|
| Cu-Cu | 1,0—1,2 | 0,4 | 0,3 | — | — | — | — | — | — |
| Weichstahl/Al | 0,5 | 0,4—0,5 | 0,32 | — | — | — | — | — | — |
| Ag-Ag | 0,8 | — | 0,3 | — | — | — | — | 0,09 | 0,065 |
| NR-Stahl/NR-Stahl | 0,7 | 0,45 | — | — | — | — | — | — | — |
| NR-Cd-Pb-Bronze | 0,3 | — | 0,20 | — | — | — | — | — | 0,11 |
| NR-Cu-Pb-Bronze | 0,27 | — | — | — | — | — | — | — | — |
| NR-Cu | 0,3 | — | 0,18 | 0,15 | 0,14 | 0,2 | 0,14 | — | — |
| NR-Ag | 0,26 | — | 0,16 | 0,15 | — | — | — | — | — |

## $\vartheta$) *Die Reibung*

Die Reibung wird einerseits unterteilt in die Ruhreibung (die einer eingeprägten Kraft entspricht) und die Gleitreibung, andererseits nach dem Vorgang in die Gleit- oder Rollreibung, welch letztere bei Kugellagern herrscht und bekanntlich viel weniger Kraft erfordert als die Gleitreibung. Die Ruhreibung ist neuerdings vor allem von A. BARTEL eingehend untersucht worden, weil sie abhängig von der Temperatur — in Versuchsgeräten gemessen — direkt mit dem praktischen Verhalten der Schmiermittel in Beziehung gesetzt wurde. Bei Messungen in einer Lager-Welle-Apparatur mit sehr geringen Geschwindigkeiten fand er im Gegensatz zu KLUGE und Mitarbeitern und anderen Forschern keine Umkehr der Reibungswerte beim Anlauf, sondern gleichmäßigen, allerdings nicht ganz stetigen Anstieg, der nur je nach der Art der Öle verschieden hoch war, wie Abb. 50 zeigt.

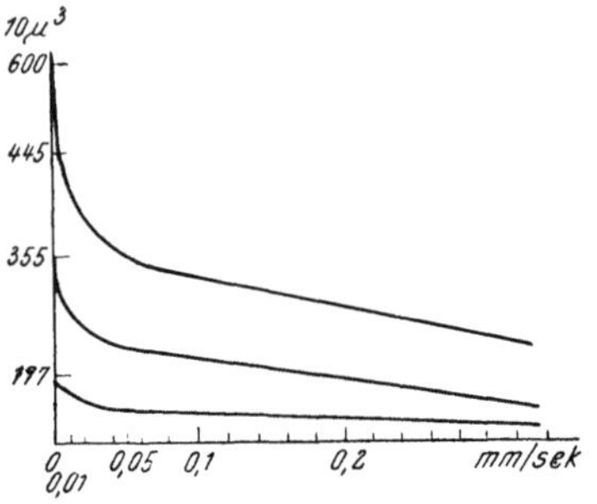


Abb. 50. Reibungswerte bei sehr geringen Geschwindigkeiten nach BARTEL

Nach Ansicht BARTELS handelt es sich bei den Umkehrungen der Reibungswerte um apparativ bedingte Erscheinungen; Ursache wäre das stufenweise Abtragen von Schichten des Schmiermittels, es handle sich also um rheologische Vorgänge.

Insgesamt steht eine restlose Klärung der Zusammenhänge noch aus. Am wichtigsten erscheint die Beantwortung der Frage, ob die Grenzschichtreibung tatsächlich ein vollkommen für sich existierendes Schmiergebiet ist oder nicht etwa — wie es die Versuche BOWDENS nahelegen — auch ein Gebiet gemischter Schmierung, in dem hydrodynamische Schmierung und trockenes Gleiten gemeinsam den Effekt der Grenzschichtschmierung erzeugen. Es ist denkbar, daß zwar die dafür nicht in Erscheinung tretende, normal gemessene Zähigkeit keine Rolle spielt, aber eine in bisher unbekannter Weise zustandekommende „Mikrozähigkeit", deren Gesetze noch zu finden wären. Die erste Beantwortung dürfte sich als richtiger erweisen; die Entscheidung muß aber abgewartet werden.

### c) Einflüsse auf den Schmiervorgang

#### *α) Druck*

Wie sich bei praktisch vorkommenden Schmiervorgängen die einzelnen Einflüsse auswirken, hängt nach dem Gesagten ganz davon ab, in welchem Maße die drei „reinen" Schmierzustände der Voll- (hydrodynamischen), der Grenzschichtschmierung und der Trockenreibung darin vertreten sind, so daß dafür keine exakten Angaben möglich sind. Für die Misch- oder Teilschmierung, deren Begriff ja auch der Praxis entstammt, gilt dasselbe. Für die „reinen" Schmierzustände nimmt man vorteilhaft die dafür geltenden Formeln, deren Gültigkeit für die Grenzschicht- und Trockenreibung allerdings beschränkt ist:

| Reibungszahl | Hydrodynamisch (für Gleitlager) | Grenzschichtreibung | Trockenreibung |
|---|---|---|---|
| $\mu$ | $k \cdot \frac{\eta \cdot w}{p}$ | $\frac{R}{P}$ | $\frac{R}{P}$ |

($w$ = Winkelgeschwindigkeit, $p$ = Belastung, $R$ = Reibungskraft, $P$ = Belastung).

Bei Voll- (hydrodynamischer) Schmierung wird demnach die Reibungszahl mit zunehmender Flächenbelastung geringer, was aber angesichts der geringen Werte praktisch kaum Bedeutung hat. Der Wert von $\mu$ ist für gut geschmierte Lager nach einem Hinweis von A. W. JUDGE[1]

[1] Modern Petrol Engines, S. 461. London: Chapman & Hall. 1946.

$$3{,}8 \times \sqrt{\frac{\eta w}{p}}.$$

Sowohl bei Grenzschichtreibung als bei Trockenreibung hat der Druck innerhalb gewisser Grenzen keinen Einfluß auf die Reibungszahl. (Die Reibungszahl ist der Quotient aus Flächenbelastung und dazu senkrechter Reibungskraft; sie kann deshalb auch bei großen Änderungen der Belastung konstant bleiben, wenn sich die Reibungskraft damit in linearem Verhältnis ändert.) Die Konstanz kann man sich so erklären, daß man annimmt, aufeinander gleitende Metalle ruhten nur mit ihren Spitzen aufeinander, die naturgemäß nur bis zu ihrer Verformungsgrenze belastet werden können, so daß darin ein Grenzwert der spezifischen wirklichen Flächenbelastung gegeben ist; steigt der Druck darüber, so tritt erneute Verformung ein, bis wieder die spezifische *wirkliche* Grenzbelastung erreicht ist. Die scheinbare Flächenbelastung ist um ein Vielfaches geringer als die wirkliche. Nach Untersuchungen von BOWDEN und HOLM mittels elektrischer Leitfähigkeitsmessungen beträgt diese bei ebenen Stahlplatten bis etwa das 10000-fache der ersteren. Die wirkliche Berührungsfläche ist demgemäß nur 1/10000 der scheinbaren; sie ändert sich fast nicht mit der Größe der Oberflächen und auch nur wenig mit der Form und dem Rauhigkeitsgrad derselben, sondern fast linear mit dem Belastungsdruck. Aus dieser Ansicht läßt sich die Regel von AMONTON deuten, daß die Reibung unabhängig von der Größe der Oberflächen und direkt proportional der Belastung ist.

Besonders deutlich ist der Einfluß der Belastung neben jenem der Gleitgeschwindigkeit bei den Hypoidgetriebeölen mit Zusätzen, die sich in Prüfgeräten oft sehr abweichend von der Praxis verhielten, bei der einerseits ein „Lagerversuch bei hoher Drehzahl" (High Speed Axle Test) mit hoher Drehzahl und geringer Belastung, andererseits ein „Lagerversuch bei hohem Drehmoment" (High Torque Axle Test) bei niederer Drehzahl und hohem Drehmoment angewendet wurden. Inwieweit dabei die Auswirkungen der verschiedenen Tempera-

Tabelle 33.

*Praktisches Schmierverhalten von Gruppen organischer Verbindungen*
(nach SMALHER und MASTIEN)

| Gruppe der Verbindungen | Verwendung im Hypoidlager bei | |
|---|---|---|
| | hoher Geschwindigkeit | hohem Drehmoment |
| Chlorhaltige Verbindungen | + | 0 bis (+) |
| Aktiver S in Nichtkarboxyl-Verbindungen | + | — |
| Relativ wenig aktiver S in Verbindungen | + | (—) |
| Relativ wenig aktiver S in Karboxylester | (—) bis (+) | + |
| Relativ wenig aktiver S in Nichtkarboxylsäuren | + | + |
| Karboxylester | — | + |
| Karboxylsäuren | (—) bis — | + |
| Saure Oxyphosphitester | + | + |
| Neutrale Oxyphosphitester | 0 | 0 |
| Zentrale Oxyphosphatester | 0 | 0 |
| Neutrale Thiophosphatester | + | + |

Legende: + ausgesprochen wirksam
(+) schwach wirksam
0 unwirksam, aber nicht schädlich
(—) schwach schädlich
— stark schädlich

turen eine Rolle spielen oder welche sonstigen Zusammenhänge vorliegen, ist bisher wenig bekannt, doch sprechen Versuche von C. V. SMALHER und T. W. MASTIN[1] dafür, daß Zusätze, die sich für den einen Test gut eignen, für den anderen unwirksam, ja sogar schädlich sein können, wie Tab. 33 zeigt.

*β) Temperatur*

Änderung der Temperatur hat physikalische und chemische Auswirkungen auf einen Schmierstoff; die physikalischen sind unter Zähigkeit und Schmierverhalten, Flüchtigkeit sowie unter Adsorption besprochen worden, sie spielen vor allem im Gebiet der Vollschmierung eine Rolle, beeinflussen aber wohl auch den Übergang von dieser zur Grenzschichtschmierung und Trockenreibung. Die chemischen Auswirkungen betreffen die Reaktionen zwischen Schmierstoff und Werkstoff der Gleitstellen (auf die Oxydation des Schmierstoffes selbst soll hier nicht eingegangen werden); sie sind also bei Grenzschichtschmierung und Trockenreibung wichtig.

Wie in den angeführten Kapiteln besprochen, erhöht bei *Vollschmierung* Temperatursenkung die Zähigkeit und dadurch den hydrodynamischen Widerstand und die Belastbarkeit des Filmes, kann aber bei Ausbildung eines Paraffinnetzes oder eines ähnlichen — nichtkristallinen — Gefüges auch einen Widerstand ergeben, der durch die Konsistenz, d. h. den Fließwiderstand desselben gegeben ist. In engen Spalten können unter Umständen anscheinend sehr starre Formen aus Schmierölen entstehen, die unverhältnismäßig große Kräfte zu ihrer Zerstörung erfordern, ohne daß man derzeit Näheres wüßte, wie ja das ganze Gebiet der „Mikrophysik" noch wenig geklärt erscheint. Temperatursteigerung führt zu Senkung der Zähigkeit und damit Verringerung der Belastbarkeit und kann bis zur teilweisen Verdampfung gehen, die wieder eine entsprechende Erhöhung der Zähigkeit zur Folge hat. Die Isovis-Öle, denen für besseren Start in der Kälte leichtflüchtige Komponenten zugesetzt sind, stellen typische Beispiele solchen Verhaltens dar. Steigt die Temperatur so hoch, daß das Schmiermittel ganz verdampft, so tritt natürlich über Grenzschichtreibung zuletzt Trockenreibung ein.

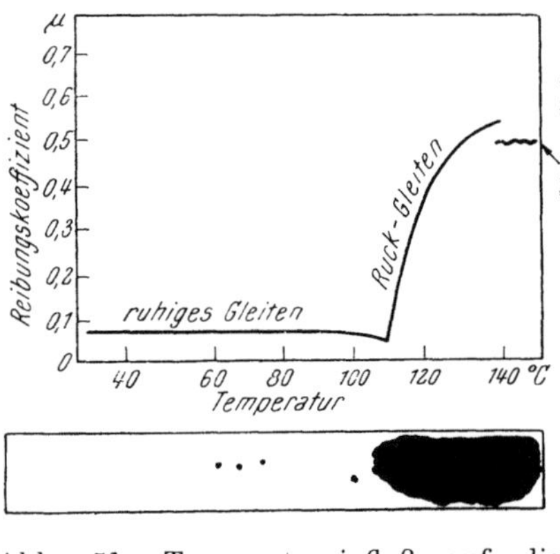


Abb. 51. Temperatureinfluß auf die Reibung (oben) und die Metallübertragung (unten) nach BOWDEN. Kadmiumflächen, Palmitinsäure

Hält man an der Vorstellung physikalisch adsorbierter Moleküle bei *Grenzschichtschmierung* fest, so ist klar, daß diese Adsorption durch Temperatursteigerung infolge der zunehmenden Bewegung der Moleküle abnehmen muß, bis sie endlich desorbiert sind. Dementsprechend nimmt also auch die Tragfähigkeit eines Filmes ab. Aber auch bei chemisch adsorbiertem Molekül lockert sich die Bindung mit steigender Temperatur, wie sich aus Abb. 51 ergibt, in der das Reibungsverhalten von Kadmiumflächen bei Schmierung mit Palmitinsäure dargestellt ist. Die Reibung bleibt sehr nieder ($\mu = 0{,}07$) und die Metallübertragung ebenfalls außerordentlich gering, bis 107° C erreicht sind. Dann steigen beide bei 120° C rasch an, um bei 140° C den Wert ungeschmierter Metalle zu erreichen. Sehr anschaulich ist auch die

[1] SMALHER, C. V. und T. W. MASTIN: J. Inst. Petroleum 42 (1956), 337.

Darstellung Bowdens von der Metallübertragung (die stets unter Verwendung radioaktiver Metalle photographisch gemessen wurde) verschiedener Metalle und Schmierstoffe in Abb. 52. Die Temperatur des ersten Anstieges der Reibung und der Metallübertragung entspricht dem Erweichungspunkt der an der Oberfläche gebildeten Metallseife und dem mit Elektronenbeugen festgestellten „Oberflächenschmelzpunkt“, bei dem Desorientierung eintritt[1].

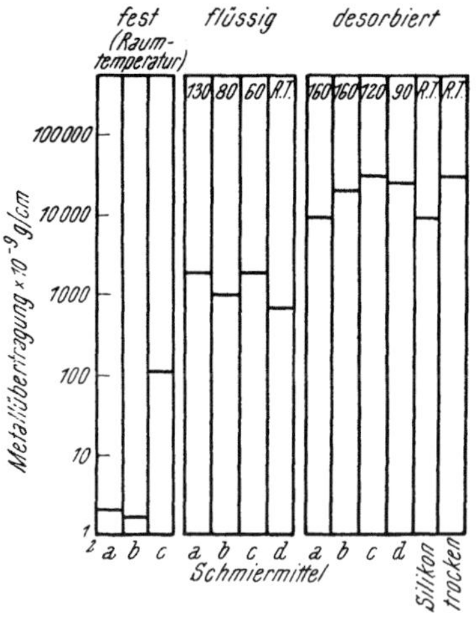


Abb. 52. Temperatureinfluß auf die Metallübertragung nach Bowden
*a* Palmitat
*b* Palmitinsäure
*c* Cetylalkohol
*d* Cetan

A. Bartel hat für technische Schmier- und Bohröle auf Grund seines Meßverfahrens der Ruhreibung eine Auswertung der Temperaturabhängigkeit versucht, um damit praktische Beurteilungen zu ermöglichen; dabei trägt er die Ruhreibungswerte und einen willkürlichen „Schmierfähigkeitswert“ gegen die Temperatur auf, wie es Abb. 53 zeigt. Das Thema erfordert sicherlich noch genauere Ausarbeitung, erscheint aber grundsätzlich interessant.

Da bei „*Trockenem Gleiten*“ definitionsgemäß kein Schmiermittel vorhanden ist, handelt es sich nur darum, inwiefern die Oberflächen durch ein Schmiermittel chemisch so verändert wurden, daß bei nach Voll- oder vorübergehender Teilschmierung einsetzender Trockenreibung ein besseres Gleitverhalten erzielt wird. Die Veränderung ist als chemische Reaktion um so rascher, je höher die Temperatur ist; zugleich ist die Tiefenwirkung größer, so daß der erzielte Effekt ebenfalls vergrößert wird. Chemisch wirkende Zusätze haben deshalb nur dann einen Sinn, wenn die Lagerbeanspruchungen tatsächlich zu derart hohen Spitzentemperaturen führen, daß die Reaktion eintritt. Natürlich darf ja die Reaktionsfähigkeit nicht schon bei niederen Temperaturen vorhanden sein, wenn man Korrosion vermeiden will. Die Situation ist ganz die gleiche, als wenn man einem Kraftstoff geringer Oktanzahl einen Zusatz von Bleitetraäthyl zufügen wollte, obwohl das Benzin in dem betreffenden Motor gar nicht zum Klopfen kommt. Richtige Wahl der Reaktionsfähigkeit der Schmiermittelzusätze unter Berücksichtigung der Mitteltemperaturen und der Temperatur der beginnenden Re-

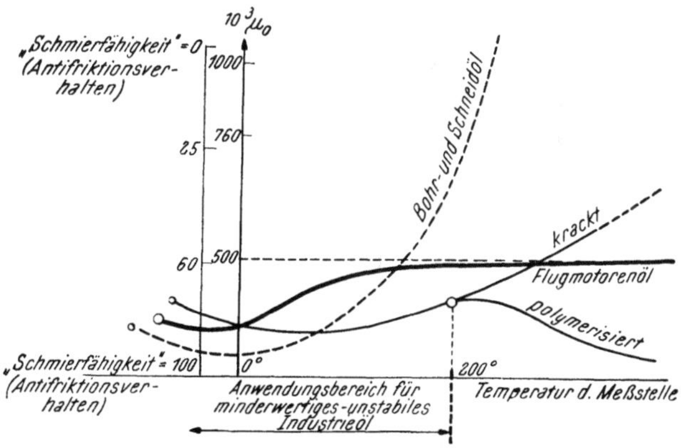


Abb. 53. Schematische Darstellung der „Schmierfähigkeit“ in Abhängigkeit von der Temperatur nach Bartel

[1] Bowden: The Mechanism of Boundary Lubrication. 3. Welt-Erdölkongreß Haag 7 (1951), 328.

aktionsfähigkeit mit den in Frage kommenden Lagerwerkstoffen, die eine genügende Stabilität sichert, ist unbedingt Voraussetzung einwandfreien Betriebs.

Insgesamt läßt sich also über den Temperatureinfluß auf die Schmierung sagen, daß er wegen der einerseits ungünstigen (Zähigkeit verringernden), andererseits günstigen (Reaktionsfähigkeit steigernden) Folgen ganz nach dem Einzelfall zu beurteilen ist, so daß man keine exakte allgemeine Voraussage für alle Fälle machen kann.

### *γ) Gleitgeschwindigkeit*

Die Bedeutung der Gleitgeschwindigkeit für Lagerschmierung wurde schon von STRIEBECK untersucht, dem das bekannte Diagramm zu verdanken ist (Abb. 47). Man braucht darüber nichts weiter zu sagen, außer daß bei sehr hohen Drehzahlen mechanische Deformationen von Lagern eintreten können, die die ursprünglichen Verhältnisse stark ändern. In diesem Falle kann entgegen den Annahmen der Hydrodynamik eine Verringerung der Belastbarkeit eines Lagers vorkommen, weil statt Vollschmierung Grenzschichtschmierung oder gar Trockenreibung einsetzt. Hohe Gleitgeschwindigkeit wirkt sich bei trockenem Gleiten sehr verschieden vom flüssigen Gleiten aus, ist aber ganz vom Material abhängig (vgl. ε, „Überzug mit anderen Schichten"). Verändern chemische Reaktionen die Oberfläche in günstigem Sinne, so kann bei zu hoher Gleitgeschwindigkeit infolge ungenügender Reaktionszeit eine primär vorhandene Wirkung verloren gehen, z. B. bei Zusatz von Schwefel oder sulfidbildenden Verbindungen; E. BISSON und R. L. JOHNSON zeigten[1], daß Schwefel bei Gleitgeschwindigkeiten über 1000 Fuß/min Wiederanstieg der Reibungswerte ergab.

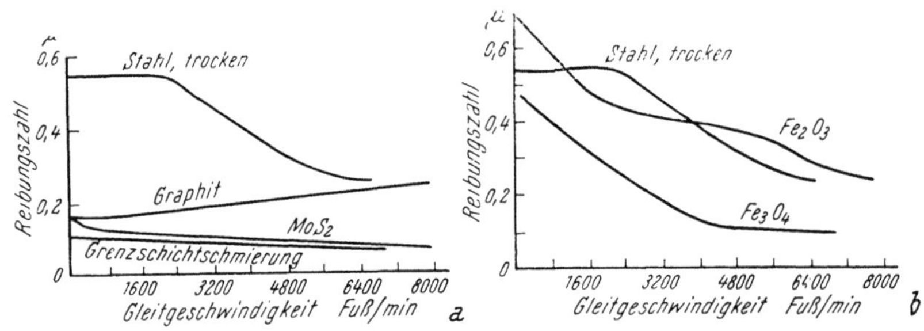


Abb. 54. Einfluß der Gleitgeschwindigkeit auf die Reibung bei Schmierung mit festen Stoffen

BISSON und JOHNSON fanden auch, daß trockener Stahl und $Fe_2O_3$ ähnliche, mit steigender Gleitgeschwindigkeit abnehmende Reibungswerte ergaben, während jene von $Fe_3O_4$ sehr wesentlich niederer lagen. Die nach ihrem Kristallaufbau ähnlichen Stoffe Graphit und Molybdänsulfid senkten bei geringer Gleitgeschwindigkeit die Reibungswerte von trockenem Stahl fast auf jene der Grenzschichtreibung, bei starker Erhöhung der Gleitgeschwindigkeit sank bei Molybdänsulfid der Reibungswert ebenso wie die Grenzschichtreibung, während Graphit einen deutlichen Anstieg zeigte und bei etwa 6500 Fuß/min fast den Wert der Trockenreibung ohne Zusatz erreichte, wie Abb. 54 zeigt.

### *δ) Rauhigkeit*

Erhöhte Rauhigkeit bringt die Gefahr einer Grenzschichtreibung oder Trockenreibung mit sich, sobald ein Optimum überschritten ist. Die Differenzierung der

[1] SAE-Journal 58 (1950), März, 39.

Schmierstoffe nach ihrer Reibungszahl wird nach PFÄNDER mit steigender Rauhigkeit schlechter, nach ihrer Verschleißneigung dagegen besser, wie HALDER feststellte.

### ε) Überzug mit anderen Schichten

Überzug mit anderen Schichten beeinflußt hauptsächlich die Trockenreibung im Sinne der Eigenschaften des verwendeten Belegstoffes und der Dicke der Schicht. *Graphit* ist zur Verbesserung der Schmierung und Verringerung des Verschleißes nur in kolloider Form brauchbar. Flockengraphit wirkt nur bei niederen Temperaturen. Bei höheren wird die Adsorption der Graphitplättchen schlecht und sie können sich aufrichten und durch ihre scharfen Kanten stärkeren Verschleiß ergeben, als ohne Zusatz der Fall war. Die Ursache dafür liegt anscheinend in der Verdunstung des Wasserhäutchens, das für die Graphitadsorption nötig ist[1].

### ζ) Atmosphäre der Umgebung

Die umgebende Atmosphäre ist außer bezüglich der Feuchtigkeit, wie im Falle des Graphits, vor allem hinsichtlich ihrer chemischen Auswirkung von Bedeutung. So wirkt Sauerstoff durch Oxydbildung günstig, falls eine solche möglich ist; selbst bei Hochdruckschmierungsmitteln wird seine Mitwirkung angenommen. Wasserstoff kann durch Reduktion von Oxyden ungünstig wirken, während inaktive Gase keine (Stickstoff), oder nur sehr geringe ($CO_2$) Wirkung haben[2].

## d) Messung der Schmiereignung

Wie die bisherigen Ausführungen zeigen, kann es keine einfache, für alle Fälle zutreffende Messung der Schmiereignung geben, weil schon ihr Begriff komplex ist. Dazu kommt, daß man zwar gewisse physikalische Eigenschaften, wie Haftfestigkeit, Zähigkeit, Ober- oder Grenzflächenspannung usw. messen kann, diese aber keine einfache Beziehung zum Schmiervorgang haben. Deshalb werden Verfahren der verschiedensten Art angewendet, bei denen unmittelbar der Schmiervorgang untersucht wird; dies geschieht entweder in Laboratoriumsgeräten besonderer Konstruktion, in Apparaten, die einen Bauteil der praktisch interessierenden Maschine verwenden, oder endlich in der Maschine selbst. Als Schema der Untersuchung der Schmiereignung ergibt sich also:

### α) Chemisch-physikalische Verfahren

Zähigkeit (vgl. Abschnitt „Zähigkeit", S. 32).

Grenzflächenspannung (vgl. Abschnitt „Adsorption", S. 95).

Benetzungswärme.

Be- und Entnetzungsfähigkeit an Metallen (vgl. Abschn. „Korrosion", S. 291).

Chemische Reaktionsfähigkeit: a) Schwefelwasserstoffentwicklung,
b) Abnahme von Cl, S usw. bei Behandlung mit Metallpulvern[3].

Haftfähigkeit von Pulvern[4].

---

[1] MOREL, F. und J. J. TRILLAT: Rev. Inst. Franç. Pétrole **5** (1950), 33.

[2] Vgl. MAILÄNDER und DIES: Arch. Eisenhüttenwes. **16** (1943), 399.

[3] PRUTTON, TURNBULL und DLOUHY: J. Inst. Petroleum **32** (1946), 90.

[4] CREMER, E., F. CONRAD und TH. KRAUS: Angew. Chem. **64** (1952), 10.

### β) *Prüfgeräte und Maschinen*

Prüfgeräte (Laboratoriumsgeräte),

Maschinen: 1. Mit einem Bauteil der interessierenden Maschine (Lagerprüfmaschinen, Kolben, Zylinder usw.),

2. Die interessierenden Maschinen selbst.

Was die Untersuchung in Prüfgeräten und Maschinen anlangt, kann hier nur andeutungsweise über das Riesengebiet gesprochen werden, so daß die wesentlichsten Punkte herausgehoben, Einzelheiten aber der Spezialliteratur überlassen bleiben sollen; die ausgezeichneten Arbeiten HALDERS sind besonders zu erwähnen, da sie mit seltener Klarheit den Kernpunkt der Frage treffen[1]. Es

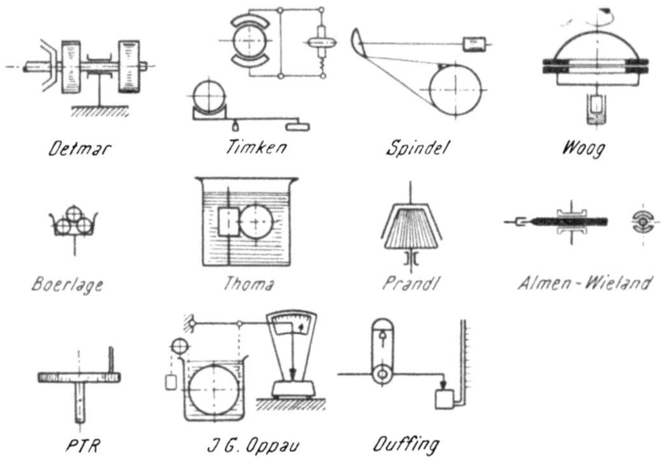


Abb. 55. Schematische Darstellung der Anordnung von Gleitstellen in verschiedenen Ölprüfmaschinen nach BARTEL

seien nur einige schematische Skizzen der in Prüfgeräten verwendeten Anordnung wiedergegeben, die die verschiedenartige Beanspruchung der gleitenden Teile zeigen (Abb. 55).

Es wurde schon gezeigt, daß das Schmierverhalten in den Maschinen selbst ganz davon abhängt, welche speziellen Bedingungen vorliegen, so daß ein und dasselbe Öl für die eine Maschine gut, für die andere schlecht sein kann. Genau dasselbe gilt für die Ölprüfgeräte und -maschinen, nur mit dem Unterschied, daß diese ja eine Bewertungsgrundlage ergeben sollen. Diese muß deshalb verläßlich sein, d. h. Angaben liefern, die für den interessierenden Fall zutreffen. Dazu ist es unbedingte Voraussetzung, daß man die Schmiermittel unter Bedingungen untersucht, die jenen der Praxis entsprechen, eine Forderung, die selbstverständlich erscheint, deren Nichtbeachtung aber sehr viel Verwirrung geschaffen hat. So kommt es auch vor, daß manche Produkte in einem Apparat sich ausgezeichnet bewähren, bei der Verwendung aber in keiner Weise befriedigen.

Die wichtigste Bedingung ist Einhaltung der praktisch herrschenden Temperaturen; diese sind, sowohl als Mitteltemperaturen des Schmierstoffes wie als Spitzentemperaturen lokal sich beim Schmiervorgang treffender Unebenheiten des Materials, ihrerseits wieder von der Gleitgeschwindigkeit abhängig. Gleitvorgänge bei sehr niederen Geschwindigkeiten, wie sie in Geräten zur Messung

[1] Erdöl u. Kohle **3** (1950), 222, 437; **4** (1951), 180; Brennstoff-Chem. **30** (1949), 306.

der Grenzschichtschmierung oft angewendet werden, können zwar im ganzen ein zutreffendes Bild ergeben, in anderen Fällen aber Irrtümer hervorrufen. Daß das Material jenem der Maschine entsprechen sollte, ist offensichtlich.

Als Meßgrößen werden sowohl Reibung als Verschleiß verwendet, bzw. die kritischen Belastungen, bei denen Versagen eintritt, wobei beim Verschleiß zwischen jenem durch langsame, stetige Metallabtragung und dem Schweißverschleiß beim Fressen grundsätzlich zu unterscheiden ist. Die Temperaturbedingungen im Prüfapparat jenen der Maschine der Praxis anzupassen, ist nun zweifellos deshalb schwierig, weil derzeit nur wenig Unterlagen über die dort herrschenden Temperaturen bestehen, doch kann man zumindest in großen Zügen eine Zuordnung von Prüfmaschinen und Maschinen der Praxis versuchen, wie es von Philippovich auf Grund der von Blok vorgenommenen Einteilung der Grenzschichtschmierung machte (Tab. 34).

Tabelle 34. *Anordnung von Ölprüfmaschinen und Arten der Grenzschichtschmierung*

| Schmierart | Maschinenteile | Prüfmaschinen | Schmiermittel | Bemerkung |
|---|---|---|---|---|
| Milde Grenzschmierung | Langsame Gleitlager, Blattfedern, Gelenke, Tiefziehen (langsam) | PTR, Thoma, Duffingsche Reibungswaage, Kammerer | Fette, Pasten, polare Zusätze, Graphit | Poröse Lager |
| Hochtemperatur-Grenzschmierung | A. Kolbenringe, Kolben | Siebelscher Kolbenringprüfer | Schwierig, geeignete Zusätze zu finden; Beständigkeit ist Hauptforderung | Hohe Massentemperatur |
| | B. Schnelle Gleitlager | Kammerer (heizbare Welle) Siebel | Keine Fette | Hohe Temp.-Blitze, niedere Massentemp., daher weiche Reibungsfläche mit niederem Schmelzpunkt anwendbar |
| Hochdruck-Grenzschmierung | Rollender Kontakt, Wälzlager, Zahngetriebe (ohne Temperaturblitze) | Thoma, Z. F., Heidebroek, PTR | Keine Fette (weil Entfernung der Abriebteilchen erwünscht) | |
| Extreme Grenzschmierung | Rasches Drahtziehen, Hypoidgetriebe, Kegelrollenlager mit Zweipunktführung | Vierkugel, Vierkugelpendel (Beek, Givens, Smith), Almen, Optimol } Zwerglager; Amsler, Timken } Block u. Welle | Chemische Zusätze | Zusätze müssen bei Temperatur des Öles beständig sein |

R. Halder hat auf Grund seiner Versuche für vier Öle und einige Ölprüfmaschinen die in Abb. 56 und 57 wiedergegebenen schematischen Diagramme mit dem

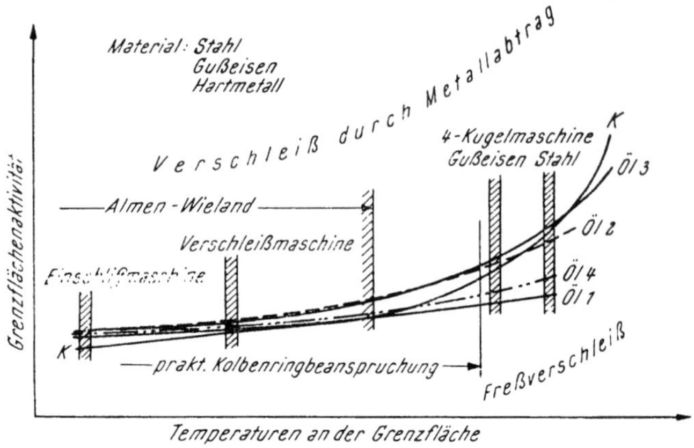


Abb. 56. Schematische Darstellung der Abhängigkeit der Grenzflächenaktivität von der Temperatur an der Grenzfläche nach Halder

*K* idealer Schmierstoff
*1* mineralisches Motorenöl
*2* mineralisches Motorenöl + 0,6% Produkt 1586
*3* mineralisches Motorenöl + 0,6% Produkt 891
*4* mineralisches Motorenöl + 1,2% Produkt M
Produkt 1586: Stearylaminsalz von Produkt 891
Produkt 891: Chlorphenyl-Phenylphosphinsäure
Produkt M: Phosphorverbindung unbekannter Zusammensetzung

gleichen Ziel für die Werkstoffpaarungen Stahl (Hartmetall) gegen Cu oder Cu-Legierungen und Stahl gegen Gußeisen oder Hartmetall vorgeschlagen:

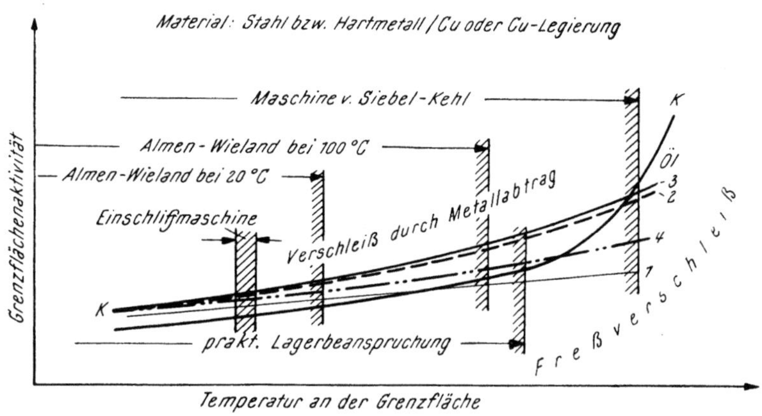


Abb. 57. Schematische Darstellung der Abhängigkeit der Grenzflächenaktivität von der Temperatur der Grenzfläche nach Halder
Material: Stahl gegen Gußeisen oder Hartmetall
Bezeichnung der Schmierstoffe wie in Abb. 56

Zweifellos wird eine solche Angleichung der Prüfgeräte an die Maschinen der Praxis infolge der grundsätzlich besseren Übertragbarkeit der Ergebnisse dazu beitragen, richtigere Versuchsangaben machen zu können. Auf weitere Details einzugehen, ist hier nicht möglich.

Schmierfähigkeit ist im Gegensatz zu etwa Zähigkeit keine Stoffeigenschaft, die von äußeren Einflüssen (bei ein und derselben Temperatur) unabhängig ist, sondern ein *Verhalten*, das von ihnen sehr abhängt. Sowohl die Messungen zur Erfassung der Schmiereignung, als die des praktischen Schmiervorganges müssen sich dessen stets bewußt bleiben und deshalb auch zwei wichtige Voraussetzungen guter Reduzierbarkeit der Versuche und guten praktischen Verhaltens beachten:

1. Müssen die Werkstoffe der Gleitstellen unbedingt einwandfrei sein und im Laufe der Zeit in stets gleicher Qualität wieder erhalten werden können,

2. Muß jegliche Verunreinigung des Schmierstoffes in der Schmierstelle absolut vermieden werden, da sonst vollkommen irrige Werte erhalten werden oder auch ein guter Schmierstoff versagen kann (vgl. auch S. 94).

Für die motorische Schmierölluntersuchung vgl. Tab. 44 und 45 (S. 158/162).

#### e) Praktische Bedeutung

Die praktische Bedeutung der Schmierung braucht nicht betont zu werden, es genüge, darauf hinzuweisen, daß der Aufwand für Schmierung nur einen Bruchteil jener Kosten ausmacht, die durch den notwendigen Materialersatz, noch mehr aber durch die Unterbrechung des Betriebes verursacht werden können (Luftfahrt!). Eine eingehende Darstellung der Schmierungsprobleme für Gleitlager von E. SCHMID und R. WEBER[1] sei hier besonders erwähnt.

## B. Chemische Eigenschaften

### 1. Bindungsarten zwischen Atomen und Molekülen

Erdöl selbst ist zum weitaus überwiegenden Teil rein organischer Natur (Kohlenwasserstoffe), während man es bei der Verwendung der Erdölprodukte nicht nur mit rein organischen Verbindungen zu tun hat, sondern sowohl mit anorganischen ($SO_2$, $SO_3$, CO, $CO_2$. schweflige Säure, Schwefelsäure, Katalysatoren usw.) als mit metallorganischen Zusatzstoffen verschiedener Art (Inhibitoren, Gegenklopfmittel, Schmierölzusätze). Sowohl im Erdöl selbst, als auch in manchen seiner Produkte treten nicht nur einfach zusammengesetzte organische Verbindungen auf, sondern auch hochmolekulare, in verschiedenster Weise aufgebaute, wie Harze, Schlamme, Ölkohle, Asphalte usw. Metalle spielen wegen ihrer katalytischen Eigenschaften und wegen ihrer mechanischen und chemischen Angreifbarkeit bei sehr vielen Vorgängen eine außerordentlich wichtige Rolle.

Deshalb erscheint eine kurze Darstellung der Bindungsarten der Atome bzw. der Moleküle angezeigt (über ihren Aufbau vgl. S. 8).

**Unpolare chemische Bindung.** Die *chemische Bindung* zwischen zwei Atomen kommt dadurch zustande, daß Elektronen ausgetauscht werden. Dabei sind zwei verschiedene Möglichkeiten zu unterscheiden: entweder gleichmäßige Zugehörigkeit der Elektronen zu beiden Atomen, wie meist bei elektronegativen Elementen, beim Wasserstoff, bei der Kohlenstoff-Wasserstoffbindung oder allgemein bei organischen Verbindungen. Bindungen dieser Art nennt man *unpolare* (homöopolare) Valenz oder auch *Kovalenz*; sie sind nicht ionisierbar. Als Beispiel sei das Wasserstoffmolekül dargestellt: H : H; die beiden, jedem der

[1] Gleitlager. Berlin-Göttingen-Heidelberg: Springer. 1953.

beiden Wasserstoffatome zugehörigen Elektronen versinnbildlichen eine Valenzbindung (Wertigkeit).

**Polare chemische Bindung.** Der andere Fall der *chemischen Bindung* ist jene, bei der ein Übergang eines Elektrons von einem zum anderen Atom eintritt. So entsteht bei der Reaktion von Kalium mit Chlor unter völligem Übergang eines Elektrons vom K zum Cl ein positives K-Ion und ein negatives Cl-Ion, wobei die Bindung durch die elektrostatische Anziehung beider Ionen bewirkt wird. Bindungen dieser Art nennt man *polare*, auch Elektro- oder *Ionenvalenz*. Sie bilden sich meist aus einem elektropositiven und einem elektronegativen Element und sind leicht ionisierbar.

**Halbpolare chemische Bindung.** Außer der polaren und der unpolaren Bindung gibt es aber noch eine *halbpolare Bindung*, bei der beide zu einer Bindung gehörigen, gemeinsamen Elektronen von dem einen Reaktionspartner geliefert werden, der ein Ion oder ein Atom mit kompletter Achterschale darstellt. So ergibt $NH_3$ mit einem Wasserstoffion ein $NH_4$-Ion:

$$\begin{matrix} & \mathrm{H} & \\ \mathrm{H}: & \ddot{\underset{..}{\mathrm{N}}} & : \\ & \mathrm{H} & \end{matrix} + \mathrm{H}^{\cdot} \rightarrow \left( \begin{matrix} & \mathrm{H} & \\ \mathrm{H}: & \ddot{\underset{..}{\mathrm{N}}} & :\mathrm{H} \\ & \mathrm{H} & \end{matrix} \right)^{+}$$

Polare Bindung weisen salzartige Stoffe auf, die fest und geschmolzen den elektrischen Strom gut leiten und die in Ionengittern kristallisieren.

**Die Wertigkeit** (Valenz) ist bei homöopolarer Bindung bestimmt durch die Zahl der gemeinsamen Elektronenpaare. Man unterscheidet dabei jene Elektronen, deren Bahnen (oder Wahrscheinlichkeitsräume) rotationssymmetrisch zur Verbindungslinie der miteinander verbundenen Atomkerne verlaufen, als $\sigma$-Elektronen, und jene, deren Elektronendichte am größten in einer durch diese Verbindungslinie gelegten Ebene ist, während sie senkrecht dazu null ist, als $\pi$-Elektronen. Einfachbindungen haben nur $\sigma$-Elektronen, während Mehrfachbindungen durch ein Paar $\sigma$-Elektronen und ein oder mehrere Paar $\pi$-Elektronen gebildet werden. Durch den Einfluß der $\pi$-Elektronen wird die Lage der Atome im Molekül bestimmt; die Starrheit der Doppelbindung ist durch diesen Einfluß zu erklären.

So sind auch viele bekannte Erscheinungen der organischen Chemie gedeutet worden, wie die Stereo- oder Raumisomerie, d. h. das verschiedene Verhalten von Stoffen, die im Bau sonst identisch sind, die sich aber verhalten wie Bild und Spiegelbild, so daß sie nicht zur Deckung gebracht werden können. Äthylen $H_2C = CH_2$ hat z. B. danach alle sechs Atomkerne in jener Ebene, in der die Dichte der $\pi$-Elektronen null ist; dadurch entsteht die Starrheit der Mehrfachbindung im Gegensatz zur freien Beweglichkeit der Einfachbindung. Konjugierte Doppelbindungen (bei denen Doppel- mit einfachen Bindungen sich abwechseln), vor allem aromatische Ringsysteme, weisen dagegen eine $\pi$-Elektronenwolke auf, die über alle Atome gleichmäßig verteilt ist, so daß man keine fixe Zuordnung von Einfach- und Doppelbindung machen kann, wie sie etwa in der Benzolformel von Kekulé angenommen wird.

**Höhermolekulare Gebilde** können in verschiedener Weise aufgebaut sein. Viele solcher Stoffe werden durch reine *Hauptvalenzen* zusammengehalten, wie die hochmolekularen Eiweißstoffe, die polymeren Kohlenwasserstoffe, Polystyrol, die Kunstharze. Dabei kommt nicht nur kettenförmige, sondern auch netzartige oder räumliche Verbindung der einzelnen Moleküle vor, die dem Gesamtgebilde erhöhte Festigkeit verleiht.

In sehr vielen Fällen wird der Zusammenhalt der großmolekularen Gebilde aber durch *Nebenvalenzkräfte* (VAN DER WAALSsche oder intermolekulare Kräfte) bewirkt. Zwischen den Molekülen wirken außer den Hauptvalenzkräften nämlich sowohl Anziehungs- als Abstoßungskräfte, die beide mit wachsender Entfernung rasch abnehmen, und zwar die Abstoßung rascher als die Anziehung; die Resultante beider Kräfte entscheidet über Anziehung oder Abstoßung und ergibt die Ruhelage in dem Punkt, wo beide gleich groß sind, so daß der Gesamtwert Null erreicht wird (Abb. 58). Nennt man $k$ die Intensität der Anziehung und $r$ den Abstand, so ist die allgemeine Formel für das Kraftpotential: $\frac{k}{r^n}$, wobei $n$ eine Konstante ist, die je nach den aufeinander wirkenden Kräften verschiedene Werte annehmen kann; für freie Ladungen (COULOMBsche Kräfte) ist dieser 2, für Ionen und Dipole 3, für Dipol-Dipol 6, für Quadrupol-Quadrupol 8. Man unterscheidet bei den Nebenvalenzkräften folgende Einzeleffekte: Dispersion (LONDON), verursacht durch rasch wechselnde Dipolmomente, die der Polarisierbarkeit der Elektronenhülle proportional sind, Induktionskräfte (DEBYE), verursacht durch Induzierung eines sekundären Dipols durch ein permanentes Dipol, und Orientierungskräfte (KEESOM), die durch die gegenseitige Beeinflussung permanenter Dipole zustandekommen und sowohl Anziehung als Abstoßung ergeben können.

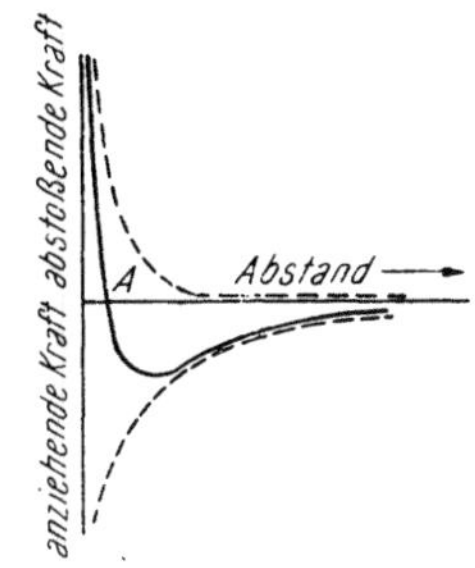


Abb. 58. Abhängigkeit der intramolekularen Kräfte vom Abstand

**Bindung durch Haupt- und Nebenvalenzen.** Manche hochmolekularen Stoffe werden *sowohl durch Haupt- als auch Nebenvalenzen* zusammengehalten. Von den für die Erdölverwendung (Schmierung) wichtigen seien Graphit und Molybdändisulfid genannt, die beide ein flächiges, durch Hauptvalenzen zusammengehaltenes Sechseckgitter haben, das mit dem benachbarten nur durch Nebenvalenzen zusammenhängt und deshalb in dieser Ebene leicht gespalten werden kann.

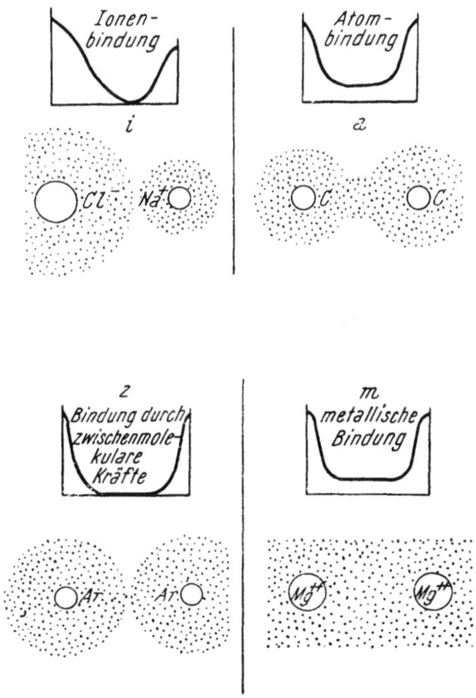


Abb. 59. Atombindungsarten und Elektronendichteverteilung nach GRIMM

Wenn nun auch die Festigkeit der Hauptvalenzen im Mittel um eine Größenordnung über jener der Nebenvalenzen liegt, kann doch einerseits durch Molekülschwingungen die Festigkeit der Hauptvalenzen so geschwächt werden, daß sie schon durch mechanische Beanspruchung gelöst wird (synthetische langkettige Moleküle), andererseits durch Summierung von Nebenvalenzen der Zusammenhang zwischen den Einzelmolekülen eine Festigkeit erreichen, die jene der C—C oder C=O-Bindung erreicht.

**Die metallische Bindung** spielt zwar bei den Erdölprodukten keine Rolle, ist aber in diesem Zusammenhang zu erwähnen. Sie beruht auf der gemeinschaftlichen Zugehörigkeit von Elektronen zu mehreren Atomen, diese Elektronen sind aber ähnlich wie die $\pi$-Elektronen des Graphites allen Atomen des Gitters gemeinsam und leicht verschiebbar, wodurch die Wärmeleitung und elektrische Leitfähigkeit zustande kommt.

H. GRIMM[1] hat für die verschiedenen Bindungsarten
$i$ = heteropolare oder Ionenbindung (Elektrovalenz)
$m$ = metallische Bindung
$z$ = zwischenmolekulare (VAN DER WAALSsche) Kräfte
$a$ = homöopolare oder Atombindung (Kovalenz)
die Darstellung der Elektronendichte in Abhängigkeit von der Entfernung der beiden miteinander verbundenen Atome gegeben, wie Abb. 59 zeigt.

Bei der Ionenbindung sinkt diese Dichte auf Null ab, wie auch bei der Bindung durch zwischenmolekulare Kräfte, während sowohl die metallische als auch die Atombindung wegen der gemeinsamen Zugehörigkeit von Elektronen zu beiden Atomen niemals den Wert Null der Elektronendichte ergeben.

Tab. 35 gibt die Bindungsfestigkeiten und Atomabstände in Angström der primären und der sekundären Atombindungen an; der Größenunterschied der beiden ist daraus ersichtlich.

Tabelle 35.
*Bindungsfestigkeit primärer und sekundärer Atombindungen* (nach H. GRIMM)

| Primäre Bindungen | | | Sekundäre Bindungen | | |
|---|---|---|---|---|---|
| Bindung | Atomabstand Angström | Energieäquivalent kcal | Bindung | Atomabstand Angström | Energieäquivalent kcal |
| C—H | — | 92 | $-CH_3$ | 3—4 | 1,78 |
| C—C (aliph.) | 1,55 | 71 | $=CH_2$ | 3—4 | 0,99 |
| C—C (arom.) | 1,45 | 96 | —CH | 3—4 | 7,25 |
| C=C | 1,20 | 125 | =CO | 3—4 | 4,27 |
| C=O | 1,10 | 203 | | | |
| Na—F | 2,31 | 125 | | | |
| Na—Cl | 2,81 | 97 | | | |
| Be—O | 1,30 | 134 | | | |

## 2. Chemischer Aufbau der Kohlenwasserstoffe

Als Kohlenwasserstoffe bezeichnet man Verbindungen des vierwertigen Kohlenstoffes mit dem einwertigen Wasserstoff; die Bindungskräfte des Kohlenstoffes (Valenzen) sind dabei entweder durch Wasserstoff oder Kohlenstoff, meist aber durch beide abgesättigt. Besteht nur einfache Bindung der Kohlenstoffatome an andere Kohlenstoffatome, während die anderen Valenzen durch Wasserstoff gebunden sind, so spricht man von gesättigten Kohlenwasserstoffen, sind zwei oder drei Kohlenstoffbindungen durch andere Kohlenstoffatome gebunden, von ungesättigten Kohlenwasserstoffen.

Die *Normal-Paraffinkohlenwasserstoffe* sind gesättigte Kohlenwasserstoffe mit gerader Kette, deren einfachster Vertreter Methan, $CH_4$, ist; der bisher isolierte Paraffinkohlenwasserstoff mit der längsten Kette ist das Heptacontan $C_{70}H_{142}$. Ihre

[1] GRIMM, H.: Naturwissenschaften **27** (1939), 1.

allgemeine Formel ist $C_nH_{2n+2}$; *n*-Butan hat die Formel $CH_3 \cdot CH_2 \cdot CH_2 \cdot CH_3$. Sie zerfallen, je länger die Kohlenstoffkette ist, um so leichter, bei Wärmeeinwirkung in kleine Bruchstücke, die gesättigte und ungesättigte Verbindungen darstellen, und sind bis auf die niedersten Glieder wenig klopffest.

*Isoparaffine* sind gesättigte Kohlenwasserstoffe, die Kettenverzweigung aufweisen; zur Kennzeichnung ihrer Struktur werden die Kohlenstoffatome numeriert und Ort und Art der Seitenkette dem Namen der Verbindung beigefügt:

$$\begin{array}{c} CH_3 \quad CH_3 \\ CH_3 \cdot C \cdot CH_2 \cdot CH \cdot CH_3 \\ CH_3 \end{array} = \text{2,2,4-Tri-Methyl-Pentan (Iso-Oktan).}$$

Sie sind wesentlich stabiler als die *n*-Paraffine und auch viel klopffester. Besonders klopffest ist das 2,2,3-Trimethyl-Butan:

$$\begin{array}{c} CH_3 \; CH_3 \\ CH_3 \cdot C \cdot CH \cdot CH_3 \\ CH_3 \end{array},$$

das im Überlademotor die doppelte Klopfgrenzleistung des Iso-Oktan ergibt und die Performance Number 200 aufweist (vgl. S. 222).

*Cycloparaffine* oder *Naphthene* sind gesättigte Kohlenwasserstoffe, mit ringförmigem Aufbau: 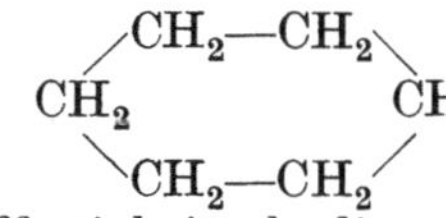, Cyclohexan. Auch die Cycloparaffine haben höhere Klopffestigkeit als die *n*-Paraffine. Der Kohlenstoffring hat meist fünf oder sechs C-Atome; aus den letzteren entstehen durch Wasserstoffabspaltung die Aromaten. Bei gleicher prozentualer Zusammensetzung an Kohlenstoff und Wasserstoff können zwei Kohlenwasserstoffe infolge verschiedenen Aufbaus (Struktur) sehr verschiedene Eigenschaften aufweisen; man nennt dies Struktur-Isomerie. Sind bei gleicher prozentualer Zusammensetzung und Struktur zwei Kohlenwasserstoffe (oder sonstige Verbindungen) so aufgebaut, daß sie räumlich nicht zur Deckung gebracht werden können, wie etwa Bild und Spiegelbild, so ist dies Raum- oder Stereo-Isomerie. Dank dieser Isomerien sind in den Erdölprodukten unzählige Kohlenwasserstoffe vorhanden; die Zahl der Isomeriemöglichkeiten steigt mit dem Molekulargewicht sehr stark an. Sie wurden für 40 C-Atome mit $62 \times 10^{12}$ angegeben. Praktisch ist bei Untersuchungen von F. D. Rossini gefunden worden, daß in der von 55 bis 145° C siedenden Fraktion eines Ponca-Rohöles acht Verbindungen rund die Hälfte davon ausmachten, zehn mehr als 16% und 13 weitere 9% darstellten, so daß 75% der Fraktion aus nur 31 Kohlenwasserstoffen bestanden[1]. Praktisch interessante Verbindungen können in solchen Mengen vorkommen, daß sie in großem Maßstab technisch isoliert werden (*i*-Hexan).

Die ungesättigten, geradkettigen oder verzweigten Kohlenwasserstoffe heißen *Olefine*. Ihre allgemeine Formel ist — bei einer einfachen Doppelbindung — $C_nH_{2n}$, wie jene der Cycloparaffine (Naphthene). Sie kommen im Erdöl nur sehr selten vor, in großer Menge aber in Spaltprodukten wie im Krackbenzin. Sie haben verschiedene Klopffestigkeit, im allgemeinen ist sie bei geringer thermischer Beanspruchung recht gut, doch ist ihre Bleiempfindlichkeit gering und ihre Beständigkeit auch geringer als jene der *n*-Paraffine. Als Beispiel sei 1-Hexylen genannt (1 ist die Stelle der Doppelbindung): $CH_2 = CH \cdot CH_2 \cdot CH_2 \cdot CH_2 \cdot CH_3$. *Di-Olefine* haben zwei Doppelbindungen und zeigen verstärkt die Eigenschaften der Olefine, d. h. höhere Klopffestigkeit, aber auch viel größere Unbeständigkeit

[1] Proc. Amer. Petroleum Inst. **3** (1937), 18, 36.

als die Olefine. *Cyclo-Olefine* haben bei ringförmigem Aufbau eine oder mehrere Doppelbindungen: 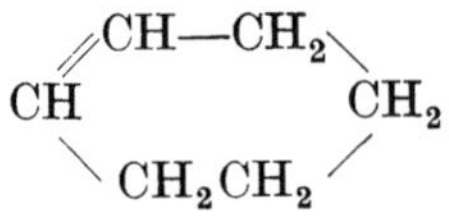 Cyclohexen; 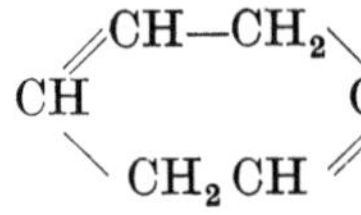 Cyclohexadien.

Bei dreifacher Kohlenstoff-Kohlenstoffbindung heißen die Olefine allgemein Alkine, ihr wichtigster Vertreter ist das Azetylen $CH \equiv CH$, das bei sehr vielen Verbrennungsvorgängen auftritt und infolge seiner starken Reaktionsfähigkeit eine wesentliche Rolle bei der Rußbildung spielt.

Die *Aromaten* sind ringförmige, ungesättigte Verbindungen; sie verhalten sich aber trotzdem mehr wie gesättigte Kohlenwasserstoffe als die Olefine. Sie besitzen sehr hohe Wärme- und Oxydationsbeständigkeit und sind außerordentlich klopffest, falls keine allzuhohe thermische Beanspruchung vorliegt. Das bekannteste Glied dieser Reihe ist das Benzol:

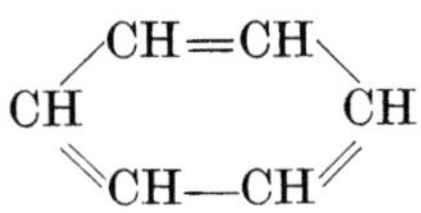

Aromaten kommen zum Teil in natürlichem Erdöl (Borneo), in großer Menge in katalytisch behandelten Benzinen vor, in denen sie durch Wasserstoffabspaltung aus Cycloparaffinen entstanden sind.

Eine Übersicht der Haupteigenschaften der wichtigsten Kohlenwasserstoffe ist in Tab. 36 gebracht:

Tabelle 36. *Eigenschaften der wichtigsten Kohlenwasserstoffe* (nach GOODGER)

| Reihe und allgemeine Formel | Struktur | Heizwert | Beständigkeit | Klopffestigkeit | Gew.-% in typischen Rohölen | | |
|---|---|---|---|---|---|---|---|
| | | | | | Pennsylv. | Kalifornien | Borneo |
| *n-Paraffine* $C_nH_{2n+2}$ | offene Kette gesättigt | hoch | gut | gering | 40 | 12 | 25 |
| *iso-Paraffine* $C_nH_{2n+2}$ | verzw. Kette gesättigt | hoch | gut | hoch | | | |
| *Olefine* $C_nH_{2n}$ | gerade Kette ungesättigt | zwischen Paraffinen und Naphthenen | gering | verschieden | kommen nicht vor | | |
| *Cycloparaffine (Naphthene)* $C_nH_{2n}$ | ringförmig gesättigt | | gut | verschieden | 48 | 75 | 40 |
| *Aromaten* | ringförmig ungesättigt | relativ nieder | gut | sehr hoch | 10 | 10 | 35 |

Je geringer der Wasserstoffgehalt ist, um so höher liegt im allgemeinen das Lösungsvermögen.

Die wichtigsten Veränderungsprodukte der Kohlenwasserstoffe sind jene, die bei der Oxydation entstehen. Allgemein kommen sie dadurch zustande, daß ein Wasserstoffatom durch ein Atom oder eine Atomgruppierung (ein sogenanntes Radikal) ersetzt wird. Davon seien genannt:

*Alkohole*, d. h. Verbindungen, die das Radikal OH enthalten:

$CH_3 \cdot OH$ Methylalkohol, $CH_3 \cdot CH_2 \cdot OH$ Äthylalkohol.

Enthält das Molekül ein OH-Radikal, so nennt man den Alkohol einwertig, dementsprechend bei zwei Radikalen zweiwertig, bei dreien dreiwertig:

$CH_2 \cdot OH - CH_2 \cdot OH$ Äthylenglykol; $CH_2 \cdot OH - CH \cdot OH - CH_2 \cdot OH$ Glyzerin.

*Aldehyde*, d. h. Verbindungen, die das Radikal $\underset{\dot{H}}{C} = O$ enthalten:

$$\underset{\dot{H}}{CH} \cdot = O \text{ Formaldehyd, } CH_3 \cdot \underset{\dot{H}}{C} = O \text{ Azetaldehyd,}$$

$$CH_3 \cdot CH_2 \cdot \underset{\dot{H}}{C} = O \text{ Propionaldehyd.}$$

*Ketone* enthalten die Gruppierung $\cdot C = O \cdot$, z. B. das erste Glied der Reihe, Azeton: $CH_3 \cdot C = O \cdot CH_3$; sie zeichnen sich wie die Alkohole durch starkes Lösungsvermögen für Harze aus.

*Säuren* enthalten die Gruppierung $C \cdot O \cdot OH$, z. B. Ameisensäure: $CH \cdot O \cdot OH$ und Essigsäure: $CH_3 \cdot C \cdot O \cdot OH$.

Da *Schwefel* sehr nahe Verwandtschaft zu Sauerstoff besitzt, kann der Sauerstoff der erwähnten Verbindungen durch Schwefel ersetzt werden und man erhält dann die analogen Thio-Verbindungen, die praktisch sowohl wegen ihrer Korrosionsneigung (Bildung von Schwefelmetallen), als wegen der manchen unter ihnen zukommenden Hemmwirkung gegen Oxydation wichtig sind. Die unbeständigeren Verbindungen dieser Art wirken auch auf Bleitetraäthyl ein und verringern dadurch dessen Wirkung als Klopfbremse.

Die Gruppierung $NH_2$ (Aminogruppe) zeichnet sich durch besondere chemische Aktivität aus und findet deshalb sowohl als Gegenklopfmittel im Anilin $C_6H_5 \cdot NH_2$ und Monomethylanilin $C_6H_5NH \cdot CH_3$, als in Oxydationshemmstoffen Anwendung, wie im Phenylendiamin (mit verschiedenen Seitenketten): $C_6H_4 \cdot (NH_2)_2$.

## 3. Die chemische Zusammensetzung des Erdöls und seiner Produkte

Das Verhalten der Erdölprodukte wird weitgehend durch ihren chemischen Aufbau bestimmt, der wieder, außer bei tiefeingreifender willkürlicher Veränderung durch besondere Verfahren, durch den chemischen Aufbau des Rohöles gegeben ist.

Das Erdöl besteht überwiegend aus Kohlenwasserstoffen, daneben kommen auch in wechselnder, unter Umständen recht erheblicher Menge Schwefelverbindungen vor, während Stickstoff- und Sauerstoffverbindungen mengenmäßig kaum eine Rolle spielen, wenn auch ihr Einfluß auf das Verhalten, insbesondere die Oxydationsbeständigkeit, nicht unterschätzt werden darf.

Man kann die Erdölkohlenwasserstoffe nach der prozentualen Menge an chemischen Elementen, d. h. der chemischen Elementaranalyse kennzeichnen, ohne daß dadurch eine sehr eingehende Kenntnis erlangt würde. Je höher eine Fraktion eines gegebenen Erdöles siedet, um so kohlenstoffreicher und wasserstoffärmer wird sie im allgemeinen. So gibt GURWITSCH für Baku-Erdöl die folgenden Prozentgehalte an C und H an:

Tabelle 37. *Elementaranalyse von Baku-Erdölfraktionen (auf 100% C + H umgerechnet)*

| | | |
|---|---|---|
| Benzin (Fraktion von 75 bis 85° C) . . | 84,86% C | 15,14% H |
| Maschinenöl . . . . . . . . . . . . . . . . . . . . . . | 86,2 % C | 13,8 % H |
| Zylinderöl . . . . . . . . . . . . . . . . . . . . . . | 87,3 % C | 12,7 % H |

Praktisch wichtiger ist die Kenntnis der Menge der wichtigsten Kohlenwasserstoffgruppen im Erdöl.

Die ungefähre Zusammensetzung verschiedener Rohöle ist in Abb. 60 nach GRUSE wiedergegeben, doch gibt sie nur einen rohen Anhalt.

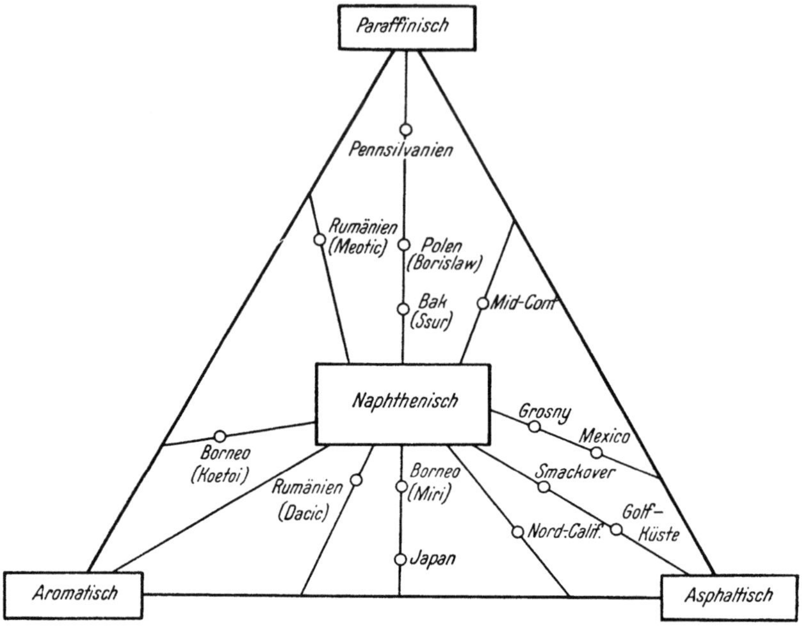


Abb. 60. Ungefähre Zusammensetzung verschiedener Rohöle nach GRUSE

Eine neuere Einteilung der Erdöle von SACHANEN zeigt Tab. 38.

Tabelle 38. *Klassifizierung von Rohölen* (nach SACHANEN)

| Klasse | Zusammensetzung | Rohöle |
|---|---|---|
| Paraffinisch | Paraffinische Seitenketten 75% oder mehr | Pennsylvania, Rodessa |
| Naphthenisch | Naphthen. Kohlenwasserstoffe 70% oder mehr | Emba-Dossor |
| Aromatisch | Aromat. Kohlenwasserstoffe 50% oder mehr | Kommt nicht vor |
| Asphaltisch | Harze und Asphalte 60% oder mehr | (Bitumen natürlicher Asphalte) |
| Paraffinisch-naphthenisch | Paraffinische Seitenketten 60—70%; mindestens 20% naphthenische Ringe | Viele Mid-Continent-Rohöle |
| Paraffinisch-naphthenisch-aromatisch | Etwa gleiche Mengen Paraffine, Naphthene und Aromaten | Maikop |
| Naphthenisch-aromatisch | 35 oder mehr % Naphthene oder Aromaten | Light Coastal und kalifornische Rohöle |
| Naphthenisch-aromatisch-asphaltisch | 25 oder mehr % Naphthene, Aromaten oder Asphaltverbindungen | Schwere Coastal und kalifornische Rohöle |
| Aromatisch-asphaltisch | 35 oder mehr % aromatische oder asphaltische Verbindungen | Ural, wahrscheinlich einige schwere mexikanische Rohöle |

Es sei darauf aufmerksam gemacht, daß die Herstellung von Erdölprodukten — vom chemischen Standpunkt aus gesehen — eine reine Verarbeitung der naturgegebenen Verbindungen, ihre chemische oder physikalische Umwandlung bzw. Trennung in andere chemische Verbindungen, endlich aber die Synthese sein kann. Entscheidende Bedeutung für die Verwendung haben die Eigenschaften der Rohöle nur im ersten Falle.

Praktisch können die in sehr geringen Mengen (Hundertstel bis Zehntel Prozent) vorkommenden Anteile anorganischer Bestandteile des Erdöls sehr große Bedeutung erhalten; Eisen, Vanadium, Silizium, Kalzium sind nicht nur als Suspensionen in Form mechanischer Verunreinigungen darin enthalten, sondern sowohl im Erdöl als in seinen Produkten als gelöste, metallorganische Verbindungen, die recht komplexe Zusammensetzung besitzen. Porphyrine (deren Anwesenheit für den organischen Ursprung des Erdöls spricht) und Chelate dürften darunter eine besondere Rolle spielen, weil die Metalle darin so fest gebunden sind, daß eine einfache Abtrennungsmöglichkeit nicht gegeben ist. Daß Natriumchlorid sowohl bei der Produktion als auch bei Seetransporten in Erdöl und Erdölprodukte gelangen kann, sei erwähnt; die Korrosionsgefahr wird dadurch erheblich gesteigert.

## 4. Allgemeines über chemische Reaktionen

Bei chemischen Reaktionen muß man unterscheiden zwischen dem *Endzustand* oder *Gleichgewichtszustand*, der von einem bestimmten Anfangszustand bei gegebenen Bedingungen erreicht wird, und dem *Reaktionsweg* und der *Reaktionsgeschwindigkeit*, mit der dieser durchschritten wird.

*Reaktionsgleichgewicht*

Chemische Reaktionen können sowohl (praktisch) vollständig als unvollständig ablaufen. Das erste tritt bei Reaktionen in heterogenen Systemen (fest oder flüssig-gasförmig) ein, z. B. bei der Verbrennung bei Luftüberschuß. Unvollständig verlaufen dagegen Reaktionen in homogenen gasförmigen oder flüssigen Systemen, weil dabei die Erreichung des Endzustandes von beiden Seiten der Reaktionsgleichung in gleicher Weise erfolgt. Die Gleichung $H_2 + Cl_2 \rightleftarrows 2\,HCl$ bedeutet daher die Einstellung eines dynamischen, nicht eines statischen Gleichgewichtes, weil nach seiner Erreichung die Hin- und die Herreaktion gleich rasch ablaufen, nicht aber, weil überhaupt keine Reaktion mehr stattfindet.

Die Lage dieses Gleichgewichtes ist unter sonst gleichbleibenden Bedingungen durch die relative Menge der reagierenden Stoffe bedingt. Da die Menge (= Konzentration) der in der Zeiteinheit entstehenden und zerfallenden Reaktionspartner gleich ist, setzt man die Konzentration von $H_2$, $Cl_2$ und HCl als $[H_2]$, $[Cl_2]$ und $[HCl]$ nach dem Massenwirkungsgesetz von Guldberg und Waage derart in Beziehung, daß die Quotienten der Reaktionsteilnehmer (für gleiche Temperaturen und Drucke) sich im Gleichgewichtszustand befinden:

$\vec{k} \cdot [H_2] \cdot [Cl_2] = \overleftarrow{k} \cdot [HCl]^2$ bzw. $\frac{[H_2] \cdot [Cl_2]}{[HCl]^2} = \frac{\overleftarrow{k}}{\vec{k}} = K$ (da zwei Moleküle HCl entstehen, die doppelt so oft miteinander reagieren können, muß HCl als Quadrat in die Gleichung eingehen). Die Konstante $K$ ist die *Gleichgewichtskonstante*. Allgemein gilt bei der Reaktion von $mA + nB + \ldots\ldots = rE + sF + \ldots\ldots\ldots$ das Gleichgewicht.

$$\frac{(E)^r + (F)^s}{(A)^m + (B)^n} = K.$$

Werden statt Konzentration in Molekeln/Volumeneinheit $[C_i,]$ wie bei Gasreaktionen vielfach üblich, die Partialdrücke $p_i$ oder die Molenbrüche $x_i$ verwendet, so bleiben die Zahlenwerte des Massenwirkungsausdruckes bei Reaktionen ohne Änderung der Molenzahl unverändert. Tritt Änderung der Molenzahl ein, so sind Umrechnungen vorzunehmen. Gasgleichgewichte mit Änderung der Molenzahl sind druckabhängig, indem hoher Druck im Sinne jener Reaktion wirkt, die eine geringe Molenzahl ergibt, niederer Druck umgekehrt im Sinne der Bildung einer größeren Molenzahl. In Flammen wird das Reaktionsgleichgewicht infolge der kurzen verfügbaren Zeit nicht unbedingt erreicht[1].

### *Energetik chemischer Reaktionen*

Für den Ablauf einer chemischen Reaktion ist nicht allein die *Reaktionswärme* maßgebend, wie es zuerst THOMSEN und BERTHELOT annahmen, weil ja gemäß der Vorstellung eines dynamischen Gleichgewichtes wärmeverbrauchende und wärmeabgebende Reaktionen gleich rasch ablaufen, sondern die bei der Reaktion geleistete *Arbeit*, die sowohl Volumarbeit als elektrische Arbeit sein kann. (Im Kalorimeter ist Volumarbeit verhindert, so daß man nur die Wärmeentwicklung mißt.) Wird bei isothermen Vorgängen Arbeit abgegeben, so verlaufen sie freiwillig, andernfalls muß zu ihrem Ablauf Arbeit aufgewendet werden, die in Zufuhr von Wärme, elektrischem Strom, Strahlungen bestehen kann. Beim Gleichgewichtszustand ist die geleistete Arbeit Null.

Die Reaktionsarbeit entscheidet also — abhängig von $p$ und $T$ — über die Reaktionsmöglichkeit und bildet so die Grundlage zur Voraussage möglicher Reaktionsabläufe; ihre Größe muß allerdings experimentell festgestellt werden.

### *Kinetik chemischer Reaktionen*

Die Einstellung des Reaktionsgleichgewichtes verläuft von den Ausgangs- zu den Endstoffen über eine Reihe von Zwischenprodukten mit einer bestimmten Reaktionsgeschwindigkeit. Für einen kurzen Zeitraum des gesamten Reaktionsablaufes ist die Reaktionsgeschwindigkeit unter Verwendung der Reaktionslaufzahl $\lambda$

$$RG = \frac{d\lambda}{dt}.$$

Als Maß von $d\lambda$ verwendet man die Abnahme der Konzentration eines Reaktionsteilnehmers (Molenzahl), vielfach auch die Abnahme oder Änderung einer physikalischen Eigenschaft des Gesamtsystems, wie des Druckes oder Volumens (z. B. des Sauerstoffes bei Oxydationsversuchen!).

Bei einfachen Reaktionen (im Gegensatz zu Kettenreaktionen) hängt die Reaktionsgeschwindigkeit zwar nicht immer, aber vielfach von der Konzentration der Reaktionspartner ab. Es ist zu beachten, daß viele Einflüsse außer den rein chemischen auf die Reaktionsgeschwindigkeit einwirken, wie z. B. die Diffusion, Adsorption, und daß infolgedessen die Gesamtgeschwindigkeit durch den am langsamsten ablaufenden Vorgang chemischer oder physikalischer Art bestimmt wird.

### *Reaktionsordnungen*

Man unterscheidet die Reaktionen nach Ordnungen, d. h. der Zahl der durch ihre Konzentration die Reaktionsgeschwindigkeit beeinflussenden Moleküle. Es gibt danach:

---

[1] 5. International Symposion on Combustion. New York: Reinhold Publishing Co. 1955.

**Reaktionen nullter Ordnung** treten bei heterogenen Reaktionen auf, wie z. B. katalytischen Vorgängen, bei denen die Reaktionsgeschwindigkeit durch Adsorption bestimmt wird. Nach der Adsorptionsisotherme ist die Adsorption bei niederen Drucken oder Konzentrationen diesen proportional, um bei höheren Werten asymptotisch parallel zu der für die Drucke bzw. Konzentrationen gewählten Achse zu verlaufen (vgl. Abb. 39, S. 97). Ein durch Adsorption bestimmter Vorgang wird also bei geringem Druck (geringer Konzentration) anfänglich gemäß dem HENRYschen Gesetz linear dazu zunehmen, bei hohen Drucken (Konzentrationen) aber unabhängig davon ablaufen. Die zur Charakteristik der Reaktionsgeschwindigkeit verwendete Halbwertszeit, d. h. jene Zeit, in der nur mehr die Hälfte der ursprünglich vorhandenen Menge eines Stoffes anwesend ist, bleibt proportional der Anfangskonzentration.

**Reaktionen erster Ordnung** (monomolekulare Reaktionen) von Atomen (radioaktive Elemente) und von Molekülen (z. B. thermischer Zerfall organischer Moleküle). Von je $N$ Atomen oder Molekülen zerfällt in der Zeiteinheit ein bestimmter Anteil $k \cdot N$, die Reaktionsgeschwindigkeit ist daher $RG = \frac{-\mathrm{d}N}{\mathrm{d}t} = k \cdot N$ (worin $k$ die Zerfallskonstante). Die Halbwertszeit solcher Reaktionen ist $\frac{0{,}693}{k}$ $\left(= \frac{\ln 2}{k}\right)$, $k$ wird in z. B. Litern Mol. $\text{sek}^{-1}$ angegeben. Die Anfangskonzentration spielt keine Rolle.

**Reaktionen zweiter Ordnung** (Reaktionenen zweier Moleküle). Bei diesen ist die Halbwertszeit $\frac{1}{k \cdot c_0}$, d. h. umgekehrt proportional der Ausgangskonzentration.

**Reaktionen dritter Ordnung** (Reaktionen dreier Moleküle). Bei diesen ist die Halbwertszeit $\frac{3}{2\, k \cdot c_0^2}$, also umgekehrt proportional dem Quadrat der Anfangskonzentration $c_0$.

Eine graphische Darstellung des Ablaufes dieser Reaktionen unter Annahme gleicher Anfangsgeschwindigkeit zeigt Abb. 61.

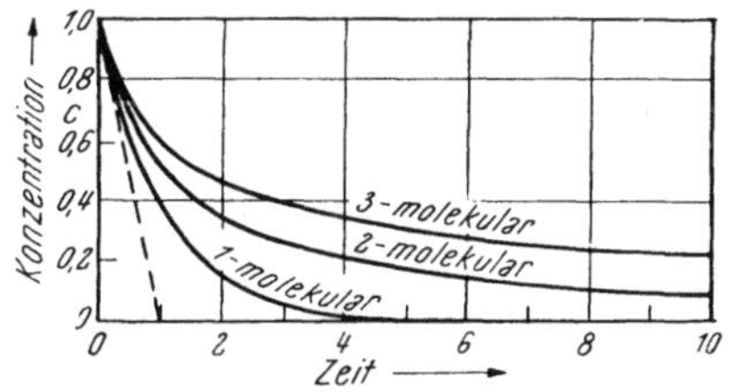

Abb. 61. Ablauf einer 1-, 2- bzw. 3-molekularen Reaktion

Schon Reaktionen dritter Ordnung sind sehr selten, da sie das gleichzeitige Zusammentreffen dreier Moleküle erfordern; außerdem ist zu beachten, daß die summarische Deutung des Reaktionsablaufes — besonders bei komplizierten Reaktionen, an denen eine große Anzahl von Molekülen beteiligt ist — fast nie den wirklichen, sich aus einzelnen einfachen Reaktionen zusammensetzenden Ablauf des Vorganges wiedergibt, dessen Geschwindigkeit, wie erwähnt, durch den am langsamsten ablaufenden Teilvorgang bestimmt wird.

### *Temperatureinfluß auf die Reaktionsgeschwindigkeit*

Der Temperatureinfluß auf die Reaktionsgeschwindigkeit ist im allgemeinen sehr groß; bei Raumtemperatur steigt mit 10° C Temperaturerhöhung die Reaktionsgeschwindigkeit meist auf das zwei- bis vierfache an. ARRHENIUS hat für die Konstante $k$ der Reaktionsgeschwindigkeit die folgende Beziehung aufgestellt: $\log k\, H = \frac{a}{T}$, worin $H$ und $a$ Konstanten darstellen. Der log von $k$ ändert sich also linear mit $\frac{l}{T}$; die Gleichung ist für sehr viele Reaktionen von fundamentaler Bedeutung.

*Aktivierungsenergie*

Daß trotz der außerordentlich hohen Zahl von Zusammenstößen der Moleküle die Reaktionen (insbesondere Gasreaktionen) nur mit endlicher Geschwindigkeit, zum Teil sehr langsam, ablaufen, ist durch die außerordentlich fruchtbare Annahme gedeutet worden, daß nur jene Moleküle reagieren können, denen durch Zufuhr einer *Aktivierungsenergie* die nötige Reaktionsbereitschaft erteilt wurde; diese ist notwendig, um das vorhandene Energieniveau über einen „Hemmschuh" zu heben, der den Eintritt einer Reaktion mit dem Abfall vom Energieniveau $E_1$ zu $E_2$ verhindert ($A$ in Abb. 62). Die Zufuhr solcher Energie kann in optischer, elektrischer und thermischer Form erfolgen; einen Vergleich der Maßstäbe zur Umrechnung der Energieabgaben nach EGGERT gibt Abb. 63.

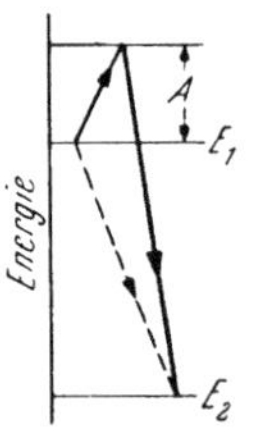


Abb. 62. Schema der Aktivierungsenergie

Die Deutung der Aktivierungsenergie bei gasförmigen Systemen beruht auf dem Umstand, daß die thermische Energie der Moleküle statistisch gemäß dem MAXWELLschen Verteilungsgesetz verteilt ist, wonach einzelne Moleküle eine weit höhere Energie enthalten, als dem Mittel entspricht. Nach MAXWELL und BOLTZMANN reagieren nur jene Moleküle, deren Energie den Betrag $A$ übersteigt, und zwar zu einem Bruchteil, der $e^{-A/RT}$ beträgt. Statt der maximalen Geschwindigkeit der Reaktionen mit der Konstante $k_m$, für den Fall, daß jeder Zusammenstoß Erfolg hätte, ergibt sich also eine verringerte Geschwindigkeit, deren Konstante $k = k_m \cdot e^{-A/RT}$ ist. Logarithmiert ergibt sich: $\ln k = \ln k_m - A/RT$. Temperaturerhöhung steigert zwar die Häufigkeit der Zusammenstöße, die im Häufigkeitsexponenten $H$ ausgedrückt ist, viel wichtiger ist aber gemäß der obigen Auffassung die Erhöhung der Zahl jener Moleküle, die hohe Geschwindigkeit besitzen, wie Abb. 64 zeigt. Da man daher $H$ praktisch als konstant ansehen kann, und $H = \log k_m$, wird $a$ (bei Übergang auf den dekadischen Logarithmus und Angabe der Aktivierungsenergie in Kalorien) $= \frac{A}{2{,}303\, R} = \frac{A}{4{,}573}$. Die ARRHENIUS-Gleichung nimmt demnach folgende Form an:

$\log k = H - \frac{A}{4{,}573\, T}$, worin $H$ der Häufigkeitsexponent und $A$ die Aktivierungsenergie ist, die bei Gasreaktionen zwischen 20 und 100 kcal je Mol beträgt. Trägt man also $\log k$ gegen den Wert $\frac{A}{4{,}573\, T}$ auf, so erhält man gerade Linien. Umgekehrt ist es möglich, aus Versuchswerten, die sich bei Auftragung von $\log k$ gegen $\frac{l}{T}$ in einer Geraden anordnen, den Aktivierungskoeffizienten, d. h. die Aktivierungsenergie zu errechnen, die sich schon anschauungsmäßig aus der Steilheit der Geraden abschätzen läßt: je steiler sie verläuft, um so größer, je flacher, um so geringer ist die Aktivierungsenergie.

*Kettenreaktionen*

Wesentlich andere Beziehungen zwischen Konzentration und Reaktionsgeschwindigkeit als bei den normalen Reaktionen bestehen bei *Kettenreaktionen.* Bei Reaktionen mit großer Energieabgabe, wozu Oxydations- und Verbrennungsvorgänge gehören, können durch Reaktion zwischen aktivierten Molekülen energiereiche Zwischenprodukte entstehen, die die Reaktion weiterzuleiten vermögen.

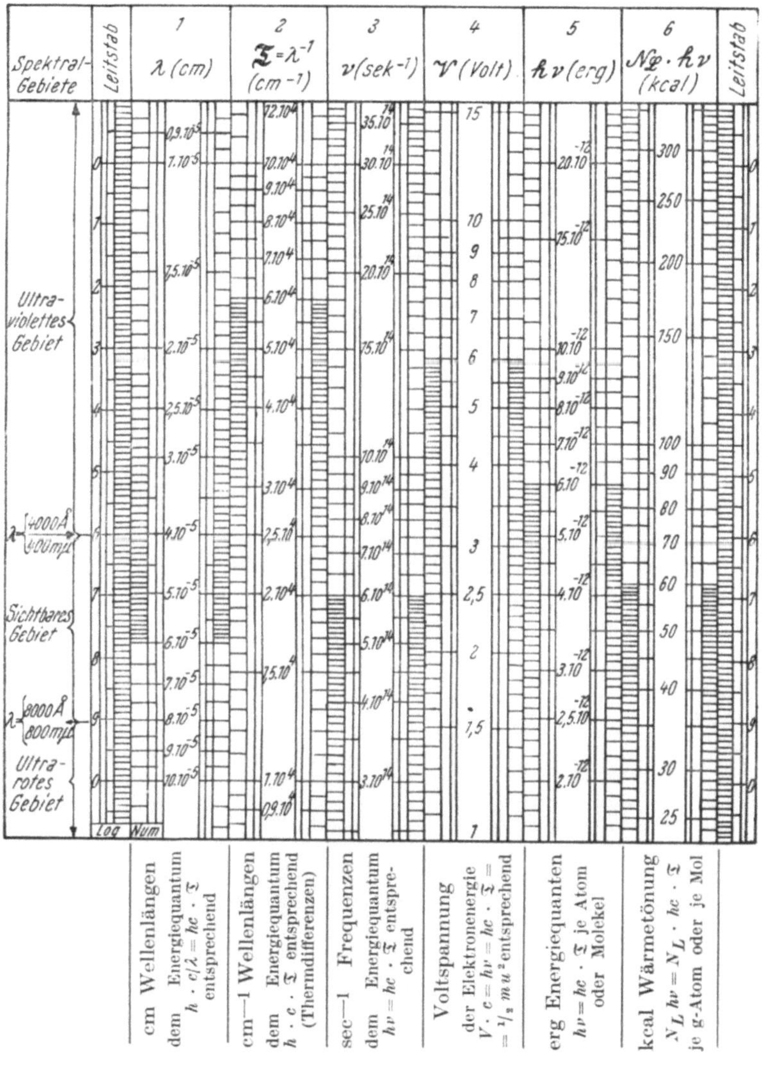


Abb. 63. Vergleichsmaßstäbe zur Umrechnung optischer, elektrischer und thermischer Energieangaben nach EGGERT

Durch einen einzigen Aktivierungsakt kann so eine große Zahl von Molekülen umgesetzt werden. Die Reaktion $H_2 + Br_2 \rightarrow 2\,HBr$ verläuft bei 200 bis 300° C annahmegemäß folgendermaßen:

a) $Br_2 \rightarrow 2\,Br$ (Startreaktion)
b) $Br + H_2 \rightarrow HBr + H$
c) $H + Br_2 \rightarrow HBr + Br$ (Reaktionskette)
d) $H + HBr \rightarrow H_2 + Br$
e) $2\,Br \rightarrow Br_2$ (Kettenabbruch)

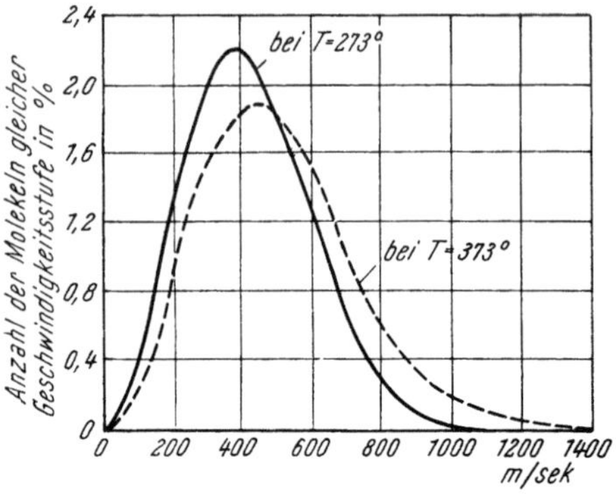


Abb. 64. MAXWELLsche Geschwindigkeitsverteilung nach UHLIG

Mit steigender Temperatur verschiebt sich das Maximum der Verteilungskurve zu höheren Geschwindigkeitswerten und wächst der Anteil von Molekülen mit hoher Geschwindigkeit stark an

Für z. B. $A = 20\,000$ cal folgt bei 1000° K der Bruchteil aktiver Moleküle zu $e^{-20\,000/2100}$, d. h. zu $e^{-10} = 10^{-4,34} = 4,6 \times 10^{-5}$. Bei 2000° K ist er aber gleich $e^{-5} = 10^{-2,17} = 6,8 \times 10^{-3}$, also etwa 150mal so groß wie bei 1000° C

Für den Gesamtvorgang sind die drei Teilvorgänge des Startes, der eigentlichen Reaktion und des Kettenabbruches maßgebend. Nach dem Start ist die Zahl der je Aktivierungsvorgang umgesetzten Moleküle um so größer, je länger die Reaktionskette ist, und um so geringer, je kürzer sie ist. Der Kettenabbruch geschieht durch Dreierstoß (Zusammenstoß von drei Atomen oder Atomgruppen) oder durch Vorgänge an der Gefäßwandung (Wanderaktion), wie im obigen Falle.

Eine ganz außerordentliche Steigerung der Reaktionsgeschwindigkeit tritt ein, wenn Kettenverzweigung erfolgt, d. h. ein aktiver Reaktionsträger zwei neue erzeugt, wie das bei der Verbrennung eintreten kann. So reagiert bei höheren Temperaturen ein Wasserstoffatom mit einem Sauerstoffmolekül unter Bildung eines OH-Radikales und eines O-Atoms, von denen jedes die Reaktion weiterleiten kann: $H + O_2 \rightarrow OH + O$. Im Gegensatz zur reinen Wärmeexplosion, die durch Wärmestauung und temperaturmäßig bedingte Reaktionsbeschleunigung erfolgt, setzt dann eine Kettenexplosion ein, die ganz andere Eigentümlichkeiten als die erste aufweist (vgl. S. 202, 214).

## *Katalyse*

Katalyse ist die Beschleunigung einer Reaktion durch Stoffe, die aus der Umsetzung unverändert wieder herauskommen, so daß sie in der Reaktionsgleichung nicht aufscheinen: diese Stoffe nennt man *Katalysatoren*. Das Reaktionsgleichgewicht wird durch sie nicht verändert, allerdings kann es vorkommen, daß der Reaktionsablauf verändert wird, so daß man andere Produkte erhält als ohne Zusatz. Der Begriff Katalysator wird auch — fälschlich — auf Zusätze angewendet, die, wie manche Oxydationshemmstoffe, bei der Reaktion allmählich verbraucht werden. *Negative Katalyse besteht in der Verhinderung einer positiven Katalyse*, bzw. Zerstörung reaktionsfördernder Zwischenprodukte (aktiver Atome oder Atomgruppen); man meidet jetzt allerdings möglichst den Ausdruck negative Katalyse.

**Homogene Katalyse.** Gehört der Katalysator der gleichen Phase wie die reagierenden Stoffe an, so spricht man von homogener Katalyse. Die Wirkung kommt vielfach durch Bildung labiler chemischer Zwischenverbindungen zustande, wobei meist eine Herabsetzung der Aktivierungsenergie erfolgt, aber sich auch physikalische Einflüsse, wie die Veränderung der Energieübertragung, oder Dipolmomente (vor allem bei Lösungsmittelzusatz) auswirken. Als Beispiel der Herabsetzung der Aktivierungsenergie nennt UHLICH die Zersetzung von Wasserstoffsuperoxyd, deren Aktivierungsenergie in wässeriger Lösung ohne Zusatz 18,0 kcal, bei Gegenwart von J-Ionen 13,5 kcal, von Pt-Sol 11,7 kcal, von Leberkatalase aber nur mehr 5,5 kcal beträgt. Der Einfluß des Wasserdampfes auf die Beschleunigung vieler Gasreaktionen und die Säure- und Basenkatalyse in Lösungen sind ebenso zu deuten.

**Heterogene Katalyse.** Gehört der Katalysator einer anderen Phase an als die reagierenden Stoffe, so spricht man von heterogener Katalyse. Sie spielt bei sehr vielen Verwendungen der Erdölprodukte eine große Rolle; es sei nur an die Oxydation erinnert. Die Reaktionsgeschwindigkeit ist an den Grenzflächen viel höher als an den Gefäßwandungen; trägt man log $k$ gegen $1/T$ auf, so erhält man deshalb einen sich aus zwei Geraden zusammensetzenden Linienzug, von denen die flachere der Wandreaktion, die steilere der Homogenreaktion zugehört. Da die Wandreaktion mit der flacheren Geraden die geringere Aktivierungsenergie hat, tritt sie bei niederer Temperatur in den Vordergrund, während die Homogenreaktion mit der steileren Geraden und höheren Aktivierungsenergie bei höheren Temperaturen überwiegt.

Die Ursache der heterogenen Katalyse ist sowohl in physikalischen als chemischen Vorgängen zu suchen; es kann eine Veränderung des Reaktionsablaufes durch Konzentrationserhöhung (Adsorption), Fortführung der Reaktionswärme, Verringerung der Aktivierungsenergie (die zum Teil durch die Adsorptionswärme geliefert wird) erfolgen und überdies durch Bildung labiler Zwischenverbindung unter chemischer Veränderung von Adsorbat und Adsorbens ebenfalls die Aktivierungsenergie erniedrigt werden.

**Steigerung der Katalysatorwirkung** durch Kontaktförderer (Promotoren) kommt nur für Katalysatoren in Betracht, die als solche benützt und durch derartige, oft selbst kaum katalytisch wirksame, Stoffe in ihrem Gefüge günstig verändert werden, indem eine größere Zahl aktiver Stellen entsteht, oder der Zusatz eine Sonderwirkung auf einen der Reaktionspartner ausübt.

**Hemmung der Katalyse** bedeutet meist die chemische Vergiftung eines positiv wirkenden Katalysators, z. B. von Eisen durch S oder $H_2S$, oder Bedeckung einer katalytisch wirkenden Fläche mit einem chemisch unwirksamen Metallsalz, z. B. Phosphat, oder einer physikalisch den Zutritt der Reaktionspartner hindernden Schicht, wie die Ablagerung von Asphaltstoffen. Auch die Bildung von komplexen Metallsalzen kann die Wirkung des Metalles vernichten. Für die Hemmstoffe (Inhibitoren) gegen Oxydation ist nach MOUREU und DUFRAISSE die Bildung eines labilen Zwischenproduktes angenommen worden, das den primär als Peroxyd gebundenen Sauerstoff, der aktiviert ist, als molekularen, nicht mehr aktiven freimacht, während der Hemmstoff selbst wieder neu entsteht. Nach neueren Auffassungen ist ein kettenabbrechender Vorgang wahrscheinlicher.

## 5. Oxydation

### a) Definition

Die Oxydationsreaktion ist die wichtigste, die im chemischen Ablauf der anorganischen und organischen Materie vorkommt, so daß sie auch für die Kohlenwasserstoffe des Erdöls größte Bedeutung hat.

Als Oxydation bezeichnet man drei grundsätzlich verschiedene Vorgänge:

1. Die direkte Anlagerung von Sauerstoff unter Bildung von OH-, CHO-,

CO-, und COOH-Gruppen, die zu Ende geführt bis zu $CO_2$ und $H_2O$ geht (Verbrennung).

2. Die Dehydrierung, bei der durch Wasserstoffabspaltung allein oder in Verbindung mit darauffolgender Wasseranlagerung eine höhere Oxydationsstufe gebildet wird.

3. Die Überführung eines Atoms von einer niederen in eine höhere Wertigkeitsstufe.

### b) Wesen

Wegen der überragenden Bedeutung der Oxydation für die organische Chemie gibt es eine außerordentlich umfangreiche Literatur darüber, auf die nicht im einzelnen eingegangen werden kann. Es soll nur versucht werden, hier die jetzigen Anschauungen über die langsame Oxydation zu skizzieren, die allerdings mit der in Kapitel 7 (S. 182) besprochenen Verbrennung in engem Zusammenhang steht. Die Kenntnis der Oxydationsvorgänge ermöglicht auch deren Verhinderung, die sowohl durch äußere Maßnahmen als auch durch Auswahl der Stoffe und durch hemmend wirkende Zusätze (Inhibitoren, Hemmstoffe) erzielt werden kann.

Bei der Oxydation unterscheidet man zwischen jener, die durch Oxydationsmittel, unter Umständen unter Verwendung von Katalysatoren, und jener, die durch alleinige Einwirkung von Luftsauerstoff (oder Ozon) bewirkt wird. Letztere, bei der der Oxydationsvorgang durch im angegriffenen Molekül des betreffenden Produktes entstandene organische Reaktionsbeschleuniger weitergeführt wird, nennt man vielfach Autooxydation; bei technischen Vorgängen ist ihre scharfe Abgrenzung von Oxydation mittels Katalysatoren wohl kaum möglich, da solche ja in geringer Menge kaum jemals ganz ausgeschaltet werden können.

Über den Reaktionsmechanismus hat man sich sehr verschiedene Ansichten gebildet, die aber zur befriedigenden Erklärung der Vorgänge folgende Bedingung erfüllen müssen:

a) Die Tatsache der Einleitungszeit begründen, während welcher anscheinend keine Änderung eintritt und nach der erst die lebhafte Reaktion erfolgt.

b) Die Entstehung festgestellter Reaktionsprodukte begründen.

c) Den Einfluß von Oberflächen erklären, wozu offensichtlich die Annahme von Kettenreaktionen nötig ist.

d) Negative Temperaturkoeffizienten der Reaktion erklären (Verbrennung).

Die Aufklärung der Vorgänge wird von zwei verschiedenen Seiten erstrebt: der organischen Chemie, die auf Grund der Analyse der Reaktion und der dabei entstehenden Verbindungen arbeitet, und der physikalischen Chemie, die die Kinetik des Vorganges z. B. spektroskopisch verfolgt und auf Grund unserer Vorstellungen über den Elektronenmechanismus zu deuten versucht. Wichtig ist die jetzt sichergestellte Erkenntnis, daß bei der langsamen Oxydation in gleicher Weise Radikale eine Rolle spielen, wie dies schon vorher für die Verbrennungsreaktion angenommen worden ist, d. h. es handelt sich, allerdings mit gewissen Ausnahmen, meist um „homolytische" Reaktionen, nicht Ionenreaktionen („heterolytische" Reaktionen).

Die *Bildung von Peroxyden* beginnt nach der Annahme von Engler und Bach bei Olefinen mit der unmittelbaren Anlagerung von einem Sauerstoffmolekül an den Kohlenwasserstoff:

$$-CH=CH- + O_2 = \begin{array}{c}-CH-CH-\\ \diagdown\quad|\\ O-O\end{array}$$

wobei die Doppelbindung verschwinde und ein „Moloxyd“ entstehe. Da aber bei unkonjugierten Olefinen die Sauerstoffaufnahme bei niederer Temperatur quantitativ unter Aufrechterhaltung der Doppelbindung zu Hydroperoxyden führt ($R-O-O-H$), kann diese Auffassung nicht zutreffen.

*Dehydrierung* als Wesen der Mehrzahl der Oxydationsreaktionen organischer Verbindungen hat zuerst WIELAND angenommen[1]. Diese verliefe unmittelbar:

$$R-CH_2-OH \xrightarrow{-2\,H} R-CHO$$

oder als Dehydrierung nach vorgegangener Wasseranlagerung[2]:

$$R-\overset{\diagup H}{C}=O + H_2O \rightleftarrows R-\underset{OH}{\overset{H}{C}}-OH \xrightarrow{-2\,H} R-\underset{OH}{C}=O$$

Daß eine Entfernung von atomarem Wasserstoff und die darauffolgende Anlagerung · OH Radikal eintritt, erscheint nach M. G. EVANS wahrscheinlich, wie auch besonders A. ROBERTSON und W. A. WATERS feststellten, die dies bei der Autooxydation von flüssigen Kohlenwasserstoffen und bei Oxydationen in Dampfphase bestätigt fanden[3]. Einen ausführlichen Nachweis der Richtigkeit der Dehydrierungstheorie gibt W. A. WATERS[4] und bespricht auch die über Alkylradikale ablaufenden Kettenreaktionen. So wird die Autooxydation von Olefinen und Aldehyden unter Mitwirkung von Triphenylradikal in folgender Weise erfolgen:

$$(C_6H_5)_3-C\cdot + O=O \rightarrow (C_6H_5)_3\cdot C-O-O\cdot$$

$$(C_6H_5)_3\cdot C-O-O\cdot + C_6H_5\cdot\overset{O}{\overset{\cdot\cdot}{C}}\cdot H \rightarrow (C_6H_5)_3-C-O-OH + C_6H_5-\overset{O}{C}\cdot$$

Dieses von einem Wasserstoffatom befreite Benzaldehydmolekül reagiert dann weiter nach:

$$C_6H_5-\overset{O}{\overset{\cdot\cdot}{C}}\cdot + O=O \rightarrow C_6H_5-\overset{O}{\overset{\cdot\cdot}{C}}-O-O\cdot$$

$$C_6H_5-\overset{O}{\overset{\cdot\cdot}{C}}-O-O\cdot + C_6H_5-\overset{O}{\overset{\cdot\cdot}{C}}-H \rightarrow C_6H_5-\overset{O}{\overset{\cdot\cdot}{C}}-O-O-H + C_6H_5-\overset{O}{\overset{\cdot\cdot}{C}},$$

so daß eine Kettenreaktion in Gang gebracht ist.

Daß Alkylradikale bei den Oxydationsreaktionen entscheidend mitwirken, ist also sicher anzunehmen, was für die Auffassung der Oxydationshemmung durch Zusätze sehr wichtig ist.

Die von BONE aufgestellte *Hydroxyltheorie* hat in der ursprünglichen Fassung für Oxydationen bei normalem Druck wenig Anklang gefunden.

Die Oxydation der Kohlenwasserstoffe verläuft bei Methan nach der Hydroxyltheorie, die vor allem die Vorgänge der Verbrennung berücksichtigt, folgendermaßen:

$$CH_4 + O \rightarrow CH_3OH + O \rightarrow CH_2(OH)_2 \rightarrow H_2O + HCHO + O \rightarrow CO + H_2.$$

Erst aus dem Aldehyd könnte ein Peroxyd entstehen, nicht schon aus den Kohlen-

[1] Ber. dtsch. chem. Ges. **54** (1921), 2353; **55** (1922), 3639.
[2] WIELAND und RICHTER: Liebigs Ann. Chem. **495** (1932), 284.
[3] Trans. Faraday Soc. **42** (1946), 201.
[4] Trans. Faraday Soc. **42** (1946), 184.

wasserstoffen selbst. Die Annahme des atomaren Sauerstoffes ist schwer zu rechtfertigen, wenn man an Vorgänge bei niederen Temperaturen denkt.

Die *Hydroperoxydtheorie*, die vor allem von ROBERTSON und WALSH vertreten wird, geht davon aus, daß Hydroperoxyde bei den verschiedensten Oxydationsreaktionen nachgewiesen worden sind. Die Oxydation ginge bei Olefinen nach E. H. FARMER so vor sich, daß der Sauerstoff an der der Doppelbindung benachbarten $CH_2$-Gruppe einwirke, wobei die Auslösung der in Kettenform ablaufenden Reaktion durch ein freies Radikal (möglicherweise $\cdot O - O - H$ oder sein Anion $(\cdot O - O:)^-$) erfolge:

$$-\overset{|}{C}H - \overset{|}{C} = \overset{|}{C} - + R\cdot \rightarrow \underset{\cdot}{\overset{|}{C}} - \overset{|}{C} = \overset{|}{C} - + RH \qquad (1)$$

$$-\underset{\cdot}{\overset{|}{C}} - \overset{|}{C} = \overset{|}{C} + \cdot O - O\cdot \rightarrow -\underset{O - O\cdot}{\overset{|}{C}} - \overset{|}{C} = \overset{|}{C}- \qquad (2)$$

$$-\underset{O - O\cdot}{\overset{|}{C}} - \overset{|}{C} = \overset{|}{C}- + -\underset{\cdot}{\overset{|}{C}H} - \overset{|}{C} = \overset{|}{C}- \rightarrow -\underset{O - OH}{\overset{|}{C}} - \overset{|}{C} = \overset{|}{C}- + -\underset{\cdot}{\overset{|}{C}} - \overset{|}{C} = \overset{|}{C}- \qquad (3)$$

Nach der primären Dehydrierung (1) durch das Radikal erfolgt die Sauerstoffaufnahme (2), die durch das bei der Reaktion (3) stets neugebildete Radikal $-\underset{\cdot}{C} - C = C-$ als Kettenreaktion weiterläuft.

Sind für die Sauerstoffaufnahme also schon Unterlagen geschaffen, die nach weiterer Erforschung voraussichtlich als dauernde Basis für die Auffassung der Oxydationsreaktion dienen werden, so ist die Frage noch wenig geklärt, wie der Zerfall der Hydroperoxyde vor sich geht, der ja jene Reaktionsprodukte erklären soll, die man praktisch festgestellt hat.

Nimmt man primäre Dehydrierung und Alkyl-Radikalbildung an, so kann man sich aus diesen durch Anlagerung von Sauerstoff die Bildung von Estern, durch Anlagerung von Sauerstoff und einem Wasserstoffatom Hydroperoxydbildung erklären. $2\ CH_3\cdot + O_2 = CH_3 - O - O - CH_3$ und $CH_3\cdot + H + O_2 = CH_3 - O - O - H$. Aus $CH_3 - O - O - H$ wird durch Wasserabspaltung $CH_2O$ (Formaldehyd), aus $CH_3 - O - O - CH_3$ kann man sich durch eine Art Disproportionierung Methanol und Formaldehyd entstanden denken:

$$CH_3 - O - O - CH_3 \rightarrow CH_3OH + CH_2O.$$

Nach der Hydroperoxydtheorie ist der Ablauf der Reaktion zuerst die Bildung der Hydroperoxyde, aus denen in einer Richtung Alkohole, in einer anderen Abzweigung aber ebenfalls aus den Hydroperoxyden Ketone und aus diesen Säuren und die anderen beobachteten Sauerstoffverbindungen entstehen (falls kein Aufbrechen der C-Kette erfolgt):

Kohlenwasserstoffe → Hydroperoxyde → Alkohole
↓
Ketone → Säuren → weitere Oxydationsprodukte.

Die Alkohole als schwer oxydierbare Stoffe können nach dieser Auffassung nicht als Zwischenglieder betrachtet werden. Dagegen wäre ein Zerfall der Hydroperoxyde zu Ketonen, Säuren usw. leichter möglich. Falls eine Sprengung der O — O- oder einer C — C-Bindung eintritt, kann aus dem Hydroperoxyd sowohl Alkoholradikal als Keton und Alkylradikal entstehen, aus denen in weiterer Reaktion eine ganze Reihe von neuen Oxydationsprodukten auftreten können.

Für den Fall einer solchen Sprengung haben GEORGE und ROBERTSON folgendes Schema vorgeschlagen:

Kohlenwasserstoff → Hydroperoxyd → Alkoholradikal → Alkohol

↓

Keton + Kohlenwasserstoffradikal → Kohlenwasserstoff oder Hydroperoxyd

↓

Säure → weitere Oxydationsprodukte.

In beiden Fällen ist ein Keton das Hauptzwischenglied bei der Bildung der höheren oxydierten Produkte. Zur Bestätigung dieser Ansicht weisen die Autoren auf die Analyse von Oxydationsprodukten hin, die von LARSEN, THORPE und ARMFIELD durchgeführt wurden und die folgendes Bild haben:

Tabelle 39. *Oxydationsprodukte von Kohlenwasserstoffen*

| Kohlenwasserstoff | Hydroperoxyd | Alkohol | Carbonylverbindungen |
|---|---|---|---|
| aromatisch-naphthenisch | 4,3% | 8,5% | 27,2% |
| naphthenisch | 13,5% | 8,9% | 51,4% |
| paraffinisch | 4,1% | 1,9% | 46,0% |

Interessant ist die Feststellung, daß im sogenannten „smog" (smoke + fog = Rauchnebel) 0,6 Teile Wasserstoffperoxyd entsprechende Verbindungen auf 1 Million Teile Luft enthalten sind. Die Oxydation wird durch die kombinierte Wirkung von Stickstoffoxyden, Peroxyden und Ozon erklärt; Schwefeldioxyd, das in etwa 0,1 bis 0,2 Teilen auf 1 Million vorhanden ist, neutralisiert sie dank seiner reduzierenden Wirkung. Bei der photochemischen Oxydation von Alkoholen, Aldehyden, Ketonen, Säuren und Kohlenwasserstoffen, wie sie in Kraftstoffen vorkommen, in Gegenwart von geringen Mengen Stickoxyden entsteht Ozon; bis zu 0,3 Teile wurden bei smog-Perioden in Los Angeles festgestellt. Abgesehen von der gesundheitlichen Auswirkung schädigen derartige Ozonkonzentrationen merklich die Beständigkeit von Gummi[1]. Die Oxydation von Benzinkohlenwasserstoffen bei Lagerung verläuft wohl in gleicher Weise wie bei den besprochenen Reaktionen, d. h. über Hydroperoxyde, deren Zerfall dann über Ketone zu Säuren und Polymerisationsprodukten führt. Diese Polymerisation erfolgt besonders bei aliphatischen und zyklischen Diolefinen, sowie Mono- und Diolefinen, die an einen Benzolkern gebunden sind. Konjugierte Doppelbindungen sind viel gefährdeter als solche, die weiter auseinanderliegen[2]. Die harzbildenden Verbindungen sind in verhältnismäßig wenigen Fraktionen enthalten, die besonders reich daran sind; schon J. TAUSZ hatte auf dieser Erkenntnis ein Verfahren zur fraktionierten Abscheidung der Harzbildner vorgeschlagen und auch MARTIN, GRUSE und LOWY fanden, daß die Fraktionen mit Siedepunkt um 78,5° C (2—4-Cyclohexadien), 110° C (1-Methyl, 1—3-Cyclohexadien) und 130° C (1,3-Dimethyl, 5-Cyclohexadien) besonders stark zur Harzneubildung neigten[3]. Wie G. R. SCHULTZE am Beispiel des Cyclopentadiens zeigte, tritt die Polymerisation vorhandener Diolefine ohne Anwesenheit von Sauerstoff nur selten ein, der aber bei der Lagerung kaum ausgeschaltet werden kann. Das gebildete Harz hat je

[1] BRAADEN-SMIT, A. J. und C. E. BRADLEY: Ind. Engng. Chem. **45** (1953), 2086.
[2] KOGERMANN: 2. Weltkraftkonferenz 8 (1930), 33.
[3] Ind. Engng. Chem. **24** (1932), 1298.

nach den Entstehungsbedingungen verschiedenes Aussehen. STORY, PROVINE und BENETT geben die in Tab. 40 gebrachte Zusammensetzung für flüssiges Harz an, das durch Oxydation eines Krackdestillates im Sonnenlicht in einem Glasgefäß erhalten worden war, für dasselbe getrocknete und erhärtete Produkt, und endlich für das Harz, das bei der Kupferschalenprobe aus dem ursprünglichen Krackdestillat erhalten wurde[1]. (Vgl. auch S. 246f., 257 )

Tabelle 40. *Zusammensetzung von Harz aus Benzin*

| | flüssiges Harz | getrocknetes flüssiges Harz | Kupferschalenharz |
|---|---|---|---|
| C . . . . % | 64,97 | 71,95 | 70,73 |
| H . . . % | 8,56 | 7,99 | 6,96 |
| O . . . . % | 26,08 | 19,48 | 19,51 |
| N . . . . % | — | — | 0,13 |
| S . . . . % | 0,22 | 0,33 | 0,68 |
| Asche % | 0,17 | 0,25 | 2,00 (Staub!) |
| Jodzahl (Hanus) | 47 | 95 | 73 |
| Verseifungszahl | 289 | 144 | 191 |
| Neutralisationszahl | 625 | 651 | 732 |
| Molekulargewicht | 172 | 338 | 200 |
| Schmelzpunkt °C | — | 68—71 | 98—105 |
| Konsistenz | dunkelbraune, zähe Flüssigkeit Dichte 1,0932 | braun, harzig, fest | dunkelbraun, harzig, fest |

Als *Ort des Angriffes* der Oxydation ist bei Olefinen in vielen Fällen die der Doppelbindung benachbarte $CH_2$-Gruppe gefunden worden. Bei gesättigten Kohlenwasserstoffen ist, entsprechend der Dehydrierungstheorie, tertiärer Wasserstoff (—CH—) leichter oxydierbar als sekundärer ($—CH_2—$), dieser wieder leichter als primärer ($—CH_3$). Allerdings muß man diese Angabe mit Vorbehalt hinnehmen, weil der spezielle Aufbau der Kohlenwasserstoffe die relative Festigkeit der verschiedenen CH-Bindungen beeinflussen kann, die für den Ort des Angriffes entscheidend ist.

Eine allgemeine Erklärung der *Induktionszeit*, die man bei der Oxydation der Kohlenwasserstoffe feststellen kann, gibt es bisher nicht. Man versucht entweder eine Zerstörung von Hemmstoffen (bei z. B. Transformatorenölen, Benzinen, Schmierölen) oder die endothermen Reaktionen des ersten Oxydationsstadiums dafür heranzuziehen. So glaubt z. B. B. JOST, daß eine kettenabbrechende Reaktion die Ursache sei, die bei der adiabatischen Kompression die erste Induktionsperiode bewirke; sie gehe vielleicht auf die Reaktion eines Kettenträgers mit einem Reaktionsprodukt zurück[2]. Zu der Auffassung der Induktionszeit als Funktion eines Kettenmechanismus der Reaktion sei daran erinnert, daß Kettenreaktionen die folgenden Teilreaktionen umfassen:

a) Einleitung der Kettenreaktion (z. B. durch Radikalbildung, wie OH, R—, $HO_2$),

b) Weiterleitung der Kettenreaktion,

c) unter Umständen Kettenverzweigung,

d) Kettenabbruch (Zusammenlagerung zweier die Reaktion fortleitender Radikale; Wandreaktionen).

[1] Ind. Engng. Chem. **21** (1929), 1079.
[2] 3. Welt-Erdölkongreß Haag **7** (1951), 1.

Überwiegen im Verlaufe der Oxydation also jene Teilstücke der Reaktion, die einen Kettenabbruch begünstigen, so wird eine Hemmung und damit eine Einleitungszeit verursacht, die erst dann verschwindet, wenn die hemmenden Reaktionen wiederum ausgeschaltet sind.

### c) Einflüsse auf die Oxydation

#### *α) Druck*

Druck- und Konzentrationserhöhung des Sauerstoffes fördern in den meisten Fällen die Oxydation, weil durch beide Maßnahmen die Reaktionsneigung begünstigt wird. Außerdem wird dadurch die Induktionszeit meistens wesentlich verringert.

Wegen der Möglichkeit eines kettenförmigen Reaktionsablaufes muß aber diese Wirkung nicht immer eintreten. So gibt es Fälle, in denen erst eine Druckerniedrigung zu einer lebhaften Oxydation (und anschließenden Zündung) führt, und andere, in denen Sauerstoff selbst als Hemmstoff wirken kann.

#### *β) Temperatur*

Die *Temperatur* hat naturgemäß erheblichen Einfluß auf die Oxydation, da sie die Reaktionsfähigkeit bekanntermaßen fördert. Dabei sind aber folgende Wirkungen zu unterscheiden:

a) Einfache Steigerung der Reaktionsgeschwindigkeit der ursprünglichen Oxydationsreaktion,

b) Umwandlung der ursprünglichen Reaktion in Oxydationsreaktionen anderer Art,

c) Verlangsamung der Oxydation durch übermäßige Beschleunigung von reaktionshemmenden Teilvorgängen, so daß insgesamt eine Verlangsamung eintritt.

Die Wirkung der Temperatur auf die *Beschleunigung der ursprünglichen Reaktionen* ist unter Umständen größer, als dem durchschnittlichen Faktor 2 für 10° C entspricht; besonders bei der Oxydation von Dämpfen unter Druck kann dies der Fall sein. Wird die Temperatur über eine kritische Grenze erhöht, so tritt bei Kohlenwasserstoff-Luft-Gemischen Selbstzündung ein.

Die *Umwandlung der ursprünglichen Oxydationsreaktion in andere* kann bei der Autooxydation bei Temperaturen erfolgen, die bei etwa 80 bis 120° C liegen; diese Möglichkeit ist auch der Grund, warum man bei der Laboratoriumsprüfung der Alterungsneigung von Transformatorenölen Temperaturen über 120° C vermeidet.

#### *γ) Sauerstoffkonzentration*

Die *Konzentration* des Sauerstoffes äußert sich im allgemeinen ähnlich wie Drucksteigerung in einer Erhöhung der Reaktionsgeschwindigkeit und Abnahme des Zündverzuges. H. Jentzsch ging mit seiner Methode der Zündwertprüfung soweit, eine direkte Beziehung zwischen Sauerstoffkonzentration und Druck aufzustellen, nach der ein Druck von 5 at Luft einem Druck von 1 at reinen Sauerstoffes gleichzusetzen wäre. Daß dies sehr willkürlich ist, ergibt sich schon daraus, daß man einen Druck über 5 at durch Erhöhung der Sauerstoffkonzentration nicht mehr verwirklichen kann. Auch ist gezeigt worden, daß über weite Konzentrationsbereiche die Erhöhung der Kraftstoffkonzentration einen viel größeren Einfluß hat, als die Erhöhung der Sauerstoffkonzentration — ein Ergebnis, das dadurch erklärt wird, daß die Weiterleitung der Reaktionsketten eher durch den Zusammenstoß eines Kettenträgers (Radikals) mit einem Kraftstoff, als mit einem Sauerstoffmolekül verursacht wird[1].

### δ) *Wandeinflüsse*

*Wandeinflüsse* können den Reaktionsverlauf außerordentlich stark verändern, selbst wenn keine katalytisch wirkenden Stoffe verwendet werden. Dies ist verständlich, wenn man die Oxydationsreaktion als Kettenreaktion auffaßt: so kann die Wand sowohl ketteneinleitend (durch Bildung von Radikalen), als kettenabbrechend wirken. So fand R. N. PEASE, daß die langsame Oxydation von Propan und Butan durch Füllung des Reaktions-Gefäßes mit Glasstückchen, besonders bei Bedeckung mit Kaliumchlorid, ganz verhindert werden konnte[2]. Bei der Oxydation von Azetaldehyd waren diese Maßnahmen nach PEASE dagegen reaktionsfördernd[3]. Auch nach Beobachtungen von D. J. W. KREULEN wirkt Glas sowohl stark verkürzend auf die Induktionszeit von Trafoölen als auf die Oxydationsgeschwindigkeit, wie Abb. 65 zeigt. Die Wirkung der festen Stoffe nimmt anscheinend im gleichen Sinne ab wie ihre chemische Reaktionsfähigkeit, ohne daß bisher Klarheit über die Zusammenhänge bestünde.

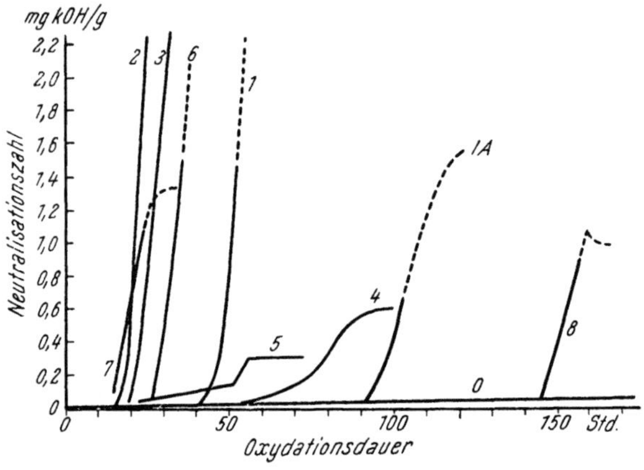


Abb. 65. Einfluß von Glas und anderen festen Stoffen auf die Oxydation von Trafo-Öl nach KREULEN

*0* Blindversuch
*1* Sand mit 1,6% Fe zugesetzt
*1A* Sand zugesetzt, salzsäurebehandelt, 0,4% Fe
*2* farbloses Glas, etwa 72% $SiO_2$, 10% CaO, 16% $Na_2O$
*3* grünes Glas, etwa 65% $SiO_2$, 6% $Al_2O_3$, 2% $Fe_3O_4$ + $Mn_3O_4$, 13% CaO, 14% $Na_2O$
*4* Laboratoriumsglas, etwa 75% $SiO_2$, 5% $Al_2O_3$, 8% $B_2O_3$, 4% ZnO, 2% CaO, 6% $Na_2O$
*5* zerkleinerter Laboratoriumsquarz
*6* Retortenkohle, 2,4% Asche
*7* Anthrazit, 9% Flüchtiges, 1,8% Asche
*8* Carborundum (SiC)

Die katalytische Wirkung nimmt anscheinend mit zunehmender chemischer Beständigkeit der Stoffe ab

J. G. CHRISTIAN und Mitarbeiter stellten dagegen fest[4], daß die künstliche Alterung von Dieselkraftstoffen in Natronglasflaschen in manchen Fällen eine wesentliche Steigerung der Beständigkeit ergab; die Zusammenhänge sind also noch nicht restlos geklärt.

[1] UBBELLOHDE, A. R.: Sci. Petroleum 4 (1938), 2939.
[2] J. Amer. Chem. Soc. **51** (1929), 1839.
[3] J. Amer. Chem. Soc. **55** (1933), 2753.
[4] Ind. Engng. Chem. **50** (1958), 1153.

Die *Grenzfläche flüssig-Gas*, die bei sehr vielen technischen Vorgängen als Ort der Reaktion eine Rolle spielt, gehört zwar nicht im eigentlichen Sinne zu den Wandeinflüssen, soll aber hier auch besprochen werden.

Es hat sich gezeigt, daß die Oxydation in reiner Dampfphase langsamer erfolgt als an der Grenzfläche. Als Ursache hat man die besondere Aktivität der an der Oberfläche befindlichen Moleküle und die Anreicherung von Peroxyden an dieser Stelle herangezogen (CALLENDAR), doch sind Einwände gegen diese Annahme gemacht worden, wie die Tatsache, daß Dämpfe und Flüssigkeiten die gleiche Selbstzündungstemperatur haben, wenn das optimale Mischungsverhältnis eingehalten wird (TAUSZ und SCHULTE). Daß fein verteilte Flüssigkeiten in Luft leichter oxydiert werden als in grober Verteilung, ist aber wohl eher auf die bessere Berührung zwischen Flüssigkeit und oxydierendem Gas (Luft) zurückzuführen, als auf erhöhte Reaktionsfähigkeit der Grenzflächen.

### ε) *Katalytische Einflüsse*

Die *katalytischen Einflüsse* spielen eine außerordentlich große Rolle bei der Oxydation und zwar sowohl im positiven als auch im negativen Sinne, was bei Auffassung der Oxydation als Kettenreaktion verständlich ist. Da die technisch verwendeten Produkte selten rein von katalytisch wirkenden Beimengungen sind, ihnen aber vielfach positiv oder negativ die Oxydation beeinflussende Stoffe zugesetzt werden, muß man die Rolle der Katalysatoren bei der Betrachtung der Oxydation unbedingt berücksichtigen.

**Positive Katalyse.** Positive Katalysatoren für die Oxydation können sowohl Metallverbindungen als auch organische Stoffe, davon vor allem Radikale sein. Auch anorganische Radikale, wie OH ., können stark fördernd auf die Oxydation wirken, indem sie in den Reaktionsablauf eingreifen. Zur Erklärung der Enzymoxydation haben F. HABER und R. WILLSTÄTTER[1] die Annahme gemacht, daß Ferriverbindungen Dehydrierungen durch Entzug eines Elektrons von einer H-R-Bindung katalysieren: $Fe^{+++} + H - R \rightarrow Fe^{++} + H^{+} + R$. Später haben HABER und WEISS wegen der stärkeren Zersetzungswirkung von Ferroverbindungen auf Wasserstoffperoxyd die Primärreaktion der Katalyse folgendermaßen formuliert:

$$Fe^{++} + HO - OH \rightarrow Fe^{+++} + H - O . + (: O - H)^{-},$$

während als kettenabbrechende Reaktion der Vorgang

$Fe^{++} + . O - H \rightarrow Fe^{+++} + (: O - H)^{-}$ angenommen wurde[2]. J. WEISS hat zwei Arten von katalysierten Reaktionen unterschieden[3]:

Die Type A (Muster: Ameisensäure-Wasserstoffperoxyd), bei der die oxydierbare Substanz nur durch das gesamte System ($H_2O_2 + Fe^{++}$) oxydiert wird und die Oxydation aufhört, sobald alles Eisen als Ferri-Eisen vorliegt, selbst wenn noch Wasserstoffperoxyd im Überschuß vorhanden ist. Das oxydierende Agens ist das neutrale Hydroxyl-Radikal und es gibt nur kurze Reaktionsketten, wie z. B.

---

[1] Ber. dtsch. chem. Ges. **64** (1931), 2644.
[2] Proc. Roy. Soc. London A **147** (1934), 333.
[3] J. Physic. Chem. **41** (1937), 1107.

$$\left.\begin{array}{l} .\,OH + H_2CO\,.\,OH \rightarrow HO\,.\,H + .\,CO\,.\,OH \\ .\,CO\,.\,OH + HO\,.\,OH \rightarrow HO\,.\,CO\,.\,OH + .\,OH \end{array}\right\} \text{Reaktionskette}$$

$$HO\,.\,CO\,.\,OH \rightarrow H_2O + CO_2$$

mit $.\,CO\,.\,OH + .\,OH - H_2O + CO_2$ als kettenabbrechender Reaktion. Bei der B-Type, die durch das Jod-Anion und durch photographische Entwickler verkörpert ist, wird die oxydierbare Substanz durch das $Fe^{+++}$-Kation angegriffen, und das Wasserstoffperoxyd reoxydiert wohl rasch das Ferrokation zur Ferriform.

K. Ivanov hat mit Mitarbeitern festgestellt, daß die metallischen Kationen, die die Autooxydation in hervorragendem Maß fördern, wie $Cu^+$, $Mn^{++}$, $Co^{++}$, $Fe^{++}$, Tetralinhydroperoxyd rasch zersetzen[1], was wohl auf andere Hydroperoxyde übertragbar erscheint. Die metallkatalysierte Autooxydation gibt hohe Ketonausbeuten. Für die katalytische Wirkung des Metalles ist das Anion nicht gleichgültig, Metallporphyrine und -phthalocyanine sind besonders wirksame Katalysatoren.

Kupfer ist sowohl in Benzin als auch in höheren Fraktionen sehr gefährlich Schon geringste Spuren verursachen beschleunigte Oxydation und Harzbildung. So enthielt ein lagerunbeständiger Kraftstoff für Verbrennungsturbinen 0,67 mg Cu/l.

Die Wirkung der Metallkatalysatoren ist stark temperaturabhängig, wofür man eine Erklärung auch in der besprochenen Einwirkung auf die Hydroperoxyde finden kann. Sind keine oder nur wenige solche Hydroperoxyde vorhanden, so wird der Verlauf der Oxydationsreaktion naturgemäß ganz anders sein. Bei der Untersuchung der katalytischen Wirkung von Metallen auf die Oxydation von Schmierölen fand Seufert, daß die selber leicht oxydablen Metalle Blei und Kupfer, wie auch manche Nichteisenmetalle, bei hohen Temperaturen die Oxydation nicht oder sogar negativ beeinflussen, während Eisen wirksam bleibt.

Daß *Radikale* sehr wesentlich für die Oxydation sind, ergibt sich aus dem Gesagten. Es ist möglich, durch Zugabe von Radikalen wie Triphenylmethyl oder durch ihre Erzeugung aus labilen Verbindungen, wie durch die thermische Zersetzung von organischen Disulfiden, die Oxydation von Olefinen stark zu beschleunigen[2]. Ebenso sind freie Phenylradikale, die durch thermische Zersetzung von Dibenzoylperoxyd und Benzoldiazoazetat erhalten werden, sofortige Katalysatoren für die Autooxydation von reinem Tetralin[3]; im allgemeinen wirken alle jene Stoffe, die Wasserstoffatome aus dem autooxydierbaren Kohlenwasserstoff zu entziehen vermögen:

$$X\cdot + \rangle CH_2 \text{———} XH + \rangle CH.$$

*Schwefelverbindungen* wie Thiophenol, Thiobenzthiazol oder manche Disulfide, die auch technisch bei der Gummivulkanisation verwendet werden, können annahmegemäß durch primäre Bildung von Thioradikalen oxydationsfördernd wirken, die ihrerseits aktive $C-H_2$-Bindungen zu dehydrieren vermögen. Die Wirkung von Thioradikalen ist vielfach infolge der höheren Bindungsfestigkeit

---

[1] C. R. (Doklady) Acad. Sci. USSR **25** (1939), 34, 40.
[2] Ziegler, K. und K. Gänicke: Liebigs Ann. Chem. **557** (1942), 213.
[3] Waters, W. A.: Trans. Faraday Soc. **42** (1946), 184.

von S—S gegenüber O—O größer als jene von Hydroxyl- oder Alkoxylverbindungen. Schwefelverbindungen können aber auch oxydationshemmend wirken, wie im folgenden besprochen wird; die verschiedene Wirkung nach der einen oder der anderen Richtung kann zum Teil als Folge verschiedener Konzentrationen bei der Anwendung gedeutet werden.

**Negative Katalyse.** Die negative Katalyse muß man unterteilen, je nachdem, ob es sich um reine Stoffe oder um technische Gemische mit Fremdanteilen handelt. Bei chemisch reinen Stoffen besteht die negative Katalyse wirklich in einer direkten Hemmung der eigentlichen Oxydationsreaktion, die durch das Abfangen von Kettenträgern erfolgt. Auf Grund der Hydroperoxydtheorie nimmt man nunmehr an, daß die Einwirkung von negativen Katalysatoren in der Zerstörung von Peroxydradikalen, nicht in jener der Peroxyde selbst besteht. So verursacht der Zusatz von Pyrogallol zu Hexaphenyläthan eine starke Verlangsamung der Oxydation, indem der rasche Kettenvorgang

$$(C_6H_5)_3\,C— + O_2 —— (C_6H_5)_3\,C \cdot O \cdot O$$

$$(C_6H_5)_3\,C — O \cdot O \cdot + (C_6H_5)_3\,C \cdot C\,(C_6H_5)_3 —— (C_6H_5)_3\,C \cdot O \cdot O \cdot C\,(C_6H_5)_3 +$$
$$+ (C_6H_5)_3\,C \cdot$$

zu einer viel langsameren Reaktion umgewandelt wird, weil das Peroxydradikal $(C_6H_5)_3\,C \cdot O \cdot O \cdot$ sofort Wasserstoff vom Pyrogallol aufnimmt, quantitativ das Hydroperoxyd gibt und dadurch der Kettenprozeß abgebrochen wird[1]. Auch Sauerstoff selbst kann kettenabbrechend wirken. Praktisch verwendete Oxydationshemmstoffe sind z. B.: p-Butylaminophenol, N,N'-di-sec-p-Phenylendiamin, 2,6-di-tert-Butyl-p-Kresol, butyliertes Methoxyphenol und 6-tert-Butyl-p-Kresol[2]. Die Wirkung von Schwefelverbindungen ist nach G. H. DENISON darauf zurückzuführen, daß sie Hydroperoxyde reduzieren und dabei selbst oxydiert werden, Thioäther z. B. zu Sulphoxyden und Sulfonen. *Technische Gemische*, die verschiedene Verunreinigungen enthalten, können anders als reine Stoffe gegen Oxydation geschützt werden. Man kann nämlich entweder darin enthaltene positiv wirkende Katalysatoren unschädlich machen und so die dem katalysatorfreien Öl eigene, oft wesentlich größere Oxydationsbeständigkeit erreichen, oder aber durch Verhinderung eines Korrosionsangriffes auf die Wandungen der Behälter verhindern, daß katalysierend wirkendes Metall durch das Öl aufgenommen wird. Auch in diesem Falle erreicht man naturgemäß nur die Oxydationsbeständigkeit des katalysatorfreien Öles, aber keine Steigerung derselben darüber hinaus.

Beispiele der Unschädlichmachung von katalysierend wirkenden Metallen sind: die Zugabe von komplexsalzbildenden Stoffen zu gebleiten Kraftstoffen, die beim Beginn des Zerfalls des Bleitetraäthyls weitere Katalyse verhindern, Sulfidierung, Komplexsalzbildung mit gelösten Metallen (Cu) durch z. B. N, N'-Disalicyliden-1, 2-Propandiamin.

Beispiele für die Verhinderung von korrosiver Lösung von katalytisch wirkendem Metall (überwiegend Eisen) sind: Verzinnung, Chromierung, Sulfidierung, Phosphatierung.

[1] ZIEGLER, K. und L. EWALD: Liebigs Ann. Chem. **504** (1933), 162.
[2] Vgl. THOMPSON, W.: Oil Gas J. **53** (1954), 175.

Wichtig ist, daß unter Umständen auch Metallsalze, die im allgemeinen stark oxydationsfördernd wirken, hemmende Wirkung ausüben können. So haben GEORGE und ROBERTSON gefunden, daß 0,15% Cu-Stearat die Oxydation von Oenanth-Aldehyd ganz erheblich (von 720 cm³ auf 30 cm³ $O_2$/cm³ Aldehyd/h) herabsetzen kann[1]. Auch bei der Oxydation langkettiger Paraffine mit Zusatz von 0,5% Co-Stearat und von Tetralin mit 0,5% Ferristearat bewirkte Zugabe von Cu-Stearat merklichen Rückgang der Oxydation, ein Zeichen für die kettenabbrechende Wirkung des Zusatzes.

### *ζ) Elektrisches Feld*

Die Einwirkung eines elektrischen Feldes kann die Oxydationsneigung von Erdölprodukten nach verschiedenen Autoren wesentlich steigern; diese Erfahrungen beziehen sich auf Transformatorenöle. Es ist aber nicht ausgeschlossen, daß dabei noch ein anderer Vorgang mitwirkt, nämlich die sogenannte Gaselektrolyse, die von A. KLEMENC aufgefunden wurde und bei der sich Wasserdampf in $O_2$ und $H_2$ zersetzt, die ihrerseits mit dem Transformatorenöl reagieren können. Tatsächlich zeigen sich die stärksten Veränderungen bei Transformatoren, bei denen ein merklicher Gasraum dem elektrischen Feld ausgesetzt ist. Arbeiten von T. WÖRNER[2], in denen Zusammenhänge zwischen Ozonbildung, Oxydation und Wasserstoffabspaltung von Transformatorenölen im elektrischen Feld diskutiert werden, verdienen in diesem Zusammenhang Beachtung.

### *η) Bewegung*

Bewegung während der Oxydation ergibt merkliche Beschleunigung; allerdings nur dann, wenn dadurch die Sauerstoffaufnahme über das bisher bestehende Maß gesteigert wird. Ist einmal diese Grenze erreicht, so nützt weitere Steigerung der Bewegung nichts mehr. Die Sättigung eines Öles mit Sauerstoff (Luft) durch Rühren hat eine andere Wirkung, als wenn man das Gas durch das Öl leitet; die Abänderung des bekannten Indiana-Oxydationstestes von der früher üblichen Durchleitung auf Rühren (1300 U/min) wurde vorgenommen, weil die Übereinstimmung der Alterung mit dem Motorergebnis dadurch viel besser wurde[3].

## d) Messung

Die Art der Messung der Oxydationsbeständigkeit hängt weitgehend davon ab, zu welchem Zwecke man sie durchführt. Hier soll auf die Analytik im einzelnen nicht eingegangen, sondern nur eine Übersicht über die Gesichtspunkte gebracht werden, die man berücksichtigen muß. Danach kann man folgende Zwecke der Oxydationsprüfung unterscheiden:

### *α) Messung der Kinetik des Oxydationsvorganges*

Für diese Messungen muß man vollkommen reine Stoffe verwenden. Zur Verfolgung des Reaktionsablaufes dienen:

a) Messung der Sauerstoffaufnahme (volumetrisch oder durch Druckänderung);

---

[1] J. Inst. Petroleum **32** (1946), 390.

[2] WÖRNER, T.: Elektrotechn. Z. **72** (22) (1951), 656.

[3] LAMB, G. G., C. M. LOANE und J. W. GAYNOR: Ind. Engng. Chem. **13** (1941), 317.

b) chemische Analyse der Oxydationsprodukte (Hydroperoxyde, Peroxyde, Olefine, Ketone, Alkohole, Säuren, Ester, Lactone, usw.);

c) physikalische Messungen (Spektrum, Molekulargewicht [Polymerisation,] Leitfähigkeit, Oberflächen- und Grenzflächenspannung).

*β) Messung der praktisch störenden Veränderungsprodukte*

Will man die störende Veränderung messen, die in einem Produkt vor sich geht, so handelt es sich darum, jene Oxydationsprodukte zu erfassen, die diese störende Wirkung hervorrufen, die je nach der Art derselben verschieden sein können. Am übersichtlichsten wird es sein, die Produkte zu besprechen und dann die Maße, die die Veränderung am charakteristischsten erfassen. Die wichtigsten Stoffe, deren oxydative Veränderung interessiert, sind:

1. Benzin,
2. Transformatorenöl,
3. Dampfturbinenöl,
4. Schmieröl für Verbrennungsmaschinen.

**Benzin.** Wie schon ausgeführt wurde, wirkt sich die Oxydation auf Benzin praktisch in zwei Richtungen aus: der Steigerung der Rückstandsbildung bei der Verbrennung infolge erhöhten Gehaltes an harzartigen Verbindungen und der Verringerung der Klopffestigkeit entweder durch Neubildung klopffördernder Verbindungen oder durch Zerstörung klopfhindernder Anteile, vor allem von Bleitetraäthyl.

Da die Messung der Harz- und Rückstandsbildung im betreffenden Abschnitt besprochen wird, sei hier nur darauf hingewiesen (S. 143 und S. 244, 266). Die Oxydationsverfahren messen beim Benzin:

a) Die Menge Harzverbindungen (gum), die bei der Verdampfung hinterbleibt (gewichtsmäßig).

b) Die Neubildung solcher Verbindungen durch Druckerhitzung mit Sauerstoff (gewichtsmäßig).

c) Die Zeit bis zum Beginn der Sauerstoffaufnahme (Druckmessung).

d) Die Menge Blei, die durch Zersetzung von Bleitetraäthyl bei der Druckerhitzung nach der Verdampfung hinterbleibt (chemische Analyse des Rückstandes).

Die Erfassung der durch die Oxydation bewirkten Verringerung der Klopffestigkeit wird nach den üblichen Motorverfahren zur Messung der Oktanzahl vorgenommen, die im Abschnitt über die klopfende Verbrennung besprochen werden (S. 198).

**Transformatorenöle** werden durch die Oxydation in ihren elektrischen Eigenschaften verschlechtert, indem einerseits das Isolations*vermögen* durch Bildung polarer Stoffe und durch korrosiven Angriff auf Metalle und dadurch bewirkte Metallsalzbildung herabgesetzt, andererseits das Isolations*material* durch sauere und vor allem peroxydische Oxydationsprodukte angegriffen und durch Ablagerung von Schlamm an der Wärmeübertragung auf das Öl verhindert wird, wodurch gefährliche Wärmestauungen eintreten können.

Demgemäß suchen die Oxydationsverfahren zu erfassen:

a) Die Sauerstoffaufnahme (volumetrisch).
b) Die Neubildung sauerer Verbindungen (Neutralisationszahl mg KOH/g Öl).
c) Die Neubildung von Schlamm (Ausfällung gewichtsmäßig, vgl. S. 256).
d) Die Neubildung verseifbarer Produkte (Verseifungszahl mg KOH/g Öl).
e) Die Dauer bis zur Aufnahme einer bestimmten Sauerstoffmenge oder bis zur Bildung einer bestimmten Säure- oder Schlammenge.
f) Änderung der Grenzflächenspannung gegen destilliertes Wasser oder verdünnte Lauge.

**Dampfturbinenöle** erleiden durch die Oxydation Veränderungen, die entweder die Emulgierneigung oder die Korrosionsneigung steigern. Dementsprechend werden erfaßt:

a) Änderung der Grenzflächenspannung gegen destilliertes Wasser oder verdünnte Lauge.
b) Anstieg der Demulgierungszeiten mit Wasser.
c) Neubildung sauerer Verbindungen (Neutralisationszahl).

F. EISENSTECKEN hat für Dampfturbinenöle die Bewertung nach einem Faktor $F$ vorgeschlagen, der folgende Formel hat:

$$F = (NZ + VZ) + (E_H)^2 + (H_A)^2$$

worin $NZ$ die Neutralisationszahl, $VZ$ die Verseifungszahl, $E_H$ die Erdölharze und $H_A$ die Hartasphalte sind. Daß Harze und Asphalt quadratisch in die Formel eingehen, begründet EISENSTECKEN mit ihren betrieblich unangenehmeren Auswirkungen. Als Beurteilungsgrundlage dient folgende Einteilung:

Tabelle 41. *Beurteilung von Dampfturbinenölen* (nach EISENSTECKEN)

| Faktor | Gruppe | Beurteilung |
|---|---|---|
| 0—35 | I | Öl ist gut |
| 35—55 | II | Öl ist einsatzfähig; nach oberen Werten tangierend: Möglichkeit einer leichten Schlammabscheidung |
| 56—70 | III | Öl ist noch einsatzfähig. Es treten Schlammabscheidungen auf. Schleuderung bzw. Filtration des Öles ist dringend zu empfehlen |
| über 70 | IV | Öl liegt an der Grenze der Einsatzfähigkeit, stärkere Schlammabscheidung zu erwarten. Bei Werten über 100: Gefahr von Ausfällung von harz- und asphaltartigen Produkten, die zur Erhöhung der Lagertemperaturen bzw. zum Verstopfen von Regelanlagen führen können. |

Zur künstlichen Alterung wendet EISENSTECKEN den modifizierten Indianatest an und mißt nach Erhitzen von 100 cm³ Öl während 45 Std. bei Durchleiten von 5 l Luft/h die oben erwähnten Kennwerte[1].

Eine Übersicht der Oxydationsverfahren für Motoren-, Turbinen- und Transformatorenöle nach R. G. LARSEN[2] geben Tab. 42 und 43.

[1] Erdöl u. Kohle 8 (1955), 75.
[2] Analyt. Chem. **20** (1948), 547.

In Ergänzung zu der zeitlich schon überholten Tabelle von LARSEN sei zu den Oxydationsverfahren folgendes bemerkt:

Die ASTM-Alterungsmethoden für *Benzin* ASTM D-525 *(Einleitungszeit)* und ASTM D-873 *(Harzneubildung)* waren seinerzeit für straight run und thermisch gekrackte Benzine ausgearbeitet worden, gelten aber nach der Kritik von POWER und BENDER, LAWSON und KERNEN (vgl. Abschnitt über Harzbildung, S. 250) für katalytisch gekrackte Benzine nicht mehr und lassen auch die Wirkung von Zusätzen, insbesondere Metalldeaktivatoren, nicht erkennen, die die Lagerungsdauer bis zum Auftreten von 10 mg Harz erheblich verlängern.

*Gasöle* werden bisher nicht nach einheitlich festgelegten Methoden untersucht, doch nimmt das Interesse dafür wegen der Verwendung in Gasturbinen dauernd zu.

*Heizöle* werden für gleiche Zwecke vor allem auf die Neigung zur Schlamm- und Rückstandsbildung untersucht (s. S. 264, 277).

Bei *Turbinenölen* ist die von EISENSTECKEN vorgeschlagene Methode, die aus einer Verbindung der Indianaalterung mit der Messung von Harz- und Asphaltneubildung besteht, zweifellos interessant, doch scheint sie nicht allen Kombinationen von Oxydations- und Korrosionshemmstoffen gerecht zu werden.

**Schmieröle für Verbrennungsturbinen** sind weitgehend synthetischer Natur, so daß eine generelle Prüfweise hinfällig ist; man stützt sich, wie bei *Motorenölen*, auf die praktische Erprobung, vor allem bei Ölen für den Flugbetrieb.

*Anmerkungen zu Tabelle 42 (S. 154/155):*

a) Es können auch, falls erwünscht, andere Bedingungen gewählt werden.
b) Bei Korrosionsversuchen wird Gewichtsverlust bestimmt.
c) Dauer hängt von der Ölbeständigkeit ab.
d) Korrosionsprüfkörper dient als Rührer.
e) Bei Ölen, die für 10 mg Asphalt mehr als 100 Std. brauchen, wird auch die Zähigkeit gemessen.
f) Wenn Öl nach 400 Std. noch fließt, werden Zähigkeit und Benzinunlöslichkeit bestimmt.
g) Das Eisen des Apparates wirkt auch als Katalysator mit.
h) Das Lager wird beim Versuch öfters entfernt, gereinigt und gewogen.
i) Erfassung der Temperatur, bei der Korrosion einsetzt.

**Literatur:** 1. SLIGH, T. H.: ASTM Proc. **23** (1927), I, 461. — 2. DAVIS, L. L., B. H. LINCOLN, C. D. BYRKIT und W. S. JONES: Ind. Engng. Chem. **33** (1941), 339. — 3. BRIDGEMAN, O. C. und E. W. ALDRICH: SAE-Journal **40** (1937), 483. — 4. WILLEY, A. D. und G. I. PRUTTON: S. A. E. 1940, Tagung White Sulfur Springs. — 5. GARNER, F. H., C. I. KELLY und J. H. TAYLOR: 2. Welt-Erdölkongreß Paris **2** (1937), 448. — 6. ROGERS, T. H. und B. H. SHOEMAKER: Ind. Engng. Chem., Analyt. Edit. **6** (1934), 419. — 7. WILLEY, A. D. und G. I. PRUTTON: S. A. E. 1940, Tagung White Sulfur Springs. — 8. BURK, R. E., E. C. HUGHES, W. F. SCOVILL und J. P. BARTLESON: Ind. Engng. Chem., Analyt. Edit. **17** (1945), 302. — 9. MENK, R. E., W. D. LAWSON, E. F. KOCH, M. F. FENSKE und C. E. STEVENSON: Petroleum Refiner **22** (1943), 197. — 10. FAUST, J.: Nat. Petroleum News **36** (1941), Nr. 1, R. 26—9. — 11. MOUGEY, H. C.: S. A. E.-Kongreß 1939, Vorabdruck. — 12. LAMB, G. G., C. M. LOANE und J. W. CAYNOR: Ind. Engng. Chem., Analyt. Edit. **13** (1941), 117. — 13. MCCOULL, N., E. A. RYDER und A. C. SCHALP: SAE-Journal **50** (1942), 33. — 14. WATERS, G. W. und E. C. LARSEN: Ind. Engng. Chem., Analyt. Edit. **15** (1943), 550. — 15. TISHVINSKY, G. U.: Trans. Electrochem. Soc. **85** (1944), 279. — 16. TALLEY, S. K., R. G. LARSEN und W. A. WEBB: Ind. Engng. Chem., Analyt. Edit. **17** (1945), 168. — 17. FUCHS, G. H. v., N. B. WILSON und K. R. EDLUND: Ind. Engng. Chem., Analyt. Edit. **13** (1941), 306. — 18. PETERSEN, H. R.: Trans. Amer. Soc. Mechan. Engr. **64** (1942), 228.

Tabelle 42. *Alterungsverfahren für Motoren-,* (nach

| Nr. | Verfahren | Prüfung auf Beständigkeit (*B*), Korrosion (*K*) | O-Sättigung | Oxydationsmittel | Strömungs- (Rühr-) Geschwindigkeit |
|---|---|---|---|---|---|
| | *Motorenöle* | | | | |
| 1 | Sligh | *B* | Diffusion | $O_2$ | — |
| 2 | Davis | *B* | — | $O_2$ | — |
| 3 | Bridgeman | *B* | — | Luft | — |
| 4 | Caterpillar | *K* | — | ,, | 600 U/min |
| 5 | British Air Ministry | *B* | Luft durch Öl geperlt | ,, | 15 l/Std. |
| 6 | Indiana | *B* | Luft durch Öl geperlt | ,, | 10 l/Std. |
| 7 | Continental | *B* | Luft durch Öl geperlt | ,, | 10 l/Std. |
| 8 | Sohio | *B(K)* | Luft durch Öl geperlt | ,, | 30 l/Std. |
| 9 | Penn State | *B(K)* | Luft durch Öl geperlt | ,, | 10 l/Std. |
| 10 | Asphaltierung | *B* | Luft durch Öl geperlt | ,, | 10 l/Std. |
| 11 | Underwood | *B(K)* | Öl in Luft zerstäubt | ,, | — |
| 12 | Indiana-Rührtest | *B(K)* | ($O_2$) oder Luft in Öl verrührt | $O_2$ oder Luft | 1300 U/min |
| 13 | Mc Coull | *B(K)* | — | ,, | 3000 U/min |
| 14 | Korrosions- und Beständigkeitsprüfung | *B, K* | — | ,, | 600 cm³/min |
| 15 | Sunbury | *(B) K* | | ,, | 680 cm³/min d) |
| 16 | Drucklagerkorrosion | *K* | — | ,, | 50 cm³/min |
| | *Turbinenöle* | | | | |
| 17 | Turbinenöl-Beständigkeitstest | *B* | $O_2$ durchgeperlt | $O_2$ | 3 l/Std. |
| 18 | Pope und Hall | *B, K* | gerührt | $O_2$ feucht | 850 m³/min |

Literatur und Anmerkungen s. S. 153.

*Turbinen- und Transformatorenöle* a)
R. G. LARSEN)

| Öltemperatur °C | Dauer h | Ölmenge | Katalysator | Stabilitätsmaß b) | Besonderheiten |
|---|---|---|---|---|---|
| 200 | 2½ | 10 g | — | Benzinunlösliches | begr. O-Menge |
| 175 | c) | 10 g | Metallnaphthenate | Induktionszeit | modifizierter Sligh-Test |
| 175 | 24 | 160 g | — | Analyse des gealterten Öles | schlechte Belüftung |
| 132 | 65 | 400 cm³ | Cd-Ag-Lagerschalensegmente | | Lagerteil rotiert |
| 200 | 2 × 6 | 40 cm³ | — | Zähigkeitsanstieg Verkokungszahl | Abkühlung zwischen beiden Versuchen |
| 172 | c) | 300 cm³ | — | Zeit bis zur Bildung von 10 u. 100 mg Asphalt/10 g e) | — |
| 172 | 48 oder 72 | 160 cm³ | 9 Fuß Fe-Draht | Benzinunlöslich Zähigkeit Verkokungszahl | verwendet Indiana-Apparat |
| 154 | 20, 65 | 160 cm³ | 300 cm² Stahl, 20 cm² Cu-Blech | Analyse von Öl und Lack auf Stahl | Katalysator nach Motormetall bemessen |
| 175 | 20, 50, 80 | 100 cm³ | 8,25 Zoll² Fe-Blech 15,75 Zoll Cu-Draht No. 40 | Analyse von Öl und Lack auf Glas | ähnelt Sohio |
| 172 | c) | 400 cm³ | Cd-Ag-Lagersegment | Zeit bis Öl bei 26,7° nicht mehr fließt f) | sehr streng; Indiana-Apparat |
| 163 | 5, 10, 15, c) | 1.500 cm³ | Cu-Lagersegment u. lösl. Katalysator | Analyse des Öles g) | Öl in Luft zerstäubt |
| 166 | 72 | 250 cm³ | 5 cm² Cu-Blech | Neutralisationszahl und Benzin-Unlösliches | Luft in Öl verrührt |
| 177 | 10 | 125 cm³ | 10 cm² Fe, Cu und Lager | Altöl-Analyse | Öl durch Lager gedrückt |
| 184 | 3,5 | 225 g | Lagersegment | Altöl-Analyse | Lager mit Filz abgewischt |
| 160 | 20 c) oder länger h) | 400 cm³ | Cu ($3 \cdot 1\frac{1}{4} \cdot \frac{1}{32}$ Zoll) und Lagersegment | Altöl-Analyse | Lagersegment rotiert |
| verschieden | 20 | 35 cm³ | Lagersegment g) | i) | „positives" Waschen der Lageroberfläche d. Ölscherung |
| 95 | c) | 300 cm³ | 0,5 cm² Fe/g 0,5 cm² Cu/g | Grenzflächenspannungen und Neutr. Zahl | flüchtige Produkte zurückgehalten |
| 100 | c) | 250 cm³ | Stahl und Cu | | enthält Wasser mißt auch Rosten mit |

Tabelle 43. *Alterungsverfahren*

| Nr. | Verfahren | O-Sättigung | Oxydationsmittel | Zirkulation | Öltemperatur °C | Katalysator |
|---|---|---|---|---|---|---|
| 1 | ASTM-Schlamm (A) | Diffusion | Luft | 0,5 l/Std. | 120 | Cu |
| 2 | ASTM-Schlamm (B) | ,, | $O_2$ | Druckgefäß | 140 | — |
| 3 | Snyder-Life-Test ... | — | Luft | 1 Fuß³/Std. 0,02832 m³/Std. | 120 | — |
| 4 | Clark-Life-Test .... | — | ,, | 1,5 bis 2 Fuß³/Std. | 120 | mit und ohne Cu |
| 5 | Baader ........... | — | ,, | offenes Gefäß | 95 | Cu |
| 6 | Moloney (Electric Co., St. Louis, Mo.) | — | ,, | offenes Rohr | 150 | mit und ohne Cu |
| 7 | Matthis ........... | — | ,, | offenes Rohr | verschieden z. B. 170 bis 200 | — |
| 8 | Schweden, offiziell .. | — | $O_2$ | offenes Gefäß | 120 | — |
| 9 | Brown-Boveri ..... | — | Luft | offenes Gefäß | 112 | Baumwollfaden |
| 10 | Staeger ........... | — | ,, | offenes Gefäß | 112 | — |
| 11 | Deutschland ....... | — | ,, | geschlossenes Gefäß | 145/55 | — |
| 12 | Evers und Schmid .. | — | $O_2$ | geschlossenes Gefäß | 120/50 | V und Fe |
| 13 | B. S. I.-Test ....... | — | durch Öl geperlt $O_2$ oder Luft | 2 l/Std. | 150 | Cu |
| 14 | Andersen Asea .... | — | $O_2$ | geschlossenes System | 110 | Cu, Fe |
| 15 | International Electrotechnical Commission | — | ,, | geschlossenes System, im Kreislauf | 100 | Cu, Fe |
| 16 | Michie-Test ....... | — | ,, | geschlossenes Gefäß | 150 | Cu |
| 17 | Neuer Butkow-Test | — | ,, | 4 bis 5 l/Std. | 150 | Cu |
| 18 | Kißling-Skala | — | durch Öl geperlt $O_2$ | geschlossenes Gefäß | 120 | — |

**Literatur:** 1. ASTM D 670 42 T A. — 2. ASTM D 670 42 T B. — 3. Snyder, E. A.: ASTM Proc. **23** (1927), I, 461. — 4. Clark, F. M. und E. A. Snyder: ASTM Proc. **36** (1936), I, 568. — 5. Baader, A.: Erdöl u. Teer **5** (1939), 438, 458, 603. — 7. Matthis, A. R.: Rev. gen. Électr. **21** (1927), 901. — 8., 9. Stark, A. R.: Sci. Petroleum II, 1443. — 10. Staeger, H.: Helv. chim. Acta **6** (1923), 62. — 11. Gemant, A.: Trans. Faraday Soc. **32** (1936), 1628. — 12. Evers, F. und R. Schmid: Wiss. Veröff. Siemens-Werken **5** (1926), 211. — 13. British Standard Spec. 148 (1933). — 14., 15., 16. Andersen, B.: Internat. Electr. Commission 10, Isolieröle, April 1935, 16. — 17. Butkow, N.: Petroleum-Ind. UdSSR **13** (1927), 332. — 18. Österreichische Vorschriften für die Elektrotechnik W 50/1951.

*für Transformatorenöle*

| Dauer h | Ölmenge | Stabilitätsmaß[1] | Besonderheiten |
|---|---|---|---|
| 72, 168, 336 | 25 cm³ | % Schlamm nach der 3. Reihe | |
| 24 | 50 cm³ | % Schlamm | Vorschlag: $O_2$-Druck 14,7 kg/cm² |
| verschieden | 500 cm³ | Zeit bis zur sichtbaren Schlammbildung | Änderung in Aussicht genommen |
| ,, | 25 cm³ | % Schlamm nach Versuch | Schlamm über die Zeit |
| 48 | 60 cm³ | Verseifungszahl (VZ Cu) | sehr mild für gute Öle |
| 8 | 40 cm³ | kein Schlamm zulässig, Farbänderung | Farbe als Maß |
| verschieden | 40 cm³ | Zeit und Temperatur bis zur Schlammbildung | in Frankreich mehrere Jahre angewendet |
| 70 | — | Kißling-Teerzahl | |
| 168 | — | Schlamm; Neutralisationszahl | Bruchfestigkeit der Baumwollfäden |
| 100, 200, 300, 500, 1000 | 1.200 cm³ | Schlamm | |
| verschieden | 130 cm³ | O-Aufnahme | Luft wird auf konstantem Druck gehalten |
| 2 und mehr | — | ,, | von Siemens angewendet |
| 45 | 100 g | Schlamm | Rückflußkühler zur Kondensation |
| 50 | — | % Schlamm, % Säure | weitverbreiteter schwedischer Test |
| 50, 70, 100 | — | O-Aufnahme, Schlamm, Säure | auch Einfluß des elektrischen Feldes erfaßt |
| 45 | — | Schlamm und Säure | |
| verschieden | — | Verseifungszahl, Schlamm, Säure | Russischer Test |
| 1, 2 oder 3 mal 70 | 150 g | Verseifungszahl, Verteerungszahl | in Österreich angewendet |

[1] Meist können, falls gewünscht, auch andere Bedingungen eingehalten werden.

**Motorenöle.** Bei Motorenölen ist die Auswirkung der Oxydation: Anstieg der Zähigkeit, Bildung korrodierender Verbindungen, Bildung von Asphalt, Anstieg des Verkokungsrückstandes. Die Maße der Oxydationsneigung sind daher:

a) Zunahme der Zähigkeit,
b) Zunahme der sauren Verbindungen (Neutralisationszahl mg KOH/g Öl),
c) Messung der Korrosionsneigung,

| | | L-1A | L-1E | L-1D | L-1F | L-1G | ET2-1 | L-3 |
|---|---|---|---|---|---|---|---|---|
| | US Army Specif. AXS- | 1551 | | | | | | 1553 |
| | Test Method Stand. 791[1] | 332-T | 337-T | | | | | |
| Öl-Specification, USA | 2-104 B | × | | | | | | × |
| | Mil-O-2104 | × | | | | | | |
| | Mil-L-2104 A | × | | | | | | (veralt.) |
| | Supplement 1 | | × | | | | | |
| | Series 2[2] | | | × | | | | |
| | Series 3[2] | | | × | (×) | × | (×) | |
| Öl-Specification, Engl. | DEF/2101 | × | | | | | | |
| | BS-1905/1952[2] | × | | | | | | |
| Motor | Fabrikat | Caterpillar | | | | | | |
| | Type | EX-7258 od. 7500 | | EX-7630 | EX-7999 | | Mod. 337 | |
| | Diesel oder Otto | D | | der gl. jedoch mit Aufladung | D | | D | D |
| | Zyl.-Zahl | 1 | | | 1 | | 6 | 4 |
| | Hubraum ges. (l) | 3,40 | | | 2,01 | | 13,1 | 5,12 |
| | Bohrung (mm) | 146 | | | 130 | | 130 | 108 |
| | Hub (mm) | 203 | | | 152 | | 165 | 140 |
| Versuchsbedingungen | Laufzeit Einlauf (h) | 2 | | 2 | 2 | | | 6 |
| | Dauerlauf (h) | 480 | | 480 | 480 | | 360 | 120 |
| | $n$ (U/min) | 1000 | | 1200 | 1800 | | 1800 | 1400 |
| | $N$[6] (PS) | 20 | | 42 | 39 | 43,5 | 200 | 37 |
| | Kraftst.-Vbr. (kcal/min)[6] | 743 | | 1422 | 1327 | 1474 | 6370 | |
| | Mittl. indiz. Druck (at) | 5,3 | | 9,27 | 9,7 | 10,8 | 7,65 | 4,65 |
| | Kühlst.-Temp. $A$ (° C) | 82 | | 93 | 79,5 | 88 | 79,5 | 93 |
| | Öltemp. (° C) | 65 | | 79,5 | 96 | | 96 | 100 |
| | Ölinhalt (l) | 5,7 | | 5,7 | | | | 13,3 |
| | Ölwechsel nach h | 120 | | 120 | 120 | | 120 | kein |
| | S-Gehalt des DK (%) | 0,35 | 1,0 | 1,0 | 0,4 | | 0,4 | 0,4 |
| | Aufladung (ata) | keine | | 1,48 | 1,70 | 1,77 | 1,61 | keine |
| | Luft-Temp. $E$ (° C) | — | | 93 | 124 | | | — |
| | Bemerkungen | | | Auflade-Motoren | | | | |
| | Prüfung von[8]: | a, b, e, g | | | | | | a, b, e, g, h |

1 Teil und Nr. der „Fed. Test Method Standard Nr. 791" (früher VV-L-791).

2 Prüfvorschriften nur für zivile, nicht für militärische Zwecke.

3 Der CLR-(= Coordinating Lubricant Research-)Motor soll zunächst den L-4-, später evtl. auch den L-1-Test ersetzen. Der Motor kann als Otto- oder Dieselmotor verwendet werden, Bohrung und Zylinder-Inhalt sind veränderbar. Testbedingungen liegen noch nicht fest.

4 Der Motor hat 3 oder 4 Zylinder.
3 Zylinder: 3,45 l, 78 PS, 4 Zylinder: 4,61 l, 104 PS.

5 Gleicher Motor wie für L-4-Test, jedoch mit geringen Änderungen.

| L-4 | | L-5 | Fl-2 | Ex-3 | | | LS-5 | LS-6 |
|---|---|---|---|---|---|---|---|---|
| 1554 | | 1555 | | | | | | |
| 3402-T | | | | | | | | |
| ×<br>×<br>×<br>×<br>×<br>×<br><br>×<br>× | „CLR"-<br>Oil-Test<br>Engine<br>[3] | (veraltet) | | Kaltschlamm-Teste<br><br>(Go- and Stop-Betrieb) | | | Teste für Nocken- und Stößel-verschleiß | |
| Chevrolet 1942/ 1952 | CLR-Motor | | | Chevrolet Baujahr 1942/1952[5] | | | Chevrolet-Powerglide-1953/1954 | |
| O | O/D[3] | D/2-Takt | | 0 | | | 0 | |
| 6 | 1 | 3/4[4] | | 6 | | | 6 | |
| 3,54 | 0,695[3] | [4] | | 3,54 | | | 3,86 | |
| 89 | 96,5[3] | 108 | | 89 | | | 90,5 | |
| 95 | 95 | 126 | | 95 | | | 100 | |
| 8 | [3] | 11 | 1 | 1 | 4 | | 24 | |
| 36 | | 500 | 40 | 2 | 2 | 2 | | |
| 3150 | 3000 | 2000 | 2500 | 500 | 2500 | 2500 | 3150 | |
| 30 | 18 | 78/104[4] | 45 | Leerl. | 45 | 45 | 30 | 0 |
| — | | | — | — | — | — | — | — |
| 2,43 | 7,8 | 5,1 | 4,6 | — | 4,6 | 4,6 | 2,22 | — |
| 93 | | 82 | .35 | 52 | 36 | 93 | 93 | |
| [7] | | 100 | 74 | 38-52 | 71 | 118 | 124 | |
| 3,8 | 0,95 | | 3,8 | 3,8 | 3,8 | 3,8 | | |
| kein | kein | kein | kein | 1. Stufe | 2. Stufe | 3. Stufe | kein | |
| — | | | — | Leerl. | hohe Last | hohe Last | — | |
| keine | keine | keine | keine | kalt | kalt | heiß | keine | |
| — | — | — | — | 1 Periode | | | — | |
| | | | | Gesamt: 16 Perioden à 6 h = 96 h Laufzeit | | | | |
| b, c, d, e, h | a, b, c, e, f, g, h | a, b, c, d, e, g, h | | c, d, e, f, k | | | i | |

[6] Für die Dieselmotoren ist nicht die Leistung, sondern der DK-Verbrauch in kcal/min vorgeschrieben.

[7] Für Öle SAE-30 und 50: 138° C, für Öle SAE 10/10 W: 129,5° C.

[8] Prüfung auf:

a) Ringstecken
b) Kolbenrückstände
c) Motorverschmutzung
d) Filterablagerungen
e) Öloxydation
f) Kaltschlamm-Bildung
g) Zylinder- und Ringverschleiß
h) Lager-Korrosion
i) Stößel- und Nockenverschleiß
k) Rostbildung.

Tabelle 45. *Amerikanische und europäische Methoden für*

| | Test-Bezeichnung | Lauson-Motor-Teste | | Gardner-Motor-Teste HD/4 | Gardner-Motor-Teste Gar-PC[2] | Petter-Teste AT/4 | Petter-Teste W-1 |
|---|---|---|---|---|---|---|---|
| | Ursprungsland | USA | | England | | | |
| Motor | Fabrikat | Lauson | | Gardner | | Petter | |
| | Type | H-2 | | L-2 | | AV-1 | W-1/ Serie 2 |
| | Diesel oder Otto | O | | D | | D | O |
| | Zyl.-Zahl | 1 | | 1 | | 1 | 1 |
| | Hubraum (l) | 0,243 | | 1,39 | | 0,553 | 0,47 |
| | Bohrung (mm) | 66,5 | | 108 | | 80 | 85 |
| | Hub (mm) | 70 | | 152,4 | | 110 | 82,5 |
| Versuchsbedingungen | Laufzeit Einl. (h) | | | | 1/2 | 8 | |
| | Dauerlauf (h) | 100 | 60 | 130 | 25 | 120[5] | 36 |
| | $n$ (U/min) | 1840 | | 1500 | 1000 | 1500 | 1500 |
| | $N$ (PS) | 1,88 | | 16 | 10 | 4,9 | 3,3 |
| | Mittl. indiz. Druck (at) | 3,8 | | 6,9 | 6,4 | 5,3 | 4,2 |
| | Kühlstoff | | | W | W | Petrol./Keros.[6] | |
| | Kühlstoff-Temp. $A$ (° C) | 177 | 99 | 80 | 82 | 85 | 150 |
| | Öltemp. (°C) | 82[4] | 138 | ~65 | 65 | 55[5] | 138 |
| | Ölinhalt (l) | 1,0 | | 2,9 | 3,9 | 3,7 | 1,14 |
| | S-Gehalt des DK (%) | — | — | 1,0 | 1,0 | 0,4 | — |
| | Vortest für | L-1E | L-4 | L-1E | — | L-1A | L-4 |
| | Bemerkungen | USA-Sorting-Teste | | z. T. Variation der Versuchs- | | | |
| | Prüfung von[1]: | a, b, d, e, g | b, c, d, e, h | a, b, e, g | b | a, b, c, d, e, g | a, b, c, e, h |

[1] Prüfung von:

a) Ringstecken
b) Kolbenrückstände
c) Motorverschmutzung
d) Filterablagerungen
e) Öloxydation
f) Kaltschlamm-Bildung
g) Zylinder- und Ringverschleiß
h) Lager-Korrosion
i) Stößel- und Nockenverschleiß
k) Rostbildung.

[2] Teste im Thornton Research Centre der Shell entwickelt.

[3] Motoren-Werke Mannheim.

[4] Zum Teil auch 107° C.

[5] In einigen Labors: 100 h und 60 °C Öltemperatur.

[6] Auch Kerosin oder Glykol/Wasser-Gemisch.

[7] Versuchsdauer bis zum Ringstecken.

[8] Pro Stunde werden 150 $cm^3$ Seewasser zum Öl zugegeben.

[9] Auch mit Überladung, $n = 2400$ U/min, $pmi = 21$ at.

*die motorische Vorprüfung und laufende Kontrolle von Motorenölen* (nach BAIST)

| Petter-Teste | | Fowl.-Test Fow-FS [2] | Nat SW-2-Test [2] | Sunbury-Öl-motor-Test | Crossley-Ring-stecktest [2] | MWM-Motor-Teste | | Opel-Motor-Test |
|---|---|---|---|---|---|---|---|---|
| La-2 [2] | La-3 [2] | | | | | | | |
| England | | | | | | Deutschland | | |
| Petter W-1/Serie 2 | | Fowler FS-8 | Nation. DAP-1 | | BVD-1 | MWM[3] KD-415E | KD-12 | Opel-Rekord |
| O | | D | D | O | D | D | | O |
| 1 | | 1 | 1 | 1 | 1 | 1 | | 4 |
| 0,47 | | ~2 | | 0,252 | | 1,18 | 0,85 | 1,49 |
| 85 | | | | 63 | | 100 | 95 | 80 |
| 82,5 | | | | 81 | | 150 | 120 | 74 |
| | | 35 min | 1 | | | 5 | | 8 |
| 64 | 48 | [7] | 30 | | 90 | 50 | | 36 |
| (8 × 8) | (6 × 8) | | | | | | | |
| 1540 | 1540 | 1500 | 1000 | 3000[9] | Wechs.-last | 1500 | 1850 | 2750 |
| 3,6 | 3,6 | 24 | | | | 10,2 | | 26,1 |
| 4,6 | 4,6 | 7 | 4,9 | 7[9] | — | 5,2 | 5,8 | 5,7 |
| W | Glyk./W | W | W | | W | W | | W |
| 100 | 160 | 85 | 50 | | 80 | 90 | | 90 |
| 130 | 130 | 75 | ~50 | | 80 | 90 | | 130 |
| 1,7 | 1,7 | 9 | 9[8] | | 2,3 | 4,0 | 3,2 | 3,5 |
| — | — | 1,0 | 1,0 | — | 2,8 | 1,0 | | — |
| | | | | | | L-1E | | L-4 |
| bedingungen in verschiedenen Laboratorien | | | | | | Vorläufige Festlegung der AMP | | |
| b, h | b, h | a | c, f, k | | a, b | a, b, c, d, e, g | | b, c, d, e, h, i |

d) Neubildung asphaltischer Stoffe gewichtsmäßig,
e) Zeit bis zur Bildung einer bestimmten Menge asphaltischer Stoffe,
f) Anstieg des Verkokungsrückstandes.

Wie noch im Abschnitt über die Rückstandsbildung (S. 266) besprochen wird, werden viele berechtigte Einwände gegen diese Verfahren erhoben, so daß für Motorenöle weiterhin die motorische Untersuchung (zusammen mit jener der übrigen Auswirkung der Ölalterung auf den Motor) ihre Gültigkeit behält.

Mit der Verwendung neuer Raffinationsmethoden und dem zunehmenden Gebrauch zahlreicher Zusätze ist die Notwendigkeit dafür noch eindringlicher geworden. Einer Arbeit von W. BAIST[1] sind die Tab. 44 und 45 entnommen,

[1] BAIST, W.: Erdöl u. Kohle **10** (1957), 82.

deren Vielfalt bezüglich verwendeter Motoren und Prüfweisen zeigt, wie komplex das Problem ist; wegen Einzelheiten sei auf die genannte Arbeit verwiesen. 1960 erscheinen erstmalig die offiziellen motorischen Prüfmethoden des Institute of Petroleum.

Für *Kompressorenöle* gibt es keine generelle Prüfmethode; bei *Kältemaschinenölen* spielt die Korrosionsneigung eine viel größere Rolle als die Oxydationsbeständigkeit, so daß auch für sie keine allgemeine Prüfweise eingeführt ist.

#### e) Praktische Bedeutung

Wie schon der Abschnitt über die Erfassung der Oxydationsprodukte störender Natur gezeigt hat (S. 151), hat Oxydation vor allem ungünstige Auswirkung auf die Erdölprodukte. Der Grund dafür besteht darin, daß die ursprünglich reaktionsträgen Kohlenwasserstoffe in chemisch leicht reagierende umgewandelt werden, so daß als Folge Polymerisation mit Bildung zäher und hochmolekularer Stoffe, Korrosionen durch niedermolekulare Fettsäuren, aber auch Zerstörungen absichtlich zugegebener Zusätze, wie des Bleitetraäthyls im Benzin, auftreten können. Man kann als einzige günstige Auswirkung der Oxydation die Verbesserung der Schmiereignung von Schmierölen durch die neugebildeten polaren Verbindungen bezeichnen, die aber durch gleichzeitig einhergehende ungünstige Veränderungen kompensiert wird.

### 6. Zündung und Selbstzündung

#### a) Definition

Als Zündung bezeichnet man den Übergang eines brennbaren Gemisches aus dem Zustand stabiler Koexistenz oder langsamer Reaktion zu einer raschen, mit Temperatur- oder Drucksteigerung verbundenen Reaktion, die sich durch eine warme Flamme zu erkennen gibt. Reaktionen, die nur zur Ausbildung kalter schwach leuchtender Flammen führen, sind also nicht als Zündung zu bezeichnen. Je nach der Auslösung dieser Flammenreaktion unterscheidet man zwischen der Zündung ohne äußere Zündquelle, der sogenannten *Selbstzündung*, und der durch äußere Zündquellen verursachten *Fremdzündung*. Die Zündung durch Kompression, wie sie z. B. im Dieselmotor eintritt, muß als Selbstzündung aufgefaßt werden. Woraus das zündfähige Gemisch besteht, spielt keine Rolle; hier kommt vor allem die Verbrennung, d. h. die Zündung von Kohlenwasserstoff-Luftgemischen in Betracht.

#### b) Wesen

Zündung tritt offenbar ein, wenn die Reaktionsgeschwindigkeit so groß wird, daß die entstehende Wärme nicht rasch genug abgeführt werden kann, so daß die Temperatur des Gemisches die zur Ausbildung einer Flamme erforderliche Höhe erreicht. Außer dieser thermischen Zündung kommt noch eine andere Zündung in Frage, bei der eine isotherme Kettenreaktion, die ohne Temperatursteigerung verläuft, bis zu einer Reaktionsgeschwindigkeit ansteigt, die dann eine Zündung zur Folge haben kann.

Die im Abschnitt über die Oxydation (S. 139) besprochenen Vorgänge spielen sich also auch hier ab. Auch werden die verschiedensten Reaktionswege zur Erklärung des Vorganges herangezogen, von denen nur die neuesten Erklärungsversuche in Erwägung gezogen werden sollen. Insgesamt müssen die folgenden Tatsachen erklärt werden:

a) Zündverzug.

b) Der negative Temperaturkoeffizient in einem bestimmten Bereich.

c) Der Einfluß von Wandungen.

d) Der Einfluß von positiven und negativen Katalysatoren.

Die Temperatur, bei welcher Zündung ohne Fremdzündung erfolgt, nennt man Selbstzündungstemperatur. Da sie sehr stark von den äußeren Einflüssen abhängt, sind die für verschiedene Stoffe angegebenen Werte dieser Temperatur weitgehend apparatebedingt, d. h. keine Stoffkonstanten. Am ehesten nähert sich diesem Begriff die Selbstzündung bei adiabatischer Verdichtung, weil hiebei tatsächlich fast ausschließlich die — bei dem betreffenden Verdichtungsenddruck herrschende — Temperatur in Frage kommt, und nur bei sehr hohen Geschwindigkeiten der Verdichtung auch der Druck selbst eine Rolle spielt.

Wie bei der Oxydationsreaktion ist der Ort des Sauerstoffangriffes im Molekül bei dem zur Zündung führenden Vorgang das labilste C-Atom, also gemäß der schon von van Dyck, Boerlage und Brooze gemachten Annahme bei etwa 300°C zuerst der tertiäre, in zweiter Linie der sekundäre und endlich der primäre Kohlenstoff. Zuerst tritt bei Niedertemperatur-Explosion nach Ansicht von A. D. Walsh Abspaltung eines H-Atoms ein, worauf das entstehende Alkylradikal mit $O_2$ unter Bildung eines Alkylperoxydradikales reagiert. Alkylperoxydradikale, besonders die primären, können bei 400 bis 450°C in CO oder CO-Verbindungen zerfallen; Aldehyde katalysieren wahrscheinlich diesen Zerfall (nicht jenen von Peroxydradikalen!), der stark exotherm ist und Kettencharakter der Hochtemperatur-Explosion wahrscheinlich macht. Die exotherme Bildung von Hydroperoxyden wird durch die Wärmeaufnahme bei Peroxydzerfall kompensiert. Der Zerfall von Hydroperoxyden geht vor allem bei niedrigeren Temperaturen unter starker Verzweigung vor sich, während jener der Hydroperoxydradikale bei höherer Temperatur ohne Verzweigung vor sich geht. Walsh betrachtet daher die kalten Flammen als eine Art isothermer Kettenexplosion. Der negative Temperaturkoeffizient der Oxydation, der bei etwa 400 bis 450°C festgestellt ist, wird auf die Zunahme des Hydroperoxydradikalzerfalles und zugleich Abnahme des Zerfalles von Hydroperoxyden selbst zurückgeführt. Dabei tritt zuerst Sprengung der O—O-Bindung, danach erst der benachbarten C—C-Bindung ein. Formaldehyd, der sich in kalten Flammen bildet, entsteht wahrscheinlich durch Reaktion zweier Radikale miteinander.

Die frühere Auffassung, daß der Zündvorgang einheitlich sei, wird jetzt also zugunsten eines Zweistufenvorganges verlassen; man unterscheidet nunmehr deshalb auch zwei Zündverzüge $\tau_1$ und $\tau_2$, $\tau_1$ vor Einsetzen der kalten und $\tau_2$ vor Einsetzen der heißen Flamme. Die kalte Flamme leitet Kettenreaktionen vor $\tau_2$ ein, die eine thermische Explosion zur Folge haben können. Beide Zündverzüge nehmen mit steigendem Druck ab, $\tau_2$ aber stärker als $\tau_1$, so daß bei hohen Drucken sofort eine heiße Flamme entsteht. Arbeitet man dagegen bei genügend niederen Drucken, so kann man deutlich zwischen den beiden Zündverzügen unterscheiden. W. Jost hat bei adiabatischen Verdichtungsversuchen mit einer Kolbengeschwindigkeit von etwa 10 m/sek Zündverzüge von $10^{-3}$ bis $10^{-2}$ sek gemessen, in Ausnahmefällen fand er auch für $\tau_2$ $10^{-4}$ sek. Abb. 66 zeigt schematisch den Vorgang nach JOST.

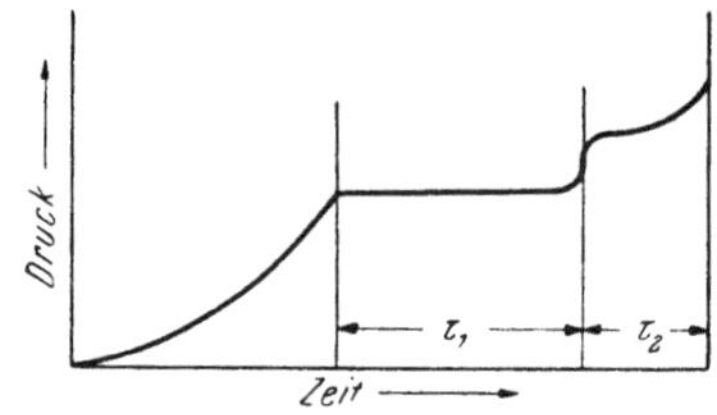


Abb. 66. Zündverzüge bei adiabatischer Verdichtung von $n$-Heptan-Luftgemischen nach JOST

Zu Ende der Verdichtung beginnt ohne anfänglich meßbare Temperatur- oder Drucksteigerung der Zündverzug $\tau_1$, an dessen Ende der Druck um etwa 10% des Verbrennungsdruckes ansteigt. Auf diesen begrenzten Druckanstieg folgt der zweite Zündverzug $\tau_2$ mit mehr oder weniger ausgeprägtem Druckanstieg; am Ende dieses Zündverzuges erfolgt vollständige Verbrennung. Der erste Druckanstieg ist nach JOST keine thermische Explosion, sondern muß als Reaktion von Kettenverzweigungen aufgefaßt werden, wie sie in kalten Flammen abläuft. Auch der zweite Druckanstieg muß eine solche Kettenreaktion sein, da Bleitetraäthyl $\tau_2$ stark verlängert. Beim ersten Druckanstieg ist die Kettenreaktion exotherm, aber fast adiabatisch. Daß trotzdem die Reaktion nicht gleich zur Explosion führt, muß durch eine verlangsamende Reaktion verursacht sein, wahrscheinlich irgendeine von Kettenträgern mit einem Reaktionsprodukt[1]. Außer A. D. WALSH und W. JOST haben auch W. J. LEVERHELL und F. L. HOWARD[2] den Zweistufenvorgang der adiabatischen Selbstzündung festgestellt, sie betonen aber zugleich, daß die Zündung im allgemeinen nicht überall gleichmäßig einsetzt, ohne daß ein genauer Grund dafür angegeben werden könnte. Erhöht man die Geschwindigkeit der adiabatischen Verdichtung, so wird offenbar, wie bei Erhöhung des Druckes (Versuche von WALSH), aus dem Zweistufen- ein Einstufenvorgang. Versuche dieser Art stammen von F. SCHMIDT und SCHEUERMEYER, die auf diese Weise aber auch zu negativen Temperaturkoeffizienten kamen, wie der Gang der Zündverzüge mit dem Druck beweist, den Abb. 67 zeigt.

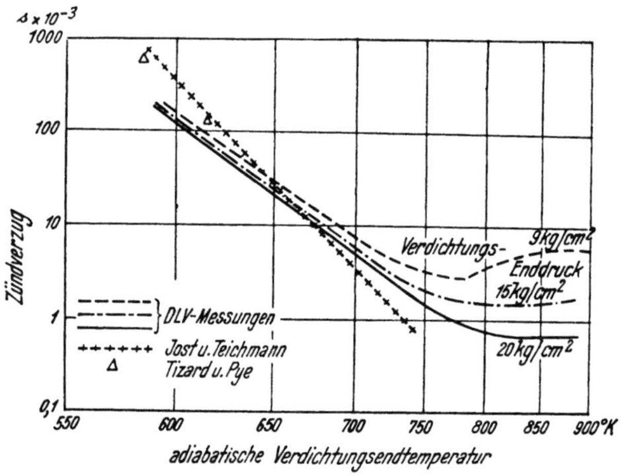


Abb. 67. Zündverzüge von $n$-Heptan nach SCHMIDT. Bei kurzen Zündverzügen besteht eine ausgesprochene Druckabhängigkeit, auch zeigt sich ein negativer Temperaturkoeffizient

Zugleich ergab die Erhöhung der Verdichtungsgeschwindigkeit eine wesentlich stärkere Abhängigkeit vom Druck, d. h. auch andere Aktivierungsenergien, als bei langsamerer Verdichtung.

Bei weiteren Versuchen in einer neuen Apparatur fanden F. A. F. SCHMIDT und Mitarbeiter, daß die Selbstzündungsreaktion vorwiegend aromatischer

---

[1] 3. Welt-Erdölkongreß Haag **7** (1951), 1.
[2] Ind. Engng. Chem. **43** (1951), 2805/14.

Kraftstoffe gemäß den Gesetzen einer Reaktion zweiter Ordnung verläuft. Bei Ermittlung der Konstanten, die zur Charakterisierung des Reaktionsvorganges gebraucht werden, muß unbedingt die Temperatursteigerung während der Zündverzugsperiode berücksichtigt werden; nur dann erhält man in der von SCHMIDT vorgeschlagenen Formel einen konstanten Wert für die mittlere scheinbare Aktivierungsenergie im ganzen Druck- und Temperaturbereich. Die Erwartung SCHMIDTS, daß die vorgeschlagene Formel für den Klopfeinsatz infolge Selbstzündung die Motorprüfung durch eine brauchbare einfache Kennzeichnung der Kraftstoffe werde ersetzen können, erscheint optimistisch[1].

Auf Grundlage der zwei Selbstzündungsgebiete (niedere und hohe Temperatur) hat D. DOWNS[2] eine einheitliche Auffassung der motorischen Verbrennung vorgeschlagen. Danach klopfen die meisten Kraftstoffe (Paraffine) dank einer Niedertemperaturreaktion (Peroxydbildung), manche dank einer Hochtemperaturreaktion (Aromaten), während bei einigen, wie Methan, beide zum Klopfen führen. Das „Dieseln" von Ottomotoren und die Zündung in Dieselmotoren wären Niedertemperaturvorgänge, während die kontinuierliche Verbrennung in Gasturbinen auf einen Hochtemperaturvorgang zurückzuführen ist. Die Einwirkung von Zusätzen auf die Verbrennung entspricht ihrer Beeinflussung der beiden Vorgänge: aromatische Amine verstärken so die Selbstzündungsneigung und das Klopfen in Methan und Benzol, während sie die Selbstzündungsneigung und das Klopfen von Paraffinen verringern (vgl. S. 170, 211).

Wird die Selbstzündung nicht durch adiabatische Verdichtung, sondern durch Erhitzung eines Tropfens oder eines Strahles in einem beheizten Gefäß gemessen, so sind zwar die chemischen Vorgänge bis auf die mögliche katalytische Wandwirkung die gleichen wie bei der Oxydation und der adiabatischen Selbstzündung, infolge der starken apparativen Einflüsse sind aber sehr erhebliche Unterschiede in den Ergebnissen verschiedener Apparate festzustellen.

**Zündgrenzen.** Zündung durch eine Zündquelle gelingt nur, wenn die Mischung innerhalb eines kritischen Bereiches der *Zündgrenzen* liegt. Diese hängen, wie die Selbstzündungstemperatur, stark von den Versuchsbedingungen ab; so können Gemische nahe den Zündgrenzen bei schwacher Zündung nicht zündbar sein, die bei starker Zündung glatt zünden. Auch der Durchmesser eines Rohres oder (bei geschlossenem Rohr) seine Länge spielen eine Rolle.

Bei Gemischen mit Luft kann die untere bzw. obere Zündgrenze $L$ mit ziemlicher Genauigkeit nach der Gleichung von LE CHATELIER berechnet werden:

$$L = \frac{100}{p_1/N_1 + p_2/N_2 + p_3/N_3 + \ldots}$$ worin $p_1$, $p_2$, $p_3$ usw. der Prozentgehalt der einzelnen Gase bzw. Dämpfe (deren Summe 100 ist) und $N_1$, $N_2$, $N_3 \ldots$ die untere bzw. obere Zündgrenze der einzelnen Gase bzw. Dämpfe mit Luft sind.

Die Gültigkeit der Formel leidet unter manchen Ausnahmen, die vor allem bei aufsteigender Flamme und bei Stoffen auftreten, die kalte Flammen ergeben. Dagegen sollen Gemische aus Wasserstoff, Kohlenoxyd und Methan mit Gemischen aus Luft, Stickstoff und $CO_2$ in weiten Bereichen errechenbar sein, was für Grubengas, Hochofengas, Auspuffgase von Motoren wichtig sein kann[3].

[1] Vgl. Motortechn. Z. **16** (1955), 305.

[2] 4. Welt-Erdölkongreß Rom **6** (1955), 461. (Mit J. C. STREET und R. W. WHEELER.)

[3] Vgl. US-Bureau of Mines, Techn. Paper 450; Bureau of Mines Bull. **279** (1938), 7.

M. G. ZABETAKIS und G. W. JONES vom Bureau of Mines bestätigen in einer neuen Arbeit die Gültigkeit der LE CHATELIERschen Regel für Gemische von Wasserstoff, Kohlenmonoxyd und Methan sowie Paraffinkohlenwasserstoffen mit Luft, während eine solche Berechnung für Gemische von Wasserstoff + Äthylen, Azetylen + Wasserstoff, Schwefelwasserstoff + Methan, Methan + Dichloräthylen und von schwefelkohlenstoffhaltigen Stoffen mit Luft nicht zulässig sei[1].

Es scheint, als träte in manchen Fällen eine Einschränkung der Gültigkeit der Regel für die obere Explosionsgrenze ein, nicht aber für die untere. Gleichzeitige Verbrennung von zwei oder mehr Stoffen kann nämlich den Gesamtverbrennungsvorgang im fetten Bereich bremsen. So haben FOORD und NORRISH beobachtet, daß schon 0,1% Methan die Zündung eines Gemisches von Wasserstoff, Sauerstoff und Stickstoffdioxyd mit Luft verhinderte, offenbar weil es einen starken Einfluß auf die kettenverzweigenden und -abbrechenden Reaktionen hat. Dieser ist bei Wasserstoff-Sauerstoffgemischen annahmegemäß vor allem auf eine Reaktion mit dem Wasserstoffatom zurückzuführen, doch spielt auch die Bildung von Formaldehyd dabei eine Rolle, die den bei einer Grenzkonzentration an Methan plötzlich auftretenden Hemmungseffekt erklärt[2].

Auf ähnliche bremsende Wirkung von Schwefelwasserstoff auf die Stabilität von Flammen (s. S. 187) sei verwiesen (Angaben über Zündgrenzen s. Tab. 49, S. 172).

**Zündung durch eine äußere Zündquelle** tritt um so leichter ein, je größer die aufgewandte Energie ist, so daß zur Erzielung gleichmäßiger Ergebnisse bei den konventionellen Verfahren der Flammpunktmessung die Länge der Zündflamme genau festgelegt wird; exakte Beziehungen zwischen der Zündenergie und Zündmöglichkeit gibt es aber nur für Zündung durch *den elektrischen Funken.* Diese tritt ein, wenn die Zündenergie des Funkens für den Durchschlag und die Entstehung einer Flamme ausreicht. Diese Mindestenergie ist vom Benzin-Luftverhältnis abhängig, wie Abb. 68 nach C. C. PATERSON und N. CAMPBELL für eine Spannung von 5280 Volt zeigt.

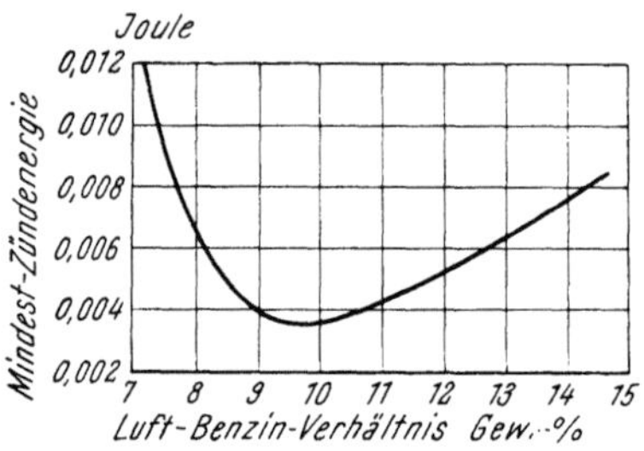


Abb. 68. Mindestzündenergie für verschieden fette Benzin-Luftgemische nach PATERSON und CAMPBELL

Sie schwankt also zwischen dem Minimum von 0,0035 Joule bei etwa 9,75 Gew.-% Benzin bis zu 0,008 Joule bei 14,5 Gew.-% (theoretisches Gemisch). Mit steigender Spannung sinkt die Mindestzündenergie eines Gemisches mit 12,5% Benzin von z. B. 0,005 Joule bei 5000 Volt auf 0,002 Joule bei 6000 Volt und 0,0007 Joule bei 7000 Volt. Auch ist sie geringer bei warmem Motor als bei kaltem (7000 und 4000 Volt). Beim Durchschlag folgt dem nur 1 Millionstel Sekunde währenden Kapazitätsfunken eine Reihe von Flammenfunken während etwa 1/1000 Sekunde.

---

[1] Chem. Engng. Progr. **51** (1955), 411/4.

[2] LEVY, A.: J. Physic. Chem. **59** (1955), 721.

### c) Einflüsse auf die Selbstzündung

#### α) Druck

*Druck* erniedrigt die Selbstzündungstemperatur stark, wie die Versuche von TAUSZ und SCHULTE in einer Bombe zeigen (Abb. 69). Wie bei niederen und

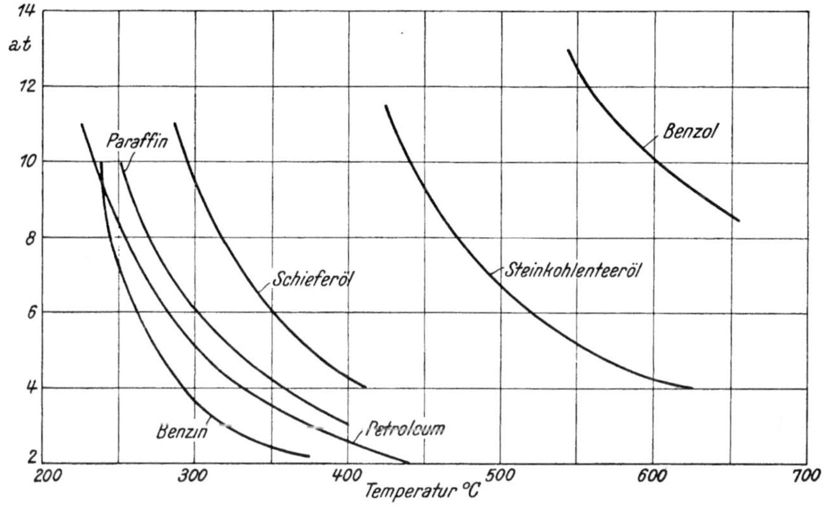


Abb. 69. Einfluß des Druckes auf die Selbstzündungstemperatur nach J. TAUSZ und F. SCHULTE

hohen Temperaturen gibt es auch bei niederen und hohen Drucken verschiedene Reaktionsabläufe. Den Übergang von langsamer Verbrennung zur Zündung stellt A. R. UBBELLOHDE für niedere und hohe Drucke schematisch so dar[1], wie es Abb. 70 zeigt. Die Erhöhung des Druckes führt also zuerst zur Zündung, bei weiterer Erhöhung tritt aber wiederum langsame Verbrennung ein, um erst bei wesentlich höheren Drucken erneut Zündung zu geben. In einem kritischen Gebiet ergibt also Drucksenkung Zündung! — Der Zündbereich wird durch Druckerhöhung verschieden verändert, meist wird er weiter, in Sonderfällen aber auch enger. Bei Turbostrahltrieb nimmt mit steigender Höhe sowohl der Druck als die Temperatur in der Verbrennungskammer ab, so daß die Verbrennung unvollkommen wird. Bei gegebener Konstruktion und Kraftstoffflüchtigkeit kann diese Auswirkung durch Anwendung von Kraftstoffen mit größerer Verbrennungsgeschwindigkeit bzw. niedrigerer Zündtemperatur bekämpft werden[2].

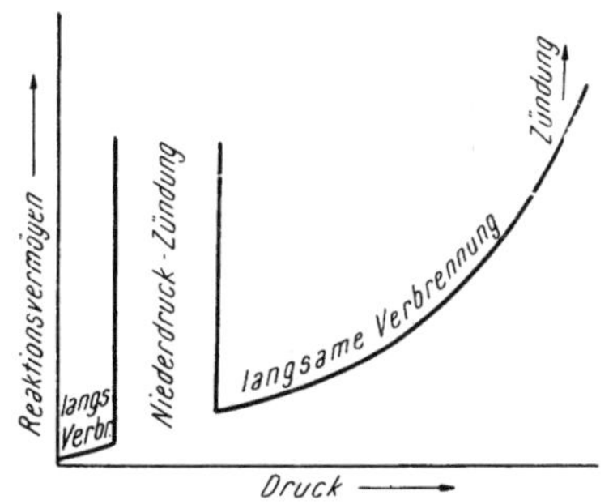


Abb. 70. Übergang von langsamer Verbrennung zur Zündung bei niederen und bei hohen Drucken nach A. R. UBBELLOHDE

[1] Sci. Petroleum **4** (1938), 2947.

[2] Vgl. OLSON, W. T., J. H. CHILDS und E. R. JONASH: Trans. Amer. Soc. Mechan. Engr. **77** (5) (1955), 505.

### β) Temperatur

*Temperatursteigerung* begünstigt im allgemeinen die Selbstzündung. Dabei tritt aber bei einem gewissen Bereich eine Zündungslücke auf, die von JENTZSCH als erstem gefunden und später von verschiedenen Forschern bestätigt wurde. Es ist also bei Beibehaltung gleichen Druckes möglich, durch allmähliche Steigerung der Temperatur zuerst Zündung zu erhalten, später in ein Gebiet des Nichtzündens (die Zündlücke) zu kommen, um erst bei noch höherer Temperatur zum zweiten Male den Bereich der Zündung zu erreichen. In Abb. 71 sind die Ergebnisse von JENTZSCH und von TOWNEND so gegenübergestellt, daß man den analogen Verlauf ohne weiters erkennen kann, der im einen Fall durch Änderung der Sauerstoffströmungsgeschwindigkeit (JENTZSCH), im anderen des Druckes (TOWNEND) bei verschiedenen Temperaturen für die Selbstzündung von $n$-Heptan bzw. $n$-Hexan erhalten wurde (vgl. S. 176, Messung). Bei Beurteilung des Temperatureinflusses auf die Zündung muß man also die Möglichkeit des Bestehens zweier verschiedener Reaktionsgebiete besonders im Auge behalten, da unter Umständen durch Temperatursteigerung keine Beschleunigung, sondern eine Verlangsamung der Zündreaktion bewirkt werden kann. Solange man im Bereiche der oben besprochenen kalten Flammen ist, kann dieser Effekt auftreten, während darüber (etwa über 300° C) nur positive Temperaturkoeffizienten in Frage kommen. Wie Drucksenkung kann daher auch Temperatursenkung in einem kritischen Gebiet Zündung verursachen.

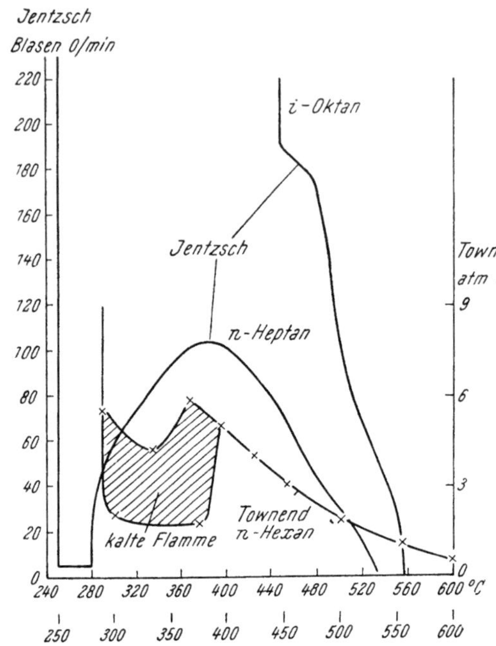


Abb. 71. Einfluß der Sauerstoff-Strömungsgeschwindigkeit (JENTZSCH) und des Druckes (TOWNEND) auf die Selbstzündungstemperatur von $n$-Heptan und von $n$-Hexan

Neuerdings betonen CH. A. FRANK und A. U. BLACKHAM[1], daß die erwähnten, auch von MULCAHY besprochenen[2] zwei Zündbereiche sich so auswirken, daß im niederen (unter 300° C) die Reaktion der Peroxyde ablaufe und stark von der chemischen Struktur abhänge, während im oberen (über 400° C) die Reaktion über einfache Radikale gehe und wenig strukturabhängig sei; deshalb ergäben sich auch die sonderbaren Kurven von Gemischen aus $n$-Heptan und $i$-Oktan (Abb. 72), weil die eine jene des unteren, die andere jene des oberen Zündbereiches darstelle und im Zwischenbereich die Temperatur zu nieder für die Radikalbildung des zweiten Bereiches, aber zu hoch für die Beständigkeit der

[1] Ind. Engng. Chem. **44** (1952), 862.
[2] Trans. Faraday Soc. **45** (1949), 537.

Peroxydzwischenverbindungen des ersten Bereiches sei (vgl. S. 186, Flammenstabilität).

Zu den Versuchen, physikalische Kennwerte zur Kennzeichnung der Selbstzündungsneigung zu verwenden, ist zu sagen, daß sie für Kohlenwasserstoffgemische ohne Zusätze wohl ein im allgemeinen brauchbares Bild ergeben, aber naturgemäß in jenen Fällen versagen müssen, wo Zusätze zur Steigerung der Zündwilligkeit oder außer Kohlenwasserstoffen noch andere Verbindungen vorliegen. Der Motor behält weiterhin zur Beurteilung der Zündwilligkeit von Kraftstoffen das letzte Wort.

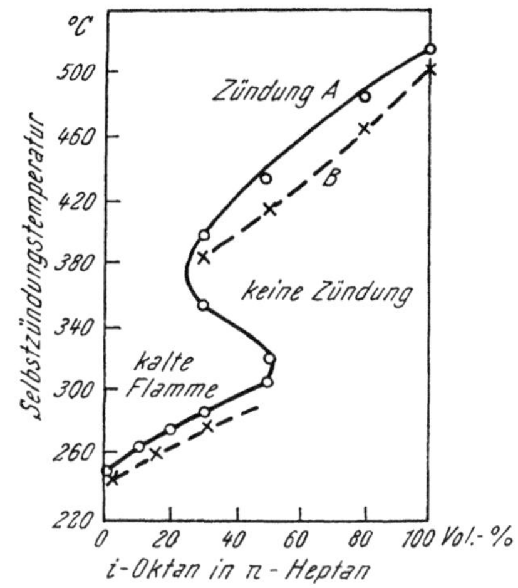


Abb. 72. Selbstzündungstemperaturen von Gemischen aus $i$-Oktan und $n$-Heptan nach FRANK und BLACKHAM. $A$ 135 cm³ Luft/min, $B$ 25 cm³ Luft/min

### γ) *Zeit*

Der Zeiteinfluß bei der Zündung ist sehr groß, weil sowohl die Zerstörung hemmender Stoffe als auch die besprochenen Induktionsreaktionen stark zeitabhängig sind. Die in der Literatur angegebenen Selbstzündungstemperaturen ermangeln meist der Zündverzugszeiten, so daß zwischen Zündung z. B. nach 30 Minuten und sofortiger Zündung nicht unterschieden werden kann. Dabei hat schon vor langen Jahren wegen der großen praktischen Bedeutung für den Dieselbetrieb HAWKES den Zündverzug berücksichtigt; dessen Messung (oder die Einstellung der Motorbedingungen auf gleichen Zündverzug) bildet derzeit das verbreitetste Verfahren zur Erfassung der Zündneigung von Dieselkraftstoffen. Da es nicht selten vorkommt, daß die Kurven der Selbstzündungstemperatur zweier Stoffe, über die Zündverzüge aufgetragen, sich überschneiden, ist vorgeschlagen worden, zur Charakteristik der Selbstzündungsneigung solche Diagramme aufzunehmen. Ob sich dies verwirklichen lassen wird, ist wegen des erhöhten Zeitaufwandes fraglich; auf alle Fälle empfiehlt sich aber bei Bestimmungen der Selbstzündungstemperatur die Angabe über die eingehaltenen oder gemessenen Zündverzugszeiten.

### δ) *Katalytische Einflüsse (Zusätze)*

Die Auffassung der Oxydations- und Zündreaktionen als Kettenreaktionen macht die positive und negative Katalyse verständlich, die sowohl anorganische als auch organische Stoffe ausüben können.

**Positive Katalyse.** Positiv wirken außer vielen Metalloxyden und Metallen $NO_2$, Aldehyde, Peroxyde, Nitrite. Von der Wirkung positiver Katalyse, die über den Reaktionsvorgang erfolgt, ist die durch Mischung mit besser zündenden Stoffen erreichte Senkung der Selbstzündungstemperaturen zu unterscheiden, die nichts anderes als ein Mischungseffekt ist. Zugabe von Butandiol-Diäthyläther oder Diäthyldiglykoläther, Nitroverbindungen usw. stellt eine solche Auswirkung dar.

CH. E. FRANK und A. U. BLACKHAM (l. c.) fanden, daß bei Messung der Selbstzündungstemperatur in einem Tiegelapparat bei 125 cm³ Luft/min Strömung die Wände für Stoffe mit Selbstzündungstemperatur unter 290° C im allgemeinen wenig Einfluß hatten (Maximalunterschied 6° C), während bei Stoffen mit Selbstzündungstemperatur über 500° C Unterschiede der Selbstzündungstemperatur bis zu 50° C auftraten. Bei 4-*i*-Propylheptan traten jedoch trotz niedriger Selbstzündungstemperatur immerhin Unterschiede bis zu 32° C auf: (s. Tab. 46).)

Tabelle 46. *Metalleinfluß auf die Selbstzündungstemperatur von 4-i-Propylheptan*

| Stoff | Selbstzündungstemperatur °C |
|---|---|
| Inconel | 257 |
| Kupfer | 256 |
| Rostfreier Stahl | 288 |
| Al-Legierung | 281 |

Von praktisch außerordentlicher Bedeutung ist die Senkung der Selbstzündungstemperatur von Ölkohle durch Bleiverbindungen, weil dadurch im Motor Glühzündung mit ihren gefährlichen Folgen auftreten kann. Wie sich diese katalytische Beschleunigung der Selbstzündung bei reinem Kohlenstoff auswirkt und wie sie durch Zugabe von Phosphorverbindungen gehemmt werden kann, zeigt Tab. 47:

Tabelle 47. *Selbstzündungstemperaturen von reinem Kohlenstoff mit Zusatz von Bleiverbindungen* (nach G. SCHÖNWÄLDER)

| Nr. | Stoff | Selbstzündungstemperatur °C |
|---|---|---|
| 1 | Reiner Kohlenstoff | 500 |
| 2 | ,, ,, + $PbO$ | 300 |
| 3 | ,, ,, + $PbBr_2$ | 202 |
| 4 | ,, ,, + 2 $PbO \cdot PbBr_2$ | 229 |
| 5 | ,, ,, + $Pb_3(PO_4)_2$ | 470 |
| 6 | ,, ,, + 3 $Pb_3(PO_4)_2 \cdot PbBr_2$ | 350 |

Die besonders durch $PbBr_2$ verursachte Senkung der Selbstzündungstemperatur wird also durch Überführung des Bleihalogenids in Phosphate weitgehend rückgängig gemacht. Die modernen Kraftstoffe enthalten aus diesem Grunde Zusätze von Phosphorverbindungen, die den Phosphorsäurerest für die Phosphatbildung liefern[1].

**Negative Katalyse.** Ebenso, wie man die Zündreaktion fördern kann, kann man sie auch hemmen, und zwar sowohl durch organische als durch anorganische Stoffe. Von den organischen Stoffen seien genannt: Aromatische Amine (Anilin, Mono- und Dimethylanilin, Toluidin, Xylidine), organische Metallverbindungen, wie die Metallalkyle (Bleitetraäthyl, Triphenylbismutin, Diäthyl- und Diphenyltellurid), von den anorganischen außer $H_2S$ die Eisen-, Nickel-, Kobalt-Mangan-Karbonyle bzw. -verbindungen. Auch bei der negativen Katalyse ist zu unterscheiden zwischen der eigentlichen Wirkung und jener, die durch Hemmung der katalytischen Wirkung von Metallen besteht. Überzug von positiv wirkenden Metallen mit chemisch inaktiven Metallen, wie Zinn, Aluminium oder Salzen (Phosphaten, Chromaten), ist als solche Inaktivierung einer bestehenden positiven Katalyse, nicht aber als negative Katalyse aufzufassen.

[1] SCHÖNWÄLDER, G.: Erdöl u. Kohle **7** (1954), 78; NEBEL, G. J. und P. L. CRAMER: Ind. Engng. Chem. **47** (1955), 2393/96.

### ε) *Wandeinflüsse*

Die Wandeinflüsse sind kaum scharf von den als katalytisch bezeichneten zu trennen, da Wände, wie schon im Abschnitt über Oxydation (S. 146) erwähnt, Kettenreaktionen sowohl einleiten als abbrechen können, wie es die Katalysatoren auch tun. Vergrößerung der Wandoberfläche wirkt allerdings meist hemmend auf die Zündung. Man erklärt ja zum Teil die Wirkung von Gegenklopfmitteln auch als gesteigerte Wandeinwirkung. Aber auch an und für sich kaum katalytisch wirkende Wände, wie solche aus Glas oder Quarz, können — wahrscheinlich infolge physikalisch bewirkter adsorptiver Verdichtung und dadurch eingeleiteter Reaktionen — bei Behandlung z. B. mit Fluorwasserstoff stark fördernden Einfluß auf die Zündung ausüben, während vorheriges Waschen der Wände mit Alkalihalogeniden die Reaktion stark hemmen kann[1].

B. Kaesche-Krischer und G. Gg. Wagner fanden auch niedrigere Selbstzündungstemperaturen bei Messung nach der VDE-Methode, wenn sie anstelle von Eisen- oder Messingrohren Glasrohre verwendeten. Dabei ist das Verhältnis Gefäßoberfläche (mit der das Gemisch in Berührung ist) $(O)$ : Gasvolumen, in dem die Reaktion stattfindet $(V)$, sehr wichtig, weil das Volumen proportional der erzeugten Wärmemenge, die Oberfläche dagegen proportional der Wärmeabfuhr ist. Das Verhältnis $O/V$ ergäbe daher ein Maß für den Energieverlust bzw. den Verlust an aktiven Teilchen. Je größer es ist, um so höher liegen die Selbstzündungstemperaturen. Für kugelförmige Kolben fanden die Autoren einen linearen Anstieg der Selbstzündungstemperaturen bei Auftragung gegen 1/Durchmesser[2]. Auch D. E. Swarts und M. Orchin schlagen vor, die Selbstzündungstemperaturen in Abhängigkeit vom Oberflächen-Volumenverhältnis, eventuell auch — in einem dreidimensionalen Diagramm — von einer anderen Funktion (z. B. dem Druck) darzustellen. Sie führen die bei Verwendung verschiedener Apparate auftretenden Unterschiede der Selbstzündungstemperaturen ein und desselben Stoffes auf das verschiedene Verhältnis von $O/V$ zurück[3].

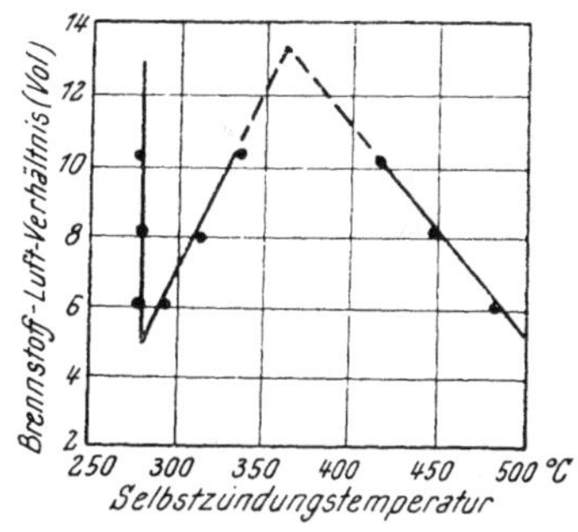


Abb. 73. Gebiete der Zündung und Nichtzündung in Abhängigkeit vom Verhältnis Benzin-Luft nach Dykstra und Edgar

### ζ) *Sauerstoff- und Kraftstoffkonzentration*

Erhöhung der Sauerstoffkonzentration fördert meist die Neigung zur Selbstzündung (falls man außerhalb des bereits erwähnten unteren kritischen Temperaturbereiches ist). Der Einfluß der Konzentration an Brennstoff ist aber meist erheblich größer; dabei ergibt sich wieder die schon besprochene Zündlücke, d. h. ein Gebiet des Nichtzündens zwischen zwei Zündgebieten, falls nicht allzureiche Gemische verwendet werden, wie Abb. 73 nach Dykstra und Edgar[4] zeigt.

Je höher der Gehalt an Brennstoff ist, um so leichter tritt bei dampfförmigen Gemischen die Zündung ein[5].

[1] Kowalsky, Sadownikow und Tschirkow: J. Physics (Moskau) **1** (1932), 451, 567.
[2] B. C. **39** (1958), 33.
[3] Ind. Engng. Chem. **49** (1957), 432.
[4] Ind. Engng. Chem. **26** (1934), 509.
[5] Brückner, H. und M. R. Schöneberger: B. C. **16** (1935), 290.

Daß es nicht gleichgültig ist, ob man Luft oder Sauerstoff verwendet, beweisen die widersprechenden Ergebnisse mit Kraftstoffzusätzen (Tab. 48) von W. A. Ormandy und E. C. Craven[1] und von R. A. Weermann[2] in Apparaten des Tiegeltypus.

*Tabelle 48*

| Ormandy und Craven, *Sauerstoff* | | | Weermann, *Luft* | | |
|---|---|---|---|---|---|
| Stoff | Selbstzündungstemperatur °C | Unterschied °C | Stoff | Selbstzündungstemperatur °C | Unterschied °C |
| *n*-Heptan rein | 245 | — | Benzin | 335 | — |
| +1% Xylidin | 261 | +16 | +0,5% TEL | 440 | +105 |
| +1% *p*-Toluidin | 259 | +14 | +1,0% TEL | 465 | +130 |
| +1% Methylanilin | 251 | + 6 | +2,9% $Fe(CO)_5$ | 505 | +170 |
| +0,25% TEL | 231 | −14 | +1,0% S-diäthyl | 475 | +140 |
| +0,25% Bleitetramethyl | 236 | − 9 | | | |

In Sauerstoff trat also nur eine sehr geringe positive, bei den Bleiverbindungen sogar negative Wirkung auf, während in Luft eine ganz außerordentliche Erhöhung der Selbstzündungstemperatur erfolgt.

Eine Zusammenstellung der Zündgrenzen verschiedener Stoffe in Luft und Sauerstoff ist in Tab. 49 gegeben. Die Werte der jeweils zweiten Reihe wurden in geschlossenen Apparaten bestimmt, jene in Klammern mit turbulenten Gemischen.

Tabelle 49.

*Ungefähre Zündgrenzen von Gasen in Luft und Sauerstoff bei gewöhnlichem Druck und gewöhnlicher Temperatur* (nach Coward und Jones, US-Bureau of Mines Bull. **279**, 1938, 125)

| Gas oder Dampf | Zündgrenze in Luft | | | | Zündgrenze in $O_2$ | | | | Mindest-Sauerstoffgehalt bei Verdünnung mit | |
|---|---|---|---|---|---|---|---|---|---|---|
| | untere % | | obere % | | untere % | | obere % | | N | $CO_2$ |
| Wasserstoff | 4,1 | 4,0 | 74 | — | — | 4,0 | 94 | — | 5,0 | 5,9 |
| $NH_3$ | — | 16,0 | — | 27 | — | 15 | — | 79 | — | — |
| $H_2S$ | — | 4,3 | — | 45,5 | — | 79 | — | — | — | — |
| $CS_2$ | 1,25 | — | 44 | 50 | — | — | — | — | — | — |
| CO | 12,5 | — | 74 | — | — | — | — | — | 5,6 | 5,9 |
| Methan | 5,3 | (5,0) | 14 | 15 | — | 5,4 | — | 59 | 12,1 | 14,6 |
| Äthan | 3,2 | — | 12,5 | — | — | 4,1 | — | 50 | 11,0 | 13,4 |
| Propan | 2,4 | — | 9,5 | — | — | — | — | — | 11,4 | 14,3 |
| Butan | 1,85 | — | 8,4 | — | — | — | — | — | 12,1 | 14,5 |
| *i*-Butan | 1,8 | — | 8,4 | — | — | — | — | — | — | — |
| Pentan | 1,4 | — | 7,8 | — | — | — | — | — | 12,1 | 14,4 |
| Hexan | 1,2 | — | 6,9 | — | — | — | — | — | 11,9 | 14,5 |
| Heptan | — | 1,0 | — | 6,0 | — | — | — | — | — | — |
| Oktan | 0,95 | — | — | — | — | — | — | — | — | — |
| Nonan | — | 0,8 | — | — | — | — | — | — | — | — |

[1] J. Instn. Petroleum Technologists **10** (1924), 335.
[2] J. Instn. Petroleum Technologists **13** (1927), 300.

*Fortsetzung der Tabelle 49*

| Gas oder Dampf | Zündgrenze in Luft | | | | Zündgrenze in $O_2$ | | | | Mindest-Sauerstoffgehalt bei Verdünnung mit | |
|---|---|---|---|---|---|---|---|---|---|---|
| | untere % | | obere % | | untere % | | obere % | | N | $CO_2$ |
| Dekan | — | 0,7 | — | — | — | — | — | — | — | — |
| Äthylen | 3,0 | 2,75 | 29 | — | 3,1 | 2,9 | 80 | — | 10,0 | 11,7 |
| Propylen | — | 2,0 | — | 11,1 | 2,1 | — | 53 | — | 11,5 | 14,1 |
| Butylen | — | 1,7 | — | 9,0 | — | — | — | — | — | — |
| Amylen | — | 1,6 | — | — | — | — | — | — | — | — |
| Azetylen | 2,5 | (2,3) | — | 80 | — | — | — | — | — | — |
| Benzol | 1,4 | — | 6,7 | — | — | — | — | — | — | — |
| Toluol | 1,4 | 1,3 | 6,7 | — | — | — | — | — | — | — |
| o-Xylol | — | 1,0 | — | 6,0 | — | | — | | — | — |
| Cyclopropan | — | 2,4 | — | 10,3 | 2,45 | | 63 | | — | — |
| Cyclohexan | 1,3 | 1,2 | 8,3 | — | — | | — | | — | — |
| Methylcyclohexan | 1,2 | — | — | — | — | | — | | — | — |
| Methanol | 7,3 | 6,7 | — | 36[1] | — | | — | | 10,3 | 13,5 |
| Äthanol | 4,3 | 3,3 | — | 19[1] | — | | — | | — | — |
| Propanol | — | 2,5 | — | — | — | | — | | — | — |
| *i*-Propanol | — | 2,6 | — | — | — | | — | | — | — |
| Butanol | — | 1,7 | — | — | — | | — | | — | — |
| *i*-Butanol | — | 1,8 | — | — | — | | — | | — | — |
| Amylalkohol | — | 1,2 | — | — | — | | — | | — | — |
| *i*-Amylalkohol | — | 1,2 | — | — | — | | — | | — | — |
| Allylalkohol | — | 2,4 | — | — | — | | — | | — | — |
| Methyl-Äthyläther | — | 2,0 | — | 10,1 | — | | — | | — | — |
| Äthyläther | 1,9 | 1,85 | 48 | — | 2,1 | | 82 | | — | — |
| Vinyläther | — | 1,7 | — | 27 | 1,8 | | 85 | | — | — |
| Äthylenoxyd | 3,0 | — | 80 | — | — | | — | | — | — |
| Propylenoxyd | 2,1 | — | 21,5 | — | — | | — | | — | — |
| Dioxan | — | 2,0 | — | 22[2] | — | | — | | — | — |
| Diäthylperoxyd | — | 2,35 | — | — | — | | — | | — | — |
| Azetaldehyd | — | 4,0 | — | 57 | — | | — | | — | — |
| Crotonaldehyd | — | 2,1 | — | 15,5[2] | — | | — | | — | — |
| Furfurol | 2,1[3] | — | — | — | — | | — | | — | |
| Paraldehyd | — | 1,3 | — | — | — | | — | | — | — |
| Zyanwasserstoff | — | 5,6 | — | 40 | — | | — | | — | — |
| Azeton | 3,0 | 2,55 | 11 | 13 | — | | — | | 13,5 | 15,6 |
| Methyl-Äthylketon | — | 1,8 | — | 10 | — | | — | | — | — |
| Methyl-Propylketon | — | 1,5 | — | 8,5[2] | — | | — | | — | — |
| Methyl-Butylketon | — | 1,2 | — | 8[2] | — | | — | | — | — |
| Methyl-Formiat | 5,9 | 5,0 | 20 | 23[2] | — | | — | | — | — |
| Äthyl-Formiat | 2,7 | 2,7 | 13,5 | 16,5[2] | — | | — | | — | — |
| Methylazetat | — | 3,1 | — | 15,5[2] | — | | — | | — | — |
| Äthylazetat | 2,0 | 2,2 | 8,5 | 11,5[2] | — | | — | | — | — |
| Propylazetat | 2,0 | 1,8 | — | 8,0[2] | — | | — | | — | — |
| *i*-Propylazetat | — | 1,8 | — | 7,8[2] | — | | — | | — | — |
| Butylazetat | 1,7[4] | — | — | — | — | | — | | — | — |
| Äthylnitrit | — | 0,3 | — | — | — | | — | | — | — |

[1] bei 60° C.
[2] bei 100° C.
[3] bei 125° C.
[4] bei 30° C.

*Fortsetzung der Tabelle 49*

| Gas oder Dampf | Zündgrenze in Luft | | | | Zündgrenze in $O_2$ | | Mindest-Sauerstoffgehalt bei Verdünnung mit | |
|---|---|---|---|---|---|---|---|---|
| | untere % | | obere % | | untere % | obere % | N | $CO_2$ |
| Methylchlorid .... | 10,7 | 8,0 | 17,4 | 19 | 8,0 | 66 | — | — |
| Methylbromid .... | — | 13,5 | — | 14,5 | — | — | — | — |
| Äthylchlorid ..... | 4,2 | 4,0 | 14,3 | 14,8 | — | — | — | — |
| Äthylbromid .... | — | 6,7 | — | 11,2 | — | — | — | — |
| Äthylendichlorid . | 6,2 | — | 15,9[1] | — | — | — | — | — |
| Dichloräthylen ... | 9,7 | — | 12,8 | — | — | — | — | — |
| Propylendichlorid . | — | 3,4 | — | 14,5[2] | — | — | — | — |
| Amylchlorid ..... | — | 1,4 | — | — | — | — | — | — |
| Vinylchlorid ..... | 4,0 | — | 22,0 | — | — | — | — | — |
| Diäthylselenid .... | — | 2,5 | — | — | — | — | — | — |
| Zinntetramethyl .. | — | 1,9 | — | — | — | — | — | — |
| Bleitetramethyl .. | — | 1,8 | — | — | — | — | — | — |
| Pyridin .......... | — | 1,8 | — | 12,4 | — | — | — | — |

[1] bei 100° C.
[2] bei 125° C.

Vielfach entsteht die Frage, ob bei gleichem Gehalt an Brennstoff sich Nebel und Dämpfe verschieden verhalten, was die Zündneigung anlangt. HABER und WOLF haben gezeigt, daß beide die gleichen Verbrennungsgeschwindigkeiten besitzen. Daraus könnte man auf gleiches Selbstzünde-Verhalten von Dämpfen und Nebeln schließen.

## *η) Konstitution*

Sehr groß ist der Einfluß der Konstitution auf die Selbstzündungsneigung. Man hat daher schon versucht, diese als Stoffcharakteristik zu nehmen, doch sind die praktisch in Frage kommenden Verfahren zur Messung der Selbstzündung von so vielen Einflüssen bedingt, daß die Meßwerte auch nur als Apparatewerte für die betreffenden Stoffe bezeichnet werden können. Immerhin ermöglichen solche Messungen Reihungen, nach denen etwa folgendes Bild entsteht:

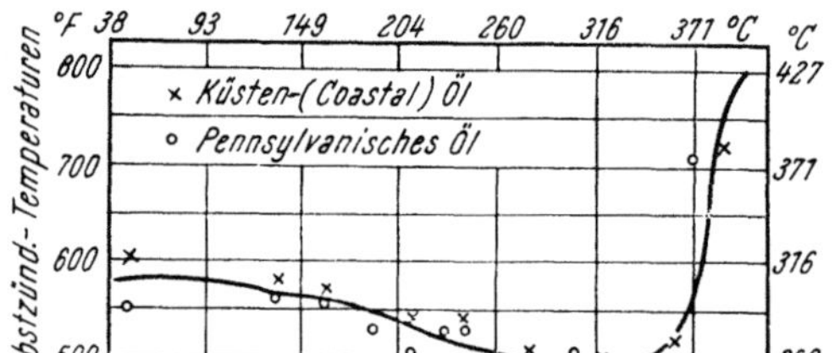


Abb. 74. Siedepunkte und Selbstzündungstemperaturen von Erdölfraktionen nach WIEZEVICH und Mitarbeitern

Mit steigendem Molekulargewicht nimmt die Zündneigung bei $n$-Paraffinen zu, die Selbstzündungstemperatur daher ab. Gasöle und Schmieröle haben deshalb auch niedrigere Selbstzündungstemperatur als Benzin. Bei natürlichen Gemischen (Coastal und Pennsylvanisches Öl) fanden P. J. WIEZEVICH und Mitarbeiter, daß bis zu einer Siedetemperatur von etwa 600° F (316° C) die Selbstzündungstemperatur abnahm, bei weiterer Erhöhung des Siedepunktes trat aber rascher Anstieg auf etwa 800° F (427° C) ein, wie es Abb. 74 zeigt[1].

[1] Ind. Engng. Chem. **27** (1935), 152.

Tabelle 50. *Selbstzündungstemperaturen reiner Kohlenwasserstoffe* (nach J. L. Jackson)

| Stoff | Selbstzündungstemperatur °F | Selbstzündungstemperatur °C | Zündverzug min |
|---|---|---|---|
| Propan | 940 | 505 | 0,1 |
| Butan | 807 | 431 | 0,1 |
| Pentan | 544 | 283 | 0,4 |
| Hexan | 501 | 261 | 0,5 |
| Heptan | 477 | 247 | 0,5 |
| Oktan | 464 | 240 | 0,9 |
| Nonan | 453 | 234 | 1,1 |
| Dekan | 449 | 232 | 0,9 |
| Hexadekan | 446 | 230 | 1,1 |
| 2-Methylpropan | 890 | 477 | 0,3 |
| 2,2-Dimethylpropan | 853 | 456 | 0,05 |
| 2-Methylbutan | 800 | 427 | 0,1 |
| 2,2-Dimethylbutan | 824 | 440 | 0,2 |
| 2,3-Dimethylbutan | 790 | 421 | 0,2 |
| 2,2,3-Trimethylbutan | 849 | 454 | 0,3 |
| 2-Methylpentan | 585 | 307 | 0,1 |
| 3-Methylpentan | 580 | 304 | 0,2 |
| 2,3-Dimethylpentan | 640 | 338 | 0,1 |
| 2,2,3-Trimethylpentan | 816 | 436 | 0,4 |
| 2,3,4-Trimethylpentan | 837 | 447 | 0,2 |
| 2,3,3-Trimethylpentan | 806 | 430 | 0,2 |
| 2,2,3,3-Tetramethylpentan | 845 | 452 | 0,7 |
| 2,3,3,4-Tetramethylpentan | 818 | 437 | 0,4 |
| 2,4-Dimethyl, 3-Äthylpentan | 734 | 390 | 0,2 |
| 3,3-Dimethylheptan | 626 | 330 | 0,06 |
| 2-Methyloktan | 440 | 227 | 1,1 |
| 3-Methyloktan | 442 | 228 | 1,0 |
| 4-Methyloktan | 450 | 232 | 0,1 |
| 2,3-Dimethyloktan | 447 | 230 | 1,2 |
| 4-Äthyloktan | 458 | 237 | 0,9 |
| 2-Methylnonan | 418 | 216 | 1,7 |
| 1-Penten | 569 | 298 | 0,3 |
| 1-Hexen | 521 | 272 | 1,2 |
| 1-Hepten | 505 | 263 | 1,1 |
| 1-Okten | 493 | 256 | 1,2 |
| 1-Decen | 471 | 244 | 1,3 |
| 1-Tetradecen | 463 | 240 | 1,1 |
| 1-Hexadecen | 464 | 240 | 1,3 |
| 3-Methyl-1-Buten | 706 | 375 | 0,1 |
| 2-Methyl-1-Penten | 582 | 305 | 0,1 |
| 4-Methyl-1-Penten | 580 | 304 | 0,2 |
| 2-Äthyl-1-Buten | 615 | 324 | 0,1 |
| 2,3-Dimethyl-1-Buten | 697 | 370 | 0,1 |
| 2,3-Dimethyl-2-Buten | 764 | 406 | 0,1 |
| 2,3,3-Trimethyl-1-Buten | 721 | 382 | 0,2 |
| 2,4,4-Trimethyl-1-Penten | 788 | 420 | 0,2 |
| 2,4,4-Trimethyl-2-Penten | 587 | 308 | 0,5 |

| Stoff | Selbstzündungstemperatur °F | Selbstzündungstemperatur °C | Zündverzug min |
|---|---|---|---|
| 2,3,4-Trimethyl-1-Penten | 495 | 257 | 0,2 |
| 2,4,4-Trimethyl-2-Penten | 626 | 330 | 0,4 |
| Cyclopenten | 725 | 385 | 0,1 |
| Methylcyclopentan | 614 | 323 | 0,1 |
| Cyclohexan | 518 | 270 | 1,7 |
| Methylcyclohexan | 509 | 265 | 1,8 |
| Äthylcyclohexan | 507 | 264 | 1,9 |
| 1-Methyl-2-tert-Butylcyclohexan | 597 | 314 | 0,2 |
| —, hochsiedendes Isomer | 580 | 304 | 0,2 |
| —, niedersiedendes Isomer | 556 | 291 | 0,4 |
| alpha-Pinen | 506 | 263 | 1,0 |
| dl-Limonen | 505 | 263 | 0,5 |
| Benzol | 1097 | 592 | 0,7 |
| Toluol | 1054 | 568 | 0,8 |
| 1,3-Dimethylbenzol | 1045 | 563 | 0,9 |
| 1,4-Dimethylbenzol | 1048 | 564 | 0,7 |
| 1,2-Dimethylbenzol | 934 | 501 | 0,5 |
| 1,3,5-Trimethylbenzol | 1039 | 560 | 0,8 |
| 1,2,4-Trimethylbenzol | 970 | 521 | 0,4 |
| 1,2,3-Trimethylbenzol | 895 | 480 | 0,4 |
| Äthylbenzol | 860 | 460 | 0,3 |
| 1-Methyl-3-Äthylbenzol | 905 | 485 | 0,3 |
| 1-Methyl-4-Äthylbenzol | 902 | 483 | 0,2 |
| 1-Methyl-2-Äthylbenzol | 836 | 447 | 0,3 |
| 1,2-Diäthylbenzol | 759 | 404 | 0,1 |
| 1,3-Diäthylbenzol | 851 | 455 | 0,2 |
| 1,4-Diäthylbenzol | 844 | 451 | 0,2 |
| Propylbenzol | 853 | 456 | 0,2 |
| Isopropylbenzol | 873 | 467 | 0,1 |
| Butylbenzol | 821 | 348 | 0,1 |
| Isobutylbenzol | 853 | 456 | 0,2 |
| sec-Butylbenzol | 836 | 447 | 0,3 |
| tert-Butylbenzol | 891 | 477 | 1,2 |
| 1-Methyl-3,-5-Diäthylbenzol | 861 | 460 | 0,2 |
| 1-Methylnaphthalin | 1017 | 547 | 0,4 |
| Diphenyl | 1071 | 577 | 0,6 |
| 2-Methyl-Diphenyl | 936 | 502 | 0,2 |
| 2-Äthyl-Diphenyl | 840 | 449 | 0,3 |
| 2-Propyl-Diphenyl | 845 | 452 | 0,3 |
| 2-Butyl-Diphenyl | 811 | 433 | 0,2 |
| Diphenylmethan | 962 | 517 | 0,3 |
| 1,1-Diphenyläthan | 909 | 487 | 0,1 |
| 1,1-Diphenylpropan | 870 | 466 | 0,1 |
| 1,1-Diphenylbutan | 863 | 462 | 0,1 |
| 1-Äthylnaphthalin | 898 | 481 | 0,1 |
| Tetrahydronaphthalin | 794 | 423 | 0,1 |
| Dekahydronaphthalin | 521 | 272 | 0,3 |

Bei diesen Versuchen war die Reihenfolge der Selbstzündungstemperatur in fallender Richtung: Aromaten, alkylierte Aromaten, Naphthene, geradkettige Paraffine, verzweigte Paraffine, endlich Olefine, wenn Verbindungen gleicher Kohlenstoffzahl verwendet wurden. Dieser Befund widerspricht der sonst angenommenen, im allgemeinen gültigen Reihenfolge, nach der Aldehyde — merklich niedrigere — Selbstzündungstemperaturen unterhalb jener der *n*-Paraffine, die Olefine höhere und die verzweigten Paraffine viel höhere Selbstzündungstemperaturen aufweisen. Naphthene liegen im allgemeinen höher als *n*-Paraffine und Olefine gleicher C-Zahl, Aromaten und einige Iso-Paraffine (Isooktan) am allerhöchsten. Einführung von Cl, Br, $NO_2$ in einen Kohlenwasserstoff senkt die Selbstzündungstemperatur, jene einer Amino- oder Alkoholgruppe erhöht sie.

Wegen der geringen Vergleichbarkeit der in der Literatur angegebenen Werte hat J. L. JACKSON sowohl Selbstzündungstemperaturen als Zündverzüge von 94, meist zu 89 bis 99% reinen Kohlenwasserstoffen und 15 Handelsprodukten einheitlich in einem offenen Glasgefäß in Luft gemessen[1] und die in Tab. 50 und 51 verzeichneten Werte erhalten.

Tabelle 51. *Selbstzündungstemperaturen einiger Verbindungen und Handelsprodukte* (nach J. L. JACKSON)

| Stoff | Selbstzündungstemperatur | | Zündverzug min | Stoff | Selbstzündungstemperatur | | Zündverzug min |
|---|---|---|---|---|---|---|---|
| | °F | °C | | | °F | °C | |
| Anilin | 1100 | 593 | 0,1 | Fliegerbenzin 100/130 | | | |
| Chloriertes Wachs | 770 | 410 | 0,1 | 4 cm³ TEL/Gallone | 844 | 451 | 0,1 |
| Diphenyloxyd | 1195 | 646 | 0,2 | Benzin, wenig flüchtig, | | | |
| Hexachlorbutadien | 1144 | 618 | 0,1 | 49% Aromaten | 943 | 506 | 0,1 |
| Hexachlordiphenyloxyd | 1163 | 628 | 0,01 | Benzin, wenig flüchtig, | | | |
| *n*-Butylalkohol | 678 | 359 | 0,3 | 20% Aromaten | 900 | 482 | 0,2 |
| Perfluordimethylcyclo- | | | | Petroleum | 480 | 249 | 1,1 |
| hexan | 1204 | 651 | 0,1 | Schmieröl, SAE 10 | 720 | 382 | 0,02 |
| Trikresylphosphat | 1112 | 600 | . | Schmieröl, SAE 60 | 770 | 410 | 0,1 |
| Tetraarylsilikat | 1070 | 577 | 0,1 | | | | |

## d) Messung der Zündung und Selbstzündungsneigung

Zündung durch eine Flamme, durch Funken oder Einwirkung intensiver Energiequellen tritt ein, wenn ein zündfähiges Gemisch vorliegt und die Zündenergie ausreicht, eine primäre Flamme zu bilden, deren Wärmeentwicklung die Wärmeabfuhr überwiegt. Bei Kenntnis der Zündgrenzen (s. S. 172) würde es sich für die Messung also nur darum handeln, diese Zündenergie zu bestimmen, was im allgemeinen wenig Interesse bietet. Der Flammpunkt, der als Kennzeichen verschiedener Mineralölprodukte angewendet wird, stellt nur die Temperatur dar, bei der sich genügend Dämpfe bilden, um mit der Luft — eines geschlossenen Gefäßes oder der freien Atmosphäre — unter genau festgelegten, aber willkürlichen Bedingungen zündfähiges Gemisch zu ergeben, das durch die Zündflamme entflammt wird.

[1] Ind. Engng. Chem. **43** (1951), 2869/70.

Wichtiger ist die Erfassung der Selbstzündungsneigung, weil sie einen Anhaltspunkt zur Beurteilung der Feuergefährlichkeit der Produkte liefert, wenn keine äußere Zündquelle vorhanden ist, oder weil man daraus das Verhalten im Motor ableiten kann.

Die Verfahren zur Messung der Selbstzündungsneigung arbeiten entweder bei Atmosphärendruck oder bei erhöhtem Druck. Wegen ihrer Einfachheit werden meist die ersteren Verfahren praktisch verwendet. Dabei wird ein mehr oder weniger gegen äußeren Luftzutritt abgeschirmtes Gefäß durch einen Heizkörper langsam erhitzt und ein Flüssigkeitstropfen eingegeben, wobei auf die Temperaturunterschiede zwischen Heizkörper und Gefäß zu achten ist. Jene Temperatur, bei der erstmalig sichtbares Entflammen auftritt, ist die Selbstzündungstemperatur in dem betreffenden Apparat, wobei vorteilhaft der Zündverzug mit angegeben wird; das Volumen des eingegebenen Tropfens soll durch geeignete Maßnahmen, z. B. Anwendung einer Injektionsspritze, variiert werden. Auch Änderung der Strömungsgeschwindigkeit des Sauerstoffes empfiehlt sich, falls man nicht unbedingt vergleichbare Werte bei identischen Bedingungen erhalten will. Die Anwendung dynamischer Verfahren, d. h. die Erwärmung eines strömenden Gemisches von Luft (Sauerstoff) und Dampf oder Gas bei ansteigenden Temperaturen, die schon DIXON gebrauchte, ist wenig üblich, doch haben F. J. DYKSTRA und G. EDGAR[1] damit bei Änderung der Kraftstoff- und Sauerstoffkonzentration auch die zwei Selbstzündungsgebiete festgestellt, die als erster H. JENTZSCH in seinem Zündwertprüfer fand[2] (vgl. Abb. 73). Dieser ändert die Sauerstoffströmungsgeschwindigkeit und mißt bei fallenden Temperaturen Zündung und Nichtzündung für jeweils eine Strömungsgeschwindigkeit, ausgedrückt in O-Blasenzahlen/min. Daraus ergibt sich eine Kurve der in Abb. 75 gezeigten Form. Das Ergebnis einiger Stoffe zeigt Tab. 52.

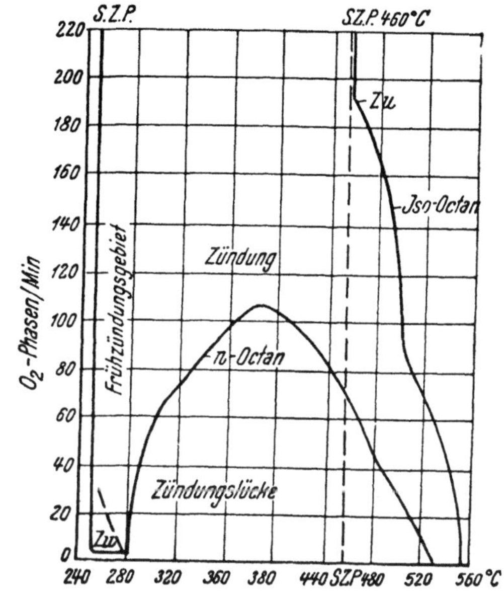


Abb. 75. Selbstzündungskurven von *i*-Oktan und *n*-Heptan nach JENTZSCH

*Tabelle 52*

| Stoff | Selbst-zündungs-temperatur °C | Niederste O-Blasen-zahl pro min | Zündwert |
|---|---|---|---|
| Rumänisches Dieselöl . . . | 265 | 18 | 13,9 |
| Rumänisches Spezial-Dieselpetroleum . . . . . | 254 | 24 | 10,1 |
| Gasöl unbekannter Herkunft . . . . . . . . . . . . . . | 276 | 48 | 4,7 |
| Braunkohlenteeröl . . . . . | 290 | 50 | 5,7 |

[1] Ind. Engng. Chem. **26** (1934), 509.
[2] Z.VDI **68** (1924), 1150.

Als Zündwert bezeichnet JENTZSCH den Faktor $\frac{\text{Selbstzündungstemperatur}}{\text{niederste O-Blasenzahl} + 1}$. Die mit weniger Sauerstoffblasen bei niederer Temperatur zündenden rumänischen Dieselöle sind viel zündwilliger als die beiden mit viel Sauerstoff bei höherer Temperatur zündenden anderen Öle.

Tabelle 53. *Relative Klopfbremswirksamkeit (bezogen auf Anilin = 1) und Einfluß auf die Selbstzündungstemperatur verschiedener Zusätze bei Dodekan* (nach FRANK und BLACKHAM)

| Stoff | Reziproke Molzahl, die der klopfhemmenden Wirkung von 1 Mol Anilin in Benzin entspricht | Steigerung der Selbstzündungstemperatur von Dodekan durch 5% Zusatz °C |
|---|---|---|
| Diphenylamin | 1,5 | 40 |
| *N*-Methylanilin | 1,4 | 36 |
| Toluidine (im Mittel) | 1,2 | 25 |
| Anilin | 1,0 | 11 |
| Diäthylanilin | 0,5 | 16 |
| Dimethylanilin | 0,2 | 2 |

Im allgemeinen stimmen die Zündwerte nach JENTZSCH gut mit dem Motorergebnis (Otto und Diesel) überein, doch treten Unstimmigkeiten auf, die den Motor nach wie vor unentbehrlich machen.

Die Selbstzündungstemperatur-Messung in einem anderen Gerät zeigt die in Tab. 53 angegebene Übereinstimmung mit der Praxis des Motors (nach FRANK und BLACKHAM, l. c.).

Man erkennt also die Gleichläufigkeit, die im allgemeinen zwischen wirksamer Menge und Selbstzündungstemperatur besteht, zugleich aber (Anilin und Diäthylanilin) Unstimmigkeiten, die — wie schon lange bekannt — die einfache Verwendung der Selbstzündungstemperatur als Maß der Klopffestigkeit verhindern.

F. A. FOORD hat in dem Farnborough-Apparat die Zündverzüge (in Luft) zur Auswertung der Selbstzündungstemperatur mit herangezogen und damit Temperatur-Zündverzugsdiagramme aufgestellt, die eine brauchbare Übereinstimmung mit dem Motor ergeben haben, ohne Fehler auszuschließen, weil die Differenzierung nicht genügte.

Da die Messungen vor allem das Verhalten von Kraftstoffen im Motor erfassen wollen, haben schon TAUSZ und SCHULTE Druckversuche in Bomben gemacht[1] (vgl. Abb. 69), die neuerdings besonders in den USA weiter fortgeführt werden. Durch Anwendung von empfindlichen elektrischen Indikatoren gelingt es, die Zündvorgänge sehr genau zu erfassen, doch sind Apparate dieser Art nichts anderes als die Annäherung an den Motor, ohne dessen Verhältnisse ganz wiedergeben zu können. So dienen sie zwar zu exakten Untersuchungen, haben aber keine allgemeine Anwendung gefunden.

Von großer Bedeutung für theoretische Untersuchungen haben sich die Verfahren der adiabatischen Verdichtung erwiesen.

Die adiabatische Verdichtung als Mittel zur Messung der Selbstzündung bietet den großen Vorteil, Verhältnisse zu schaffen, die der praktisch am meisten interessierenden Form der Selbstzündung, nämlich jener im Motor, möglichst nahekommen; aber auch sie schafft Bedingungen wie jene der Gemischbildung, die von denen des Motors abweichen.

Die ersten wichtigen Versuche in dieser Richtung stammen von H. T. TIZARD und D. R. PYE[2], die in einer motorartigen Maschine mit Gemischverdichtung

[1] Z. VDI **68** (1924), 574.
[2] Philos. Mag. **7** (1926), 1094 und **4** (1922), 79.

und einer Festhaltevorrichtung des Kolbens im oberen Totpunkt arbeiten. Gegen diese Versuche wurde ebenso wie gegen jene von W. JOST und H. TEICHMANN[1], die mit einem Fallgewicht verdichteten, eingewendet, daß sie bei zu geringen Kolbengeschwindigkeiten, d. h. zu langen Zündverzügen gegenüber jenen des Motors arbeiten (etwa $^1/_{10}$ sek gegen $^1/_{100}$ sek), so daß die erst bei hohen Temperaturen auftretende Druckabhängigkeit nicht erfaßt werden kann. F. A. F. SCHMIDT und Mitarbeiter haben deshalb die Verdichtung mit einem Druckkolben mit Kolbengeschwindigkeiten bis zu über 50 m/sek, gegen etwa 10 m/sek bei JOST und nur 3 m/sek bei TIZARD und PYE, vorgenommen, wobei der Kolben am Ende seines Weges durch Abbremsen mit Bleiringen gebremst und in seiner Lage festgehalten wird[2]. H. TEICHMANN hat in der Weiterführung der mit JOST begonnenen Versuche eine Apparatur gebaut, in der er ebenfalls mit Druckluft einen mit einem Quarzfenster versehenen Kolben bewegt, der die photographische Festhaltung des Zündvorganges, zugleich aber mit einer kleinen Glühbirne in der Mitte des Quarzfensters jene der Kolbenbewegung ohne Leuchterscheinung im Reaktionsraum gestattet; wobei der Kolben nicht durch eine Bremsvorrichtung, sondern durch den auftretenden Explosionsdruck abgebremst wird[3]. Das Massachusetts Institute of Technology (MIT) verdichtet das vorgebildete, auf bestimmten Druck und Temperatur gebrachte Gemisch, das sich in einer Verbrennungskammer befindet, plötzlich auf kleines Volumen und mißt den Zündverzug[4].

Bei diesen Verfahren wird der Druck der Kompression und damit die Temperatur entweder aus den Abmessungen und der Endstellung des Kolbens errechnet (JOST, TEICHMANN, F. A. F. SCHMIDT) oder mit empfindlichen Indikatoren gemessen (l. c.) und der Zündverzug durch Auswertung des Druck-Zeitdiagrammes direkt abgelesen. Zur Darstellung der Ergebnisse verwenden die verschiedenen besprochenen Verfahren folgende Koordinaten:

a) Temperatur-Zeitdauer des Zündverzuges,
b) Temperatur-Druck,
c) Temperatur-Sauerstoffströmungsgeschwindigkeit,
d) log Zündverzug-1/Temperatur (absolut),
e) Temperatur-Druck (Adiabaten).

Schon aus dieser Zusammenstellung ergibt sich, daß der Vergleich der verschiedenen Ergebnisse nicht einfach ist. Nimmt man dazu die in jedem Einzelfall verschiedenen Abmessungen, die verschiedenen Arten der Gemischbildung (vorgebildetes Gemisch, Tropfenverdampfung, Einspritzung), die verschiedenen Geschwindigkeiten der Verdichtung bei den adiabatischen Verfahren, sowie die verschiedenartige Messung der Zündung durch direkte Sicht, durch Druckmessung oder durch Photographie der Flamme, so ergibt sich weiter, daß erst dann die Ergebnisse verschiedener Stellen miteinander vergleichbar sein werden, wenn man sich auf einen Apparat einigt, wie das bei der Messung komplexer Vorgänge, die keine absoluten Werte ergeben, allgemein üblich ist.

---

[1] Schr. dtsch. Akad. Luftfahrtforsch., Heft 9 (1939).

[2] SCHMIDT, F. A. F.: Motortechn. Z. **5** (1943), 41; SCHEUERMEYER, M. und H. STEIGERWALD: ebenda **5** (1943), 47.

[3] Schr. dtsch. Akad. Luftfahrtforsch., Heft 1073/43g (1943).

[4] TAYLOR, C. F. und Mitarbeiter: SAE Quart. Trans. **4** (1950), Nr. 2, 232.

Tab. 54 ist eine Zusammenstellung einiger Verfahren zur Messung der Selbstzündung, die die Verschiedenheiten klar zeigt.

Tabelle 54. *Verfahren zur Messung der Selbstzündung*

| Verfahren | Atmosphäre | Eingabe | Maß |
|---|---|---|---|
| 1. Tiegel: | | | |
| Tausz und Schulte | O oder Luft | Tropfen | S.Z.T.[1] Zündverzug |
| Krupp | O oder Luft | Tropfen | S.Z.T. Zündverzug |
| ASTM D 286—30 | O oder Luft | Tropfen | S.Z.T. Zündverzug |
| Jentzsch | O | Tropfen | S.Z.T. O-Blasenzahl |
| Farnborough (Ford) | Luft | Pumpe | S.Z.T. Zündverzug |
| 2. Rohr: | | | |
| Dykstra und Edgar | Luft | Gemisch | S.Z.T. |
| 3. Bombe: | | | |
| Tausz und Schulte | Luft | Tropfen | S.Z.T. (Zündverzug) |
| Lonn | Luft | Gas oder Flüssigkeits-Einspritzung | Temperatur, Druck, Zündverzug (photographiert) |
| Hurn und Hughes | Luft | Einspritzung | S.Z.T. Zündverzug |
| Brown und Watkins | Luft | Pumpe | S.Z.T. Druckanstieg |
| 4. Adiabatische Verdichtung: | | | |
| Tizard und Pye | Luft | Gemisch | P-Diagramm, Zündverzug |
| Jost | Luft | Gemisch | P-Diagramm, daraus Temperatur u. Zündverzug |
| F. A. F. Schmidt | Luft | Gemisch | P-Diagramm, Temperatur, daraus Zündverzug |
| Teichmann | Luft | Gemisch | Kolbenweg, daraus P und Temperatur |
| MIT | Luft | Gemisch | Verdichtungsdruck, Zündverzug, Temperatur errechnet |

[1] S.Z.T. = Selbstzündungstemperatur.

Wie schon erwähnt, sind die Auswertungen der Selbstzündungs-Meßverfahren für den Motorbetrieb nur in der Richtung möglich, grundsätzliche Bewertungen vorzunehmen, solange die Druck- und Temperaturverhältnisse der einzelnen Motoren nicht genau bekannt sind. Die Arbeiten von Jost, Teichmann und F. A. F. Schmidt haben zweifellos zu einer weitgehenden Annäherung an das Endziel einer motorunabhängigen Beurteilungsweise der Kraftstoffe mittels des Selbstzündungsverhaltens gegeben, wie besonders in dem von Teichmann gegebenen Diagramm (1943, Abb. 3, S. 25) ersichtlich ist, so daß die Bewertung geringer Kraftstoffmengen auf ihr Motorverhalten damit eine brauchbare Grundlage erhält. Die immerhin komplizierte Apparatur und die Notwendigkeit, international brauchbare Angaben machen zu können, wird aber weiterhin — wie für die Frage des Klopfens noch besprochen wird — die Hauptrolle des Motors bei der Kraftstoffprüfung unverändert lassen.

Selbstzündung ist zwar im Ottomotor als eine der Klopfursachen wichtig, für den Betrieb des Dieselmotors aber entscheidend. Wenn auch bei Dieselkraftstoffen die ganz genaue Differenzierung keine solche Rolle spielt wie beim Ottomotor, ist es doch notwendig, ihre motorisch wichtigen Eigenschaften zu erfassen, wozu die Messung des Zündverhaltens im Motor gehört. Diese Motorverfahren bilden derzeit eine wichtige, vielleicht die wichtigste Art der allgemein angewendeten Selbstzündungsmessungen.

Entsprechend dem Wesen der Selbstzündung gehen die Messungen in zwei Richtungen vor: entweder messen sie — vergleichbar der Selbstzündungstemperatur — die Verdichtung, bei der die Selbstzündung eintritt, oder eine mit der Verdichtung zusammenhängende Motorgröße, wie den Ansaugunterdruck, der den Füllungsgrad des Motors und dadurch die Verdichtungstemperatur bestimmt, oder den *Zündverzug* bei sonst gleichgehaltenen Bedingungen. Auf die für diesen Zweck verwendeten Motoren soll hier nicht näher eingegangen werden, da es sich nur um die grundsätzlichen Zusammenhänge handelt. Sehr wichtig ist hingegen, daß gerade bei den Verfahren zur Erfassung der Selbstzündungsneigung von Dieselmotoren zur Ausschaltung von Verschiedenheiten der einzelnen Versuchsmotoren mit Erfolg Bezugskraftstoffe angewendet werden; die, dem Prüfkraftstoff nach dem Zündverhalten gleichwertigen, Gemische aus Cetan und $\alpha$-Methylnaphthalin stellen zu einem gewissen Grade motorunabhängige Angaben dar. Das zündwillige Cetan hat willkürlich den Wert 100, das schlechtzündende $\alpha$-Methylnaphthalin jenen von 0 zugeteilt bekommen und die Zündwilligkeit wird nun allgemein als Cetanzahl, d. h. als Volummenge Cetan in 100 Teilen Gemisch mit $\alpha$-Methylnaphthalin angegeben. Auf die Beziehung dieser Charakteristik zu der Klopffestigkeit (Oktanzahl) wird im folgenden Abschnitt über die Verbrennung noch eingegangen. Zur näheren Unterrichtung sei auf das Buch des Verfassers[1] und vor allem die ausführliche Zusammenfassung der Motorprüfverfahren im C. R. C. Handbook des *C*oordinating *R*esearch *C*ouncil, New York, verwiesen, die alle Einzelheiten der motorischen Prüfung enthält.

### e) Praktische Bedeutung der Selbstzündung

Im vorhergehenden ist schon soweit auf die praktische Bedeutung der Selbstzündung eingegangen worden, daß wenig zu sagen übrig bleibt. Die durch Selbstzündung verursachte Feuergefahr wird in einem eigenen Abschnitt (S. 304) besprochen werden, hier sei nur nochmals unterstrichen, welche große Bedeutung auch praktisch die Zeit für das Einsetzen der Selbstzündung hat. Sie wird naturgemäß besonders stark durch das Verhältnis von Wärmeentwicklung zu Wärmeabfuhr bestimmt; je größer dieses Verhältnis wird, um so leichter wird Zündung eintreten, je kleiner, um so schwerer. Dementsprechend wird die Dauer bis zur Selbstzündung im ersten Falle kurz, im zweiten lang sein, die Selbstzündungsmöglichkeit überhaupt aber davon abhängen, ob bei steigender Wärmeabfuhr noch die Mindesttemperatur für Selbstzündung bei unendlich langer Zeit erreicht wird.

Bei Kraftstoffen für Raketenantrieb bildet die Selbstzündungsneigung ein Merkmal für die Ausnützbarkeit der Verbrennungsenergie.

---

[1] PHILIPPOVICH, A.: Die Betriebsstoffe für Verbrennungskraftmaschinen, 2. Aufl. Wien: Springer. 1949.

## 7. Die ruhige Verbrennung (Flamme)

### a) Definition der Verbrennung im allgemeinen und der ruhigen Verbrennung (Flamme)

In dem hier behandelten Zusammenhang, d. h. bei der Verwendung der Erdölprodukte, kann man den Begriff Verbrennung auf die rasche, unter Flammenbildung erfolgende Vereinigung von Luft oder Sauerstoff mit organischen Molekülen (Kohlenwasserstoffen) unter Bildung der kleinsten beständigen Endprodukte, Wasser und Kohlenoxyd oder Kohlendioxyd, begrenzen (vollkommene Verbrennung); geht die Verbrennung nicht vollständig bis zu diesen Endprodukten, sondern bleibt sie bei größeren Abbauprodukten stehen, so heißt sie unvollkommene Verbrennung. Auf den ersten Blick erscheint die Abgrenzung des Begriffes Verbrennung einfach, weil man unwillkürlich damit die Erscheinung der Flamme verbindet. Es gibt jedoch auch langsame Verbrennungsvorgänge, z. B. im Lebensprozeß, und nicht nur heiße, sondern auch kalte Flammen. Am nächsten kommt den gemeinsamen Erscheinungen dieser Vorgänge wohl die Auffassung der Verbrennung als Zerfall des ursprünglichen Moleküls durch Einwirkung eines anderen Stoffes unter Bildung der kleinstdenkbaren, beständigen Moleküle aus beiden reagierenden, die entweder unter Flammenerscheinung (die Verbrennung im üblichen Sinne) oder als langsame Verbrennung eintreten kann. Dieser Vorgang kann sowohl zwischen anorganischen und organischen Molekülen und Luft, als auch nur zwischen anorganischen Molekülen ablaufen. So ist sowohl die Reaktion zwischen Wasserstoff und Sauerstoff als jene zwischen Wasserstoff und Chlor als Verbrennung zu bezeichnen, die ja auch beide explosionsartig rasch unter Flammenbildung ablaufen können. Bei organischen Molekülen ist der Begriff der Verbrennung fast stets mit der Anwesenheit von Luft oder Sauerstoff verknüpft. Rasche, „heiße“ Verbrennung unter Flammenentwicklung führt bei vollständigem Ablauf ganz zu den genannten kleinsten endgültigen Molekülen (die bei den Versuchsbedingungen beständig sind), wenn sie dagegen unvollständig abläuft, nur zum Teile dazu. Bei „kalten“ Flammen ist von vornherein nur ein teilweiser Abbau zu erwarten, da sie andernfalls zur heißen Verbrennung führen würde; die Produkte dieser kalten Flamme sind noch größtenteils hochmolekular. Die ruhige Verbrennung (Flamme) besteht in der durch Diffusion bedingten Reaktion zwischen Kohlenwasserstoff und Luft oder Sauerstoff in einer — allerdings oft zerrissenen — Flammenfront (Brennschicht).

### b) Wesen

Der Vorgang der Oxydation und der Zündung ist bereits besprochen worden, so daß hier nur der eigentliche, nach eingetretener Zündung ablaufende Verbrennungsvorgang zu erörtern ist. Die Verbrennung kann unterteilt werden in die Gleichraumverbrennung, wie sie in geschlossenen Gefäßen erfolgt, und in die Gleichdruckverbrennung, wie sie in offenen Flammen, aber auch in den Verbrennungskammern von Gasturbinen abläuft.

Ist auf irgendeine Weise ruhige Verbrennung eingeleitet, so setzt sie sich fort, bis entweder infolge zu großer Wärmeabfuhr die Selbstzündungsbedingungen (Temperatur, aktive Anteile, Strahlung usw.) nicht mehr vorliegen oder bis entweder der Brennstoff oder der Verbrennungsträger (hier vor allem Sauerstoff) aufgebraucht ist.

Für die Ausbreitung einer Flamme in einem brennbaren Gemisch, die also entweder in einem damit gefüllten Raum oder entgegen einer Strömung des brennbaren Gemisches (Bunsenflamme) oder des Brennstoffes selbst auftritt, sind verschiedene Erklärungen gegeben worden. Die klassische Theorie[1] ging von der thermisch begründeten Annahme aus, daß die brennende Schicht die noch nicht brennende auf die Selbstzündungstemperatur erhitze und die Flamme sich auf diese Weise ausbreite, wobei die Wärmeübertragung durch Diffusion und Strahlung erfolge. Seit der Erkenntnis, daß aktive Reaktionspartner vielfach eine wichtige Rolle spielen, hat man auch Energieübertragung durch Diffusion solcher aktiver Anteile zur Begründung der Flammenausbreitung herangezogen, so LEWIS und VAN ELBE[2] und C. TANFORD und R. N. PEASE, die die Verbrennungsgeschwindigkeiten einiger Reaktionen mittels Diffusionsgeschwindigkeit hypothetischer Wasserstoffatome als des entscheidenden Faktors errechneten[3]. Die von diesen Autoren angegebene Formel für die Verbrennungsgeschwindigkeit benötigt soviel Annahmen, die schwer experimentell zu bestätigen sind, daß sie nicht als endgültige Lösung betrachtet werden kann, wenngleich ihre Anwendung brauchbare Ergebnisse lieferte. Die Tatsache, daß aktive Anteile wesentlich bei der Flammenausbreitung beteiligt sind, ergibt sich aus Untersuchungen über die Bedeutung der Diffusion für die Flammenausbreitungsgeschwindigkeit, bei denen die Dicke der Reaktionszone umgekehrt proportional dem Druck war und der Entfernung entsprach, die freie Wasserstoffatome dem Gasstrom entgegen zu diffundieren vermochten[4]. Die viel größere Verbrennungsgeschwindigkeit von Azetylen- und Äthylengemischen im Vergleich zu gesättigten Kohlenwasserstoffen muß seinen Grund in einem anderen Verbrennungsablauf haben. JOST erklärt dies damit, daß der erste ketteneinleitende Vorgang bei gesättigten Kohlenwasserstoffen die Reaktion zwischen aktiven Teilchen mit Wasserstoffatomen des Kohlenwasserstoffes sei, wozu eine erhebliche Aktivierungsenergie notwendig ist, während bei Olefinen die aktiven Teilchen mit Kohlenstoff an der Doppelbindung reagieren konnten, was eine viel geringere Aktivierungsenergie erfordert. Entgegen der Formulierung der Äthylenverbrennung von BONE: $C_2H_4 + O_2 \rightarrow 2\,CO + 2\,H_2$ hält JOST — unter Ausschaltung der Bildung von Wasser — folgende Reaktion für möglich:

$$H_2C = CH_2 + O - H \rightarrow H_2C = O + HCH_2 \rightarrow H_2 + CO + CH_3$$
$$CH_3 + OH \rightarrow CO + 2\,H_2,$$

wenn es auch andere Möglichkeiten gibt.

Vielfach ist es schwierig, eindeutig die Zuordnung von Reaktionen zu rein thermischen oder durch aktive Anteile verursachten Vorgängen vorzunehmen, weil Temperatursteigerung in diesem Bereich sowohl thermische als auch durch Radikale bedingte Reaktionen in gleicher Weise beschleunigt.

V. P. KARPOFF führt unter Verwendung der Theorie der Kettenreaktionen die Verbrennung von industriellen Gasen und flüssigen Kohlenwasserstoffen auf die Grundreaktionen $CO + O_2 + H_2O$ und $H_2 + O_2$ zurück, weil bei den hohen Temperaturen der Flamme die größeren Moleküle bereits zu diesen Grundstoffen abgebaut sind. Die beiden Reaktionsketten zeigen weitgehend gleichen Ablauf, wie die folgende Gegenüberstellung zeigt.

---

[1] MALLARD, E. und H. LE CHATELIER: Ann. Mines **4** (8) (1883), 274.

[2] J. Chem. Physics **2** (1934), 537.

[3] J. Chem. Physics **15** (1947), 431, 861.

[4] GAYDON, A. C. und H. G. WOLFHARD: Proc. Roy. Soc. London, **A 196** (1949), 1044, 105.

*Kettenreaktion von $CO + O_2 + H_2O$ und $H_2 + O_2$* (nach KARPOFF)

| | $CO + O_2 + H_2O$ | | $H_2 + O_2$ | |
|---|---|---|---|---|
| 1. | $H + CO + O_2 = CO_2 + OH$ | 1. | $H + O_2 + H_2 = H_2O + OH$ | Kettenreaktion |
| 2. | $OH + CO = CO_2 + H$ | 2. | $OH + H_2 = H_2O + H$ | |
| 3. | $H + O_2 = OH + O$ | | | Kettenverzweigung |
| 4. | $O + H_2 = OH + H$ | | | |
| 5. | $OH + OH = H_2O_2$ | | | Kettenabbruch |
| 6. | $H + H = H_2$ | | | |

Das fiktive Gemisch CO, $H_2$, O ist deshalb für Berechnungen praktisch empfehlenswert, weil man ohne Annahme über die Zwischenreaktionen nur den Ausgangs- und Endzustand der Reaktion benützt. Man setzt nach dem Vorschlag von KARPOFF statt des Kohlenwasserstoffmoleküles des Benzins für die Berechnung die äquivalenten Mengen CO, $CO_2$ und $H_2O$ ein, wobei $H_2O$ als Oxydationsprodukt des Molekülwasserstoffes erscheint. Da die praktisch auftretende Turbulenz bei hoher Temperatur die Einstellung des Gleichgewichtes zwischen diesen Komponenten sehr beschleunigt, kann man die Verwendung des fiktiven Gemisches als zulässig erachten. Ist einmal durch die Wassergasreaktion die Umwandlung der ursprünglichen Moleküle in kleine vollzogen, so spielen die chemisch-physikalischen Eigenschaften der Kohlenwasserstoffe keine Rolle mehr. Interessant ist der Hinweis von KARPOFF, daß thermische Explosionen dank Kettenverzweigung nach dem angegebenen Schema möglich erscheinen. Auf die von KARPOFF durchgeführten Berechnungen von Maximaltemperaturen, zulässigen Verdichtungsdrucken usw. kann nur verwiesen werden[1].

**Flammentemperaturen.** Es ist sehr schwer, Flammentemperaturen richtig zu messen, so daß man oft anstelle der Messung Rechnungen auf Grund von Angaben oder Annahmen durchführt, die zwar nur annähernd stimmen, dafür aber den Vorteil einfacherer Ausführung und der Vergleichbarkeit verschiedener so bewerteter Stoffe ergeben.

Als Grundlage der Rechnung kann man für technische Zwecke die folgende Beziehung nehmen:

theoretische Flammentemperatur =

$$= \frac{\text{Verbrennungswärme} + \text{fühlbare Wärme von Brennstoff und von Luft}}{\text{Summe der Verbrennungsprodukte} \times \text{mittlere spezifische Wärme derselben}}.$$

Allerdings sind diese Berechnungen wenig exakt, vor allem weil sie im allgemeinen die infolge der Dissoziation auftretende Abbremsung des theoretischen Reaktionsablaufes nicht berücksichtigen. Schon TIZARD und PYE haben Berechnungen der maximalen Verbrennungstemperaturen für Kraftstoffe unter Berücksichtigung der Dissoziation durchgeführt; eine sehr ausführliche Behandlung hat dieser Frage H. KÜHL gewidmet[2].

Die so berechneten *Flammentemperaturen* liegen aber meist auch noch um etwa 30° C oberhalb der gemessenen, zum Teil weil die Strahlungsverluste nicht berücksichtigt werden.

---

[1] Die Verbrennung von Gasgemischen in Motoren. Moskau 1951; bearbeitet von M. R. VISHNIEWSKY, Institut Français du Pétrole, ND 364 (1955).

[2] VDI-Forschungsh. 373, Berlin 1935.

Einige Ergebnisse verschiedener Autoren sind in Tab. 55 wiedergegeben:

Tabelle 55. *Berechnete und gemessene Flammentemperatur von Gasen*[1]

| Gas | Theoretische maximale Flammentemperatur | | | | Brennstoff | Mittels Umkehr der Na-Linie gemessene Temperatur | | Literatur |
|---|---|---|---|---|---|---|---|---|
| | Ohne Berücksichtigung der Strahlungsverluste (a) | | Mit Berücksichtigung der Strahlungsverluste (b) | | | | | |
| | °F | °C | °F | °C | % | °F | °C | |
| CO | 4475 | 2468 | 3092 | 1700 | 32,0 | 3812 | 2100 | e |
| $H_2$ | 4010 | 2210 | 3488 | 1920 | 31,6 | 3713 | 2045 | d |
| $CH_4$ | 3750 | 2066 | 3038 | 1670 | 10,0 | 3407 | 1875 | d, e |
| $C_2H_6$ | 3820 | 2104 | — | — | 5,8 | 3443 | 1895 | e |
| $C_3H_8$ | 3840 | 2116 | — | — | 4,15 | 3497 | 1925 | e, f |
| $C_4H_{10}$ | 4870 | 2688 | — | — | 3,2 | 3443 | 1895 | e |
| $C_2H_4$ | 4250 | 2342 | 3452 | 1900 | 7,0 | 3587 | 1975 | e |
| $C_3H_6$ | 4090 | 2254 | — | — | 4,5 | 3515 | 1935 | e |
| $C_4H_8$ | 4030 | 2221 | — | — | 3,4 | 3506 | 1930 | e |
| $C_2H_2$ | 4770 | 2632 | 4208 | 2320 | 9,0 | 4217 | 2325 | d |

a) nach HASLAM.
b) nach BONE und TOWNEND.
c) LEWIS und VAN ELBE.
d) JONES, LEWIS und SEAMAN.
e) JONES, LEWIS, FRIAUF und PEROTT.
f) LOOSMIS und PEROTT.

Mit Sauerstoff liegen die Verbrennungstemperaturen erheblich höher, wie Tab. 56 für einige Gase nach D'ANS und LAX zeigt.

Tabelle 56.
*Gemessene höchste Flammentemperaturen einiger Gase bei Verbrennung mit Sauerstoff*

| Gas | % Gas im Gemisch mit $O_2$ | Temperatur °C | Gas | % Gas im Gemisch mit $O_2$ | Temperatur °C |
|---|---|---|---|---|---|
| Wasserstoff | 73 | 2525 | Azetylen | 33 | 3005 |
| | 78 | 2660 | | 44 | 3135 |
| | 82 | 2425 | | 50 | 2925 |
| Kohlenoxyd | 60 | 2905 | Stadtgas | 65 | 2730 |
| | 70 | 2925 | Erdgas | 45 | 2930 |
| | 80 | 2805 | | | |

Da die Verbrennungstemperaturen um so höher liegen, je geringer die spezifischen Wärmen der Verbrennungsprodukte sind, kann man mit geeigneten Stoffen sehr hohe Temperaturen erreichen. A. V. GROSSE hat so durch die Verbrennung von Azetylen-Dinitril mit Sauerstoff 5300° K, mit Ozon 5600° K erhalten. Die Detonation von festem Di-Cyan mit flüssigem Sauerstoff ergab sogar 7500° K[2].

[1] Nach Chemical Engineers Handbook 1941, S. 2410.
[2] Chem. Engng. News **35** (1956), 3442.

Da mit der Verbrennungstemperatur $T$ die Strahlungsenergie $E$ nach dem Stefan-Boltzmannschen Gesetz zunimmt: $E = K \cdot T^4$ (worin $K$ eine Konstante), werden die Gefäßwände von Verbrennungsräumen mit zunehmenden Temperaturen sehr viel mehr Wärme aufnehmen, die bei Kühlvorgängen wieder abgeführt werden muß; dieser Zusammenhang ist von großer praktischer Bedeutung.

**Die Verbrennungsgeschwindigkeit** von Flammen wird weitgehend durch physikalische Faktoren beeinflußt, so daß nur ungefähre Angaben darüber möglich sind. Kalte Flammen haben etwa 10 cm/sek, heiße Flammen ohne künstliche Bewegung der Luft 30 bis 100 cm/sek, starke Wirbelung, wie sie in den Motoren und in Brennkammern von Gasturbinen vorkommt, erhöht die Verbrennungsgeschwindigkeit auf etwa 20 bis 30 m/sek bis 100 m/sek; darüberliegende Verbrennungsgeschwindigkeiten kommen nicht mehr ruhigen Flammen, sondern der klopfenden Verbrennung oder der Detonation zu (vgl. S. 226, 233).

**Stabilität der Flamme,** wie sie sowohl bei Feuerungen als bei den Flammen in der Verbrennungskammer von Gasturbinen nötig ist, wird durch alle Faktoren bedingt, die die Verbrennungsgeschwindigkeit beeinflussen, weil eine Flamme in um so weiteren Grenzen stabil ist, je größer ihre Verbrennungsgeschwindigkeit ist. Sieht man ab von Flammen in ruhenden Gemischen, so sind diese Faktoren:

a) Bewegung von Brennstoff und Luft (laminar, turbulent),
b) Gemischbildung (makro- und mikroskopische Verteilung, Konzentration),
c) Druck und Temperatur,
d) Eventuelle dauernde Zündungsquelle.

Für Flammen in ruhenden Gemischen in Rohren sind auch Material und Durchmesser des Rohres, sowie die Richtung (aufwärts oder abwärts) von Bedeutung.

Zur Beurteilung der Grenzen der Flammenstabilität von Kraftstoffen haben Wakelin, Heron und Baldwin[1] als Einflüsse die Selbstzündungstemperatur, die Zündgrenzen und die Flammengeschwindigkeit angegeben. Dabei sei die Stabilität, d. h. die Löschgrenze der Flamme, ohne direkte Beziehung zur Oxydierbarkeit, Selbstzündungstemperatur und Oktanzahl, wogegen die Geschwindigkeit der Flammenausbreitung entscheidend sei. Die statisch gemessenen Zündgrenzen ergäben im allgemeinen einen guten Anhalt für gewöhnliche Kohlenwasserstoffe, doch sei bei starken Änderungen der Flammengeschwindigkeit diese Beziehung nicht befriedigend, so daß wohl noch ein zusätzlicher Faktor berücksichtigt werden müsse. Wichtig ist die Feststellung von J. Grumer, M. L. Harris und H. Schultz, daß für Brennstoff-Luftgemische mit einer einzigen Komponente die Flammenrückschlaggrenzen und Ausblasgrenzen durch eine einzige Kurve der „kritischen Grenzgeschwindigkeitsgradienten" gegen die Brennstoffkonzentration festgelegt werden können, wie dies Abb. 76 zeigt.

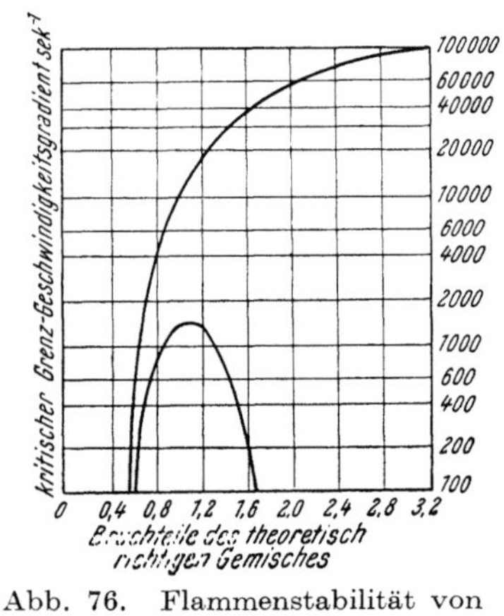


Abb. 76. Flammenstabilität von Brenngasen in Brennern (99,7% Äthylen, 0,2% Azetylen, 0,1% Propylen) nach Grumer, Harris und Schultz

[1] Fuel **30** (1951), 82/91.

Die obere Kurve stellt die Grenz-Geschwindigkeitsgradienten dar, bei denen die Flamme ausgeblasen wird, die untere die Bedingungen, bei denen Flammenrückschlag eintritt. Dazwischen liegt der stabile Brennbereich. Solche Diagramme sind für Brenngase charakteristisch und sollen unabhängig von der Brennercharakteristik sein[1].

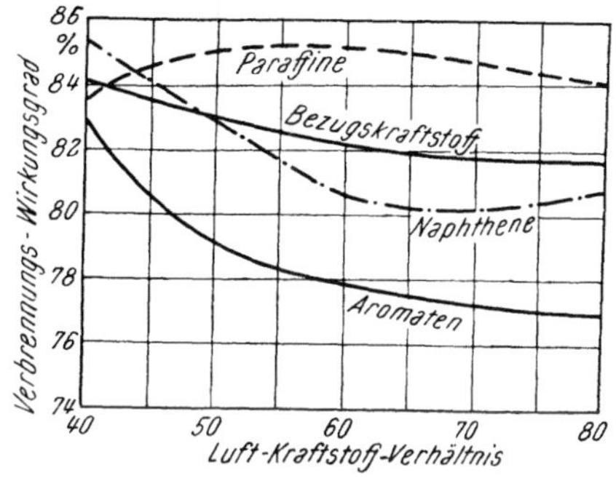


Abb. 77. Wirkungsgrad der Verbrennung verschiedener Kraftstoffe in Abhängigkeit vom Luft-Kraftstoff-Verhältnis nach SCOTT, STANSFIELD und TAIT

Dazu ist zu sagen, daß — wie vielfach bei den komplexen Vorgängen der Erdölverwendung — die eingehende Laboratoriumsuntersuchung notwendig unter Bedingungen arbeitet, die von den praktisch herrschenden abweichen. Für die z. B. in Flugturbinen eintretenden Verhältnisse können nur schwer ganz vergleichbare Bedingungen auf einem kleinen Prüfstand realisiert werden, weil der Konstruktionseinfluß hier von entscheidender Bedeutung ist. Bei Flugkraftstoffen fanden SCOTT, STANSFIELD und TAIT[2], daß für eigens hergestellte Versuchskraftstoffe gleichen Siedebereiches (Petroleumbereich) und gleicher Zähigkeit sowohl nach dem Wirkungsgrad der Verbrennung in Abhängigkeit vom Mischungsverhältnis, als auch nach stabilem Brennbereich sich in Brennkammern die Reihung Paraffine, Bezugskraftstoff (normales Petroleum), Naphthene, Aromaten ergab, wie Abb. 77 und 78 zeigen.

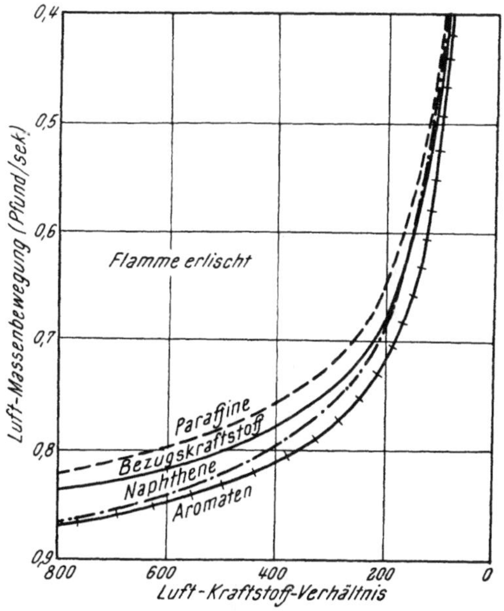


Abb. 78. Stabiler Brennbereich verschiedener Kraftstoffe nach SCOTT, STANSFIELD und TAIT

Für die Auswertung dieser Diagramme ist die gesamte Wirkungsweise von Gasturbinen zu berücksichtigen (Abnahme des Durchmischungsgrades mit abnehmendem Luftdurchsatz wegen unvollkommener Zerstäubung usw.).

Schwefelwasserstoff beeinflußt, ebenso wie die Zündreaktion nach P. F. KURTZ, auch die Flammenstabilität (bei Kohlenwasserstoffgemischen) im Sinne verschlechterter (engerer) Stabilitätsbereiche, wahrscheinlich infolge der Verlangsamung der Verbrennungsgeschwindigkeit; eine allgemeine Erklärung für diese Wirkung ist wegen der verschiedenen Kohlenstoffskelette und des verschiedenen Sättigungsgrades der Kohlenwasserstoffe nicht zu geben[3].

**Vollständigkeit der Verbrennung.** Sowohl zur Vermeidung gesundheitsschädlicher Restanteile in Abgasen (vgl. das Kapitel über das physiologische

[1] J. Ind. Engng. Chem. **47** (1955), 1760.

[2] Inst. Petroleum **37** (1951), 487.

[3] Fuel **34** (1955), 462/70.

Verhalten der Erdölprodukte, S. 293), als auch zur besseren Ausnützung der Verbrennungsenergie verwendet man neuerdings eine Nachverbrennung unter Anwendung katalytisch wirkender Stoffe oder zusätzlicher Verbrennungsluft.

HOUDRY hat für Industrie- und Auspuffgase keramische Trägerelemente entwickelt, die mit einer 0,076 mm dicken Schicht aus Aluminium-Platin überzogen sind und nach Firmenangaben zwei Jahre aktiv bleiben. Bei Industriefeuerungen wird der Wirkungsgrad bei einer Gastemperatur von 700 bis 800° C infolge der besseren Verbrennung und der auf die Dauer geringeren Verschmutzung bis zu 10% verbessert und gleichzeitig der korrosionsgefährliche Anteil an $SO_3$ zugunsten von $SO_2$ wesentlich herabgesetzt; die Abnahme des Rußgehaltes im Abgas war, gemessen nach dem „Smoke test", von dem Wert 8 auf 2 bis 3 in einem Falle, von 5 auf 2 in einem anderen. Auch soll die sich in der Feuerungsanlage ablagernde Aschenmenge (bei einem Versuch von 2,67 g auf 0,24 g/kg Heizöl) zurückgehen. Auspuffgase von Motoren müssen bei niedrigeren Temperaturen behandelt werden — allerdings oberhalb 260° C —, wobei für 60% der Volleistung unter Zuführung von Frischluft bei Benzinmotoren rund 60 bis 85% der verbrennbaren schädlichen Anteile entfernt werden. Die Katalysatorelemente sollen 2000 bis 2500 Std. wirksam bleiben, doch ist ihre Anwendung auf bleifreie Benzine und auf Dieselkraftstoffe beschränkt, weil Blei den Platinkatalysator vergiftet. Sowohl diese Einschränkung als die Kosten lassen eine breitere Anwendung dieser interessanten Möglichkeit wohl kaum zu, soferne nicht hygienische Maßnahmen eine bessere Verbrennung obligatorisch machen.

Diese gesundheitliche Auswirkung unvollständiger Verbrennung, auf die in den Abschnitten über Oxydation und physiologische Wirkungen zurückgekommen wird (S. 143 und 293), hat durch das Auftreten des sogenannten „smog" (= smoke und fog, Rauch und Nebel), das in manchen Industriegegenden beobachtet wurde, erhöhte Bedeutung erlangt; das gleiche gilt für die Belästigung durch Auspuffgase.

## c) Einflüsse auf die ruhige Verbrennung

Die ruhige Verbrennung wird durch folgende Faktoren beeinflußt:

### *α) Gemischbildung*

Bei jedem Verbrennungsvorgang ist die wichtigste Voraussetzung, daß Brennstoff und Luft gleichmäßig vermischt sind, weil sonst der Brennstoff ungenügend ausgenützt wird. Dies trifft für sämtliche Brennstoffe vom Gas bis zum festen pulverisierten Brennstoff zu und muß durch entsprechende Maßnahmen und geeignete Überwachung gewährleistet sein. Auf die diesbezüglichen, vor allem technischen Einrichtungen kann hier nur verwiesen werden, doch sei betont, daß es sich weitgehend um aerodynamische Vorgänge handelt, so daß auch aerodynamische Grundsätze berücksichtigt werden müssen; je nachdem ob laminare oder turbulente Strömung vorliegt, wird der Wärmeübergang an die Wandungen des Verbrennungsraumes verschieden groß und es wird daher nach dem Einzelfall zu entscheiden sein, welche Strömungsart an bestimmten Stellen gut oder schlecht ist. Für die Gemischbildung durch Zerstäubung (Einspritzung) sei auf das entsprechende Kapitel verwiesen (S. 85).

### β) Konzentration von Brennstoff und Luft (Sauerstoff)

Brennen kann ein Gemisch ohne äußere Wärmezufuhr nur, wenn es sich innerhalb der besprochenen Zündgrenze befindet. Wird dagegen Brennstoff in Luft gebracht, die so hoch erhitzt ist, daß seine Selbstzündungstemperatur überschritten ist, so verbrennt er natürlich auch in kleinsten Mengen. Für die Stabilität der Flamme geben, wie erwähnt, die statisch bestimmten Zündgrenzen im allgemeinen richtige Hinweise, nur bei hohen Geschwindigkeiten versagen sie. Erhöhung der Sauerstoffkonzentration fördert die Verbrennung, und zwar sowohl bei Normaldruck durch Vermehrung des Sauerstoffgehaltes im Gemisch als bei Drucksteigerung infolge der Verdichtung und größeren Reaktionsfähigkeit (verminderte Wärmeabfuhr).

### γ) Druck

Naturgemäß gilt die erwähnte Verbesserung der Verbrennbarkeit allgemein für brennbare Gemische, doch darf man beim Vergleich mit der drucklosen Verbrennung die meist gleichzeitig erfolgte Temperatursteigerung nicht vergessen. In Verbrennungsturbinen von Flugzeugen nimmt mit steigender Flughöhe sowohl der Druck in der Verbrennungskammer als auch die Verbrennungstemperatur ab, so daß die Verbrennung unvollkommen wird. Bei gegebener Konstruktion und Kraftstoffflüchtigkeit kann diese Auswirkung durch Verwendung von Kraftstoffen mit größerer Verbrennungsgeschwindigkeit bzw. niedrigerer Zündtemperatur bekämpft werden[1].

### δ) Temperatur

Wie jede Reaktion wird auch die Verbrennung durch Temperatursteigerung beschleunigt, so daß vielfach die Verbrennungsluft, unter Umständen auch der Brennstoff, vorgewärmt wird. (Allerdings tritt bei sehr hohen Temperaturen wieder Dissoziation der Verbrennungsprodukte [Wasser und $CO_2$, bzw. CO] ein, so daß es ein Maximum der Reaktionsfähigkeit gibt, über das hinaus keine Verbesserung möglich ist.) Diese Temperaturerhöhung ist vor allem für den Vorgang der Aufbereitung, d. h. den Abbau der großen Brennstoffmoleküle zu kleineren, also bei festen und flüssigen Brennstoffen wichtig. Im weiteren Verlauf der Verbrennung tritt der Abbau zu den obenerwähnten letzten Verbrennungsprodukten ein, für deren gegenseitiges Verhältnis das Wassergasgleichgewicht:

$$CO_2 + H_2 \rightleftarrows CO + H_2O$$

maßgebend ist.

### ε) Konstitution

Bei der Untersuchung der Brenngeschwindigkeit von 37 reinen Kohlenwasserstoffen in Rohren fanden M. Gerstein, O. Levine und E. L. Wong[2], daß die *n*-Paraffinkohlenwasserstoffe unabhängig von der Kettenlänge (außer Methan, das etwas darunter lag) gleiche Verbrennungsgeschwindigkeiten hatten. Je ungesättigter die Verbindungen waren (Alkane, Alkene, Alkine), um so größer wurde sie; Verzweigung der C-Kette verringerte die Verbrennungsgeschwindigkeit etwas.

R. H. Hibbard und B. Pinkel haben eine empirische Formel zur Errechnung der maximalen Flammengeschwindigkeit von Kohlenwasserstoffen in Funktion

[1] Vgl. Olson, W. T., J. H. Childs und E. R. Jonash: Trans. Amer. Soc. Mechan. Engr. **77** (5) (1955), 505.

[2] J. Amer. Chem. Soc. **73** (1951), 418.

ihrer Struktur aufgestellt, in die die Konzentration der verschiedenen C-H-Bindungen eingeht, wozu aber auch empirisch gefundene Flammenkoeffizienten notwendig sind; bei 34 verschiedenen Kohlenwasserstoffen[1] ergab sich für alle bis auf einen eine Übereinstimmung von weniger als 2% zwischen errechneten und beobachteten Werten. Die Gleichung hat die Formel:

$$\text{Flammengeschwindigkeit } (U_f) = N_A K_A + N_B K_B + N_C K_C \ldots,$$

worin $N_A$, $N_B$, $N_C$ die Konzentrationen der verschiedenen Kohlenstoff-Wasserstoffbindungen und $K_A$, $K_B$, $K_C$ empirisch bestimmte Flammenkoeffizienten sind.

### ζ) *Elektrisches Feld*

In dem vertikalen Rohr fanden H. F. Calcote und R. N. Pease[2] bei longitudinaler Anlegung eines elektrischen Feldes von 16 kV folgende Einflüsse auf eine Bunsenflamme:

Tabelle 57. *Prozentuelle Änderung der Charakteristik einer Bunsenflamme durch ein elektrisches Feld*

| | Spannung + | Spannung — |
|---|---|---|
| Gemischbereich | + 200% | + 200% |
| Stabile Strömungsgeschwindigkeit | + 100% | größer, aber nicht generell |
| Druck | mehr als 100% größer | stark zu verringern (?) |
| Totraum | bis zu 30% geringer | erst mehr, dann weniger |

## d) Messung der Verbrennung

Zur Messung des Verbrennungsvorganges sind bei offenen Flammen die Geschwindigkeit, die Temperatur und die Vollständigkeit, bei der Verbrennung im geschlossenen Gefäß außerdem der Druck wesentlich.

### α) *Flammengeschwindigkeit*

Die älteste und einfachste Methode besteht darin, in einer durch strömenden Brennstoff gespeisten Flamme (Bunsenbrenner) die Geschwindigkeit so lange zu erhöhen, bis Abreißen eintritt; man erhält so unmittelbar die Verbrennungsgeschwindigkeit in cm/sek. Die Verbrennung in Röhren und Bomben wird meist durch Photographieren auf bewegtem oder feststehendem Film vorgenommen, wobei man zugleich Zeitmarken elektrisch festhält, so daß die Auswertung möglich ist. Zur Messung von Auswirkungen der Verbrennung wird oft die durch die Flamme erfolgende Ionisation benützt; infolge der dadurch stark erhöhten Leitfähigkeit des Gases kann man sehr genaue Registrierungen auf elektrischem Wege erhalten.

### β) *Flammentemperatur*

Sieht man ab von Schmelzkörpern, wie den Segerkegeln, deren Erweichung einen ungefähren Anhalt über die Temperatur gibt, so sind bei Flammen wegen der hohen in Frage kommenden Temperaturen eigentlich nur entweder Wider-

[1] J. Amer. Chem. Soc. **73** (1951), 1622.

[2] Ind. Engng. Chem. **43** (1951), 2726.

standselemente und Thermoelemente oder optische Verfahren brauchbar. Bei den Widerstandselementen verwendet man Drähte eines Metalls mit relativ hohem Temperaturkoeffizienten der Leitfähigkeit (Platin), deren Enden zu einem Arm einer WHEATSTONEschen Brücke führen. Der Widerstand der Drahtspirale und damit die Temperatur wird mit einer Gegenspannung (Nullpunktmethode) oder durch den Ausschlag eines Galvanometers direkt gemessen, nachdem man das Element geeicht hat. Thermoelemente aus Edelmetallen (Platin-Platin-Rhodium) sind bis etwa 1600° C, aus Wolfram-Molybdän bis zu 2500° C brauchbar; falls das Anzeigeinstrument keine automatische Kompensierung des Nullpunktes bei verschiedenen Temperaturen hat, muß man die freie Lötstelle auf eine bei der Eichung angewendete Temperatur bringen. Temperatur und Thermokraft sind zwar annähernd, aber nicht genau linear verhältig, so daß man dies berücksichtigen muß.

### *γ) Vollständigkeit der Verbrennung*

Da die vollkommene Verbrennung zu Wasser und $CO_2$ führt und für das Gleichgewicht $H_2 + CO_2 \rightleftharpoons H_2O + CO$ gilt, kann man aus Gasanalysen weitgehende Folgerungen für die Vollständigkeit der Verbrennung ziehen. Bei bekannter chemischer Zusammensetzung des Brennstoffes kann man daher aus der Abgasanalyse auf das verwendete Brennstoff-Luftgemisch mit genügender Sicherheit zurückschließen. Die Zusammensetzung der Abgase eines Ottomotors sowie dessen thermischen Wirkungsgrad und Leistung zeigt Abb. 79.

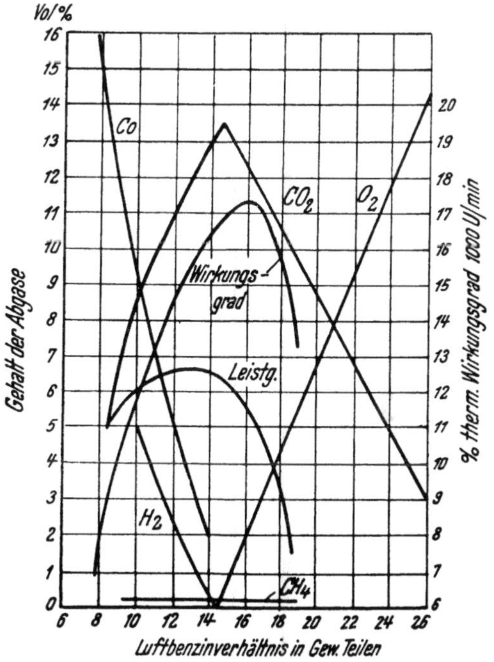


Abb. 79. Abgaszusammensetzung, Leistung und thermischer Wirkungsgrad bei verschiedener Luftzahl

**Errechnung aus Elementaranalyse.** Luftbedarf, maximaler Kohlendioxydgehalt und Verbrennungswasser sind nach F. PENZIG[1] lediglich vom C/H-Verhältnis abhängig, so daß ihre Bestimmung mit einfachen Schaubildern möglich ist, die auch für technische Stoffe gelten. Die Volumenvergrößerung ist bei den verschiedenen Kohlenwasserstoffgruppen sehr verschieden, aber aus dem C/H-Verhältnis errechenbar, während beim Heizwert der Aufbau des Moleküls eine so wichtige Rolle spielt, daß das einfache C/H-Verhältnis nicht zur Berechnung genügt. Bei allen Darstellungen gibt es einen ausgezeichneten Punkt, in dem die Eigenschaften der Paraffine, Olefine, Alkohole und — bei wachsender Länge von Seitenketten — auch der Aromaten zusammentreffen, weil sich das C/H-Verhältnis mit zunehmender Gliederzahl dem Wert $C_n H_{2n}$ nähert.

[1] Auswertung der Verbrennungsgleichung. Kraftstoff **16** (1940), 107.

Legt man der Berechnung folgende Zusammensetzung der Luft zugrunde:

| | Gewichtsteile | Raumteile |
|---|---|---|
| O-Gehalt ................ | 0,233 | 0,21 |
| N-Gehalt ................ | 0,767 | 0,79 |

und bezeichnet man die Anzahl der
C-Atome mit $m$,
H-Atome mit $n$,
O-Atome mit $p$,
S-Atome mit $s$ (die im allgemeinen vernachlässigt werden kann), so erhält man für den *Luftbedarf je Mol* den Wert:

$$\frac{32}{0,233}\left(m+\frac{n}{4}-\frac{p}{2}+\frac{3s}{2}\right) \text{ kg Luft/Mol Kraftstoff.}$$

Bezogen auf *1 kg Kraftstoff ist der Luftbedarf*:

$$137,25\,\frac{\left(m+\frac{n}{4}-\frac{p}{2}+\frac{3s}{2}\right)}{12m+n+16p+32s} \text{ kg Luft/kg Kraftstoff.}$$

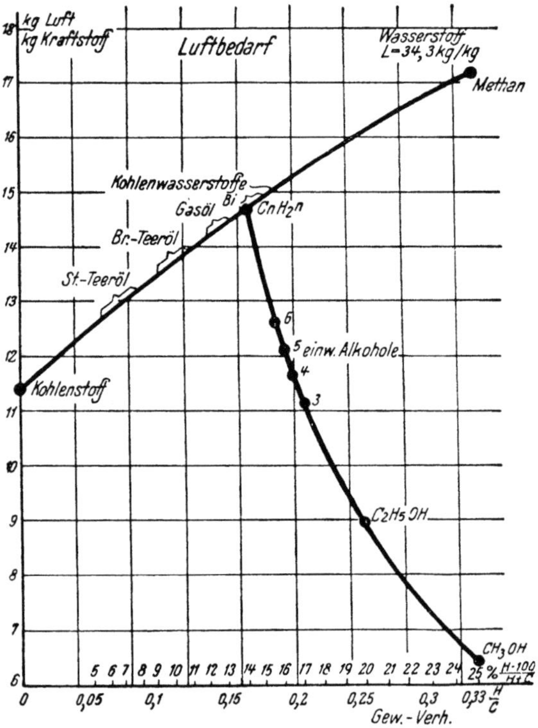


Abb. 80. Luftbedarf von Kraftstoffen nach PENZIG

Der *maximale Kohlendioxydgehalt* in den trockenen Abgasen beträgt:

$$v\,(CO_2)_{max.} = \frac{m}{m+s+3,76\left(m+\frac{n}{4}-\frac{p}{2}+\frac{3s}{2}\right)}.$$

Bei Verbrennung von 1 kg Kraftstoff entsteht:

$$\frac{\frac{18n}{2}}{12m+n+16p+32s} \text{ kg Wasser/kg Kraftstoff.}$$

Für die Verbrennung in Luft ergibt sich das Verbrennungsvolumen zu:

$$\frac{\frac{n}{4}+\frac{s}{3}+\frac{p}{2}-1}{1+4,76\left(m+\frac{n}{4}-\frac{p}{2}+\frac{2s}{3}\right)}.$$

In den Abb. 80 bis 83 (nach PENZIG) ist das Gewichtsverhältnis C/H und für die Angabe des Wasserstoffgehaltes in Prozenten der Maßstab $H \cdot 100/H + C$ zugrunde gelegt. (Dieser darf aber für Alkohole nicht verwendet werden.) Den Luftbedarf zeigt Abb. 80.

Die Olefine der Zusammensetzung $C_nH_{2n}$ liegen in dem ausgezeichneten Punkt, während die Paraffinkohlenwasserstoffe zwischen diesen und den Wert für Methan, die Aromaten zwischen diesen und den Wert für reinen Kohlenstoff fallen. Die Alkohole zeigen den mit zunehmendem Molekulargewicht stark abnehmenden Einfluß des Sauerstoffgehaltes.

Die Kohlendioxydbildung liegt nach Abb. 81 für alle Kohlenwasserstoffe auf einer Linie, die vom Wert für reinen Kohlenstoff auf den des Methans abfällt, wogegen die einwertigen Alkohole konstant 15,05% ergeben, weil ihre Zusammensetzung nach Abzug des „inneren Wassers“ $C_nH_{2n}$ beträgt.

Die Menge Verbrennungswasser steigt nach Abb. 82 bei den Kohlenwasserstoffen vom Wert 0 für reinen Kohlenstoff auf den des Methans gleichmäßig an, während die Alkohole mit dem Methanol halb so viel Verbrennungswasser ergeben wie Methan (gleiches C/H-Verhältnis beim doppelten Molekulargewicht des Methanols), um bei zunehmendem Molekulargewicht in den Wert der Kohlenwasserstoffe $C_nH_{2n}$ einzumünden.

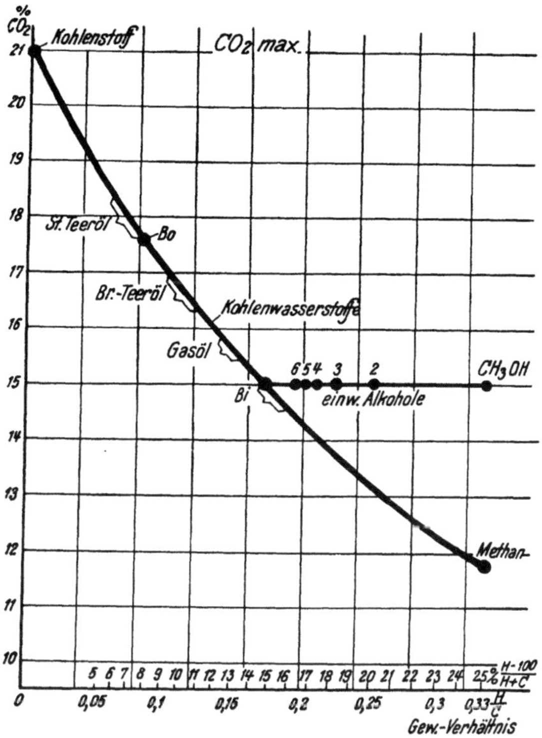


Abb. 81. $CO_2$-Gehalt in reinem Abgas von Kraftstoffen nach PENZIG

Die Volumenvergrößerung ist nach Abb. 83 davon abhängig, ob man die Grenzfälle vollkommene Vergasung oder keinerlei Vergasung (Verdampfung) annimmt. Die starken Unterschiede fallen deutlich ins Auge.

Wasserstoff ergibt, flüssig in den Zylinder gebracht, den hohen Wert von 21% Volumenvermehrung, während bei gasförmiger Ladung eine Kontraktion von 14,8% auftritt. Bei Alkoholen bewirkt die hohe Verdampfungswärme eine starke Kühlung der Ladung und daher eine Erhöhung des Ladungsgewichtes, welche die stets beobachtete Mehrleistung von Alkoholen gegenüber Kohlenwasserstoffen verursacht. Aber die Volumenvermehrung wird auch eine zusätzliche Leistungssteigerung der Alkohole im Vergleich zu Kohlenwasserstoffen ergeben, weil Alkohole infolge der hohen Verdampfungswärme im Gegensatz zu diesen zum Teil flüssig im Zylinder vorhanden sind, so daß das Volumen stärker zunimmt.

**Errechnung des Heizwertes.** Die Heizwerte können nicht aus der Elementaranalyse errechnet werden, weil die Doppelbindungen (Olefine und Azetylene) sie vergrößern. PENZIG schlägt zur angenäherten Berechnung die Annahme folgender Werte vor, die nur etwa 1 bis 2% Abweichungen ergeben:

| | |
|---|---|
| Benzine ............................ | 10400 kcal/kg (unterer Heizwert) |
| Gasöl ............................ | 10200 ,, ,, |
| Stark aromatische Benzine ............ | 10000 ,, ,, |
| Aromaten ............................ | 9600 bis 9400 kcal/kg (unterer Heizw.) |
| Teeröle ............................ | 9000 ,, 9400 ,, ,, |

Für genauere Fertigung ist die direkte Messung unerläßlich.

Die Verbandsformel ist unzuverlässig; beim Heizwert wirkt sich der Einfluß des Sauerstoffgehaltes der Alkohole viel stärker aus als bei den anderen besprochenen Eigenschaften. Diese Zusammenhänge beziehen sich auf reine Kohlenwasserstoffe und Alkohole bzw. technische Gemische, deren Zusammensetzung gleichmäßig ist. R. PIGRAIS und M. BRUNET haben[1] in Weiterentwicklung der Diagramme von BUNTE ($CO_2 + O_2$, $CO_2$) und OSTWALD ($O_2$, $CO_2$, CO) zwei Diagramme für $CO_2 + O_2$, $CO_2 + CO$, $CO_2$ und für $O_2$, CO, $CO_2$ aufgestellt, die bei Vorliegen der nötigen Abgasanalysenwerte so ausgewertet werden können, daß sie für alle Brennstoffe und alle Arten der Verbrennung gelten, wie in der erwähnten Arbeit auseinandergesetzt wird.

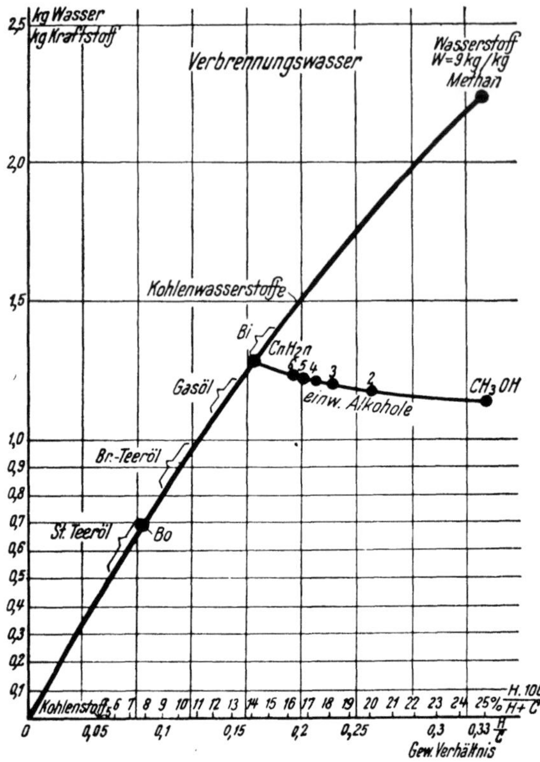


Abb. 82. Verbrennungswasser von Kraftstoffen nach PENZIG

Da eine derartige Auswertung von Verbrennungsdiagrammen immer die Kenntnis des Abgasgehaltes an einer oder mehreren Komponenten voraussetzt, ist eine *Gasanalyse* dazu notwendig. Diese kann chemisch und physikalisch erfolgen.

**Chemische Gasanalyse.** Chemisch werden die üblichen Verfahren der Gasanalyse angewendet, d. h. nacheinander Absorption von $CO_2$ mit Kalilauge, von $O_2$ mit Pyrogallollösung, von Olefinen mit rauchender Schwefelsäure, von CO mit Kupferchlorür usw., während die gesättigten Kohlenwasserstoffe durch Verbrennung und der Stickstoff als Restgas erhalten werden. Auf die Notwendigkeit genauer Temperaturkonstanz wegen der Gasvolumänderung von rund $^1/_3\%$ bei 1° Temperaturschwankung sei hier hingewiesen. CO kann auch durch Leiten über Jodpentoxyd und Titration des bei der Reaktion entstehenden Jodes sehr genau gemessen werden; Papiere, die mit CO Farbänderungen ergeben, sind praktisch, aber wenig genau.

**Physikalische Gasanalyse.** Physikalisch ist eine Gasanalyse möglich, wenn man dafür sorgt, daß die Änderung der physikalischen Eigenschaft nur für den gesuchten Anteil charakteristisch ist. Die wichtigsten zur Gasanalyse dieser Art verwendeten Eigenschaften sind die Wärmeleitfähigkeit, der Paramagnetismus und die Absorption im Infrarot; die Leitfähigkeit von Flüssigkeiten, in denen ein Gasanteil absorbiert wurde, wird seltener gebraucht. Für die neuerdings sehr wichtig gewordene Chromatographie vgl. S. 104/106.

[1] 3. Welt-Erdölkongreß Haag **7** (1951), 10.

Für die Auswertung der Verbrennungsgase mittels *Wärmeleitfähigkeit* sind die Angaben der Tab. 58 interessant:

Tabelle 58.
*Wärmeleitfähigkeit von Gasen*[1]

| Gas | relative Leitfähigkeit | |
|---|---|---|
| | bei 0°C % | bei 100°C % |
| Luft ..... | 100 | 100 |
| CO ...... | 95,8 | — |
| $CO_2$ ..... | 58,5 | 69,0 |
| $H_2$ ...... | 735 | 694 |
| $N_2$ ...... | 100,4 | 99,0 |
| $O_2$ ...... | 100,7 | 103,4 |
| $SO_2$...... | 41,5 | — |

[1] U. S. Bureau of Standards, Techn. Paper 249.

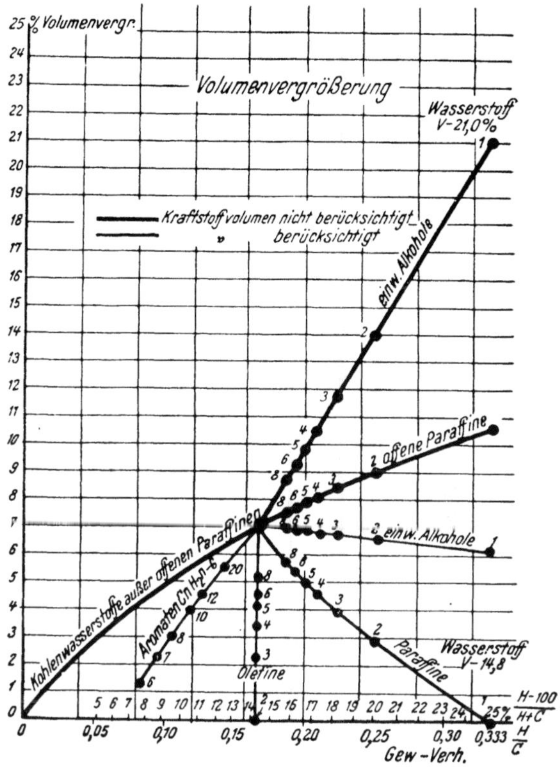

Abb. 83. Volumenvergrößerung bei der Verbrennung nach PENZIG

Da für die Verbrennung im fetten Bereich Wasserstoff mit seiner hohen Wärmeleitfähigkeit, im mageren Bereich hingegen $CO_2$ mit seiner geringen Leitfähigkeit ausschlaggebend sind, erhält man über den Gemischbereich die in Abb. 84 dargestellten Kurven. Wegen des verschieden hohen Maximalgehaltes an $CO_2$ bzw. des verschieden großen H-Gehaltes der Brennstoffe muß man eine Eichkurve für jeden Brennstoff haben; aus der Höhe der Leitfähigkeit kann man unter Berücksichtigung der Zweideutigkeit der Anzeige mit etwa $\pm$ 3% Genauigkeit Angaben über den Luftüberschuß (die Luftzahl) machen. Ein solches Gerät wurde von der Deutschen Versuchsanstalt für Luftfahrt für Untersuchungen am Verbrennungsmotor in Zusammenarbeit mit Hartmann & Braun (Frankfurt/Main) gebaut. Bei solchen Geräten wird als Bezugswert entweder die Leitfähigkeit einer abgeschlossenen oder einer ebenfalls strömenden Gasprobe (Luft) genommen. Der Meß- und der Vergleichskreis haben je einen Heizdraht, der mit konstant gehaltenem Strom unter im übrigen genau gleichen Verhältnissen erhitzt wird; je größer die Leitfähigkeit, um so niederer wird die Temperatur des Heizdrahtes. Die Anzeigenverzögerung beträgt etwa 30 bis 60 sek, die Unterschiede des Stromdurchganges durch Meßdraht und Vergleichsdraht werden in einer WHEATSTONEschen Brücke kompensiert und als Meßgrundlage genommen.

Die Anwendung ist nur auf solche Gase anzuraten, die sich in ihrer Wärmeleitfähigkeit stark von den anderen Komponenten unterscheiden; bei entsprechend vergrößerter Empfindlichkeit könnte $O_2$ zwar auch gemessen werden, aber das Gerät wäre dann für praktische Verwendung zu empfindlich.

Die *Analyse mittels des Paramagnetismus* ermöglicht vor allem die Erfassung sehr geringer O-Mengen. Das magnetische Verhalten der Stoffe wird durch ihre

Permeabilität $\mu$ (magnetische Leitfähigkeit) und ihre damit in Beziehung stehende Suszeptibilität gekennzeichnet. Für Vakuum ist $\mu = 1$, Stoffe, deren $\mu$ größer als 1 ist, nennt man paramagnetisch, solche, deren $\mu$ kleiner ist, diamagnetisch. Die Suszeptibilität ist das magnetische Moment, das durch die Einheit der erregenden Magnetflußdichte in der Volumeneinheit des Stoffes erzeugt wird; sie ist für Vakuum 0, für paramagnetische Stoffe größer als 0, für diamagnetische dagegen kleiner als 0. Nach dem CURIEschen Gesetz nimmt die magnetische Suszeptibilität mit steigender Temperatur ab:

$$k_m = \frac{\text{const.}}{\text{absolute Temperatur}}.$$

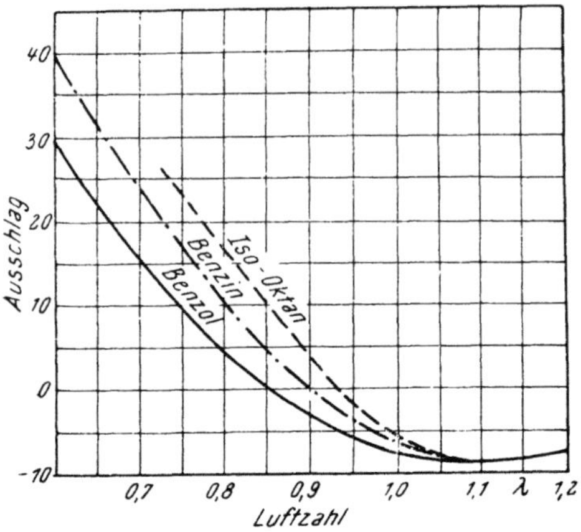


Abb. 84. Wärmeleitfähigkeit von Abgas verschieden reicher Gemische, ausgedrückt in Ausschlägen eines Anzeigegerätes

Zahlenwerte der relativen magnetischen Suszeptibilität sind in Tab. 59 nach A. NAUMANN zusammengestellt[1].

Da Sauerstoff als einzige Komponente technischer Gase — außer eventuell vorhandenem Stickoxyd — nennenswert paramagnetisch ist, kann man ihn in Geräten erfassen, die auf Paramagnetismus ansprechen. Man benützt dabei die Tatsache, daß bei geeigneter Anordnung durch ein Magnetfeld ein magnetischer Wind erzeugt wird, der eine entsprechend starke Abkühlung eines Heizdrahtes bewirkt, der auf etwa 250° C gebracht wird. Durch Brückenschaltung zu einem Heizdraht, der ohne Magnetfeld vom Gas umspült wird, und Eichung erhält man Angaben des Sauerstoffes mit einer Meßgenauigkeit bis zu 0,1% im empfindlichsten Bereich, während die Genauigkeit für Meßbereiche oberhalb 5% etwa 2,5% des jeweiligen Höchstwertes beträgt.

Tabelle 59.

*Relative magnetische Suszeptibilität einiger Gase* ($O_2 = 100$)

| Gas | Paramagnetisch | Diamagnetisch |
|---|---|---|
| Sauerstoff | +100 | |
| Luft | + 21,6 | |
| Stickoxyd | + 43,8 | |
| Stickstoffdioxyd | + 6,2 | |
| Kohlendioxyd | | −0,61 |
| Argon | | −0,58 |
| Ammoniak | | −0,58 |
| Stickstoff | | −0,42 |
| Azetylen | | −0,38 |
| Methan | | −0,37 |
| Äthan | | −0,83 |
| Chlor | | −0,13 |
| Wasserstoff | | −0,12 |
| Stickoxydul | | −0,58 |

Die *Leitfähigkeitsmessung* absorbierter Gase verwendet die Änderung der Leitfähigkeit einer Flüssigkeit nach der Absorption, also die Verschiebung des $P_H$-Wertes.

Da die Änderung der Leitfähigkeit sehr genau gemessen werden kann, sind außerordentlich geringe Gasmengen erfaßbar (für $CO_2$ gibt z. B. die Firma H. Wösthoff, Bochum, beim empfindlichsten Meßbereich eine Genauigkeit

[1] Vgl. NAUMANN, A.: Arch. techn. Messen Lfg. 197 (1952), 123/126.

von 0,0001 Vol.-% an!), doch muß man sicher sein, daß nur das interessierende Gas vorhanden ist, da die Anzeige in keiner Weise so spezifisch ist wie etwa der Paramagnetismus für Sauerstoff.

Man verwendet statt der Leitfähigkeitsänderung einer Absorptionsflüssigkeit auch die Temperatursteigerung durch katalytische Verbrennung (mit oder ohne Zusatz von Verbrennungsstoff) als Maß des Gehaltes an brennbarem Gas (z. B. Siemens, Baily).

Sehr wichtig ist die *Ultrarot-Analyse* von Abgasen geworden, bei der die spezifische Bandenabsorption von CO, $CO_2$, NO, $NO_2$ und von organischen Stoffen gemessen wird. Die Strahlung eines Ultrarot-Strahlers geht zunächst durch die mit dem zu analysierenden Gas gefüllte Analysenkammer und trifft dann auf die Meßkammer, die ausschließlich mit jenem Gas gefüllt ist, dessen Prozentgehalt in der Gasprobe nachgewiesen werden soll. Das Gas in der Meßkammer spricht daher selektiv auf die Absorptionsbanden des zu bestimmenden Gases an und wird um so wärmer, je intensiver die den Absorptionsbanden zugehörige Strahlung des die Analysenkammer durchdringenden Gases ist, d. h. je weniger von dem zu bestimmenden Gas in der Analysenkammer vorhanden ist. Zum Vergleich wird dasselbe Gas in einer zweiten Meßkammer durch Bestrahlung über eine mit $N_2$ oder Luft gefüllte Vergleichskammer auf jene Temperatur gebracht, die dem Prozentgehalt Null entspricht. Die minimale Temperaturdifferenz zwischen den beiden Meßkammern ergibt Druckunterschiede, die durch einen Membrankondensator zwischen den beiden Meßkammern in Kapazitätsänderungen elektrisch angezeigt und auf einem direkt in Prozent geeichten Meßinstrument angezeigt oder registriert werden können (URAS-Gerät der Badischen Anilin- und Sodafabrik, Hersteller Hartmann & Braun). Ein Schema des URAS-Gerätes zeigt Abb. 85.

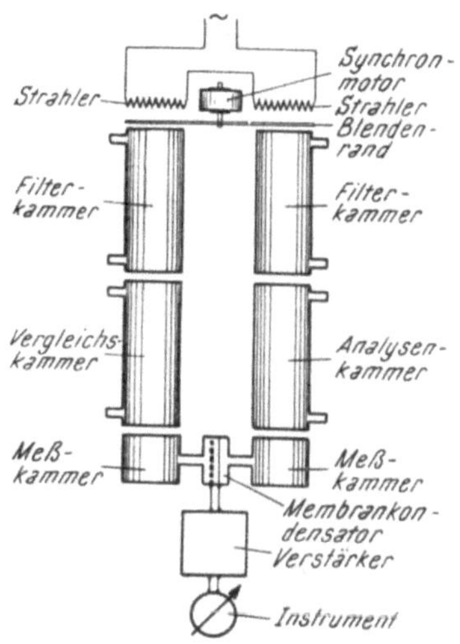


Abb. 85. Schema des URAS Gerätes zur Ultrarot-Analyse von Abgasen

*Tabelle 60*

| Gasart | Kleinster Meßbereich in Vol.-% |
|---|---|
| $CO_2$ | 0,005 |
| CO | 0,02 |
| $N_2O$ | 0,005 |
| NO | 0,1 |
| $CH_4$ | 0,05 |
| $C_2H_4$ | 0,05 |
| $C_2H_2$ | 0,05 |
| $C_2H_6$ | 0,05 |
| $C_3H_6$ | 0,05 |
| $C_6H_6$ | 0,05 |
| $SO_2$ | 10 |
| Azeton | 0,2 |
| Dimethyläther | 0,05 |
| Benzin | 1 |

Der größte Meßbereich des URAS-Gerätes ist nach freundlicher Mitteilung der Herstellerfirma stets 100 Vol.-%; auch Teilbereiche mit unterdrücktem Nullpunkt sind erfaßbar, z. B. 80 bis 100%. Die Meßgenauigkeit beträgt etwa 3%, ungefähr 1/100 der in Tab. 60 angegebenen Meßbereichendwerte läßt sich noch als Änderung erkennen.

Wegen der Wichtigkeit einer Kontrolle der Luft auf unverbrannte organische Substanzen bei der „smog“-Bildung (vgl. S. 143 und S. 297) wurde die Anwendung eines Infrarot-Schreibers (Spektrometer 70 der Shell Development Co.) vorgeschlagen, der sehr empfindlich, stabil und besonders anpassungsfähig sein soll. Die Empfindlichkeit nimmt mit steigendem Molekulargewicht infolge der wachsenden Anzahl Kohlenstoff-Wasserstoff-Bindungen pro Molekül zu; Luft-Kohlenoxyd und Kohlendioxyd stören wenig. Als Blindversuch wird die mit einem Katalysator von organischer Substanz befreite Luft genommen, um den Einfluß wechselnden Wassergehaltes auszuschalten[1].

### e) Praktische Bedeutung

Es genügt, auf die überwiegende Verwendung der Erdölprodukte zur Heizung und Energieerzeugung hinzuweisen, um die Rolle der Verbrennung zu kennzeichnen.

## 8. Die klopfende Verbrennung im Ottomotor

Das sogenannte *Klopfen* tritt nur bei der Verbrennung in einem geschlossenen Gefäß ein; es wurde zuerst während des ersten Weltkrieges entdeckt, als durch die Steigerung der Motorverdichtung und Verwendung bisher brauchbarer, nunmehr aber ungenügender Kraftstoffe (Benzine) Leistungsabfälle beobachtet wurden, die bei Verwendung anderer, also „besserer“ Kraftstoffe nicht eintraten.

### a) Definition des Klopfens

Als Klopfen bezeichnet man die überrasche, aber immer noch mit Unterschallgeschwindigkeit verlaufende Verbrennung des noch unverbrannten Gemischrestes im Zylinder eines Ottomotors nach Durchgang des Zündfunkens, die sehr starke Temperatur- und Drucksteigerung gegenüber der ruhigen Verbrennung ergeben und dadurch sowohl Abfall der Leistung als Motorstörungen durch zu hohe Temperaturen zur Folge haben kann, zugleich aber ein hämmerndes Geräusch, das „Klopfen“, ergibt. In gleicher Weise tritt im Dieselmotor Klopfen ein, wenn die Selbstzündung wegen zu geringer Zündneigung des Kraftstoffes erst so spät eintritt, daß anstelle einer — theoretisch erstrebten, aber praktisch immer nur annäherungsweise erreichten — Gleichdruck- eine Gleichraumverbrennung erfolgt, weil ein zu großer Teil des Zylinders mit zündfähigem Gemisch erfüllt ist. Man kann daher sagen, daß Klopfen im Ottomotor durch zu hohe, im Dieselmotor durch zu geringe Zündneigung verursacht wird.

Scharf vom Klopfvorgang zu unterscheiden ist die *Glühzündung*, die durch Selbstzündung an überhitzten Teilen des Verbrennungsraumes, wie Ventilen, Zündkerzen, besonders bei Ablagerung von Ölkohle, eintritt. Da bei dieser Art der Zündung der Wärmezustand eine wesentliche Rolle spielt, verstärkt sich die Glühzündung mit zunehmender Motordrehzahl, im Gegensatz zum Klopfen, das im allgemeinen mit zunehmender Drehzahl schwächer wird, weil die Zeit für die Voroxydation damit auch abnimmt.

Im Gegensatz zum Klopfvorgang, der trotz mancher widersprechender Erscheinungen, wie der starken Oxydation an der Oberfläche von Tröpfchen, als homogene Gasreaktion aufgefaßt wird, ist die Glühzündung eine heterogene Reaktion, bei der die Oberfläche des Verbrennungsraumes die Zündung *vor* Durchgang des Zündfunkens verursacht. Der ganze Vorgang ist fast noch verwickelter als das Klopfen, weil die Wandeinflüsse besonders stark mitspielen. Allerdings kann sowohl primäres Glühzünden in der Folge zum Klopfen, als Klopfen — wegen der dabei eintretenden Temperatursteigerung der Oberflächen des Verbrennungsraumes infolge höherer Temperaturen der Verbrennung und gesteigerter Wärmeübertragung durch Strahlung und Wirbelung — zur Glühzündung führen.

---

[1] Littman, F. R. und J. Q. Denton: Analytic. Chem. **28** (1956), 945. Rußbildung (Luminometerzahl) vgl. S. 278 (Rückstandsbildung) und S. 281 (Korrosion).

### b) Wesen des Klopfens

Die Literatur über Ursachen und Wesen des Klopfens ist bis in die letzte Zeit sehr groß, ein Zeichen dafür, daß noch keine endgültige Deutung gefunden wurde, wenn auch sehr viele Zusammenhänge klar erkannt sind. Die neuesten Untersuchungen bestätigen ältere Theorien, nach denen die Oxydierbarkeit der nichtaromatischen Kohlenwasserstoffe von entscheidender Bedeutung für ihre Neigung zum Klopfen ist, d. h. jene Stufe, die mit der Bildung kalter Flammen zusammenhängt. Wie schon im Abschnitt über die Selbstzündung erwähnt wurde (S. 162), handelt es sich vor allem darum, ob diese erste Oxydationsstufe zur zweiten, einer thermischen Explosion, führt. Wesentlich dafür sind die Zündverzüge der beiden Oxydationsstufen; je kürzer der Zündverzug der zweiten Stufe ist, um so wahrscheinlicher wird die Möglichkeit des Klopfens sein. Insgesamt muß man also das Klopfen als einen chemischen Vorgang bezeichnen. Wenn diese Abtrennung des Klopfens von der physikalisch verursachten, mit Überschallgeschwindigkeit ablaufenden *Detonation* gemacht wird, geschieht dies im Bewußtsein, daß derartige Detonationen im Motor derzeit noch umstritten, aber immerhin wahrscheinlich geworden sind. Die Unterscheidung beider Vorgänge ist nur durch eingehende Untersuchungen, also nicht für Motorpraktiker möglich, die sie gemeinsam schlechthin Klopfen nennen.

**Einteilung nach Serruys.** S. Serruys hat die verschiedenen Verbrennungsabläufe im Motor folgendermaßen unterteilt:

1. Normale Verbrennung,
2. Klopfende Verbrennung („Détonation proprement"), wobei die Verbrennung von einem Ladungskern endlicher Abmessung ausgeht,
3. Pseudoklopfende Verbrennung (Selbstzündung des Gemisches durch heiße Stellen im Verbrennungsraum),
4. Selbstzündung *vor* Durchgang des Zündfunkens („Autoallumage"),
5. Schwingende Verbrennung, mit Schwingungen während der Verdichtung,
6. Verbrennung mit schraubenförmig gewundenem Flammenweg.

Die normale Verbrennung kann mit gleichzeitiger Selbstzündung ablaufen, Klopfen zur Selbstzündung, Selbstzündung zum Klopfen führen und endlich die — chemisch bedingte — klopfende Verbrennung zur physikalisch bedingten Detonation führen, während umgekehrt Detonation nicht Klopfen ergeben kann, wie G. Broersma[1] feststellte; die verwickelten Zusammenhänge begründen manche Unstimmigkeit in der Deutung von Verbrennungsvorgängen.

**Begriffsbestimmungen des Coordinating Research Council.** Es ist sehr zu begrüßen, daß der Coordinating Research Council (C.R.C.) zur besseren Verständigung über die Vorgänge der normalen und abnormalen Verbrennung Begriffsbestimmungen formuliert hat, die sich bei der weiteren Bearbeitung sicherlich als sehr wertvoll erweisen werden. Es sei nachdrücklich auf die ausgezeichnete Darstellung über das Funktionieren dieser Vereinigung hingewiesen, die bis auf das Jahr 1921 zurückgeht und in ihren Kraftstoff- und Schmierölausschüssen bereits Außerordentliches geleistet hat, welche von dem Leiter derselben, M. K. McLeod, sowie dem Leiter des Kraftstoffausschusses, T. B. Rendel, und jenem des Schmierölausschusses, W. G. Ainsley, bei einer eigenen Tagung über den C.R.C. im Institute of Petroleum gegeben wurde; leider kann darauf hier nicht weiter eingegangen werden[2]. Die erwähnten Begriffsbestimmungen lauten:

[1] J. Aeronaut. Sci. 8 (1940), 62.

[2] Vgl. J. Inst. Petroleum **41** (1955), 353, 362.

Normale Verbrennung ist ein Verbrennungsvorgang, der nur durch einen zeitlich genau festgelegten (timed) Zündfunken eingeleitet wird und bei dem sich die Flammenfront durch den ganzen Verbrennungsraum gleichmäßig mit normaler Geschwindigkeit ausbreitet. Dabei wird vom Kraftstoff-Luftgemisch keine Energie plötzlich in Freiheit gesetzt, noch treten irgendwelche zusätzlichen Zündungen durch Ablagerungen im Verbrennungsraum, heiße Zündkerzen, überhitzte Ventile oder andere heiße Oberflächen im Verbrennungsraum ein. Harter Motorlauf, der bei hohen effektiven Mitteldrucken und mechanischer Verformung von Motorbauteilen auftritt, kann bei normalem Verbrennungsablauf vorkommen.

Als *abnormale Verbrennung* bezeichnet man einen Verbrennungsvorgang, in dem die Flammenfront durch heiße Stellen des Verbrennungsraumes, vor oder nach Durchgang des Zündfunkens, eingeleitet wird, oder einen, in dessen Verlauf ein Teil der Ladung oder die gesamte Ladung mit extrem hoher Geschwindigkeit verbrennt. Der Begriff umfaßt also sowohl irgendeine Oberflächenzündung der Ladung als auch das gewöhnliche Klopfen oder Klopfen, das durch Oberflächenzündung, vor oder nach Durchgang des Zündfunkens, eingeleitet wird.

Die abnormale Verbrennung unterteilt sich in *Zündungsklopfen* und *Oberflächenzündung* durch Glühstellen und Ablagerungen im Verbrennungsraum. (Als Klopfen wird das Geräusch bezeichnet, das durch Selbstzündung der Ladung vor der fortschreitenden Flammenfront entsteht, von der angenommen wird, daß sie mit normaler Geschwindigkeit abläuft; bei dieser Definition ist die Ursache des Klopfens — Oberflächenzündung oder Zündfunken — gleichgültig. — Als Selbstzündung wird die freiwillige Entzündung und die sich sehr rasch abspielende Reaktion eines Teiles der Ladung oder der gesamten Ladung verstanden. Dabei ist die Flammengeschwindigkeit sehr viel größer als jene, die nach normaler Funkenzündung auftritt. Für Selbstzündung wird kein Zeitpunkt des Eintretens angegeben.)

Das *Zündungsklopfen* ist wiederholtes und nach seiner Lautstärke wiederholbares Klopfen; es wird durch den Vorzündungsgrad beeinflußt: Vorstellen der Zündung verstärkt, Zurückstellen der Zündung schwächt die Klopfintensität. Diese Begriffsbestimmung schließt das durch Oberflächenzündung verursachte Klopfen *nicht* ein.

Die *Oberflächenzündung* (durch Glühstellen und Ablagerungen im Verbrennungsraum) ist die Einleitung einer Flammenfront durch irgendeine heiße Oberfläche an Stelle des Zündfunkens vor dem Ankommen der normalen Flammenfront. Die so entstandene Flammenfront bzw. die Flammenfronten breiten sich mit normaler Geschwindigkeit aus. Man kann die Oberflächenzündung in Frühzündung (preignition) und Nachzündung (post ignition) unterteilen, je nachdem, ob sie vor oder nach dem Durchgang des Zündfunkens erfolgt.

*Klopfende Oberflächenzündung* ist Klopfen, das nach Oberflächenzündung einsetzt; es wird durch die Zündstellung nicht beeinflußt und kann wiederholt auftreten und wiederholbar sein oder auch nicht.

*Weiterlaufen (Dieseln)* (englisch: run-on) heißt das Weiterlaufen des Motors nach Abschaltung der Zündung.

*Nichtklopfende Oberflächenzündung* ist eine, bei der kein Klopfen als Folge auftritt.

*Unregelmäßiges Klingeln* (englisch: wild ping) ist eine klopfende Oberflächenzündung, die durch unregelmäßig auftretende, harte Schläge gekennzeichnet ist und wahrscheinlich als Folge von verhältnismäßig früher Oberflächenzündung durch Teilchen von Ablagerungen im Verbrennungsraum erfolgt.

*Voreilende Oberflächenzündung* (englisch: runaway surface ignition) ist eine Oberflächenzündung, die im Verbrennungstakt immer früher und früher einsetzt. Sie wird meist durch überhitzte Zündkerzen, Ventile oder andere Teile des Verbrennungsraumes ausgelöst und im allgemeinen nicht durch freischwebende Teilchen von Ablagerungen oder nur locker an den Wandungen sitzende Ablagerungen. Sie ist die gefährlichste von allen Oberflächenzündungen und kann zu schweren Überhitzungen und Materialschädigungen im Motor führen.

*Rumpeln* (englisch: rumble) ist ein niederfrequentes, dumpfes Geräusch, das sich vom Klopfen unterscheidet und mit hartem Motorlauf Hand in Hand geht. Einer der Gründe dafür ist wahrscheinlich der überrasche Druckanstieg, der durch allzufrüh gestellte Vorzündung oder durch Oberflächenzündung an mehreren Stellen gleichzeitig entsteht[1].

*Schema der Begriffe der Verbrennung in Ottomotoren*

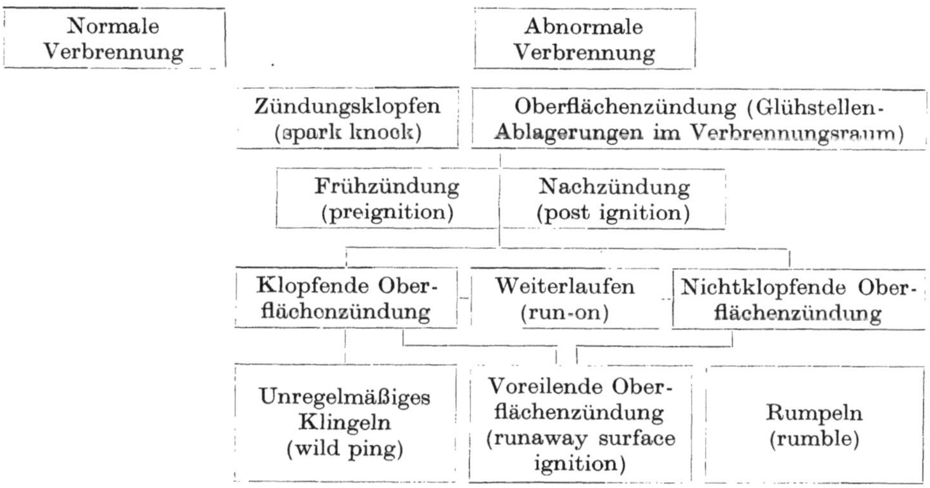


Jede Betrachtung des Klopfvorganges muß die Tatsache berücksichtigen, daß er eine Funktion dreier verschiedener Einflüsse ist: des Kraftstoffes, der Motorkonstruktion und der Betriebsbedingungen. Nur in ihrer Zusammenwirkung kann man zur einwandfreien Beurteilung des Verbrennungsvorganges gelangen; wie bei der Besprechung der Meßverfahren unter Verwendung von Bezugskraftstoffen auseinandergesetzt worden ist, versucht man deshalb bei der Untersuchung des Klopfvorganges sowohl Motorkonstruktion als Betriebsbedingungen auszuschalten, um nur die Unterschiede des Verbrennungsverhaltens der Kraftstoffe zu ermitteln. Erst wenn auch der Motor als Unbekannte in die Betrachtungen eingeht, müssen besondere Motorkonstanten eingeführt und gegebenenfalls ermittelt werden. Auf einen anderen Zusammenhang muß noch verwiesen werden, weil er von grundsätzlicher Bedeutung für die Erkenntnis des Klopfvorganges ist: bei der Fixierung des Verbrennungsablaufes mittels photographischer Aufnahmen oder mittels der Registrierung des Druckablaufes

[1] Vgl. l. c. S. 367; SAE-Journal **62** (1954), Nr. 10, 46.

besteht ein großer Unterschied zwischen der einmaligen Festhaltung des Vorganges und der wiederholten. Im ersten Falle erhält man das Bild eines einzigen, d. h. gewissermaßen eines differenziellen individuellen Vorganges, während im anderen eine Integration vieler Einzelvorgänge zu einem summarischen Bild führt. Daraus ergibt sich die Tatsache, daß selbst sehr verschiedenartige Einzelvorgänge, von denen man bezweifeln könnte, daß sie unter ein gemeinsames Gesetz zu bringen sind, bei der Integration zu klaren Zusammenhängen führen, ähnlich wie ja generell die individuelle Unordnung der Einzelmoleküle der Gase in ihrer Integration zur Ordnung der Gasgesetze führt. Bei den Formeln, die man für den Einsatz des Klopfens aufgestellt hat, ist auch feststellbar, daß sie zwar zum Teil aus der Beobachtung von Einzelvorgängen, meist aber von jener von integrierten Einzelvorgängen abgeleitet werden. Jene, die auf thermodynamischen Zusammenhängen aufbauen, können naturgemäß in Fällen nicht stimmen, wo z. B. Kettenreaktionen der kalten Flamme zum Klopfen führen (vgl. S. 214, Ventilüberschneidung).

Schon C. Moureau, C. Dufraisse und R. Chaux haben[1] zur Erklärung des Klopfvorganges die Bildung von Peroxyden herangezogen, deren Zerfall das Klopfen einleite. Diese Annahme wurde weiterhin verschiedentlich bestätigt. So haben P. Dumanois, P. Mondain-Monval und R. Quanquin[2] in einem Motor mit Fremdantrieb Hydroperoxyde in einer Menge gefunden, die bei direkter Zugabe zum Kraftstoff schon Klopfen verursacht; auch H. L. Callendar und Mardles[3] fanden Hydroperoxyde, G. M. Rassweiler und L. Withrow[4] in einer Menge von etwa 1 Mol Peroxyd auf $10^5$ Mole Gemisch. Neuerdings hat A. E. Williams festgestellt, daß bei einer Menge von 0,002 bis 0,003% Peroxyden im Gemisch Klopfen einsetzt.

Für die Erklärung des Klopfens durch die Peroxyde (es handelt sich hiebei um Alkylhydroperoxyde) ist es wichtig, zu wissen, ob das Klopfen eine homogene oder eine heterogene Reaktion ist. Eine der ersten Klopftheorien war die von Callendar, der die Peroxydbildung an der Oberfläche von Kraftstofftröpfchen verantwortlich machte (l. c.). Egerton[5] erwähnt als mögliche heterogene Reaktionen bei der Wasserstoffoxydation Adsorptionen von Sauerstoff und Wasserstoff an den Gefäßoberflächen und die Bildung von H-Atomen an diesen, Möglichkeiten, die man auch für Peroxyde gelten lassen kann. Endlich haben G. Roberti und E. Piparelli[6] gefunden, daß eine Kobalt-Chromverbindung merkliche klopfhindernde Nachwirkungen im Motor hat, wenn man auf unversetztes Benzin übergeht, was sie auf die heterogene Beeinflussung des Klopfens durch abgeschiedenen Wandbelag zurückführen, ähnlich wie er in Deutschland durch Bedeckung der Kolbenoberfläche mit Graphit beobachtet worden war[7]. Die angeführten Gründe scheinen die Möglichkeit, daß beim Klopfen tatsächlich eine heterogene Reaktion abläuft, offen zu lassen; es wird aber wohl kaum jeder Klopfvorgang auf eine solche heterogene Reaktion zurückgeführt werden können, sondern meist eine homogene Gasreaktion zugrundeliegen. Die beim DB-601E-Motor in der Deutschen Versuchsanstalt für Luftfahrt festgestellten Klopfgrenzkurven mit Klopf-Tiefstpunkt im fetten Gebiet bei niederen Ladeluft-

[1] C. R. hebd. Séances Acad. Sci. **184** (1927), 29.
[2] C. R. hebd. Séances Acad. Sci. **192** (1931), 1158.
[3] Engineering **123** (1927), 147, 182, 210.
[4] Ind. Engng. Chem. **25** (1933), 923.
[5] Sci. Petroleum **4** (1938), 2917.
[6] 3. Welt-Erdölkongreß Haag **7** (1951), 182.
[7] J. Inst. Petroleum **34** (1948), 721.

temperaturen, die erst beim Übergang auf 130°C Ladelufttemperatur in die allgemein bekannten übergingen, sind wohl auf Wandreaktion an der Oberfläche von Kraftstofftröpfchen zurückzuführen, da der Motor mit 120° Ventilüberschneidung sehr stark gekühlt war; auch in diesem Falle ist also eine heterogene Reaktion möglich (vgl. S. 214).

**Formeln zur Erfassung des Klopfeinsatzes.** Wegen des großen Interesses, das der Frage des Klopfens allgemein zugewendet wurde, seien einige zur Erfassung des Klopfeinsatzes aufgestellte Formeln besprochen, ohne daß Vollständigkeit beabsichtigt ist. Bei diesen Formeln ist zu berücksichtigen, daß sie die zahlenmäßige Voraussage nur auf Grund vorheriger Versuche, vor allem Motorversuche, machen können, weil sie sogenannte Konstanten enthalten; sogenannte, weil ihre Gültigkeit verschiedentlich auf ein gewisses Temperatur- und Druckgebiet beschränkt ist. Sie verwenden fast ausschließlich die Selbstzündungsneigung als Maß der Klopffestigkeit und setzen dazu Zündverzug, Gasdruck- und -temperatur mit oder ohne Einbeziehung von Faktoren, die konstruktive Einflüsse berücksichtigen, in Beziehung.

SEMENOFF hat für den durch chemische Reaktionen bedingten Zündverzug auf Grund seiner Theorie der Kettenreaktionen die Formel aufgestellt:

$Z_v = \frac{a \cdot e^{b/T}}{p^n}$, worin $Z_v$ der Zündverzug in sek, $T$ die Temperatur in °K, $p$ der Druck in kg/cm², $a$, $b$, und $n$ „Konstanten" sind, von denen $b$ und $n$, die mit der Temperatur und dem Druck eng zusammenhängen, deren Einfluß kennzeichnen, während $a$ Einflüsse anderer Art, wie des Zusatzes von Gegenklopfmitteln, erkennen läßt. Die Konstanten $a$, $b$ und $n$ erhält man durch Messung des Zündverzuges und Auftragung von log des Zündverzuges gegen $1/T$ oder gegen log $p$ (wobei im Falle tatsächlicher Konstanz Gerade erhalten werden), $a$ ergibt sich durch Einsetzung der Werte in die Formel. Die praktische Anwendung der Formel führte W. WITSCHAKOWSKI[1] durch, der auch den Zusammenhang von Rechnung und Messung diskutiert.

W. JOST hat bei seinen Messungen der adiabatischen Selbstzündung die Auswertung nach der Formel von TODES zugrunde gelegt, nach der der Zündverzug

$Z_v = \frac{\exp.(+E/RT)}{p^n}$ ist (worin $E$ die Aktivierungsenergie, $R$ die Gaskonstante, $T$ die absolute Temperatur, $p$ den Druck und $n$ eine Konstante bedeuten), er warnt aber vor Extrapolation auf größere Temperaturbereiche.

F. A. F. SCHMIDT hat die Formel von SEMENOFF für den Zündverzug durch einen zusätzlichen Faktor erweitert und die Beziehung

$$Z_v = e^{b/T_1} \sqrt{T_1}\, p_1^{-n} \cdot a \cdot \beta$$

aufgestellt. Hierin bedeuten $T_1$, $p_1$ Temperatur bzw. Druck für den Zustand zu Beginn des Zündverzuges, $b$, $n$, $a$ aus Zündverzugsmessungen zu bestimmende Konstanten, der Wert $\beta$ berücksichtigt die Verkürzung der Zündverzugsperiode infolge der Vergrößerung der Reaktionsgeschwindigkeit durch die eventuelle Temperatursteigerung während der Zündverzugszeit. SCHMIDT betont, daß nur unter Zugrundelegung der mit Hilfe von $\beta$ ermittelten Konstanten der Reaktionsablauf sich näherungsweise bestimmen lasse[2]. Nur so erhalte man für den ganzen Druck- und Temperaturbereich für die scheinbare mittlere Aktivierungsenergie

[1] Rev. Inst. Franç. Pétrole **5** (1950), 339.

[2] SCHMIDT, F. A. F. und H. STEMANN: Motortechn. Z. **16** (1955), 305.

einen konstanten Wert. Die Druck- und Temperaturabhängigkeit des Selbstzündungsvorganges werde durch die Konstanten $b$ und $n$ ausgedrückt. Messung des Zündverzuges in einer Verdichtungsapparatur ergab engen Zusammenhang zum Klopfverhalten im Motor; außer der Charakterisierung der Kraftstoffe sei noch eine Charakterisierung der Motoren zur Klärung der Zusammenhänge notwendig.

Aus den Formeln von SEMENOFF bzw. SCHMIDT ergibt sich für den Zündverzug bzw. die Reaktionsfähigkeit eine Abhängigkeit vom Druck, falls die Reaktion wenig temperaturabhängig ist, wie SCHMIDT betont.

A. F. ROTHROCK und A. F. BIERMANN[1] hatten als Maß des Klopfeinsatzes die Beziehung zwischen Dichte und Temperatur des im Verbrennungsraum verdichteten, unverbrannten Endgases beim Klopfeinsatz genommen und die folgenden Formeln aufgestellt:

$$K\varrho_3 = \frac{RP_1}{T_1}\left(1 + \frac{H}{c_v T_1 R^{\gamma-1}}\right)^{\frac{1}{\gamma}} \quad \text{und} \quad T_3 = T_1 R^{\gamma-1}\left(1 + \frac{H}{c_v T_1 R^{\gamma-1}}\right)^{\frac{\gamma-1}{\gamma}}$$

worin $K\varrho_3$ eine Konstante $K$ mal der Endgasdichte $\varrho_3$,

$R$ das Verdichtungsverhältnis des Motors,

$P_1$ der Eintrittswert des Druckes der Ladung,

$T_1$ der Eintrittswert der Temperatur der Ladung,

$H$ der Heizwert der Ladung (644,96 kcal/kg Gemisch),

$c_v$ die spezifische Wärme der verbrannten Gase bei konstantem Druck (0,25 kcal/kg/°C),

$\gamma$ das Verhältnis von spezifischer Wärme bei konstantem Druck und bei konstantem Volumen der verbrannten Gase.

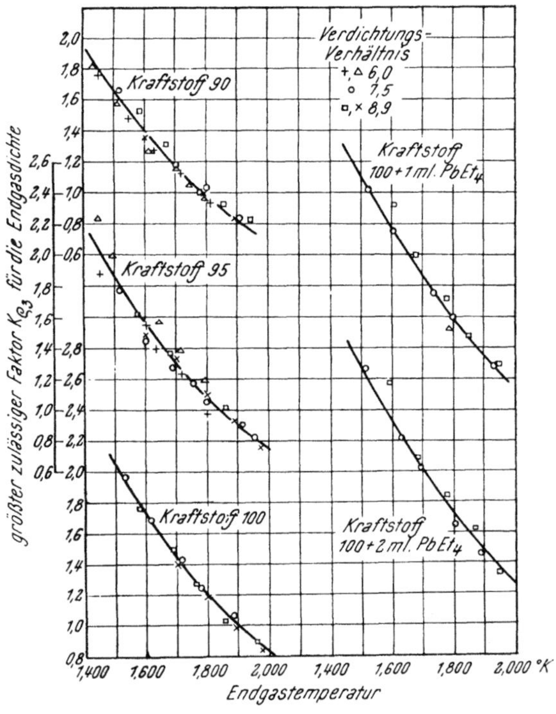


Abb. 86. Dichte und Temperatur des unverbrannten Endgases beim Klopfen nach ROTHROCK u. BIERMANN

Die Auswertung wurde nur für eine Drehzahl, d. h. bei konstantem Zeitfaktor vorgenommen und die Formel soll nur für systematische Untersuchungen, nicht zur Kraftstoffprüfung dienen; der Einfluß von Restgasen vorhergehender Arbeitstakte ist nicht berücksichtigt. Abb. 86 zeigt die Beziehung zwischen den Werten für fünf Kraftstoffe nach ROTHROCK und BIERMANN.

H. TEICHMANN[2] verwendet für seine Versuche adiabatischer Kompression in einer eigenen Apparatur, die den Kolbenweg bis zur und über die Zündung

[1] NACA Rep. 655 (1939); SAE-Journal 48 (1941), Februar, 51.

[2] Schr. dtsch. Akad. Luftfahrtforsch., Heft 1073/43g (1943).

hinaus aufzuzeichnen gestattet, als Basis der Auswertung die Adiabate und damit die Formel:

$$\frac{p_x^{\left(\frac{\varkappa-1}{\varkappa}\right)}}{T_x} = \text{const.}$$

wobei er für $\varkappa$ den Mittelwert eines stöchiometrischen Gemisches bei 400° C, 1314, einsetzt; ebenso trägt er die motorische Druck- und Temperaturabhängigkeit der Klopfneigung in einem $p,T$-Diagramm ein, in dem die Klopfgrenzen durch die Lage zu den Adiabaten charakterisiert werden können.

Er bekommt dadurch eine Darstellung der Temperatur- und Druckgebiete, und damit Reaktionsgebiete, die ein fortlaufend komprimiertes Gemisch, ausgehend von beliebigen Ausgangsdrucken und Temperaturen, durchläuft, bis Selbstzündung oder Klopfen erfolgt, so daß jeder Treibstoff mit Hilfe dieses $pT$-Diagrammes in seinem Klopfverhalten für alle möglichen Druck-, Temperatur- und Zeitbedingungen durch eine Kurvenschar für alle Motorbedingungen qualitativ beschrieben wird. Jeder Motor könnte durch direkte Messung des zeitlichen Druckverlaufes in seinem Verbrennungsraum in Abhängigkeit von beliebigen Betriebsbedingungen und Gemischansaugdaten umfassend qualitativ in seiner Klopfneigung beschrieben werden. Sehr wichtig ist die Feststellung TEICHMANNS, daß einer Verdoppelung der Geschwindigkeit des Verbrennungsablaufes im Motor, d. h. einer Verdoppelung der Kompressionsgeschwindigkeit, im Mittel eine zulässige Steigerung der Klopfgrenze bis zu 50% entspricht (allerdings würde durch Drehzahlerhöhung der Wärmezustand erhöht und dadurch der Vorteil teilweise rückgängig gemacht werden), und sein Hinweis auf die Notwendigkeit, Versuche solcher Art bei verschiedenen Kompressionsgeschwindigkeiten zu machen. Gerade dadurch erhält man ja eine Kennzeichnung auch für das unter Umständen in Frage kommende Niederdruckgebiet (bei etwa $10^{-2}$ sek Verweilzeit).

### c) Einflüsse auf das Klopfen

Da das Klopfen durch Kraftstoff, Motorkonstruktion und Betriebsbedingungen beeinflußt wird, sollen die Einflüsse auch in dieser Reihenfolge besprochen werden.

#### *α) Kraftstoff*

Die chemische Zusammensetzung der Kraftstoffe ist entscheidend für ihr Klopfverhalten, wenn es auch möglich ist, jeden Kraftstoff durch geeignete Maßnahmen zum Klopfen zu bringen. Den Ausgangspunkt des Klopfens bildet die Anwesenheit aktiver Teilchen im Gemisch, mittels derer die zum Klopfen führende Oxydation beginnen kann; als solche Teilchen wirken z. B. Bruchstücke der Kohlenwasserstoffe, die besonders leicht beim Erhitzen der paraffinischen Kohlenwasserstoffe mit langen geraden Ketten auftreten, während Paraffine mit kürzeren Ketten ebenso wie verzweigte Paraffine und Aromaten thermisch beständiger sind. Demgemäß klopfen die ersteren stark, die letzteren wenig, während die Naphthene und Olefine eine Mittelstellung einnehmen. Das C/H-Verhältnis allein gibt keine Auskunft über das Klopfverhalten, daher auch die Mißerfolge der chemisch-physikalischen laboratoriumsmäßigen Versuche dieser Art, bei denen fast stets Eigenschaften erfaßt werden, die sich mit dem C/H-Verhältnis gleichsinnig ändern. Je größer das Molekül ist, um so leichter ist der Zerfall und damit die Neigung zum Klopfen. Mit steigendem Siedepunkt steigt also auch die Klopfneigung. Den Zusammenhang zwischen Siedepunkt und Research-Oktanzahl für einige Gruppen von Kohlenwasserstoffen gibt Abb. 87 nach M. PIER.

Die Klopffestigkeit der Kohlenwasserstoffe fordert demnach bei der Herstellung von klopffesten Benzinen die Verwendung möglichst weniger geradkettiger Paraffine über dem Hexan und hochsiedender Naphthene und ungesättigter Kohlenwasserstoffe (Olefine), dagegen weitgehende Verwendung von Isoparaffinen und Aromaten. Wie noch gezeigt wird, ist die Klopffestigkeit der verschiedenen Verbindungen bei $n$-Alkoholen, Aromaten und Olefinen am stärksten, bei Paraffinen und Isoparaffinen am wenigsten von den Versuchsbedingungen, vor allem der Temperatur und dem Druck, abhängig. Diese Abhängigkeit sollte daher in die Klopfcharakteristik der Stoffe einbezogen werden. Sie wird dadurch erfaßt, daß man sie nach Research- und der schärferen Motormethode bestimmt. Je größer der Unterschied der Werte, um so größer die Empfindlichkeit (sensitivity) des Stoffes. Der Unterschied beträgt bei Paraffinen 0 bis 2, bei Krackbenzinen bis zu 12 Einheiten. Bei gleicher Motoroktanzahl ($F_2$) klopft vielfach ein Kraftstoff mit höherer Empfindlichkeit weniger: Kraftstoffe gleicher Motor-($F_2$-) und Research-Oktanzahl zeigen meist gleiches Straßenverhalten. Kraftstoffe mit hoher Empfindlichkeit sind am besten bei geringen Geschwindigkeiten, Kraftstoffe mit niederer Empfindlichkeit bei hohen Geschwindigkeiten verwendbar. Im Flugmotor ist zu hohe ebenso wie zu geringe Empfindlichkeit störend, so daß durch entsprechende Festlegungen eine mittlere Empfindlichkeit eingehalten wird, die sich hier allerdings auf den Unterschied zwischen Verhalten im mageren und im fetten Gebiet bezieht. Aromaten sind besonders empfindlich. Bei sehr hohen thermischen Belastungen gibt es keine *Superkraftstoffe* mehr, man kann hier als Grenze des Erreichbaren im mageren Gebiet eine Leistungszahl von 100 ohne Bleizusatz, von 150 mit 0,106 % Bleitetraäthyl ansetzen, während sie bei niederer thermischer Belastung bei gleichem Bleizusatz auf 200 bis 300 ansteigt[1]. Eine Zusammenstellung der Klopffestigkeit der wichtigsten Vertreter der verschiedenen Stoffklassen nach M. BRUNNER gibt Tab. 61.

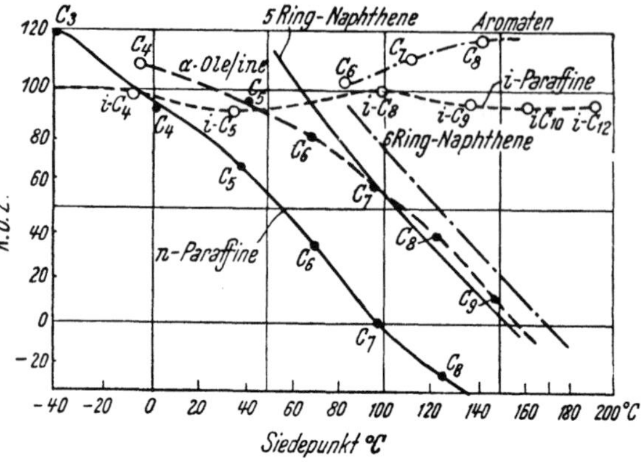


Abb. 87. Siedepunkt und Research-Oktanzahl von Kohlenwasserstoffen nach PIER

Die Mischoktanzahl ist die Klopffestigkeit eines Stoffes, die sich aus der Oktanzahlsteigerung eines Benzins mit geringer Oktanzahl bei einem meist 25%igen Zusatz dieses Stoffes nach der Mischungsregel errechnet. Sie ist sehr oft verschieden von der Oktanzahl des unvermischten Stoffes. Für Isoparaffine gibt H. BÜTEFISCH an, daß die Mischoktanzahl um so höher liegt, je symmetrischer und gedrängter der Bau des Moleküls ist. So steigt sie von 69 beim 2-Methylpentan bis auf 130 beim 2,2,3,3-Tetramethylbutan. Bei den Aromaten liegt sie für Benzol und Toluol etwas unter 100, also niederer als die Oktanzahl des Stoffes selbst, um für 1,4-Diäthylbenzol und 1,4-Äthylisopropylbenzol (in 50%iger Mischung mit Benzin Oktanzahl 42) auf 116 und 120 zu steigen. Am stärksten ist aber der Unterschied in Mischoktanzahl und Oktanzahl bei den Olefinen, die in kleiner Zusatzmenge schon eine sehr große Steigerung der Oktanzahl bewirken, die dann bei steigendem Zusatz abnimmt[2].

[1] MCLAUGHLIN, E. J. und J. A. MILLER: Significance of Fuel Sensitivity in the Performance of Motor Gasolines. California Oil World **40** (1947), 7. — HERON, S. D.: Fuel Sensitivity and Engine Severity in Aircraft Engines. SAE-Journal **54** (1946), 511.

[2] BÜTEFISCH, H.: Über die chemische Konstitution der Kraft- und Schmierstoffe. Schr. dtsch. Akad. Luftfahrtforsch., Heft 9, S. 11 (1930).

Tabelle 61. (Nach M. Brunner)

*a) Oktanzahlen von verschiedenen Treibstoffen, nach verschiedenen Methoden bestimmt*

| Angaben über den verwendeten Treibstoff | | Oktanzahl, bestimmt durch | | | | |
|---|---|---|---|---|---|---|
| Basistreibstoff | Gehalt an Bleitetraäthyl cm³/l | ASTM- oder I.-G.-Motormethode | Modif. CFR-Motormethode des Brit. Air Min. (BAM) | CFR-Researchmethode | U.S.-Army-Air-Corps-Methode (AAC) | Großversuche Flugmotoren |
| Destillatbenzin Oktanzahl 70 | 0 | 70 | — | — | 71 | — |
| ,, ,, 70 | 0,8 | 85 | 85 | — | 87 | — |
| ,, ,, 73 | 0 | 73 | 74,5 | — | 72 | — |
| ,, ,, 73 | 0,8 | 87—88,5 | 86—87 | 88—90 | 91—92 | 94—96 |
| ,, ,, 73 | 1,2 | 91 | 90 | — | 93 | — |
| ,, ,, 73 | 1,5 | 93 | 92 | — | 95 | — |
| ,, ,, 73 | 2,0 | 95 | 94 | — | 97 | — |
| ,, ,, 73 | 2,5 | 96,5 | 95,5 | — | 99 | — |
| ,, ,, 74 | 0 | 74,1 | 74,7 | — | 72,8 | — |
| Naphthenbasis Baku-Benzin | 0 | 68 | — | 69 | — | — |
| Destillatbenzin Oktanzahl 73 + 40 Volumprozent techn. Iso-Oktan (100-Oktan-Flugbenzin) | 0,8 bis 1,0 | 98—99 | — | >100 | 100 | 102,5 |
| Krackbenzin | 0 | 69 | — | 78 | — | — |
| ,, | 0 | 77,7 | 78 | — | 75,5 | |
| ,, | 0,8 | 93,1 | 92 | — | 91 | — |
| Hydrierte Benzine | 0 | 76,5 | 76,5 | — | 76,0 | — |
| ,, ,, | 0 | 76,0 | 77,6 | — | 75,8 | — |
| ,, ,, | 0,8 | 90,0 | 90,1 | — | 92,5 | — |
| Benzin mit hohem Aromatengehalt (Borneo) | 0 | 76 | — | 82,5 | — | — |
| Benzin mit hohem Aromatengehalt | 0 | 77,6 | 78,4 | — | 76,3 | |
| Benzolhaltiger Treibstoff | 0 | 87 | — | — | 85 | 95 |
| Iso-Pentan | 0 | 90 | — | — | 90 | — |
| Isodekangemisch (technisch) | 0 | 96—97 | — | — | 94 | — |
| Diisobutylen | 0 | 84—85 | — | >100 | 84 | — |
| Cyclohexan | 0 | 75 | — | 85 | — | — |
| Benzol (rein) | 0 | 106, 108, *145* | — | >100 | 88 | — |
| Motorenbenzol | 0 | etwa 105 | — | >100 | — | — |
| Toluol (rein) | 0 | 104, *109*, 110 | — | >100 | 98 | — |
| Xylol | 0 | 100, *102* | — | >100 | 99 | — |
| Methanol | 0 | 98 | — | >100 | 87—90 | — |
| Äthanol | 0 | 99 | — | >100 | < 99 | — |
| Azeton | 0 | 100 | — | >100 | 100 | — |
| Methyläthylketon | 0 | 98,5 | — | >100 | 99 | — |
| Isopropyläther | 0 | 98, 101 | — | >100 | 98—99 | — |
| Gemische von folg. Verbindungen mit Destillatbenzin Oktanz. 73 1:1 Vol. T. | | | | | | |
| Äthanol | 0 | 88 | 89 | — | 86 | — |
| | 0,8 | 89 | 91 | — | 87 | — |
| Azeton | 0 | 85 | 85 | — | 87 | — |
| | 0,8 | 98 | 98 | — | >100 | — |
| Azeton m. Destillatbenzin Oktanz. 70 | 0,8 | 95,5 | — | — | 98 | — |
| Isopropyläther | 0 | 86 | 86 | — | 88 | — |
| | 0,8 | 89 | 99 | — | 100 | — |
| Benzol | 0 | 91 | 82 | — | 80 | — |
| | 0,8 | 90 | 90 | — | 89 | — |
| Toluol | 0 | 82 | 83 | — | 82 | — |
| | 0,8 | 92 | 92 | — | 94 | — |

*Fortsetzung der Tabelle 61*

*b) Oktanzahlen verschiedener reiner Verbindungen und technischer Produkte nach der ASTM-, CFR- oder der I.-G.-Motormethode*

| Produkt | Neuere, wahrscheinlichste Angaben | Andere Angaben, zum Teil älteren Datums (*R* = Research-Methode) | Mischwerte der Oktanzahl (extrapolierte Mischoktanzahlen) |
|---|---|---|---|
| **Paraffinkohlenwasserstoffe** | | | |
| Methan | 110, >115 | 103, etwa 125 | — |
| Äthan | 104, 102, 5 | etwa 100, etwa 125 | — |
| Propan, rein | 96,5 | etwa 125 *(R)*, etwa 100 | — |
| Propan, technisch | 95 | 95 *(R)* | — |
| *n*-Butan, rein | 91, 90,5 | 95, 96 | — |
| *n*-Butan, technisch | 90,5, 92 | 90,92 | — |
| Isobutan | 99 | 98, 100 | — |
| *n*-Pentan | 64, 63 | 58, 60, 66, 76 | — |
| 2-Methylbutan (Isopentan) | 90 | 91 | — |
| 2,2-Dimethylpropan (Neopentan) | 83 | 116 | 116 *(R)* |
| *n*-Hexan | 59 | 30, 32, 34, 45 | — |
| 2,2-Dimethylbutan (Neohexan), rein | 95—96 | 94 | — |
| 2, 2-Dimethylbutan (Neohexan), techn. | 99 | — | — |
| 2,3-Dimethylbutan (Diisopropylen) | 95 | — | 124 *(R)* |
| 2,4-Dimethylbutan | 99 | — | — |
| Methylpentane | 66—84 | — | 69, 84 *(R)* |
| *n*-Heptan | 0 | — | — |
| 2,2,3-Trimethylbutan (Triptan) | 101—102 | 116, >100 | 116 *(R)* |
| 2,2-, 2,3-, 2,4-Dimethylpentane | 85, 90, 93 | — | 80—98 *(R)* |
| *n*-Oktan | —17 | —28, —32 | —19 *(R)* |
| 2,2,3-Trimethylpentan | 102 | 101, 116 | — |
| 2,2,4-Trimethylpentan (Iso-Oktan) | 100 | — | — |
| 2,2,3,3-Tetramethylbutan | — | — | 130 *(R)* |
| 2,2,3,5-Tetramethylbutan | 103 | — | — |
| *n*-Nonan | —45 | —28 | —34 |
| 2,2,5-Trimethylhexan | 91 | — | — |
| 3,3,4,4-Tetramethylpentan | — | — | 124 |
| *n*-Dekan | —53 | — | —32 |
| Isodekane | 96—100 | — | — |
| **Olefine** | | | |
| Äthylen | — | über 100 ber. | 82,5 |
| Propylen | 105 *(R)* | 84,5 >100 | 94,5 |
| 1-Butylen | 80 | — | 95 |
| 2-Butylen | 83 | — | — |
| Isobutylen | 87 | — | — |
| Diisobutylen | 85 | 84 | — |
| Triisobutylen | 87 | — | — |
| Dipenten | — | 92 ber. | 122 |
| Diisoamylen | 75 | — | — |
| Azetylen | — | 80 ber. | — |
| **Naphthene** | | | |
| Cyclopentan | — | über 100 ber. | 125 |
| Cyclohexan | 75—77 | 78 ber. | 85,5 |
| Methylcyclohexan | 82 | 80 ber. | 74 |
| Äthylcyclohexan | 41 | — | — |

*Fortsetzung der Tabelle 61*

| Produkt | Neuere, wahrscheinlichste Angaben | Andere Angaben, zum Teil älteren Datums | Mischwerte der Oktanzahl (extrapolierte Mischoktanzahlen) |
|---|---|---|---|
| **Aromatische Kohlenwasserstoffe** | | | |
| Benzol | 115 | 106, 108, >100 | 87, 88, 96, 108 |
| Motorenbenzol | etwa 105 | — | — |
| Toluol | 109 | über 100 | 120, 106,5 |
| *o*-Xylol | über 100 | über 100 | 97—120 |
| *m*-Xylol | über 100 | über 100 | 104—142 |
| *p*-Xylol | über 100 | über 100 | 104, 126, 128 |
| Xylol (technisches Gemisch) | 102 | 101, etwa 100 | 92,5 |
| Äthylbenzol | 97—98 | über 100 | 112—128 |
| *n*-Propylbenzol | — | — | 112, 138 |
| Isopropylbenzol | — | — | 104,5, 128 |
| Butylbenzole | — | über 100 | 114—130 |
| | — | — | 134 |
| *p*-Cymol | über 100 | — | 128 |
| Tetralin | 80 | — | 120 |
| Dekalin | 37 | — | 44, 49 |
| **Sauerstoffhaltige Verbindungen** | | | |
| **Alkohole** | | | |
| Methanol | 98 | — | 135 |
| Äthanol | 99 | 99,5 | 99 |
| Propanol | 100 | — | — |
| Isopropanol | — | — | 110 |
| *n*-Butanol | 87,5 | — | — |
| Isobutanol | 87,5 | — | 91 |
| tert. Butanol | über 100 (etwa 114) | — | — |
| *n*-Pentanol | 77,5 | — | — |
| tert. Pentanol | über 100 (etwa 104) | — | — |
| Cyclohexanol | 90 | — | — |
| **Aldehyde** | | | |
| Paraldehyd | 56 | — | — |
| **Azetale** | | | |
| Dimethylazetal (techn.) | etwa 59 | — | — |
| **Ketone** | | | |
| Azeton | 100 | über 100 | 100 |
| Methyläthylketon | — | 99—100 | 98,5 |
| Di-*n*-Propylketon | 93 (*R*) | — | 92—99 (*R*) |
| Diisopropylketon | über 100 | — | — |
| Pinakolin | — | — | 110 |
| **Äther** | | | |
| Dimethyläther | unter 0 | — | — |
| Diisopropyläther | 100—101 | 108, 98 | — |
| sec. Butyl-tert. Butyläther | mit Mischwerten über Oktanzahl 100 (für die folgenden sieben Äther) | — | 106 |
| Methyl-tert. Amyläther | | — | 108 |
| Methyl-tert. Butyläther | | — | 111 |
| Äthyl-tert. Butyläther | | — | 115 |
| *n*-Propyl-tert. Butyläther | | — | 103 |
| Äthyl-tert. Amyläther | | — | 112 |
| Isopropyl-tert. Butyläther | | — | 112 |

*Fortsetzung der Tabelle 61*

| Produkt | Neuere, wahrscheinlichste Angaben | Andere Angaben, zum Teil älteren Datums | Mischwerte der Oktanzahl (extrapolierte Mischoktanzahlen) |
|---|---|---|---|
| **Ester** | | | |
| Methylazetat | über 100 | — | — |
| Äthylazetat | über 100 | — | — |
| Isopropylazetat | über 100 | — | — |
| **Verschiedene Gase** | | | |
| Wasserstoff | etwa 60, ev. tiefer | — | — |
| Kohlenoxyd | etwa 100 | — | — |
| Wassergas | etwa 100 | — | — |
| Stadtgas | 89 | — | — |
| Holzkohlengas | etwa 105 | — | — |
| Generatorgas | etwa 105 | — | — |
| Kokereigas | etwa 95 | — | — |
| Ammoniak | klopft nicht | — | — |

**Wirkung von Klopfbremsen.** W. JOST hat sowohl für die klopfhemmende Wirkung organischer als auch metallorganischer Zusätze die einleuchtende Annahme gemacht, daß diese zunächst überraschende Tatsache durch die kettenabbrechende Wirkung der Verbindungen zustande kommt[1].

Danach wird die Geschwindigkeit einer Kettenreaktion um so größer,

1. je größer die Wahrscheinlichkeit ketteneinleitender Prozesse,
2. je größer die Wahrscheinlichkeit kettenverzweigender Prozesse,
3. je kleiner die Wahrscheinlichkeit kettenabbrechender Prozesse ist.

Die große Reaktionsfähigkeit der Paraffine beim Klopfen und die geringe der Olefine im Gegensatz zum Verhalten bei langsamer Oxydation wird anscheinend bedingt durch lange Reaktionsketten bei den Paraffinen (trotz geringer Wahrscheinlichkeit der Ketteneinleitung), dagegen kurze bei den Olefinen (trotz erheblicher Wahrscheinlichkeit der Ketteneinleitung). Gegenklopfmittel wirken kettenabbrechend, sind also um so wirksamer, je seltener ohne sie Kettenabbruch erfolgt, so daß sie auch bei steigendem Zusatz weniger wirksam sind. Ein Kraftstoff kann nun klopffest sein, weil in ihm weniger Ketten ablaufen oder weil in ihm viel Ketten abgebrochen werden. Setzt man also einem klopfenden Stoff, etwa *n*-Heptan, einen klopffesten zu, so wirkt dieser erstens einfach verdünnend (d. h. entsprechend Mischungsregel), dann aber kettenbeeinflussend. Ist er kettenabbrechend, so wird die Mischung eine höhere Klopffestigkeit als die nach der Mischungsregel errechnete aufweisen; dies trifft sowohl für die Gegenklopfmittel als für die Olefine zu. Zusatz eines kettenabbrechenden Gegenklopfmittels zu einem Stoff, der selbst bereits kettenabbrechende Gruppen, z. B. Doppelbindungen, enthält, wie Olefine, wird deshalb auch weniger Wirkung haben. In Erweiterung der Gedanken von JOST — die allerdings auf Oktanzahl und nicht Leistungsmessungen aufbauen — wird man daran denken können, aus der Abhängigkeit der Klopffestigkeit von Kraftstoffgemischen vom Mischungsverhältnis Aussagen über die in den Kraftstoffen ablaufenden Verbrennungsvorgänge zu machen[2].

[1] JOST, W.: Explosions- und Verbrennungsvorgänge in Gasen, S. 549; JOST, W. und L. v. MÜFFLING: Z. Elektrochem. **45** (1939), 93.

[2] PHILIPPOVICH, A. v.: Über die Klopffestigkeit von Kraftstoffgemischen. Maschinenbau u. Wärmewirtsch. **1** (1946), 76.

Der Mechanismus der Aminwirkung auf das Klopfen ist nach J. F. Brown und Mitarbeiter im wesentlichen von der Zusammensetzung des Kraftstoffes unabhängig. Er ist durch die Fähigkeit der Amine oder ihrer Derivate, die kettenweiterleitenden Radikale zu zerstören, bedingt, indem ein Wasserstoffatom frei gemacht wird und mit dem Radikal ein neutrales Molekül ergibt. Jene Aminderivate, die die ihrerseits beständigsten Radikale nach der Abgabe des Wasserstoffatoms bilden, müßten also die beste Gegenklopfwirkung haben. Die Reihenfolge der Beständigkeit der aus den Aminderivaten entstehenden Radikale hängt von den Substituenten am Stickstoff ab; sie ist am größten für die Methylgruppe und sinkt bei Äthyl- und Propylsubstitution. Da bei den Aminderivaten das ganze Molekül sich auswirkt, sind solche Zusätze nur bei relativ niederen Temperaturen brauchbar, im Gegensatz zu den organometallischen, deren Wirkung ja gerade bei Zerfall des komplexen Moleküles eintritt. Die moderne Motorentwicklung zu höheren Verdichtungen und Drehzahlen läßt die Anwendbarkeit der Amine und ihrer Derivate für die Zukunft als wenig aussichtsreich beurteilen[1]. — Daß Bleitetraäthyl die Peroxyd- und Aldehydbildung bei den Reaktionen vor der Zündung stark herabsetzt, hat O. Widmeier erneut bestätigt[2]. Er hat auch den Vorgang der thermischen Zersetzung des Bleitetraäthyls in Autoklaven untersucht[3].

Neuerdings (1956) sind auch organische Borverbindungen als klopfhemmende Zusätze vorgeschlagen worden. Derzeit läßt sich über ihre Wirkungsweise wenig sagen; die Wirkung soll bei 0,04% Zusatz jener einer Steigerung des Bleitetraäthylgehaltes von 3 auf 4 cm³/Gallone gleichkommen, sie ist bei verbleiten Benzinen größer als bei unverbleiten und steigt mit der Höhe des Bleitetraäthylgehaltes. Ein gewisser Schwefelgehalt stört nicht, soll sogar die Wirkung erhöhen. Die klopfhemmende Wirkung auf Kohlenwasserstoffe entspricht bei straight-run-Benzinen bei 0,04% Zusatz etwa einer Oktanzahl-Steigerung von 3, sinkt aber mit dem Aromatengehalt; über 40 bis 50% Aromaten im Benzin machen sie hinfällig.

Die Bleiempfindlichkeit der Kraftstoffe hängt mit der Beeinflussung der Kettenreaktionen zusammen, muß aber wegen der Unkenntnis der genauen Zusammensetzung der Kraftstoffe versuchsmäßig festgestellt werden. Eine bestimmte Zusatzmenge Bleitetraäthyl (als Ethylfluid) hat größere Wirkungen bei Benzinen geringer Oktanzahl und überwiegend paraffinisch-naphthenischer Zusammensetzung, kleinere bei Benzinen mit Olefinen und Aromaten, Schwefelverbindungen und auch Alkoholzusatz. Als Maß der Bleiempfindlichkeit wurde von Hebl, Rendel und Garton ein Mischdiagramm nach der Motormethode vorgeschlagen, aus dem man die Bleiempfindlichkeit aus zwei Meßpunkten ablesen kann. Daraus ergibt sich für ein Benzin, das im CFR-Motor bei den Bedingungen der Motormethode ein um 0,5 höheres Verdichtungsverhältnis für den Bleizusatz 0,53 cm³/l ergibt, der Bleiempfindlichkeitswert (Bleiwirkzahl) 1. Einfacher ist die Bestimmung nach dem Vorschlag der I. G.[4], die fand, daß das Produkt aus Oktanzahl und Oktanzahlsteigerung des Benzins mit gleichem Bleitetraäthylgehalt konstant ist. Bei der Auftragung Oktanzahl gegen den annähernd logarithmisch aufgetragenen Bleizusatz in cm³/l erhält man Gerade. Als Bleiempfindlichkeit

---

[1] Ind. Engng. Chem. **47** (1955), 2141. Vgl. auch E. G. Nottes, der optimistischer urteilt: Erdöl u. Kohle **12** (1959), 635.

[2] Brennstoff-Chem. **32** (1951), 104; Rev. Inst. Franç. Pétrole **4** (1949), 543.

[3] Ebenda **34** (1953), 83.

[4] Singer, E.: Bestimmung der Bleiempfindlichkeit von Kraftstoffen. Oel u. Kohle **37** (1941), 804.

Tabelle 62. *Bleiempfindlichkeit verschiedener Kraftstoffe* (nach SINGER)

| Kraftstoffe | Bleiempfindlichkeit | Bleiwirkzahl |
|---|---|---|
| Ganz paraffinbasische leichte Kohlenwasserstoffe (Iso-Oktan) . . . . . . . . | außerordentlich | über 14 |
| Vorwiegend paraffinbasische Destillatbenzine und Hydrierflugbenzine . . . . . . . . | sehr gut | 12 bis 14 |
| Erdölflugbenzine . . . . . . . . | gut | 11 bis 12 |
| Aromatische Flugbenzine . . . . . . . . | gut | 11,5 bis 12 |
| Benzine mit viel Benzol, Naphthene, ungenügend raffiniert . . . . . . . . | mäßig | 7,5 bis 10 |
| Benzine, schlecht raffinierte Benzine, solche mit sehr viel Benzol, olefinische, Braunkohlen- und Traktorenbenzine . . . . . . . . | gering bis sehr gering | unter 7,5 |
| Gewisse, mehrfach ungesättigte, zyklische Verbindungen und Alkohole, höhere Äther usw. . . . . . . | negativ | unter 0 |

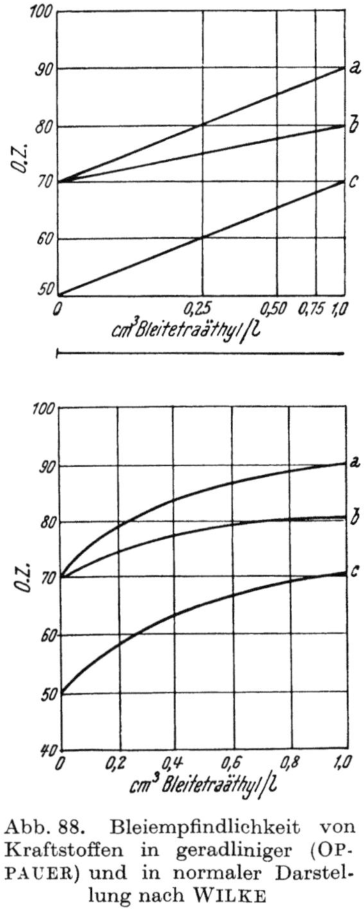


Abb. 88. Bleiempfindlichkeit von Kraftstoffen in geradliniger (OPPAUER) und in normaler Darstellung nach WILKE

wird dann das durch den Wert $K$ geteilte Produkt aus Grundoktanzahl $\times$ Oktanzahlsteigerung für eine bestimmte Bleimenge genommen, wobei sich $K$ aus einer Korrekturkurve für die verschiedenen Bleizusätze ergibt. Die Korrektur beträgt für die Motormethode bei

| | | |
|---|---|---|
| 2,0 cm³ | Bleitetraäthyl | 123 |
| 1,6 ,, | ,, | 116 |
| 1,4 ,, | ,, | 110 |
| 1,2 ,, | ,, | 107 |
| 1,0 ,, | ,, | 100 |
| 0,8 ,, | ,, | 91 |
| 0,6 ,, | ,, | 81 |
| 0,4 ,, | ,, | 66 |
| 0,2 ,, | ,, | 45 |

Die Bleiempfindlichkeit verschiedener Kraftstoffe zeigt Tab. 62.

Eine Darstellung der Bleiempfindlichkeit bei linearer (unten) und annähernd logarithmischer (oben) Auftragung des Bleitetraäthylgehaltes gegen die Oktanzahl zeigt Abb. 88.

Wie stark sich der Schwefelgehalt auswirken kann, zeigen Versuche von S. F. BIRCH und R. STANSFIELD[1] an reinen Verbindungen.

Ein Gemisch aus $n$-Heptan und Iso-Oktan der Oktanzahl 63 wurde mit 1 und 2 cm³ Bleitetraäthyl/Imp. Gall. (0,220 cm³/l bzw. 0,440 cm³/l) versetzt und ergab dann folgende Oktanzahlen bei Zusatz reiner Schwefelverbindungen in einer 0,1 Gewichts-% S entsprechenden Menge:

[1] Symposium on Motor Fuels; Effect of Sulfur Components on Lead. Ind. Engng. Chem. **28** (1936), 668.

Tabelle 63.

*Oktanzahlen ungebleiten und gebleiten n-Heptan-Iso-Oktangemisches bei Zusatz von Schwefelverbindungen*

| Zusatz | 0 | 1 cm³ | 2 cm³ Bleitetraäthyl |
|---|---|---|---|
| Reines Gemisch | 65 | 76 | 84 |
| Elementarer S | 63 | 69,5 | 78 |
| Äthylmerkaptan | 64 | — | 76 |
| Äthylsulfid | 65 | 72 | 78 |
| Äthyldisulfid | 65,5 | 69,5 | 75 |
| Äthyltrisulfid | 63,5 | — | 74,5 |
| Thiophen | 65 | 72,5 | 81 |
| Schwefelkohlenstoff | 65,5 | 72,5 | 82 |

Die Wirkung von Schwefelverbindungen auf Bleitetraäthyl wird von E. ADIROVICH[1] auf die Bildung S-haltiger Radikale zurückgeführt, die PbS mit Blei geben und Ketten des klopfhemmenden Vorgangs abbrechen. Eine ähnliche Erklärung gibt H. K. LIVINGSTON für S-, P-, Si-, As- und Halogenverbindungen[2].

Auf die sehr eingehende Behandlung der Gesetzmäßigkeiten im Verhalten der Klopfbremsen und der Auswirkung der Beigabe klopffester Kraftstoffe durch TH. HAMMERICH, seine Aufstellung von Diagrammen für die Verbleiung und die Auswirkung von Schwefelkohlenstoff sei verwiesen[3]. Es werden immer neue solche Diagramme aufgestellt, so daß offenbar noch immer keine ideale Lösung gefunden wurde. So hat G. E. MAPSTONE[4] ein Nomogramm für Benzine und Kohlenwasserstoffe aufgestellt, das sich auf die Menge und Art der Kohlenwasserstoffe und Verunreinigungen, vor allem S-Verbindungen, stützt. Auch die von W. L. NELSON[5] vorgeschlagene Formel für die Mischoktanzahl $N = \frac{C P_b N_b + P N_a}{100}$, worin $N$ die Mischoktanzahl, $P_b$ die Volummenge der Zugabe, $P$ die Volummenge Ausgangsstoff, $N_b$ die Oktanzahl des Zusatzes (gebleit oder ungebleit), $N_a$ die Oktanzahl des Ausgangsstoffes, gebleit oder

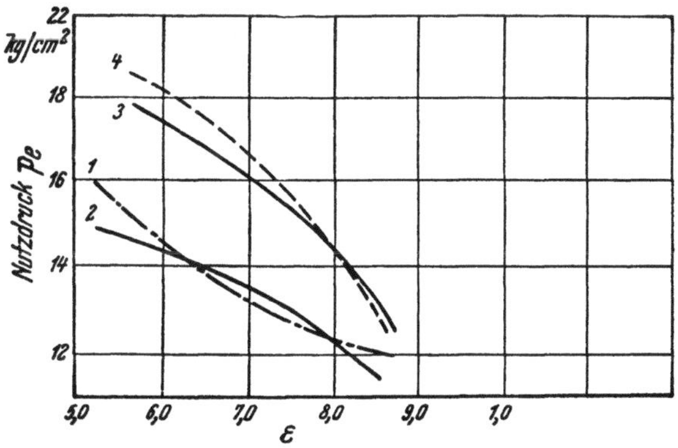


Abb. 89. Verdichtung und Klopfgrenzleistung.
1 synthetisches Fliegerbenzin mit 0,1% BTAE
2 ,, ,, und technisches *i*-Oktan
3 ,, ,, und Äthylalkohol
4 ,, ,, u. Spez.-Motorenbenzol
Mischoktanzahl aller Gemische 87. Motor Fiat A 30 RA Luftzahl 0,9, $T_L$ 80° C

[1] Schwefelgehalt und Klopfen. Acta Physicochim. UdSSR **21** (1946), 283; Chem. Abstr. **40** (1946), 7580.

[2] LIVINGSTON, H. K.: Ind. Engng. Chem. **43** (1951), 668.

[3] Brennstoff-Chem. **30** (1949), 109, 159.

[4] Petroleum Engr. **27** (Okt. 1955), C—47.

[5] Oil Gas J. **54** (6. Sept. 1955), 135.

ungebleit, und $C$ ein Multiplikationsfaktor sind, gilt wegen der Bestimmungsschwierigkeit des letzteren nur annähernd.

Auf Grund der oben besprochenen Wirkung der Olefine auf das Klopfen haben W. F. SCHOEN und F. A. V. MRSTIK eine Beziehung aufgestellt, die es angeblich ermöglicht, die Mischoktanzahlen aus einem normalen Raffineriebenzin mit einem hochwertigen Benzin mit relativ großer Genauigkeit zu errechnen; der Grad der Abweichung von errechneter und wirklicher Oktanzahl wird als Funktion der Unterschiede der Olefingehalte und der Oktanzahlen der Mischanteile betrachtet[1].

*β) Motorkonstruktion*

**Die Verdichtung** wirkt sich bei Kraftstoffen gleicher Klopffestigkeit je nach ihrer Zusammensetzung verschieden aus, wie Abb. 89 zeigt, stets aber wird dadurch die Klopfgrenzleistung herabgesetzt. (Dies darf nicht mit der *Zunahme* der Motorleistung bei steigender Verdichtung verwechselt werden!)

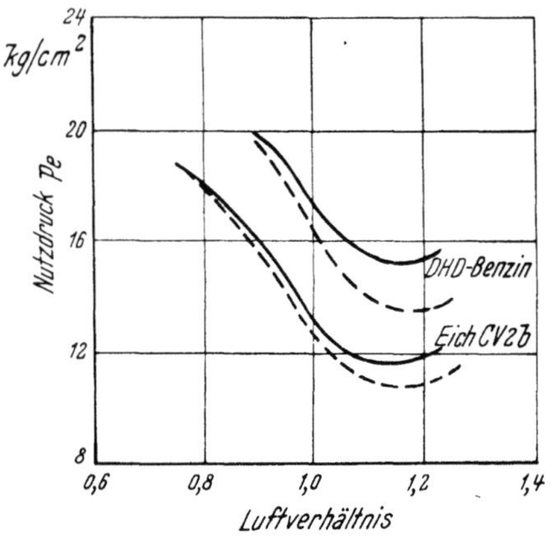


Abb. 90. Ventilüberschneidung und Klopfgrenze bei Aromatenbenzinen mit 0,12% BTAE nach DEHN; Motor BMW 132, Verdichtung 6,5, Zündung 30° v. o. T. P., $T_L$ 130° C. Strichliert: 50° Ventilüberschneidung; ausgezogen: 80° Ventilüberschneidung
DHD stark aromatisches Hydrierfliegerbenzin aus Steinkohle; Eich $CV_{2b}$ ein weniger aromatisches Hydrierbenzin

**Das Hubvolumen.** Zunehmendes Hubvolumen wirkt sich bei geometrisch ähnlichen Zylindern im Sinne einer Abnahme der Klopfgrenzverdichtung aus, die nach Versuchen von RICARDO und von W. KAMM, der gleichzeitig Ventilüberschneidung und Drehzahlen änderte, für jeweils gleiche Kraftstoffe folgende Werte erreichte (vgl. Tab. 64):

Tabelle 64. *Einfluß des Hubvolumens auf die Klopfgrenzverdichtung*

| | Zylinderdurchmesser | Klopfgrenzverdichtung |
|---|---|---|
| RICARDO . . | 70 | 7,9 |
| | 89 | 7,3 |
| | 140 | 6,2 |
| | 216 | 5,4 |
| W. KAMM . | 90 | 9,2 |
| | 120 | 8,0 |
| | 150 | 6,5 |

**Ventilüberschneidung** beeinflußt den Spülluftdurchsatz und damit die Zylinder bzw. die Luft- oder Gemischtemperatur im Zylinder, so daß die Klopfgrenze entsprechend ansteigt, wie für zwei Aromatenbenzine in Abb. 90 gezeigt wird.

In Sonderfällen kann aber noch eine zweite Wirkung eintreten, die für den Betrieb des Motors sehr wichtig ist, nämlich eine Verschiebung des Klopftiefstpunktes vom fetten in das magere Gebiet, allerdings nur bei jenen Kraftstoffen, die zur Bildung von Peroxyden neigen. Abb. 91 zeigt dies für ein isoparaffinisches Benzin und für ein Benzin-Alkoholgemisch.

**Drehmomentwandler,** wie sie in hydraulischen Getrieben verwendet werden, verschieben die Lage des Klopfgebietes von niederen zu hohen Geschwindigkeiten. Es ist dies leicht verständlich, weil ja bei dieser Konstruktion der Mitteldruck bei niederen Geschwindigkeiten zwar auch niedrig ist, wie bei den bisherigen

[1] Ind. Engng. Chem. 47 (1955), 1740.

Antrieben; dafür ist aber die Drehzahl viel höher, so daß die Klopfneigung entsprechend abnimmt[1].

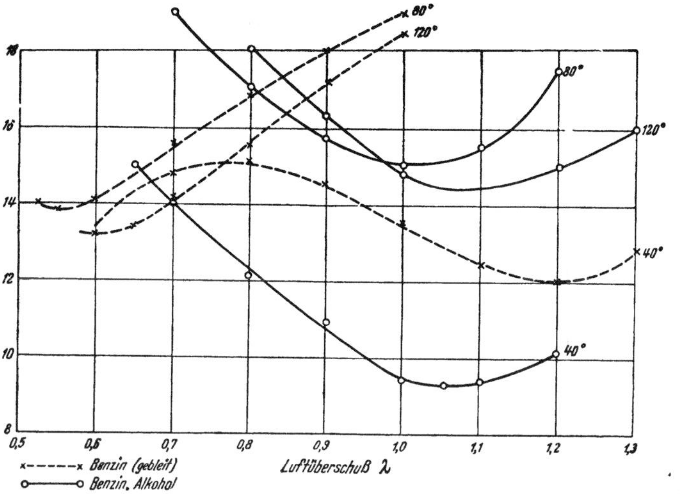


Abb. 91. Ventilüberschneidung und Klopfgrenzen von gebleitem isoparaffinischem Benzin (strichliert) und von Benzin-Alkohol-Gemisch (ausgezogen). Mischoktanzahl 87, Benzin-Alkohol 88; Motor DB 601 E; Verdichtung 6,5, 1900 U/min, Zündung 35° v. o. T. P., $T_L$ 130° C

**Geteilte Einspritzung** (wobei Kraftstoff zuerst zur Bildung zündfähigen Gemisches, später aber zur Senkung der Lufttemperatur eingespritzt wird) ergibt nach F. A. F. SCHMIDT wesentliche Verbesserung der Klopfgrenzleistung, wie Abb. 92 zeigt.

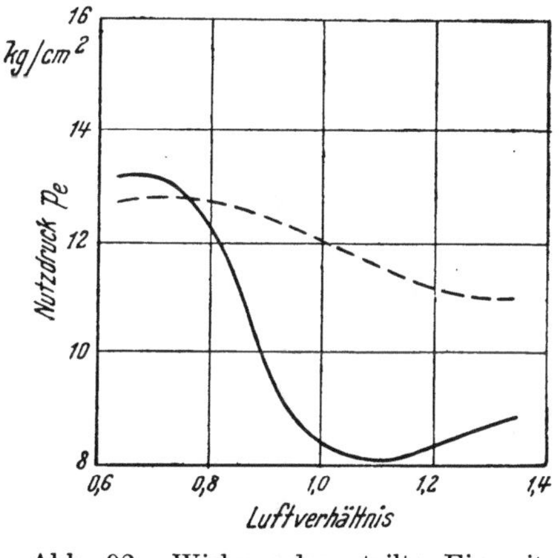


Abb. 92. Wirkung der geteilten Einspritzung auf die Klopfgrenze eines aromatischen Fliegerbenzins n. F. A. F. SCHMIDT. Motor DB 601 E; 100° Ventilüberschneidung, Verdichtung 9 : 1, Zündung 30° v. o. T. P., $T_L$ 130° C Ausgezogen: normale Einspritzung; strichliert: geteilte Einspritzung

**Form des Verbrennungsraumes; Lage der Kerzen usw.** Kurze Flammenwege und Richtung des Flammenfortschrittes vom Auslaßventil weg sind günstig, gegengerichteter Verbrennungsverlauf ungünstig. Bei gleichem Hubraum waren nach Versuchen RICARDOS die Klopfgrenzverdichtungen optimal 6,0, im ungünstigen Falle aber (bei seitengesteuertem Kopf) 3,6! Die Ausmessung eines Abgusses des Verbrennungsraumes von Automotorzylindern auf ihre Klopfneigung ist bei den Londoner Vauxhall-Werken so durchgeführt worden, daß von der (einen) Zündkerzenstelle ausgehend fortlaufend sphärische Schnitte gemacht werden, so daß das beim Weiterschreiten der Verbrennung jeweilige verbrannte Volumen erfaßt wird. Man trägt dann abhängig vom Flammenweg das Verhält-

[1] Vgl. GILSON, H.: Refiner 28 (6) (1948), 110/116.

nis von $\frac{\%\ \text{Volumzunahme}}{\%\ \text{Flammenwegzunahme}}$ auf und vergleicht diese Kurve mit einer Erfahrungskurve (s. Abb. 93).

Das Maximum dieser zweiten Kurve soll nach GIBSON im ersten Drittel des gesamten Flammenweges liegen, um übermäßige Drucksteigerung zu vermeiden[1].

### d) Betriebsbedingungen

**Luftüberschuß** (Luftverhältnis). Theoretisch hat ein Gemisch mit etwa 1,05 Luftverhältnis die höchste Endtemperatur und daher auch die größte Klopfneigung, wie Abb. 94 nach JOST und RÖGENER zeigt.

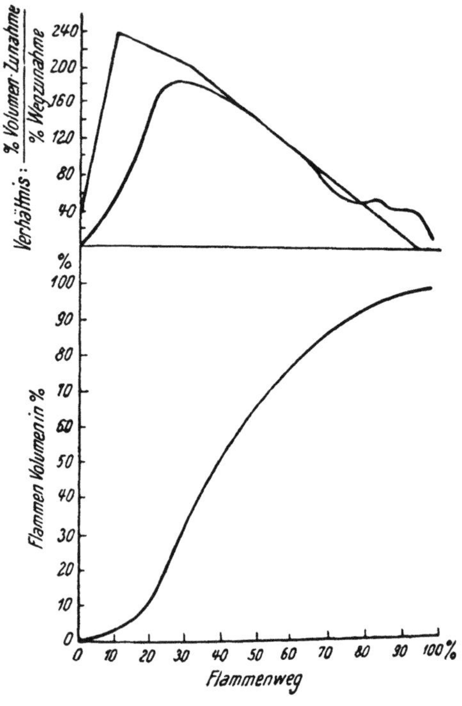


Abb. 93. Diagramm für den Entwurf von Verbrennungsräumen nach GIBSON. Die oberen geraden Linien umgrenzen die erfahrungsgemäße Fläche für den ruhigen Lauf

Abb. 95 zeigt die Kurven der Klopfgrenze in Abhängigkeit von der Luftzahl. — Die starke Änderung der Grenzwerte ist der Grund für die Messung entweder über den gesamten Mischungsbereich oder bei zwei typischen Punkten; fett: CRC-$F_4$-Methode, mager: CRC-$F_1$- und $F_2$-Methoden (die altbekannte CRC-Prüfung nach Research- oder Motormethode).

**Ladedruck.** Die Überladung wirkt einer gesteigerten Verdichtung ähnlich und bildet derzeit die Grundlage der Klopfprüfung in Flugmotoren, während die von RICARDO zuerst verwendete Verdichtung zugunsten der Oktanzahlmessung verlassen wurde. Verdichtung und Überladung beeinflussen mit der Ladelufttemperatur die Dichte der Füllung und damit die Leistung. Da für den zulässigen Ladedruck an der Klopfgrenze aber der Gaszustand im Zylinder maßgebend ist, besagt die Messung der Temperatur der Ladeluft wenig über die zulässige Leistung. Deshalb ist die Messung der Leistung zur Kennzeichnung der Klopfneigung besser als jene des zulässigen Ladedruckes. Sehr anschaulich geht die Notwendigkeit höherer Oktanzahl mit steigendem Ladedruck und erhöhter Verdichtung aus den Abb. 96 und 97 hervor, die für Automotoren gelten. Man kann ihnen die Möglichkeit zur Erhöhung des mittleren Nutzdruckes und zur Verringerung des Brennstoffverbrauches entnehmen.

**Zündzeitpunkt.** Wie auf die Verbrennungstemperatur hat der Zündzeitpunkt nach Abb. 98 auch auf die Klopfgrenzen einen starken Einfluß. Mit der Zurücknahme der Zündung erreicht man deshalb, besonders bei Aromaten und Alkoholgemischen, klopffreien Betrieb — allerdings auf Kosten der Leistung.

**Drehzahl.** Abb. 99 zeigt den Einfluß der Drehzahl auf die Klopfneigung, wobei aber wahrscheinlich die Neigung der Benzol- und Alkoholgemische zur

[1] Proc. Instn. Automobile Engr. **31** (1937), 323.

Glühzündung sich auswirkte. Nicht zur Glühzündung neigende Kraftstoffe, wie paraffinische und isoparaffinische Benzine, zeigen Verringerung des Klopfens mit steigender Drehzahl. Der Einfluß der Drehzahl ist stark von konstruktiven Zusammenhängen, wie z. B. der Wärmeabfuhr, abhängig.

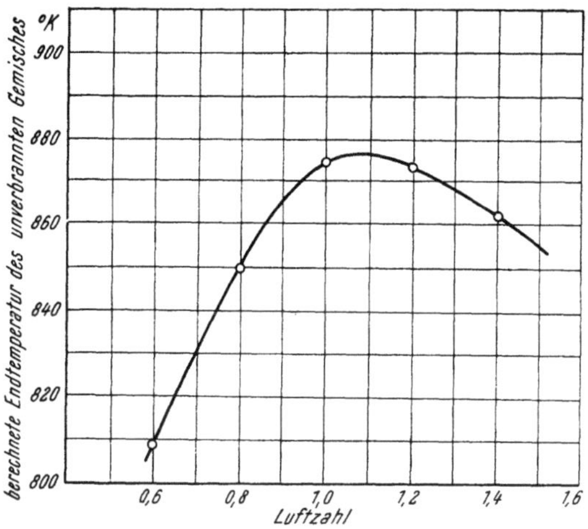


Abb. 94. Berechnete Erdtemperatur des Gemisches in Abhängigkeit von der Luftzahl nach JOST und RÖGENER

**Ladelufttemperatur.** Hiefür wurde bereits unter Ladedruck ein Beispiel gezeigt. Die Klopfgrenzleistung geht mit steigender Temperatur immer herunter.

**Luftfeuchtigkeit.** Während die Luftfeuchtigkeit die Leistung entsprechend der Verringerung des Sauerstoffgehaltes der Luft verringert, wird die Klopfgrenze dadurch erhöht. Dies wirkt sich sowohl bei Klopfmessungen aus (die daher jetzt bei konstanter Luftfeuchtigkeit durchgeführt werden müssen), als auch in der Minimaloktanzahl zur Erzielung klopffreien Betriebes, wie Abb. 100 zeigt. Die im Wald feststellbare bessere Leistung von Kraftwagenmotoren ist keine

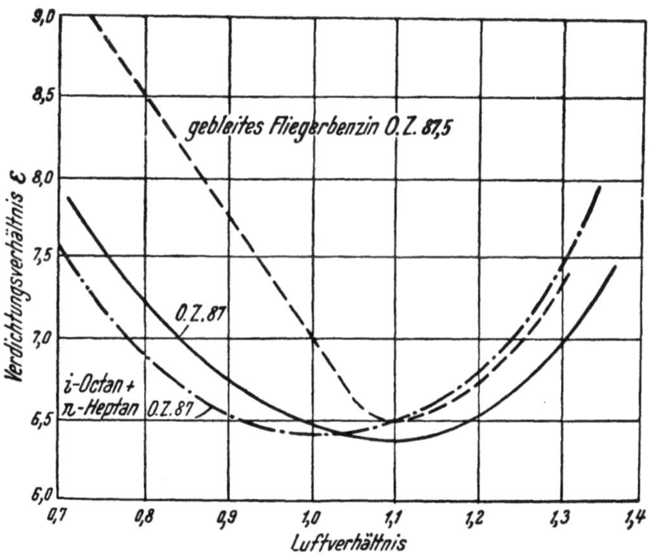


Abb. 95. Luftüberschuß und Klopfgrenze im CFR-Motor (Motormethode) bei drei Kraftstoffen

Folge der Luftfeuchtigkeit (oder gar des Ozons!), sondern nur der dort meist geringeren Temperatur.

H. GILSON stellte bei einer Reihe von Automobilen im Mittel eine Zunahme

der Klopffestigkeit um etwa 2,5 Oktanzahlen für 0,7 Gew.-% Wasserdampf (50 grain Feuchtigkeitsgehalt/Pfund trockener Luft) fest.

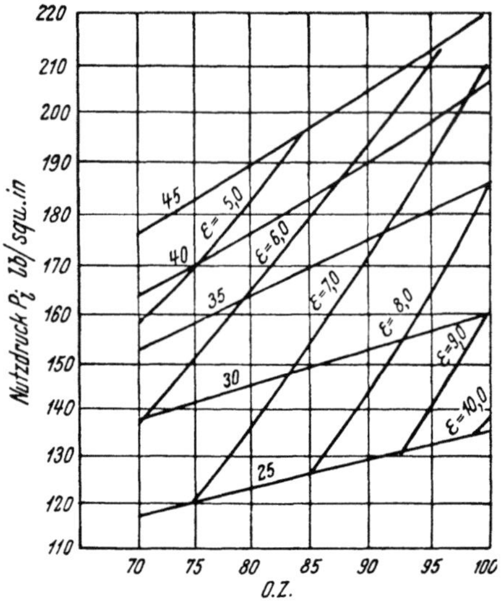


Abb. 96. Einfluß von Ladedruck (25 bis 45 Zoll Hg) und Verdichtung auf Oktanzahl und Nutzdruck nach BARTHOLOMEW

**Sauerstoffgehalt.** Der Sauerstoffgehalt der Ladung wurde während des Krieges zur Leistungssteigerung ohne zusätzlichen Lader vielfach mittels Stickoxydul oder auch durch Anreicherung mit flüssigem Sauerstoff erhöht. Dabei war die Klopfgrenze nur dem Partialdruck des Sauerstoffes verhältig. Die Verwendung von Stickoxydul ($GM_1$) ergab bei gleicher Luftzahl, nach der Leistung beurteilt, eine um etwa 0,3 at geringere Klopfneigung. Dies ist nach der Annahme von O. LUTZ und N. WILLICH aus der Senkung der Ladetemperatur (infolge der Verdampfung des $N_2O$), der schnelleren Entflammung und dem gleichmäßigeren Durchbrennen des Gemisches zu erklären.

Für Benzin-Luftgemische mit verschiedenen Mengen Sauerstoffzusatz fand FERETTI dagegen eine starke Senkung der Oktanzahl mit steigendem Sauerstoffgehalt der Verbrennungsluft, wie Abb. 101 zeigt.

Gekühlte Auspuffgase haben nach Versuchen RICARDOs eine stark klopfhemmende Wirkung, so daß die praktische Ausnützung dieser Tatsache bei

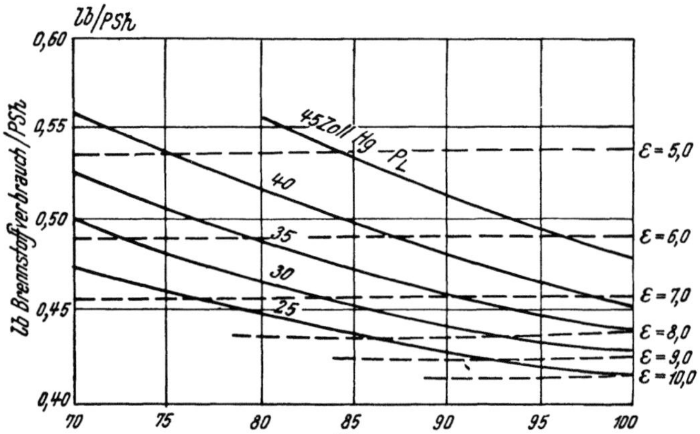


Abb. 97. Einfluß von Ladedruck (25 bis 45 Zoll Hg) und Verdichtung auf Oktanzahl und Brennstoffverbrauch nach BARTHOLOMEW

Generatorgas- und Azetylenmotoren vorgeschlagen wurde, wenn man gezwungen ist, auf Benzinbetrieb umzuschalten. BRUNNER und KEHL fanden für einen Vierzylinder-Opel-Olympia-Motor die Werte der Tab. 65 mit

1. 5,9 Verdichtung und Autobenzin Oktanzahl 65,
2. 6,8 Verdichtung und Flugbenzin Oktanzahl 90,
3. 6,8 Verdichtung und Autobenzin Oktanzahl 65.

*Tabelle 65*

| Versuchs-nummer | Auspuffgas-Beimischung | Ver-dichtung | Motorleistung in PS bei U/min | | | | Spezifischer Verbrauch bei 2000 U/min g/PS/Std. |
|---|---|---|---|---|---|---|---|
| | | | 1500 | 2000 | 2500 | 3000 | |
| 1 | keine | 5,9 | 12,0 | 17,3 | 20,0 | 20,7 | 298 |
| 2 | keine | 6,8 | 14,1 | 18,7 | 21,8 | 22,8 | 244 |
| 3 | mit | 6,8 | 13,5 | 17,7 | 20,8 | 21,9 | 259 |

Die Wirkung des Auspuffgases wird vor allem auf die hohe spezifische Wärme und die Dissoziation bei hoher Temperatur zurückgeführt. FERETTI fand stärkere Wirkung auf die Oktanzahl, wenn $CO_2$ anstelle von $N_2$ zugemischt wurde.

Bei der Zugabe von $O_2$ zu den im Kreislauf verwendeten Abgasen eines Torpedomotors fand O. HOLFELDER, daß mit einem Benzin der Oktanzahl 87 bei einem Gehalt des feuchten, $CO_2$ und $H_2O$ enthaltenden Abgases von 28 bis 40% Sauerstoff kein Klopfen auftritt; annahmegemäß wegen der hohen spezifischen Wärme der den Stickstoff der normalen Verbrennungsluft vertretenden Gase, die auch eine sehr langsame Verbrennung bewirkten, dafür aber Ventilschwierigkeiten verursachten[1].

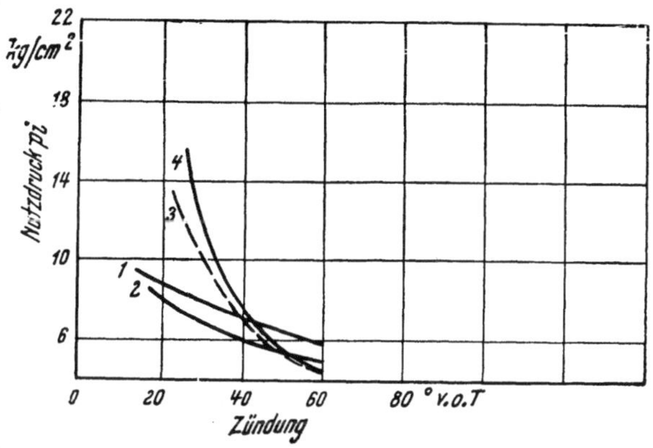


Abb. 98. Einfluß der Vorzündung auf die Klopfgrenzleistung. Kraftstoffe und Motor wie bei Abb. 89

**Kühlwassertemperaturänderung** um 45° C verursachte einen Unterschied in der Klopfgrenze von 12 Oktanzahlen (H. GILSON l. c.).

**Kohleablagerung** im Verbrennungsraum verursachte je nach der Konstruktion Unterschiede von im Mittel 9,4 Oktanzahlen, maximal 28,5, minimal 0; daraus wird der starke Leistungsabfall mancher Motoren verständlich, der bei längerem Betrieb auftritt (H. GILSON l. c.).

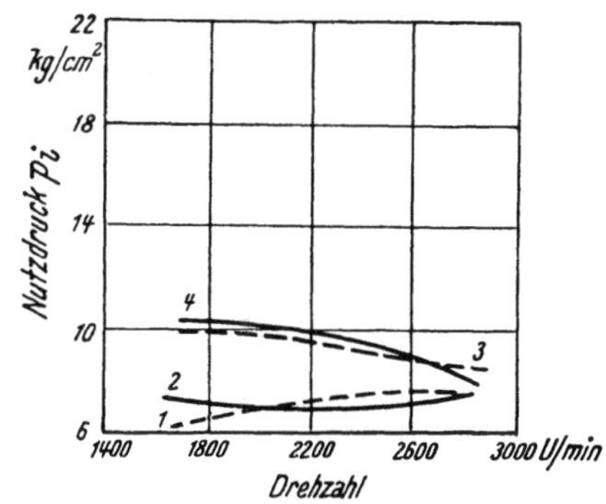


Abb. 99. Einfluß der Drehzahl auf die Klopfgrenzleistung. Kraftstoff und Motor wie bei Abb. 89 und 98

### e) Messung des Klopfens

Wegen der großen praktischen Bedeutung des Klopfvorganges gibt es zahllose Verfahren zu seiner Erfassung. Je nach den Zielen, denen sie dienen sollen, sind diese Verfahren zu unterteilen in:

[1] Motortechn. Z. **13** (1953), 4.

α) die forschungsmäßige Untersuchung von Stoffeigenschaften,

β) die technische Kontrolle der Gleichmäßigkeit von Lieferungen,

γ) die technische Prüfung auf die Eignung für einen bestimmten Verwendungszweck.

### α) *Forschungsmäßige Untersuchung von Stoffeigenschaften*

Es ist klar, daß schon rein mengenmäßig Vollmotoren mit teuren synthetischen Stoffen neuer Art nicht betrieben werden können. Für diesen Zweck sind deshalb trotz möglicher Abweichungen der Ergebnisse vom Vollmotorversuch mit Rücksicht auf die rasch und billig erzielbaren Ergebnisse Prüfmotoren wie der CFR- und I.-G.-Motor unumgänglich notwendig. Grundsätzliche Beziehungen zwischen Klopffestigkeit und Betriebsbedingungen können einfach ermittelt werden; Versuche in größeren Einzylinder- oder Vollmotoren sind in besonderen Fällen nötig, vor allem, wenn ein Kraftstoff betriebsreif gesprochen werden soll. Adiabatische Selbstzündungsmessungen und physikochemische Auswertung ergänzen sie, wie im vorigen Abschnitt (S. 176) besprochen wurde.

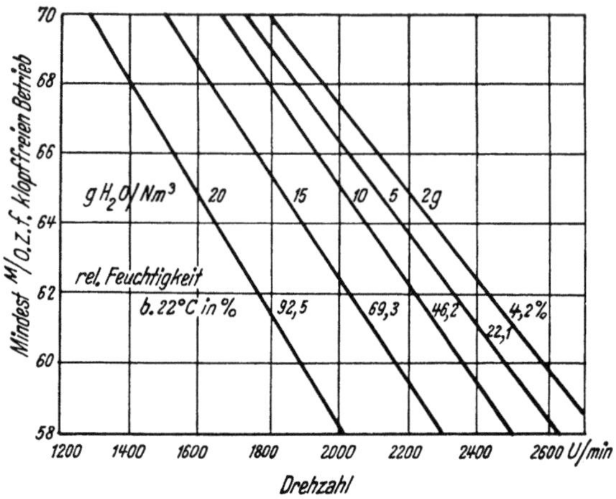


Abb. 100. Einfluß der Luftfeuchtigkeit auf die Klopfgrenzleistung bei verschiedenen Drehzahlen nach MOLLER und MOIR

### β) *Technische Gleichmäßigkeitsprüfung*

Zur Gleichmäßigkeitskontrolle könnte man an Stelle der Meßergebnisse im Prüfmotor auch andere Stoffwerte, die mit der Klopffestigkeit in Beziehung

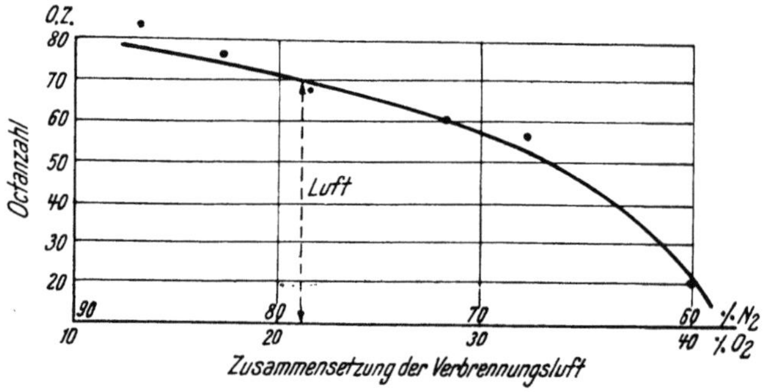


Abb. 101. Sauerstoffgehalt der Verbrennungsluft und Oktanzahl für gleichen Ausschlag des Klopfmessers nach FERETTI

stehen, anwenden, wie die Selbstzündungseigenschaften (z. B. nach H. JENTZSCH), die Gütezahl von MÜCKLICH und C. CONRAD, den Parachor, spezifisches Gewicht und Siedekurve nach M. MARDER usw. Steht ein Prüfmotor nicht zur Verfügung, so wird man das notgedrungen auch tun; andernfalls wird man sich lieber auf die motorische Prüfung verlassen, vor allem weil die rein physikalisch charakterisierenden Stoffwerte den Einfluß geringer Mengen von Zusätzen nicht erfassen.

### γ) *Technische Eignungsprüfung*

Im Gegensatz zu den beiden vorher besprochenen Prüfungen erfordert die Prüfung der Eignung eines Kraftstoffes für einen bestimmten Motor eine Klopfmessung mit möglichster Anlehnung der Versuchsbedingungen an die Betriebsbedingungen des Vollmotors. Deshalb wurde die Prüfung der Flugmotorenkraftstoffe mit Flugmotoren-Einzylinderaggregaten begonnen, wenn auch nur als Vereinfachung der Vollmotorenprüfung. Zur letzten Bewährung ist der Vollmotorenversuch auf dem Prüfstand und — wegen der Druck-, Temperatur- und Kühlungseinflüsse — im Flugzeug selbst entscheidend.

**Prüfstandmethoden.** Die früher als Einpunktmessung eingeführte — besonders dem Kaufmann sympathische — Oktanzahl kann das Verhalten der Kraftstoffe unter den vielen Einflüssen des Betriebes nicht wiedergeben. Deshalb wird zunehmend dazu übergegangen, die Klopffestigkeit nicht durch eine einzige Zahl, sondern durch zwei oder mehrere Zahlen bzw. durch Diagramme zu kennzeichnen, ein Vorgang, der ja bei anderen Materialprüfungen schon längst bekannt und praktisch eingeführt ist.

Die motorische Kraftstoffprüfung kann wegen der vielen aus dem Rahmen des Buches fallenden Einzelheiten nicht näher besprochen werden, so daß auf entsprechende Spezialwerke verwiesen sei[1]. Wesentlich erscheint hier nur, daß einerseits wegen des praktischen Interesses an größter Leistung der Motoren diese auch für die Untersuchung der Kraftstoffe zunehmend zugrundegelegt wird (wie es ja bei der ersten Bearbeitung Ricardos schon 1920 gemacht wurde), daß zur Ausschaltung von Motoreinflüssen in Prüfmotoren kleinen und großen Zylinderinhaltes, aber auch in Vollmotoren Bezugskraftstoffe verwendet werden, und daß die praktische Erprobung im Fahr- oder Flugbetrieb nach wie vor vorgenommen wird, um zusätzliche Einflüsse der verschiedensten Art erfassen zu können, aber auch um volle Gewißheit über die praktische Eignung der Kraftstoffe zu bekommen. Die Änderung der Betriebsbedingungen in der Praxis ist vor allem jene des Mischungsverhältnisses Kraftstoff-Luft $\lambda$ (des jetzt sogenannten Luftverhältnisses), der Drehzahl und des Füllungsgrades, die alle die Motortemperaturen und -drücke verändern. Die oben erwähnten Motorverfahren suchen daher vor allem das Mischungsverhältnis dem praktisch in Frage kommenden anzupassen, eventuell unter gleichzeitiger Veränderung der Drehzahl.

Zur Angabe der Klopffestigkeit verwendet man entweder das Mischungsverhältnis in Volumen von *i*-Oktan und *n*-Heptan, das bei festgelegten Bedingungen (Researchmethode oder Motormethode) Klopfgleichheit mit dem untersuchten Stoff ergibt (z.B. 60 Vol.-% *i*-Oktan und 40 Vol.-% *n*-Heptan = Oktanzahl 60), oder, bei 100 übersteigender Klopffestigkeit, die nun praktisch besonders bei Flugbenzinen schon oft erreicht wird, eine auf Grund von Leistungmessungen extrapolierte Oktanzahl oder diese Leistung selbst. 1956 wurde die sogenannte „Wiese"-Skala nach vielen Auseinandersetzungen in den USA als Standardmethode dafür in Aussicht genommen.

Dabei unterscheidet man zwischen Auto- und Flugbenzinen. Ausgehend von der Leistungsmessung in einem Überlademotor mit *i*-Oktan und dem Wert 100

[1] ASTM-Manual for Rating Motor Fuels by the Motor and Research Methods, ASTM Philadelphia 1956; ASTM-Manual for Rating Aviation Fuels by Supercharge and Aviation Method, ASTM Philadelphia 1958, I. P.-Engine Test Methods for Testing Fuels, Inst. Petroleum, London 1956.

wird die Klopfgrenzleistung im fetten Bereich bei steigendem Bleitetraäthylgehalt im *i*-Oktan bestimmt und als Leistungszahl (Performance Number) angegeben. Der Klopfeinsatz wird mit dem Gehör bestimmt. Die Oktanzahl ergibt sich für Autobenzine aus der Leistungszahl (Performance Number) nach der Formel $\text{Oktanzahl} = 100 + \frac{\textit{Leistungszahl (Performance Number)}}{3}$, weil Automotoren annahmegemäß nur den dritten Teil der höheren Klopffestigkeit ausnützen können, als dies bei Flugmotoren der Fall ist[1].

$$\text{O. Z.} = 100 + \frac{P. N. - 100}{3}.$$

Die Beziehung zwischen Oktanzahlen unter 100 und Leistungszahlen zeigt:

Tabelle 66. *Beziehung zwischen Oktanzahlen unter 100 und Leistungszahlen*

| Oktanzahl | Leistungszahl (P. N.) | Oktanzahl | Leistungszahl (P. N.) |
|---|---|---|---|
| 70 | 48,3 | 86 | 66,7 |
| 71 | 49,1 | 87 | 68,3 |
| 72 | 50,0 | 88 | 70,0 |
| 73 | 50,9 | 89 | 71,8 |
| 74 | 51,9 | 90 | 73,7 |
| 75 | 52,8 | 91 | 75,7 |
| 76 | 53,8 | 92 | 77,8 |
| 77 | 54,9 | 93 | 80,0 |
| 78 | 56,0 | 94 | 82,4 |
| 79 | 57,1 | 95 | 84,8 |
| 80 | 58,3 | 96 | 87,5 |
| 81 | 59,6 | 97 | 90,3 |
| 82 | 60,9 | 98 | 93,3 |
| 83 | 62,2 | 99 | 96,6 |
| 84 | 63,6 | 100 | 100,0 |
| 85 | 65,1 | | |

Man sieht, wie viel größer die Zunahme der Leistungszahl für eine Oktanzahl im oberen Bereich ist als im niederen; darin ist der Grund für das Oktanzahlwettrennen zu suchen, das jetzt abläuft. Zur Kennzeichnung der Leistungszahlen über 100 seien die auszugsweisen Werte der Tab. 67 gebracht, die sie zum Gehalt an Bleitetraäthyl im Iso-Oktan in Beziehung setzt.

Tabelle 67. *Bleitetraäthylgehalt von i-Oktan und Leistungszahlen*

| BTE-Gehalt (ml/US-Gall.) | P. N. | BTE-Gehalt | P. N. | BTE-Gehalt | P. N. |
|---|---|---|---|---|---|
| 0 | 100 | 2,5 | 142,8 | 5,0 | 157,2 |
| 0,5 | 115,8 | 3,0 | 146,6 | 5,5 | 159,2 |
| 1,0 | 125,7 | 3,5 | 149,8 | 6,0 | 161,0 |
| 1,5 | 132,9 | 4,0 | 152,5 | | |
| 2,0 | 138,4 | 4,5 | 155,0 | | |

Eine Übersicht der jetzt üblichen Klopfprüfmethoden gibt Tab. 68[2].

[1] Vgl. GUTHRIE, V. B.: Petroleum Processing **11** (1956), 90/92; Oil Gas J. **54** (9. Juli **1956**), 70.

[2] Für die Messung von Klopffestigkeiten über 100 nach der Motor- und der Research-Methode hat die ASTM 1958 Vorstandards ausgearbeitet.

Tabelle 68. *Übersicht der 1958 üblichen Klopfprüfmotoren und -methoden*

| Nr. | Methode | für | Motor | Bohrung mm | Hub mm | Volumen cm³ | Drehzahl U/min | Zündung KW. v. o. T. | Vorwärmung Luft °C | Vorwärmung Gemisch °C | Kühltemperatur °C | Meßverfahren |
|---|---|---|---|---|---|---|---|---|---|---|---|---|
| 1. | $F_1$: CFR-Research ASTM D 908—58; I. P. 126/55 | Forschung Autokraftstoffe | CFR | 82,6 | 114,3 | 610 | 600 | 13 | keine | 52,3 | 98,3—101,7 | Springstab |
| 2. | $F_2$: ASTM-CFR-Motor ASTM D 357—58 modif.; I. P. 44/55 | Autokraftstoffe und Flugkraftstoffe (mageres Gebiet) | CFR | 82,6 | 114,3 | 610 | 900 | variabel | 23,9—51,7 | 148,9<br>1,1 | 98,3—101,7 | Springstab[1] |
| 3. | $F_3$: Methode des CFR ASTM D 614—58 T; I. P. 42/55 T | Flugkraftstoffe (mageres Gebiet) | CFR | 82,6 | 114,3 | 610 | 1200 | 35 | 52,3 | 104,4<br>1,1 | 190 | Thermokerze[1] |
| 4. | $F_4$: Überladeprüfung ASTM D 909—58 T; I. P. 119/55 T | Flugkraftstoffe[2] (fettes Gebiet) | CFR | 82,6 | 114,3 | 610 | 1800 | 45 | 107 | — | 190 | Gehör[3] |

[1] Angabe in Oktanzahlen. [2] Verdichtung 7 : 1. [3] Angabe in Leistungszahlen (Performance Number) gegenüber einem Bezugskraftstoff.

**Straßenoktanzahlbestimmung.** Für die Bewertung der Kraftstoffe nach ihrer Klopffestigkeit ist das praktische, d. h. das Straßenverhalten entscheidend; dafür wurden seit Jahren Prüfmethoden entwickelt, die nunmehr einen gewissen Abschluß erreicht haben und in Form der modifizierten „Union-Town-Methode" und der modifizierten „Borderline" - (Grenzkurven-)Methode vielfach angewendet werden.

Zur Anwendung beider Methoden muß man die Motordrehzahl oder die Geschwindigkeit und die Zündeinstellung (auf $1/2°$ genau) exakt messen können.

Bei der modifizierten Union-Town-Methode wird das Auto bei voller Drosselöffnung im höchsten Gang auf einer geeigneten Straße von etwa 25 km/Std. auf etwa 95 km/Std. beschleunigt, wobei die automatische Fabrik-Zündeinstellung beibehalten wird, die für das Ergebnis von größter Bedeutung ist. Man nimmt einige, um jeweils 2,5 O. Z. voneinander verschiedene Bezugskraftstoffe und stellt die Grundzündeinstellung von Hand immer so ein, daß bei keiner Geschwindigkeit das Klopfen über schwachen Einsatz ansteigt. Man trägt nun die Oktanzahlen der Bezugsgemische gegen die verschiedene Grundzündeinstellung für schwaches Klopfen auf und erhält so eine Eichkurve für die Bewertung von Versuchskraftstoffen nach Straßenoktanzahlen der modifizierten Union-Town-Methode, die ebenso wie die ursprüngliche Union-Town-Methode die kritische Fahrgeschwindigkeit, bei der das Klopfen einsetzt, nicht berücksichtigt, wenn sie auch für jeden Kraftstoff notiert wird. Abb. 102 zeigt die Eichkurve und die Lage zweier Versuchskraftstoffe auf dieser Kurve.

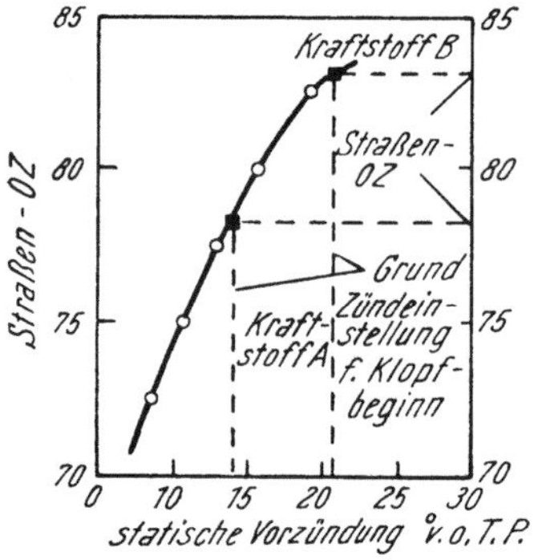


Abb. 102. Straßenoktanzahlmessung nach der modifizierten Union-Town-Methode

Gegenüber der ursprünglichen Methode mit acht Klopfstärken, deren Erfassung nach dem Gehör schwierig war, ist die Einstellung auf eben vernehmbares Klopfen ein Fortschritt, besonders weil keine Sondereinrichtungen nötig sind. Man kann sowohl die Oktanzahlanforderung der Autos, wie die kritischen Straßenoktanzahlen der Kraftstoffe damit erfassen.

Im Gegensatz zu dieser Methode stellt man bei der modifizierten Borderline-(Grenzkurven-)Methode die Vorzündung bei verschiedenen Fahrgeschwindigkeiten (Motordrehzahlen) bei Beschleunigung mit voller Drosselöffnung im direkten Gang auf Klopfeinsatz ein. Man erhält dadurch Kurven der Vorzündungen über den Drehzahlbereich für die Bezugsgemische und für die Versuchskraftstoffe und kann daraus die Straßenoktanzahlen gemäß Abb. 103 entnehmen. Trägt man außerdem die automatische Zündverstellkurve der Versuchswagen in das Diagramm ein, so kann man ersehen, ob der Versuchskraftstoff in einem bestimmten Drehzahlbereich klopft oder nicht. Die Methode eignet sich gut zur Erfassung der Klopfgrenzen eines Motors in allen Drehzahlbereichen für die verschiedenen Kraftstoffe.

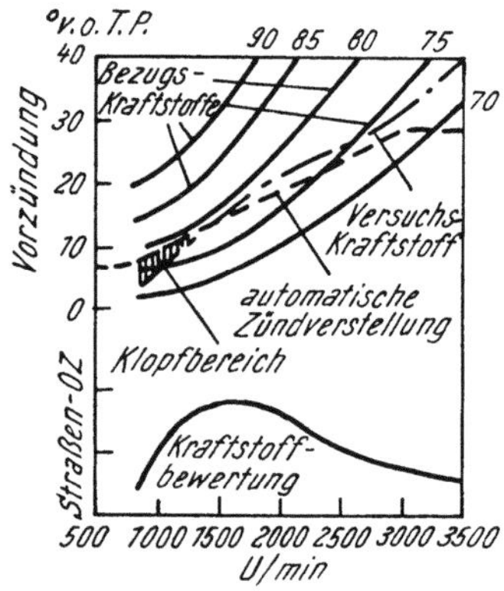


Abb. 103. Straßenoktanzahlmessung nach der modifizierten Borderline-Methode

Es gibt noch verschiedene andere Methoden zur Erfassung der Straßenoktanzahlen von geringerer Bedeutung, auf die jedoch nicht eingegangen sei.

### δ) *Hilfsgeräte für die Klopfmessung*

Wird als Maß der Klopfneigung die *Leistung* genommen, so erübrigt sich die Verwendung besonderer Meßgeräte über die für Motorenuntersuchungen erforderlichen hinaus. Anders ist es, wenn für Vergleichszwecke ein bestimmter Motorzustand reproduziert oder eine Messung in einem vom Motor verschiedenen Gerät angestellt werden soll. In diesem Falle verwendet man Indikatoren verschiedener Art, die den Druck oder Druckanstieg bei der Verbrennung für einen Einzelvorgang oder integrierend für eine Reihe von Verbrennungsvorgängen erfassen oder in gleicher Weise die Temperatur messen.

Mechanische Indikatoren, wie sie für Dampfmaschinen verwendet werden, genügen den raschen Vorgängen der Verbrennung nicht oder nur ungenügend, so daß man vor allem elektrische Übertragung der Druckauswirkung auf Membranen oder die durch Druck auf in bestimmter Form geschnittene Quarzkristalle erzeugte Potentialdifferenz (Piezoelektrizität) direkt als Maß verwendet. Ein sehr bekannter Indikator ist der Farnborough-Indikator, bei dem auf eine dem Verbrennungsdruck ausgesetzte Membran ein regulierbarer Gegendruck aufgesetzt wird; übersteigt der Verbrennungsdruck diesen, so tritt Markierung (durch Funkenüberschlag im Indikatorpapier) ein. Ist die Anzeige mit der Maschine gekuppelt, so kann man auf diese Weise Indikatordiagramme erhalten. Ähnlich arbeitet der DVL-Indikator.

Zur Erfassung raschester Druckänderungen ohne Zeitverzögerung werden Piezoquarz-Indikatoren verwendet, deren Eigenschwingungen bei neuesten Entwicklungen über 40 000 Hertz liegen, so daß sie auch zur Aufzeichnung von Gasschwingungen bei der Verbrennung geeignet sind. Ihre Temperaturempfindlichkeit ist gering, doch muß man stets Tageseichungen vornehmen, um mögliche Veränderungen des Systems auszugleichen.

Die piezoelektrischen Quarzindikatoren spielen eine sehr große Rolle; der Zeiss-Ikon-Indikator erlaubte, sowohl den Druckverlauf als die erste und die zweite Ableitung des Druckes über die Zeit (Druckanstieg und Druckanstiegsbeschleunigung) zu messen, die Messung aber auch auf ein Schreibgerät zu übertragen.

Zu den Membranindikatoren gehört auch der — jetzt aussterbende — Springstabindikator (bouncing pin), bei dem ein Stab auf einer Membran aufsitzt und durch die Beschleunigung der Membran im Falle des Klopfens auf dieser mit so großen Anschlägen tanzt, daß ein elektrischer Kontakt am Ende des Stabes immer wieder kurzzeitig geschlossen wird. Man kann die Intensität des Klopfens durch Messung der durch den Kontaktschluß möglichen Aufheizung eines Thermoelementes (Thermokreuzes) oder — was früher üblich war — durch Elektrolyse und Messung des entwickelten Gases festlegen.

Ein neu eingeführtes Gerät ist der Detonation-Meter der Phillips-Petroleumgesellschaft, der Magnetostriktion verwendet und durch elektrische Umwandlung Druckschwankungen in Spannung verwandelt, die an einem Voltmeter abgelesen werden können. Es scheint, als ob die Möglichkeiten des Instrumentes zugunsten der vollkommenen Abgleichung mit dem früheren Knockmeter vernachlässigt worden wären[1].

Auf die vom Institut Français du Pétrole (R. Vishnievsky, F. Kermarrec, R. Guyot und J. Weissmann) zur Messung der Straßenoktanzahl entwickelten elektronischen Drehzahlmesser (bis 6000 U/min auf 20 U genau), elektronischen Anzeiger der Vorzündung (von —10 bis +70° auf ½° genau) und ihre hydraulische Zündverstellung sei verwiesen[2].

### f) Praktische Bedeutung des Klopfens

Schon die Tatsache, daß der Begriff des Klopfens aus der praktischen Erfahrung herrührt, beweist seine Bedeutung für die Ausnützung der Verbrennungsenergie in Motoren; durch das Klopfen wird ja statt mechanischer Energie infolge übermäßigen Wärmeüberganges die unverwandelte Wärme nutzlos, ja sogar schädlich abgeleitet. So setzt sich auch die schädliche Auswirkung des Klopfens aus drei verschiedenen Folgen zusammen:

1. Fällt die Motorleistung ab und steigt der Verbrauch entsprechend an,
2. werden die Motorbauteile (Ventile, Kerzen, Kolben) durch die übermäßige momentane Wärmezufuhr thermisch so stark beansprucht, daß dadurch Schäden eintreten können, die zum Stillstand des Motors führen,
3. werden die Motorbauteile mechanisch überbeansprucht.

---

[1] De Boisblanc, D. R., H. M. Trimble und L. A. Mc. Reynolds: Oil Gas J. **46** (18. 1. 1947), 50; Trimble, H. M. und A. W. Sudermann: Oil Gas J. **45** (2. 11. 1946), 66.

[2] 4. Welt-Erdölkongreß Rom **6** (1955), 437.

Wegen der besonderen Wichtigkeit sicheren Betriebes in der Luftfahrt ist dem Klopfen von dieser Seite her die größte Aufmerksamkeit zugewendet worden. Allerdings dürfte die Tatsache, daß die modernen Flugantriebe zunehmend auf den Strahltrieb übergehen, geeignet sein, künftig dem Klopfen eine weniger wichtige Rolle unter den Eigenschaften der Flug-Kraftstoffe zuzuweisen. Bei den Automobilen haben die sogenannten Mitteldruckmotoren, die mit Einspritzung und Zündung arbeiten und etwa 10 : 1 Verdichtung haben, wie z. B. der Hesselmannmotor (Delco) und der Texacomotor, begonnen, ohne Rücksicht auf die Klopffestigkeit des Kraftstoffes beste Leistung zu erreichen; gegenüber der viel größeren Zahl der „klassischen" Motoren spielen sie aber keine große Rolle, so daß weiterhin die Klopffestigkeit primär unter den Kraftstoffeigenschaften wird berücksichtigt werden müssen.

Dagegen scheint das neue Mittelkugelverfahren der MAN, das die Verwendung von Kraftstoffen ganz verschiedenen Klopf- und Siedeverhaltens (Benzin bis Gasöl) im gleichen Motor gestattet, so aussichtsreich, daß es vielleicht die Lösung vieler mit dem Klopfen zusammenhängender Probleme, vor allem auf der Versorgungsseite, bringen wird. Dies wird dadurch erreicht, daß in einem höchstverdichteten Motor mit Selbstzündung der Kraftstoff nicht einfach direkt in die Verbrennungsluft, sondern zu 90% an die Wand einer kugelförmigen Vorkammer im Kolben gespritzt wird, so daß sich keine größeren Mengen explosiven Gemisches bilden können, die zu hartem Lauf (Klopfen) führen würden. Der Ablauf der Verbrennung ist in weiten Grenzen von der Oktanzahl unabhängig, die Leistung allerdings im unteren Drehzahlbereich mit zunehmender Oktanzahl merklich größer als mit niederer, während bei höheren Drehzahlen diese Unterschiede verschwinden[1].

## 9. Die klopfende Verbrennung im Dieselmotor

### a) Definition

Als Klopfen bezeichnet man im Dieselmotor jene Verbrennung, die unter überraschem Druckanstieg zu einem sehr harten Gang des Motors führt, wobei gleichzeitig Rußen auftritt und die Leistung des Motors nachläßt. Eine scharfe Abgrenzung zwischen hartem Gang und Klopfen gibt es nicht, wie auch dieses Klopfen im Wesen grundverschieden von jenem des Ottomotors ist.

### b) Wesen

Während das Klopfen im Ottomotor nämlich durch den beschriebenen Übergang der normalen, nur infolge der Turbulenz beschleunigten, Verbrennung in eine wesentlich raschere entsteht, die der Detonation wenn nicht gleich, so doch nahe verwandt ist, und die übermäßigen Drucke durch lokale Druckstöße verursacht werden, ist die plötzliche Drucksteigerung im Dieselmotor darauf zurückzuführen, daß infolge konstruktiv oder kraftstoffmäßig bedingter Zündverzögerung (natürlich können auch beide Faktoren gemeinsam die Ursache sein) zuviel zündfähiges Gemisch im Zylinder angesammelt und dann plötzlich entzündet wird. Je nach dessen Menge ist dann der Druckanstieg größer oder kleiner; da bei längerem Zündverzug mehr Kraftstoff in die Luft eingespritzt wird, ehe Zündung einsetzt, nimmt mit dem Zündverzug der Maximaldruck, vor allem aber die Druckanstiegsgeschwindigkeit zu, wie Abb. 104 nach STANSFIELD zeigt.

Je später die Zündung infolge größeren Zündverzuges erfolgt, um so höher ist der Verbrennungsdruck, und um so steiler der Druckanstieg. Ausschlaggebend für

---

[1] MEURER, J. S.: ATZ **58** (1956), 129; RIXMANN, W.: ATZ **59** (1957), 179.

das Verbrennungsverhalten, soweit es sich um den chemischen Vorgang handelt, ist also die Selbstzündungsneigung, die bereits unter diesem Kapitel (S. 162) behandelt wurde.

Die Zündverzögerung kann aber nicht allein von übermäßiger chemischer Beständigkeit des Kraftstoffes, also ungenügender Zündwilligkeit, sondern auch durch

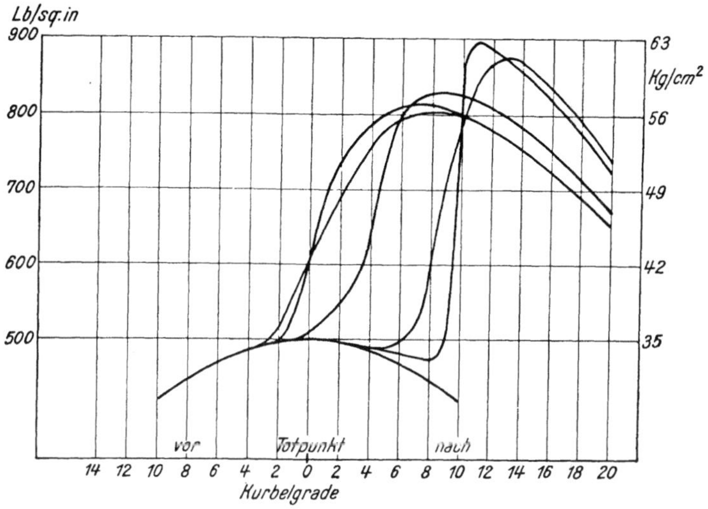


Abb. 104. Druckanstieg bei Verbrennung verschiedener Dieselkraftstoffe (gleicher Einspritzungsbeginn!)

ungenügende physikalische Aufbereitung des Gemisches verursacht sein. Sowohl zu hohe, als zu geringe Flüchtigkeit kann — je nach den vorliegenden konstruktiven Verhältnissen — den Zündverzug steigern. Die Auswirkung zu großer Flüchtigkeit ist nicht in einer direkten Beeinflussung der Selbstzündungsneigung zu suchen, da bei dampfförmigen Gemischen Selbstzündung um so leichter eintritt, je fetter das Gemisch ist, sondern in der — durch die Verdampfung bewirkten — Herabsetzung der Temperatur des Gemisches bzw. primär der verdampfenden Tröpfchen. Zu geringe Flüchtigkeit (oder zu hohe Zähigkeit) kann wegen der großen Tröpfchen und des starken Durchdringungsvermögens des Kraftstoffstrahls und eventueller Wandberührung gesteigerten Zündverzug ergeben. Konstruktive Bedingungen, wie zu früher Einspritzbeginn, können ebenfalls zu hartem Gang führen.

### c) Einflüsse auf die Dieselverbrennung

In diesem Zusammenhang soll nur auf jene Teilvorgänge im Dieselmotor hingewiesen werden, die grundsätzlich den Charakter der Verbrennung bestimmen. Und zwar ist zu unterscheiden in

a) Gemischbildung,
b) Zündung,
c) Verbrennung,
d) Rückstandsbildung.

Die Gemischbildung wird unter dem Abschnitt Zerstäubung (S. 85) behandelt, die Zündung im Abschnitt Selbstzündung (S. 162), die Verbrennung in dem gleichnamigen Abschnitt (S. 182), während der Rückstandsbildung ebenfalls ein Kapitel (S. 266) gewidmet ist. Nach der Absicht des Buches soll diese Unterteilung gleichartige Vorgänge bei verschiedenen Verwendungen erfassen und erscheint deshalb gegenüber der bisherigen Darstellungsart zweckmäßiger. Allerdings muß zugestanden werden, daß dies in allen jenen Fällen schwierig ist, wo die speziellen konstruktiven Einflüsse der Verwendung sich andersartig auswirken, als die hier vor allem erfaßten allgemeinen. Hiezu gehören: die Strahlform, der Einspritzungszeitpunkt, konstruktive Gestaltung des Verbrennungsraumes (Vorkammer oder Wirbelkammer), Wärmeübergang, Wirbelung im Zylinder in Abhängigkeit von der Drehzahl. Die weitgehende Ausschaltung des Einflusses der Kraftstoffeigenschaften auf die Dieselverbrennung durch konstruktive Maßnahmen (z. B. Mittelkugelverfahren der MAN) sei hier auch erwähnt (vgl. S. 226).

### d) Messung der Zündwilligkeit

#### α) *Motormessungen*

Da die Messung der anderen Teilvorgänge zum Teil bei den angeführten Abschnitten besprochen wurde, wird hier nur die Messung der Zündwilligkeit besprochen.

Wie die Klopffestigkeit von Otto-Kraftstoffen wird auch die Zündwilligkeit der Diesel-Kraftstoffe hauptsächlich im Versuchsmotor bestimmt. Dabei wird ebenfalls die Methode der Bezugskraftstoffe angewendet, die sich bei der Oktanzahl bewährt hatte. Als solche dienten ursprünglich nach dem Vorschlag von BOERLAGE und BROEZE das zündwillige Ceten ($C_{16}H_{32}$) und das schwer zündende α-Methylnaphthalin. Wegen der Empfindlichkeit des Cetens bei der Lagerung ist man aber dazu übergegangen, an seiner Stelle das beständigere Cetan zu verwenden, das aus Ceten durch Wasserstoffanlagerung entsteht ($C_{16}H_{34}$), allerdings den Nachteil des höheren Schmelzpunktes von 20° C hat. Die Eigenschaften der Bezugskraftstoffe sind in Tab. 69 zusammengestellt.

Tabelle 69. *Eigenschaften von Cetan und α-Methylnaphthalin*

| Eigenschaft | Cetan | α-Methylnaphthalin |
|---|---|---|
| Summenformel | $C_{16}H_{34}$ | $C_{11}H_{10}$ |
| Spezifisches Gewicht 20° C | 0,775 | 1,00 |
| Siedepunkt 760 mm Hg | 288° C | 247° C |
| Zähigkeit bei 20° C | 4,54 cSt | 3,12 cSt |
| Anilinpunkt | 92,2° C | −48° C |
| Unterer Heizwert kcal/kg | 10.450 | 9.100 |

Von den Prüfmotoren seien der CFR-Motor, der BASF-Prüf-Dieselmotor und der Deutzmotor genannt. Tab. 70 enthält ihre wichtigsten Daten.

Durch die Prüfverfahren sollten ursprünglich zwei Eigenschaften der Dieseltreibstoffe erfaßt werden, das Anlaßverhalten und das Verhalten beim laufenden Betrieb des Motors. Der Deutzmotor verwendet zur Messung des Anlaßverhaltens eine Drosselmethode, bei der in dem fremdangetriebenen, vorgewärmten Motor je drei Einspritzungen in etwa 1-sek-Abstand bei immer weiter geschlossener Drossel gemacht werden, bis gerade noch Zündung erfolgt. Der Unterdruck im Ansaugrohr an dieser Zündgrenze dient als Maß für die Zündwilligkeit und wird mit einer Eichkurve von Cetan-α-Methylnaphthalin in Cetanzahlen umgerechnet. Entsprechend der Oktanzahl ist die Cetanzahl jene Volummenge Cetan im Gemisch, die gleiches Zündverhalten ergibt wie der Versuchskraftstoff.

Die Methode ASTM D 613 − 58 (= 605.1.2 der US-Federal Specifications) enthält die Prüfbedingungen, die im CFR-Motor eingehalten werden. Das Prinzip der Methode besteht entsprechend einem Vorschlag von P. H. SCHWEITZER und T. B. RENDEL[1] darin, daß man die Selbstzündungseigenschaften der Kraftstoffe mit jenen von Gemischen bekannter Cetanzahl bei 900 U/min und sonst gleichgehal-

[1] Oil Gas J. **34** (1936), 36.

Tabelle 70. *Kennwerte von Prüf-Dieselmotoren*

| Bauart | BASF-Prüfdiesel | Deutz | CFR |
|---|---|---|---|
| Konstruktion | Technischer Prüfstand Oppau der BASF | H. W. A. | CFR-Komitee der SAE |
| Hersteller | Hermann Ring Mannheim | Klöckner-Humboldt-Deutz-A.G., Köln-Deutz | Waukesha Motor Co., Waukesha, Wisconsin |
| Bohrung mm | 90 | 120 | 82,6 |
| Hub mm | 120 | 170 | 114,3 |
| Hubraum $cm^3$ | 850 | 1920 | 613 |
| Verdichtung | fest 1:18,2 | fest 14,5 | verstellbar 6—21 |
| Arbeitsverfahren | direkte Einspritzung Wirbelkammer | direkte Einspritzung | Wirbelkammer |
| Drehzahl U/min | 1000 | 940 | 900 |
| Ansauglufttemperatur | 20° C | 80° C | 20° C |
| Kühltemperatur | 100° C | 70° C | 100° C |
| Spritzbeginn KW | 20 | 30 | 13 |
| Zündbeginn | o. T. P. | — | o. T. P. |
| Einspritzmenge | 20 $cm^3$/ 3min | | 13 $cm^3$/min |

tenen Bedingungen vergleicht. Bei einem Einspritzzeitpunkt von 13° v.o.T. wird eine Menge von 13 Millilitern Kraftstoff/min eingespritzt und die Verdichtung solange verändert, bis ein mit einer Neonlampe auf dem Schwungrad gekoppelter Verbrennungsindikator Beginn der Zündung genau im Totpunkt anzeigt. Man führt diese Messung zuerst mit der Probe, danach mit Gemischen von Bezugskraftstoffen aus, von denen eine besser, die andere schlechter zündet als der Versuchskraftstoff. Der Wert der Cetanzahl wird dann aus den am Handrad für die Verdichtungsänderung ablesbaren Verdichtungsverhältnissen des Versuchskraftstoffes und der Bezugskraftstoffgemische (die Messungen müssen nach dem Wechsel der Kraftstoffe mindestens 5 min lang durchgeführt werden) errechnet, indem man die bestimmten Verdichtungen zugehörigen Cetanzahlen von Versuchskraftstoff und Bezugskraftstoff durch Interpolation auswertet.

Der Prüfdiesel BASF (Lieferant H. Ruf, Mannheim) mißt die Zündwilligkeit durch Vergleich des Versuchskraftstoffes mit Mischungen aus Bezugskraftstoffen von bekannter Zündwilligkeit unter Einhaltung stets gleichen Zündverzuges, was durch Veränderung des Unterdruckes in der Luftansaugleitung erzielt wird. Sowohl Motor als Arbeitsverfahren entsprechen der deutschen Norm DIN 51.773 „Bestimmung der Zündwilligkeit (Cetanzahl) von Dieselkraftstoffen". Bei Messungen von Kraftstoffen mit Cetanzahlen unter 35 werden zur genaueren Ablesung der Vakuummeteranzeige größere Zündverzüge als die in Tab. 70 angegebenen verwendet.

Das englische Prüfverfahren (41/55T) schreibt keinen bestimmten Motor vor und betont in seinen Ausführungen, daß zwar die Zündneigung der Kraftstoffe von der Maschine unabhängig sei, der in Grad KW gemessene Zündverzug aber durch Motorcharakteristik, Betriebsbedingungen usw. verändert würde und über einen weiten Bereich schwanke. Glühkopfmotoren und Schwerölmotoren mit Funkenzündung stellten besondere Anforderungen. Zündneigung und Verbrennungsverhalten müßten unterschieden werden, und für Motoren der erwähnten Art sei der Versuch im Motor selbst nicht zu umgehen. Als Prüfverfahren werden vorzugsweise die Zündverzugsmessung — für laufende Cetanzahlbestimmungen — und die Drosselmethode für jene Fälle empfohlen, in denen kein eigener Prüfmotor vorhanden ist, weil sie leicht bei allen möglichen Arten von Motoren angewendet werden kann. Die Versuchsvorschriften sind sehr einfach: Für die Zündverzugsmessung wird ein beliebiger Motor mit genügend hoher Verdichtung gefordert, der für alle Kraftstoffe gleiche Spritzzeiten und gleichmäßige Zündung ergibt, sowie ein Indikator, der auf $^1/_{10}$° KW genau Spritzbeginn und Zündbeginn mißt. Bei normaler Drehzahl (mindestens aber der halben Maximaldrehzahl), konstanter Belastung und Luft- und Wassertemperaturen, die höchstens um 2° von den normalen Temperaturen abweichen, wird dann der Zündverzug auf $^1/_3$° genau gemessen und mit jenen Gemischen der Bezugs- oder Unterbezugskraftstoffe verglichen. Weil die Eichkurve Tagesschwankungen zeigt, ist dieser Vergleich nötig. Als Genauigkeit für einen Prüfstand sind vier Cetanzahlen angegeben. — Für die Drosselmethode kann jeder Viertaktmotor mit genügender Verdichtung benützt werden, der gleiche Spritzzeiten für alle Kraftstoffe und gleichmäßige Zündeigenschaften hat. Besondere Anbauten sind nur ein Gefäß von mindestens dem zehnfachen Hubvolumen mit einem Absperrventil auf der Einlaßseite, das in das Ansaugrohr eingebaut wird, ein Manometer für Unterdrucke bis 65 cm Hg unter dem Außendruck und Druckdämpfer für gleichmäßige Ablesungen sowie eine Schauklappe im Auslaßrohr. Unter Einhaltung der gleichen Bedingungen wie bei der Zündverzugsmessung wird dann bei konstanter Drehzahl die Drosselstellung festgestellt, bei der zuerst Aussetzer auftreten, und danach der Vergleich mit den Bezugskraftstoffen vorgenommen. Als Cetanzahl wird die nächste ganze Zahl der Mischungen angegeben. Die Genauigkeit einer Prüfstelle beträgt vier Cetanzahlen.

Während das Anlaßverfahren nicht mit den Verhältnissen der Praxis übereinstimmt (außer vielleicht für Höhenbedingungen) und schlecht reproduzierbare Ergebnisse liefert, kann man mit dem Zündverzugsverfahren auch in verschiedenen Motoren mit einer Genauigkeit von zwei Einheiten der Cetanzahl arbeiten. Die Cetanzahlbestimmung nach dem Anlaßverfahren ist um so weniger gerechtfertigt, als W. Rixmann erwies, daß die Cetanzahl nach dem Zündverzugsverfahren unmittelbar Aussagen über die zulässige Anlaßtemperatur ergibt[1]. In drei Motoren fand er, daß die Beziehung gilt:

$$\text{Anlaßtemperatur} = \frac{1500}{\text{Ca} - 5} - 27^\circ\,\text{C}$$

(worin Ca die Cetanzahl). Ähnliche Beziehungen sind von Shoemaker und Gadebusch gefunden worden, die den Cetanzahlen die in Tab. 71 angegebenen Kaltstarttemperaturen zuordneten.

Tabelle 71.
*Kaltstarttemperaturen und Cetanzahlen*[2]

| Cetanzahl | entsprechende Kaltstarttemperatur °C |
|---|---|
| 90 | −31 |
| 80 | −21 |
| 70 | −12 |
| 60 | − 5 |
| 50 | + 5 |
| 40 | +12 |
| 30 | +24 |

Daß zwischen der in Cetanzahlen ausgedrückten Zündwilligkeit und den anderen Verbrennungscharakteristiken im Dieselmotor, wie Startverhalten, rauher Gang, und zu einem gewissen Grad rußende Verbrennung und Abgasgeruch, Beziehungen bestehen sollen, war zum Teil angenommen worden, und ist zum Teil — wie erwähnt — nachgewiesen worden. Nun haben neue Versuche des C.R.C. gezeigt, daß solche Beziehungen zwar für die „natürliche“ Cetanzahl eines Kraftstoffes bestehen (d. h. die durch den chemischen Aufbau der Kohlenwasserstoffe bestimm-

[1] Dtsch. Kraftfahrtforsch. Heft 55 (1941), 1/20.

[2] SAE-Journal **54** (1946), 153; Oil Gas J. **44** (12. 1. 1946), 74.

te), daß aber schon das Warmfahrverhalten und der Betrieb des Motors nach dem Erreichen des Beharrungszustandes schlecht erfaßt werden, weil dabei die Flüchtigkeit eine starke zusätzliche Rolle spielt. Noch schlechter wird die Übereinstimmung aber, wenn man die Kraftstoffe mit zündwilligkeitssteigernden Zusätzen versieht, weil diese nur die Zündwilligkeit, d. h. den ersten Teil der Verbrennung, nicht aber deren weiteren Verlauf verbessern.

Da sowohl das Klopfen im Ottomotor als der Zündverzug im Dieselmotor durch den chemischen Aufbau der Moleküle bestimmt sind, läßt sich erwarten, daß eine Beziehung zwischen Oktanzahl und Cetanzahl besteht. Tatsächlich wurde sie sowohl von BOERLAGE als von WILKE und anderen Forschern festgestellt. So gibt WILKE an, daß die Formel

$$\begin{aligned}\text{Oktanzahl} &= 120 - 2\ \ \text{Cetanzahl (bei bekannter Cetanzahl) und}\\ \text{Cetanzahl} &= 60 - 0{,}5\ \text{Oktanzahl (bei bekannter Oktanzahl)}\end{aligned}$$

diese Beziehung gut wiedergibt. Tab. 72 enthält eine Gegenüberstellung von Cetanzahlen und Oktanzahlen der wichtigsten Kraftstoffe nach W. WILKE[1].

Tabelle 72. *Oktanzahlen und Cetanzahlen von Kraftstoffen*

| Oktanzahl | | Cetanzahl | |
|---|---|---|---|
| Äthanol (über 200 Mischwert) | | | |
| Propan (Flüssiggas) | 120 | 0 | Methylnaphthalin |
| Generatorgas | 110 | 5 | Steinkohlenteeröl |
| Iso-Oktan | 100 | 10 | Steinkohlenmittelöl |
| Butan | 95 | | |
| Stadtgas | 90 | 15 | |
| | 80 | 20 | |
| Markenbenzin | 74 | | |
| (Reichsvorschrift) | 70 | 25 | |
| | 60 | 30 | Braunkohlenöl |
| Unvermischte Benzine | 50 | 35 | Braunkohlentreiböl |
| | 40 | 40 | Schieferöl und Schmieröl (bis Oktanzahl 44) |
| | 30 | 45 | Amerikanisches Gasöl, Dieselkraftstoff II |
| | 20 | 50 | Motorenpetroleum |
| | 10 | 55 | |
| *n*-Heptan | 0 | 60 | Deutsches Gasöl |
| | — | 80 | |
| | — | 85 | Synthese-Dieselöl |
| | — | 90 | |
| | — | 95 | |
| | — | 100 | Cetan |

### β) *Laboratoriumsmäßige Erfassung*

Da die Zündwilligkeit von Kohlenwasserstoffen von deren chemischem Aufbau abhängt, hat man verschiedene Beziehungen zwischen integralen Eigenschaften und Cetanzahl aufgestellt, von denen der Dieselindex, der CFR-Calculated Cetanindex und die Dichtebeziehung von MARDER erwähnt seien.

Der bisher meist angewandte *Dieselindex* geht von der Tatsache aus, daß die Zündung um so leichter eintritt, je niederer das spezifische Gewicht (als Hinweis auf den aliphatischen Charakter) und je größer das Molekulargewicht ist.

[1] Automobiltechn. Z. 42 (1940), 148.

Als Maß des ersten wird das spezifische Gewicht in API-Graden, als jenes des zweiten der — mit steigendem spezifischem Gewicht ebenfalls ansteigende — Anilinpunkt, d. h. die Temperatur vollkommener Mischbarkeit gleicher Teile des Kohlenwasserstoffes und wasserfreien Anilins, ausgedrückt in °F, genommen. Als Formel ergibt sich:

$$\frac{\text{Anilinpunkt (°F)} \cdot \text{API-Dichte}}{100} = \text{Dieselindex.}$$

Der Dieselindex liegt angeblich um etwa drei Punkte höher als die tatsächliche Cetanzahl; nach privater Mitteilung von L. Koller, A. Grünwald und M. Geretschläger kann aber der Dieselindex bei naphthenischen Ölen erheblich unter der Cetanzahl liegen; auch überschneiden sich die Kurven des Dieselindex und der Cetanzahl bei Auftragung gegen den 50%-Punkt der Siedeanalyse, so daß dessen Berücksichtigung unbedingt nötig erscheint. Ein von dem C.R.C. vorgeschlagener, mittels einer sehr kompliziert aufgebauten Formel oder einem Nomogramm zu bestimmender „Calculated Cetan-Index“ hat sich anscheinend nicht bewährt. Dagegen dürfte der vom US-Bureau of Mines entwickelte Correlation Index, der die Aromatizität der Dieselkraftstoffe erfaßt, gute Erfolgsaussichten haben; auch für ihn wurde ein Nomogramm zur einfacheren Bestimmung entwickelt[1] (vgl. S. 69).

H. Marder hatte aus den gleichen Überlegungen über den Zusammenhang zwischen spezifischem Gewicht und Zündwilligkeit seinerzeit eine Beziehung zwischen diesem und der Cetenzahl aufgestellt, bei der er Korrekturen für eine Siedekennziffer von 290 anbrachte, um deren Einfluß zu berücksichtigen[2]. Marder stellte dafür die Formel auf:

$$\text{Cetenzahl}_{290} = \text{Cetenzahl} + (290 - K.Z.) \cdot 0{,}3,$$

worin die Cetenzahl die motorisch bestimmte, *K.Z.* die dem Kraftstoff zukommende Siedekennziffer (mittlerer Siedepunkt), der Wert 0,3 ein Umrechnungsfaktor ist.

G. Vorberg hat die Beziehung der Cetanzahl ergänzt und unter Aufstellung einer eigenen Korrekturtabelle für Siedekennziffern von 200 bis 350 die Berechnung der Cetanzahlen aus der Dichte mittels einer Tabelle nach der Formel:

Laboratoriumscetanzahl = $\text{CaZ}_{300} - \text{CaZ}_{\text{korr}}$ (für Siedekennziffer unter 300) und
Laboratoriumscetanzahl = $\text{CaZ}_{300} + \text{CaZ}_{\text{korr}}$ (für Siedekennziffer über 300)

vorgeschlagen[3]. Die Übereinstimmung mit der nach dem Zündverzugsverfahren im I. G.-Motor gemessenen Cetanzahl war bis auf jene Fälle, in denen Mischkraftstoffe und Kraftstoffe mit Zündbeschleunigern vorlagen, recht gut.

### γ) *Hilfsmittel*

Ein sehr wichtiges Hilfsmittel der Cetanzahlmessung ist die Braunsche Röhre mit einer entsprechenden Seitenablenkung. Der bereits erwähnte Indikator der I. G. gibt versetzte Diagramme über 180° und ermöglicht die Auseinanderzerrung der interessierenden 45°, in denen die Einspritzung und Zündung erfolgt. Dazu wird der Einspritzpunkt mit einem Unterbrecher, der ein auf dem Schwungrad mitlaufendes Glimmlämpchen steuert und eine Marke im Diagramm erzeugt, sichtbar gemacht. Zur Seitenablenkung wird ein Widerstandsring aus Wasser benützt,

---

[1] Vgl. Cetanindex: Yound, H. D.: Petroleum Processing **5** (1950), 625; Correlation Index: Harper, K. A.: Ebenda **9** (1954), 221.

[2] Z. angew. Chem. **50** (1937), 147.

[3] Oel u. Kohle **39** (1943), 847.

der mit der Kurbelwelle rotiert. Durch zwei Elektroden wird Spannung zu- bzw. abgeführt. Ein feststehender Fühlstift greift, dem Kurbelwinkel entsprechend, die Ablenkungsspannung ab. Sind die Elektroden um 180° versetzt, so wird der gesamte Druckverlauf gleichmäßig über dem Kurbelwinkel aufgezeichnet[1].

Für die Messung von Kraftstoffen für Höhenmotoren hat W. H. BROWNE auf die Drosselmethode zurückgegriffen und ein „Cetanventil" entwickelt, das einen keilförmigen, durch zwei parabelförmige Linien begrenzten Drosselquerschnitt besitzt, der von einem Schieber mit gerader Kante abgedeckt wird; es wird an Stelle der üblichen Drosselklappe verwendet. Dadurch wird statt der parabolischen Kurve, die für steigende Cetanwerte mit der Drossel erhalten werden, eine gerade Eichlinie erhalten. Angeblich sollen die Ergebnisse damit besonders genau reproduzierbar und mit jedem Motor erzielbar sein[2].

Ein sehr einfaches Indiziergerät ist von NEUMANN (Rhenania-Ossag) für den Gebrauch von Prüfständen entwickelt worden. Es besteht aus einem sogenannten Trägheitsindikator als Geber, der durch die Düsennadel und eine Membrane in der Wand des Verbrennungsraumes gesteuert wird. Seine Wirkungsweise beruht darauf, daß ein Kontakt im Inneren eines Leichtmetallrohres bei Überschreitung einer bestimmten, axial nach oben gerichteten Beschleunigung geöffnet wird; diese Öffnungszeit wird nun in verschiedener Weise in Grad oder Sekunden ablesbar gemacht. Der Vorteil des Indikators ist die trägheitsfreie Anzeige der Einspritzung und des Verbrennungsbeginnes. Ein im Kurbelkreis verschiebbarer Stromabnehmer schließt in jedem Arbeitshub durch einen mit der Welle umlaufenden Kontakt bei Anheben der Düsennadel einen Stromkreis, der bei Beginn des Druckanstieges infolge der Zündung durch den Indikator wieder unterbrochen wird[3].

### e) Praktische Bedeutung

Als Maß der Zündwilligkeit von Dieselkraftstoffen hat sich die Cetanzahlmessung allgemein durchgesetzt. Die Eignung für den Motorbetrieb nimmt aber nicht mit steigender Cetanzahl zu, sondern hat ein Optimum, das nun auf etwa 60 Cetanzahl geschätzt wird. Erst bei Verwendung besonders dafür konstruierter Motoren wäre mit einer höheren Leistung bei Verwendung hochzündwilliger Kraftstoffe zu rechnen. Synthetische Dieselöle (FISCHER-TROPSCH) mußten erst mit 50% Teeröl vermischt werden, um gut zu verbrennen.

Die Entwicklung der Verbrennungsturbinen hat der Verbrennung schwersiedender Kraftstoffe neues Interesse zugewendet. Diese Arbeiten werden zweifellos auch für die Dieselkraftstoffe von Bedeutung sein, wenn auch kraftstoffseitig kaum grundsätzliche Neuentwicklungen erwartet werden können.

## 10. Die Detonation

### a) Definition

Als Detonation bezeichnet man die mit Überschallgeschwindigkeit ablaufende, durch adiabatische Verdichtung des unverbrannten Gemisches bewirkte Verbrennung von Gasgemischen, wie $CO + O_2$, $H_2 + O_2$, bei der die Geschwindigkeit bis zu mehr als 2 km/sek betragen und der Druck in der Richtung der Verbrennung, ausgehend vom Atmosphärendruck, auf viele hundert Atmosphären ansteigen kann.

[1] WILKE, W.: Untersuchungen über den Verbrennungsablauf von Dieselkraftstoffen. Motortechn. Z. **1** (1939), 41; Z. VDI **82** (1938), 1135.

[2] BROWNE, W. H.: An Instrument for Measuring the Ignition Quality of Diesel Fuels. SAE-Journal **48** (1941), 148.

[3] Vgl. KESSLER, O.: Oel u. Kohle **38** (1942), 1034.

### b) Wesen

Detonation wurde zuerst von MALLARD und LE CHATELIER in Rohren beobachtet, in denen die Vorbedingungen zur Ausbildung von Detonation besonders günstig sind. Die Flammenfront beginnt zuerst ruhig vorzuschreiten, führt danach zu einer schwingenden Bewegung, die durch akustische Eigenschaften des Gefäßes, durch Druckunterschiede und endlich durch Kompressionswellen verursacht sein kann, um danach — über ein wenig genau zu definierendes Zwischenstadium — in die eigentliche Detonationswelle überzugehen. Der Unterschied zwischen der ruhigen Flamme und der Detonation besteht darin, daß die erste vor allem durch Wärmeleitung und Diffusion, die Detonation aber durch die Kompressionswelle weitergeleitet wird; außerdem ist bei Flammen die Bewegung des Unverbrannten zur Flammenzone, bezogen auf eine mit der Flammenfront beweglich gedachte Koordinate, kleiner als jene der verbrannten Gase aus der Flammenfront heraus, während es bei der Detonation umgekehrt liegt. Bei der Flamme ist der Druck vor der Flammenfront höher als in ihr, während bei der Detonation der Druck in der Flammenfront selbst am höchsten ist. Die Ausbildung der ruhigen Flamme (in Rohren) bis zur Detonation erfordert eine gewisse Zeit und damit auch Flammenstrecke; dies ist der meist verwendete Einwand gegen die Annahme echter Detonation in den Zylindern von Verbrennungsmotoren, wo die Wege nur sehr kurz sind. Auch ohne Gefäßwandungen kann es zu detonativen Verbrennungen kommen, wie durch das Auftreten der sogenannten Raumexplosionen wahrscheinlich gemacht wird; diese erfolgen, wenn ein genügend großes Volumen Gemisch gezündet wird, so daß auch hier adiabatische Kompressionswellen auftreten können. Die verheerende Explosion bei dem Oppauer Werk im Kriege ist als solche Detonation anzusehen.

Während die Verbrennung ruhiger Art in der Flammenfront selbst relativ unvollständig ist, so daß sie sich auch nach deren Durchgang fortsetzt, nimmt man an, daß sie beim Durchgang der Detonationswelle praktisch momentan und vollständig erfolgt. Dabei treten die hohen lokalen Drucke durch adiabatische Verbrennung des verbrennenden Gemisches auf. Der Übergang der ruhigen Verbrennung in die Detonation tritt dann ein, wenn Flammenfront und Front einer Kompressionswelle gemeinsam weiterlaufen; liegen Bedingungen vor, die das Auftreten von erhöhtem Druck in der Kompressionswelle begünstigen, so kann dieser so hoch ansteigen, daß Selbstzündung eintritt. In diesem Falle setzt die Detonation schon vor Durchgang der Flammenfront ein[1].

Die Geschwindigkeit der Detonationswelle ist für gegebene Bedingungen und Gasgemische konstant. Einige Werte sind in Tab. 73 nach P. F. LAFITTE[2] zusammengestellt.

Die *Detonationsdrucke* sind sehr verschieden, je nachdem ob man sie in der Richtung der Detonation (dynamisch) oder senkrecht dazu (statisch) mißt. Bei Versuchen von H. CZERLINSKY hatte ein Äther-Luftgemisch in einem 9 m langen Rohr von etwa 60 cm Durchmesser einen dynamischen Druck (am Rohrende) von 900 at, gegenüber nur 200 at in der Rohrwand.

Diese Werte erscheinen verläßlicher als frühere, die maximal 41,5 at ergaben (vgl. LAFITTE l. c. S. 3001).

### c) Einflüsse

Rohrdurchmesser und -material haben wenig Einfluß.

*Rauhigkeit der Wandungen* begünstigt allerdings das Auftreten der Detonation.

---

[1] Vgl. Übersicht von KISTIAKOWSKY, G. B.: Ind. Engng. Chem. **43** (1951), 2794.

[2] Sci. Petroleum **4** (1938), 2999.

Tabelle 73. *Detonationsgeschwindigkeiten*

| Gemisch | Geschwindigkeit m/sek | Autor |
|---|---|---|
| $2\,H_2 + O_2$ | 2,821 | DIXON |
| $2\,CO + O_2$ | 1,089 | DIXON |
| $CS_2 + 3\,O_2$ | 1,800 | LE CHATELIER |
| $CH_4 + 2\,O_2$ | 2,146 | DIXON |
| $CH_4 + 1{,}5\,O_2 + 2{,}5\,N_2$ | 1,880 | DIXON |
| $C_2H_6 + 3{,}5\,O_2$ | 2,363 | BERTHELOT |
| $C_2H_4 + 3\,O_2$ | 2,209 | DIXON |
| $C_2H_4 + 2\,O_2 + 8\,N_2$ | 1,734 | DIXON |
| $C_2H_2 + 1{,}5\,O_2$ | 2,716 | DIXON |
| $C_2H_2 + 1{,}5\,O_2 + N_2$ | 2,414 | DIXON |
| $C_2H_6 + 3\,O_2$ | 2,600 | LAFITTE und BRETON |
| $C_3H_8 + 6\,O_2$ | 2,280 | LAFITTE und BRETON |
| $C_4H_{10} + 4\,O_2$ | 2,613 | LAFITTE und BRETON |
| $C_4H_{10} + 8\,O_2$ | 2,270 | LAFITTE und BRETON |
| $C_5H_{12} + 8\,O_2$ | 2,371 | DIXON |
| $C_5H_{12} + 8\,O_2 + 24\,N_2$ | 1,680 | DIXON |
| $C_6H_6 + 7{,}5\,O_2$ | 2,206 | DIXON |
| $C_6H_6 + 22{,}5\,O_2$ | 1,658 | DIXON |
| $C_2H_5OH + 3\,O_2$ | 2,356 | DIXON |
| $C_2H_5OH + 3\,O_2 + 12\,N_2$ | 1,690 | DIXON |

*Inerte Gase* haben in geringen Mengen keinen Einfluß, außer Wasserdampf, der bis zu einem Optimum (in einem Falle 5,6 Gew.-%) die Detonationsgeschwindigkeit gegenüber jener der trockenen Gase steigert, um dann wieder (bei 38,5% in einer Reihe) praktisch den ursprünglichen Wert zu ergeben.

*Gegenklopfmittel* (Bleitetraäthyl) haben keine Wirkung bei stark detonierenden Gemischen.

*Drucksteigerung* erwies sich nach Versuchen DIXONs nur im Bereich von 200 auf 1800 mm wirksam (2627 auf 2872 m/sek für $2\,H_2 + O_2$), darüber hinaus ergab sich keine Wirkung.

*Temperatursteigerung* von 10 auf 100° C senkte die Geschwindigkeit um rund 70 m bei Knallgas, um rund 40 m bei $C_2H_4 + 2\,O_2$.

*Stufenförmige Erweiterung des Rohrdurchmessers* setzt primär die Detonationsgeschwindigkeit herab, bis sich eine neue Detonationswelle mit der ursprünglichen Geschwindigkeit ausbildet.

Ob *feinverteilte Körper* detonationsbremsend in gleichem Maße wirken, wie dies z. B. bei der Verhinderung von Grubengasexplosionen versucht wird, ist nicht eindeutig zu sagen; wahrscheinlich wird eine sehr dichte Verteilung bremsend wirken.

### d) Messung

Grundsätzlich werden die schon bei der Verbrennung besprochenen Verfahren angewendet, so daß sich eine nochmalige Besprechung erübrigt.

### e) Praktische Bedeutung

Detonation kann immer dann auftreten, wenn genügend Raum, d. h. auch Zeit zur Ausbildung der Detonationswelle vorhanden ist, also vor allem in Rohrleitungen und Gefäßen großer Abmessungen. Dabei ist der große Unterschied in den Drucken zu beachten, die in Richtung der Detonationswelle (dynamisch) und senkrecht dazu (statisch) auftreten können. Wo immer die Möglichkeit detonativer Explosion besteht, müßte konstruktiv darauf Rücksicht genommen werden.

Detonative Verbrennung in Motorenzylindern ist neuerdings wahrscheinlich gemacht worden. Trotzdem dürfte das Klopfen meist dem Zwischengebiet zwischen Explosion und Detonation angehören. Erkenntnisse über das Wesen der Detonation werden aber auch für die Behandlung des Klopfens wertvoll sein.

## 11. Thermische, katalytische und elektrische Aufspaltung (Kracken)

### a) Definition

Unter *thermischer* Aufspaltung (Kracken) versteht man die Aufspaltung größerer Kohlenwasserstoffmoleküle in kleinere durch die Einwirkung von Wärme ohne Mitwirkung anderer Stoffe.

Die *katalytische* Aufspaltung verwendet demgegenüber zur Aufspaltung unter Wärmeeinwirkung gleichzeitig Stoffe, die die Reaktion fördern oder in bestimmte Richtung lenken, die Katalysatoren. Als *elektrische Aufspaltung* (Zersetzung) wird die unter Gasabspaltung bei Wechsel-Spannungen über 4 kV eintretende, in Transformatoren vorkommende Zersetzung von Kohlenwasserstoffen bezeichnet, die allerdings im Gegensatz zu den ersten beiden Vorgängen überwiegend nicht kleinere, sondern wesentlich größere Moleküle (Wachs) ergibt.

### b) Wesen

**Bindungsfestigkeiten.** Um die Bindungen zwischen den Kohlenstoffatomen zu sprengen, muß eine bestimmte Energie aufgewendet werden, die jener der Bindungen selbst entspricht. Je geringer diese Bindungsfestigkeit ist, um so leichter tritt eine Lösung ein. Als Maß der Bindungsfestigkeit verwendet man die Energie in cal/Mol, deren Werte in Tab. 74 zusammengestellt sind.

Tabelle 74.
*Festigkeit der Bindungen in Kohlenwasserstoffen* (nach SEDGWICK)

| Bindung | Stoff | Festigkeit cal/Mol |
|---|---|---|
| H–H | Wasserstoffgas | 103,0 |
| C–C | Diamant | 75 |
| | Paraffine | 71,14 |
| | Aromaten | 97,17 |
| | Paraffine an Aromaten | 79,40 |
| C=C | Olefine | 123 |
| C C | Azetylen | 161 |
| C–H | Paraffine | 93,61 |
| | Aromaten | 101,73 |

Allerdings ist dabei zu berücksichtigen, daß die Bindungsfestigkeit durch innere Oszillationen der Moleküle stark verringert werden kann. Am einleuchtendsten zeigt dies die Tatsache, daß sehr lange paraffinische Moleküle (Polyäthylene) schon so instabil werden können, daß sie in Lösung durch einfaches Schütteln zerbrechen und irreversibel in kleinere Moleküle mit geringerer Zähigkeit zerfallen können.

In gleicher Weise kann die Bindungsfestigkeit aber auch durch Adsorption verringert werden. Anstelle der angegebenen Werte sind deshalb dann nur sehr viel geringere Energien zur Aufspaltung notwendig, eine Tatsache, die nicht nur bei den katalytischen Krackverfahren ausgenützt, sondern auch zur Erklärung der Bildung niedermolekularer Kohlenwasserstoffe aus den primär als Ausgangsmaterial des Erdöls angenommenen hochmolekularen paraffinischen Fettsäuren bzw. „Kerogens“ oder hochmolekularen Ölen herangezogen wird[1].

[1] Vgl. BROOKS, B. T.: Bull. Ass. Amer. Petroleum Geolog. **32** (1948), 2269/86; J. Amer. Chem. Soc. **71** (1949), 4143.

**Thermische Aufspaltung.** Auch bei der thermischen Spaltung hat sich die Auffassung von der Mitwirkung freier Radikale durchgesetzt; bei der Untersuchung der thermischen und katalytischen Spaltung von reinen Kohlenwasserstoffen ergab sich die Notwendigkeit, zweierlei verschiedene Reaktionsmechanismen anzunehmen, einen freien Radikalmechanismus gemäß der RICE-KOSSIAKOFFschen Theorie für die thermische Spaltung und einen über ein Carbonium-Ion für säureaktivierte Spaltung nach der Auffassung von WHITEMORE. Beide Reaktionen können katalytisch beschleunigt werden, die freien Radikalreaktionen durch nicht saure, die Carboniumreaktionen durch saure Katalysatoren, wie synthetische Siliziumoxyd-Aluminiumoxydkatalysatoren und handelsübliche säurebehandelte Tonerdekatalysatoren[1].

Wesentlich für die Einleitung des thermischen Zerfalles scheint die Anwesenheit geringer Mengen Sauerstoff zu sein, wie dies schon BOERLAGE und VAN DYCK annahmen[2]. Auch bei der Zersetzung von Acetaldehyd wurde von LETORT die Mitwirkung des Sauerstoffes bei der thermischen Zersetzung beobachtet. Der Ablauf der thermischen Zersetzung von $n$-Paraffinen geht nach RICE und KOSSIAKOFF so vor sich, daß das Molekül durch Kollision mit einem kleineren Kohlenwasserstoffradikal oder mit einem freien Wasserstoffatom ein Wasserstoffatom verliert und zu einem Radikal wird, das entweder gleich weiter krackt oder sich zu einem anderen meist beständigeren Radikal isomerisiert, ehe es weiter zerfällt, indem ein Wasserstoffatom seine Stellung ändert. Die folgende Krackung des ursprünglichen oder isomerisierten Radikals tritt in $\beta$-Stellung zu dem C-Atom ein, dem das Wasserstoffatom fehlt, wobei direkt ein $\alpha$-Olefin und ein primäres Radikal gebildet wird, dem das Wasserstoffatom am primären Kohlenstoffatom fehlt. Das entstandene primäre Radikal kann weiter in der $\beta$-Bindung gekrackt werden und wenn keine Isomerisierung eintritt, entsteht nur Äthylen als olefinisches Produkt aus primären Radikalen. Geht der Radikalzerfall immer weiter, so entsteht endlich ein Methyl- oder Äthylradikal, das mit frischen Kohlenwasserstoffmolekülen in Reaktion treten kann, so daß eine Kettenreaktion zustandekommt. Zur Einleitung der Kette kann man die Entstehung eines Radikals durch Zersetzung energiereicher Moleküle an den Wandungen annehmen.

Die Abspaltung des Wasserstoffes aus dem Paraffin geht gemäß seiner *Bindungsfestigkeit* an dem Kohlenstoffatom vor sich, bei 500° C ist das Verhältnis des Zerfalles von primären, sekundären und tertiären Bindungen 1 : 3,66 : 13,4, wie sich rechnerisch ergibt und durch Versuche von GREENSFELDER und Mitarbeitern bestätigt wurde (l. c.).

Bei *Naphthenen* scheint nach den wenigen Versuchen mit reinen Stoffen der Zerfall so wie bei $i$-Paraffinen zu verlaufen; 6-Ring-Moleküle geben unter Dehydrierung Aromaten.

Bei *Aromaten*, deren Kern beständig ist, tritt Sprengung der daran gebundenen C-Ketten ein, die wieder gemäß dem Schema für Paraffine erfolgt, allerdings nicht in der dem Kern benachbarten Bindung. So geben $n$-Propylbenzol und $i$-Propylbenzol vor allem Toluol bzw. Styrol.

**Die katalytische Krackung** mittels der meistverwendeten $SiO_2$-$Al_2O_3$-Katalysatoren verläuft nach jetzigen Anschauungen über ein saures Wasserstoff-Ion. Dazu gibt CH. L. THOMAS als beste Anordnung des Katalysators ein zentrales Al-Atom an, das mit je drei Vierteln einer Bindungseinheit an vier Sauerstoffatome

[1] GREENSFELDER, B. S., H. H. VOGE und G. M. GOOD: Ind. Engng. Chem. **41** (1949), 2573.

[2] J. Inst. Petroleum Techn. **21** (1935), 40, dieselben und J. J. BROEZE: J. Soc. Automot. Engrs. **31** (1932), 283.

gebunden ist, die ihrerseits wieder mit vier Siliziumatomen abgebunden sind. Jedes dieser Sauerstoffatome ist aber durch das Aluminium nur mit drei Vierteln einer Bindungseinheit abgesättigt, so daß insgesamt vier Viertel Bindungseinheiten nicht befriedigt sind; das $AlO_4$-System des Moleküls ermangelt also einer ganzen Bindungseinheit, die wegen des negativen Charakters des Sauerstoffes auch negativ ist. Man kann nun annehmen, daß ein Wasserstoffatom diese vier Viertel Bindungseinheiten absättigt und demgemäß sowohl ionisiert als sauer ist. Abb. 105 zeigt das von THOMAS angegebene Schema eines solchen sauren Katalysators.

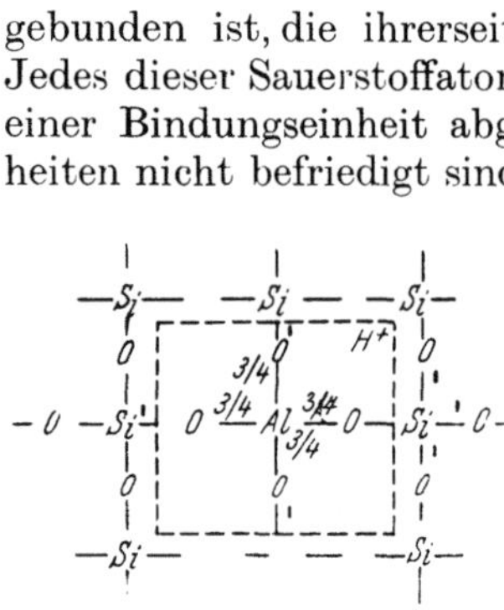

Abb. 105. Schema eines $SiO_2$-$Al_2O_3$-Katalysators nach THOMAS

Als Formel gibt THOMAS für den aktiven Teil des Katalysators an: $(H\ Al\ SiO_4)x$, wobei $x$ angibt, daß er Teil eines festen Körpers ist, der der gleichen oder aber auch anderer Zusammensetzung sein kann wie der aktive Teil.

Ähnliche Formulierungen schlägt THOMAS für Aluminiumkatalysatoren mit sechs Sauerstoffatomen am Aluminiumatom vor; die Siliziumoxyd-Magnesiumoxyd-, Siliziumoxyd-Zirkonoxyd-; Aluminiumoxyd-Boroxyd- und Titanoxyd-Boroxyd-Katalysatoren lassen sich ebenfalls so darstellen[1].

Für Aluminiumoxyd-Siliziumoxyd-Katalysatoren sollte theoretisch die beste Wirkung beim Atomverhältnis 1 : 1 erreicht werden, nach dem Ergebnis der Versuche lag sie beim Verhältnis 2 : 1. Als Maß der Säure wendet THOMAS Titration mit 0,1-n KOH-Lösung und 0,1-n HCl-Lösung (Phenolphthalein als Indikator) an. Die Katalysatorwirkung zeigte recht gute Übereinstimmung mit dem so erfaßten Säuregehalt.

Als Maß der sauren Eigenschaften eines Katalysators wird aber nicht allein die H-Ionenkonzentration bei Aufschlämmung im Wasser, sondern auch die Reaktionsfähigkeit des trockenen Katalysators mit $NH_3$ verwendet, weil dadurch ebenfalls die sauren Wasserstoffatome erfaßt werden, die die Reaktionsfähigkeit bedingen.

**Carboniumionreaktionen.** In Gegenwart von Säuren laufen Carboniumionreaktionen ab. Als Carboniumion bezeichnet man Kohlenstoffverbindungen, die nach folgendem Schema aufgebaut sind:

$:\ddot{\underset{..}{A}}:\ddot{\underset{..}{B}}$ ; $B$ stellt das Kohlenstoffatom des Carboniumions dar, das also statt der bei Achterschalen üblichen acht nur sechs Elektronen aufweist. Die Reaktionsfähigkeit des Carboniumions wird durch die Aufnahme zweier zusätzlicher Elektronen von einem anderen Atom des gleichen oder eines anderen Moleküles bedingt. Folgende Reaktionen des Carboniumions sind nach THOMAS möglich (wobei zu beachten ist, daß sie nur an Katalysatorenflächen ablaufen, so daß deren Eigenschaften von größtem Einfluß sind):

1. *Reaktion Type 1.* Das Carboniumion $B$ hat größere Affinität für Elektronen als $A$; dann tritt folgende Änderung ein:

$$:\ddot{\underset{..}{A}}:\ :\ddot{\underset{..}{B}}\,\ddot{B}: \rightleftharpoons :\ddot{A}:\ddot{\underset{..}{B}}:$$

so daß $A$ zum Carboniumion-Kohlenstoffatom wird, wobei das von $A$ zu $B$ wandernde Elektron jene Atome oder Gruppe mitführt, die dieses Elektron teilt.

[1] THOMAS, CH. L.: Ind. Engng. Chem. 41 (1949), 2564.

2. *Reaktion Type 2.* Ein Carboniumion reagiert mit einem neutralen Molekül unter Bildung eines neuen Carboniumions und eines neuen Moleküles:

$$:\overset{\cdot\cdot}{\underset{\cdot\cdot}{A}}:\overset{\cdot\cdot}{\underset{\cdot\cdot}{B}} + :\overset{\cdot\cdot}{\underset{\cdot\cdot}{\mathrm{R}}}:\mathrm{H} \longrightarrow :\overset{\cdot\cdot}{\underset{\cdot\cdot}{A}}:\overset{\cdot\cdot}{\underset{\cdot\cdot}{B}}:\mathrm{H} + :\overset{\cdot\cdot}{\underset{\cdot\cdot}{\mathrm{R}}}$$

Hiebei gibt es zwei verschiedene Formen, je nachdem, ob RH ein Paraffinkohlenwasserstoff oder ein Olefin ist, im zweiten Falle entsteht ein ungesättigtes Radikal:

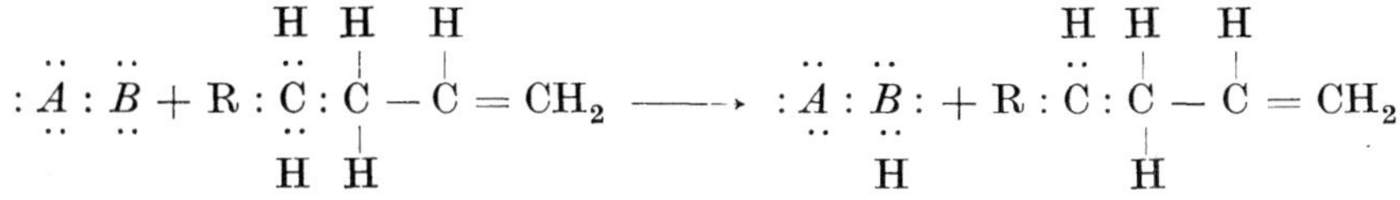

3. *Reaktion Type 3.* Ein Carboniumion-Kohlenstoff nimmt ein Elektronenpaar vom benachbarten C-Atom ohne die Gruppe auf, die dieses Elektronenpaar vorher aufwies; es ist dies die Umkehr der Addition eines Carboniumions an ein Olefin:

$$:\overset{\cdot\cdot}{\underset{\cdot\cdot}{\mathrm{R}}}:\overset{\cdot\cdot}{\underset{\cdot\cdot}{A}}:\overset{\cdot\cdot}{\underset{\cdot\cdot}{B}} \longrightarrow :\overset{\cdot\cdot}{\underset{\cdot\cdot}{\mathrm{R}}} + \overset{\cdot\cdot}{\underset{\cdot\cdot}{A}}::\overset{\cdot\cdot}{\underset{\cdot\cdot}{B}}$$

Die B-Regel gilt für diese Fälle; d. h. das Elektronenpaar betrifft stets eine der $\beta$-Bindungen, bezogen auf das ursprüngliche Carboniumion-Kohlenstoffatom.

4. *Reaktion Type 4.* Ein Carboniumion reagiert direkt mit einem Olefin und ergibt dabei unter Bildung eines neuen Carboniumions Umwandlung des Carboniumions in ein Olefin:

$$:\overset{\cdot\cdot}{\underset{\cdot\cdot}{A}}:\overset{\cdot\cdot}{\underset{\cdot\cdot}{B}} + :\overset{\cdot\cdot}{\mathrm{C}}::\overset{\cdot\cdot}{\mathrm{C}}: \longrightarrow :\overset{\cdot\cdot}{A}::\overset{\cdot\cdot}{B}: + :\overset{\cdot\cdot}{\underset{\cdot\cdot}{\mathrm{C}}}:\overset{\cdot\cdot}{\mathrm{C}}:$$

Die Reaktionsfähigkeit der verschiedenen Carboniumionen ist nicht gleich groß, sie nimmt nach folgender Reihenfolge ab: Tertiäres, sekundäres, primäres, Äthyl-, Methyl-Carboniumion. Am leichtesten bilden sich die Carboniumionen aus Olefinen, entsprechend der Gleichung:

$$:\overset{\cdot\cdot}{\mathrm{C}}::\overset{\cdot\cdot}{\mathrm{C}}: + \mathrm{H} \longrightarrow \mathrm{H}:\overset{\cdot\cdot}{\underset{\cdot\cdot}{\mathrm{C}}}:\overset{\cdot\cdot}{\mathrm{C}}: \qquad \text{(Reaktion A)}$$

Wenn diese Reaktionen etwas ausführlicher besprochen wurden, geschah dies, weil ihre Bedeutung sich offenbar auf sehr viele Gebiete der heterogenen Kohlenwasserstoffreaktionen erstreckt; hier soll aber nur die Frage der thermischen bzw. katalytischen Spaltung unter diesem Gesichtspunkt behandelt werden.

Als Beispiel der katalytischen Spaltung an einem sauren Katalysator im besprochenen Sinne sei die Krackung eines Olefins nach THOMAS gezeigt:

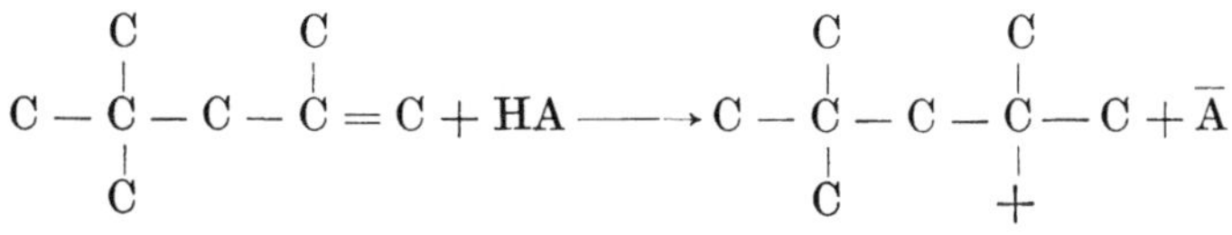

(hiebei ist HA der Katalysator; H bezeichnet das saure Wasserstoffatom, das die Aktivität bedingt, und A den anionischen Anteil des Katalysators).

Auf die erste Stufe folgt die zweite (die oben als 3 besprochene Reaktion, gemäß der $\beta$-Regel:

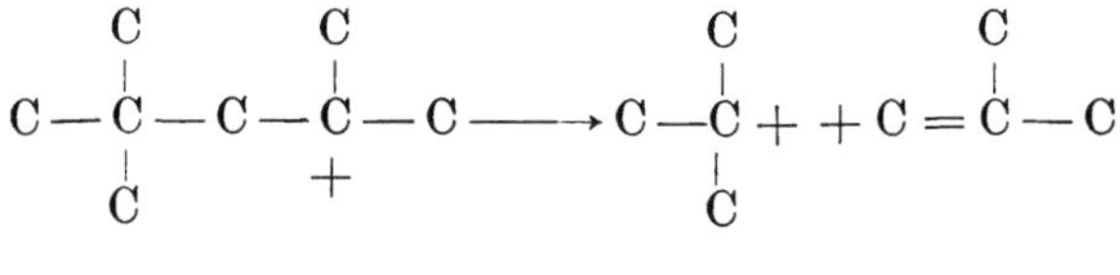

Die dritte Stufe ist die oben besprochene Reaktion 4:

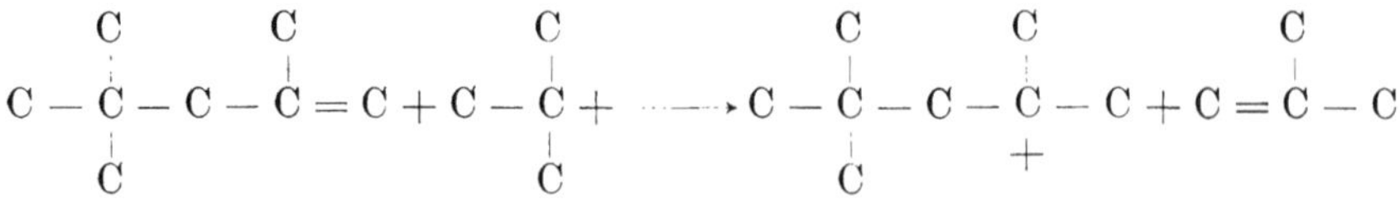

Die Stufen 2 und 3 setzen sich dauernd fort, statt der Stufe 3 gibt es auch eine kettenabbrechende Reaktionsmöglichkeit unter Neubildung des Katalysators:

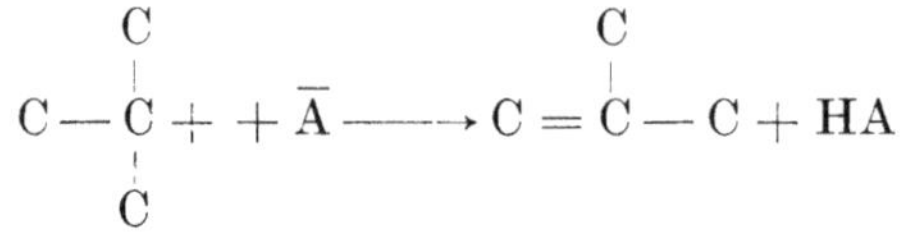

Der rückgebildete Katalysator HA kann dann wieder reagieren wie in Stufe 1.

Statt der bloßen Spaltung von geraden Kohlenstoffketten kann aber auch die *Dealkylierung* von *alkylierten Aromaten* erfolgen, ebenso kann *Isomerisierung* von Olefinen durch ähnliche Reaktionsabläufe und die Bildung gesättigter Paraffinkohlenwasserstoffe erfolgen.

Zur Spaltung der Paraffine und Naphthene, die nicht wie die Olefine ein Carboniumion nach Reaktion A bilden können und schwerer katalytisch zu kracken sind als die Olefine, ist primär eine thermische Spaltung nötig, die höhere Temperaturen erfordert als die katalytische.

An aktiver Kohle kann man die Spaltung von Cetan nach GREENSFELDER und Mitarbeitern als primäre Bildung eines freien Radikals an der Katalysatoroberfläche durch Abspaltung eines H-Atoms (an irgendeiner Stelle der C-Kette), Kracken dieses Radikals in $\beta$-Stellung unter Bildung eines normalen $\alpha$-Olefins und eines primären freien Radikals auffassen. Dieses primäre freie Radikal wird rasch durch Anlagerung eines Wasserstoffatoms an der Katalysatoroberfläche zu dem entsprechenden $n$-Paraffin abgesättigt, das außer im Falle sehr hohen Molekulargewichtes nicht weiter gespalten wird.

Die Auffassung der Spaltreaktionen als Ergebnisse der Bildung von Carboniumionen hat zur Aufstellung der Reaktionsformeln für die verschiedensten katalytisch beeinflußten Vorgänge geführt, von deren weiterer Entwicklung sicherlich noch tiefere Einblicke in die Chemie der Kohlenwasserstoffumwandlungen zu erwarten sind. Werden beim Spaltvorgang Gleichgewichtszustände realisiert, die den Gesetzen der Thermodynamik folgen, so lassen sich aus den Temperaturen und dem Atomverhältnis C : H : O : N die Anteile der einzelnen Spaltgase exakt ermitteln, wie K. PETERS und E. KAPPELMACHER für Methan zeigten. Man kann für jede gewünschte Spaltgaszusammensetzung die theoretischen Arbeitsbedingungen ableiten, die Ergebnisse der für Methan allein durchgeführten Messungen aber auch auf Vergasung bzw. Spaltung beliebiger fester, flüssiger und gasförmiger Brennstoffe mit Luft, Sauerstoff, Wasserdampf und Kohlendioxyd als Vergasungsmittel übertragen[1].

Daß zur Errechnung der Gleichgewichtsprodukte mit sehr guter Übereinstimmung mit dem Versuchsergebnis die Rechenmethode von M. v. STEIN angewendet werden kann, sei erwähnt[2].

**Elektrische Aufspaltung.** Von der *elektrischen Zersetzung* ist die in Schaltern durch den Schaltfunken vorkommende Zersetzung der Öle zu unterscheiden,

[1] B. C. **33** (1952), 296.

[2] Vgl. Forsch. Gebiete Ingenieurwes. **14** (1943), 113; STEIN, M. v. und H. VOETTER: Z. Elektrochem. **37** (1953), 119.

obwohl sie manchmal damit in Zusammenhang gebracht wird; diese ist ein rein thermischer Vorgang. Die dabei entstehenden Gase haben die in Tab. 75 angegebene Zusammensetzung[1].

Tabelle 75. *Zusammensetzung von Schaltergasen*

| | I | II |
|---|---|---|
| Wasserstoff | 50,4% | 65,7% |
| Methan | 3,0% | 3,7% |
| Schwere Kohlenwasserstoffe | 23,3% | 25,0% |
| $CO_2$ | 1,0% | 0,6% |
| Sauerstoff | 2,4% | 1,0% |
| Stickstoff | 4,9% | 4,0% |
| Im Öl gelöste Zersetzungsprodukte | 15,0% | — |

Die durch hohe Wechselspannungen vor allem in Kabeln eintretende Zersetzung der Öle ist eine Abspaltung vor allem von Wasserstoff, daneben Methan, und von wenig $C_2$—$C_4$-Kohlenwasserstoffen, die stark durch den chemischen Aufbau des Öles beinflußt wird; Naphthene neigen wesentlich weniger zur Zersetzung als paraffinische Öle. Aromaten können bei der Reaktion entstehenden Wasserstoff aufnehmen und so die Gasentwicklung stark herabsetzen. Es handelt sich primär bei dem Vorgang um eine Stoßionisation; ob aromatische Zusätze noch eine spezifische Wirkung haben, steht wohl noch nicht fest. Ihre Auswirkung zeigt Tab. 76 nach G. W. Nederbragt[2].

Tabelle 76.

*Hemmung der Gasentwicklung bei elektrischer Entladung durch Zusätze (7500 Hz, 25 mA)*

| Stoff | Dauer min | Druckzunahme mm Hg |
|---|---|---|
| Hexadekan | 30 | 30 |
| Kabelöl (lösungsmittelraffiniert) | 30 | 4 |
| Kabelöl (überraffiniert) | 30 | 15 |
| USP-Weißöl | 30 | 13 |
| USP-Weißöl | 50 | 20 |
| USP-Weißöl + 2% Benzol | 50 | 5 |
| USP-Weißöl + 3% Xylol | 50 | 4 |
| USP-Weißöl + 2% Naphthalin | 50 | 3 |
| USP-Weißöl + 3% Tetralin | 50 | 0 |
| USP-Weißöl + 1% Anilin | 48 | 2 |
| USP-Weißöl + 1% Chinolin | 48 | 0 |

Überraffination scheint ähnlich wie Oxydationshemmstoffe auch Hemmstoffe gegen den elektrisch bedingten Zerfall zu zerstören. Eine weitere Folge des elektrisch bewirkten Zerfalls ist die gelegentlich beobachtete Bildung wachsartiger hochmolekularer Verbindungen, über deren Einzelheiten noch Unklarheiten bestehen. Stäger nimmt an, daß dabei auch die Isolierstoffe, wie die Zellulose des Isolierpapiers, sich beteiligen, da diese sich kolloidal im Öl bzw. in den wachsartigen Veränderungsprodukten desselben auflöst.

**Atomstrahlung.** Mit der praktischen Ausnützung der Atomenergie hat die Einwirkung der Atomstrahlung auf Erdölkohlenwasserstoffe erhöhte Bedeutung erlangt. Paraffinische reine Kohlenwasserstoffe von $C_5$ bis $C_7$ ergaben Spaltung in kleinere sowohl gesättigte als auch ungesättigte Moleküle und Wasser-

[1] Stäger, H. in: Isolieröle, S. 120. Berlin: Springer. 1938.
[2] J. Instn. Electr. Engr. **79** (1936), 282.

stoffabspaltung, zugleich bildeten sich aber dimere Paraffinkohlenwasserstoffe[1]. Gammastrahlung von $1 \times 10^8$ Röntgen Intensität verursachte sowohl Zähigkeitsabnahme (bei einem durch Polymere eingedickten Öl) als auch Zähigkeitszunahme; die Oxydationsbeständigkeit und das Korrosionsverhalten wurden ungünstig beeinflußt. Auch Schmierfette wurden in Struktur und Oxydationsbeständigkeit vielfach ungünstig verändert[2]. Nach J. J. FREWING sind — ähnlich wie gegenüber elektrischen Feldern — die Öle mit hohem Gehalt an paraffinisch gebundenem Kohlenstoff am unbeständigsten gegenüber Atomstrahlung und gehen schließlich in einen quasifesten Zustand über; die natürlichen aromatischen Verbindungen haben stabilisierende Wirkung, wogegen Zusatz von ölfremden aromatischen Verbindungen wenig Erfolg hatte. Synthetische Schmiermittel waren weniger stabil als viele der Mineral-Kohlenwasserstoffe. Schmierfette wurden schon bei geringer Strahlungsdosis flüssig[3].

Die Zusammenhänge sind bisher noch zu wenig geklärt, als daß man sich ein Bild von der Art der Reaktionen machen könnte, die bei der Atombestrahlung von Ölen eintreten.

### c) Einflüsse auf den Spaltvorgang

**Die Temperatur** ist naturgemäß von entscheidender Bedeutung, vor allem bezüglich der Reaktionsgeschwindigkeit, aber auch die Zusammensetzung der Produkte hängt davon in dem Sinne ab, daß bei niederem Druck der Olefingehalt mit steigender Temperatur zunimmt.

**Die Zeit.** Statt hoher Temperaturen und kurzer Reaktionszeiten kann man in gewissen Grenzen auch niedere Temperaturen und lange Reaktionszeiten anwenden, so daß die *Zeit* in diesen Grenzen den Einfluß der Temperatur kompensieren kann.

Den schematischen Verlauf der Spaltreaktion beim Durchlaufen eines Rohres einer Krackanlage zeigt Abb. 106 nach STROUT.

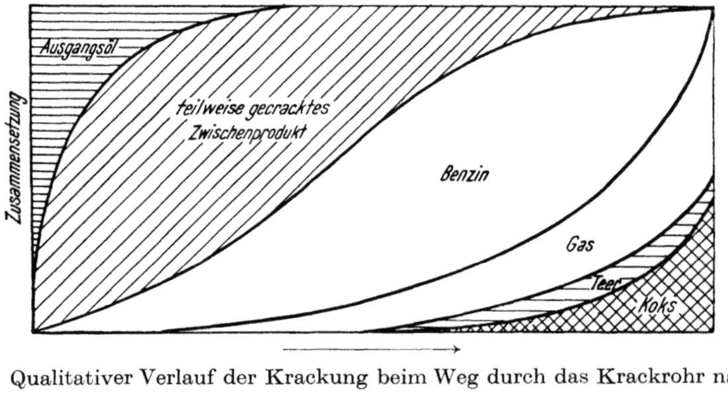


Abb. 106. Qualitativer Verlauf der Krackung beim Weg durch das Krackrohr nach STROUT

Man erkennt die Zunahme der koksartigen und der gasförmigen Anteile mit der Zeit, die auch bei Steigerung der Temperatur erfolgt.

**Der Druck** hat auf die — als Reaktion erster Ordnung zu betrachtende — Spaltungsgeschwindigkeit direkt keinen großen Einfluß, sondern verschiebt vor

[1] DAVISON, W. H. T.: Chem. and Ind. 25. Mai 1957, S. 662.

[2] KING, J. A. und W. L. R. RICE: Lubric. Eng. **13** (1957), 279.

[3] FREWING, J. J.: Erdöl u. Kohle **11** (1958), **461**; s. auch REINSMITH, G.: ASTM-Bulletin **232** (Sept. 1958), 37.

allem den Ablauf der Reaktion im Sinne verstärkter Bildung flüssiger Produkte (wenn ohne Druck viel Gase entstehen).

**Die Konstitution** wirkt sich nach der von GREENSFELDER und Mitarbeitern angegebenen Tabelle (Tab. 77) folgendermaßen aus:

Tabelle 77. *Spaltprodukte reiner Kohlenwasserstoffe*

| Kohlenwasserstoff | Thermische Spaltung | Katalytische Spaltung |
|---|---|---|
| *n*-Hexadekan (Cetan) ... | Hauptprodukt: $C_2$ mit viel $C_1$ und $C_3$; viel *n*-*α*-Olefine $C_4$—$C_{15}$; wenig verzweigte Olefine | Hauptprodukt $C_3$—$C_6$, wenig n-*α*-Olefine über $C_4$; Aliphaten meist verzweigt |
| Alkyl-Aromaten ........ | In Seitenkette gespalten | Nahe am Ring gespalten |
| *n*-Olefine ............ | Doppelbindung wandert langsam; wenig Isomerisierung des C-Gerüstes | Doppelbindung wandert sehr rasch; starke Isomerisierung des C-Gerüstes |
| Olefine ............... | H-Wanderung untergeordnete Reaktion, nicht selektiv für tertiäre Olefine. Spalten etwa so rasch wie entsprechende Paraffine | H-Wanderung sehr wesentlich, selektiv für tertiäre Olefine. Spalten viel rascher als entsprechende Paraffine |
| Naphthene ........... | Spalten viel langsamer als Paraffine | Spalten etwa gleich rasch wie Paraffine mit gleichwertigen Strukturgruppen |
| Alkyl-Aromaten ....... (Alkyl länger als Propyl) | Spalten langsamer als Paraffine | Spalten rascher als Paraffine |
| Aliphaten ........... | Bei 500° C bilden sich etwas Aromaten | Bei 500° C bilden sich viel Aromaten |

**Katalysatoren** beeinflussen sowohl die Geschwindigkeit als auch den Verlauf der Spaltung. Nach den Versuchen von GREENSFELDER und Mitarbeitern stieg die Spaltgeschwindigkeit gegenüber der nichtkatalysierten Reaktion mit Silikagel auf das Sechsfache, mit Aktivkohle auf das 150fache derjenigen über Quarz. Die *Größe der wirksamen Oberfläche* spielt dabei eine erhebliche Rolle, wie P. SCHLÄPFER und R. KOESZEGI[1] bei der Vergasung von Öl zeigten. Die Reaktionsgeschwindigkeit stieg bei Vergrößerung der Oberfläche (wenn kein zusätzliches Gas verwendet wurde) erheblich an, ähnlich wie es bei einer Erhöhung der Temperatur der Fall ist; falls im entstehenden Gas Anteile sind, die zur Bildung von Polymerisations- und Kondensationsprodukten neigen, nimmt auch die Bildung fester Rückstände zu.

**Verdünnung mit inerten Gasen** verringert den Partialdruck im Reaktionsraum, wodurch die Zersetzung der Kohlenwasserstoffe gefördert, die thermische (pyrogene) Synthese dagegen zurückgedrängt wird. Wasserstoff wirkt hydrierend auf Doppelbindungen und Radikale, so daß mehr gesättigte Anteile entstehen und auch Kettenreaktionen unterbunden werden.

**Sauerstoff** fördert die Spaltneigung der Kohlenwasserstoffe, indem die Reaktion sowohl rascher als auch vollständiger verläuft als bei Anwesenheit von $CO_2$ oder Wasserdampf.

[1] 3. Welt-Erdölkongreß Haag **6** (1951), 448.

**Die Strömungsgeschwindigkeit** ist insofern von Bedeutung, als der Wärmeübergang bei turbulenter Strömung erheblich besser als bei laminarer ist, so daß dann auch stärkerer Zerfall eintritt.

### d) Messung

Sieht man von jenen Fällen ab, in welchen thermodynamische Gleichgewichte erreicht werden, die nach dem erwähnten Verfahren von M. v. STEIN berechenbar sind, so muß man durch systematische Versuche unter Berücksichtigung aller in Frage kommenden Faktoren Spaltversuche durchführen, aus denen sowohl die Art der entstehenden Produkte als auch die Bedeutung der verschiedenen Einflüsse zu ermessen ist. Die Untersuchung der Spaltung zur Herstellung von Benzinen geht dabei bekanntermaßen bis zu Versuchsanlagen von halbindustriellem Ausmaße; für die Zwecke der Erdölverwendung wird man außer in Sonderfällen meist mit kleineren Apparaturen auskommen, die die Verhältnisse der Praxis genügend berücksichtigen.

### e) Praktische Bedeutung

In allen Fällen, wo bei der Verwendung Temperaturen von etwa 300°C überschritten werden, besteht die Möglichkeit, daß Erdölprodukte thermisch gespalten werden, wodurch Störungen des Betriebes eintreten können. Es sei auf die Spaltreaktion als möglichen Beginn der klopfenden Verbrennung, auf den bei manchen synthetischen Motorenschmierölen beobachteten Zähigkeitsabfall durch Zerbrechen der großen Moleküle und auf die durch primäre thermische Spaltung eingeleitete — im betreffenden Abschnitt (S. 266) näher besprochene — Rückstandsbildung aus Heizölen und Motorenkraftstoffen hingewiesen. Daß die katalytisch beschleunigte Spaltung zur Erklärung des Vorkommens leichter Kohlenwasserstoffe im Erdöl herangezogen wird, sei nochmals erwähnt. Thermische Spaltversuche eines „jungen" Rohöles haben ja ergeben, daß es bei einer Temperatur von 66°C in geologisch in Frage kommenden Zeiten unverändert bliebe, aber schon bei der in manchen Fällen anzunehmenden Temperatur von 121°C in 400 Millionen Jahren zu 99% in leichtere Kohlenwasserstoffe aufgespalten würde, falls Katalyse mitwirkte[1].

Die elektrische Zersetzung führt im Transformator infolge der Bildung fester Produkte zu verschlechtertem Wärmeübergang und dadurch bedingten Störungen, kann aber auch durch Erhöhung des Verlustfaktors ungünstig wirken.

## 12. Harzbildung und -ablagerung in und aus flüssiger Phase

### a) Definition der Harzbildung

Als Harz bezeichnet man Polymerisations- und Kondensationsprodukte, die sich aus Kohlenwasserstoffen flüssiger oder gasförmiger Art mit oder ohne Einwirkung von Sauerstoff in flüssiger oder fester Form als neue Phase abscheiden (englische Bezeichnung gum). In den Sammelbegriff „Harz" kann man auch die lackartigen, alkohollöslichen, hochsauerstoffhaltigen Ablagerungen einbeziehen, die sich im Dieselbetrieb aus dem Kraftstoff vor allem bei niederen Temperaturen bilden.

Der Begriff „Harz" im hier gebrauchten Sinn ist nicht die Bezeichnung für eine chemisch definierte Stoffklasse, sondern für eine physikalische Konsistenz, die sich wesentlich durch ihre Klebrigkeit bemerkbar macht; aber auch danach

[1] MC NAB, J. G., P. V. SMITH JR. und R. L. BETTS: Ind. Engng. Chem. **44** (1952), 2556/637.

beurteilt, ergibt sich wegen der sehr verschiedenen Produkte und Bildungsbedingungen, unter denen Harze auftreten, keine klare Abgrenzung gegenüber anderen flüssigen und halbfesten bis festen Veränderungsprodukten.

### b) Wesen der Harzbildung

Voraussetzung für die Bildung von Harz (Lack) ist nach der Definition die Anwesenheit oder Bildungsmöglichkeit von Molekülen, die zur Kondensation oder Polymerisation neigen. Meist erfolgt die Bildung solcher Moleküle unter dem Einfluß eines oxydierenden Mediums, vor allem Luft, und kann daher primär als Oxydationsreaktion betrachtet werden, worüber im Abschnitt über Oxydation (S. 139) bereits eingehend gesprochen wurde.

Die Anwesenheit kondensations- oder polymerisationsfähiger Moleküle ist eine Tatsache, mit der man bei der Verwendung eines bestimmten Erdölproduktes rechnen muß; es genügt meist, analytisch die Menge ungesättigter Produkte oder mittels empirischer Verfahren die Neigung zur Harzbildung zu erfassen, um weitgehende Klarheit über das Verhalten der Stoffe zu erhalten, wie noch besprochen wird.

Der Vorgang der Kondensation und Polymerisation, der nicht nur für die Harzbildung, sondern auch für die Schlammbildung und Rückstandsbildung von Bedeutung ist, wird in den betreffenden Abschnitten behandelt (S. 256 und 266), so daß hier darauf verwiesen werden kann.

Die Abscheidung aus der flüssigen Phase geschieht, wenn das Lösungsvermögen nicht mehr ausreicht, weil entweder die Konzentration des Harzes bei der betreffenden Temperatur (durch Neubildung von Harz oder Verdampfung von Lösungsmitteln) zu hoch, oder infolge Abkühlung der gesättigten Lösung die Sättigungskonzentration überschritten wurde. Auch eine Flockung der kolloiden Lösung kann in Frage kommen. In den Abschnitten über Lösung und Suspension finden sich Unterlagen über diese Vorgänge (S. 70 und 76).

Die Harzbildung erfolgt vor allem über den Sauerstoffangriff von Olefinen, der dann weiter zu Polymerisationen und Kondensationen führt. Nur selten tritt ohne Sauerstoff eine Polymerisation ein, wie G. R. SCHULTZE am Beispiel des Cyclopentadiens zeigte.

Bei der oxydativen Alterung werden aus den Olefinen zuerst peroxydische Verbindungen gebildet, wobei Gemische von Olefinen mehr Harz geben als die für sich untersuchten Olefine. Die entstandenen Peroxyde katalysieren ihrerseits die weitere Oxydation von Kohlenwasserstoffen, bilden aber auch Aldehyde und Ketone, die schließlich in hochmolekulare Säuren und Harz übergehen. Das entstehende Harz ist gelblich bis dunkelbraun, riecht meist scharf und hat eine Konsistenz, die zwischen der eines klebrigen Öles und der eines spröden Lackes schwanken kann. Es enthält merkliche Mengen Sauerstoff und ist leicht in Alkohol, Azeton und Chloroform löslich, dagegen schwer in Kohlenwasserstoffen. Ein typisches Harz enthielt 30% Wasserlösliches, 40% Alkalilösliches und 30% Neutralstoffe.

Die Entfernung der harzbildenden Olefine ist besonders bei den Krackbenzinen und Braunkohlen- sowie Schieferbenzinen notwendig; FISCHER-Benzine (d. h. synthetische Benzine nach FISCHER-TROPSCH) enthalten nur geradkettige Monolefine und bilden kein Harz. Spuren von Schwermetallsalzen beschleunigen die Harzbildung sehr. So wirkt Kupfer, das bei der Entwässerung von Alkohol in diesen gelangen kann, in Mischkraftstoffen katastrophal auf Krackbenzine. Bei gebleiten Kraftstoffen ist die Harzbildung nur eine Seite der Alterung; Hand in Hand geht damit die Abnahme der Klopffestigkeit. Der Vorgang der Alterung gebleiter Kraftstoffe ist noch verwickelter als bei ungebleiten Benzinen, weil die

Alterungsprodukte des Bleitetraäthyls rasches Altern der Kohlenwasserstoffe einleiten können, wie die primäre Oxydation der Benzinkohlenwasserstoffe ihrerseits den katalytisch wirkenden Bleitetraäthylzerfall einleiten kann. Aromaten scheinen meist gefährdeter als Paraffine, doch hängt dies von ihrer Struktur ab. Zusätze sind für gebleite wie ungebleite Kraftstoffe in Gebrauch und haben starke Wirkung.

Die Hemmung der Harzbildung wird durch die gleichen Stoffe erreicht, wie jene der Oxydation im allgemeinen, d. h. durch Stoffe, die

a) selbst als Hemmstoff wirken, wie substituierte Phenole, Amine usw., wobei ein geeignetes Gemisch viel größere Wirkung haben kann, als die Komponenten für sich[1],

b) vorhandene Katalysatoren fixieren und unschädlich machen, wie Di-Salicyloläthylendiamin,

c) Bildung katalysierend wirkender Verbindungen verhindern, indem sie Metalle gegen Korrosionsangriff schützen oder passivieren, wie manche Sulfide, Phosphorverbindungen, aber auch Korrosionsschutzstoffe, wie Erdalkalisalze der Naphthensulfosäuren und ähnliche Stoffe.

Auch durch geeignete Raffinationsbehandlung unter Entfernung saurer Anteile wie von Merkaptanen kann man wesentliche Verbesserungen erreichen. So ergibt die Alkalibehandlung merkliche Senkung der Harzbildungsneigung. Die Kohlenwasserstoffe selbst neigen zur Oxydation und in weiterer Folge zur Harzbildung entsprechend ihrer Reaktionsfähigkeit, die in der Reihenfolge tertiärer, sekundärer, primärer Wasserstoffatome abnimmt, wie schon unter Oxydation ausgeführt wurde.

Die Zusammensetzung von Harzen aus Spaltbenzinen bei der Einwirkung in Glasgefäßen (Luft, Licht), im Originalzustand und getrocknet, sowie von beim Kupferschalentest erhaltenem Harz nach Story, Provine und Benett[2] und von Harz, das bei Einwirkung von Sauerstoff unter Druck erhalten wurde (Morrell, Dryer, Lowry und Egloff[3]), zeigt Tab. 78.

Tabelle 78. *Zusammensetzung von Harzen aus Spaltbenzinen*
Bedingungen: Luft, Glasgefäße, Licht

| | Originalzustand 100% %-Gehalt | ditto getrocknet 54,4% %-Gehalt | Kupferschalentest 100% %-Gehalt |
|---|---|---|---|
| Kohlenstoff | 64,97 | 71,95 | 70,73 |
| Wasserstoff | 8,56 | 7,99 | 6,95 |
| Sauerstoff | 26,08 | 19,48 | 19,51 |
| Stickstoff | —,— | —,— | 0,13 |
| Schwefel | 0,22 | 0,33 | 0,68 |
| Asche | 0,17 | 0,25 | 2,00 (meist Staub) |
| Jodzahl (Hanus) | 47 | 95 | 73 |
| Verseifungszahl | 289 | 144 | 191 |
| Neutralisationszahl | 625 | 651 | 732 |
| Molekulargewicht | 172 | 338 | 200 |
| Schmelzpunkt °C | —,— | 68/71 | 98/105 |
| Konsistenz | zähe Flüssigkeit | harzig-fest | harzig-fest |
| Farbe | dunkelbraun | braun | dunkelbraun |
| Dichte | 1,0932 | — | — |

[1] Nottes, E. G.: Erdöl u. Kohle **9** (1956), 853.
[2] Ind. Engng. Chem. **21** (1929), 1079.
[3] Ind. Engng. Chem. **28** (1936), 465.

*Fortsetzung der Tabelle 78*

Bedingungen: Sauerstoff unter Druck (Bombentest)

| Herkunft des Ausgangsproduktes | Pennsylvanien | West-Texas | Kalifornien |
|---|---|---|---|
| %-Gehalt Kohlenstoff | 69,6 | 74,9 | 76,2 |
| „ Wasserstoff | 9,2 | 9,4 | 10,6 |
| „ Schwefel | 0,42 | 0,44 | 2,91 |
| „ Sauerstoff (Differenz) | 20,8 | 15,3 | 10,3 |
| „ Molekulargewicht | 342 | 236 | 210 |

Zum Vergleich seien Zahlen für Erdölharze gegeben, die von SUIDA bei der Erdölanalyse von verschiedenen Schmierölen gefunden wurden[1].

Tabelle 79. *Zusammensetzung von Erdölharzen* (nach SUIDA)

| Öl | Zähigkeit °Engler/ 50° C | $D_{20}$ | Erdölharzanteil % | $D_{20}$ | Mol.-Gew. | Elementarzusammensetzung | | | | Verseifungszahl mgKOH/g |
|---|---|---|---|---|---|---|---|---|---|---|
| | | | | | | % C | % H | % O | % S | |
| Pennsylvanien | 9,1 | 0,886 | 3,7 | 1,000 | 583 | 87,19 | 11,06 | 1,03 | 0,73 | 2,69 |
| Columbien | 9,7 | 0,918 | 3,9 | 1,068 | 456 | 85,51 | 10,04 | 2,18 | 2,27 | 4,77 |
| Rumänien | 10,9 | 0,945 | 2,0 | 1,078 | 406 | 80,25 | 9,95 | 7,40 | 2,40 | 10,8 |
| Rum. gealtert | — | — | 100,0 | 1,062 | 446 | 87,49 | 9,56 | 0,56 | 2,39 | 0,5 |
| Ebano-Asphalt | — | — | 20,3 | — | — | 82,83 | 10,14 | 0,20 | 6,83 | — |

Bei der Oxydation von Erdölprodukten während der Verwendung entstehen vielfach „Harze", die sich allerdings meistens zusammen mit anderen Alterungsprodukten oder Produkten, die beim Betrieb entstanden sind, ablagern und bei der Behandlung mit Erden durch selektive Lösung entfernen und isolieren lassen. Bisher gibt es keine allgemein eingeführte Methode zur Isolierung der Harze, so daß schwer Vergleichswerte angegeben werden können. Eine ältere Untersuchung von GURWITSCH zeigt die Zunahme des Harzgehaltes in Bakudestillaten:

Tabelle 80. *Harzgehalt in Bakudestillaten* (nach GURWITSCH)

| Fraktion | Harzgehalt | Raffinate (Herkunft nicht angegeben: „russisch") |
|---|---|---|
| Petroleum | 0,30% | |
| Spindelöl | 3,8 % | |
| Maschinenöl | 8,1 % | maximal 6% mit Floridaerde bestimmt |
| Zylinderöl | 14,0 % | maximal 9% |
| Ölgoudron | 39,4 % | |

Über die Elementarzusammensetzung findet sich keine Angabe. Für die Neubildung des Harzes aus paraffinischen und naphthenischen Kernfraktionen sind Ergebnisse von E. HAUS interessant, wenn auch infolge des viel höheren Schwefel- und O-Gehaltes des paraffinischen Öles der Einfluß des Kohlenwasserstoffes stark überdeckt ist[2]. Die Ausgangsöle hatten nebenstehende chemische Elementaranalyse.

| | Paraffinisch | Naphthenisch |
|---|---|---|
| C | 86,59 | 86,92 |
| H | 12,46 | 12,67 |
| S | 0,82 | 0,27 |
| O | 0,13 | 0,05 |

[1] Oel u. Kohle, Erdöl u. Teer **13** (1937), 205.

[2] Oel u. Kohle, Erdöl u. Teer **14** (1938), 299.

Tabelle 81. *Harzbildung bei 200° C aus paraffinischer Kernfraktion*

| Dauer Std. | 0 | | 6 | | 12 | | 25 | | 50 | | 100 | |
|---|---|---|---|---|---|---|---|---|---|---|---|---|
| | Öl | Harz | Öl | Harz | Öl | Harz | Öl | Harz | Öl | Harz | Öl | Harz |
| Molekulargewicht | 304 | 524 | 370 | 510 | 326 | 510 | 347 | 470 | — | — | 404 | 600 |
| C % | 84,95 | 83,45 | 86,84 | 81,86 | 86,90 | 81,95 | 86,80 | 81,86 | 86,77 | 81,94 | 86,60 | 80,28 |
| H % | 12,12 | 9,34 | 12,25 | 9,58 | 12,53 | 9,45 | 12,51 | 9,33 | 12,65 | 9,54 | 12,66 | 9,39 |
| S % | 0,75 | 2,18 | 0,60 | 2,46 | 0,51 | 2,16 | 0,55 | 1,70 | 0,66 | 1,70 | 0,47 | 1,41 |
| O % | 2,18 | 5,03 | 0,32 | 6,10 | 0,06 | 6,54 | 0,14 | 7,11 | — | 6,91 | 0,27 | 8,92 |

Tabelle 82. *Harzbildung bei 200° C aus naphthenischer Kernfraktion*

| Dauer Std. | 0 | | 6 | | 12 | | 25 | | 50 | | 100 | |
|---|---|---|---|---|---|---|---|---|---|---|---|---|
| | Öl | Harz | Öl | Harz | Öl | Harz | Öl | Harz | Öl | Harz | Öl | Harz |
| Molekulargewicht | 312 | 520 | — | 506 | 368 | 495 | 320 | 472 | 356 | — | 385 | 540 |
| C % | 87,21 | 78,09 | 87,02 | 78,61 | 87,25 | 80,74 | 86,75 | 80,64 | 85,00 | 80,20 | 86,47 | 79,69 |
| H % | 12,67 | 10,77 | 12,81 | 9,02 | 12,98 | 9,13 | 12,80 | 9,18 | 12,79 | 9,22 | 13,08 | 9,76 |
| S % | 0,23 | 5,50 | 0,16 | 1,68 | 0,17 | 1,22 | 0,16 | 0,90 | 0,28 | 0,83 | 0,13 | 0,65 |
| O % | — | 5,64 | 0,01 | 10,69 | — | 8,91 | 0,29 | 9,28 | 1,93 | 9,75 | 0,32 | 9,90 |

Für die Alterung bei 200°C ergaben sich die in Tab. 81 aufgeführten Veränderungen in der Zusammensetzung des mit Bleicherden und fraktionierter Extraktion erhaltenen Harzes und des so vom Asphalt und Harz befreiten paraffinierten Öles.

Die entsprechende Veränderung der naphthenischen Öle zeigt Tab. 82.

Aus diesen Zahlen ergibt sich, daß die Harzbildung primär nicht in einer sehr starken Vergrößerung des Molekulargewichtes besteht, wie man aus der zähen Konsistenz des Harzes schließen konnte, sondern in der Anlagerung von Sauerstoff unter Mitwirkung der im Öl enthaltenen Schwefelverbindungen; das mittlere Molekulargewicht spricht nur für eine Vergrößerung auf das etwa Anderthalbfache innerhalb 100 Stunden bei den eingehaltenen Bedingungen. (Unstetigkeit der Analysenwerte, wie der plötzliche O-Anstieg in dem naphthenischen Öl bei 50 Std., ist wohl zufälliger Art!) Die wesentliche Auswirkung der Harzbildung besteht in dem Zähigkeitsanstieg, der durch die starke Assoziations-Neigung der im Öl gelösten Harzmoleküle verursacht wird, in der im Abschnitt über Rückstandsbildung (S. 266) besprochenen, durch die Umwandlung von Harz in Asphalt bewirkten vermehrten Ölkohlebildung und endlich in der ebenfalls verstärkten Neigung zur Abscheidung des Harzes in halbfester bis fester Form an den Wandungen der Maschinen bzw. Behälter und der Leitungen.

### c) Einflüsse auf die Harzbildung

Die Einflüsse auf die Harzbildung sind die gleichen, die in dem Abschnitt über Oxydation besprochen wurden (vgl. S. 139).

### d) Definition der Harzablagerung

Die Harzablagerung ist ein vor allem physikalisch bedingter Vorgang, sei es,

1. daß die Konzentration infolge Harzneubildung (Schmieröl, Benzin) oder infolge Verdampfung leichterflüchtiger Anteile (Benzin, Schmieröl) für das Lösungsvermögen des flüssigen Anteils zu groß wird,

2. daß durch Einwirkung flockender Mittel, wie mehrwertiger Ionen oder elektrischen Stromes, oder adsorbierender feinverteilter Körper mit großer aktiver Oberfläche eine Zerstörung der (kolloiden) Lösung, gegebenenfalls Suspension, eintritt, oder

3. daß mechanische Kräfte die Trennung des harzhaltigen Gemisches in eine feste und eine flüssige Phase bewirken, wie z. B. die Schwer- oder die Zentrifugalkraft.

Zu diesen Einflüssen sei bemerkt, daß sowohl die Art der Oberflächen (Rauhigkeit, Material) als auch die Art der Strömung von erheblicher Bedeutung sind. Hydro- und aerodynamische Verhältnisse können sich bei der Harzablagerung sehr stark auswirken — wie ja schon die Verwendung der Prallbleche zur Gasreinigung beweist.

### e) Messung

Die Messung der Menge des vorgebildeten Harzes und der Harzneubildung wird bei Ottokraftstoffen jetzt allgemein durch Verdampfung unter festgelegten Bedingungen (ohne oder mit Vorbehandlung mit Sauerstoff unter Druck) vorgenommen.

Die Bestimmung des im Kraftstoff vorgebildeten Harzes muß die wirklich vorhandene Menge erfassen. Es darf sich also dabei nicht infolge direkter oder katalytischer Oxydation neues Harz bilden. Deshalb wird das früher verwendete Kupferschalenverfahren (copper dish test) verlassen, bei dem infolge von Katalyse viel mehr Harz gefunden wird als beim Abdampfen des Kraftstoffes in Glasschalen. Allerdings wird, gerade weil das erstere Verfahren zu scharf ist, kein Kraftstoff, der dabei gut abschneidet, im Betrieb Ventilstörungen geben, aber es kann ein danach ungünstig beurteilter Kraftstoff praktisch brauchbar sein. Durch die zunehmende Verwendung von Krackbenzinen und Polymerbenzinen, die stärkeren Harzgehalt haben, ist es notwendig geworden, die Prüfung nicht überscharf zu gestalten. Man verwendet daher jetzt Glasschalen zur Harzbestimmung. Eine gemessene Menge Kraftstoff von einer eben übermittelten Sendung wird in eine saubere, halbrunde Glasschale von bestimmten Abmessungen gegeben und bei 110° C so verdampft, daß entweder Luft keinen Zutritt dazu hat (indem man eine Dampfatmosphäre verwendet) oder bei Überleiten von Luft die Verdampfung innerhalb einer bestimmten Zeit ($\frac{1}{2}$ Stunde) erfolgt. Darnach wird der Rückstand in einem Trockenschrank bei 150° C eine Stunde lang erhitzt und nach 20 Minuten Abkühlen gewogen.

Um noch genauere Werte des vorhandenen Harzes zu erhalten, geht man in USA dazu über, die Verdampfung durch Einbringen von 50 $cm^3$ des Kraftstoffes in ein auf 160 bis 166° C erhitztes Bad zu beschleunigen. Dabei werden 60 l Luft/min übergeleitet. Die erhaltenen Werte liegen noch niederer als die mit der einfachen Schalenmethode erhaltenen. Den Apparat zeigt Abb. 107.

Die Bestimmung der Harzneubildung muß die Zeit für diese Reaktion wesentlich verkürzen. Das kann durch Anwendung von Katalysatoren, von erhöhtem Druck oder erhöhter Temperatur geschehen; meist arbeitet man mit Sauerstoff unter erhöhtem Druck bei erhöhter Temperatur. Bei der jetzt meist verwendeten Bombenmethode ASTM D 525/55 wird das Benzin in einem sorgfältig mit Chrom-Schwefelsäure 12 Std. lang gereinigten Glasgefäß in einer Bombe bei 7 at Sauerstoffdruck solange in einem Wasserbad auf 100°C erhitzt, bis bei den in Abständen von 15 min gemachten Ablesungen das angeschlossene Manometer einen Druckabfall von genau 0,140 at für diese Zeit und die folgende Ablesung einen von mehr als 0,140 at ergibt; diesen Punkt zwischen den beiden 15-min-Perioden nennt man Brechpunkt (Break Point), die Zeit vom Einsetzen der Bombe bis zu dem Brechpunkt heißt die Induktionszeit. Einzelheiten der Versuchsdurchführung finden sich in den ASTM-Vorschriften. Die Bestimmung des neugebildeten Harzes geschieht wie vorstehend besprochen.

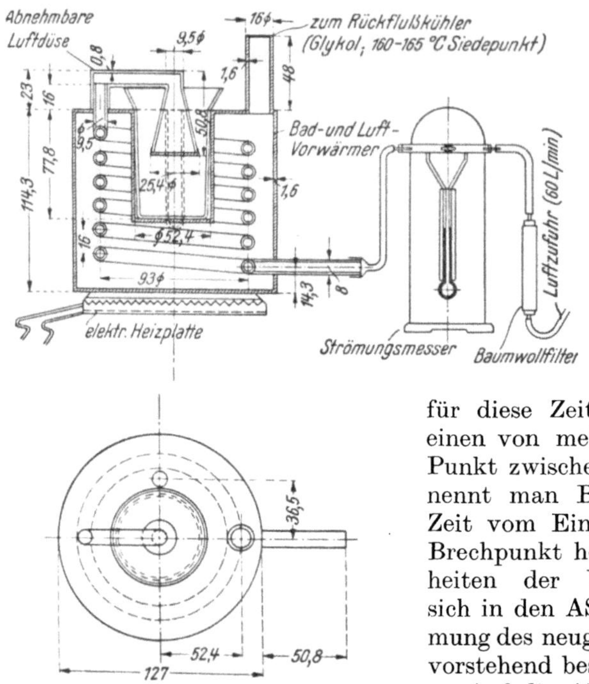


Abb. 107. ASTM-Apparatur zur Bestimmung des Harzgehaltes von Kraftstoffen

Auf die Abänderungsvorschläge zur besseren Anpassung an die Praxis von R. Weller[1], der Senkung der Arbeitstemperatur auf 70°C vorschlug, und von R. Heinze und M. Marder[2], die unter Verzicht auf die Druckablesung eine einfachere Apparatur vorschlugen, sei hingewiesen.

Grundsätzlich erscheint der Vorschlag von Weller beachtlich, weil er der Tatsache gerecht wird, daß die starken Unterschiede im Energieniveau von Prüfmethode und Praxis eine der Ursachen der praktisch festgestellten Differenzen beider sind. Dies trifft besonders für gebleite Benzine zu.

Kritik an der ASTM-Methode wegen der zu hohen Versuchstemperatur wurde auch von anderer Seite geübt. So fand W. R. Power, daß weder die Harzneubildung noch die Induktionszeit mit praktischen Lagerungsversuchen bei 43°C übereinstimmten, während der FL-2-Test und der copper dish test brauchbar waren[3]. Auch R. O. Bender, N. D. Lawson und A. R. Kernen vermißten befriedigende Übereinstimmung zwischen den Ergebnissen dieser Methode und dem Lagerungsverhalten bei 43°C (1200 cm³ Benzin in Glasflaschen) bei katalytisch gekrackten Benzinen. Zusätze zur Verbesserung der Lagerungsbeständigkeit wurden auch nicht richtig erfaßt; so kamen die bessere Wirkung von *n*-Butyl-*p*-Aminophenol im Vergleich zu Di-sek-Butyl-*p*-Phenylendiamin, besonders bei

[1] Oel u. Kohle, Erdöl u. Teer **13** (1937), 935.
[2] Kraftstoff **17** (1941), 728.
[3] ASTM-Bull. **200** (Sept. 1954), 55/61.

gebleiten Benzinen, und die günstige Auswirkung von Metalldesaktivatoren (Disalizylen, 1,2-Diaminopropan) nicht zur Geltung (E. I. du Pont de Nemours & Co. 1952).

Arbeiten zur Verbesserung der Methode sind im Gang; sie findet aber auch Verteidiger, die sie bei richtiger Anwendung und Interpretierung als brauchbar finden[1].

Die Messung der Harzablagerung ist naturgemäß so stark durch die konstruktiven Bedingungen beeinflußt, daß es kaum möglich ist, allgemeingültige Aussagen für die Verwendung aus exakten physiko-chemischen Versuchen zu machen. Man beschränkt sich deshalb darauf, die Harzmenge (vorgebildet oder neugebildet) zu messen, wie vorstehend besprochen wurde.

### f) Praktische Bedeutung der Harzablagerung

Die Ablagerung von Harzen wirkt sich vor allem durch die Verschlechterung des Wärmeüberganges und durch die mechanischen Eigenschaften des Harzes aus. Harze in mehr oder weniger reiner Form bilden sich in Benzinen und verursachen Abnahme der Klopffestigkeit — in gebleitem und ungebleitem Zustand — sowie Ventilverpickung und Störungen im Ansaugsystem und Vergaser, sowie endlich vermehrte Rückstandsbildung im Verbrennungsraum. Zu den Harzen zu zählende lackartige Stoffe entstehen bei der Niedertemperaturoxydation von Dieselkraftstoffen am Kolbenhemd und an anderen Stellen, wo sie die Wärmeabfuhr aus dem Kolben beeinträchtigen. In Transformatorenölen sind die Harze nur ein Oxydationsprodukt unter anderen, werden daher bei der Schlammbildung noch besprochen; aber ihre Auswirkung ist wieder verschlechterter Wärmeübergang.

Praktisch ist im Motorenbetrieb der Gehalt an vorgebildetem Harz besonders bei Ottokraftstoffen wichtig, weil in den relativ kurzen Zeiten der Erhitzung

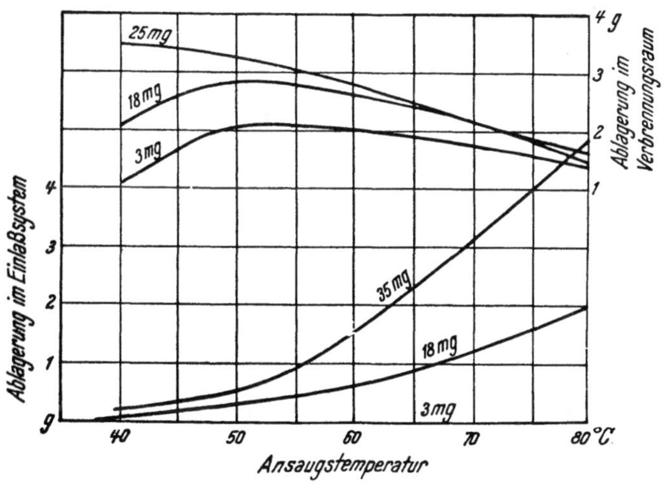


Abb. 108. Harzgehalt, Temperaturen im Ansaugrohr und Harzablagerung im Motor nach LIVINGSTONE, MARLEY und GRUSE

beim Betrieb kaum Neubildung erfolgen kann. Aber auch das vorgebildete Harz wirkt sich je nach den Betriebsbedingungen und der Motorkonstruktion

[1] DONAHUE, R. W.: ASTM-Bull. **200** (Sept. 1954), 61/63.

in verschiedener Weise aus. LIVINGSTONE, MARLEY und GRUSE zeigten, daß bei Temperaturen der Ansaugleitung über 70° C der Kraftstoff schon vor dem Einlaßventil infolge Verdampfung das Harz ablagerte, so daß nur mehr wenig Störungsmöglichkeit am Einlaßventil und im Verbrennungsraum besteht. Liegen die Ansaugleitungstemperaturen dagegen niedrig, so verdampft der Kraftstoff erst nach dem Einlaßventil und kann dort und im Verbrennungsraum Störungen ergeben. Abb. 108 zeigt die von den genannten Autoren gefundenen Beziehungen.

Wegen der konstruktiven Einflüsse kann man Grenzwerte des zulässigen Harzgehaltes nur so festlegen, daß man erfahrungsgemäß „sichere" Maximalmengen verwendet. Derzeit liegen sie bei 6 bis 10 mg/100 cm³ Benzin bei Autokraftstoffen, bei 3 mg/100 cm³ bei Fliegerbenzin. Im Einspritzmotor zeigte sich selbst eine Menge von 50 mg Harz innerhalb von 50 Std. Betrieb ohne Einfluß, während in einem Vergaserflugmotor mit 20 mg Harz schon nach kurzer Zeit schwere Störungen am *Vergasersystem* auftraten.

Die mit der Harzbildung Hand in Hand gehende Peroxydbildung kann unter Umständen solche Ausmaße erreichen, daß die Harzablagerungen explosionsgefährlich werden, ja auch zu Selbstzündungen führen können, falls die gefährliche Temperaturgrenze überschritten wird.

## 13. Ablagerungen aus Gasen

### a) Definition

Als Ablagerung aus Gasen sollen hier harzige, feste (vielfach auch kristalline) Stoffe bezeichnet werden, die sich aus Gasen mit der Zeit ablagern; ihre prozentuale Menge ist zwar sehr gering, sie können sich aber bei Dauerbetrieb doch in so großen Mengen ansammeln, daß dadurch Störungen auftreten.

### b) Wesen

Man kann die Ablagerungen aus Gasen in drei Gruppen einteilen: rein anorganische, gemischt anorganisch-organische und rein organische.

**Rein anorganische Ablagerungen.** Bei den rein anorganischen Ablagerungen handelt es sich meist um mitgerissenen Staub (im Erdgas können bis zu 15% Staub in den Ablagerungen auftreten), um Kochsalz (das ebenfalls im Erdgas bis zu 15% der Ablagerungen ausmachen kann), um Wasser, das je nach der Temperatur in flüssiger oder in fester Form ausgeschieden wird, und endlich um anorganische Korrosionsprodukte, vor allem bei feuchten Gasen mit Schwefelwasserstoffgehalt.

**Gemischte Ablagerungen.** Von den gemischt anorganisch-organischen Ablagerungen sind am wichtigsten die Kohlenwasserstoffhydrate, kristalline Körper mit einer anderen Kristallstruktur als Eis, aber mit den gleichen Auswirkungen auf den Betrieb. Die Bildungstemperatur liegt auch nicht bei 0° C, sondern hängt von Druck und Zusammensetzung des Gases ab.

Zur Verhinderung der Bildungsmöglichkeit solcher Hydrate muß das Gas entwässert werden, wozu man sowohl Abkühlung bei erhöhtem Druck, Abkühlung unterhalb des Taupunktes, Absorption mit Trocknungsmitteln, als auch Absorption mit Flüssigkeiten anwenden kann[1]. Eine andere in diese Gruppe fallende Körperklasse sind die Korrosionsprodukte von — meist sehr niedermolekularen — Fettsäuren mit dem Leitungsmaterial; vorherige Gaswäsche

[1] CAMPBELL, J. M. und L. LAURENCE: Petroleum Refiner **31** (August 1952), 65/69.

schaltet die Korrosion in gleicher Weise aus wie geeigneter Korrosionsschutz[1] (s. S. 284).

**Rein organische Ablagerungen.** Von den rein organischen Ablagerungen ist bei den Kohlenwasserstoffen das — bei starker Aromatisierung auch in Erdölgasen vorkommende — Naphthalin zu nennen. Seine Abscheidung erfolgt in Abhängigkeit vom Lösungsvermögen des Trägergases (das durch Zusätze beeinflußt werden kann) und von Druck und Temperatur, ist also im wesentlichen ein physikalischer Vorgang. Anders ist es mit der Ablagerung von Harzen, die sich aus Olefinen, vor allem Diolefinen, wie Butadien und Cyclopentadien, bilden, diese können sich ja vor allem bei Mitwirkung von Sauerstoff polymerisieren und außerordentlich störende Ablagerungen bilden, ein Vorgang, der eine rein chemische Ursache hat.

### c) Einflüsse

Von den Einflüssen auf die Ablagerung von Harz und anderen Stoffen aus Gasen erscheinen besonders wichtig:

1. Bei physikalisch bedingten Ablagerungen, wie Staub, organischen Schwebestoffen, Wasser bzw. Eis: Temperatur, Druck, Rauhigkeit und Natur der Oberflächen, Art der Strömung (laminar oder turbulent), Strömungsgeschwindigkeit, elektrische Aufladung der Teilchen.
2. Bei chemisch bedingten Ablagerungen, wie Polymerisationsprodukten, Korrosionsprodukten anorganischer und organischer Art: Temperatur, Druck, Sauerstoffgehalt, Material der Leitungen oder Behälter (Katalyse!), Feuchtigkeitsgehalt, Konzentration an polymerisierbaren Olefinen und an korrodierenden Gasanteilen ($H_2S$, Merkaptane, niedere Fettsäuren).

Physikalisch und chemisch bedingte Ablagerungen lassen sich nicht vollkommen auseinanderhalten, weil wohl beide Einflüsse meist gemeinsam zur Geltung kommen.

### d) Die Messung der Neigung zur Harzbildung und Korrosion und des Staubgehaltes von Gasen

Als Maß der *Harzbildungsneigung* kann man nicht einfach den Gehalt an Olefinen verwenden, weil ja Monoolefine gegenüber den Diolefinen für Harzbildung kaum ins Gewicht fallen. Statt dessen empfiehlt sich die Messung entweder dieser selbst oder die Bestimmung der Neigung zur Harzbildung in einer Laboratoriumsapparatur.

Die *Korrosionsneigung* kann durch Bestimmung des Schwefelwasserstoffgehaltes, des Gehaltes an Merkaptanen und der Säuren erfaßt werden.

Der *Staubgehalt* ist in bekannter Weise durch Filtration einer gemessenen Gasmenge und Wägung der Gewichtszunahme des Filters meßbar.

### e) Praktische Bedeutung

In allen Fällen, wo Kohlenwasserstoffgase oder Gase, die solche enthalten, längere Zeit aufbewahrt oder befördert werden, können Ablagerungen durch Absetzen fester Anteile, durch Bildung korrosiver Veränderungsprodukte der Behälter- oder Leitungsmaterialien, endlich durch Ablagerung organischer Verbindungen unangenehme Störungen verursachen, die den Betrieb behindern.

---

[1] Vgl. Bissey, L. T.: Amer. Gas J. **177** (1952), 16/17, 48.

## 14. Polymerisation und Kondensation

### a) Definition

Als *Polymerisation* bezeichnet man eigentlich die reversible Zusammenlagerung mehrerer Moleküle gleicher Art unter Aufrechterhaltung ihrer Atomanordnung im Molekül, der Begriff wird aber bei Kohlenwasserstoffen allgemein auch auf nichtreversible Reaktionen angewendet. Unter *Kopolymerisation* versteht man dementsprechend eine Polymerisation von Molekülen verschiedener Art unter Bildung der Kopolymerisate. Dagegen tritt bei der *Kondensation*, die wie Polymerisation zum Aufbau hochmolekularer Gebilde führt, sowohl Änderung der Atomanordnung im Molekül als auch vor allem Abspaltung einfacher Reaktionsprodukte, wie Wasser, HCl usw., ein und besteht im allgemeinen keine Reversibilität.

### b) Wesen der Polymerisation

Polymerisation tritt um so leichter ein, je reaktionsfähiger die Einzelmoleküle sind; besonders reaktionsfähig (und daher auch praktisch gefährlich) sind die Diolefine, während sich die Monoolefine viel schwerer miteinander vereinigen. Thermodynamisch sind die Monoolefine unterhalb etwa 425° C unbeständig, darüber aber beständig, so daß Temperatursteigerung nur soweit fördernd auf die Polymerisationsgeschwindigkeit wirkt, als nicht durch Annäherung an die kritische Temperatur Unbeständigkeit der Polymerisate verursacht wird. Die Monoolefine geben unter Absättigung jener Doppelbindung, die unter Umlagerung des Wasserstoffes zur gegenseitigen Bindung der Moleküle verwendet wird, ungesättigte höhere Moleküle:

$$CH_2 = CH_2 + CH_2 = CH_2 = CH_3 \cdot CH_2 - CH = CH_2.$$

Die Kette kann naturgemäß auch viel länger werden, bis Körper von schmierölartigem Charakter entstehen. Ähnlich kann Styrol, ein Kondensationsprodukt von Äthylen und Benzol, eine kettenartige Verbindung aufbauen:

$$3\,C_6H_5 \cdot CH = CH_2 \longrightarrow CH_2 = \underset{\displaystyle C_6H_5}{\underset{|}{C}} - CH_2 - \underset{\displaystyle C_6H_5}{\underset{|}{CH}} - CH_2 - \underset{\displaystyle C_6H_5.}{\underset{|}{CH_2}}$$

Eine ungesättigte Doppelbindung bleibt also in beiden Fällen erhalten.

Bei den Diolefinen sind Butadien und Isopren als geradkettige bzw. verzweigte Olefine, Cyclopentadien als ringförmiges Olefin von besonderer Bedeutung. Ihre Polymerisation verläuft folgendermaßen:

Isopren:

$$n\,CH_2 = CH_2 \rightarrow CH_3 \cdot CH_2 (- CH_2 \cdot CH_2 -)\,CH = CH_{2n-2}$$

Cyclopentadien:

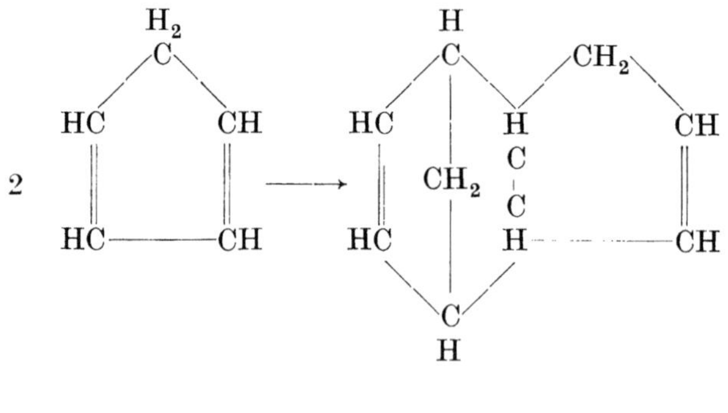

Die Reaktionsprodukte der Polymerisation haben also noch eine oder zwei der ursprünglichen Doppelbindungen.

Haben Moleküle zwei reaktionsfähige Gruppen, so können sich beide bei Polymerisationen (und Kondensationen) beteiligen, so daß nicht nur lange Ketten, sondern auch flächige oder räumliche Gebilde entstehen können.

Als Reaktionsmechanismus wird nach den Vorstellungen von RICE und von WHITEMORE ein Mitwirken von Radikalen angenommen, ähnlich wie es unter der Spaltung besprochen wurde. Wesentlich ist, daß der Vorgang als Kettenreaktion aufzufassen ist. Danach ist primär eine Aktivierung erforderlich (Licht, Wärme, Katalyse), worauf der zweite Vorgang des Wachstums der Moleküle und endlich die Beendigung der Reaktion durch Abbruch der Kettenreaktion erfolgt. Dieser ist durch Reaktion zweier Radikale unter Bildung eines doppelt so großen:

$$2\,CH_3\,(CH_2)_3 \cdot CH_2 \cdot \longrightarrow CH_3\,(CH_2)_8\,CH_3$$

oder durch Disproportionierung zweier Radikale in ein Olefin und ein Paraffin denkbar:

$$2\,CH_3\,(CH_2)_3\,CH_2 \cdot \longrightarrow CH_3\,(CH_2)_3\,CH_3 + CH_3\,CH_2\,CH_2\,CH = CH_2.$$

### c) Einflüsse auf die Polymerisation

*Sauerstoff* ist zur Einleitung der Polymerisation sehr wesentlich, so daß schon Spuren davon sie bewirken können. Ähnlich wirken Peroxyde, die sich auch in den harzigen Oxydationsprodukten von olefinischen Kohlenwasserstoffen finden. Andere Katalysatoren sind: Fullererde bzw. Aluminium-Magnesiumoxydgemische, Aluminiumoxyd-Magnesiumsilikate, wasserfreie Halogenverbindungen, wie $AlCl_3$ und $ZnCl_2$, endlich starke Säuren. Die Katalysatoren verändern aber die Gleichgewichte nicht, sondern nur die Geschwindigkeit der Reaktion.

*Drucksteigerung* wirkt bei Olefinen, die unter Volumenverringerung reagieren, polymerisationsfördernd.

*Temperatursteigerung* steigert die Reaktionsgeschwindigkeit bis zu einem Optimum, über dem wieder Depolymerisation eintritt. Druckerhöhung kann diese Grenztemperatur der Depolymerisation steigern.

Die *Struktur* ist von sehr großem Einfluß. Unsymmetrie starker elektronegativer Gruppen im Molekül (Phenyl statt Methyl), nichtendständige Substitution, Anwesenheit von Wasserstoff an einem Kohlenstoff, an dem Doppelbindungen sitzen, konjugierte Doppelbindungen, fördern so die Polymerisationsneigung im Vergleich zu einfachen Molekülen anderer Art.

Auch die *Art* eines vorhandenen *Lösungsmittels* ist von Bedeutung; vielfach ist die Polymerisation um so stärker, je höher die Dielektrizitätskonstante des Lösungsmittels liegt, annahmegemäß, weil sie den Übergang von einer homöopolaren zu einer Ionenreaktion fördert. Geringer Wassergehalt im Lösungsmittel kann ebenso eine Vermehrung der Polymerisationsneigung ergeben.

Licht fördert, wie die Oxydation, auch die Polymerisation.

### d) Messung der Polymerisation

Als Maß der Polymerisation kann man bei reinen Stoffen direkt das Molekulargewicht nehmen. Auch die Zähigkeit wird nach dem Vorschlag STAUDINGERS bei langkettigen, nicht polaren Molekülen dazu herangezogen; man kann nach STAUDINGER die Gleichung aufstellen:

$$\frac{\eta - \eta_0}{\eta_0} = K_m \cdot c \cdot M,$$

worin $\eta_0$ und $\eta$ die Zähigkeit des Lösungsmittels und der Lösung, $M$ das Molekulargewicht, $c$ die Konzentration (in Grundmolekeln je Liter) und $K_m$ eine Konstante sind. Der Wert $\frac{\eta - \eta_0}{\eta_0}$ heißt die „spezifische Zähigkeit“.

#### e) Praktische Bedeutung der Polymerisation

Bei der Oxydation und der Harzbildung ist vielfach Polymerisation beteiligt. So sind Rückstände primär dadurch verursacht, aber auch die Eindickung von Schmierölen kann durch Polymerisation verursacht sein.

## 15. Schlammbildung und -ablagerung

#### a) Definition

Als *Schlamm* bezeichnet man Ablagerungen aus flüssigen Erdölprodukten oder aus Erdöl selbst, die in sehr verschiedenartiger Konsistenz — vielfach im Gemisch mit Wasser und festen Teilchen — auf dem Boden von Behältern, in Leitungen und in Maschinen vorkommen.

#### b) Wesen

Schlammbildung kann auf zweierlei Wegen erfolgen: entweder werden die schlammbildenden Anteile erst aus dem betreffenden Produkt gebildet und dann abgeschieden oder es tritt infolge genügend großer Mengen vorgebildeter Schlammstoffe durch irgendeinen Einfluß ohne Neubildung solcher Stoffe ihre Abscheidung ein.

Die *Neubildung* von Schlammstoffen ist naturgemäß vor allem ein chemischer Vorgang, indem durch Oxydation oder Krackung und darauffolgende Polymerisation und Kondensation große, nur kolloid gelöste oder suspendierte Moleküle entstehen. Alles, was unter den Abschnitten über Oxydation (S. 139), Krakkung (S. 236), Polymerisation (S. 254) gesagt wurde, gilt auch hier, für diese Neubildung rein organischer Schlammstoffe. Außer diesen können aber auch gemischt anorganisch-organische Stoffe neu entstehen, wie Metallseifen (als Korrosionsprodukte) oder Bleialkylverbindungen durch oxydativen Abbau von Bleitetraäthyl, endlich können rein anorganische feste Stoffe durch Abrieb (Pb, Fe, Al, meist als Oxyde), Staub (Silikate) durch angesaugte Luft und endlich Wasser infolge Kondensation von Verbrennungswasser oder von Atmungsluft neu auftreten.

Oxydative Neubildung von Schlammstoffen im Kurbelgehäuse von Verbrennungsmotoren unterscheidet sich insofern von anderen Oxydationsverhältnissen, als verstärkte Belüftung, d. h. Sauerstoffzufuhr, zwar naturgemäß die Oxydation fördert, zugleich aber leichtflüchtige Oxydationsprodukte entfernt, die nicht nur die Oxydation ihrerseits fördern, sondern auch infolge korrosiven Angriffes katalytisch wirkende Metallsalze bilden können. Je nach den vorliegenden Verhältnissen kann also vermehrte Belüftung sowohl ungünstig als auch günstig wirken. Die Anwesenheit von Wasser — die eine Funktion der Temperatur ist — fördert im allgemeinen sowohl die Oxydation als die Korrosion.

Die Schlammbildung wird durch Schwefelverbindungen, wie Merkaptane, auch Schwefelwasserstoff und freien Schwefel, begünstigt; wie R. B. THOMPSON und Mitarbeiter fanden[1], fördern auch manche Stickstoffverbindungen die Schlammbildung stark, und zwar sind Pyridin und Chinolin mit ihren Abkömmlingen wenig wirksam, während Pyrrole, vor allem das 2,5-Dimethylpyrrol, die Schlammbil-

[1] Ind. Engng. Chem. **43** (1951), 935/939.

dung stark förderten. Der Schlamm enthielt wesentlich mehr Stickstoffverbindungen als das Heizöl selber (vgl. Abb. 109).

Das Lösungsvermögen des Heizöles für seine eigenen Alterungsprodukte spielt neben der Alterung selber eine erhebliche Rolle. Nach dem Vorschlag von E. L. KORB, H. J. SCHEULE und R. O. BENDER[1] ist für die Beständigkeit von Destillatheizölen der Wert:

Lösungsvermögen $S = SR/TR$ charakteristisch,

worin $SR$ den löslichen Rückstand in mg/100 cm³ angibt, während $TR$ den gesamten Rückstand umfaßt, d. h. den löslichen und den unlöslichen in mg/100 cm³. Allerdings muß man sowohl Alterungsneigung als auch Lösungsvermögen gegeneinander sorgfältig abwägen, wie die Feststellung der Autoren zeigt, da thermisch gekrackte Produkte trotz hohen Lösungsvermögens viel rascher Schlamm abscheiden als straight-run-Heizöl.

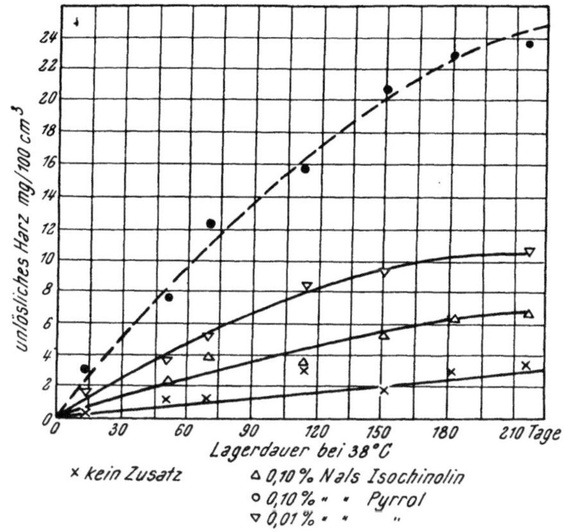


Abb. 109. Typische Kurve der Schlammbildung bei Anwesenheit von Stickstoffverbindungen nach THOMPSON und Mitarbeitern

Bei *Transformatorenölen* geht die Schlammbildung Hand in Hand mit der ebenso schädlichen, wenn nicht noch schädlicheren Säuerung. Auf Einzelheiten wird unter Messung der Schlammbildung noch eingegangen, doch sei auf die sehr große Zahl von Prüfverfahren hingewiesen, die die Schwierigkeit beweisen, die Schlammbildungsbedingungen jenen der Praxis anzupassen. Allerdings ist auch in der Praxis, d. h. in Transformatoren gleicher Art, die Schlammbildung sehr verschiedenartig, wohl infolge wechselnder Einflüsse von weniger beachteten Faktoren, wie Luftfeuchtigkeit und Temperaturschwankungen lokaler Art.

Trotz mancher gegenteiliger Ergebnisse erscheint es wahrscheinlich, daß die Schlammbildung unter dem Einfluß elektrischer Felder stark zunimmt. So hat H. HURWORTH[2] betont, daß die Schlammbildung und Alterung im Öldampf oberhalb des Ölspiegels bei angelegter Spannung sehr viel rascher erfolge als ohne diese, wobei sich Wasser bilde, das das Öl verschlechtert. M. R. DICKSON[3], der die Rolle von Wasser für die Transformatoren eingehend bespricht, glaubt an eine merkliche Wirkung des Feldes, allerdings nur bei hohen Spannungen.

Harze aus einem Transformatorenöl mit mittlerem Molekulargewicht 330, $D_4^{20}$ 0,8644 und 2% Aromatenringen, 35% Naphthenringen, 63% paraffinischen Seitenketten und im Mittel 2,4 Ringen/Mol, die durch Fällung von Benzin und fraktionierter Lösung erhalten worden waren, hatten die in Tab. 83 angegebenen Eigenschaften[4].

[1] Auszug Oil Gas J. 48 (7. April 1949), 100.

[2] J. Instn. Electr. Engr. 95 (1948), II, 328.

[3] J. Inst. Petroleum 37 (1951), 373.

[4] KREULEN, D. J. W. und F. G. KREULEN VAN SELMS: J. Inst. Petroleum 35 (1949), 88.

Kreulen und Kreulen folgern aus den Daten der Öle, daß Zähigkeitszunahme bei der Alterung durch CO-Gruppen verursacht ist; die Harze selber weisen ja nur Molekulargewichte der gleichen Größe auf, wie sie das Ausgangsöl besitzt[1].

Tabelle 83. *Eigenschaften von Harzen aus Transformatorenöl* (nach Kreulen und Kreulen)

| Fraktion | Harz als solches | II | III | IV | V | VI | VII | Verlust |
|---|---|---|---|---|---|---|---|---|
| Mol.-Gew. | 380 | 370 | 330 | ? | 310 | 320 | ? | Verlust |
| Bestimmt in | Dioxan | Benzophenon | — | unlöslich | Benzophenon | Dioxan | unlöslich | — |
| OH-Säurezahl mg KOH/g | 80 | 220 | 10 | 150 | 170 | 160 | 290 | — |
| OH-Esterzahl mg KOH/g | 200 | 140 | 0 | 110 | — | 80 | — | — |
| OH-Verseifungsz. mg KOH/g | 280 | 360 | 10 | 260 | — | 240 | — | — |
| OH-Hydroxylzahl mg KOH/g | 70 | — | — | — | — | 120 | — | — |
| OH-Carbonylzahl mg KOH/g | 130 | 110 | 60 | 50 | — | 150 | — | — |
| Konsistenz | klebrig | sirupös | hoch viskos etwas sirupös | hoch viskos fest | hoch viskos etwas sirupös | Lack | hochviskos etwas sirupös | — |
| Prozent | 100 | 14,8 | 8,3 | 11,1 | 3,1 | 50,8 | 7,9 | 4,0 |

In Motorenschmierölen enthält der Schlamm außer reinen Oxydationsprodukten, wie Säuren, Aldehyden, Ketonen, Laktonen usw. und ihren Polymerisationsprodukten, noch die Produkte der Verbrennung: hochmolekulare, sauerstoffhaltige feste Teilchen, Ruß (Dieselmotor), Bleioxyd, Abrieb (Fe, Al, Oxyde) und Wasser. Die Temperatur im Kurbelgehäuse ist dabei von großer Bedeutung.

Bei *Benzin* kommt Schlammablagerung nur vor, wenn es verbleit ist. Der Schlamm besteht hauptsächlich aus Triäthylblei-Hydroxyd und -Oxyd; der stets im Benzin gelöste Sauerstoff leitet die Oxydation nach Maßgabe vorhandener Katalysatoren (wozu z. B. Olefine aliphatischer und aromatischer Art mit ihren Oxydationsprodukten zu zählen sind) oder Hemmstoffe, wie aromatische Hydroxylverbindungen, Phenol- oder Aminoverbindungen (*p*-Phenylendiamin), die von Natur aus enthalten oder zugesetzt sind, weiter. Schlammbildung setzt nach Überschreiten der Einleitungszeit („Induktionsperiode") ein. Die Einflüsse von Luftsauerstoff und von Schwefelverbindungen auf die Schlammbildung zeigen Tab. 84 und 85 nach W. A. Partridge und H. H. J. Alty[2].

Man erkennt deutlich die entscheidende Bedeutung des gelösten Sauerstoffes, der gegenüber der Sauerstoff über der Probe bei der Alterung (bei der Luft freien Zutritt hatte) keine Rolle spielt, sowie die außerordentlich schädliche Wirkung geringster Mengen Schwefelkohlenstoff. Es ist nicht unmöglich, daß viele Störungen aromatischer Bleibenzine dadurch verursacht werden. Die hemmende Wirkung von Diäthylsulfid und Isobutyl-Merkaptan ist für das Süßen von Benzinen unter Umständen zu beachten.

Die Elementarzusammensetzung eines Bleischlammes gibt, ebenfalls nach Partridge und Alty, Tab. 86.

[1] Zur Bestimmung der Carbonylzahl vgl. Heertjes, Ten, Have und Lock: J. Inst. Petroleum **33** (1947), 555.

[2] 3. Welt-Erdölkongreß Haag **7** (1951), 35.

Tabelle 84.

*Einfluß des Luftsauerstoffes auf die Schlammbildung gebleiter Benzine (0,12 cm³ TEL/l)*

| Probe | Tage bis zur Schlammbildung bei beschleunigter Alterung (43° C, 200 bis 1000 cm³ in Glasgefäßen) | |
|---|---|---|
| | sichtbar | deutlich |
| Katalytisches Krackbenzin | 3 | 10 |
| Dasselbe, luftfrei | über 112 | — |
| Isooktan aus Fabrik | „ — | 2 |
| Isooktan aus Fabrik, luftfrei | „ 112 | — |
| Isooktan aus Fabrik, luftfrei u. N aufgedrückt | „ 112 | — |
| Stabiles Verdünnungsmittel + Thiophen (0,007% S) | „ 5 | 7 |
| Dasselbe, luftfrei (0,007% S) | „ 90 | — |
| Stabiles Verdünnungsmittel + $CS_2$ (0,001% S) | — | 1 |
| Stabiles Verdünnungsmittel + $CS_2$ (0,001% S), luftfrei | „ 65 | — |

Tabelle 85.

*Einfluß von Schwefelverbindungen auf die Schlammbildung gebleiter Benzine (0,12 cm³ TEL/l)*

| Probe | % S | Tage bis zur Bildung von Schlamm | |
|---|---|---|---|
| | | sichtbar | deutlich |
| Beständiges Bleibenzin (Verdünnungsmittel) | — | 88 | 101 |
| „ „ + elementarer S | 0,006 | 1 | 15 |
| „ „ + Schwefelwasserstoff | 0,0017 | 5 | 6 |
| „ „ + Schwefelkohlenstoff | 0,006 | — | 1 |
| „ „ + Schwefelkohlenstoff | 0,001 | — | 1 |
| „ „ + Schwefelkohlenstoff | 0,0001 | 1 | 3 |
| „ „ + redestillierter Schwefelkohlenstoff | 0,001 | 4 | 10 |
| „ „ + Thiophen | 0,007 | 5 | 7 |
| „ „ + redestilliertes Thiophen | 0,005 | 11 | 60 |
| „ „ + redestilliertes Thiophen | 0,0001 | 8 | über 60 |
| „ „ + Diäthylsulfid | 0,006 | über 120 | — |
| „ „ + Isobutyldisulfid | 0,006 | 2 | 20 |
| „ „ + Isobutylmerkaptan | 0,006 | über 120 | — |
| Unbeständiges $C_4$-Alkylat | — | 6 | — |
| Unbeständiges $C_4$-Alkylat + 0,001 Vol.-% Diäthylsulfat | — | 26 | über 90 |
| Beständiges Bleibenzin + Schwefelkohlenstoff (0,005% S) | | — | 1 |
| + 0,001 Vol.-% Dimethylsulfat | | — | 8 |
| + 0,001 Vol.-% Diäthylsulfat | | 18 | 32 |
| „ „ + 0,001 Vol.-% Dipropylsulfat | | 1 | 10 |
| + 0,001 Vol.-% Dibutylsulfat | | 3 | 4 |

Die Schwefelverbindungen, deren Schwefel nur zu 0,2% im Schlamm aufscheint, scheinen nach Ansicht der Autoren nur die Oxydation zu katalysieren, sich aber nicht bei der Schlammbildung selbst zu beteiligen.

Wichtig ist die Feststellung der Autoren, daß gut raffinierte Benzine auch ohne

Hemmstoffzusatz stabil sind, und daß auch Bleitetraäthyl, das keine Triäthylbleiverbindungen enthält, oxydationsbeständig ist.

Tabelle 86. *Zusammensetzung von Schlamm aus Bleibenzin*

| Element | Gewichts-% |
|---|---|
| Blei | 38,4 |
| $Fe_2O_3$ | 8,3 |
| Kohlenstoff | 20,5 |
| Wasserstoff | 3,3 |
| Kohlendioxyd | 8,8 |
| Schwefel | 1,7 |
| Brom | 0 |
| Sauerstoff (Differenz) | 19,0 |
| | 100,0 |
| Gew.-% Schlamm im Kraftstoff | 0,0018 |
| Gew.-% S im Kraftstoff | 0,018 |

Die *Schlammbildung in Heizölen* wird durch Erhitzung sowohl infolge von Oxydation des Öles zu asphaltischen Stoffen als auch durch Kondensation vor- oder neugebildeten Asphaltes zu größeren Molekülen gesteigert. Erhitzung auf 80 bis 130° C, die primär durch Lösung geflockten Asphaltes günstig wirkt, kann bei längerer Dauer eine neuerliche, irreversible Flockung ergeben oder die Empfindlichkeit gegen weitere Erhitzung oder Verdünnung von Lösungsmitteln sehr stark erhöhen[1].

Die *Schlammbildung in Motorenölen* ist außerordentlich komplex, weil sich viele verschiedene Faktoren, zum Teil mit verschiedener Intensität (Temperatur!) dabei auswirken. Deshalb ist die Zusammensetzung des Schlammes auch sehr wechselnd, wie die Zusammenstellung in Tab. 87 nach J. P. STEWART und B. W. STORY[2] zeigt.

Tabelle 87.
*Zusammensetzung von Schlämmen aus Motorenölen* (nach STEWART und STORY)

| Nr. | | Benzinlöslich (Öl) | $CHCl_3$-löslich (Asphalt) | Rückstand (unlöslich) | Asche ($SO_4$) | Differenz (C) | $PbSO_4$ | $Fe_2O_3$[1] |
|---|---|---|---|---|---|---|---|---|
| | | % | % | % | % | % | % | % |
| 1 | „Kaffeesatz" (Kurbelgehäuse) | 45,1 | 9,3 | 90,7 | 14,0 | 76,3 | 51 | 49 |
| 2 | „Kaffeesatz" (Kurbelgehäuse) | 6,5 | 5,3 | 94,7 | 13,5 | 81,2 | 95+ | |
| 3 | Schlamm aus Einzylinder-Prüfmotor (Kurbelgehäuse) | 72,0 | 53,0 | 47,0 | 4,6 | 42,4 | 95+ | |
| 4 | Synthetischer „Kaffeesatz" | 60,4 | 11,3 | 88,7 | 7,5 | 81,2 | 95+ | |
| 5 | Ablagerung auf Unterseite des Kolbens | 11,5 | 7,8 | 92,2 | 60,0 | 32,2 | 95+ | |
| 6 | Ventilkammer (Winter) | 69,0 | 6,9 | 93,1 | 16,2 | 76,9 | 95+ | |
| 7 | Kurbelgehäuseschlamm | 35,4 | 24,0 | 76,0 | 56,2 | 19,8 | 95+ | |
| 8 | Kurbelgehäuseschlamm | — | 13,3 | 86,7 | 62,0 | 24,7 | 95+ | |
| 9 | Kurbelventilschlamm | 63,8 | 42,0 | 58,0 | 26,4 | 31,6 | 95+ | |
| 10 | Ventildeckelablagerung | 58,1 | 34,0 | 66,0 | 17,6 | 48,4 | 95+ | |
| 11 | Entlüftungsrohrablagerung | 48,8 | 54,0 | 46,0 | 21,8 | 24,2 | 95+ | |
| 12 | Kolbenbodenablagerung | 1,9 | 0,6 | 99,4 | 67,2 | 32,2 | 95+ | |
| 13 | Verbrennungsablagerung | 1,2 | 0,0 | 100,0 | 70,5 | 29,5 | 95− | |

[1] $Fe_2O_3$ ist bei 2 bis 13 die Differenz 100 weniger dem $PbSO_4$, d. h. 5%.

Das Aussehen des Schlammes kann „Kaffeesatz" ähnlich sein, wie in den Beispielen 1 und 2; die Annahme, daß es sich dabei um Kracken und Verkoken an der Unterseite der Kolben handelt, wird bezweifelt, weil ähnliche Produkte sich bei

[1] MARTIN, C. W. G.: 3. Welt-Erdölkongreß Haag **7** (1951), 97.

[2] SAE-Journal **45** (1939), Juli, 38.

längerer Erhitzung auf relativ niedere Temperaturen bilden (Schlamm von Versuch 3, 1 : 4 mit Frischöl vermischt, ergab bei Erhitzen von einigen Tagen Dauer auf 190° C den synthetischen „Kaffeesatz" des Beispieles 4!) und der Rückstand von der Unterseite des Kolbens nur den halben Kohlenstoffgehalt typischen Kaffeesatzes enthielt (Versuch 5). Der Schlamm von Beispiel 6 stammte aus der Ventilkammer eines Motors bei Winterbetrieb; die Höchsttemperatur war dort 58° C, die maximale Kurbelgehäusetemperatur 65°. Steht gebrauchtes Öl längere Zeit im Kurbelgehäuse, so setzt sich eine andere Art Schlamm ab, wie Beispiele 7 und 8 zeigen; der Aschegehalt, vor allem Bleisulfat, ist sehr hoch, ähnlich wie in Beispiel 5.

Da der Hauptgrund für die Schlammbildung übermäßige Temperaturen sind, besteht eine wirksame Gegenmaßnahme in möglichst niederen Betriebstemperaturen; die fällende Wirkung von Frischöl auf Altöl zusammen mit der Anfälligkeit anoxydierten Öles gegen weitere Erhitzung läßt gründlichste Entfernung des Altöls beim Ablassen als dringlich erscheinen. Den Anteil des Kraftstoffes an der Schlammbildung kann man durch beste Verbrennung (nicht zu fettes Gemisch beim Leerlauf!) und Vermeidung allzu niederer Temperaturen im Winter verringern. Beste Oxydationsbeständigkeit des Öles erreicht man durch entsprechende Raffination. Geeignete Zusätze (Oxydationshemmstoffe, Detergents, Korrosionshemmstoffe) können die Schlammbildung aus Ölen ebenfalls beträchtlich herabsetzen.

### c) Einflüsse auf die Schlammablagerung

Die *Ausfällung der Schlammstoffe*, die also gleichzeitig die Bildung des eigentlichen Schlammes bedeutet, stellt im wesentlichen einen kolloidchemischen Vorgang dar. Die Schlämme sind ja Produkte kolloider Lösungen oder Suspensionen (in manchen Fällen auch Emulsionen); eine klare Abgrenzung ist nicht möglich.

In Tab. 88 sind die *Einflüsse* auf die Schlammablagerung zusammengestellt.

Tabelle 88. *Einflüsse auf die Schlammablagerung*

| System | Kolloide Lösung | Suspension | Emulsion |
|---|---|---|---|
| Beispiel | Asphalt in Öl | Abrieb in Öl | Wasser in Öl |
| *Einflüsse:* | Die Schlammablagerung wird: | | |
| Erwärmung | verhindert[1] | gefördert | gefördert |
| Zentrifugalkraft | gefördert | gefördert | gefördert |
| Hoher Auftrieb | gefördert | gefördert | gefördert |
| Turbulenz | verzögert | verzögert | verzögert[2] |
| Zähigkeitserhöhung | verzögert | verzögert | verzögert |
| Feinheit der dispersen Phase | verzögert | verzögert | verzögert |
| Alkalische Reaktion | — | — | verzögert |
| Mehrwertige Ionen | gefördert | gefördert | gefördert (vgl. S. 82) |
| Elektrische Aufladung | verzögert | verzögert | verzögert |

[1] Bei Erwärmung gibt es naturgemäß ein Maximum der suspendierenden Wirkung, nach dessen Überschreitung wieder gegenteilige Wirkung einsetzt.

[2] Auch die mechanische Durchmischung ergibt nur bis zur Erreichung eines Optimums suspendierende Wirkung; darüber hinaus tritt der gegenteilige Effekt ein.

Elektrische Aufladung ist — wie bereits im Abschnitt über Emulsion (S. 81) bemerkt — von erheblichem Einfluß, kann aber nur schwer gemessen werden.

Da gleichgeladene Teilchen sich wechselseitig abstoßen, werden Suspensionen und Emulsionen zunächst beständiger, wenn ihre elektrische Ladung zunimmt. Wird die Aufladung aber so groß, daß zwischen den Elektroden Kataphorese eintreten kann, so erfolgt Brechung von Suspensionen und Emulsionen (Cottrell-Gleichstrom-Verfahren). Die gleiche Wirkung von Wechselstrom dürfte auf eine Beeinflussung der Grenzschichten (Auflockerung?) zurückzuführen sein.

### d) Messung der Schlammbildungsneigung

Bei der Erfassung der Neigung zur Schlammbildung muß man zwischen der reinen Alterungsneigung und der Neigung zur Ausfällung der Alterungsprodukte (auch bei der Vermischung mit anderen Produkten) unterscheiden.

Die *Alterungsneigung* wird nach Verfahren bestimmt, die den unter Oxydation besprochenen gleichkommen; es handelt sich hier im wesentlichen nur um die Aufarbeitung der oxydierten Produkte, die auch für die frischen, bereits Schlamm enthaltenden Stoffe anwendbar ist.

Bei *Benzinen* gibt die Extraktion der bei der Harzbestimmung erhaltenen, bleihaltigen Verdampfungsrückstände mit Alkohol einen gewissen, aber wenig sicheren Hinweis auf die Menge des bei der Lagerung zu erwartenden Bleischlammes. Eigentliche Verfahren gibt es nicht.

Bei *Transformatorenölen* erfaßte die englische Vorschrift B. S. I. den petrolätherunlöslichen Schlamm und unterschied zwischen Qualität A (maximal 0,1% Schlamm nach 45 Std. Oxydation unter Rückfluß bei 150° C mit Cu-Katalysator) und Qualität B, die 0,8% Schlamm zuließ. Wegen der zu hohen Temperatur ergab sich aber eine Unterbewertung von Ölen, die praktisch gut verwendbar waren. Nach A. R. STARK[1] ergab sich folgendes Bild für zwei Öle:

Tabelle 89. *Alterungsverhalten nach B.S.I.*

| B.S.I.-Qualität | Versuchstemperatur °C | Schlamm | Säure mg KOH/g |
|---|---|---|---|
| A 30 ......... | 150 | 0,04 | 3,1 |
| | 110 | Spur | 2,4 |
| B 30 ......... | 150 | 0,75 | 1,9 |
| | 110 | Spur | 0,3 |

Das nach Schlammtest bei den B. S. I.-Bedingungen viel schlechtere Öl B 30 war also, nach der Menge Säure beurteilt, sowohl bei 150° C, als auch besonders bei 110° C ganz erheblich besser. Als Folge dieser Kritik wurden die Prüfbedingungen nun stark abgeändert, bzw. neue Verfahren vorgeschlagen; dies zeigt, wie wichtig die richtig gewählten Versuchsbedingungen für den Wert des Meßergebnisses sind.

Die neuen Bedingungen legten vor allem engere, aber höhere Temperaturen für die Wasserrückkühlung im Oxydationsapparat fest, weil sich gezeigt hat, daß deren Temperatur die Schlammenge stark beeinflußt[2], wie einige Vergleichszahlen aus dieser Arbeit beweisen (Tab. 90).

Auch für die praktische Verwendung können die festgestellten starken Schwankungen der Ergebnisse von Bedeutung sein. Für die Alterungsmessung legt man nun Grenzwerte der zulässigen Kühlwassertemperaturen von 15 bis 20° C fest,

---

[1] Sci. Petroleum **2** (1938), 1446.

[2] Vgl. GOSSLING, P. W. und J. ROMNEY: J. Inst. Petroleum **32** (1946), 424.

Tabelle 90.
*Säure und Schlammbildung in Abhängigkeit von der Kühlwassertemperatur*

| | Öl L | | Öl N | |
|---|---|---|---|---|
| Kühlwassertemperatur °C .... | 10 | 26,7 | 10 | 26,7 |
| Säure mg KOH/g ........... | 1,2 | 2,2 | 1,03 | 1,8 |
| Schlamm Gew.-% ........... | 0,69 | 1,47 | 0,68 | 1,11 |

die zulässige Säuerung wird herabgesetzt, die zulässige Schlammenge jedoch erhöht, wie die Gegenüberstellung der alten und neuen Bedingungen in Tab. 91 zeigt:

Tabelle 91. *Alte und neue englische Prüfvorschriften für Transformatorenöle*

| Alte Bedingungen BS 148/1933 | | Neue Bedingungen BS 148/1951 | Bemerkungen |
|---|---|---|---|
| Schlamm max. Gew.-% | 0,1 | 1,10 | für Öle Klasse A |
| Flammpunkt (P. M.) min. | 170° C | 146,1° C (295° F) | |
| Verdampfung max. % | 2,0 | 1,6 | |
| Säure max. mg KOH/g | — | 2,5 | |
| Schlamm max. Gew.-% | 0,8 | — | für Öle Klasse B; diese werden nicht mehr hergestellt |
| Flammpunkt (P. M.) | 155° C | — | |
| Verdampfung max. % | 3,0 | — | |
| Säure max. mg KOH/g | — | — | |

Der Erfolg der Neuerungen wird vor allem bessere Reproduzierbarkeit sein; die Übereinstimmung von Laborversuch und Praxis war bei Ölen mit Hemmstoffen so schlecht, daß eine neue Methode vorgeschlagen wird, bei der nicht die Bildung von Schlamm und Säure, sondern die Aufnahme von Sauerstoff die Grundlage bildet. In Verbesserung eines Apparates von Dornte haben A. J. Ham und C. N. Thompson[1] einen Oxydationsapparat vorgeschlagen, der gestattet, die Sauerstoffaufnahme über die Zeit laufend zu messen, bis sie 1000 cm³ je 100 g Öl erreichte. Die gebildete Säure entsprach 2 bis 4 mg KOH/g Öl, die Schlammenge 0,1 bis 1,0 Gew.-% bei Temperaturen bis maximal 120° C (sie können den praktischen Verhältnissen angepaßt und bis auf jene des praktischen Betriebes, d. h. 60 bis 80° C, gesenkt werden). Gelöstes Kupfersalz wird als Katalysator verwendet, die leichtflüchtigen Oxydationsprodukte werden entfernt, die schwereren rückkondensiert bzw. im Öl belassen, um der Praxis näher zu kommen.

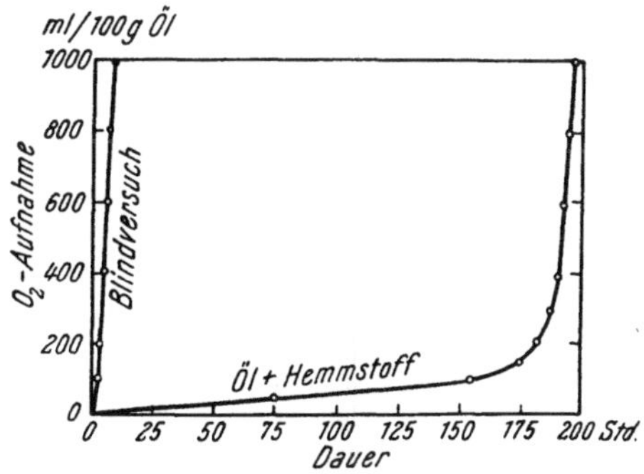


Abb. 110. Sauerstoffaufnahme eines B-30-Transformatorenöles ohne und mit Zusatz eines Hemmstoffes nach Ham und Thompson

Maß der Alterungsneigung ist die Zeit bis zum starken Anstieg des Sauerstoffverbrauches oder bis zur Absorption einer gewählten Sauerstoffmenge. Den typischen Verlauf bei einem Öl der Klasse B 30 (Stockpunkt — 30°) zeigt Abb. 110.

[1] J. Inst. Petroleum **36** (1950), 673.

Die Wirkung von Hemmstoffen bei der Alterung besteht in einer Verschiebung der Einleitungszeit, wonach der Anstieg beim ursprünglichen und beim inhibierten Öl in gleicher Weise verläuft; beste Raffination ist also auch bei Verwendung von Hemmstoffen nötig, um für den Fall, daß der Hemmstoff verbraucht ist, genügend Beständigkeit zu gewährleisten.

Bei ausgedehnten Versuchen mit dem BS-148-Test fand L. MASSEY, daß die Summe von Gew.-% Säure (mittleres Molekulargewicht zu 185 angenommen) und Schlamm bei Frischölen über den Zeitraum 1926 bis 1950 immer zwischen 1,1 und 1,9 lag, daß die Jodzahl nach WIJS bei Ölen mit keinem oder Spuren Schlamm unter 1, bei jenen mit merklicher Schlammenge bei über 5 lag, und daß schon ein Teil Cu auf 1 Million die Oxydation merklich steigerte[1].

Die von C. KRÖGER[2] vorgeschlagene einfache Apparatur zur statischen Messung der Oxydation sei hier erwähnt; nach den Ergebnissen von L. MASSEY und S. C. M. WILSON[3] dürfte künftig die statische Messung der Oxydation größere Bedeutung erlangen. (Auf die anderen Ergebnisse des Symposiums über Isolieröle. l. c. S. 320 bis 377, kann nicht eingegangen werden, sei aber hier verwiesen.)

Die Schlammbildungsneigung von *Heizölen* ist nach MARTIN[4] durch folgende Verfahren zu erfassen:

Lagerbeständigkeit: a) Bestimmung des Unlöslichen und des Sediments,
b) Oxydationsverfahren,
c) Filter(verstopfungs)versuche,
Wärmebeständigkeit: d) Erhitzungsversuche.

*Unlösliches und Sediment* wird vorteilhaft bei dünnen Ölen durch Zentrifugieren, Abgießen des überstehenden Öles nach Erwärmen auf 38° C und Zurückwägen des Gläschens bestimmt; zähe Öle können durch beheizte Zentrifugen (auf eine Zähigkeit von etwa 25 cSt gebracht) ebenso behandelt werden. — Filtrieren durch gehärtetes, abgewogenes Filtrierpapier unter Anwendung von Überdruck (4 bis 5 at) und Erwärmung ergibt nach Erfahrungen der Koninklijke Shell (Amsterdam) gute Ergebnisse. Der B.S. u. W.-Test, bei dem das Öl mit der gleichen Menge Benzol vermischt und bei 49° C zentrifugiert wird (wonach man das Volumen Schlamm abliest und in Vol.-% angibt), kann irreführen, weil das Benzol peptisierend wirken kann. Er wird aber viel verwendet.

Zur *Oxydation* verwendet das United States Naval Boiler and Turbine Laboratory (N. B. T. L.) 80 g Öl in einem Erlenmeyerkolben, der mit Liebigkühler versehen ist. In einem Luftbad von 149° C wird nach Erreichen des Beharrungszustandes Luft mit 45 l/Std. 2 Std. lang in das Öl eingeleitet und danach mit dem abgekühlten Öl der B.S. u. W.-Test gemacht; sein Wert in Vol.-% wird als Beständigkeitszahl genommen.

Die *Wärmebeständigkeit* wird nach dem inzwischen überholten WILMINGTON-Test durch Erwärmen einer Gallone Öl im Luftbad auf 90/100° C und laufende Probenahme zur Bestimmung des B.S. u. W.-Wertes vorgenommen; steigt dieser innerhalb von zehn Tagen nicht um mehr als 1,5% an, erscheint das Öl geeignet. Werte zwischen 1,5 und 2% liegen an der Grenze, 2% sind Grund zur Ablehnung.

Ein anderer Test besteht in der Messung der Menge Ablagerungen auf elektrisch beheizten Drähten in 110° C heißem Öl; ähnliche Verfahren versuchen ebenfalls die Rückstandsbildung auf erhitzten Metallen zu verwenden (N. B. T. L.). Dabei

---

[1] J. Inst. Petroleum **38** (1952), 164, 281, 361.
[2] Erdöl u. Kohle **2** (1949), 389.
[3] J. Inst. Petroleum **44** (1958), 336.
[4] 3. Welt-Erdölkongreß Haag **7** (1951), 9.

wird ein Heizelement in einem Stahlrohr von 79 cm Länge und 37 mm äußerem Durchmesser in ein zweites Stahlrohr von 38 mm Weite und von insgesamt 66 cm Länge gegeben, durch das im Umlauf $1\frac{1}{2}$ Gallonen umgepumpt wurden. Der Heizkörper wird auf 316° C elektrisch beheizt, das Öl bei Navy Fuel Öl (Spezial) auf 93° C, bei Navy Fuel Öl (Grad 2) auf eine 11° C höhere Temperatur gebracht, als einer Zähigkeit von 32 cSt (4,30° E) entspricht, bzw. auf jene, die für das betreffende Heizöl praktisch in Frage kommt. Die Umlaufgeschwindigkeit ist 0,25 Gallonen/Std., die Dauer 20 Std. Danach wird das Rohr des Heizelementes herausgeschraubt und auf 20 cm Länge mit einem Benzolstrahl gewaschen und nach Trocknen mit einem weichen Lappen abgewischt. Zur Beurteilung dient Tab. 92 und eine a. a. O.[1] gebrachte Vergleichs-Abbildung.

Tabelle 92. *Beurteilung der Wärmebeständigkeit von Heizölen*[1]

| Qualität | Rohrabschnitte | | |
|---|---|---|---|
| | gewaschen | | ungewaschen |
| | abgewischt | nicht abgewischt | |
| Beständig . . . . | Metall glänzend keine Verfärbung | Metall glänzend Spur Verfärbung oder Film | Reiner Ölfilm oder schwach gepunktet |
| Grenzqualität . | schwach dunkel | dünne ölfreie Kohlenschicht, lichtbraun bis leuchtend blau | Stark gepunkteter Ölfilm oder ringartige Ablagerung, Anzeichen asphaltigen, schmierigen Filmes |
| Unbeständig . . | stark dunkel | schwarzer Kohlefilm, nur schwer ölfrei zu waschen | Dünner bis dicker asphaltig-schmieriger Film, bei sehr unbeständigen Ölen in konzentrischen Rillen |

[1] US Fed. Spec. 346, 1; vgl. auch ASTM-Standards on Petroleum Products 1957, S. 1015.

Wie schon besprochen wurde, können Gemische schlechter als die Komponenten sein; dies betrifft auch die Wärmebeständigkeit von Heizölen. Ob dieser für die Navyqualitäten gültige Test allgemein auf Heizöle verschiedenster Art anwendbar ist, bleibt fraglich.

Neuerdings ist zur Voraussage des Verhaltens von Heizölen von BUTLIN das Lösungsvermögen herangezogen worden, wie im Abschnitt über Lösen und Mischen besprochen wurde (S. 70).

Die Schlammbildungsneigung von *Motorenölen* ist in den schon besprochenen Fällen eine Funktion des Gehaltes an schlammbildenden Stoffen und des Lösungsvermögens für diese Stoffe. Was die Ausfällung durch Vermischung anlangt, wurde sie schon im Abschnitt über Lösen und Mischen besprochen (S. 70). Der Gehalt an schlammbildenden Stoffen ist bei gutraffinierten Ölen Null, nimmt aber je nach der Oxydationsneigung, dem verwendeten Kraftstoff und den eingehaltenen Betriebsbedingungen im Laufe der Verwendung zu, so daß es zahlreiche Verfahren gibt, die die Schlammbildung durch Oxydationsverfahren zu erfassen suchen. Allerdings bestimmt man dabei nur selten wirklichen Schlamm, sondern Asphalt (der als das in einem „Normalbenzin" oder einem anderen Lösungsmittel, wie Pentan, Nichtlösliche definiert wird), und nimmt an, daß die praktische

Schlammbildungsneigung der Menge des so bestimmten Asphaltes entspricht. Die Meinungen über den Wert dieser Verfahren sind ähnlich geteilt, wie bezüglich jener für andere Erdölprodukte, doch zeigt die dauernde Bemühung nach der Verbesserung dieser Verfahren sowie die laufende Anwendung und Festlegung von Grenzwerten nach einem davon, daß ein praktisches Bedürfnis nach der Erfassung dieser Eigenschaften besteht. Da vielfach zugleich mit der Asphaltbildung die Neigung zur Rückstandsbildung bestimmt wird, behandelt dieses Kapitel die Zusammenhänge noch weiter (s. unten).

Tatsache ist, daß auch auf diesem Gebiet der praktische Motorenversuch überragende Bedeutung gewonnen hat und voraussichtlich behalten wird. Im Rahmen dieses Buches kann auf die Einzelheiten der motorischen Untersuchung nicht eingegangen werden, doch seien einige Angaben über die zur Messung der Schlammbildung angewendeten Verfahren gemacht.

Das Wesen der Motorversuche besteht darin, durch geeignete Betriebsbedingungen beschleunigt Schlammbildung zu bewirken und ihn an geeigneten Stellen abzuscheiden (Zentrifugen, Nebenstromfilter). Als Maß nimmt man entweder die absolute Gewichtsmenge Schlamm, das Verhältnis der Schlammenge zu einem Bezugsöl oder die Zeit bis zur Bildung einer bestimmten Schlammmenge. Für Einzelheiten der Motorenversuche vgl. Tab. 44 und 45 (S. 158/161).

#### e) Praktische Bedeutung der Schlammablagerung

Die Auswirkungen von Schlammablagerung sind zwar schon verschiedentlich besprochen worden, sollen aber kurz nochmals zusammengefaßt werden. Sie bestehen in:

a) Verhinderung des freien Durchflusses von Leitungen,
b) Verschlechterung des Wärmeüberganges,
c) Erhöhter Rückstandsbildung,
d) Verstopfung von Filtern,
e) Notwendigkeit von, vielfach schwierigen, Reinigungen von Behältern.

## 16. Rückstandsbildung (Verkokung)

#### a) Definition

Als Rückstand werden hier die aus anorganischen und organischen Stoffen bestehenden, in Lösungsmitteln unlöslichen, Ablagerungen bezeichnet, die sich bei der Verwendung von Erdölprodukten — vor allem bei der Verbrennung — an den Wänden von Maschinen, Heizkammern, Rohren usw. bilden.

#### b) Wesen

Man muß zwischen den anorganischen und organischen Rückständen unterscheiden, die sich bei der Erhitzung und der Verbrennung ablagern.

##### *α) Anorganische Rückstände*

*Die anorganischen Rückstände*, die bei der Verbrennung hinterbleiben, heißen Asche. Ihre Menge wird durch den Aschegehalt des Erdölproduktes bestimmt und ist bei Destillaten wesentlich kleiner als bei Rückstandsölen, spielt aber praktisch auch bei ersteren eine bedeutende Rolle; daß auch feste Fremdstoffe aus der Luft zusammen mit im Öl vorhandenen abgelagert werden können, ist klar.

Die Aschebestandteile können sowohl nichtkorrosiv als auch korrosiv sein, wirken aber beide schädlich, weil sie den Wärmeübergang verschlechtern und die freien Querschnitte verkleinern, was besonders bei Gasturbinen von Bedeutung ist.

Die Aschegehalte von Rückstandölen liegen ungefähr in den Grenzen 1 bis 110 Teile/Million.

Die Analyse der Asche hat mit der Verwendung der Gasturbinen starke Beachtung erhalten, da der Schmelzpunkt und die Korrosionswirkung sehr von der Aschezusammensetzung abhängen. In der Hauptsache sind $V_2O_5$, $Na_2O$, NiO, CaO und $SO_3$ vertreten, außerdem $Fe_2O_3$, $Al_2O_3$, $SiO_2$, $K_2O$ und in geringen Mengen MgO, MnO, CuO usw. Für Marineheizöl wurden die Zahlen der Tab. 93 angegeben[1].

Tabelle 93. *Analyse von Marineheizöl und seiner Asche*

| | | Aschezusammensetzung | |
|---|---|---|---|
| Zähigkeit ....... | 20°C 2400/7750 cSt | wasserlöslich etwa | 70% |
| Zähigkeit ....... | 50°C 260/390 cSt | $V_2O_5$ | 20% |
| Dichte .......... | 0,982/8 | $Na_2O$ | 27% |
| Conradson-Test... | 10% | $SO_3$ | 23% |
| Schwefel ........ | 2,75% | Rest: $Al_2O_3$, $Fe_2O_3$, NiO, CaO, MgO, PbO | |
| Asche .......... | 0,068 — 0,1% | | |

Bei Seetransport besteht die Möglichkeit, daß Seewasser und damit NaCl in das Heizöl gelangt, worauf hingewiesen werden soll.

E. L. Bass, I. Lubbock und C. G. Williams betonen bei der Rückstandsbildung in Turbinen durch Aschebestandteile, daß man zwischen der Nieder- und der Hochtemperaturablagerung unterscheiden muß[2]. Als Grenzen zwischen beiden nehmen sie 550°C.

**Die Niedertemperaturablagerung von Asche** entsteht durch tiefschmelzende Salze, die dann aus den Gasen weitere Teilchen aufnehmen können. Für die Ablagerung sind die Verbrennungsbedingungen — einschließlich der Konstruktion — ebenso von größerer Bedeutung als die Kraftstoffeigenschaften wie bei Hochtemperaturablagerung. Wie bei allen Ablagerungen sind die aerodynamischen Verhältnisse sehr wichtig.

Liegen die Temperaturen unter 170°C, so kann unter ungünstigen Verhältnissen Kondensation von Schwefelsäure erfolgen, die durch die — katalytisch bedingte oder direkte — Entstehung von $SO_3$ aus dem Brennstoffschwefel verursacht wird; diese Schwefelsäure kann ebenso andere feste Teilchen aufnehmen wie geschmolzene Salze, aber auch durch Korrosion zu weiteren Ablagerungen führen.

**Die Hochtemperaturablagerung von Asche** wird durch Natriumsalze nach Ansicht von Bass und Mitarbeitern mindestens ebenso stark beeinflußt wie durch Vanadiumverbindungen (das Vanadium liegt im Erdöl anscheinend als komplexe Pyrrolverbindung vor). Sehr interessant ist die Tatsache, daß das Haftvermögen der Asche stark vom Kohlenstoffgehalt der festen Teilchen im Gas abhängt, der wieder von deren Durchmesser bestimmt wird. Bei Teilchengrößen unter 40 Mikron Durchmesser war der Kohlenstoffgehalt 80%, der Aschegehalt 20%, während bei Teilchen über 40 Mikron der Kohlenstoffgehalt über 90%, der Aschegehalt entsprechend geringer war. Je mehr Kohlenstoff die festen Teilchen enthalten, um so weniger haften sie, so daß eine entsprechende Führung der Verbrennung zur Verringerung der Ablagerung führen kann.

Für die Löslichkeit der Ascherückstände aus Erdöl ist entgegen der allgemeinen

---

[1] Schweizer Maschinenbau, 3. Welt-Erdölkongreß Haag 7 (1951), 34.

[2] 3. Welt-Erdölkongreß Haag 7 (1951), 14.

Auffassung nicht allein der Gehalt an $Na_2O$ entscheidend (wonach Aschen mit etwa 60% $Na_2O$ und weniger als 40% Vanadiumpentoxyd gut löslich sind), wie die Versuche der Schweizer Motorenindustrie zeigen (Tab. 94).

Tabelle 94. *Wasserlöslichkeit von Erdölasche*

| Ort der Ablagerung | Eigenschaften | löslich | $V_2O_5$ | $Na_2O$ | $SO_3$ | Rest |
|---|---|---|---|---|---|---|
| Deckel des Reinigungsloches oder Gassammelkammer ...... | Lockeres Pulver, leicht entfernbar | 56% | 72% | 7% | 15% | $Fe_2O_3$, NiO, $SiO_2$, CaO |
| Deckel der Verbrennungskammer .... | Hart, sehr schwer entfernbar | 26% | 72% | 8% | 14% | ,, |
| Verbindungsrohr nach Verdampfer ...... | Hart, mit Wasserstrahl entfernbar | 26% | 75% | 7% | 16% | ,, |

Bei gleicher Zusammensetzung kann also die Löslichkeit stark schwanken, so daß Art und Temperatur des Ablagerungsprozesses eine Rolle spielen dürften. Allerdings ist auch der Bindungsart des Vanadiums Beachtung zu widmen, das sowohl als Pentoxyd wie als Ortho-, Meta- oder Pyrovanadat vorliegen kann, deren Schmelzpunkte sich stark unterscheiden, wie Tab. 95 zeigt.

Tabelle 95. *Schmelzpunkte von Aschebestandteilen* (nach SCOTT, STANSFIELD und TAIT[1])

| Verbindung | Schmelzpunkt °C |
|---|---|
| Na-Metavanadat ...... | 630 |
| Na-Pyrovanadat ....... | 640 |
| $V_2O_5$ ................ | 690 |
| Na-Orthovanadat ...... | 850 |
| $Na_2SO_4$ .............. | 880 |

[1] J. Inst. Petroleum **37** (1951), 504.

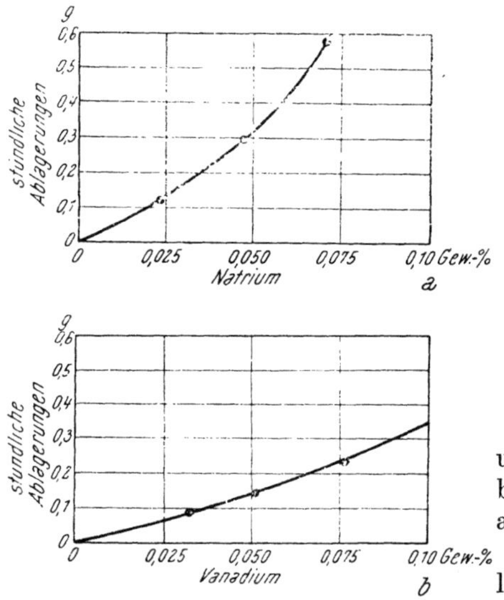


Abb. 111. Stündliche Rückstandsbildung aus Petroleum mit Zusatz von Natrium- und Vanadiumverbindungen nach SCOTT, STANSFIELD und TAIT

Nach Ansicht der Autoren kann $V_2O_5$ unter normalen Bedingungen in der Turbine schmelzen und so weitere Teilchen aus dem Gasstrom aufnehmen und Rückstände aufbauen. Bei Versuchen mit löslichen V- und Na-Verbindungen in Petroleum erhielten SCOTT, STANSFIELD und TAIT laboratoriumsmäßig die in Abb. 111 und 112 gezeigten Kurven der Rückstandsmengen über die Konzentration.

Na ergab also merklich größere Ablagerung als V; liegen beide vor, gibt es ein Minimum, wenn etwa 1 Na auf 10 V kommt (vgl. auch S. 281).

**Rückstandsbildung aus Bleitetraäthyl.** Sehr große Bedeutung hat die Ablagerung von Bleiverbindungen aus Ottokraftstoffen bekommen, seit man die Benzine zur Steigerung der Klopffestigkeit mit Äthylfluid, dem Gemisch aus Bleitetraäthyl und Halogen-(Brom)kohlenwasserstoffen, versetzt. Die rein organischen Verbindungen werden bei der Verbrennung in die üblichen Produkte $CO_2$, CO, $H_2O$, HBr übergeführt, während Bleialkylverbindungen entweder Bleioxyde oder — durch Reaktion mit dem Halogen der Halogenverbindungen — Bleihalogenide ergeben. Der Zusatz der Halogenide hat ja den Zweck, den hohen Siedepunkt des Bleioxydes (1470° C) herabzusetzen, indem Bleichlorid oder Bromid gebildet wird.

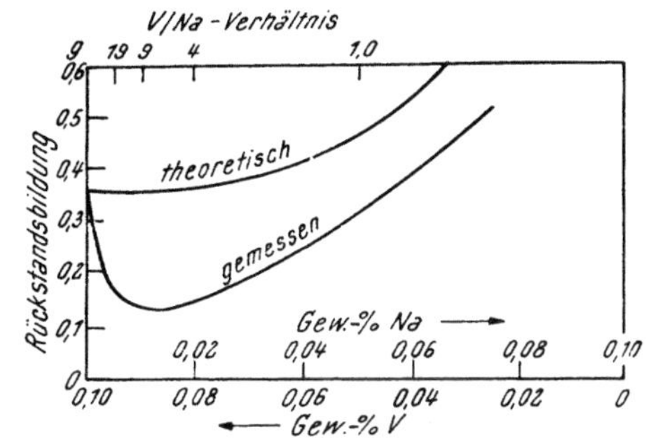


Abb. 112. Stündliche Rückstandsbildung aus Petroleum mit gleichzeitigem Zusatz von Natrium- und Vanadiumverbindungen nach SCOTT, STANSFIELD und TAIT. Berechnete und gemessene Werte

Durch die Senkung der Siede- und Schmelztemperatur werden die Verbrennungsprodukte des Bleies weitgehend aus dem Verbrennungsraum entfernt, trotzdem finden Ablagerungen statt, die sich sehr unangenehm auswirken können. Bei Fliegerbenzin ist das Verhältnis von Blei und Brom das theoretische, d. h. die Brommenge reicht aus, um alles Blei bei vollkommener Verbrennung in Bleibromid überzuführen. Praktisch treten aber infolge verschiedener Siedepunkte von Bleitetraäthyl (etwa 200° C) und Äthylenbromid (131,6° C) Fraktionierungen auf (besonders bei Reihenmotoren wie Rolls-Royce „Merlin" und Allison V-1700), die zu übergroßer Zuführung von Bleitetraäthyl und damit ungenügender Bromidzufuhr in manchen Zylindern führten, so daß die Bleiablagerungen Zündkerzen und Ventile beschädigten. Unter Verbesserung der Lagerbeständigkeit in reinem und in vermischtem Zustand, der Korrosionsneigung und der sonstigen physikalischen Eigenschaften (Kältebeständigkeit) wurde neuerdings ein neues Fliegergemisch hergestellt, das unter Verwendung anderer Bromverbindungen die Ablagerungen durch optimale Flüchtigkeit verringern soll[1].

Tabelle 96. *Schmelzpunkte und Siedepunkte von Bleiverbindungen*

| | Schmelzpunkt °C | Siedepunkt °C |
|---|---|---|
| Bleioxyd PbO .......... | 890 | 1470 |
| Bleichlorid $PbCl_2$ ....... | 498 | 954 |
| Bleibromid $PbBr_2$ ...... | 488 | 914 |

Die außerordentlich komplexen Zusammenhänge haben verschiedentliche Änderungen in der Zusammensetzung von Äthylfluid bedingt, das auch wegen der verschiedenen Materialien von Ventilen und Kerzen verschiedene Zusammensetzung für Auto- und Flugmotoren aufweist. Tab. 97 zeigt die Änderungen.

Für die Störungen an Zündkerzen ist die elektrische Leitfähigkeit der Ablagerungen sehr wichtig, die mit der Temperatur steigt. Der spezifische Widerstand liegt bei PbO (384° C) bei $2,6 \times 10^7$ Ohm, gegenüber $1,61 \times 10^3$ des Bleichlorides bei 390° C. Enthält also die Ablagerung noch Bleihalogenid, so ist die Gefahr einer Störung besonders groß. Erhöht man den Bromgehalt der Fliegermischung auf das eineinhalbfache der Theorie, so wird merkliche Verringerung der Bleiablagerung erreicht, doch stieg in den Versuchen DRÖGEMÜLLERS die Zahl der Zündkerzenstörungen infolge von Heißkorrosion von 4,8 auf 10,3 je 100 Betriebsstunden an.

Nach Versuchen der Shell hat sich die Zugabe eines Trikresylphosphat

[1] MACAULEY, J. B.: 3. Welt-Erdölkongreß Haag 7 (1951), 19.

Tabelle 97. *Zusammensetzung von Äthylfluid*

| | 1937 | 1948 | 1955 |
|---|---|---|---|
| *Auto-Äthylfluid* | C-Mischung rot | Motor Mix Qu 62 | |
| Bleitetraäthyl | 63,30 Gew.-% | 61,48 Gew.-% | |
| Äthylendibromid | 25,75 | 17,86 | |
| Äthylenchlorid | 18,72 | 18,81 | |
| Farbstoff, Petroleum und Rest | 2,23 | 1,85 | |
| $D_{20}$ | 1,671 | 1,592 | |
| Kältepunkt | −23° C | −33° C | |
| Flammpunkt über | 110° C | 110° C | |
| *Flieger-Äthylfluid* | T-Mischung | 1-T Mix | Aviation 23 Mix |
| Bleitetraäthyl | 61,42 Gew.-% | 61,42 Gew.-% | 61,42 |
| Äthylendibromid | 35,68 | 35,68 | 35,68 |
| Farbstoff | — | 0,05 | — |
| Petroleum und Rest | 2,90 | 2,86 | 2,90 |
| $D_{20}$ | 1,755 | 1,744 | |
| Kältepunkt | −10,5° C | −9° C | −34,4° C |
| Flammpunkt über | 110° C | 110° C | |

Wegen möglicher Änderungen der Zusammensetzung des Äthylfluids ist seit jeher die Zusatzmenge in Vol.-% Bleitetraäthyl anzugeben.

Literatur s. auch: BANKS, F. R.: J. Roy. Aeronaut. Soc. **38** (1934), 309; DRÖGEMÜLLER, E. A.: ASTM Bull. **154** (1948), 53.

enthaltenden Zusatzes (I.C.A.; Ignition Control Additive) infolge der geringeren Leitfähigkeit der entstehenden Rückstände außerordentlich gut bewährt. Die Rückstände bei Betrieb mit üblichem Äthylfluid und mit Äthylfluid plus dem neuen Zusatz hatten die in Tab. 98 angegebenen Schmelzpunkte[1].

Tabelle 98. *Schmelzpunkte von Rückständen aus Bleibenzin*

| Ort | ohne Zusatz | | mit Zusatz | |
|---|---|---|---|---|
| | Zusammensetzung | Schmelzpunkt °C | Zusammensetzung | Schmelzpunkt °C |
| Zylinderkopf | $PbBr_2$ | 370 | $3\,Pb_3(PO_4)_2PbBr_2$ | 955 |
| | $2\,PbO.PbBr_2$ | 710 | | |
| Kolbenboden | $PbBr_2$ | 370 | etwa $2\,PbO.PbBr_2$ | 710 |
| | $2\,PbO.PbBr_2$ | 710 | | |
| Zündkerzenisolator | $PbBr_2$ | 370 | $3\,Pb_3(PO_4)_2PbBr_2$ | 955 |
| | $2\,PbO.3\,PbBr_2$ | 488—540 | $Pb_3(PO_4)_2$ a) | 1014 |
| | $2\,PbO.PbBr_2$ | 710 | $4\,PbO.P_2O_5$ | 980 |
| | $3\,PbO.PbBr_2$ | 710 | | |
| | $6\,PbO.PbBr_2$ | 740 | | |
| | $PbO.PbSO_4$ | 980 | | |
| Einlaßventil | $PbO.PbBr_2$ | 497 | $3\,Pb_3(PO_4)_2PbBr_2$ | 955 |
| | $2\,PbO.PbBr_2$ | 710 | $Pb_3(PO_4)_2$ a) | 1014 |
| Auslaßventil | $2\,PbO.PbBr_2$ | 710 | $3\,Pb_3(PO_4)_2PbBr_2$ | 955 |
| | PbO | 888 | $Pb_3(PO_4)_2$ a) | 1014 |
| | $PbO.PbSO_4$ | 980 | $4\,PbO.P_2O_5$ | 980 |
| | $2\,PbO.PbSO_4$ | 960 | | |
| | $4\,PbO.PbSO_4$ | 900—920 | | |

a) bei hohen Temperaturen.

[1] SCHÖNWÄLDER, G.: Erdöl u. Kohle **7** (1954), 78.

Die Schmelzpunkte der Rückstände mit dem Zusatz liegen also erheblich höher als jene des üblichen Bleitetraäthyls im Bleibenzin. Dagegen ist die Leitfähigkeit der Phosphorverbindungen erheblich niederer als jene der Brom- und Oxybromverbindungen, wie Abb. 113 zeigt.

Die Auswirkung des Zusatzes besteht also nicht in einer besseren Entfernung der anorganischen Rückstände durch höhere Flüchtigkeit, sondern in der geringeren Leitfähigkeit des entstehenden Rückstandes. Außerdem werden die Selbstzündungstemperaturen von Kohle durch Phosphorverbindungen des Bleis viel weniger herabgesetzt als durch die Bromverbindungen (vgl. Kapitel über Selbstzündung, S. 170).

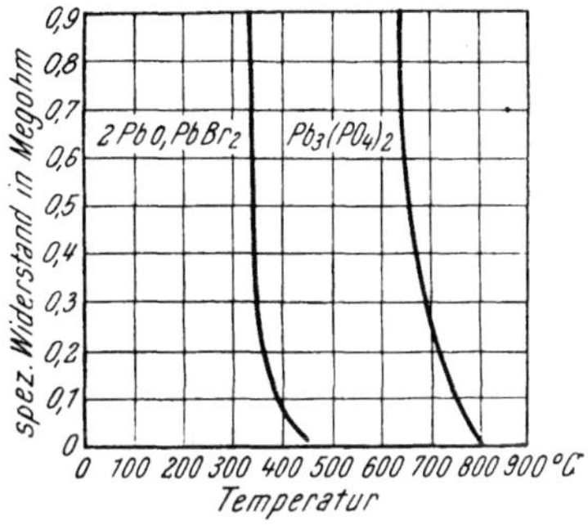


Abb. 113. Elektrischer Widerstand von Bleioxydbromid und Bleiorthophosphat

Bei der Verfolgung der Rückstandsbildung aus Bleibenzin mittels radioaktiver Isotope wurde festgestellt, daß die Ablagerungen auf schon vorhandenen dicken Ablagerungsschichten rascher als auf dünnen oder auf ablagerungsfreien Stellen erfolgen, daß aber die Ablagerungen bei sehr dünnen Schichten wandern, so daß bei der Entfernung von einer Stelle außer der Verflüchtigung und dem Abblättern noch dieser, englisch als „flecking" bezeichnete Vorgang zu berücksichtigen ist[1].

## β) *Organische Rückstände*

Außer den Aschebestandteilen, die auch als „Unverbrennbares" bezeichnet werden, bilden sich bei der Erhitzung und Verbrennung aber auch organische Rückstände, weil diese infolge ungenügender Lufteinwirkung trotz ihrer Verbrennlichkeit nicht verbrennen können. Bei ihnen ist zu unterscheiden zwischen hochmolekularen Polymerisations- und Kondensationsprodukten, die stets Wasserstoff, meist aber auch merkliche Mengen Sauerstoff enthalten, und dem reinen Kohlenstoff, der manchmal als Ruß auftritt.

Die Bildung der hochmolekularen Verbindungen kann auch ohne die Einwirkung von Sauerstoff erfolgen. Sie ist nichts anderes als eine Krackung, in deren Verlauf außer den leichten Spaltprodukten infolge von Reaktionen der Spaltprodukte die erwähnte Polymerisation und Kondensation auftritt.

Bei der Spaltung von paraffinischem Gasöl und von Paraffin werden durch die Polymerisierung von Olefinen zu Aromaten oder durch ihre primäre Polymerisierung und Zyklisierung zu Naphthenen mit nachfolgender Dehydrierung zu Aromaten Ausgangsstoffe für weitergehende Kondensation zu koksartigen Produkten gebildet. Sowohl bei ölhaltigem Paraffin als auch bei flüssigem Petrolatum trat durch Behandlung mit rauchender Schwefelsäure starke Senkung der Koksbildung beim Erhitzen ein (im Falle des Paraffins von 3,47 auf 0,11%!); die Verringerung der Koksbildung ist auf die Abnahme des Gehaltes an zyklischen Kohlenwasserstoffen zurückzuführen. Aromaten bilden um so leichter Koks, je höhermolekular sie sind. Inden und Fluoren sind infolge ihres reaktionsfähigen Wasserstoffs besonders dazu geneigt, Koks zu bilden. Dieser „Koks" ist keineswegs reiner Kohlenstoff, sondern zu 50 bis 80% in Schwefelkohlenstoff löslich, d. h. ein Gemisch hochpolymerer Kohlenwasserstoffe[2].

Eine größere Rolle als die Rückstandsbildung durch rein thermische Spaltung

---

[1] Landerl, H. P. und B. M. Sturgis: Ind. Engng. Chem. **45** (1953), 1744.

[2] Sachanen und Tilitschejew: Ber. dtsch. chem. Ges. **62** (1929), 658.

mit nachfolgender Kondensation spielt praktisch die thermisch-oxydationsbedingte Rückstandsbildung, bei der die Kondensation erst nach vorhergehender Oxydation zu festen hochmolekularen Körpern führt.

Für die Ölrückstände hat BOUMAN folgende Einteilung vorgeschlagen, die im Delfter Laboratorium der Royal Dutch üblich ist:

1. Öl: löslich in Benzin (60 bis 80°C Siedepunkt),

2. Lack: unlöslich in Benzin (60 bis 80°C Siedepunkt), schwach löslich in Benzol, löslich in Alkohol.

3. Asphaltene: unlöslich in Benzin (60 bis 80° C Siedepunkt) und Alkohol, löslich in Benzol,

4. Kohlenstoff, Ruß, Asche: unlöslich in Benzin (60 bis 80° C Siedepunkt), Alkohol und Benzol.

H. STÄGER und H. KÜNZLER haben die erschöpfende Zerlegung mit siedenden Lösungsmitteln vorgenommen und die Extrakte folgendermaßen unterteilt (Tab. 99):

Tabelle 99. *Zerlegung von Schmierölrückständen* (nach STÄGER und KÜNZLER)

| Siedendes Lösungsmittel | Extrakte |
|---|---|
| Alkohol (96%) . . . | Karboxyl-, hydroxylhaltige Oxydationsprodukte, niedere Polymerisate, leicht verseifbar |
| Petroläther . . . . . . | wenig oxydierte Kohlenwasserstoffe |
| Benzol . . . . . . . . . . | wenig oxydierte, naphthenische, zyklische Kohlenwasserstoffe |
| Chloroform . . . . . . | stark oxydierte, zum Teil karboxylhaltige Oxydationsprodukte, höhere Polymerisate, schwer verseifbar |
| Unlöslicher Rückstand | höchste Oxydations- und Polymerisationsstoffe, sehr schwer verseifbar (und Asche, Abrieb usw.) |

Die Rückstände eines Heißdampfzylinderöles in einer Niederdruckdampfmaschine ergaben bei der Aufarbeitung (Tab. 100):

Tabelle 100. *Aufarbeitung von Rückständen aus einer Niederdruckdampfmaschine*

| | Ort der Rückstandsbildung | |
|---|---|---|
| | Zylinder | Schieber |
| | Arbeitstemperaturen | |
| | 250 bis 270° C | bis 330° C |
| Alkohollöslich . . . . . . . . . | 11,4% | 1,4% |
| Petrolätherlöslich . . . . . . | 31,8% | 3,2% |
| Benzollöslich . . . . . . . . . . | 17,5% | 2,9% |
| Chloroformlöslich . . . . . . | 1,8% | 1,0% |
| Unlöslich. . . . . . . . . . . . . | 37,5% | 91,5% |

Die Analyse der Gesamtrückstände aus Zylinder und Schieber ergab folgende Elementaranalyse (Tab. 101):

Tabelle 101. *Elementaranalyse von Ölrückständen*

| | Zylinder | | Schieber |
|---|---|---|---|
| | Härtere Bestandteile | Weichere Bestandteile | |
| | Gehalt in % | | |
| C | 78,3 | 83,6 | 79,4 |
| H | 9,3 | 10,6 | 5,7 |
| O | 12,4 | 5,8 | 14,9 |
| Asche | 11,5 | 12,2 | 22,9 |
| S | in allen Fällen unter 0,1% | | |

Man sieht, daß alle Rückstände Sauerstoff enthalten, und zwar um so mehr, je härter sie sind[1].

Da der Oxydationsvorgang schon für sich behandelt wurde, soll hier nur darauf hingewiesen werden, daß sowohl Harze als Asphaltene bei der Erhitzung Koks bilden, also besonders gefährlich sind; die lackartigen Harze werden aber bei niederen Temperaturen nur langsam in Stoffe umgewandelt, wie man sie allgemein als Ölkohle bezeichnet, und bleiben bis dahin löslich in Lösungsmitteln. Wie stark Sauerstoff bei der „Ölkohle"-Bildung beteiligt ist, zeigt Tab. 102.

Tabelle 102. *Zusammensetzung von Ölkohle*

| Herkunft | Wasserstoff Gew.-% | Kohlenstoff Gew.-% | Sauerstoff Gew.-% |
|---|---|---|---|
| Kolbenboden (Flugmotor) | 2,5 | 70,0 | 27,5 |
| Kolbeninneres (Flugmotor) | 4,6 | 77,8 | 17,6 |
| Dampfmaschine (Zylinder) | 6,0 | 77,9 | 16,1 |
| Dampfmaschine (Schieber) | 4,9 | 77,2 | 17,9 |

Auf die Bedeutung der Natur des Kraftstoffes für die Oxydation ist schon verschiedentlich hingewiesen worden[2]. L. F. SCHIMANSKY zeigte aber, daß auch die Rückstandsbildung aus Schwerbenzin und leichten Gasölen durch gelösten Sauerstoff sehr stark gefördert werden kann, falls der Gehalt an potentiellem Harz hoch ist. Offenbar verläuft die Zusammenlagerung kleinerer Moleküle zu größeren bei Sauerstoffanwesenheit so rasch, daß auf dem Erhitzungsweg kohlige Rückstände entstehen können. Da der O-Gehalt von Öl-Chargen bis zu 0,002 Gew.-% betragen kann (es wurden 1 bis 20 $cm^3$ $O_2$ in 1 l analytisch gemessen) und bei Destillation die Vorbehandlung der Charge mittels Erdgas die Zeiten bis zur nötigen Überholung von Wärmetauschern und Heizrohren von 200 bis 500 auf 1500 bis 2000 Std. erhöhte, d. h. die oxydativ verursachte Rückstandsbildung stark senkte, muß man wohl diesem Zusammenhang Beachtung schenken[3].

Der Ursprung der Rückstände ist bei Motoren nicht leicht dem Kraftstoff oder dem Öl zuzuordnen, da sich beide daran beteiligen können. Je höher siedend der Kraftstoff ist (Dieselöl gegenüber Benzin), je ungünstiger die Betriebsbedin-

[1] Schweiz. Arch. angew. Wiss. Techn. **6** (1940), 205; **8** (1942), 231; **9** (1943), 15 und **10** (1944), 63, 102.

[2] Z. B. MEAD BRIAN: Ind. Engng. Chem. **19** (1927), 1240; HAUS, E.: Oel u. Kohle **14** (1938), 299.

[3] Petroleum Refiner **25** (1946), 629.

gungen (Gemischstärke, Spritzzeitpunkt, bzw. Zündung) und der Motorenzustand sind (Abdichtung der Kolbenringe), um so mehr wird der unverbrannte Kraftstoff rückstandbildend wirken können. Andererseits nimmt mit zunehmendem effektivem Mitteldruck der Verbrennung die Rückstandsbildung im Verbrennungsraum beim Dieselbetrieb ab, während zugleich größere Mengen Ruß aus dem Verbrennungsraum in das Schmieröl übergehen und sich daraus ablagern können. Diese Abnahme der Rückstandsbildung im Verbrennungsraum mit steigendem Mitteldruck zeigt Abb. 114 nach C. A. Bouman[1].

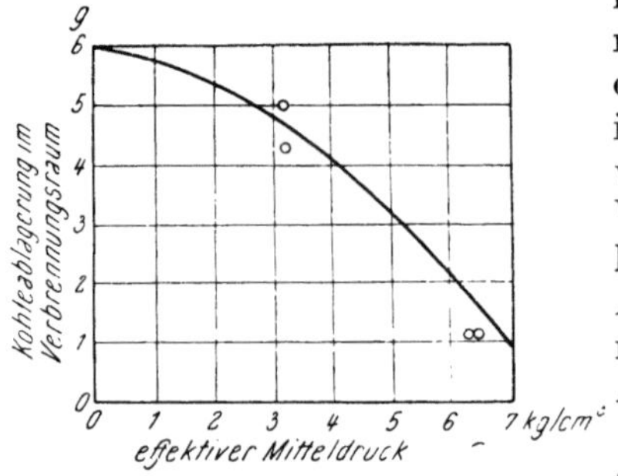


Abb. 114. Rückstandsbildung im Verbrennungsraum eines Dieselmotors in Abhängigkeit vom Mitteldruck nach Bouman

Wichtiger als die Frage, wieviel Rückstand sich im Gebrauch bildet, ist vielfach, vor allem bei Motorbetrieb, der Ort, wo er entsteht. Man muß deshalb sowohl die Neigung eines Öles oder Kraftstoffes zur Rückstandsbildung, als auch die besonderen, auf die Ablagerung einwirkenden Umstände kennen. Bouman betont, daß ebenso wie die Ablagerungen im Verbrennungsraum auch die Menge Verbrennungsruß, die sich im umlaufenden Schmieröl ansammelt, notwendig einen Gleichgewichtsendwert erreichen müsse. Man könne daher, wenn man gleichbleibende Betriebsbedingungen und dauernde Nachfüllung von Frischöl voraussetzt, eine diesen Verlauf charakterisierende Formel aufstellen, in der man auch die Auswirkung einer Schmierölfilterung berücksichtigen kann.

Bei Ottomotoren hat derselbe Autor festgestellt, daß die Rückstandsbildung auf dem Kolbenboden jener in den Ringnuten und auf der Kolbengleitfläche bei Ölen gegenläufig war, die folgende Daten aufweisen (Tab. 103):

Tabelle 103. *Eigenschaften von Versuchsölen*

| Schmieröl | A | B | C |
|---|---|---|---|
| Zähigkeit bei 37,8° C cSt | 1200 | 230 | 295 |
| Zähigkeit bei 50° C cSt | 506 | 123 | 140 |
| Zähigkeit bei 99° C cSt | 53 | 21 | 19 |
| Viskositätsindex | 95 | 110 | 80 |
| Flammpunkt P. M. ° C geschlossener T. | 290 | 250 | 210 |
| Flammpunkt P. M. °C offener T. | 330 | 290 | 230 |
| Conradson-Test Gew.-% | 3,0 | 0,5 | 0,2 |

Die Zunahme der Rückstände in einem Ottomotor mit der Zeit ist in Abb. 115 nach Bouman dargestellt[2].

Sehr wichtig ist die Ablagerung von Rückständen für den Vorgang in Brennkammern von Gasturbinen, für den wiederum die gleichen Gesetze gelten: Zu-

[1] 2. Welt-Erdölkongreß Paris 1937.
[2] Schmieröltagung London 1937, I, 426.

nahme der Rückstandsbildung in der Reihe Paraffine, Naphthene, Aromaten, d. h. mit ansteigendem C/H-Verhältnis; bei gegebenem C/H-Verhältnis mit stei-

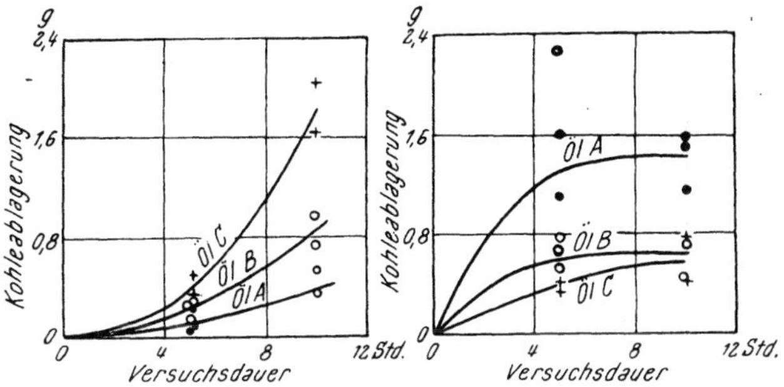


Abb. 115. Ölkohleablagerung aus drei Ölen in einem Benzinmotor in Ringnuten und auf Kolbengleitflächen (links) und auf Kolbenboden (rechts). Das Verhalten der Öle in Ringnuten und Kolbengleitflächen sowie auf dem Kolbenboden ist gegenläufig

gendem Siedepunkt, noch mehr mit steigender Dichte. Hohe Lufttemperatur, hoher Luftüberschuß und verringerter Druck verringern die Rückstandsbildung. Die konstruktiven Verhältnisse und die Betriebsbedingungen beeinflussen aber die Rückstandsbildung ebenso stark wie die Zusammensetzung des Kraftstoffes[1]. Für eine Versuchsapparatur zur Messung der sich aus Kraftstoffen ablagernden Rückstandsmenge haben die Verfasser folgende Formel vorgeschlagen:

$$\text{Ölkohlenmenge} = \frac{\ln(0{,}83\,R - 1{,}5)}{0{,}54} + \frac{T}{225} - 3{,}0,$$

worin ln der natürliche Logarithmus, $R$ das Verhältnis C/H (z. B. für Benzol $72/6 = 12$), $T$ der Siedepunkt reiner Verbindungen oder der 10% 1 ASTM-Punkt von Gemischen in °F ist.

Für *Flugmotorenöle* hat A. v. PHILIPPOVICH[2] nachgewiesen, daß für den Ort der Ablagerung der Rückstände (Kolbennut) primäre Oxydation des Öles im Verbrennungsraum, Wanderung zum Kurbelgehäuse und infolgedessen die Bedingungen in der Kolbenringnut entscheidend sind, wie sich vor allem aus dem in dieser Richtung abnehmenden Bleigehalt der Rückstände ergibt (Tab. 104).

Tabelle 104. *Bleigehalt von Motorenrückständen*

| | Lauf 27 | Lauf 32 |
|---|---|---|
| Kolbenboden | 14,85% | 32,16% |
| Nut 1 | 14,85% | 13,88 |
| Nut 2 | 8,20% | 3,60 |
| Nut 3 | 0 | Spuren |
| Nut 4 | 0 | 0 |

[1] STARKMANN, E. S., A. G. CATTANEO und S. H. MCALLISTER: Ind. Engng. Chem. **43** (1951), 2822.

[2] Luftfahrtforsch. **14** (1937), 254; 2. Welt-Erdölkongreß Paris 1937.

Für die Ablagerung ist sowohl die Neigung des Öles zur Asphaltbildung als auch seine Flüchtigkeit maßgebend, wie die einfache Überlegung beweist, daß bei gleicher Bildung von Asphaltstoffen ein schwerflüchtiges Öl eine geringere Konzentration ergibt als ein leichtflüchtiges Öl; deshalb wurde als Maß der Ringsteckneigung — für Öle ohne Zusätze — der Wert

$$\frac{\textit{Flüchtigkeit} \times \textit{Asphalt (\% im Restöl)}}{1000}$$

vorgeschlagen, wobei Asphalt und Flüchtigkeit nach Erhitzung von 10 cm³ Öl in Schalen auf 275°C während 4 Std. bestimmt wurden[1].

Wie bei Abscheidung von Harz und Schlamm muß man auch bei jener von kohligen festen Rückständen streng zwischen der Bildungsmöglichkeit und der Ablagerungsmöglichkeit unterscheiden, überdies aber auch beachten, daß unter Umständen bereits abgelagerte Rückstände sich wieder ablösen können. Auf die Härte, Haftfestigkeit, Reaktionsfähigkeit gegenüber Sauerstoff und Wasserdampf sei nur hingewiesen; in der zitierten Arbeit von v. PHILIPPOVICH ist etwas eingehender darüber gesprochen worden.

*Die Rußbildung in Flammen* wurde von G. PORTER eingehend behandelt[2]. Danach ergibt Pyrolyse von Kohlenwasserstoffen bei Halbwertszeiten von einer Sekunde und weniger wegen der hohen Temperaturen keine Polymerisation, sondern Spaltung in kleinere Moleküle unter Wasserstoffabspaltung. Azetylen ist vor dem Auftreten von Kohle das letzte, beständige Molekül; es liefert durch gleichzeitige Kondensation und Wasserstoffabspaltung Ruß. Auch in Diffusionsflammen (d. h. Flammen, die das brennbare Gemisch durch Diffusion mit Luft bzw. Sauerstoff bilden, wie Dochtflammen, Ölbrenner) entsteht die Kohle durch denselben Vorgang, außer der Brennstoff wird länger als wenige Sekunden auf Temperaturen nahe bei (aber nicht über) 1000°C erhitzt. Ist das Brennstoff-Luftgemisch vorgebildet, so kann außer einer Pyrolyse auch Oxydation erfolgen; je nach dem Mischungsverhältnis (der Luftzahl) wird die eine oder die andere bevorzugt ablaufen, aber — bei Bedingungen, die die Kohlebildung an und für sich begünstigen — diese selbst durch den Sauerstoff beeinflußt. Dabei sind die folgenden Reaktionen zu berücksichtigen:

$$\text{Kohlenwasserstoff} = \text{Kohlenstoff} + \text{Wasserstoff} \quad (1)$$
$$\text{Sauerstoff} + \text{Kohlenwasserstoff} = CO + H_2 + H_2O \quad (2)$$
$$\text{Sauerstoff} + \text{Kohlenstoff} = CO \quad (3)$$
$$\text{Wasser} + \text{Kohlenstoff} = CO + H_2 \quad (4)$$

Die relativen Geschwindigkeiten der Reaktionen 1 und 2 sind durch die Sauerstoffkonzentration maßgeblich beeinflußt. In mageren, sauerstoffreichen Gemischen brennt Kohlenstoff von Reaktion 1 weg, ehe er sich merklich anreichern kann. Nach R. G. W. NORRISH, G. PORTER und B. A. THRUSH[3] läuft auch bei Explosionen in geschlossenen Gefäßen die Kohlebildung nach dem Schema der Kohlebildung aus Azetylen durch Kondensation und Wasserstoffabspaltung ab. In heißen Flammen und Explosionen mit langsamer Abkühlung der Verbrennungsprodukte tritt Kohle auf, falls ungenügend Sauerstoff zur Überführung des Brennstoffes in $CO + H_2$ vorhanden ist. Bei anderen Verbrennungen kann Kohlebildung auch in magereren, sauerstoffreicheren Gemischen auftreten, je nach der Geschwindigkeit der Wasserbildung und der nachfolgenden Reaktion des Wassers mit dem Kohlenstoff.

---

[1] Vgl. RICHTER, M.: Luftwissen **5** (1938), 213.

[2] Combustion Research and Reviews, S. 108. London: Butterworths. 1955.

[3] Proc. Roy. Soc. London A **216** (1953), 165.

### c) Einflüsse auf die Ablagerung fester Rückstände

#### *α) Konstruktion*

1. Strömungsvorgänge: Die Ablagerung tritt wie bei Schlamm nicht an Stellen stärkster Strömung, sondern relativer Ruhe ein, so am Rand von Einspritzdüsen, im Inneren von Zündkerzen, in Kolbenringnuten.

2. Material: Sowohl Art als auch Rauhigkeit beeinflussen die Rückstandsbildung. Je rauher die Oberfläche ist, um so mehr Neigung zur Rückstandsbildung besteht.

3. Gemischbildung: Kann je nach Umständen bei feiner (Dieselmotor) oder bei gröberer Verteilung der Tröpfchen (Gasturbine, s. oben) weniger Rückstände ergeben.

4. Generell ist für Bleibenzin, wie andere Kraftstoffe, konstruktiv anzuraten:

a) Die Ladung unter geringster Berührung mit bereits von Rückständen bedeckten Oberflächen einzuführen.

b) Das Verhältnis von Oberfläche des Verbrennungsraumes zu Hubvolumen so nieder zu halten, als es andere Absichten der Konstruktion gestatten.

c) Beim Einlaßventil genügend freien Raum zu lassen, damit die eintretende Ladung keinen Strömungswiderstand findet[1].

#### *β) Betriebsbedingungen*

Unvollkommene Verbrennung bei überfettem Gemisch, hoher Druck, hohe Temperatur (bis zu einem Optimum) fördern die organische Rückstandsbildung.

Im Gegensatz dazu wird aber gerade durch unvollkommene Verbrennung die Ablagerung von anorganischen Rückständen (Asche) verringert, so daß man vor dem Dilemma steht, entweder unvollkommene Verbrennung und geringe Ascheablagerung oder gute Verbrennung, dafür aber starke Ascheablagerung zu wählen. Allerdings kann ähnliche Wirkung, wie jene der unvollkommenen Verbrennung, durch Zugabe geeigneter anorganischer Stoffe, wie z. B. Dolomit oder Kaolin, zum Brennstoff erzielt werden.

#### *γ) Kraftstoff*

Geringe Flüchtigkeit, hohes C/H-Verhältnis oder hohe Dichte, gelöster Sauerstoff, Voroxydation, hoher S-Gehalt fördern die Rückstandsbildung.

Wegen des starken Einflusses des Schwefelgehaltes auf die Rückstandsbildung schreiben die motorischen Prüfverfahren für Dieselschmieröle die Verwendung eines Dieselkraftstoffes mit über 1,0% Schwefel in Fällen sehr starker Beanspruchung der Schmieröle vor (vgl. Tab. 44 und 45, S. 158/161).

### d) Messung

Auf die bekannten Laboratoriumsverfahren nach Conradson und Ramsbottom sei nur verwiesen[2], bei denen die Neigung zur Rückstandsbildung unter Luftabschluß erfaßt wird. Bei gebrauchten Ölen nimmt der ursprüngliche Wert etwa um die Menge Asphalt zu, die darin enthalten ist. Für die Beziehung zwischen den beiden Werten vgl. Kelly[3] und die ASTM-Vorschrift, in der eine der Kellyschen sehr nahekommende Beziehung aufgestellt ist. Bei der Untersuchung von Ölen mit Zusätzen ist zu beachten, daß Methoden wie jene von Conradson oder Ramsbottom natürlich auch die Aschenrückstände der Zusätze erfassen und

[1] Gibson, H. J., C. A. Hall und A. E. Huftman: SAE-Quart. Trans. **6** (1952), 594.

[2] DIN 51.551; ASTM D-189/58, I. P. 13/58; ASTM-EA-EAD-D524/58 und I. P. 14/58.

[3] Petroleum Times **39** (1938), 429.

so Werte ergeben, die keinen Rückschluß auf die Menge Rückstände gestatten, die z. B. in Motoren entstehen.

Zahlreich sind die Verfahren, die aus praktischen Bedürfnissen zur Erfassung der Rückstandsbildung in Sonderfällen entwickelt wurden. Die Rückstandsbildung aus Äthylfluid in einem Luftstrom haben M. LETORT und Mitarbeiter[1] durch Zersetzung in einem elektrisch beheizten Quarzrohr systematisch untersucht; sie gehen dabei auf die zuerst von PANETH zum Nachweis freier Radikale angewendete Anordnung zurück. Bei gegebener Menge Bleitetraäthyl und Alkylhalogenid (Äthylendibromid usw.) und Messung der abgeschiedenen Menge PbO (Pb) und $PbBr_2$ kann man die Wirkung der Bromverbindung aus dem Verhältnis der entstandenen $PbBr_2$-Menge zur angewandten Bromidmenge $\times$ 100 in Prozenten errechnen.

Bei *Heizölen* wird vor allem der Aschegehalt durch Verbrennen einer gewogenen Ölmenge in einem Tiegel bestimmt. Erst neuerdings wurde festgestellt, daß die Tiegelveraschung infolge der Flüchtigkeit von beständigen metallorganischen (Chelat-)Verbindungen Fehler verursacht, die nicht vernachlässigt werden dürfen. Sowohl Vanadium, Eisen, Nickel, Blei, Zink, als auch Natrium, Kalzium und Silizium wurden in der Rückstands- und der „Flug"-Asche gefunden; in letzterer vor allem Silizium und Kalzium. Zur Abhilfe wird Filterung der Verbrennungsprodukte in einem geschlossenen Apparat mittels Phthalsäureanhydrid empfohlen[2]. Das Verbrennungsverhalten wird für Gasturbinenkraftstoffe in der Praxis angenäherten Brennkammern untersucht (vgl. STARKMANN, CATTANEO und MCALLISTER l. c.).

Bei *Schmierölen* haben H. STÄGER und H. KÜNZLER (l. c.) die Oxydation und Verkokung zwischen elektrisch beheizten Metallschienen vorgeschlagen, wonach eine fraktionierte Lösungsbehandlung erfolgt. Die Auswertung kann nur auf Grund von recht komplizierten Messungen erfolgen. R. MOUTTE, G. DIXMIER und P. LION[3] weisen auf die Notwendigkeit der Vorerhitzung zur Sensitivierung und Erzielung stärkerer Rückstandsbildung unter O-Aufnahme hin und schlagen vor, entweder das Öl auf 300 bis 400° C nach solcher Vorerhitzung zu erwärmen, oder abwechselnd auf niedere (100 bis 140° C) und hohe Temperaturen (300 bis 400° C); aber zu diesem und anderen Verfahren sind die kritischen Bemerkungen von MOERBECK (ebenda S. II, 367) zu beachten, die angesichts der starken Verwendung von Zusätzen noch größere Beachtung verdienen. Deshalb sind bei den Motorschmierölen die exakt überwachten Motorversuche wohl die verläßlichste Basis der Beurteilung der Rückstandsbildung. Auf die zahlreichen Einflüsse dabei kann nur hingewiesen werden[4].

Die *Motorversuche* zur Erfassung der Rückstandsbildung werden so durchgeführt, daß man entweder das Ringstecken als eine der unangenehmsten Auswirkungen gesondert untersucht, oder aber die Menge der Ablagerungen auf Kolben, im Verbrennungsraum sowie an anderen Motorteilen zugleich mit anderen Alterungserscheinungen, wie der Schlammbildung, oder auch mit Verschleiß- oder Korrosionseinwirkung mißt.

Die wichtigsten Verfahren der motorischen Prüfung sind bereits im Abschnitt über Oxydation zusammengestellt worden (S. 158/161), so daß hier darauf verwiesen sei[5].

---

[1] 3. Welt-Erdölkongreß Haag **7** (1951), 21.

[2] Vgl. WEST, P. W. und Mitarbeiter: Petroleum Refiner **35** (1956), 220.

[3] Schmieröltagung London 1937, II, 372.

[4] Vgl. PHILIPPOVICH, A.: Die Betriebsstoffe für Verbrennungskraftmaschinen, 2. Aufl. Wien: Springer. 1949.

[5] Über die Messung der Luminometerzahl vgl. Anhang, S. 323.

e) Praktische Bedeutung

Wenn auch die Folgen der Rückstandsbildung bereits bei den einzelnen Produkten besprochen wurden, seien sie hier noch einmal kurz zusammengefaßt:

**Anorganische Rückstände** sind vor allem wegen der dadurch verursachten mechanischen Störungen (Ventile, Verschleiß, Verformung von Bauteilen) bedenklich, sei es daß sie direkt oder indirekt infolge Heißkorrosion (s. unten) entstehen. Aber auch die Bildung elektrisch leitender Rückstände an Zündkerzen ist hier zu erwähnen, die zu Fehlzündungen führt. Eine weitere Folge sind durch die Verschlechterung des Wärmeüberganges eintretende Wärmestauungen, die wieder alle jene Störungen bewirken, die dadurch entstehen können.

**Organische Rückstände** verschlechtern ebenfalls den Wärmeübergang, können aber ihrerseits genau so mechanische Störungen wie die anorganischen Rückstände: Festsitzen der Kolbenringe, Störungen des Öldurchganges, und unter Umständen (Ruß!) Heißkorrosion verursachen (vgl. S. 281).

## 17. Korrosion

a) Definition

Als Korrosion bezeichnet man die Werkstoffzerstörung durch chemische oder elektrochemische Einwirkung; während die erste vor allem bei höheren Temperaturen stattfindet und demgemäß als *Heißkorrosion* bezeichnet wird, verläuft die zweite als Ionenreaktion im Gebiete niederer Temperaturen, ist also *Kaltkorrosion.*

Je nach der Erscheinungsform unterscheidet man verschiedene Arten der Korrosion; gleichmäßiger Angriff über die gesamte Oberfläche heißt *allgemeine Korrosion*, der die lokal begrenzte *örtliche* gegenübersteht, die auch als *Lochfraß* auftreten kann, oder in Form der *selektiven Korrosion* einzelne Bestandteile (z. B. von Messinglegierungen, Zink) besonders angreift; da die Grenzflächen chemisch aktiver sind als andere Stellen, tritt Korrosion sowohl an den Grenzen der Kristalle in Legierungen als *interkristalline Korrosion*, wie an den Berührungsflächen verschiedener Metalle oder metallischer und nichtmetallischer Stoffe als *Spaltkorrosion* auf.

b) Wesen

*α) Heißkorrosion*

Heißkorrosion ist bei der Verwendung von Erdölprodukten durch die Einwirkung von Schwefel (Schwefelwasserstoff, Schwefelverbindungen und seinen Verbrennungsprodukten $SO_2$ und $SO_3$) und durch jene der festen Verbrennungsprodukte, wie der verschiedenen Metalloxyde (Va, Na, Pb) und Metallhalogenide (NaCl, $PbBr_2$), sowie komplexer Verbindungen aus diesen Stoffen verursacht. Auf die Heißkorrosion durch andere Stoffe, wie Wasser, $CO_2$, $H_2$ usw., die bei der Erdölverwendung auch vorkommen, wird hier nicht näher eingegangen.

Für die Heiß- und Kaltkorrosion kann man die folgenden Stufen annehmen:

1. Diffusion des korrodierenden Stoffes zur Oberfläche,
2. Adsorption desselben an der Oberfläche,
3. Diffusion in die Oberfläche,
4. Chemische und elektrochemische Reaktionen.

Durch den Korrosionsangriff gebildete Produkte können entweder an der Oberfläche haftenbleiben und durch Bildung von undurchlässigen Schichten weiteren Korrosionsangriff verhindern (z. B. Sulfid-Oxyd-Schutzschichten) oder nur locker am Metall sitzen und weiteren Angriff nicht verhindern, wie Sulfid-Schichten. Schwefelwasserstoff bzw. Erdölprodukte, die Schwefelwasserstoff bilden, sind deshalb bei gleicher Temperatur stärker korrodierend als Schwefeldioxyd, wie die Gegenüberstellung nach Abb. 116 (nach F. K. NAUMANN) zeigt. Man erkennt deutlich den viel stärkeren Angriff durch Schwefelwasserstoff im Vergleich zu $SO_2$.

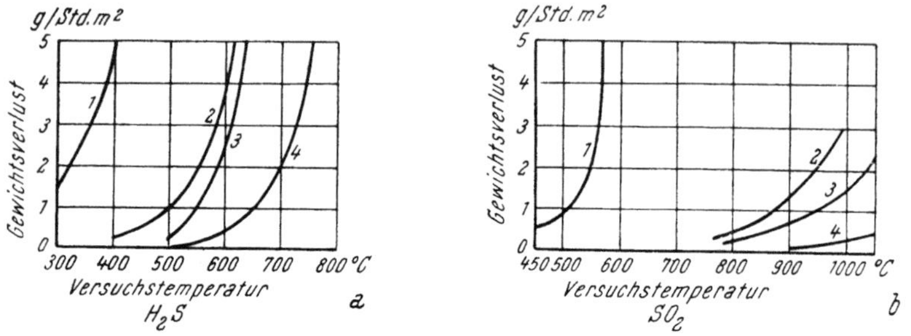


Abb. 116. Angriff von Stählen verschiedener Zusammensetzung durch Schwefelwasserstoff und durch Schwefeldioxyd

Sulfidkorrosion kann auch durch bakterielle Reduktion von Sulfaten erfolgen und unter Umständen zu schwerem Schaden führen. So entstanden nach dem Spülen von Benzintanks mit Seewasser infolge solcher Bakterien in den Benzinpumpen von Düsenflugzeugen so starke Korrosionen, daß dadurch Unfälle verursacht wurden.

Für oxydische Deckschichten, die beim Sauerstoffangriff entstehen, gilt die Regel, daß das Volumen des Oxyds optimal etwa jenem des Metalls gleichkommen soll, weil andernfalls weiterer Angriff erfolgt, indem entweder — bei kleinerem Oxydvolumen — keine genügende Schutzdeckschicht entsteht, oder — bei größerem Oxydvolumen — Abblättern der Oxydschicht und damit Freilegung des Metalls für neuen Angriff eintritt. Zusätzlich müssen die gebildeten Schichten fest haften und poren- und rißfreie Überzüge bilden. Für den chemischen Angriff durch andere Stoffe als Sauerstoff gilt sinngemäß das gleiche.

Die Diffusionsgeschwindigkeit des reagierenden Gases durch die gebildete Deckschicht bestimmt den Ablauf der Korrosion; sie folgt dem Gesetz von FICK, wonach die Zahl der in der Richtung des Konzentrationsgefälles abfließenden Moleküle $dn$ proportional diesem Gefälle $-\frac{dc}{dx}$ (worin $dc$ die Konzentrationsabnahme auf einer Strecke $dx$ ist), sowie dem verfügbaren Querschnitt $q$ und der Zeit $dt$ ist, also:

$$dn = -D \cdot q \cdot \frac{dc}{dx} \cdot dt.$$

$D$ stellt darin den Diffusionskoeffizienten dar, der in Flüssigkeiten und Gasen gemäß dem Gesetz von STOKES, wonach der Reibungswiderstand $W$ diffundierender Teilchen (kugeliger Form)

$$W = N_L \cdot 6 r \pi \cdot \eta$$

($\eta$ Viskositätskoeffizient, $r$ Radius der bewegten Teilchen, $N_L$ LOSCHMIDTsche

Zahl) der inneren Reibung des Mediums und dem Radius der diffundierenden Molekel umgekehrt proportional ist, folgenden Wert annimmt:

$$D = \frac{RT}{N_L} \cdot \frac{1}{6 r \pi \eta}.$$

Der Diffusionskoeffizient ist ein Proportionalitätsfaktor, der bei gegebener Temperatur für ein bestimmtes Medium die Zahl der in der Zeiteinheit diffundierenden Mole bei einem Querschnitt vom 1 $cm^2$ und dem Konzentrationsgefälle 1 angibt (Dimension $cm^2 \cdot sek^{-1}$). Obwohl die Gesamtreaktionsgeschwindigkeit der Korrosion als Funktion der Diffusionsgeschwindigkeit erscheint, erfolgt doch die Reaktion des angreifenden Gases auf das Metall sehr rasch.

Eine Art der Heißkorrosion verdient Erwähnung, weil sie bisher wenig Beachtung fand. Wie BEHRENS zeigte[1], gelangen bei schlechter Verbrennung unverbrannte Ölteilchen in die Verbrennungskammer, wo sie auf den heißen Metalloberflächen sekundären Krack- und Verbrennungsprozessen unterworfen sind. Hiebei entstehende Kohlenstoffteilchen können an der Metalloberfläche gelöst werden und das Kristallgitter des Metalles — mit entsprechenden Veränderungen der Metalleigenschaften — vollkommen zerstören. Bei Kesselfeuerung können sie sich in den Poren der keramischen Auskleidung ablagern und die Zerstörung des Materials verursachen. Bei Lösung von Wasserstoff, der beim Kracken entsteht, in den Metallen kann Hydridbildung Erhöhung der Sprödigkeit und Zerfall des Gefüges zur Folge haben.

Die Korrosionsprodukte eiserner Apparaturen, die durch Schwefelverbindungen gebildet werden, können unter Umständen pyrophor sein und sich durch allmähliche Eigenerwärmung bis zur Selbstzündungstemperatur erhitzen[2].

*β) Wirkung von Aschebestandteilen*

Über die Einwirkung von Aschebestandteilen wurde bereits im Abschnitt über Rückstandsbildung (S. 266ff.) gesprochen; ergänzend sei dazu bemerkt: Bei Verwendung einer Asche aus einem industriellen Heizöl (mit $D_{20}$ 0,954, 500 cSt/20°C, 1,83% S, und mit einem Aschegehalt von 0,07%, die 66,6% $V_2O_5$, 12,8% $SO_3$ und 9,7% $Na_2O$ enthielt) wurden von neun verschiedenen Stahlproben alle oberhalb des Schmelzpunktes der Asche von 635°C angegriffen; mit zunehmender Temperatur stieg dieser Angriff, oberhalb 750°C, zum Teil sprunghaft, und erreichte etwa das Zehnfache der Korrosion bei einem Blindversuch ohne Ascheanwesenheit. Chrom-Nickelstähle waren besonders beständig, wogegen Nb, Ta, Ti, Mn, W keine Wirkung hatten und Molybdänstähle besonders stark angegriffen wurden. Dies erklären die Autoren mit der Sauerstoffübertragung durch die Vanadiumverbindungen; aus dem Molybdän entsteht $MoO_3$, das durch Sublimation den gebildeten Hammerschlag schwächt. In reduzierender Atmosphäre tritt keine Korrosion ein; Alkaligehalt steigert die Korrosion, maximal bei einem Verhältnis von Alkali zu $V_2O_5$ von 1. Im Gegensatz zur Diffusion der Gase durch Deckschichten erfolgt bei Ascheschmelzen die Sauerstoffübertragung durch eine Art Lösung, so daß die Geschwindigkeit der Korrosion von diesem Vorgang bestimmt wird[3].

Von der eigentlichen Heißkorrosion ist kaum die Korrosion zu trennen, die

---

[1] Vgl. JOST, W.: Oxydation von Kohlenwasserstoffen. Naturwissenschaften **33** (1946). Über die Messung der Luminometerzahl vgl. Anhang, S. 323.

[2] SCHELOMENZEW, I. I.: zit. Chem. Zbl. 1947 II 1059.

[3] SCHLÄPFER, P., P. AMGWERG und H. PREIS: Schweiz. Arch. **15** (1949), 291.

durch die *Kondensation von Verbrennungsgasen schwefelhaltiger Erdölprodukte* eintritt. Ist der Taupunkt korrodierender Bestandteile der Verbrennungsgase unterschritten und genügen die übrigen Bedingungen, wie Strömungsgeschwindigkeit, zur Ablagerung wässeriger Lösungen von $SO_2$ und $SO_3$, so können diese natürlich korrodierend auf die Metalle einwirken. Der Vorgang geht genau so vor sich wie die Kaltkorrosion durch wässerige Lösungen anderer Art.

Der Taupunkt von Schwefelsäure liegt viel höher als jener von schwefliger Säure, so daß die Korrosionsgefahr durch diese wesentlich geringer als durch Schwefelsäure ist. Oberhalb des Taupunktes greift schweflige Säure nach Versuchen der Schweizer Maschinenindustrie, die bei Temperaturen von 600 bis 1000° C gemacht wurden, bei Brennstoffen mit bis zu 5% S-Gehalt bis 600°, zum Teil bis zu 700° C nicht merklich an. Cr-Ni-Stähle 25/20 waren weniger empfindlich als Stahl 18/8. Chromstähle 17/1 Ni und 27/4,5 Mo verhielten sich nicht besser als gewöhnliche Cr-Ni-Stähle.

Schwefelsäure ($SO_3$) kann nach der gleichen Quelle oberhalb des Taupunktes gefährlich werden, wenn Ölaschen mit Alkali vorhanden sind, die saure Alkalisulfatschmelzen bilden können, die als Bindemittel für sonst nicht haftende Aschebestandteile wirken. Sulfataschen auf Stählen mit hohem Ni-Gehalt können bei hoher Temperatur verstärkte Korrosion ergeben, ohne daß festgestellt werden konnte, ob es sich dabei um Schwefelangriff (Bildung von $Ni_3S_2$ oder eutektischem $Ni_3S_2/Ni$) handelte[1].

Unterhalb des Taupunktes tritt Korrosion ein; durch Anwesenheit unverbrannter Teilchen kann Erhöhung des Taupunktes eintreten, so daß daran adsorbierte Schwefelsäureteilchen oberhalb des erwarteten Taupunktes korrodierend wirken können.

Daß tatsächlich der Taupunkt eine entscheidende Rolle spielt, beweisen vor allem Motorversuche von C. C. Williams, der zeigte, daß der Verschleiß von Motorzylindern bei Verwendung schwefelhaltiger Kraftstoffe um so geringer wurde, je höher die Arbeitstemperatur des Motors lag.

### γ) *Kaltkorrosion*

Die Kaltkorrosion ist mit Ausnahme jener Vorgänge, bei denen chemische Reaktionen, wie Sulfidbildung, erfolgen, als Ionenreaktion aufzufassen, für die alle jene Einflüsse maßgebend sind, die sich auf diese auswirken. Selbst in nichtwässerigen Lösungsmitteln ist die Reaktion bei Korrosionsvorgängen als solche Ionenreaktion anzunehmen. Bei der elektrochemischen Korrosion als Typus der Ionenreaktion ist vor allem die Spannungsdifferenz maßgebend, die zwischen zwei Metallen auftritt, weil das unedlere der beiden Metalle angegriffen wird; dabei ist es gleichgültig, ob die Metalle direkt oder unter Vermittlung eines Elektrolyten in Verbindung stehen.

Diese Spannungsdifferenz ist aus der sogenannten elektrochemischen Spannungsreihe zu entnehmen, da ein aus zwei Metallen bestehendes Element eine Spannung liefert, die dem Unterschied der beiden Normalpotentiale entspricht (wobei unter Normalpotential die auf eine genormte Wasserstoffelektrode bezogene, beim Eintauchen von Metall in seine normale, d. h. je Liter 1g-Ion der angegebenen Art enthaltende Lösung erzeugte Spannung verstanden wird). Tab. 105 gibt die Spannungsreihe der Metalle.

Praktisch ist aber von sehr großer Bedeutung, daß nicht nur die durch die Spannungsreihe angezeigten Spannungsdifferenzen zwischen verschiedenen Ele-

---

[1] 3. Welt-Erdölkongreß Haag 7 (1951), 34.

menten sich auswirken, sondern noch eine ganze Reihe von anderen Umständen bei einem und demselben Element Spannungsunterschiede ergeben können, die in gleicher Weise Spannungsdifferenzen und damit elektrische Ströme verursachen. H. STÄGER hat darauf besonders hingewiesen; nach ihm wird die Tab. 106 von Systemen gebracht, die zur Bildung von Lokalelementen führen[1].

Tabelle 105.

*Elektrochemische Spannungsreihe der Metalle, bezogen auf die Wasserstoffelektrode (=0,0 Volt) bei 20° C; Elektrolytkonzentration: 1g-Ion/l* (nach EGGERT)

| Elektrodenvorgang | $n$ | Normalpotential (Volt) $E_0$, $H$ |
|---|---|---|
| $Li \rightarrow Li^{\cdot}$ | 1 | −3,02 |
| $K \rightarrow K^{\cdot}$ | 1 | −2,92 |
| $Na \rightarrow Na^{\cdot}$ | 1 | −2,71 |
| $Mg \rightarrow Mg^{\cdot\cdot}$ | 2 | −2,35 |
| $Zn \rightarrow Zn^{\cdot\cdot}$ | 2 | −0,762 |
| $Cr \rightarrow Cr^{\cdot\cdot}$ | 2 | −0,56 |
| $Cr \rightarrow Cr^{\cdot\cdot\cdot}$ | 3 | −0,51 |
| $Fe \rightarrow Fe^{\cdot\cdot}$ | 2 | −0,44 |
| $Cd \rightarrow Cd^{\cdot\cdot}$ | 2 | −0,402 |
| $Tl \rightarrow Tl^{\cdot}$ | 1 | −0,34 |
| $Co \rightarrow Co^{\cdot\cdot}$ | 2 | −0,268 |
| $Ni \rightarrow Ni^{\cdot\cdot}$ | 2 | −0,25 |
| $Pb \rightarrow Pb^{\cdot\cdot}$ | 2 | −0,126 |
| $Sn \rightarrow Sn^{\cdot\cdot}$ | 2 | −0,14 |
| $Fe \rightarrow Fe^{\cdot\cdot\cdot}$ | 3 | −0,04 |
| $H_2 \rightarrow 2\,H^{\cdot}$ | 1 | ±0,00 |
| $Cu \rightarrow Cu^{\cdot\cdot}$ | 2 | +0,34 |
| $Cu \rightarrow Cu^{\cdot}$ | 1 | +0,52 |
| $Tl \rightarrow Tl^{\cdot\cdot\cdot}$ | 3 | +0,72 |
| $Ag \rightarrow Ag^{\cdot}$ | 1 | +0,81 |
| $2\,Hg \rightarrow Hg_2^{\cdot\cdot}$ | 2 | +0,80 |
| $Hg \rightarrow Hg^{\cdot\cdot}$ | 2 | +0,86 |
| $Au \rightarrow Au^{\cdot}$ | 1 | +1,50 |

Die bei der Korrosion entstehenden Metallverbindungen ähneln den natürlich vorkommenden, so daß man geradezu von einem umgekehrten Industrieprozeß gesprochen hat, bei dem es nur Verlust und keinen Gewinn gäbe; Eisen liefert so bei niederer Temperatur Eisenhydroxyd, bei hoher Eisenoxyd, Kupfer, das in der Natur als Sulfid oder basisches Sulfat vorkommt, liefert bei der Korrosion in Anwesenheit von Schwefel beide.

Bei dem praktisch wichtigsten Korrosionsvorgang, dem Rosten von Eisen, bilden sich in salzfreiem, sauerstoffhaltigem Wasser zuerst leichter lösliche Ferroverbindungen, die dann zu schwerer löslichen Ferriverbindungen umgewandelt und abgelagert werden. Der Korrosionsangriff geht also auch in salzfreiem Wasser weiter und führt zu starken Beschädigungen. In salzhaltigem Wasser, wie es im Heizöl vorkommen kann, oder im Wasser, das sich in gebrauchten Motorölen vorfindet, ist bei der Korrosion Durchgang

Tabelle 106. *Systeme, die zur Bildung von Lokalelementen führen* (nach H. STÄGER)

| | | |
|---|---|---|
| Metall $\alpha$-Gefüge | → | Metall $\alpha + \beta$, $\beta$-Gefüge |
| Graphit in Gußeisen | → | umgebendes Eisen |
| Metall oxydiert | → | Metall blank |
| Metall belüftet | → | Metall nicht belüftet |
| Metall bearbeitet | → | Metall nicht bearbeitet |
| Metall geglüht | → | Metall nicht geglüht |
| Metall in konzentriertem Elektrolyt | → | Metall in verdünntem Elektrolyt |
| Metall in langsam bewegtem Elektrolyt | → | Metall in rasch bewegtem Elektrolyt |

[1] Allgemeine Werkstoffkunde, S. 325. Basel: Birkhäuser. 1947.

elektrischer Ströme anzunehmen. Dabei geht das Eisen an der Anode bei geringer Stromdichte als Ferroion, bei hoher Stromdichte als Ferriion in Lösung:

$$Fe = Fe^{\cdot\cdot} + 2\,e,$$
$$Fe = Fe^{\cdot\cdot\cdot} + 3\,e.$$

Diese Eisenionen geben mit dem meist anwesenden Cl-Ion je nach der Stromdichte $FeCl_2$ oder $FeCl_3$.

Bei der Kathode geben die Wasserstoffionen mit den Elektronen bei Abwesenheit von Sauerstoff freien Wasserstoff:

$$2\,H^{\cdot} + 2\,e = H_2,$$

während bei Sauerstoffanwesenheit nach der vereinfachten Gleichung

$$O + H_2O + 2\,e = 2(OH)$$

aus dem Sauerstoff, den Elektronen und Wasser Hydroxylionen (NaOH) entstehen. Sowohl an der Anode als an der Kathode bilden sich also wasserlösliche Produkte, die aber — räumlich zwischen den beiden Elektroden — unter Neubildung von NaCl und Abscheidung von einem Gemisch von Eisenhydroxyden den Rost bilden, der unter Umständen in $Fe_3O_4$ übergehen kann. Das Wesentliche an dem Vorgang ist, daß sich das Eisen an *einer* Stelle (der Anode) auflöst, an einer zweiten (der Kathode) Sauerstoff aufgenommen wird, während das Eisenhydroxyd, der Rost, sich an einer dritten Stelle abscheidet. Der Vorgang geht dauernd weiter, außer es bilden sich schützende Schichten aus den Oxydationsprodukten. Bei anderen Metallen ist ein analoger Ablauf anzunehmen.

### *δ) Korrosionsschutz*

Korrosionsschutz bzw. Vermeidung von Korrosion kann auf Grund der bestehenden Zusammenhänge in verschiedener Weise erreicht werden:

1. Veränderung des Metalles selbst (z. B. nicht rostende Stähle);
2. Bedeckung des Metalles mit einer schützenden Schicht (z. B. Reinaluminium auf Duraluminium; anodische oder chemische Oxydation von Aluminium; oxydative Passivierung von Eisen usw.; Anstriche, Lacke);
3. Entfernung des Sauerstoffes aus dem Wasser (Manganstahlwolle, Natriumsulfit);
4. Anbringung stärkerer elektronegativer Metalle (Mg) in elektronisch leitender Verbindung oder Anwendung von Gegenströmen;
5. Veränderung des Wassers durch Zusätze:
   a) alkalisierend wirkende (NaOH, $Na_2CO_3$),
   b) passivierend wirkende (Chromate, Phosphate, Nitrite),
   c) organische Korrosionsschutzstoffe (Öle).

In diesem Zusammenhang interessieren vor allem die organischen Korrosionsschutzstoffe (Korrosionsschutzöle), so daß sie etwas eingehender besprochen werden sollen[1].

Je nachdem, ob der Rostschutz für längere oder kürzere Zeit gedacht ist, verwendet man verschiedene Mittel. Man unterteilt sie vorteilhaft in:

a) Weichfilmbildner, wobei der Film
   1. aus Lösungsmitteln durch Verdunsten oder
   2. durch Heißtauchen oder
   3. durch Aufschmieren oder
   4. durch Aufstreichen gebildet wird,

[1] Vgl. Tagung des Institute of Petroleum über die Prüfung zeitlicher Korrosionsschutzmittel. J. Inst. Petroleum **36** (1950), 422.

b) Hartfilmbildner,

c) Ölfilmbildner,

d) andere Mittel.

*Weichfilmbildner* geben *aus Lösungsmitteln* einen dünneren Film als durch andere Aufbringung (etwa 0,2 mm); meist sind es Lanolin- oder Petrolatumgemische in white spirit oder einem anderen Lösungsmittel. Durch *Heißtauchen* von Lanolin, Petrolatum usw. erhält man einen dickeren Film (etwa 0,5 mm), der bei guter Aufbringung Schutz bis zu zehn Jahren geben soll. *Aufschmieren* wendet man bei Schmierfetten, Petrolatum oder Lanolin an, wobei man einen weicheren Film erhält als beim Heißtauchen. Zum *Anstreichen* gebraucht man noch dünnere Stoffe, z. B. Spezialrizinusfette mit Kautschuk, Bleiweiß, Talggemische usw.

*Hartfilmbildner* haben den Vorteil, andere Gegenstände nicht zu beschmutzen und angenehmer in der Handhabung zu sein; sie werden durch Verdunsten eines Lösungsmittels kalt aufgebracht, wobei der entstehende Film zäh haftend, aber weder spröde noch klebrig sein soll (plastifizierte Harze, Bitumina usw.).

*Ölfilmbildner* geben einen flüssigen Film, der naturgemäß viel unbeständiger als der von Hartfilmbildnern ist; meist handelt es sich um dünne oder mittlere Öle mit Zusätzen von Rostschutzmitteln spezifischer Art.

*Andere Mittel* sind *abreißbare Filme*, die durch Heißtauchen aufgebracht werden (Äthylzellulose, Zelluloseazetat mit Weichmachern). Auch verwendet man passivierende Stoffe, die, wie Dicyclohexylammoniumnitrit, aus der Dampfphase am Metall adsorbiert werden, so daß damit getränkte Packpapiere Metallstücke lange rostfrei halten.

Von ihren Eigenschaften sind vor allem die Emulgierbarkeit, die Löslichkeit und ihre Schutzwirkung selbst wichtig. Die Emulgierbarkeit wurde in dem betreffenden Abschnitt (S. 76) behandelt, so daß die Schutzwirkung zu erörtern bleibt.

Der Korrosionsschutz von Metallen durch Öle besteht darin, daß diese sich in dünner oder dünnster Schicht filmartig über die Metalloberfläche ausdehnen und so den Durchgang elektrischer Ströme erschweren oder verhindern, so daß die elektrisch bedingte Korrosion nicht mehr auftreten kann. Zugleich erschweren sie den Zutritt von Sauerstoff zum Metall — möglicherweise wird er auch unter Oxydation des Öles verbraucht. Um diese Wirkung zu erreichen, muß das Korrosionsschutzmittel

1. fest an dem Metall haften,

2. einen beständigen und gegen elektrischen Strom und Sauerstoff undurchlässigen Film bilden.

Über das Wesen des Haftens wurde im Abschnitt über Adhäsion gesprochen (S. 95). Es sei daran erinnert, daß für das Ausbreiten einer Flüssigkeit auf einer Oberfläche, das Spreiten, Voraussetzung ist, daß die Adhäsion der sich berührenden Stoffe größer ist als die Kohäsion der spreitenden Flüssigkeit. Nun ist im Zusammenhang damit ein Umstand zu beachten, dessen Außerachtlassung bei der Bewertung von Rostschutzmitteln zu irrigen Folgerungen führt: als korrodierendes Medium kommt vor allem eine wässerige Lösung in Frage. Mißt man nun zur Beurteilung der Spreitneigung die Grenzflächenspannung des Rostschutzmittels gegen Wasser, so erhält man vielleicht sehr niedere Werte dafür und glaubt, viel besseres Haften des öligen, d. h. korrosionsschützenden Stoffes als des Wassers erfaßt zu haben. Mit der Zeit lösen sich aber — je nach der Zusammensetzung des rostschützenden Stoffes — daraus mehr oder weniger wasserlösliche, ebenfalls oberflächenaktive Stoffe, die die Grenzflächenspannung des Wassers gegen den zu schützenden Stoff ebenfalls erniedrigen, so daß dessen Benetzungsneigung wesentlich ansteigt. Dies kann dazu führen, daß anfänglich das Rostschutzmittel besser als das Wasser haftet, im Laufe der Zeit mit der zunehmenden Lösung oberflächenaktiver Anteile (aus dem Rostschutzmittel) der Unterschied immer kleiner, d. h. der Rostschutz immer schlechter wird. Daraus ergibt sich die Folgerung, daß ein gutes Rostschutzmittel (Korrosionsschutzöl), um gut zu haften, zwar eine niedere Grenzflächenspannung gegen das Wasser haben muß, dabei aber dem Wasser möglichst wenig Stoffe abgeben darf, die die Oberflächen- bzw. Grenzflächenspannung herabsetzen. Um das zu erreichen, müßten die rostschützenden Verbindungen in Wasser im Vergleich zum Öl möglichst wenig löslich sein und ihre Wirkung nicht nur im alkalischen, sondern auch im neutralen oder sauren Gebiet beibehalten. Je weniger Wasser in Berührung mit dem Rostschutzmittel kommt, um so konzentrierter kann die Lösung der wasserlöslichen, aus ihm stammenden Anteile sein, so daß auch eine um so größere Benetzungsfähigkeit des Wassers dadurch verursacht wird. Deshalb muß diese Möglichkeit bei der Beurteilung der Rostschutzmittel berücksichtigt werden.

Die Wirkung von Netzmitteln bei gemeinsamer Verwendung mit verschiedenen Stickstoffverbindungen war erhebliche Verringerung des Säureangriffes, wie P. H. Cardwell und L. H. Eilers feststellten. In Übereinstimmung mit der vorgebrachten Auffassung war die Wirkung des Zusatzes von Netzmitteln zu salzsauren Lösungen verschiedener Harnstoff- und Stickstoff-Ringverbindungen um so größer, je geringer das Benetzungsvermögen dieser Lösungen anfänglich war. Die Hemmwirkung erklären die Autoren mit der Bildung einer säureunlöslichen Eisenverbindung an der Anode und durch Bedeckung der Kathode mit einem Film, der die Bildung von Wasserstoff verhindert. Im Falle der erwähnten Stickstoffverbindungen wird das Molekül durch den Stickstoff, falls O oder S vorhanden ist, durch diese am Metall festgehalten. Je größer die Fläche des Querschnittes der organischen Moleküle war, um so stärker war die Verhinderung der Wasserstoffbildung. Andere Faktoren sind die Haftfestigkeit zwischen Stickstoff (O, S) und Metall und die Packungsdichte der Moleküle im absorbierten Film[1].

Bei der Untersuchung aliphatischer Säuren, Ester und Amine fanden N. Hackermann und E. L. Cook[2], daß nach Adsorption aus Benzollösung an SAE-Stahlpulver (150 bis 200 Maschen) 1020 sowohl Säuren als Amine besseren Korrosionsschutz gegen 4-n HCl-Lösung ergaben als Alkohole und Ester; dabei waren die Verbindungen mit zehn C-Atomen der Säure-, Amin- und Alkoholreihe am günstigsten.

Bei *Kraftstoffen* — und zwar sowohl Benzinen als Gasölen — spielt derzeit die Korrosion durch Schwefel und Schwefelverbindungen infolge der weitgetriebenen Raffination eine untergeordnete Rolle. Viel bedenklicher ist die durch Verwendung von Äthylfluid sehr gesteigerte Gefahr der Korrosion durch Wasser, das sich aus dem Kraftstoff abscheidet, wobei der Mechanismus der Reaktion wieder der gleiche wie bei wässerigen Lösungen ist. Schutz gegen diesen Korrosionsangriff gibt der Zusatz von Stoffen, die stark oberflächenaktiv sind und gleichzeitig eine genügend dichte Schutzhaut bilden, die gut haftet. Besonders bewährt hat sich das Natriumsalz der Mepasinsulfamidoessigsäure (aus

---

[1] Ind. Engng. Chem. **40** (1948), 1951/1956.

[2] J. Electrochem. Soc. **97** (1950), 1.

einer Mittelfraktion von der FISCHER-TROPSCH-Synthese erhalten, deren Moleküle zwischen 12 und 18 C-Atome aufwiesen)[1].

Die Verwendung korrosionshemmender Zusätze zu Kraftstoffen hat erhebliches Interesse gefunden, wie auch ein Bericht von F. M. WATKINS[2] zeigt, der allerdings keine Angaben über die Art des besprochenen Zusatzes enthält, aber wegen der darin mitgeteilten praktischen Ergebnisse erwähnt sei.

Daß das Äthylenbromid in gebleitem Benzin Zink stark korrodiert, muß beachtet werden; es hat sich gezeigt, daß die Verwendung von verzinkten anstelle von kadmierten Filtersieben zu schweren Flugunfällen infolge Zusetzens der Kraftstoffleitung führte.

Bei *Kältemaschinenölen* fand H. STEINLE[3], daß im Druckrohrtest nach PHILIPP (Einwirkung von $SO_2$ bei 250° C) die Korrosion von Kupfer bei Verwendung von 0,6% Paraflow und 0,4% Paraflow Extra von 0 bei reinem Öl auf 3 und 10 mg/m²/Tag zunahm. Die Korrosion von Eisen stieg aber bis auf 50 bis 70 mg/m²/Tag, was, zusammen mit der geringen Verbesserung des Fließverhaltens durch den Zusatz, gegen seine Verwendung spricht.

Bei *Schmierölen* muß man wieder zwischen der Korrosion durch wässerige Anteile im Öl (vor allem bei Eisen) und jener durch öllösliche organische Säuren (auf anderen Metallen) unterscheiden. Bei den vor allem interessierenden Lagern verläuft die Öl-Korrosion der Bleiphase in den Bleibronzen offenbar wie bei reinem Blei, d. h. sie tritt nur ein, wenn gleichzeitig eine organische Säure und ein oxydierendes Medium anwesend sind, wie z. B. organische Hydroperoxyde als Zwischenprodukte der Kohlenwasserstoffoxydation. Die Hemmwirkung von Zusätzen gegen Lagermetallkorrosion kann auf dreierlei Ursachen zurückgeführt werden:

1. auf Reduktion oxydierender Stoffe in dem Öl,
2. auf Bildung eines Schutzfilmes auf der Oberfläche des Lagers, und
3. auf Veränderung des Oxydationsverlaufes im Sinne geringerer Bildung korrodierender saurer Verbindungen.

Ergebnisse von Laboratoriums- und Motorversuchen mit verschiedenen Zusätzen des Handels zeigt Tab. 107.

Dazu sei bemerkt, daß jeder der Zusätze bei bestimmten Verwendungen zufriedenstellende Ergebnisse lieferte.

Tabelle 107. *Vergleich von Hemmstoffen gegen Lagerkorrosion* (nach A. C. PRUTTON[4])
*Laboratoriumsversuch*

| | Peroxydreduktion | Oxydationshemmung | Metalldesaktivierung | Dichter Film auf Lager | Korrosionsverlust nach 45 min mg/cm² |
|---|---|---|---|---|---|
| A | langsam | befriedigend | befriedigend | gut | 0,066 |
| B | mittel | gut | gut | gut | 0,140 |
| C | rasch | gut | gut | befriedigend | 3,019 |
| D | rasch | gut | gut | schlecht | 4,125 |
| E | mittel | befriedigend | befriedigend | schlecht | 2,270 |

[1] Vgl. MICHEL, L. M. und K. F. HAGER: Ind. Engng. Chem. **41** (1949), 2616.
[2] 3. Welt-Erdölkongreß Haag **8** (1951), 13.
[3] Erdöl u. Kohle **2** (1949), 400.
[4] Oil Gas J. **47** (1948), 10. Juni, 70/73, 103.

*Fortsetzung der Tabelle 107*

*Motorversuch (L-4 Test)*

| | Verlust an Zusatz beim Lauf | Korrosionsschutz | Ölveränderung | Motorzustand |
|---|---|---|---|---|
| A | 32% P | schlecht | nicht bestimmt | nicht bestimmt |
| B | 29% P | gut | befriedigend | nicht bestimmt |
| C | 34% P | befriedigend | gut | gut |
| D | 10% Ca | schlecht | nicht bestimmt | nicht bestimmt |
| E | 30% Ca | befriedigend | nicht bestimmt | schlecht |

A = organisches Phosphat
B = organische Phosphorschwefelverbindung
C = zinkorganisches Thiophosphat
D = Metallphenolsulfid
E = Metallphenolat

Bei *Schmierölen* ist die Korrosion durch wesenseigene Stoffe mit Ausnahme des Schwefels und seiner Verbindungen gering; diese reagieren um so stärker, je höher die Temperatur ist, und verleihen gerade durch die Reaktionsfähigkeit besonders gegenüber Kupfer und Eisen unter Sulfidbildung dem Öl Hochdruckeigenschaften, die jetzt durch künstliche Zusätze ebenfalls erstrebt und erreicht werden. Man kann geradezu sagen, daß die Intensität der Korrosion in diesem Falle proportional der Belastbarkeit einer mit dem Öl geschmierten Gleitfläche ist; es gilt, die richtige Mitte zwischen Korrosion und Schmierwirkung (im Gebiet der Grenzschichtschmierung) zu erreichen. Dies trifft auch für andere Elemente, wie Chlor, Schwefel, Selen usw. enthaltende Zusätze zu[1].

Sind reaktionsfähige Zusätze im Öl enthalten, die durch Wasser hydrolysiert werden können, so ist mit der üblichen Korrosion wässeriger Lösungen zu rechnen.

Bei *Schmierfetten* hängt der Korrosionsschutz mit ihrer Beständigkeit gegen das Auswaschen mit Wasser zusammen, doch spielt noch eine Reihe anderer Umstände eine Rolle, wie:

Metallkomponente der Seife, Fettkomponente der Seife, Mineralöl (Zähigkeit, Raffinationsgrad usw.), Reaktion des fertigen Fettes (freie Säure oder Alkali), Zusätze, Lagerkonstruktion, Betriebsbedingungen.

Wegen der besonders großen Bedeutung der Betriebsbedingungen ist ein Urteil über die Korrosionsschutzwirkung bisher nur mittels Betriebsversuchen einwandfrei möglich[2].

### ε) *Schutz gegen Wasserkorrosion*

Der Schutz gegen die Korrosion durch Wasser gehört streng genommen nicht in den Rahmen dieses Buches, muß aber doch erwähnt werden, weil in Verbrennungsmotoren zur Kühlung vorwiegend Kühlwasser verwendet wird, aber auch Kühlmittel anderer Art, wie Glykol-Wassergemische, Störungen infolge Korrosion verursachen können. Auch kommt z. B. im Heizöl unter Umständen Seewasser vor, das korrodieren kann.

Der Korrosionsvorgang selbst verläuft nach dem allgemeinen Schema der Korrosion durch wässerige Lösungen. Der Schutz besteht vor allem in der Zugabe von Stoffen, die mit dem gefährdeten Metall schützende Deckschichten ergeben, also z. B. Nitrite, Phosphate, Chromate; für Leichtmetalle auch Fluoride

[1] Vgl. PHILIPPOVICH, A. v.: Oel u. Kohle **40** (1944), 645.

[2] ROEHNER, T. G. und E. S. CARMICHAEL: Oil Gas J. **46** (25. Oktober 1947), 107/10.

(andere Möglichkeiten wurden schon auf S. 284 erwähnt). Die Verwendung von 1,5% Na-Benzoat war bei Kühlmitteln aus Wasser mit Zusatz von 20% Äthylenglykol bei Weichstahl gut, bei Gußeisen aber schlecht: erst zusammen mit 0,1% Na-Nitrit — bei Wechselerhitzung — und mit 0,3% Na-Nitrit bei Raumtemperatur trat für Gußeisen, Lötstellen, Messing und Kupfer nach Laboratoriumsversuchen Schutz ein[1].

### c) Einflüsse

**Temperatur.** Bei den Einflüssen auf die Korrosion ist jener der Temperatur deshalb grundsätzlich von entscheidender Bedeutung, weil er nicht nur die Geschwindigkeit des Korrosionsangriffes, sondern auch die Art der Korrosion — Heiß- oder Kaltkorrosion — bestimmt. Geht Wasser in Wasserdampf über, oder wird der Taupunkt korrodierender Gemische überschritten, so kann nur mehr Heißkorrosion auftreten, was vielfach gleichbedeutend mit Vermeidung der Korrosion ist, weil bei diesen relativ niederen Temperaturen die chemischen Reaktionen der Heißkorrosion noch sehr langsam erfolgen. So wird Erhöhung der Temperatur wässeriger Gemische zuerst Steigerung der Korrosion bedeuten, dann — beim Überschreiten des Taupunktes oder Verdampfen des Wassers — die Kaltkorrosion aufhören, die Heißkorrosion aber nur sehr gering sein und erst noch viel höhere Temperatur die chemischen Reaktionen der Heißkorrosion so beschleunigen, daß sie gefährlich wird.

**Druck** wirkt sich sinngemäß so aus wie die Temperatur, d. h. kann ebenfalls eine Verschiebung des Übergangspunktes von Kalt- zur Heißkorrosion durch Änderung des Taupunktes oder Verdampfen des Wassers ergeben. Außerdem kann dadurch unter Umständen eine Konzentrationserhöhung korrodierender oder korrosionsfördernder Gase in vorhandenen flüssigen Phasen eintreten.

**Konzentration.** Für die Heißkorrosion selbst wird bei Drucksteigerung die Konzentrationserhöhung, d. h. genauer gesagt die eingetretene Steigerung des Gehaltes an korrodierenden Dämpfen/Raumeinheit wichtig, während bei Kaltkorrosion, die in flüssiger Phase verläuft, Drucksteigerung kaum einen Einfluß hat.

Daß bei steigender Konzentration des korrodierenden Stoffes die Korrosion zunimmt, gilt für wässerige und nichtwässerige Medien. Allerdings nur insoweit, als nicht ein jeweils wechselndes Maximum überschritten wird.

**Wassergehalt** kann naturgemäß nur bei nichtwässerigen Medien eine Rolle spielen, sei es, daß sich das Wasser damit mischt oder nicht (in welchem Falle das Wasser sich als gesonderte Phase absetzt und Korrosion durch diese einsetzt). Aber auch bei Korrosionsschutz durch Anstriche ist es notwendig, daß jede Feuchtigkeit vermieden wird, die als Zwischenschicht das Haften am Metall verschlechtern kann. Deshalb wird neuerdings „Scharftrocknung" vor Aufbringung des Anstriches empfohlen[2].

**Bewegung.** Daß Bewegung die Korrosion fördert, ist lange bekannt. Einerseits wird dadurch immer frisches korrodierendes Medium an die kritische Stelle gebracht, aber es kann andererseits auch zugleich Sauerstoff zugeführt werden, der nach dem Schema der Korrosion eine sehr wichtige Rolle spielt. Auch wird durch Bewegung unter Umständen eine Schutzschicht zerstört.

### d) Messung

Die Messung der Korrosion und des Korrosionsschutzes kann in die Erfassung exakt erfaßbarer Eigenschaften ($P_H$, Leitfähigkeit, Konzentration, Spannungs-

[1] Wormwell, F. und A. D. Mercer: J. Appl. Chem. **3** (1953), 22.

[2] Neumeister, W.: Bitumen **13** (1951), 224.

differenz usw.) und in jene, praktisch häufigere, des komplexen Verhaltens unter jeweils der praktischen Verwendung angepaßten Verhältnissen unterteilt werden.

Für die ersten sei auf die exakten Methoden der Physik und Chemie verwiesen, von den anderen seien folgende Verfahren erwähnt, deren Anwendung dadurch bedingt ist, daß die mit dem Verwendungszweck der Stoffe vielfach wechselnden Verhältnisse der Praxis nur zu einem gewissen Grade die Erfassung der Korrosionsneigung auf Grund chemisch-physikalischer Eigenschaften gestatten, weil der komplexe Vorgang nur unvollkommen dabei berücksichtigt wird.

Der *aktive Schwefel* von Kraftstoffen und Lösungsmitteln wird durch Erhitzen mit frischgeschmirgeltem Kupfer (z. B. 3 Std. auf 50° C oder 100° C unter Druck in geschlossenem Gefäß) und Beobachtung der Farbveränderung und der Haftfestigkeit des gebildeten Sulfids erfaßt.

*Kraftstoffkorrosion* durch die Naphthensäuren von Dieselölen wird durch 24stündiges Erhitzen mit Zinkblechen von 100 × 10 × 1 mm im Kraftstoff auf 100° C und Messung des Gewichtsverlustes erfaßt.

Bei *Hydraulikölen* tritt Korrosion erst nach vorhergehender Oxydation ein (wobei sich korrodierende Säuren bilden), so daß in den USA nach Fed. Spec. 530,8 der Gewichtsverlust von quadratischen Blechen (Mg-Legierung, Al-Legierung, Kupfer, Cadmium, plattierter Stahl, Weichstahl, in dieser Reihenfolge zusammengebunden) nach 168stündigem Erhitzen auf 121° C unter Luftdurchleiten und Rückflußkühlung bestimmt wird.

Für *Schneideöle*, die mit Wasser emulgieren, schlägt das englische Institute of Petroleum[1] die Messung der Intensität des Korrosionsangriffes durch Messung der korrodierten Oberfläche vor, indem eine Gußeisenplatte von 11 × 11 cm, 0,8 cm dick, mit je 2 g Eisenfeilspänen in den vier Ecken flach bedeckt und 24 Std. der Einwirkung einer bei 20° C zu 52% mit Wasserdampf gesättigten Luftatmosphäre ausgesetzt wird. Man erhält mit recht streuenden Ergebnissen Bewertungsreihenfolgen von 0 bis 3.

Für *Schmieröle* verwenden E. C. HIGHES, J. D. BARTELSON und M. L. SUNDAY[2] in einem modifizierten SOHIO-Test ein Drucklager, um die Wirkung von „Detergent"-Zusätzen auf die Korrosionsneigung zu messen. Innerhalb von 10 Std. werden Ergebnisse erhalten, die dem L-4-Test (vgl. S. 159) gut entsprechen, der einen Chevroletmotor verwendet und 36 Std. dauert.

Die Prüfung der Rostschutzmittel muß unter Berücksichtigung des Verwendungszweckes erfolgen, sie soll die Schutzwirkung möglichst rasch erkennen lassen und die Gleichmäßigkeit der Herstellung zu überwachen gestatten. Zur Beurteilung der *Haftneigung* sind Randwinkelmessungen geeignet; falls hiefür die Geräte fehlen, kann an ihrer Stelle trotz manchmal vorkommender Unstimmigkeiten die Grenzflächenspannung der Stoffe selbst oder ihrer Lösung in einem unpolaren Stoff gegen Wasser herangezogen werden, die meist jener gegen Metalle parallel geht. — Die *Wasserundurchlässigkeit* des gebildeten Filmes, die wohl mit der Größe der adsorbierten Moleküle zusammenhängt, kann man ebenso wie die *Beständigkeit* nur durch direkte Einwirkung von Wasser oder wässerigen Lösungen auf das filmbedeckte Metall erfassen. Da solche Messungen auch die Haftfestigkeit erfassen, stehen sie im Vordergrund des Interesses.

Grundsätzlich besteht für die obigen Untersuchungen das gleiche Dilemma wie für die Korrosionsprüfung: der Wunsch, die Meßzeit zu verkürzen, zwingt

[1] J. Inst. Petroleum **36** (1950), 148.

[2] Analytic. Chem. **21** (1949), 737.

zur Verschärfung einzelner Bedingungen, wodurch Abweichungen gegenüber den Verhältnissen der Praxis eintreten können. Dies gilt weniger für die Bestimmung der Haftneigung als der Wasserundurchlässigkeit und vor allem der Beständigkeit des Filmes. Deshalb müssen besonders die *Weich- und Hartfilmbildner* über längere Zeit untersucht werden, damit man die Veränderung des Filmes mit der Zeit erfassen kann. Dazu wendet man sowohl Bewitterungsversuche im Freien als in Apparaten an, die durch Mitwirkung von Salzwassersprühregen und ultraviolettem Licht, unter Umständen auch von Staub und korrodierenden Gasen, die praktisch vorkommenden Einflüsse verschärft nachahmen.

Für die Prüfung der *Ölfilmbildner* kann man, wie erwähnt, die Haftneigung und die Rostschutzwirkung unter Verkürzung der Meßzeit heranziehen, weil die für den Schutz verlangte Zeitspanne im allgemeinen viel kürzer ist als bei den obigen Mitteln. Auf einen Zusammenhang der Rostschutzwirkung und der Schmierwirkung, der sich auf die in beiden Fällen notwendige Bildung eines guthaftenden Filmes mit bestimmten Eigenschaften gründet, wurde in letzter Zeit öfters hingewiesen[1]. Eine eingehende Untersuchung dürfte noch manche interessante Ähnlichkeiten zwischen beiden Vorgängen zeigen.

Sieht man von den zeitraubenden Sprühversuchen ab, sind folgende Prüfverfahren für Ölfilmbildner als besonders interessant zu bezeichnen:

a) Die *statische Wassertropfenmethode* (USA, auch in England viel verwendet und günstig beurteilt): Ein $4 \times 5$ cm großes Stahlblechstück wird nach sorgfältiger Reinigung 24 Std. im Exsikkator liegen gelassen, damit sich ein Oxydfilm darauf bildet, danach 30 min auf 110° C erhitzt und neuerlich im Exsikkator erkalten gelassen. Auf die waagrechte Platte bringt man 1 cm³ einer 0,1 bis 0,5%igen Lösung des Öles in Petroläther oder Chloroform, läßt verdunsten, erhitzt im Trockenschrank 15 min auf 90° C und läßt die waagrechte Platte erkalten. Dann gibt man 10 Tropfen destilliertes Wasser von je etwa 0,05 cm³ auf die Platte und läßt diese in feuchtigkeitsgesättigter Atmosphäre 24 Std. bei 25° C liegen. Darauf prüft man, wie viele Tropfen Rost gebildet haben und wertet nach folgendem Schema aus:

| | |
|---|---|
| Kein Rosten | Korrosionsschutzwert 100 |
| Für jeden Tropfen von 100 abzuziehen: | |
| ganz gerostet | 10 |
| halb gerostet | 5 |
| sehr schwach gerostet | 2 |

Es hat sich gezeigt, daß die Rostbildung — wenn überhaupt — schon bald einsetzt, aber auch die Ausbreitung des Wassers über die Oberfläche, wenn das Öl emulgierbar ist[2].

b) Die *dynamische Wassertropfenmethode*, die in den USA angewendet wird, und bei der man einzelne Tropfen einer 0,05%igen wässerigen NaCl-Lösung über die schwach geneigte Probe laufen läßt, bis Rosten einsetzt; schlechte Mittel versagen schon nach 10 min[3].

c) Das *Verfahren der Bataafsche Petroleum Mij.* (ursprünglich für die Untersuchung von Schmierölen gedacht), bei dem man 5 g reduziertes Eisenpulver mit einem Gemisch aus 3 g Öl und 2 cm³ Benzol benetzt und die Eisenmenge mißt, die durch Einwirkung von 200 cm³ 10%iger Schwefelsäure innerhalb von 10 min

[1] J. Inst. Petroleum **36** (1950), 422; Hügel, G. C.: 3. Welt-Erdölkongreß Haag 1951; s. a. Philippovich, A.: Denkschrift zum 400jährigen Jubiläum des Gymnasiums Kremsmünster, Wels 1949.

[2] Hoar, T. P. und G. S. Smith: J. Inst. Petroleum **36** (1950), 448.

[3] McCue, C. F. und E. R. Blane: J. Inst. Petroleum **36** (1950), 487.

herausgelöst wird. Der gefundene Wert wird zu einem Blindversuch in Beziehung gesetzt, bei dem die Eisenspäne nur mit 2 $cm^3$ Benzol ohne Ölzusatz benetzt werden[1].

Dieses Verfahren fand trotz seiner interessanten Ergebnisse[2] wenig Verbreitung, denn es wies noch verschiedene Nachteile auf. Es wurde daher das nachstehend beschriebene einfache Verfahren zur raschen Messung der Benetzung und damit der Rostschutzwirkung und der Schmiereignung entwickelt:

*a) Versuchsbleche*: Zur Vermeidung von Beschmutzung bei der Handhabung wurden Eisenbleche mit den Abmessungen $1 \times 10 \times 100$ mm verwendet; die Ecken waren abgerundet, am einen Ende war ein Stiel von 3 mm Breite und 60 mm Länge mit einer Öse angebracht, an der sie aufgehängt werden konnten. Da angenommen werden kann, daß haftfähige Moleküle bald die Oberfläche benetzen, so daß schon beim Eintauchen in eine Lösung der Endzustand erreicht ist, ist das lästige Waagrechtlegen nicht erforderlich.

*b) Arbeitsweise*: Je 3 Bleche (mit Schmirgelpapier 00 poliert) werden mit reinem Papier abgewischt und mit reinem Benzin oder Benzol zur Entfernung der letzten Schmirgelteilchen gespült. Dann läßt man das Benzin oder Benzol verdunsten und taucht nun in eine Mischung von 1 Teil Rostschutzmittel (z. B. Mineralöl) und 1 Teil Lösungsmittel (Benzin, Benzol, Benzol-Alkohol 1 : 1, je nach Lösungsverhalten des Öles) und läßt 5 min abtropfen. Man hängt die 3 Bleche an 3 Haken an einem waagrechten Stab auf und taucht sie gleichzeitig 10 min in je 1 Gefäß mit etwa 100 $cm^3$ $^1/_{50}$-n. Schwefelsäure. Die Menge des alsdann in der Schwefelsäure gelösten Eisens wird durch Titration mit $^1/_{100}$-n. Permanganatlösung bestimmt. (Genaue Titerstellung erübrigt sich, da man die Werte zu den Ergebnissen eines Blindversuches mit Weißöl in Beziehung setzt, es sei denn, man will die Blindwerte untereinander vergleichen.) Aus dem Korrosionsschutzwert 0 für den Permanganatverbrauch bei Verwendung von Weißöl und dem Wert 100 für ein vollkommenes Rostschutzmittel (d. h. kein Permanganatverbrauch!) errechnet sich der Korrosionsschutzwert nach der einfachen Formel

$$\text{K. S.} = \frac{\text{KMnO}_4\text{-Verbr. f. Blindvers.} - \text{KMnO}_4\text{-Verbr. f. Schutzmittel} \cdot 100}{\text{KMnO}_4\text{-Verbrauch für Blindversuch}}.$$

Man erhält auf diese Weise in etwa 20 min (unter Einrechnung eines Blindversuches, der vorteilhaft vor und nach jeder Versuchsreihe täglich durchgeführt wird, in 40 min) eine Bewertungszahl, die nach praktischen Vergleichen recht gute Anhaltspunkte für die Korrosionsschutzeignung eines Rostschutzmittels ergibt.

Um die Bleche wiederverwenden zu können, wischt man sie gleich nach dem Versuch mit Papier ab, reinigt sie mit Benzol, wischt sie erneut ab (was besonders bei Ölen mit Hochdruckzusätzen wichtig ist) und bearbeitet sie im übrigen wie oben angegeben. Der Blindwert geht dann auch nach einem Korrosionsschutzwert über 90 auf den normalen Wert zurück.

Die gleichmäßige Vorbehandlung der Bleche, die Durchführung eines Blindversuches, die dreimalige Wiederholung und Mittelwertbildung ist Voraussetzung für die Reproduzierbarkeit der Messungen; die Fehlergrenze beträgt dann etwa $\pm 5\%$.

Gegenüber den vorerwähnten Verfahren ist die noch verkürzte Dauer, die Einführung des Blindversuches und die zahlenmäßige Auswertung offenbar ein Vorteil[3].

---

[1] IRAUTH, F. und E. NEYMANN: Petroleum **31** (Wien 1935), Nr. 49, 4.

[2] BURSTYN, H.: Petroleum **34** (Wien 1938), Nr. 38, 1.

[3] PHILIPPOVICH, A. v.: Erdöl u. Kohle **5** (1951), 221.

Bei allen Verfahren zur Messung der Korrosion und des Korrosionsschutzes ist — übrigens ebenso wie bei allen Untersuchungen, die sich mit den Eigenschaften von Oberflächen befassen — unerläßliche Voraussetzung, daß man gleichmäßiges Versuchsmaterial (d. h. Metall) verwendet, daß man durch geeignete Bearbeitung und sorgfältige Reinigung einheitliche und reproduzierbare Oberflächen erhält (so ist vor der Verwendung von Chlorkohlenwasserstoffen zur Reinigung dringend zu warnen, weil dabei die Gefahr der Bildung von Metallhalogenid besteht!) und daß man die Bedingungen des Korrosionsversuches so genau als möglich einhält. Dies gilt auch für die komplizierteren Verfahren, die versuchen, alle erdenklichen Einflüsse praktischer Art nachzuahmen, wie die Bewitterungskammern (Sprühkammern), bei denen sich trotz des Versuches nach genauest festgehaltenen Bedingungen zum Teil unerklärbare Streuungen ergaben. So wurde bei der auf S. 284 erwähnten Tagung des Institute of Petroleum (S. 515) von C. F. McCue in Ergänzung zu seinem Bericht (l. c. S. 487) darauf hingewiesen, daß der AN-H-31-Test in der Beurteilung von Korrosionsschutzmitteln versagte, vielleicht wegen der im Gegensatz zur englischen Prüfweise (bei der die Temperatur zwischen 42 und 48° C wechselt) konstant auf 37,8 bzw. 49° C gehaltenen Temperatur. Auf Einzelheiten der Sprühkammern und Bewitterungsapparate, die auch Bestrahlung mit ultraviolettem Licht anwenden, kann nicht eingegangen werden.

### e) Praktische Bedeutung

Die Korrosion ist ein so wichtiger Vorgang, daß seine Bedeutung kaum besonders erörtert zu werden braucht.

## C. Physiologische Eigenschaften

### a) Definition

Als physiologische Eigenschaften werden alle jene Auswirkungen verstanden, die Erdölprodukte und die bei ihrer Verwendung entstehenden oder mitverwendeten Stoffe auf den menschlichen, tierischen und pflanzlichen Organismus haben; sie sind überwiegend schädlicher Natur.

### b) Wesen

Erdöl und seine Produkte im eigentlichen Sinne sind, ebenso wie viele bei ihrer Verwendung entstehende oder im Zusammenhang mit ihrer Verwendung gebrauchte Stoffe, im Lebensprozeß unbekannt. Es gibt zwar das ursprünglich zur Gewinnung des reinen Produktes ausgenützte *n*-Heptan in Pinus sabiniana und Pinus jefrreyi, auch sind im Öl von Rosen, in Knospen von Birken, in Tabakpflanzen und anderen Pflanzen (insgesamt etwa 25) 15 *n*-Paraffine fester Konsistenz festgestellt worden, endlich kommen in Koniferen, Citrusarten die Terpene und in anderen ätherischen Ölen (Thymianöl, Eukalyptusöl) aromatische Kohlenwasserstoffe, wie *p*-Methyl-Isopropylbenzol, vor; das Toluol erhielt seinen Namen von der Auffindung in den Destillationsprodukten des Tolubalsams (Tolu in Columbien).

Es handelt sich dabei aber um das Vorkommen prozentual geringer Mengen relativ reiner Verbindungen, so daß sie sich vom Erdöl und seinen Produkten stark unterscheiden.

Die Wirkung von Erdölprodukten auf Lebensvorgänge kann in zwei Gruppen unterteilt werden, physikalische und chemische. Physikalisch sind alle jene Vorgänge, bei denen Lösungsvermögen, Bildung von Filmen, Veränderungen von

Oberflächen- und Grenzflächenspannung, Veränderungen des $P_H$ usw. mitspielen, chemische Vorgänge dagegen spezifische Giftwirkungen (wenn auch die scharfe Abgrenzung gegen die physikalische Wirkung schwierig ist), Reizwirkungen, chemische Reaktionen mit dem lebenden Organismus usw.

Die Unterteilung des Abschnittes wird im folgenden danach gemacht, welche Wirkung sich für Mensch, Tier und Pflanze ergibt.

### *a) Einwirkung auf den Menschen*

**Physikalisch bedingte Gesundheitsschädigungen.** Mit dem gemachten Vorbehalt bezüglich der Möglichkeiten scharfer Abgrenzung physikalisch und chemisch bewirkter Schädigungen läßt sich für die ersten folgendes sagen:

Die *Verdunstungskälte* verursacht beim Auftropfen von Flüssiggas auf die Haut Bildung von Brandblasen.

Das *Lösungsvermögen* der Kohlenwasserstoffe und ihrer Derivate entzieht der Haut das Schutzfett, macht sie spröde und rissig und ermöglicht so den Zutritt von schädigenden Bakterien und damit das Auftreten von Dermatitis. Dabei ist die Wirkung von der Zähigkeit abhängig: das leichtflüssige Benzin löst infolge seiner Beweglichkeit intensiver als schwerer bewegliche höhere Fraktionen, wie Schmieröle, die an der Haut eine mehr oder weniger haftende Schicht bilden. Obwohl Benzin rasch verdunstet, kann es daher die Haut stärker entfetten. Außerdem neigt die Haut dazu, die höheren Erdölfraktionen zu resorbieren bzw. festzuhalten, wie ja die Verwendung von medizinischem Paraffinöl und von Vaselin als Salbengrundlage zeigt.

Benzol wird durch die Haut aufgenommen. Da es ein kumulatives Gift ist, muß bei seiner Verwendung auf diesen Umstand geachtet werden; benetzte Stellen sind gleich abzuwaschen! Benzol wirkt in akuter Form auf die Nervenzentren, chronisch auf das Blut, indem die weißen Blutkörperchen infolge Angriffes des Knochenmarkes abnehmen und Anämie eintritt. Auch kommt es zur Bildung von Fettembolien in Gefäßkapillaren. Regelmäßige Blut- und Urinuntersuchungen sind bei Personen, die viel mit Benzol in Berührung kommen, notwendig; die Homologen des Benzols, Toluol, Xylol, Cumol, verhalten sich ähnlich[1].

Bei *Schneideölen* neigen wasserunlösliche stärker zur Dermatitiserregung als wasserlösliche, weil die Haut intensiver mit ihnen in Berührung kommt als mit den, in Verdünnung verwendeten, löslichen. Zu der Reizwirkung durch die Herauslösung des Hautfettes kommt die Verstopfung der Hautporen, die die Hautatmung verhindert. Schutzmaßnahmen gegen Schädigungen bestehen vor allem in größter Sauberkeit, in der Verwendung von Hautschutzsalben, die die Poren mit nichtreizenden tierischen und pflanzlichen Fetten füllen, endlich in einer geeigneten Schutzkleidung[2].

Ebenso wie die Kohlenwasserstoffe und ihre Derivate lösen die Waschmittel (Detergents) unter Emulgierung Fett aus der Haut (wie es ja die Seife in milderer Form auch tut!). Die Ansichten über die Auswirkung der dauernden Verwendung von Detergents im Haushalt sind geteilt. Einerseits nimmt man die riesige Verbreitung der neuen Detergents als Zeichen, daß offenbar keine Schädigungen eintreten, andererseits wird auf eine Zunahme der Dermatitis unter Hausfrauen hingewiesen, die offenbar mit der stark entfettenden und emulgierenden Wirkung der Detergents zusammenhänge[3]. Daß unreine Produkte

---

[1] van Arsdell, P. M.: Petroleum Engr. 21. September 1949, 10, C-16.

[2] Vgl. Mechan. Wld. Engng. Rec. **122** (10. Februar 1950), H. 3291, 148.

[3] Schwartz, L.: Soap Sanit. Chemicals **27** (1951), H. 12, 43.

stärker giftig wirken als reine, trifft für die Kohlenwasserstoffe wie für ihre Derivate zu.

**Chemisch bedingte Gesundheitsschädigungen.** Die Aufnahme von Kohlenwasserstoffprodukten durch den Körper erfolgt selten oral (wenn man von Weißölen absieht); es hat sich gezeigt, daß bei wiederholter Einverleibung von Petroleum als Nachwirkung Lungenstörungen auftreten. Sind die Produkte unrein, so tritt Übelsein und Erbrechen ein; auch Verdauungsstörungen sind beobachtet worden (Brotöl)!

Durch die Lunge werden Dämpfe und Gase sowie Nebel von Kohlenwasserstoffen aufgenommen. War dies in ausreichender Menge der Fall, so tritt Anästhesie ein, die auch zur medizinischen Narkose angewendet wird. Dabei sind die Olefine Äthylen und Azetylen von besonders starker Wirkung, auch Cyclopropan zeigt sie; praktisch werden Äthylen und Cyclopropan zur Narkose verwendet, während Azetylen wegen seiner Explosionsgefährlichkeit kaum eine Rolle spielt. Die Giftigkeit der reinen Kohlenwasserstoffe ist aus Tab. 108 zu ersehen, jene von Detergents aus Tab. 109[1].

Tabelle 108.

*Giftigkeit von Lösungsmitteln nach I.C.I. Industrial Products und Health Research Committee*

| Stoff | Konzentration bei 20° C, die in Luft | | | | | |
|---|---|---|---|---|---|---|
| | schwere Vergiftung bei 1 Std. Einwirkung verursacht | | bei mehr als sehr kurzer Einwirkung Unwohlsein bewirkt | | die Grenze des Gehaltes in hygienischen Betrieben ist | |
| | Vol.-Teile Mill. Teile Luft | mg/m³ | Vol.-Teile Mill. Teile Luft | mg/m³ | Vol.-Teile Mill. Teile Luft | mg/m³ |
| Azeton | 4000 | 9800 | 800 | 1960 | 400 | 970 |
| *i*-Amylazetat | 1000 | 5480 | 300 | 1635 | 100 | 545 |
| Benzin (leicht) | 3000 | 10800 | 1000 | 3600 | 250 | 900 |
| Benzol | 1500 | 4890 | 500 | 1630 | 50 | 163 |
| $CS_2$ | 500 | 1600 | 150 | 480 | 10 | 32 |
| $CCl_4$ | 2000 | 12880 | 500 | 3220 | 50 | 332 |
| $CHCl_3$ | 2000 | 10000 | 500 | 2500 | 50 | 250 |
| Dichlorbenzol | 300 | 1836 | 100 | 612 | 25 | 135 |
| Äthylalkohol | 8000 | 15240 | 2000 | 3860 | 500 | 965 |
| Äther | 8000 | 24800 | 2000 | 6200 | 500 | 1550 |
| Äthylchlorid | 10000 | 27000 | 5000 | 13500 | 2000 | 5400 |
| Äthylendichlorhydrin | 20 | 68 | 10 | 34 | 5 | 17 |
| Äthylendichlorid | 500 | 2050 | 100 | 410 | 10 | 41 |
| Methylenoxyd | 250 | 450 | 100 | 180 | 10 | 18 |
| Methanol | 2000 | 2500 | 500 | 645 | 200 | 258 |
| Perchloräthylen | 1000 | 7000 | 400 | 2800 | 200 | 400 |
| Styrol | 1000 | 4340 | 200 | 868 | 50 | 217 |
| Tetrachloräthylen | 80 | 350 | 20 | 140 | 10 | 70 |
| Toluol | 1000 | 3840 | 300 | 1157 | 50 | 192 |
| Trichloräthylen | 2000 | 11000 | 800 | 4400 | 400 | 2200 |
| Xylol | 1000 | 4440 | 300 | 1332 | 50 | 222 |

Henderson und Haggard haben die toxische Wirkung von Gasen und Dämpfen nach den folgenden Gruppen eingeteilt:

a) primäre Anästhetica, wie Paraffinkohlenwasserstoffe,

[1] Paint Manufact. **20** (1950), H. 2, 53.

Tabelle 109. *Akute orale Giftigkeit von Detergents (in 50% aller Fälle Tod bei Ratten)*

| Stoffname | Stoffzusammensetzung | tödliche Dosis für 50% Ratten g/kg nach WOODMAN | nach HOPPER |
|---|---|---|---|
| Zephine | Alkyldimethylammoniumchlorid | 0,35 | — |
| Roccal | Alkyldimethylammoniumchlorid | — | 0,34 |
| Emcol 888 | Alkylnaphthalinpyridiniumchlorid | — | 0,47 |
| CDEA | Cetyldimethyläthylammoniumbromid | — | 0,60 |
| Tergitol 4 sec. | Alkoholsulfat | 1,3 | — |
| Nacconol NRSF | Alkarylsulfonat | 1,4 | — |
| Tergitol 7 sec. | Alkoholsulfat | 1,4 | — |
| Aerosal OT | Dioktylsulfosuccinat | 1,5 | 4,8 |
| Tetrosan | Alkyldimethylchlorbenzylammoniumchlorid | — | 2,0 |
| Santomerse D | Decylbenzolsulfat | 2,0 | 2,1 |
| Aresklene 400 | Dibutylphenylphenolsulfonat | — | 2,2 |
| Emulsept | Ester von Colaminoformmethylpiridiniumchlorid | — | 2,5 |
| Duponol C | Na-Laurylsulfat | 2,7 | — |
| Igepol CA | Alkylphenolpolyglykoläther | — | 3,5 |
| Tergitol 08 sec. | Alkoholsulfat | 4,0 | — |
| Igepon T | sulfoniertes Methyl-Oleylamid | 4+ | — |
| Nopcogen 14-L | Amin-Kondensat | — | 6,6 |
| Triton 720 | Alkarylpolyglykolsulfonat | 12,6 | 9,7 |
| Seife | | 16+ | — |
| Tween 20 | Sorbitanmonolauratpolyglykoläther | — | 25+ |
| Monosulf | sulfoniertes Rizinusöl | — | 25+ |
| Nopalcol 6—0 | Polyglykololeat | — | 25+ |

b) Anästhetica, die auch auf andere Organe als die Lunge einwirken, wie manche chlorierte Kohlenwasserstoffe,

c) Anästhetica, die blutformende Organe angreifen können, wie Benzol,

d) Anästhetica, die das Nervensystem angreifen können,

e) Stoffe, deren systematische Wirkungen ihre anästhesierenden übertreffen,

f) Reizstoffe.

Die anästhetische Wirkung der Erdölprodukte wird demgemäß durch andere Wirkungen erweitert, die sich nach dem Gehalt an den einzelnen Kohlenwasserstoffgruppen, an Derivaten der Kohlenwasserstoffe oder an Zusätzen ändern.

Bei Spezialprodukten, die giftig wirkende Elemente enthalten, wie Chlor, Brom, Fluor, Arsen, Schwefel, Phosphor, Blei usw., ist die toxische Wirkung höher als jene der reinen Kohlenwasserstoffe; dies ist beim Umgang mit Schmierölzusätzen zu beachten, die meist eines oder mehrere dieser Elemente enthalten, dürfte aber bei den fertig gemischten Schmierölen nicht mehr stark ins Gewicht fallen[1].

Dem *Bleitetraäthyl* kommt nicht nur wegen seiner außerordentlichen Giftigkeit, die sowohl bei Einatmung oder Hautadsorption als auch bei Eindringen in den Blutkreislauf wirksam wird, sondern auch wegen seiner allgemeinen Verwendung auf der ganzen Welt eine besondere Bedeutung zu. Es ist ein schweres Nervengift, ebenso wie ähnliche Bleialkylverbindungen, aber auch Zersetzungsprodukte des Bleitetraäthyls weisen als bleiorganische Verbindungen

[1] In Marokko wurden 1959 durch den Genuß von mit Hydrauliköl vermischtem Speiseöl 10 000 Personen dauernd gelähmt (Trikresylphosphat!).

noch eine vielfach größere Giftigkeit als die rein anorganischen Bleiverbindungen auf. So weisen Bleischwämme in Tanks von Bleibenzin, in Leitungen, aber auch manche Bleiablagerungen in Motoren die hohe Giftigkeit der Bleialkyle auf. Unfälle sind bei der Handhabung solcher Ablagerungen — auch infolge Aufnahme in den Blutkreislauf (Verletzungen) — verschiedentlich vorgekommen und haben zu schweren Gesundheitsschäden geführt. Dagegen haben die aus dem Bleitetraäthyl bei der Verbrennung und später entstandenen rein anorganischen Verbindungen, wie das Blei(oxyd)bromid auf Motorkolben oder das Bleioxyd in den Auspuffgasen, nur mehr deren Giftigkeit. Bei der Verbleiung mit Bleitetraäthyl bzw. Äthylfluid sind deshalb besondere Schutzmaßnahmen unerläßlich: Schutzbrillen, Gasmaske, Gummihandschuhe und passende Kleidung müssen getragen werden. Außerdem ist, wie bei der Reinigung von Motoren, die mit Bleitetraäthyl betrieben wurden, größte Sauberkeit zu beachten und nach der Arbeit beste Reinigung durch Waschen (Duschen) und Bürsten der Fingernägel notwendig[1]. Allerdings ist die Gefahr der Handhabung verbleiten Benzins nicht viel größer als jene des unverbleiten, wenn man unmittelbare Berührung der Haut vermeidet und benetzte Stellen gleich abwäscht. Die gesetzlich vorgeschriebene Färbung des Bleibenzins soll die Verwendung für Reinigungszwecke verhindern, trotzdem kommt es vor, daß es dazu und sogar als Wundbenzin (!) verwendet wird.

Das zur Verflüchtigung des bei der Verbrennung entstehenden Bleioxyds zusammen mit dem Bleitetraäthyl verwendete Äthylenbromid bzw. andere Chlorkohlenwasserstoffe sind in ihrer Giftigkeit so viel weniger gefährlich, daß keine Schädigungen durch sie bekannt geworden sind.

*Motorabgase* sind vor allem durch ihren Gehalt an Kohlenoxyd giftig, wie vielfache Untersuchungen erwiesen haben. Die Wirkung des Kohlenoxyds beruht auf der Bildung von Kohlenoxyd-Hämoglobin, das die Zufuhr von Sauerstoff an die Gewebe verhindert; schon wenn ein Drittel des Sauerstoffhämoglobins durch Kohlenoxydhämoglobin ersetzt ist, zeigen sich Vergiftungserscheinungen, vor allem Kopfschmerzen und Schwindelgefühl. Dauernde Einatmung geringer Konzentrationen ist ebenso bedenklich wie kurze Einatmung größerer Konzentrationen. Auch ist für Automobilfahrer zu beachten, daß die Reaktionsfähigkeit durch Kohlenoxyd verringert wird, was Unfälle verursachen kann[2]. Diese Gefahr ist weitgehend durch die Autokonstruktion und den Motorzustand bedingt, so daß sie auch durch entsprechende Maßnahmen verringert werden kann. Der zulässige Gehalt an CO beträgt bei Meereshöhe etwa 0,01 bis 0,02%, ist aber bei Flugzeugen viel geringer und soll für Höhen von 5000 m 0,0025% nicht überschreiten; die Giftwirkung des CO ist in 4500 m Höhe die vierfache der Bodenwirkung in Meereshöhe. In dieser verursachen 0,032% Bewußtlosigkeit, 0,087% führten zum Tode.

Das bei der Verbrennung von Schwefel entstehende Schwefeldioxyd hat zwar starke Reiz-, aber nur geringe Giftwirkung, bedeutet also gegenüber dem wesentlich giftigeren Kohlenoxyd keine besondere Gefahr.

Teilweise verbrannte Kraftstoff- und Schmierölanteile enthalten Säuren, Aldehyde und andere Sauerstoffverbindungen, die auf die Schleimhäute reizend wirken, sich aber erst bei längerer Aussetzung merklich schädigend fühlbar machen. Rauchnebel (Smog) hat aber schon zahlreiche Todesopfer gefordert (vgl. S. 143, 188, 197).

---

[1] Vgl. PRYKE, M. A.: Inst. Petroleum Rev. **3** (1949), 321; FLECK, L. R.: Refiner **28** (Juli 1949), 139.

[2] Vgl. DEVENTER, F. M.: SAE-Journal **37** (1935), 322.

Rußteilchen können sowohl auf der Haut als in der Lunge bei dauernder Einwirkung zu starken Schädigungen führen (Lungenkrebs).

Die — wieder mit Vorbehalt — als chemisch bezeichnete Wirkung von Erdölprodukten auf bzw. durch die Haut muß unterteilt werden in die Aufnahme an und für sich gesundheitsschädlicher Stoffe, wie von Benzol und seinen Homologen, Schwefelkohlenstoff, Chlor- oder anderen Halogenkohlenwasserstoffen, und in die bedenklichere Reizwirkung, die zu Ekzembildung und Krebs führen kann.

Die Tatsache, daß reine Kohlenwasserstoffe krebserregend wirken können, ist erst seit 1932 bekannt (COOK). Er fand, daß das 3,4-Benzpyren und substituierte 1,2-Benzanthrene stark krebserregend sind, daß aber auch Stickstoff- und Schwefelverbindungen und Verbindungen mit Fünferringen diese Wirkung haben. Auch Cholanthren und Angehörige der Phenanthren- und Chrysenreihe, unsymmetrische Ringverbindungen, erzeugen Krebs. Durch Tierversuche ist die krebserregende Wirkung von Ruß, Schmierölen und Benzol bestätigt worden.

Ein Sammelreferat von F. BRAUKMANN[1] über karzinogene Stoffe in Ruß und Bitumen bringt die folgende Zusammenstellung (Tab. 110) der karzinogenen Wirkung von Kohlenwasserstoffen nach E. CLAR:

Tabelle 110. *Karzinogene Eigenschaften von Kohlenwasserstoffen*

| Kohlenwasserstoff | karzinogene Wirkung | Kohlenwasserstoff | karzinogene Wirkung |
|---|---|---|---|
| Phenanthren | 0 | 5,10-Dimethyl-1,2-Cyclopentenoanthrazen | + |
| Anthrazen | 0 | 5,6-Benztetraphen | 0 |
| Triphenylen | 0 | 9,10-Dimethyl-5,6-Benztetraphen | 0 |
| Chrysen | 0 | 8,9-Benztetraphen | + |
| 3,4-Benzphenanthren | (+) | Anthrazeno-(2′,1′: 1,2)-Anthrazen | 0 |
| 2-Methyl-3,4-Benzphenanthren | +++ | Tetrapheno-(9′,8′: 8,9)Tetraphen | 0 |
| 3,4-Benzchrysen | 0 | Tetrazen | 0 |
| 3,4—5,6-Dibenzphenanthren | (+) | Isopentaphen | 0 |
| Tetraphen (1,2-Benzanthrazen) | (+) | 1,2—7,8-Dibenztetrazen | 0 |
| 4-Methyltetraphen | (+) | Hexaphen | 0 |
| 7-Methyltetraphen | + | Pentazen | 0 |
| 8-Methyltetraphen | + | Tetramethylphenanthren | +++ |
| 9-Methyltetraphen | + | 1,2,9,10-Tetramethylanthrazen | +++ |
| 12-Methyltetraphen | + | Perylen | 0 |
| 7,8-Dimethyltetraphen | + | Pyren | 0 |
| 7,12-Dimethyltetraphen | + | 1,2-Benzpyren | 0 |
| 8,9-Dimethyltetraphen | + | 3,4-Benzpyren | +++ |
| 9,11-Dimethyltetraphen | (+) | 1,2,3,4-Dibenzpyren | +++ |
| 7-Äthyltetraphen | + | 7-Methylderivat | +++ |
| 7,8,12-Trimethyltetraphen | + | 3,4,8,9-Dibenzpyren | +++ |
| 9-Isopropyltetraphen | + | Naphtho-(2′,3′: 4)Pyren | 0 |
| 8-n-Propyltetraphen | + | Anthanthren | 0 |
| 8,9-Cyclopentenotetraphen | + | Fluoranthren | 0 |
| Cholanthren | +++ | 3,4-Benzfluoranthren | 0 |
| Methylcholanthren | +++ | Naphtho-(2′,1′: 2,3)-Fluoranthren | + |
| 6,7-Dimethylentetraphen | + | | |
| 11,12-Dimethylentetraphen | + | | |
| 4,5-Dimethylentetraphen | 0 | | |

[1] Erdöl u. Kohle **6** (1953), 804.

Nach ausgedehnten Untersuchungen von W. A. DIETZ und Mitarbeitern[1] haben bei Tierversuchen an Mäusen Erdölfraktionen nur geringe, mit dem Aromatengehalt zunehmende krebserregende Wirkung; dies gilt für Gasöl- und Schmierölfraktionen und für Paraffingatsch sowie Rückstandsöle. Auch Erdölteerfraktionen waren wenig schädlich, solche von katalytischer Krackung von Gasöl und Krackung von paraffinischen Destillaten mit Wasserdampfzusatz immerhin merklich gefährlicher, als von der thermischen Benzinkrackung. Die stärkste karzinogene Wirkung haben Fraktionen mit Siedepunkten über 370° C von katalytischer Krackung; auch bei diesen Produkten gibt der Aromatengehalt einen Hinweis auf die Gefährlichkeit. Die hochraffinierten Produkte, wie Weißöl und Petrolatum, sind unschädlich. Will man die schädliche Wirkung der katalytisch erhaltenen Krackprodukte ausschalten, so muß man sie entweder zur Verringerung der über 370° C siedenden Fraktionen nochmals in den Krackprozeß zurückschicken oder mit einem unschädlichen Produkt verdünnen.

Neuerdings erklärt man das überraschende Wachstum von Krebszellen durch die Annahme, daß ein freier Radikalmechanismus dafür verantwortlich sei. So sehen D. LIPKIN, D. E. PAUL, J. TOWNSEND und S. I. WEISSMAN[2] die Möglichkeit zur Krebserregung durch 20-Methylcholanthren und 1,2-Benzanthren in einer Bildung eines negativen freien Kohlenwasserstoffradikals gegeben, das schon bei der Einwirkung mittlerer Reduktionsmittel entstehe, im Gegensatz zu den beständigeren, nicht krebserregenden aromatischen Kohlenwasserstoffen Naphthalin und Anthrazen, die erst mit sehr starken Reduktionsmitteln solche Radikale bilden.

In diesem Zusammenhang erscheint ein ganz neuer Weg zur Ergründung der kanzerogenen Eigenschaften chemischer Verbindungen sehr interessant, den A. und B. PULLMAN[3] beschritten haben. Sie haben festgestellt, daß die krebserregende Wirkung durch die Konzentration der elektrischen Ladungen in bestimmten, jeweils verschiedenen Plätzen des Moleküls bedingt ist. Ist die Konzentration auf einen einzigen Ort (Région K) beschränkt, so ist das Molekül stark krebserregend, wogegen bei Verteilung der elektrischen Ladungen auf zwei oder mehrere verschiedene Stellen die krebserregende Wirkung zunehmend geschwächt wird. Die auf quantentheoretischen Überlegungen aufbauende Untersuchung wird in der Richtung fortgesetzt, welche Körperzellen die krebserregenden Moleküle festhalten und in welchem Ausmaße sie es tun.

Praktisch ist die Beachtung der krebserregenden Wirkung von Erdölprodukten sehr wichtig bei der Verwendung von Spindelölen und von Schneideölen. In England war die prozentuale Zahl der jährlichen Krebserkrankungen bei Spinnarbeitern von 1926 bis 1946 zwischen 1,27 und 2,03‰, die Gesamtzahl der Todesfälle jährlich zwischen 12 und 21. Weit ausraffiniertes Weißöl hatte keine krebserregende Wirkung, im allgemeinen nahm sie mit dem Gehalt an Aromaten zu und lag auch bei Extrakten der flüssigen Ölraffination und bei Krackprodukten höher als bei den Lösungsmittel-Raffinaten und stark paraffinischen Ölen[4].

Insgesamt ist die Krebsgefahr bei Verwendung von Erdölprodukten nicht allzugroß. Man wird weitere Forschungen in England und den USA abwarten müssen, die im Gange sind. Es sei bei dieser Gelegenheit darauf verwiesen, daß Petroleum und schwefelhaltiges Schieferöl (Ichthyol) schon seit langer Zeit

---

[1] Ind. Engng. Chem. **44** (1953), 1818/27.

[2] Science **117** (1953), 534.

[3] Cancérisation par les substances chimiques et structure moléculaire. Paris: Masson. 1955.

[4] Vgl. AULD, S. J. M.: J. Inst. Petroleum Techn. **36** (1950), 235.

gerade für Hautkrankheiten medikamentös verwendet werden und daß, wie AULD zitiert, mittels Ultraschall bereitete Ölemulsionen von russischer Seite zur Behandlung von Karzinom empfohlen wurden[1]. 12%ige Emulsionen von Naftalan-Gasöl bewirkten bei Injektion eine Besserung bei 93% von 498 untersuchten Patienten, die bei 27% neun Monate bis zu vier Jahren anhielt. (Allerdings ist gerade dieses Erdöl schon lange wegen seiner Heilwirkung bekannt, die wohl mit seiner ungewöhnlichen chemischen Zusammensetzung zusammenhängt.) Bei allen Beurteilungen der Giftigkeit von Stoffen muß man sich dessen bewußt sein, daß sie stark vom Individuum abhängt und deshalb schwer auf Grund exakter Angaben definiert werden kann.

Vielfach hat sich Schutz der Haut durch eine Schutzsalbe gut bewährt, die den Zutritt hautreizender Stoffe verhindert, z. B. eine Mischung aus gleichen Teilen Lanolin und Rizinusöl, oder eine ein Spezialprodukt enthaltende Salbe, wie die Phaemosan-Schutzsalbe von Imhausen (Witten/Ruhr)[2].

### *β) Einwirkung auf Tiere*

Für die *Einwirkung auf Tiere* kann man etwa die gleichen Gesichtspunkte zugrundelegen wie für jene auf den Menschen. Der Hauptunterschied ist das starke Haarkleid oder das Gefieder, das infolge der Unfähigkeit des Tieres, sich selbst genügend zu reinigen, bei der Verschmutzung mit Erdölprodukten dauernde Einwirkungen ergibt. So sind durch in Meerwasser gelangtes Erdöl viele Tausende von Seevögeln elend zugrunde gegangen, weil sie nicht mehr fliegen konnten.

Bei *Insekten* sind nach G. W. PEARCE und P. J. CHAPMAN die Struktur und das Molekulargewicht die Hauptfaktoren, die die Wirksamkeit der Kohlenwasserstoffe als Vertilgungsmittel bedingen[3]. Dabei zeigten sich die paraffinischen Öle wirksamer als die naphthenischen; mit zunehmendem Molekulargewicht ergab sich bei technischen Weißölen beider Typen ein Anstieg der Wirkung von praktisch Null bis zu einem kritischen Wert, oberhalb dessen sie konstant wird. Dieser liegt für das naphthenische Öl bei Molekulargewicht etwa 350 und einer Zähigkeit von etwa 30 cSt, für das paraffinische Öl bei Molekulargewicht etwa 340 und einer Zähigkeit von etwa 15 cSt bei 37,8° C, wenn man die Fraktionen für sich untersucht.

Wegen der Gleichläufigkeit von Anilinpunkt, Brechungsindex und Dichte mit dem Molekulargewicht erscheinen auch bei diesen Eigenschaften die kritischen Schwellenwerte. Als Eigenschaften eines idealen, wegen zu geringer Rohstoffbasis wirtschaftlich kaum in Frage kommenden Sprühöles für den Schutz von Pflanzen gegen Insekten, das aber anscheinend auch als Winteröl brauchbar wäre, geben die Autoren die in Tab. 111 angeführten Werte an.

Die Zahlenwerte sollen nach Absicht der Autoren den Versuch darstellen, künftige Anforderungen an Sprühmittel aus Erdöl zu umreißen, die möglicherweise einmal gestellt werden.

Die Krebserregung durch hochsiedende Erdölfraktionen bei Mäusen haben W. A. DIETZ, W. H. KING JR., W. PRIESTLEY JR. und J. REHNER JR. untersucht[4]. Das Ergebnis war, daß hochraffinierte Produkte, wie Weißöl und Petrolatum, unschädlich sind, Gasöl, Schmierölrückstand und Paraffin meist wenig krebserregend wirken (die beiden letzten manchmal gar nicht), Teere von ther-

---

[1] NEVYADOMSKI, M. M.: Referat J. Inst. Petroleum **32** (1946), 155 A, 360 A.
[2] Vgl. KIRN, A.: Erdöl u. Kohle **7** (1954), 90.
[3] Ind. Engng. Chem. **40** (1948), 284.
[4] Ind. Engng. Chem. **44** (1952), 1818/27.

Tabelle 111. *Eigenschaften von Pflanzenschutzölen*

| | | |
|---|---|---|
| Zähigkeit bei 37,8° C | 70—80 Saybolt sek. | (13—16 cSt) |
| Nichtsulfonierbarer Rückstand (ASTM) | | nicht unter 92% |
| Dichte 20/4 | | 0,840 max. |
| Brechungsindex n | | 1,464 min. |
| Siedebereich bei 1 mm Hg (90%) | | 5 ± 2,5° C |
| Destillat bei 1 mm Hg (50%) | | bei 188 ± 2,5° C |
| Molekulargewicht | | 340 ± 5 |
| Stockpunkt | | nicht über —1,1° C |
| Homogenität | | ein nichtgemischtes Erdöldestillat |

misch gekracktem Benzin und von getoppten Rohölen schwächer wirkten als jene von katalytisch gekracktem Gasöl und dampfgekrackten paraffinischen Destillaten, während die Fraktionen von katalytischer Krackung mit Siedepunkten unter etwa 370° C im wesentlichen unschädlich waren, ebenso wie der sehr hochsiedende Rückstand, wogegen die über 370° C siedenden Fraktionen starke Krebserregung zur Folge hatten. Die Autoren führen diese in allen Fällen auf aromatische Anteile des Erdöls zurück.

### γ) *Einwirkung auf Pflanzen*

Bei *Pflanzen* spielen pflanzenphysiologisch unschädliche Erdölprodukte als Trägersubstanz für spezifische Pflanzenschutzmittel eine Rolle; zum Teil werden sie auch selbst als solches gebraucht. Andererseits nimmt man Erdölfraktionen zur Unkrautvertilgung, wobei naturgemäß die entgegengesetzte Wirkung gewünscht wird wie bei Pflanzenschutzmitteln.

Die Einwirkung auf die Pflanze ist *physikalisch* bedingt durch die Zähigkeit (die das Eindringen in die Poren beeinflußt), durch die Haftneigung an der Pflanze (d. h. die Grenzflächenspannung gegenüber dieser) und durch die Flüchtigkeit (die die Dauer der Einwirkung bestimmt).

Demgegenüber steht die *chemisch*-biologische Wirkung, bei der der Lebensvorgang durch Veränderung der chemischen Reaktionen beeinflußt wird. Die typischen Gifte (die übrigens vielfach auch Katalysatorgifte darstellen), können klar in diese Gruppe eingereiht werden. Bei den Kohlenwasserstoffen ist eine solche Zuordnung schwieriger, weil die physikalischen Auswirkungen, wie das Lösungsvermögen oder das kapillare Fließen, das mit der Zähigkeit und der Grenzflächenspannung zusammenhängt, Veränderungen der lebenswichtigen Zellmembran ergeben können, die sich als Vergiftung äußern können. Dabei ist es — wie stets bei Lebensvorgängen — schwierig, mögliche chemische Veränderungen der Kohlenwasserstoffe, wie z. B. Oxydationen, zu erfassen. So ergab nach A. S. CRAFTS, H. B. CURRIER und O. A. LEONARD[1] eine Fraktion, mit mehrringigen Aromaten konzentriert oder 1 : 1 mit hochraffiniertem Petroleum verdünnt, zwar eine akute Vergiftung der Blätter, es setzten aber innerhalb von 15 Tagen neue Triebe an. Wurde die Verdünnung dagegen weitergetrieben (25 und 12,5% Aromatenfraktion in Petroleum), so setzten die Pflanzen auch innerhalb von 60 Tagen keine neuen Triebe mehr an.

Die Autoren haben eine revidierte frühere Klassifizierung (von A. S. CRAFTS und H. G. REIBER) folgender Art in der zitierten Arbeit vorgeschlagen:

**I. Kontaktgiftwirkung** (lokal mit rascher Erholung):

a) akute Verbrennung von Blättern durch leichte aliphatische und olefinische Kohlenwasserstoffe,

[1] 3. Welt-Erdölkongreß Haag 5 (1951), 4.

b) akute Vergiftung durch aromatische Kohlenwasserstoffe,

c) akute Vergiftung durch hochraffinierte gesättigte Öle, die sich oxydiert haben.

**II. Systematische Giftwirkung.** Diese Giftwirkung besteht in einer chronischen Schädigung durch hochsiedende Öle, bei der die Fähigkeit der Pflanze, neue Triebe zu bilden, verloren geht.

Typus I a mit sehr lokalisierter Schädigung und rascher Erholung soll nur bei hochraffinierten Fraktionen oder reinen Verbindungen zu beobachten sein.

Typus I b tritt gewöhnlich bei Benzin, Testbenzin, leichtem Dieselöl und aromatischem Öl zur Unkrautvertilgung auf; die niederen aromatischen Öle bewirken nur kurzfristige, auf die besprengten Teile beschränkten Schädigungen; höhere aromatische Öle dürften nach den oben erwähnten Versuchen nicht nur Giftwirkung dieser Art, sondern auch die chronische Vergiftung ergeben, je nach den Konzentrationen und der Einwirkungsdauer.

Typus I c wird auf Petroleum, die leichten Anteile von Dieselöl, schwere Isoparaffine und auch *n*-Cetan zurückgeführt.

Typus II tritt bei leichtem Heizöl, aber auch durch raffinierte Öle, wie geruchfreies Petroleum, Schmieröle und durch Fraktionen von Gasöl auf und kann ebenso durch aromatische Öle der richtigen Konzentration und bei genügender Einwirkungsdauer auftreten; zu hohe Konzentration ergibt Kontaktgiftwirkung, aber keine Dauerwirkung.

Die oben gebrachte Einteilung wird wohl noch revidiert werden müssen, wie schon die Abänderung der Beurteilung der aromatischen Öle in der erwähnten Arbeit zeigt, die infolge der durch Verdünnung erzielten chronischen Giftwirkung nötig war. Sicherlich ist der Aromatengehalt nur ein teilweiser Anhalt zur Beurteilung der Giftwirkung, wie auch G. E. Barnsley bei der Untersuchung von Erdölfraktionen für die selektive Unkrautvertilgung fand; außer der zähigkeitsbedingten Penetration in die Pflanzen und der Flüchtigkeit hält er die phytotoxischen Eigenschaften des Grundöles für wichtig, die nicht nur von dem möglichst hohen Aromatengehalt, sondern auch von dem Verhältnis zwischen aromatischen und nichtaromatischen Ölanteilen abhänge[1].

Naturgemäß kann die Giftwirkung der Mineralöle oder Ölfraktionen durch Zugabe (0,1 bis 0,2%) spezifisch wirkender Giftstoffe erhöht werden. Es seien nur das 3,5-Dinitro-ortho-Kresol (DNOC), das 2,4-Dinitro-sec. Butylphenol (DNBP), das Pentachlorphenol und *i*-Propylphenylcarbamat genannt; auch Emulsionen von derart in ihrer Giftwirkung gesteigerten Ölen werden gebraucht, die 5 bis 20% Öl enthalten. Von solchen Emulsionen wird leichte Brechbarkeit gefordert, damit nicht zuviel Öl mit abtropfender Emulsion wirkungslos verloren geht.

### c) Einflüsse auf die physiologische Wirkung der Mineralöle

Bei der herrschenden, noch wenig geklärten Lage sind die Einflüsse auf die physiologische Wirkung der Mineralöle nicht exakt bekannt. Erhöhung sowohl des Aromatengehaltes als auch des Siedepunktes fördert im allgemeinen die Wirkung, doch gilt dies vor allem für Öle gleicher Provenienz. Das Medium, in dem die Mineralöle wirken, ist von großer Bedeutung; so weist Currier (zitiert in der oben erwähnten Arbeit) darauf hin, daß Benzol in der in Tab. 112 angegebenen Verdünnung beginne, tödlich auf Pflanzen zu wirken.

In der Luft ist das Benzol — wohl infolge des ganz anderen Verteilungs-

[1] Petroleum **15** (London 1952), 35.

koeffizienten zwischen Trägerstoff und Pflanze — rund 3000 mal wirksamer als Paraffinöl.

Verdünnung bis zur optimalen Konzentration fördert offenbar die Giftwirkung aromatischer Öle (wie bereits erwähnt) annahmegemäß, weil dadurch die Eindringungsmöglichkeit in die Pflanze erleichtert wird. G. W. IVENS, E. K. WOODFORD und G. E. BLACKMAN[1] bringen folgende Zusammenstellung (Tab. 113).

Tabelle 112. *Bedeutung des Mediums für die Giftwirkung von Benzol auf Pflanzen*

| Trägermedium | Wirksame molare Konzentration von Benzol |
|---|---|
| Luft | 0,0003 |
| Wasser | 0,01 |
| Paraffinöl | 1 und darüber |

Trotz sinkender Konzentration steigt also der Gewichtsverlust des behandelten Blattes an; allerdings war der auf das Blatt gebrachte Tropfen auch der geringeren Konzentration entsprechend immer größer.

Tabelle 113. *Wirkung der Verdünnung auf die Giftwirkung von Tetrahydronaphthalin*

| Verdünnungsmittel | Tropfenvolumen cm³ | Konz. Tetrahydronaphthalin % | Gewichtsverlust eines Blattes mg |
|---|---|---|---|
| Keines | 0,008 | 100 | 23 |
| geruchloses Petroleum | 0,016 | 50 | 63 |
| *n*-Tetradekan | 0,016 | 50 | 76 |
| geruchloses Petroleum | 0,032 | 25 | 144 |

### d) Messung der physiologischen Wirkung

Die Messung der schädlichen Wirkung von Erdölprodukten auf den Menschen ist zahlenmäßig nicht möglich. Eine Bewertung in dieser Hinsicht ist nur so durchführbar, daß man Erfahrungswerte der Schädlichkeitsgrenze feststellt bzw. unschädliche von schädlichen Produkten abgrenzt. Da sowohl Giftigkeit als krebserregende Wirkung ungefähr mit dem Aromatengehalt zunehmen, kann dieser als grobes Maß verwendet werden, wenn es sich um Kohlenwasserstoffe handelt. Produkte mit Schwefelverbindungen bzw. diese selber können dagegen nicht nach dem Schwefelgehalt beurteilt werden, weil die physiologische Wirkung des Schwefels sehr stark von der Art seiner Bindung abhängt. Wegen der Schwierigkeiten der Erfassung der Gesundheitsschädlichkeit für den Menschen greift man auf Tierversuche zurück.

Tierversuche können entweder durch Einwirkung einer mit dem betreffenden Stoff versetzten Atmungsluft (Giftigkeitsmessung) oder durch Bepinselung der Haut unter festgelegten Bedingungen angestellt werden.

Pflanzenversuche verwenden ebenfalls entweder die Berührung mit einem Tropfen Prüfsubstanz auf einem Blatt oder eine mit dieser Substanz versetzte Atmosphäre. Dann wird entweder die kritische Konzentration (wobei der steigernde Einfluß der Verdünnung zu beachten ist), die Zeit bis zum Auftreten der Giftwirkung bei festgelegten Bedingungen, die Änderung bestimmter Lebensäußerungen, wie des Ansetzens von Trieben, die Verfärbung oder das Welken der Blätter oder auch die zahlenmäßig erfaßte Änderung der Atmung oder andere Vorgänge als Maß verwendet.

---

[1] 3. Welt-Erdölkongreß Haag 5 (1951), 3.

e) Praktische Bedeutung

Für die gesamte Handhabung der Erdölprodukte ist die Kenntnis ihrer physiologischen Eigenschaften von Bedeutung; und zwar um so mehr, je länger und öfter eine Einwirkung möglich ist. Die akute Eigengiftigkeit der Erdölprodukte liegt allerdings sehr viel tiefer als jene des daraus bei Verbrennung entstehenden Kohlenoxyds oder des Schwefelwasserstoffes.

## D. Feuergefahr und Brandschutz[1]

a) Definition

Unter Feuergefahr wird die Möglichkeit verstanden, daß ein Brand oder eine Explosion durch Fremd- oder Selbstzündung entsteht und sich ausbreitet.

b) Wesen

Gemäß der Definition ist ein Produkt um so feuergefährlicher, je leichter es durch Fremd- oder Selbstzündung in Brand gerät oder explodiert und je rascher sich der Brand oder die Explosion ausbreitet. Zur Beurteilung der Stoffe sind daher heranzuziehen:

a) Selbstzündungsneigung,

b) Entflammbarkeit,

c) Geschwindigkeit der Brandausbreitung.

Die *Selbstzündungsneigung* wurde schon im betreffenden Kapitel behandelt (S. 162), so daß hier nur einiges nachgetragen wird. Daß Schmieröle meist leichter selbst zünden als Benzine, wurde bereits erwähnt. Benzin bildet nämlich Tropfen auf einer heißen Oberfläche (LEYDENFROSTsches Phänomen) und ergibt infolge der raschen Verdampfung eine so starke Abkühlung, daß die Selbstzündungstemperatur nicht erreicht wird, während Öle verfließen und in dünner Schicht auf diese kritische Temperatur erhitzt werden. Treten dagegen Benzindämpfe in ein heißes Auspuffrohr und bleiben dort längere Zeit, so kann unter Umständen bei sehr niederen Temperaturen Selbstzündung erfolgen. Nach Versuchen des englischen Aeronautical Research Committee zündeten Benzine im Auspuffrohr eines Motors nach 5 bis 7 sek bei einer Temperatur von 300 bis 320° C, in einer Laboratoriumsapparatur nach etwa 12 sek bei 280° C, während bei 10 min Verweilzeit sogar schon bei 235° C Zündung erfolgte. Bei 350° C war die Zündung momentan[2]. Eine Selbstzündung von Textilölen mineralischer Öle mit Oleinzusatz ist viel weniger zu befürchten als eine solche von reinem Olein, doch kann die Aufnahme von Eisen die nach dem MACKEY-Test zu beurteilende Selbstzündungsneigung stark beeinflussen[3]. Eine Selbstzündung, die schon zur Fremdzündung überleitet, ist jene durch die Oxydation von pyrophorem Eisensulfid, das sich in Behältern und Leitungen schwefelhaltiger Erdölprodukte bilden kann und bei Luftzutritt zu glühen beginnt.

Die *Entflammbarkeit* wird in den zur Gewährleistung der Transportsicherheit gesetzlich erlassenen Vorschriften in Deutschland nach drei Gruppen unterschieden:

---

[1] Vgl. Bericht TAR/67(52)1 der OECE, Paris 1952.

[2] Reports and Memoranda 1375, London (1930).

[3] Vgl. KADMER, E.: Erdöl u. Kohle **6** (1953), 700.

Gefahrenklasse 1: Flüssigkeiten mit Flammpunkt unter 21° C: Benzin, Benzol, Gemische daraus und mit Alkohol, Rohpetroleum, Äther usw., ferner Dieselkraftstoffe mit Benzinanteilen (sogenannte Leichtdieselkraftstoffe), endlich Düsentreibstoff $J_3$ mit weiten Siedegrenzen.

Gefahrenklasse 2: Flüssigkeiten mit Flammpunkt von 21 bis 55° C: Leuchtpetroleum, Schwerbenzin (Sicherheitsbenzin, Testbenzin), Traktorentreibstoffe.

Gefahrenklasse 3: Flüssigkeiten mit Flammpunkt zwischen 55 und 100° C: Hierzu gehören die meisten Dieselöle sowie Heizöle.

H. Brunswig hat für die Abgrenzung der Gefahrenklassen eine Abänderung empfohlen, nach der A I bis 20° C (technische Normaltemperatur),
A II bis 100° C (Siedepunkt des Wassers),
A III über 100° C umfassen soll, letzteres, weil gerade diese Flüssigkeiten sich in der Brandbekämpfung als außerordentlich kritisch erwiesen haben[1].

Die Entflammbarkeit bestimmt sicherlich die Bildungsmöglichkeit zündbarer Gemische entscheidend, da letztere mit der Flüchtigkeit im allgemeinen ansteigt, es ist aber zusätzlich die Weite der *Zündgrenzen* von Bedeutung.

Die Dämpfe von Kohlenwasserstoffen mit mehr als 2 C-Atomen im Molekül sind erheblich schwerer als Luft, so daß sie darin zu Boden sinken und sich dort fließend ausbreiten können, was besonders bei Verwendung von Flüssiggas zu beachten ist. Die leichten Kohlenwasserstoffe bilden leicht übersättigte, d. h. oberhalb der Zündgrenzen liegende Gemische, so daß bei diesen eine erhöhte Brandgefahr bei Luftzutritt zu befürchten ist; Beispiele sind Benzinfässer, Behälter und Leitungen, die bei Leerung mehr als in vollem Zustand gefährdet sind. Daß auch anscheinend saubere Fässer infolge der Bildung von Naphthenaten bei der Erhitzung zündbare Gemische bilden können, ist bei der Schweißung von Fässern (Reparaturen) zu beachten.

Zunehmende Höhe und damit abnehmender Luftdruck steigert zwar die Verdampfbarkeit und damit die Bildungsmöglichkeit zündbarer Gemische, doch nimmt gleichzeitig der zündfähige Bereich ab (vgl. S. 167). Die Gefährdung sinkt daher nach Erreichung eines Maximums wieder ab.

Die *Ausbreitungsgeschwindigkeit* von Bränden ist natürlich bei dampfförmigen Gemischen am größten; bei flüssigen Stoffen nimmt sie zwar ebenfalls mit der Flüchtigkeit zu, doch spielt hiebei auch die spezifische Wärme eine Rolle, indem bei gleichem Flammpunkt ein Stoff mit höherer spezifischer (und Verdampfungs-) Wärme einen Brand langsamer ausbreitet als der andere (Alkoholgemische!).

Allerdings trifft dies nur für die nichtverstäubte Flüssigkeit zu; in feinster Verteilung sind ja nicht nur die Erdölkohlenwasserstoffe bis zum Schmieröl, sondern auch feste Stoffe, deren Dampfdruck sehr gering oder null ist, wie Kohle, Holzmehl, Zucker usw., explosionsfähig.

*Schutz gegen Brand* besteht in der Vorbeugung und der eigentlichen Brandbekämpfung.

Die *Vorbeugung* kann man in folgende Gruppen unterteilen:

a) Vermeidung der Bildung explosiver Gemische: Mischung mit nichtbrennbaren Gasen oder Flüssigkeiten: $CO_2$, $N_2$, Wasserdampf; Tetrachlorkohlenstoffzugaben zu Benzin (mindestens 70%!).

---

[1] Erdöl u. Kohle **3** (1950), 611.

Verwendung nichtbrennbarer Stoffe; für Transformatoren wird die Möglichkeit der Verwendung halogenhaltiger Öle erwogen, während gegen deren Gebrauch in Schaltern Bedenken besteht. Nach amerikanischen Versuchen sind Tetrachlordekafluorheptane, Chlorfluorheptane und niedermolekulare Polymere von Monochlortrifluoräthylen wegen ihrer guten Schmierwirkung aussichtsreich, sie sind aber infolge ihrer ungünstigen Löslichkeit schwer in Mischung zu bringen. Für Hydrauliköle hat die amerikanische Luftfahrt fluorhaltige Di-Ester geprüft[1].

Verdünnung mit Luft auf eine ungefährliche Konzentration.

Abkühlung.

Beste Abdichtung von Gefäßen und Leitungen.

b) Verhinderung von Selbstzündung: Vermeidung gefährlicher Erhitzung durch geeignete konstruktive Anordnung; Verwendung nichtkatalytisch wirkender und nichtkorrodierender Metalle.

c) Vermeidung von Fremdzündung: Verbot der Verwendung offener Flammen, Verwendung nichtfunkenbildender Metalle, bzw. Vermeidung von Funkenbildung durch Anwendung geeigneter Materialien (Bastsohlen statt Ledersohlen mit Nägeln) und durch geeignete Verlegung elektrischer Leitungen. Vermeidung elektrischer Aufladung von Behältern durch Erdung, durch Zugabe elektrisch gut leitender Stoffe zum Benzin, auch durch gute Strömungsführung ohne Turbulenz.

d) Verhinderung der Ausbreitungsmöglichkeit von Bränden: Begrenzung der Zahl der Behälter (in den einzelnen Ländern verschieden geregelt), Bereitstellung von Auffanggruben entsprechender Größe sowie leerer Behälter zum Abpumpen brennender Flüssigkeit.

Die *Brandbekämpfung* zielt auf Senkung der Flüssigkeitstemperatur und Ausschluß der Sauerstoffzufuhr. Zur ersten ist Wasser nur in Form von Sprühregen brauchbar, aber wenig erfolgreich. Interessant ist eine neue Methode der Brandbekämpfung dieser Art durch Umpumpen der Flüssigkeit, wobei die brennende Flüssigkeit selbst als Löschmittel dient. Man soll nicht nur bei schweren Produkten, sondern auch bei Benzin in offenen Tanks dadurch eine so weitgehende Eindämmung des Brandes erreicht haben, daß die vollkommene Löschung mit geringen Mengen Feuerlöschmittel möglich ist.

Dieses Umpumpverfahren („Agitations- oder Tuxedoverfahren") verhindert auch, daß die brennende Zone sich dem wasserhaltigen Bodensatz der Tanks nähert, was zu gefährlichem Überschäumen führen kann[2]. — Auch die Zerstäubung von Wasser und die Berieselung damit wird zur Brandbekämpfung anwendet, doch muß größte Feinheit der Tröpfchen und größte Tröpfchendichte zur Erzielung bester Wirkung erreicht werden. Zugabe von Netzmitteln zum Wasser (etwa 1%) steigert die Löschwirkung durch die bessere Benetzung brennender Stoffe; je höher die Ausströmungsgeschwindigkeit (die mit der Quadratwurzel des Druckes zunimmt), um so kleiner sind die Tröpfchen. Die Löschwirkung von Kohlendioxyd wird zwar durch die bei ihrer Verwendung eintretende Abkühlung befördert, ist aber durch Ausschluß des Luftsauerstoffes verursacht.

Ausschluß des Luftsauerstoffes wird durch den altbekannten Löschsand, durch die Trockenlöscher (deren Neigung zum Zusammenbacken des Löschpulvers unter Umständen bedenklich ist), durch nichtbrennende Flüssigkeiten und durch das wichtigste Mittel, den Schaum, erreicht. Richtung des Lösch-

[1] ROSENBERG, H. und J. C. MOSTELLER: Ind. Engng. Chem. **45** (1953), 2283.

[2] Chem. Engng. **60** (1953), 111/14.

strahles nicht auf den Brandherd selbst, sondern in die Flamme scheint wegen der raschen Verdampfung des Wassers und des dadurch bewirkten Ausschlusses des Luftsauerstoffes viel wirksamer zu sein.

Als nichtbrennende Löschflüssigkeiten verwendet man die Halogenkohlenwasserstoffe oder Halogenkohlenstoffverbindungen. Tetrachlorkohlenstoff, Methylbromid, Chlorbrommethan, Trichloräthylen und Fluorkohlenstoffverbindungen haben sich bewährt. Nach Untersuchungen des britischen Luftfahrtministeriums war Chlorbrommethan das wirksamste Mittel, nach amerikanischen Versuchen eignete sich 1,2-Dibromtetrafluoräthan für Raketentreibstoffbrände am besten, ähnlich gut waren Dibromdifluoräthan und Bromtrifluormethan[1].

Das gasförmige Bromfluormethan (Halon 1301), dessen Siedepunkt bei —51,1°C liegt, soll sich nach amerikanischen Angaben besonders wirksam zur Löschung von Flüssigkeitsbränden erwiesen haben; es wird zwar bereits auf Flugzeugträgern der US-Marine verwendet, doch verhindert sein hoher Preis allgemeinere Verwendung[2].

Auf die ausgezeichnete kritische Zusammenstellung „Sicherheitstechnischer Kennzahlen brennbarer Gase und Dämpfe" von K. NABERT und G. SCHÖN[3], die alle wichtigen Daten, wie Flammpunkte, Explosionsgrenzen in Luft, Zündtemperatur, Gefahrenklasse, Verdunstungszahlen usw. bringt, sei nachdrücklich hingewiesen.

Bei der Verwendung halogenhaltiger Löschmittel ist auf die Gefahr zu achten, die durch ihre thermische Zersetzung und chemischen Reaktionen bedingt ist. Sowohl das aus Tetrachlorkohlenstoff entstehende, äußerst giftige Phosgen $COCl_2$ als andere Zersetzungsprodukte sind gefährlich. Daß heißes Magnesium mit Tetrachlorkohlenstoff unter Flammenerscheinung und Kohlenstoffabscheidung reagieren kann, sei erwähnt.

Das verbreitetste Mittel zur Bekämpfung von Erdölbränden ist Schaum, der allerdings fast ausschließlich als Luftschaum verwendet wird, während die chemisch erzeugten Schäume stark zurückgegangen sind. Maßgebend für die Wirksamkeit der Schäume sind die Größe und Zahl der Luftblasen und die Eigenschaften der Schäume wie:

Expansionsverhältnis (Flüssigkeit zu Schaum, etwa 1:4 bis 7 für Mineralöle, 1:10 bis 12 für andere Stoffe), Wasserfraktionierung, Fluidität bzw. Festigkeit, Widerstand gegen Erwärmung, Bedeckungsfähigkeit und Gasundurchlässigkeit, Verhalten in Gegenwart von Alkohol.

Diese Eigenschaften müssen naturgemäß bei der Schaumprobe mit jenen der in Löschgeräten erzeugten übereinstimmen, um praktische Bedeutung zu haben[4]. Entgegen der manchmal geäußerten Ansicht sind wasserlösliche Flüssigkeiten nicht leichter, sondern schwerer zu löschen als nichtlösliche. Als erforderliche Menge zur Löschung von Tankbränden wird 1 m³ Schaum innerhalb 15 min für je 1 m² Tankfläche angegeben (BRUNSWIG l. c.).

### c) Einflüsse auf die Feuergefährlichkeit

Die *Einflüsse* auf die Feuergefährlichkeit sind so zahlreich, daß sie nur gestreift werden können. Erhöhte Temperatur (z. B. durch Verhinderung der Wärme-

[1] Petroleum (London) **16** (9) (1953), 259; ROSENBERG, H. und J. C. MOSTELLER: Ind. Engng. Chem. **45** (1953), 2283.

[2] Nat. Petroleum News **46** (1954), 44/6.

[3] Berlin: Deutscher Eichverlag. 1953.

[4] CLARK, N. O.: Chem. Res. Spec. Rep. Nr. 6. London: H. M. Stationery Office. 1947; vgl. auch AMNE, O.: Öl u. Kohle **38** (1942), 293.

ableitung), höhere Sauerstoffkonzentration, Luftbewegung, insofern sie nicht kühlend wirkt, feinere Zerteilung des Stoffes, Katalysatoren sind einige der fördernden Einflüsse. Im übrigen sei auf den Abschnitt über Selbstzündung und Zündung verwiesen (S. 162).

### d) Messung der Feuergefährlichkeit

Die *Messung* der Feuergefahr kann ebenfalls wegen der Komplexheit des Vorganges nur in Modellversuchen erfaßt werden, die vor allem die Selbstzündung erfassen. Als allgemeiner Begriff wurde der Zündwert von JENTZSCH vorgeschlagen, der gleich der *Selbstzündungstemperatur* in seiner Apparatur geteilt durch die zur Zündung erforderliche Mindest-O-Blasenzahl +1/Minute ist und für Stoffe aller Art um so größere Zündgefahr andeutet, je höher er liegt. Da aber danach höherzündende Stoffe bei gleicher Mindest-O-Blasenzahl höhere Zündwerte ergeben, also leichter zünden würden als niederzündende, ist diese Formulierung abzulehnen, wenn auch die Möglichkeit, sowohl die Selbstzündungstemperatur als die Mindestsauerstoffmenge sowohl flüssiger als fester Stoffe in dem Apparat zu messen, die Methodik interessant erscheinen läßt. Flüchtigkeit, Flammpunkte, Zündgrenzen, unter Umständen die Ausbreitungsgeschwindigkeit von Bränden auf der Oberfläche der Stoffe können als weitere Momente der Beurteilung genommen werden.

### e) Praktische Bedeutung der Feuergefährlichkeit

Als organische Stoffe sind die Erdölprodukte naturgemäß brennbar, insbesondere die als Brennstoffe verwendeten, wobei, wie besprochen, die verschiedenen einzelnen Eigenschaften und Bedingungen den Grad der Brandgefahr bedingen (Verteilung, Temperatur, Druck, Sauerstoffkonzentration, Dauer der Einwirkung). Die „Sicherheitskraftstoffe" versuchen durch Übergang zu höhersiedenden Fraktionen den Dampfdruck und damit die Brandgefahr zu verringern oder die spezifische Wärme (z. B. durch Emulgierung von Wasser) zu erhöhen.

Diese Maßnahmen führen nur zu einer Verringerung, nicht aber zur Behebung der Brandgefahr und bringen erhebliche Schwierigkeiten der Handhabung mit sich, so daß sie bisher keinen Erfolg hatten und ihn auch künftig wohl nicht haben werden, weil sie mit der naturgegebenen Brandneigung der Stoffe zu rechnen haben. Will man die Brandgefahr ausschließen, so bleibt nur die Verwendung solcher Stoffe übrig, die bei ähnlichen Eigenschaften, wie sie Erdölprodukte besitzen, ihrem chemischen Aufbau nach wenig oder unbrennbar sind. Als Beispiele solcher Stoffe seien die sauerstoffhaltigen Hydrauliköle für Flugzeuge, die Polymeren des Trichlorfluoräthylens als Schmiermittel, Hydrauliköle und Dichtungsmittel, die Silikonöle für die gleichen Verwendungszwecke und chlorierte Kohlenwasserstoffe als Transformatorenöle und Schalteröle genannt, wenn auch die letztgenannten bisher nicht ganz befriedigten.

# E. Offizielle Prüfvorschriften für die Eigenschaften von Erdölprodukten

Um einen gewissen Anhalt für die Untersuchungsmethoden zu geben, die bei einigen offiziellen Stellen vorgeschrieben sind, wird im folgenden auszugsweise auf die Methoden zur Untersuchung der wichtigsten Eigenschaften von Erdölprodukten hingewiesen, die in den USA, in Großbritannien und in Deutschland üblich sind; die Gliederung folgt jener des Buches, wozu bemerkt sei, daß diese Zusammenstellung notwendigerweise nicht vollständig sein kann, weil dauernd neue Verfahren entwickelt oder überholte aufgegeben werden. Auch ist die Anwendung der Prüfverfahren auf die einzelnen Produkte jeweils Sache spezieller Liefervorschriften. Immerhin läßt sich aus der Übersicht erkennen, inwieweit die verschiedenen Verfahren bereits soweit entwickelt sind, daß sie als verläßlich betrachtet werden können. Bezüglich Einzelheiten müssen die Originalvorschriften eingesehen werden. Die verschiedenen Untersuchungsmethoden nach FTM, ASTM, IP bzw. DIN arbeiten zum Teil nach unterschiedlichen Verfahren, die Ergebnisse sind nicht immer vergleichbar.

Die Federal Test Method Standard No. 791, letzte Ausgabe vom 15. Dezember 1955, dazu Change Notice Nr. 1 vom 5. Dezember 1956, Change Notice Nr. 2 vom 28. Oktober 1957, Change Notice Nr. 3 vom 12. Mai 1958 und Change Notice Nr. 4 vom 5. März 1959 werden herausgegeben von: General Service Administration, Business Service Center; Region 3, Seventh and D-Streets S. W., Washington 25, D. C., USA. Die einzelnen Methoden sind nach einem Dezimalsystem mit drei- oder vierstelligen Zahlen bezeichnet; eine hinzugefügte Dezimale gibt an, um die wievielte Überholung der Methode es sich handelt. So hat die Methode zur Bestimmung der Säure- (Neutralisations-) und der Basenzahl mit Farbindikator die Zahl 5105.3, jene mit potentiometrischer Titration die Zahl 5106.3, so daß es sich in beiden Fällen um die dritte Überarbeitung handelt. Angaben über das Jahr der Herausgabe der Methode werden nicht gemacht. In vielen Fällen gibt es eine ASTM-Methode für die betreffende Untersuchung, die dann angewendet werden soll.

Die ASTM-Standards on Petroleum Products and Lubricants, letzte Ausgabe Oktober 1959, wird von der American Society for Testing Materials ASTM-Committee D-2, 1916, Race Street, Philadelphia 3, Pa., USA, herausgegeben. Die Methoden haben vor ihrer Ziffer den Buchstaben D (Petroleumprodukte und Schmiermittel), danach zwei- bis vierstellige Zahlen und, zweistellig, die Angabe des Jahres der Herausgabe der Methode. Ist kein weiterer Zusatz gemacht, so bedeutet dies, daß die Methode definitiv ist (sie kann aber gegebenenfalls trotzdem geändert werden), steht ein T (tentative) dahinter, so heißt dies, daß die Methode versuchsweise eingeführt, aber bezüglich ihrer Ausführungsform noch nicht definitiv festgelegt ist. Die Sammlung der Prüfvorschriften enthält auch die Angabe der Untersuchungsmethoden, die für die einzelnen Erdölprodukte anzuwenden sind, wie z. B. Rohöl, Flüssiggas, Auto- und Fliegerbenzin, Dieselkraftstoffe usw., sowie Lieferungsbedingungen für Autobenzine (D 439—57 T), Fliegerbenzine (D 910—57 T), Turbinenkraftstoffe für die Luftfahrt (nur Vorschlag), Dieselkraftstoffe (D 975—53 T) und Heizöle (D 396—48 T).

Die IP-Standard Methods for Testing of Petroleum and its Products, 18. Ausgabe, Februar 1959, werden vom Institute of Petroleum, 61, New Cavendish Street, London W 1, England, herausgegeben. Sie unterscheiden zwischen definitiven, vorgeschlagenen (proposed) Methoden, die nach der Zahl ein P aufweisen, und versuchsweise (tentative) eingeführten Methoden, die nach der Zahl den Buchstaben T führen. Wie die ASTM-Methoden unterscheiden sie bei der Angabe der Genauigkeit der Messung mit einem bestimmten Verfahren zwischen der Wiederholbarkeit (Repeatability) bei Durchführung der Messung durch eine Person mit dem gleichen Gerät und der Reproduzierbarkeit (Reproducibility) bei Durchführung der Messung durch verschiedene Personen mit verschiedenen Geräten. Das Jahr der Herausgabe der Methode ist wie bei der ASTM durch eine zugefügte zweistellige Zahl gekennzeichnet; so hat die Bestimmung der

Säure- (Neutralisations-) Zahl die Ziffer 1/55. Die Methoden enthalten keine Lieferungsbedingungen.

Die deutschen DIN-Vorschriften sind im DIN-Taschenbuch 20, Mineralöl- und Brennstoffnormen, Ausgabe 1960, vom Beuth-Vertrieb, GmbH, Berlin W 15-Köln-Frankfurt/Main, herausgegeben; sie wurden vom Fachausschuß Mineralöl- und Brennstoffnormung (FAM) ausgearbeitet. Sie gliedern sich in Anforderungen und Prüfungen; die bisher abgeschlossenen und als Normen vorliegenden DIN-Blätter umfassen folgende Gebiete:

| DIN-Nummer | Betrifft |
|---|---|
| 51.500—513 | Anforderungen an Schmierstoffe |
| 51.550—51.594 | Prüfung von Schmierstoffen |
| 51.600—51.602 | Anforderungen an Kraftstoffe |
| 51.603 | Anforderungen an Heizöle |
| 51.610—51.622 | Anforderungen und Prüfungen von Flüssiggas |
| 51.630—51.635 | Anforderungen an Spezialbenzine u. Lösungsmittel |
| 51.636 | Anforderungen an Petroleum |
| 51.750—51.782 | Prüfung flüssiger Kraftstoffe |
| 51.800—51.807 | Prüfungen von Schmierfetten |
| 1.340, 1.871 und 51.850 | Gasförmige Brennstoffe |

Es sei betont, daß die für die einzelnen Eigenschaften vorgeschriebenen Prüfverfahren zwar in manchen Fällen identisch sind (z. B. jene der Federal Test Method Standards No. 791 und der ASTM, auch viele der ASTM und der IP), daß aber in anderen Fällen merkliche Unterschiede der Meßergebnisse auftreten, je nachdem, welches Prüfverfahren angewendet wird. Dies ist besonders dann der Fall, wenn es sich um Eigenschaften handelt, auf die sich mehrere Einflüsse auswirken können, wie z. B. die Erstarrungseigenschaften. Allgemein läßt sich sagen, daß die Normung um so wichtiger ist, je komplexer die geprüfte Eigenschaft bzw. das Verhalten ist; dies ist ja auch der Grund, warum es so viele verschiedene Vorschläge zur Messung des Oxydationsverhaltens, der Schmiereigenschaften, des motorischen Verhaltens gibt. Aus der Zusammenstellung ist ersichtlich, daß derartige Prüfungen sehr komplexer Art vor allem in den Federal Test Method Standards festgelegt sind; der Weg bis zu einer weltumfassenden Normalisierung der Prüfverfahren ist auf diesem Gebiete noch sehr weit, wenn er auch z. B. bei der motorischen Kraftstoffprüfung aus der Notwendigkeit einer internationalen einheitlichen Meßmöglichkeit schon fast zu Ende gegangen zu sein scheint.

Wenn es notwendig ist, Eigenschaften der Stoffe für Lieferungsbedingungen festzulegen, müssen aber auch unter Umständen solche erfaßt werden, für die es noch keine Methoden unter den Vorschriften gibt, die hier behandelt werden. Dies ist vor allem der Fall bei Lieferungen für Heereszwecke; man findet deshalb zahlreiche derartige Vorschriften in den Lieferbedingungen der betreffenden Verwaltungen. Am wichtigsten sind unter diesen die vom U. S. Ordnance Department herausgegebenen Specifications MIL, daneben die vom englischen Ministry of Supply herausgegebenen Lieferbedingungen mit der Bezeichnung DEF. Jene davon, die die Eignungsprüfung von Schmierölen betreffen, sind in Tab. 44 und 45 angeführt. Eine ganze Reihe dieser Vorschriften hat sich von den militärischen auf die kommerziellen Lieferbedingungen ausgewirkt und ist in diese aufgenommen worden, so daß sie hier erwähnt werden. Es ist damit zu rechnen, daß in Zukunft manche bisher für militärische Zwecke ausgearbeiteten Lieferbedingungen bzw. Prüfvorschriften allgemein angewendet und dann, standardisiert, in

Prüfvorschriften, wie den hier auszugsweise angeführten der Federal Test Method Standards, der ASTM-, IP- und DIN-Vorschriften aufgenommen werden.

Bezüglich der Einordnung der einzelnen Prüfverfahren in die verschiedenen Gruppen von Eigenschaften muß darauf hingewiesen werden, daß es Verfahren gibt, die gleichzeitig eine Reihe verschiedener Stoffeigenschaften erfassen, so daß sie in verschiedenen Gruppen erwähnt werden müßten. Dies gilt besonders für die Prüfung des Motorverhaltens von Schmierölen, bei denen gleichzeitig die Rückstandsbildung, der Verschleiß, die Korrosion und die Oxydationsbeständigkeit gemessen werden; bei Schmierfetten kommt die Messung der Beständigkeit zu jener der korrosiven Eigenschaften. Die Verfahren, die derart verschiedene Stoffeigenschaften messen, sind deshalb gesondert zusammengestellt worden. Sie finden sich vor allem in den Federal Test Method Standards, sind aber in den MIL- und DEF-Vorschriften, auf die hier nicht näher eingegangen wird, zahlreicher vertreten.

## Liste von offiziellen Prüfverfahren für Erdölprodukte

| Eigenschaft | Federal Test Method Standard No. 791 | ASTM | IP | DIN |
|---|---|---|---|---|
| **I. Physikalische Eigenschaften und chemische Zusammensetzung** | | | | |
| 1. Probenahme und Allgemeines | | | | |
| Probenahme, allgemein | 8001.4 | D 270–55 T | 51/59 | 51.750 |
| Probenahme von Schmierfetten | — | — | — | 51.594 |
| Prüffehler und Toleranzen | — | — | — | 51.849 |
| Gestaltung technisch-wissenschaftlicher Veröffentlichungen | — | — | — | 1.422 |
| Thermometer (Standard ASTM) | 9501.4 | E 1–59 | — | — |
| Verbrauchsmessung von Schmierölen | — | — | — | 51.500 |
| Aufstellung von Grenzwerten | — | E 29–58 T | — | — |
| ASTM-Tabellen zur Messung von Erdöl(produkten) | — | D 1250–56 | 200/53 | — |
| 2. Dichte (spez. Gewicht) (Flüssige Kohlenwasserstoffe) | | | | |
| Rohöl und Erdölprodukte, Areometer | 402.1 | D 287–55 | — | 51.757 |
| Rohöl und Erdölprodukte, Areometer | — | D 1298–55 | 160/57 | — |
| Rohöl und Erdölprodukte, Pyknometer | 402.1 | D 941–55 | 59/57 | — |
| Reine Kohlenwasserstoffe und Destillate, BINGHAM-Pyknometer | — | D 1217–54 | — | — |
| Viskose und geschmolzene feste Stoffe, BINGHAM-Pyknometer | — | D 1480–57 T | — | — |
| Kohlenwasserstoffe, über 15 cSt/20° C | — | D 1481–57 T | — | — |

| Eigenschaft | Federal Test Method Standard No. 791 | ASTM | IP | DIN |
|---|---|---|---|---|
| Tabellen der Dichte in drei Maßsystemen | — | D 1250—56 | — | — |
| 3. Farbe, Spektroskopie | | | | |
| Farbe von Fliegerbenzin | 103.4 T | D 910—57 T | — | — |
| Schmieröl, Heizöle, Dieselkraftstoffe, Paraffine (ASTM-Farbskala) | — | D 1500—58 T | — | 51.578 |
| Schmieröl, Petrolatum (Union-Colorimeter) | 102.5 | D 155—45 T | — | — |
| Raffiniertes Petroleum (SAYBOLT) | 101.6 | D 156—53 T | — | — |
| Alle Erdölprodukte (LOVIBOND) | — | — | 17/52 | — |
| Verkokbares in Paraffin | — | D 612—45 | — | — |
| Verkokbares in Petrolatum und Weißöl | — | D 565—45 | — | — |
| Refraktion | — | D 1218 | 60/53 | — |
| Spektrographische Analyse von Asche | — | — | 122/55 T | — |
| Spektrophotometrische Analyse von Bezugskraftstoffen, Infrarot | — | D 1095—54 | 147/55 T | — |
| Spektrophotometrische Analyse von Benzin und Toluol | — | D 1017—51 | 151/56 T | — |
| Spektrophotometrische Analyse von Äthylbenzol, *p*-, *m*- und *o*-Xylolen | — | — | 152/56 T | — |
| Spektrophotometrische Analyse von 1,3-Butadien in $C_4$-Kohlenwasserstoffen (Ultraviolett) | — | D 1096—54 | 141/53 T | — |
| Naphthalin in Strahltriebkraftstoffen (Ultraviolett) | 3704 T | — | — | — |
| 4. Zähigkeit[1] | | | | |
| Kinematische Zähigkeit | 305.3 | D 445—53 T | 71/58 | 51.550 |
| Viskositätsindex, Berechnung | 9111.2 | D 567—53 | 73/53 | 51.563 |
| Zähigkeits-Temperaturblatt | 9121.1 | D 341—43 | — | — |
| SAE-Klassen von Motorenschmierölen | — | — | — | 51.511 |
| Zähigkeit nach ENGLER | — | — | — | 51.560 |
| Zähigkeit nach VOGEL-OSSAG | — | — | — | 51.561 |
| Zähigkeit nach UBBELOHDE | — | — | — | 51.562 |
| Zähigkeit nach REDWOOD | — | — | 70/57 | — |

[1] Die englische Vorschrift führt für die Messung durchsichtiger Flüssigkeiten drei Viskosimeter mit hängendem Tropfen und jenes von CANNON-FENSKE, für die Messung opaker Flüssigkeiten U-Rohr-Viskosimeter an. Die ASTM-Vorschrift gibt für durchsichtige Flüssigkeiten die Viskosimeter von CANNON-FENSKE, UBBELOHDE, FITZ SIMONS, ZEITFUCHS, SIL, Atlantic, für opake Flüssigkeiten jene von CANNON-FENSKE, ZEITFUCHS und LANZ-ZEITFUCHS an.

| Eigenschaft | Federal Test Method Standard No. 791 | ASTM | IP | DIN |
|---|---|---|---|---|
| Zähigkeit nach SAYBOLT ..... | 304.7 | D 88—53 | — | — |
| Umrechnung kinematischer Zähigkeit auf SAYBOLT-Furol. | 9102.3 | D 666—57 | — | — |
| Umrechnung kinematischer Zähigkeit auf SAYBOLT-Universal ............... | 9101.3 | D 446—53 | — | — |
| SAYBOLT-Furol für asphaltische Stoffe bei hoher Temperatur ...................... | — | E 102—57 | — | — |
| 5. Fließverhalten, Konsistenz, Schmelzen, Erstarren (vgl. auch 8) | | | | |
| *Fließverhalten* | | | | |
| Fließverhalten nicht-NEWTONscher Flüssigkeiten | | | | |
| Zähigkeit von Cutbackbitumen | — | — | 72/58 | — |
| Anscheinende Zähigkeit von Schmierfetten ............. | 306.2 | D 1092—58 T | — | — |
| Fluxwerte von Fluxölen ...... | — | — | 102/58 | — |
| Scherbeständigkeit von Hydraulikölen ............ | 3471.1 | — | — | — |
| *Konsistenz* | | | | |
| Penetration von Schmierfetten | 311.5 | D 217—52 T | 50/59 | 51.804 |
| Penetration von Schmierfetten nach Knetung ........... | 313.1 | — | — | — |
| Penetration von Bitumen .... | — | D 5—52 | 49/58 | — |
| Penetration von Schmierfetten und Petrolatum ........... | 312.1 | D 937—58<br>217—52 T | 50/59 | — |
| Penetration von halbflüssigen Schmierfetten ............. | — | — | 167/59 T | — |
| Duktilität von Bitumen ...... | — | D 113—44 | 32/55 | 1995 U 7 |
| Ölabscheidung (Leakage Tendency) von Schmierfetten .. | 321.1 | D 1263—53 T | 121/57 | — |
| *Schmelzen* | | | | |
| Brechpunkt und Brechen von Bitumen nach FRAASS ..... | — | — | 80/53 | — |
| Erweichung, Ring-Kugel...... | — | D 36—26 | 58/56 | 1995 U 4 |
| Fließ- und Tropfpunkt von Schmierölen............... | — | D 566—42 | 132/57 | 51.801 |
| Schmelzpunkt von Petrolatum | 1401.2 | D 127—49 | 133/55 | — |
| Schmelzpunkt von Paraffin .... | 1402.3 | D 87—57 | 55/56 | — |
| *Erstarren* | | | | |
| Fliegerbenzin................ | 1411.3 | D 1477—57 T | 16/44 T | 51.782 |
| Dieselkraftstoff (Filtrierbarkeit) ..................... | — | — | — | 51.770 |
| Schmierstoffe am rotierenden Thermometer ............ | — | — | — | 51.556 |
| Paraffin, medizinisches Petrolatum .............. | — | D 938—49 | 76/58 | — |

| Eigenschaft | Federal Test Method Standard No. 791 | ASTM | IP | DIN |
|---|---|---|---|---|
| Trübungs- und Stockpunkt von Schmieröl | 201.8 | D 97—57 | 15/55 | 51.583 |
| Intensität der Trübung von Hydraulikölen bei tiefer Temperatur | 202 | — | — | — |
| Erstarrungspunkt als Reinheitsmaß | — | D 1015—55 | — | — |
| Erstarren von Bitumenemulsion bei tiefer Temperatur | — | D 244—55 | 109/58 T | — |
| Paraffinausscheidung in Dieselkraftstoffen | — | — | — | 51.772 |
| Kältetest von Kältemaschinenölen (Philippstest) | — | — | — | 51.693 |
| Stockverhalten von Winteröl (Temperatur-Zyklen!) | 203 | — | — | — |
| Erstarren von Paraffin | — | D 87—57 | 55/56 | 51.570 |
| 6. Destillation und Verdampfung | | | | |
| Destillation von Flüssiggas | — | — | 127/51 | 51.611 |
| Destillation von Benzin und Petroleum | 1001.9 | D 86—56 | 123/58 | 51.751 |
| Destillation von Benzol nach KRÄMER-SPILKER | — | — | — | 51.761 |
| Destillation von Dieselkraftstoffen | 1002.3 | D 158—54 | 123/58 | 51.752 |
| Destillation von Naturbenzin | — | D 216—54 | — | — |
| Destillation von Rohöl | — | D 285—54 T | 24/55 | 51.567 |
| Destillation von Rohölrückstand | — | — | 78/51 T | 51.567[1] |
| Destillation von Lacklösungs- und Verdünnungsmitteln | — | D 1078—58 | — | — |
| Destillation von Pflanzenschutzölen | — | D 447—57 T | — | — |
| Destillation von Cutbackbitumen und Straßenöl | — | D 402—55 | 27/56 | — |
| Destillation von Erdölprodukten im Vakuum | — | D 1160—57 T | — | — |
| Destillation von flüssigem und halbflüssigem asphaltischem Material im Vakuum | — | D 1189—52 T | — | — |
| Verdampfung | 353 | — | — | — |
| Verdampfungsverlust von Transformator- und Schalterölen | — | — | 46/55 | — |
| Verdampfungsverlust von Bitumen und Fluxöl | — | D 6—39 T | 45/58 | — |
| Verdampfungsverlust von Schmierölen und Fetten | 351.2 | D 972—56 | — | 51.581 |
| Dampfdruck von Flüssiggas | — | D 1267—55 T | 161/59 T | 51.616 |
| Dampfdruck nach REID | 1201.5 | D 323—58 | 69/55 | 51.754 |

[1] Nach GROSSE-OETRINGHAUS.

| Eigenschaft | Federal Test Method Standard No. 791 | ASTM | IP | DIN |
|---|---|---|---|---|
| Flammpunkt Abel (Siedepunkt 0 bis 120° F) | — | — | 170/59 | — |
| Flammpunkt (Tag, geschlossen) | — | D 56—56 | — | — |
| Flammpunkt Abel-Pensky | — | — | 33/59 | 51.755 |
| Flammpunkt Pensky-Martens (geschlossen) | 1102.8 | D 93—58 T | 34/58 | 51.758 |
| Flammpunkt Marcusson (offen) | — | — | — | 51.584 |
| Flamm- und Brennpunkt Cleveland (offen) | 1103.6 | D 92—57 | 36/55 | — |
| Explosive Dämpfe im Heizöl | 1151.1 | — | — | — |
| Flüchtigkeit | 3480 | — | — | — |
| **7. Lösen und Mischen** | | | | |
| Anilinpunkt | 3601.5 | D 611—55 T | 2/56 | 51.775 |
| Anilinpunkt von Lösungsmitteln | — | D 1012—51 | — | — |
| Anilinpunkt-Änderung von Kohlenwasserstoff-Ölen | 3602.1 | — | — | — |
| Heptanzahl von Lösungsmitteln | — | D 1132—53 | — | — |
| Kauri-Butanoltest | — | D 1133—54 T | — | — |
| Nitrozellulose-Verdünnungsvermögen von Kohlenwasserstoff-Lösungsmitteln | — | D 1134—53 | — | — |
| Normalpentan- und Benzolunlösliches in gebrauchten Schmierölen | 3121.2 | D 893—52 T | 143/57 | — |
| Normalpentan- und Benzolunlösliches in Dampfzylinderölen und dunklen Ölen | — | D 91—52 | — | — |
| Frigenunlösliches (Paraffin) in Kältemaschinenölen | — | — | — | 51.590 |
| Wassertoleranz v. Fliegerbenzin | 3251.7 | D 1094—57 | — | — |
| Schwellen von synthetischem Gummi in Hydraulikölen | 3603.2 | — | — | — |
| Wasserempfindlichkeit von Schmierfetten | 5415 | D 1264—53 T | — | 51.807 |
| Beständigkeit von Schmierfetten gegen Kraftstoff | 5414 | — | — | — |
| Schmierölverdünnung der Ottokraftstoffe | — | D 322—58 T | 23/55 T | 51.565 |
| Schmierölgehalt in flüssigen Brennstoffen | — | — | — | 51.784 |
| Löslichkeit von Bitumen in $CS_2$ | — | — | 47/58 | — |
| **8. Suspendieren, Emulgieren** | | | | |
| Emulgierung von Schneideölen | 3205.1 | — | — | — |
| Emulgierung von Schmierölen | 3201.5 | — | — | — |
| Dampfemulgierung von Schmierölen | 3206.3 | D 1401—56 | 19/55 | 51.591 |
| Koagulation von Bitumenemulsion bei langer Lagerung | — | — | 81/59 | — |
| Beständigkeit von Bitumenemulsion bei langer Lagerung | — | — | 82/53 T | — |

| Eigenschaft | Federal Test Method Standard No. 791 | ASTM | IP | DIN |
|---|---|---|---|---|
| Lagerbeständigkeit von Universalgetriebefett | 3455 | — | — | — |
| Ölabscheidung aus Schmierfetten | 321.1 | — | — | — |
| Feuchtigkeit in Kältemaschinenölen | — | — | — | 51.552 |
| **9. Schäumen** | | | | |
| Schäumen von Schmieröl | — | D 892—58 | 146/55 T | 51.566 |
| **10. Filtrieren** | | | | |
| Dieselkraftstoffe in der Kälte | — | — | — | 51.770 |
| Siebrückstand von Bitumenemulsion | — | D 244—55 | 91/59 | — |
| Feste Fremdstoffe in Schmierstoffen | — | — | — | 51.592 |
| Maximaler Porendurchmesser und Permeabilität starrer Filter | — | E 128—57 T | — | — |
| **11. Adsorption** | | | | |
| Grenzflächenspannung | — | D 971—50 | 90/55 | — |
| Dochtschmierung | 2001.2 | — | — | — |
| Klebeverhalten von Paraffin auf Papier | — | D 1465—57 T | — | — |
| Haften von zeitweiligen Schutzmitteln mit festem Film | — | — | 164/58 | — |
| **12. Schmieren** | | | | |
| Schmierstoffe, Ermittlung des Bedarfes und Verbrauches, Begriffe (1), Rechnungsvorgang (2) | — | — | — | 51.500 |
| Belastbarkeit von Schmierölen in I.A.E.-Getriebemaschinen | — | — | 166/58 | — |
| Belastbarkeit von Getriebeölen (S.A.E.) | 6501.1 | — | — | — |
| Belastbarkeit von Universalgetriebeölen (TIMKEN) | 6505 | — | — | — |
| Belastbarkeit von Universalgetriebeölen in Achsen bei hoher Geschwindigkeit | 6504 | — | — | — |
| Belastbarkeit von Universalgetriebeölen in Achsen bei hohem Drehmoment, geringer Geschwindigkeit | 5317 | — | — | — |
| Belastbarkeit, mittlere HERTZsche Pressung | 6503 | — | — | — |
| Motorprüfung von H. D.-Ölen | 332 T | — | — | — |
| Navy-Getriebe-Verschleißtest | 335 | — | — | — |
| Verhalten von Schmierfetten in Kugellagern | — | — | 168/59 T | — |

| Eigenschaft | Federal Test Method Standard No. 791 | ASTM | IP | DIN |
|---|---|---|---|---|
| Bewegungswiderstand von Kugellagerfett bei niederer Temperatur | — | D 1478—57 T | — | — |
| Verhalten von Kugellagerfetten bei hoher Temperatur | 331.1 | — | — | — |
| | 333 | — | — | — |
| Verhalten von Dieselschmieröl bei Normalbedingungen | 336.1 | — | — | — |
| Verhalten von Dieselschmieröl für H.D.-Öle | 337.1 | — | — | — |
| Verhalten von Dieselschmieröl bei schwerer Beanspruchung | 339 | — | — | — |
| 13. Analyse und chemische Zusammensetzung | | | | |
| Wasser (Destillation) | 3001.6 | D 95—58 | 74/57 | 51.582 |
| Wasser und Schlamm (Zentrifuge) | 3003.7 | D 96—58 T | 75/57 | 51.793 |
| Wasser (K. FISCHER-Reagenz) | 3253 | D 1533—58 T | — | 51.777 |
| Wasser (Acetylchlorid-Pyridin) | 3254 | — | — | — |
| Feuchtigkeit in Kältemaschinenölen | — | — | — | 51.552 |
| Salzgehalt in Rohöl und Erdölprodukten | — | — | 77/51 T | 51.576 |
| Anorganische Chloride und Sulfate in Isolierölen | — | D 878—49 | — | — |
| Bitumen- und Wassergehalt in Bitumengemischen | — | — | 162/58 | — |
| Sulfatrückstand (Pb, Cu und Fe) in Schmierölasche | 5611.1 | D 810—48 | 120/48 | — |
| Sulfatrückstand von Ölen mit Zusätzen | 5422.1 | D 874—57 T | 163/58 | 51.575 |
| Metalle in Schmieröl | 5601.1 | D 811—48 | — | — |
| Barium in Schmieröl | — | D 811—48 | 110/55 T | — |
| Kalzium in Schmieröl | — | D 811—48 | 111/49 T | — |
| Zink in Schmieröl | — | D 811—48 | 117/53 T | — |
| Vanadium in Heizöl | — | D 1578—58 T | — | — |
| Schwefel (Lampe, gravimetrisch) | 5201.6 | D 1266—57 T | 107/53 | 51.771 |
| Schwefel (Bombe) | 5202.8 | D 129—58 | 61/59 | — |
| Schwefel (Quarzrohr) | 5205.1 | D 1551—58 T | 63/55 T | 51.768 |
| Natrium in Schmieröl mit Zusätzen | — | D 1026—51 | — | — |
| Wasserstoff in Erdölfraktionen | — | D 1018—55 T | — | — |
| Schwefel (elementar) in Flüssiggas | — | — | — | 51.613 |
| Schwefel (Gesamt) in Flüssiggas | — | — | — | 51.617 |
| $NH_3$, Wasser, Öl und Harz in Flüssiggas | — | — | — | 51.614 |
| N-Gehalt von Kohlenwasserstoffen | — | — | — | 51.722 |
| $CS_2$-Gehalt von Erdölprodukten | — | — | 108/57 T | — |
| Chlor in Schmieröl (Bombe) | 5651.3 | D 808—57 T | — | 51.577 |

| Eigenschaft | Federal Test Method Standard No. 791 | ASTM | IP | DIN |
|---|---|---|---|---|
| Chlor in Schmieröl (mit Natrium) | — | D 1317—57 T | 118/48 | — |
| Phosphor in Schmieröl ....... | 5661.4 | D 1091—58 T | 148/58 | — |
| Dasselbe, Chinon-P-Molybdat . | — | — | 149/59 | — |
| Schwefelsäurereaktion von Isolierölen .................. | — | — | — | 51.553 |
| Schwefelsäurereaktion von flüssigen Brennstoffen ......... | — | — | — | 51.762 |
| Olefine und Aromaten in Erdöldestillaten (aus Bromzahl) . | 3701.2 | D 1158—57 T | 128/56 T | 51.774 |
| Olefine und Aromaten mit Phosphorschwefelsäure ......... | — | D 875—53 T | — | — |
| Olefine und Aromaten mit Phosphorschwefelsäure ......... | — | D 1019—58 T | 145/55 | 51.792 |
| Olefine und Aromaten (Silikagel) | — | D 1319—58 T | — | 51.799 |
| Aromaten in olefinfreiem Benzin | — | D 936—55 | — | — |
| Naphthene in Strahltriebkraftstoff (Ultraviolett) ......... | 3704 T | — | — | — |
| Bromzahl (Farbindikator)..... | — | D 1158—57 T | 129/56 | 51.774 |
| Bromzahl (Potentiometer)..... | — | D 1159—57 T | 130/56 | — |
| Jodzahl .................... | — | — | 84/53 T | — |
| Nichtsulfurierbarer Rückstand von Pflanzenschutzölen ..... | — | D 483—52 T | — | — |
| Verseifungszahl (Farbindikator) | 5401.7 | D 94—56 T | 136/58 | 51.559 |
| Verseifungszahl (elektrische Titration) ................ | 5403.2 | D 939—54 | — | — |
| Fettölgehalt siehe Verseifungszahl | | | | |
| Ölgehalt von Paraffin ........ | 5431.4 | D 721—56 T | 158/57 T | 51.571 |
| Weichparaffingehalt von Paraffin..................... | — | — | — | 51.572 |
| Bleitetraäthylgehalt von Benzin | 5501.3 | D 526—56 | 96/55 | 51.769/51.781 |
| Bleitetraäthylgehalt von Benzin (polarographisch) .......... | — | D 1269—58 | — | — |
| Bleitetraäthylgehalt von Benzin (gravimetrisch, Oxydation mit Na-Chlorat) .............. | — | — | 116/57 T | — |
| Gaschromatographie .......... | — | — | 169/59 T | — |
| 14. Elektrisches Verhalten | | | | |
| Durchschlagfestigkeit von Trafoöl .................... | — | D 877—49 | 20/58 | 53.481 |
| Durchschlagfestigkeit von Bitumen ................... | — | — | 101/58 | — |
| **II. Chemische Vorgänge** | | | | |
| 1. Oxydation (-Beständigkeit) | | | | |
| Benzin (Induktionszeit)....... | 3352.5 | D 525—55 | 40/58 T | 51.780 |
| Fliegerbenzin (pot. Harz) ..... | 3354.5 | D 873—57 T | 138/58 | — |
| Fliegerbenzin (Air Force-Navy-Bombe) .................. | 3355.2 | — | — | — |
| Turbinenöl ................ | — | — | 114/56 T | — |

| Eigenschaft | Federal Test Method Standard No. 791 | ASTM | IP | DIN |
|---|---|---|---|---|
| Turbinenöl mit Hemmstoff ... | — | D 943—54 | 157/56 | — |
| Isolieröle nach BAADER ...... | — | — | — | 51.554 |
| Verteerungszahl nach BAADER | — | — | — | 51.555 |
| Verteerungszahl ............ | 5704 | D 1314—54 T | 56/57 | — |
| Oxydations-Bestimmung von Schmierölen, Werkfaktor ... | 3451.1 | — | — | — |
| Oxydations-Bestimmung von Schmierölen, Motorenöle ... | 3402 | — | — | — |
| Schmierfette (Bombe) ........ | — | D 942—50 | 142/53 T | — |
| 2. Zündung und Selbstzündung (vgl. auch Verdampfung) | | | | |
| Selbstzündungstemperatur ... | 1152 | D 286—58 T | — | — |
| Entzündung von Kraftstoffstrahlen bei hoher Temperatur und hohem Druck ..... | 6052 | — | — | — |
| Einlaß (Manifold), Entzündungstest ............... | 6053 | — | — | — |
| Zündwilligkeit von Dieselkraftstoffen .............. | — | D 613—58 T | 41/55 | 51.773 |
| Dieselindex ................ | — | — | 21/53 | 51.785 |
| 3. Verbrennung | | | | |
| Verbrennungswärme flüssiger Brennstoffe .............. | 3502.4 | D 240—57 T | 12/58 T | 51.785 E |
| Verbrennungswärme für Flugkraftstoffe (Errechnung) ... | — | D 1405—57 T | — | — |
| Brenntest für Eisenbahnöl .... | 2103.5 | D 219—36 | 11/58 | 51.783 |
| Brenntest für Petroleum ..... | 2106.5 | D 187—49 | 10/53 T | — |
| Brenntest für Mineral Seal Oil | 2104.4 | D 239—30 | — | — |
| Klopfverhalten von Autobenzin, Researchmethode ......... | 6002.2 | D 908—58 | 126/55 | 51.756 |
| Klopfverhalten von Autobenzin, Motormethode ........... | 6001.6 | D 357—58 | 44/55 | 51.756 |
| Klopfverhalten von Fliegerbenzin, mageres Gebiet .... | 6011.1 | D 614—58 T | 42/55 T | — |
| Klopfverhalten (Überladung) . | 6012.1 | D 909—58 T | 119/55 T | — |
| Klopfverhalten von Hochleistungskraftstoffen (über 100 OZ, mager) .......... | — | — | 150/55 T | — |
| Rauchbeginn von Petroleum und von Strahltriebkraftstoffen ................. | 2107.2 | D 1322—58 T | 57/55 | — |
| 4. Thermische Beständigkeit (vgl. auch Rückstandsbildung) | | | | |
| Kältemaschinenöl ........... | 1303 | — | — | 51.593 |
| Petroleum (Flocktest) ........ | 1301.1 | — | — | — |
| Mineral Seal Oil (Flocktest) .. | 1302.1 | — | — | — |

| Eigenschaft | Federal Test Method Standard No. 791 | ASTM | IP | DIN |
|---|---|---|---|---|
| Heizöle (NBTL Heater Test) . . | 3461.1 | Appendix VIII/1958 | — | — |
| Kraftstoffe für hochbelastete Flugturbinen . . . . . . . . . . . . . | 3464.2 | Appendix XV/1958 | — | — |
| Schmierfette . . . . . . . . . . . . . . . . | 2503 | — | — | — |
| 5. Harzbildung und Ablagerung (vgl. auch Oxydation, Rückstands- und Schlammbildung) | | | | |
| Vorgebildetes Harz in Benzin . (Luftstrahl), 160° C; Strahltriebkraftstoffe (Dampf), 240° C | 3302.6 | D 381—58 T | 131/58 T | 51.776 |
| 6. Schlammbildung | | | | |
| Asphalt in Schmieröl . . . . . . . . | — | — | 143/57 | 51.557 |
| Normalbenzin- und Benzolunlösliches in gebrauchtem Schmieröl . . . . . . . . . . . . . . . . | — | D 893—52 T | — | — |
| Sediment (der Extraktion von Heizölen mit Benzol) . . . . . . | — | D 473—48 | 53/55 T | 51.789 |
| Schwefelsäuretest von Isolieröl . . . . . . . . . . . . . . . . . . . . . | — | — | — | 51.553 |
| 7. Rückstandsbildung (vgl. auch Analyse und chemische Zusammensetzung) | | | | |
| Asche in Erdölprodukten . . . . . | 5421.2 | D 482—46 | 4/58 | 51.575 |
| Asche in Schmierfetten . . . . . . | — | D 128—57 | 5/42 | 51.803 |
| Asche, Schmelzverhalten . . . . . . | — | — | — | 51.730 |
| Feste Fremdstoffe . . . . . . . . . . . | — | — | — | 51.592 |
| Verkokung nach Conradson . | 5001.7 | D 189—58 | 13/58 | 51.551 |
| Verkokung nach Ramsbottom | 5002.4 | D 524—58 T | 14/45 | — |
| Verkokbares in Paraffin . . . . . . | 5011.1 | D 612—45 | — | — |
| Verkokbares in Weißöl . . . . . . . | 5012 | D 565—45 | — | — |
| Sediment in Heizöl . . . . . . . . . . . | — | D 473—48 | 53/55 T | 51.789 |
| 8. Korrosion und Korrosionsschutz (vgl. auch Analyse und chemische Zusammensetzung) | | | | |
| Neutralität (qualitativ) von Destillationsrückstand . . . . . | 5101.4 | D 1093—52 | — | — |
| Alkalität von Lösungsmitteln . | — | — | 95/44 | — |
| Säure- und Verseifungswert von Ottokraftstoffen und Lösungsmitteln . . . . . . . . . . . | — | — | — | 51.778 |
| Neutralisationszahl (Farbindikator) . . . . . . . . . . . . . . . . . | 5105.3 | D 974—58 T | 139/59 T | 51.558 |
| Neutralisationszahl (Potentiometer) . . . . . . . . . . . . . . . . . . | 5106.4 | D 664—58 | — | — |

| Eigenschaft | Federal Test Method Standard No. 791 | ASTM | IP | DIN |
|---|---|---|---|---|
| Neutralisationszahl von Erdölprodukten | — | — | 1/58 | — |
| Neutralisationszahl von Schmierfetten (Farbindikator) | — | — | — | 51.809 |
| Verseifungszahl von Erdölprodukten, potentiometrisch | 5403.2 | D 939—54 | — | — |
| Reaktion des Destillationsrückstandes von Benzin und Lösungsmitteln | — | D 1093—52 | — | — |
| Säure und Basen in Schmierfetten | — | D 128—57 | 37/55 | — |
| Säure in Bitumen | — | — | 100/53 T | — |
| Chlor in Schmieröl und Fetten | 5651.3 | D 808—57 T | — | 51.800<br>51.577 E |
| Chlor in Schmieröl und Fetten (Na-Alkoholat) | — | D 1317—57 T | 118/48 | — |
| Paraffin, neutrale Reaktion, Cl- und $SO_4$-Ionen | — | — | — | 51.573 |
| Doktortest | 5203.2 | D 484—52 | 30/56 | 51.765 |
| Freier und korrodierender Schwefel (Cu-Streifen) | — | D 130—56 | 154/59 | 51.759 |
| Korrodierender Schwefel in Spezialbenzin und Lösungsmitteln | — | — | — | 51.760 |
| Mit Hg reagierender Schwefel | — | — | — | 51.764 |
| $H_2S$-Gehalt | — | — | 103/55 T | 51.766 |
| Merkaptanschwefel | 5204.2 | D 1219—56 | 104/53 T | 51.765 |
| Korrodierender Schwefel in Isolierölen | — | D 1275—58 | — | — |
| Cu-Fleckentest für hochgeschwefelte Öle | 5324 | — | — | — |
| Korrosion von Zink durch Dieselkraftstoffe | — | — | — | 51.779 |
| Korrosion von Gußeisen durch lösliche Schneideöle | 5306.3 | — | — | — |
| Korrosion von Metallen durch Hydrauliköle | 5308.4 | — | — | — |
| Korrosion von Kupfer durch Schmierfette | 5314.1 und 5309.2 | D 1261—55 T | — | — |
| Blei-Korrosionstest | 5321 | — | — | — |
| Korrodierende Stoffe in Schmierfetten | — | — | 112/56 | — |
| Korrosion durch Schmierfette (Raumtemperatur) | 5304.3 | — | — | — |
| Korrosion durch nichtwässerige Flüssigkeiten | 5311 | — | — | — |
| Korrosionsprüfung | 5320 und 5322 | — | — | — |
| Korrosionstest (Sprühgerät) | 5312.1 | — | — | — |

| Eigenschaft | Federal Test Method Standard No. 791 | ASTM | IP | DIN |
|---|---|---|---|---|
| Korrosionstest für Schmierfette in feuchter Atmosphäre | 5319 | — | — | — |
| Korrosionstest für Schmierfette in Anwesenheit von Wasser | 5318 | — | — | — |
| Korrosionsschutzmessung | 5323.1 | — | — | — |
| Korrosionsschutz im Sprühgerät | 4001.1 | — | — | — |
| Rostschutzwirkung von temporär aufgebrachten Schutzstoffen | — | — | 153/56 T | — |
| Korrosionsschutzwirkung von Dieselschmierölen | 337.1 | — | — | — |
| Bewertung von Dieselschmieröl auf Korrosionsschutzwirkung | 338 | — | — | — |
| Rostschutzwirkung von Dampfturbinenöl in Gegenwart von Wasser | 4011.3 | D 665—54 | 135/58 | — |
| Korrosionsschutz von Fe-Metallen durch Universalgetriebeöl in Gegenwart von Wasser | 5315 | — | — | — |
| **III. Physiologische Eigenschaften** | | | | |
| **IV. Feuergefahr** (vgl. Verdampfung, Zündung, Selbstzündung, Verbrennung) | | | | |
| Farben für Gefahrenstellen | — | — | — | 4.818 |
| Einfluß der Verdampfung auf die Entzündbarkeit | 352 | — | — | — |
| Explosive Dämpfe in Kesselheizöl | 1151.1 | — | — | — |
| **V. Komplexe Verfahren zur gleichzeitigen Messung verschiedener Eigenschaften** | | | | |
| Praktisches Verhalten von Schmierfetten in Kugellagern bei hoher Temperatur | 331.1<br>333 | — | — | — |
| Schmierölverhalten (Verschleiß, Rückstandsbildung) | 332 | — | — | — |
| Praktisches Verhalten von Dieselschmieröl bei normalen Betriebsbedingungen | 336.2 T | — | — | — |
| Praktisches Verhalten von Dieselschmieröl bei hohem Korrosionsverschleiß und Rückstandsbildung | 337.1 | — | — | — |

| Eigenschaft | Federal Test Method Standard No. 791 | ASTM | IP | DIN |
|---|---|---|---|---|
| Praktisches Verhalten von Dieselschmieröl bei strengen Betriebsbedingungen ...... | 339.1 T | — | — | — |
| Verfahren zur Bewertung von Dieselschmieröl auf Verhinderung hohen Korrosionsverschleißes und von Rückstandsbildung ............ | 338 | — | — | — |
| Schmier- und Korrosionsverhalten von hydraulischen Bremsflüssigkeiten (Stroking Properties) .............. | 361.1 | — | — | — |
| Belastbarkeit, Verschleiß, Beständigkeit und Korrosionsverhalten von Universalgetriebefett ............... | 5317 | — | — | — |
| Korrosionsverhalten und Oxydationsbeständigkeit von leichten Ölen (Metallstreifen) .................. | 5308.4 | — | — | — |

Anhang

## Die Luminometerzahl

In Ergänzung des ASTM-Rußtestes in Lampen und des 16-Stunden-Brenntestes, die in Lieferbedingungen für Strahltriebkraftstoffe Anwendung finden, wurde der Luminometertest entwickelt, der die Ausschaltung von zu leuchtend verbrennenden, materialschädigenden Kraftstoffen ermöglichen soll, insbesondere solcher, die mehrkernige Aromaten enthalten.

Das C.R.C.-Luminometer besteht aus einem Thermoelement, einem optischen Filter und einer Photozelle; die Messung der Luminometerzahl (Luminometer Number) erfolgt derzeit durch Vergleich mit Gemischen aus Iso-Oktan mit sehr hoher und Tetralin mit sehr niederer Luminometerzahl, indem die Temperatur über die Flammenbreite eines Brenners zur Messung des Rußbeginnes (D 1322-58 T) bei einer konstanten Flammenstrahlung (Luminosität) gemessen wird. Je besser geeignet der Kraftstoff ist, um so höher, je schlechter geeignet er ist, um so niederer liegt die Luminometerzahl; die Lumino-Strahlung nimmt mit zunehmender Luminometerzahl ab, ist also dieser umgekehrt proportional.

Übliche Strahltriebkraftstoffe haben Luminometerwerte von 45 bis 60 und man denkt an die Festlegung eines Grenzwertes von 50 für die Handelsluftfahrt; als Fernziel werden aber Werte von 140 bis 150 diskutiert.

# Literatur

Die folgende Zusammenstellung soll auf einige Bücher und Zeitschriften hinweisen, die weitere Informationen auf dem Gebiete ermöglichen, ohne daß beabsichtigt ist, Vollständigkeit auch nur annähernd zu erzielen. Soweit durchführbar, wurde die Einteilung des Textes auch hier beibehalten; die Trennung zwischen physikalischen und chemischen Werken ist, falls überhaupt, nicht ohne Willkür möglich.

## Allgemeines

### Sammelwerke


Mineralöle und verwandte Produkte. Herausgegeben von C. ZERBE. Berlin-Göttingen-Heidelberg: Springer. 1952.

The Science of Petroleum. London: Oxford University Press. 1938/1955.


## Physikalische Eigenschaften

### Physikalisch-chemische Grundlagen


ADAM, N. K.: The Physics and Chemistry of Surfaces. Oxford: Clarendon Press. 1938.

Arbeitsmappe für Mineralölingenieure. Düsseldorf: VDI-Verlag. 1951.

AUBERT, M.: Physico-chimie des combustibles liquides et des lubrifiants. Paris: Sennac. 1951.

BONDI, A.: Physical Chemistry of Lubricating Oils. New York: Reinhold. 1951.

Bosch: Kraftfahrtechnisches Taschenbuch. Düsseldorf: VDI-Verlag. 1957.

BUZAGH, A. v.: Kolloidik. Dresden-Leipzig: Steinkopff. 1936.

Chemical Engineers Handbook. New York: McGraw Hill. 1948.

CRUYT, H. R.: Colloid Science. Amsterdam-London-New York: Elsevier. 1949/1952.

D'ANS, J. und E. LAX: Taschenbuch für Chemiker und Physiker, 2. Auflage. Berlin-Göttingen-Heidelberg: Springer. 1949.

EGGERT, J. und L. HOCK: Lehrbuch der physikalischen Chemie. Zürich: Hirzel. 1948.

GOODGER, E. M.: Petroleum Performance in Internal Combustion Engines. London: Butterworth. 1953.

JOST, W. und H. UHLIG: Kurzes Lehrbuch der physikalischen Chemie. Darmstadt: Steinkopff. 1954.

ORLICEK, A. F., H. PÖLL und H. WALENDA: Hilfsbuch für Mineralöltechniker. Band I: 1951, Band II: 1955. Wien: Springer.

PHILIPPOVICH, A.: Die Betriebsstoffe für Verbrennungskraftmaschinen, 2. Auflage. (Die Verbrennungskraftmaschine. Herausgegeben von H. LIST. Band 1, Teil 1.) Wien: Springer. 1949.

Proceedings of the 2nd International Congress on Surface Activity. London: Butterworth. 1957.

REIS, T.: Introduction à la chimie-physique des surfaces. Paris: Dunod. 1952.

SCHMIDT, E.: Einführung in die technische Thermodynamik und in die Grundlagen der chemischen Thermodynamik, 7. Auflage. Berlin-Göttingen-Heidelberg: Springer. 1958.

SPEARS, H. M.: Chemical Data on Fuel, 5. Auflage. London: World Power Conference. 1950.

WOLF, K. L.: Physik und Chemie der Grenzflächen. Band 1: 1957, Band 2: 1959, Band 3: im Erscheinen. Berlin-Göttingen-Heidelberg: Springer.

### Messung von Stoffeigenschaften

ASTM-STP 7C; ASTM-Significance of Properties of Petroleum Products. Philadelphia, 1957.

OBERDORFER, G.: Die Maßsysteme in Physik und Technik. Wien: Springer. 1956.

### Zähigkeit und Fließen

ASTM-STP 111; Measurement of Viscosity at High Rates of Shear. Philadelphia, 1951.

ASTM-STP 182; Shear Stability of Non-Newtonian Liquids. Philadelphia, 1955.

CADDELL, J. R.: Fluid Flow in Practice. New York: Reinhold. 1956.

CREMER, H. W. und T. DAVIES: Chemical Engineering Practice, Vol. 4: Fluid Flow. London: Butterworth. 1957.

UMSTETTER, H. und R. SCHWABEN: Einführung in die Viskosimetrie und Rheometrie. Berlin-Göttingen-Heidelberg: Springer. 1952.

### Verdampfen und Destillieren

KIRSCHBAUM, E.: Destillier- und Rektifiziertechnik, 2. Auflage. Berlin-Göttingen-Heidelberg: Springer. 1950.

### Lösen und Mischen

DURRANS, T. H.: Solvents. New York: Van Nostrand. 1950.

MELLAN, I.: Handbook of Solvents, Vol. 1: Pure Hydrocarbons. New York: Reinhold; London: Chapman & Hall. 1957.

ROWLINSON, J. S.: Liquids and Liquid Mixtures. London: Butterworth. 1959.

THINIUS, K.: Anleitung zur Analyse der Lösungsmittel. Leipzig: Barth. 1957.

### Suspendieren und Emulgieren

BERKMAN, S. und G. EGLOFF: Emulsions and Foams. New York: Reinhold. 1941.

COR, P.: Emulsions, Mousses, Détersion. Paris: Dunod. 1956.

SCHWARTZ, A. M., J. W. PERRY und J. BERCH: Surface Active Agents and Detergents. New York: Interscience. 1949/1958.

SUMMER, C. G. und W. CLAYTON: Theory of Emulsions and Their Technical Treatment. London: Churchill. 1954.

### Zerstäuben

GIFFON, E. und A. MURASZEW: The Atomization of Liquids. London: Chapman & Hall. 1957.

PISCHINGER, A.: Gemischbildung und Verbrennung im Dieselmotor, 2. Auflage. (Die Verbrennungskraftmaschine. Herausgegeben von H. LIST. Band 7.) Wien: Springer. 1957.

### Schäumen

BIKERMAN, L. J.: Foams, Theory and Industrial Application. New York: Reinhold. 1954.

### Adsorption

BRUYNE, N. A. DE und R. HOUWINK: Adhesions and Adhesives. Amsterdam-London-New York: Elsevier. 1951.

CRAMER, F.: Papierchromatographie. Weinheim/Bergstraße: Verlag Chemie. 1957.

DESTY, D. H.: Vapour Phase Chromatography. London: Butterworth. 1957.

KEULEMANS, A. I. und C. G. VERVER: Gas Chromatography. New York: Reinhold. 1957.

LEDERER, E. und M.: Chromatography. Amsterdam-London-New York: Elsevier. 1957.

PHILLIPS, C.: Gas Chromatography. London: Butterworth. 1957.

### Schmieren

BARWELL, F. F.: Lubrication of Bearings. London: Butterworth. 1956.

BOWDEN, F. B. und D. TABOR: Friction and Lubrication. London: Methuen. 1956.

BREWER, A. F.: Basic Lubrication Practice. New York: Reinhold; London: Chapman & Hall. 1958.
GROFF, J.: ABC du Graissage. Paris: Éditions Techniques. 1956.
HERSEY, M. D.: Theory of Lubrication. New York: Wiley. 1938.
KADMER, E. H.: Ein Beitrag zur Theorie und Praxis der Hochdrucköle. Hannover: Vincentz. 1956.
KADMER, E. H.: Über die Wirkstoffe in legierten Motorölen. Augsburg: Ziolkowsky. 1957.
Reibung und Schmierung. VDI-Berichte, Nr. 20. Düsseldorf: VDI-Verlag. 1957.
SCHMID, E. und R. WEBER: Gleitlager. Berlin-Göttingen-Heidelberg: Springer, 1953.
VOGELPOHL, G.: Betriebssichere Gleitlager. Berlin-Göttingen-Heidelberg: Springer. 1958.
ZUIDEMA, H. H.: Performance of Lubricating Oils. New York: Reinhold. 1952.

## Chemische Eigenschaften

### Allgemeines

ASTM-STP 224; Symposium on Composition of Petroleum Oils, Determination and Evaluation. Philadelphia, 1958.
BROOKS, B. T., C. E. BOARD, S. S. KURTZ und L. SCHMERLING: The Chemistry of Hydrocarbons. New York: Reinhold. 1954/1955.
HOLLEMANN, A. F. und F. RICHTER: Lehrbuch der organischen Chemie. Berlin: De Gruyter. 1957.
HÜCKEL, W.: Theoretische Grundlagen der organischen Chemie. Leipzig: Akademische Verlagsgesellschaft. 1940/1941.
LANGENBECK, H.: Lehrbuch der organischen Chemie. Dresden-Leipzig: Steinkopff. 1952.
NEES, K. VAN DER und H. A. VAN WESTEN: Aspects of the Constitution of Mineral Oils. Amsterdam-London-New York: Elsevier. 1951.
WEST, W.: Chemical Application of Spectroscopy. New York: Interscience. 1956.

### Oxydation

ASTM-STP 202; Symposium on Vapor Phase Oxidation of Gasoline. Philadelphia, 1957.
Inst. Int. de Chimie Solvay, 8ème Conseil de Chimie: Le Méchanisme de l'Oxydation. Bruxelles: R. Stoops. 1950.
RIECHE, A.: Alkylperoxyde und Ozonide. Dresden: Steinkopff. 1931.
RIECHE, A.: Die Bedeutung der organischen Peroxyde für die chemische Wissenschaft und Technik. Sammlung Ahrens, 34. Stuttgart: F. Enke. 1936.

### Zündung, Selbstzündung, Verbrennung, Klopfen und Detonation

ASTM-STP 225; Knock Characteristics of Pure Hydrocarbons. Philadelphia, 1958.
GAYDON, A.: The Spectroscopy of Flames. London: Chapman & Hall. 1957.
GAYDON, A. G. und H. G. WOLFHARD: Flames, Their Structure, Radiation and Temperature. London: Chapman & Hall. 1955.
6th International Symposium on Combustion. New York: Reinhold. 1957.
JOST, W.: Explosion und Verbrennung in Gasen. Berlin: Springer. 1939.
LEWIS, B. und G. VAN ELBE: Combustion, Flame and Explosion. New York: Academic Press. 1951.
LEWIS, B., R. W. PEARCE und H. S. TAYLOR: High Speed Aerodynamics and Jet Propulsion, Vol. II: Combustion Processes. London: Cumberlege. 1956.
MULLINS, R. P.: Spontaneous Ignition of Liquid Fuels. London: Butterworth. 1955.
Proceedings of the International Congress of Combustion Engines. Zürich: Swiss Association of Engine Manufacturers. 1957.
Selected Combustion Problems (Vortragsreihe AGARD). London: Butterworth. 1956.

### Kracken

HURD, C. D.: Pyrolysis of Carbon Compounds. New York: Chemical Catalogue Cy. Inc. 1929.

NELSON, W. L.: Petroleum Refinery Engineering. New York: McGraw Hill. 1949.
SACHANEN, A. N.: Conversion of Petroleum. New York: Reinhold. 1948.

### Polymerisation

D'ALELIO, G. F.: Fundamental Principles of Polymerization. New York: Wiley. 1952.

### Rückstandsbildung

BOUMAN, C. A.: Properties of Lubricating Oils and Engine Deposits. London: McMillan. 1950.
ROST, R.: Untersuchungen über die Ablagerung von Bleiverbindungen in Verbrennungsmotoren bei Verwendung gebleiter Kraftstoffe. Düsseldorf: VDI-Verlag. 1957.

### Korrosion

ASTM-STP 144; Symposium on Fretting Corrosion. Philadelphia, 1953.
EVANS, U. R.: Metallic Corrosion, Passivity and Protection. London: Arnold. 1946.
TÖDT, F.: Korrosion und Korrosionsschutz. Berlin: De Gruyter. 1955.

### Physiologisches Verhalten

Lead Tetra Ethyl, Interm. Report of the Departmental Comittee, Ministry of Health. London, 1930.
Lead Tetra Ethyl. U.S. Publ. Health Bulletin **63** (1926).
MEETHAM, A. R.: Atmospheric Pollution. London: Pergamon Press. 1956.
ONG, E. R. DE: Chemistry and Uses of Pesticides. New York: Reinhold. 1956.
RENZETTI, N. A.: Analysis of Air Near Heavy Traffic Arteries. Air Pollution Foundation, Publ. Nr. 16. Los Angeles, California, 1956.

### Feuergefahr und Brandschutz

Elektrotechnik und Explosionsschutz. Hamburg: Hernhausen. 1958.
HUMPHREY, H. B. und G. MOGIS: Safety with Solvents. Bureau of Mines Information Circular 7757, U.S. Department of the Interior. Washington, 1956.
Industrial Solvents and Flammable Liquids. London: Fire Protection Association. 1957.
IPT Model Code of Safety Practice in the Petroleum Industry. London: Institute of Petroleum. 1955/1957.
KLINKENBERG, A. K. und J. H. VAN DER MINNE: Electrostatics in the Petroleum Industry. Amsterdam-London-New York: Elsevier. 1957.
NABERT, K. N. und G. SCHÖN: Sicherheitstechnische Kennzahlen brennbarer Gase und Dämpfe. Berlin: Eichverlag. 1953.
Richtlinien zur Verhütung von Gefahren durch elektrostatische Aufladungen. Weinheim/Bergstraße: Verlag Chemie. 1957.
SCHWARTZ, E. v.: Handbuch der Feuer- und Explosionsgefahr. München: Ph. L. Jung. 1958.

# Sachverzeichnis

MIX
Papier aus verantwortungsvollen Quellen
Paper from responsible sources
FSC® C105338

If you have any concerns about our products,
you can contact us on
**ProductSafety@springernature.com**

In case Publisher is established outside the EU,
the EU authorized representative is:
**Springer Nature Customer Service Center GmbH**
**Europaplatz 3, 69115 Heidelberg, Germany**

Printed by Libri Plureos GmbH
in Hamburg, Germany